河南省“十二五”普通高等教育规划教材

河南省首届教材建设奖（高等教育类）一等奖

河南省数学教学指导委员会推荐用书

# 线性代数

## (第二版)



主　编　王天泽　刘华珂

副主编　王培珍　戈文旭　李建磊　赵　峰

科学出版社

北　京

## 内 容 简 介

本书是根据线性代数课程教学大纲基本要求，结合作者多年教学实践，参考国内外多部优秀教材编写而成的，是河南省数学教学指导委员会推荐用书．全书共 9 章，内容包括：行列式，矩阵，线性空间初步，线性方程组，矩阵的特征值、特征向量与对角化，二次型，数值计算初步，应用举例以及 MATLAB 实验等，并用二维码链接了每章习题参考答案(第 7—9 章除外)．本书结合新时代大学生的特点，考虑新时代网络教学资源的利用，依据新时代教育教学新要求，体现思想性、知识性、科学性、规范性和可读性的有机统一，体现素质教育导向，侧重应用能力培养．

本书可作为高等院校非数学类专业的线性代数课程教材，也可供自学者和有关人员阅读参考．

**图书在版编目(CIP)数据**

线性代数/王天泽，刘华珂主编．—2 版．—北京：科学出版社，2023.9
河南省“十二五”普通高等教育规划教材
ISBN 978-7-03-076245-0

Ⅰ.①线…　Ⅱ.①王…　②刘…　Ⅲ.①线性代数-高等学校-教材
Ⅳ.①O151.2

中国国家版本馆 CIP 数据核字(2023) 第 156789 号

责任编辑：胡海霞　李香叶／责任校对：杨聪敏
责任印制：师艳茹／封面设计：陈　敬

**科学出版社** 出版
北京东黄城根北街 16 号
邮政编码：100717
http://www.sciencep.com
**三河市骏杰印刷有限公司** 印刷
科学出版社发行　各地新华书店经销
*
2023 年 9 月第　二　版　开本：720 × 1000　1/16
2023 年 9 月第二十六次印刷　印张：22 1/2
字数：453 000
**定价：59.00 元**
(如有印装质量问题，我社负责调换)

# 致 读 者

在进行系统阅读学习之前, 先从基本轮廓和主要脉络方面来初步认识一下线性代数是有益的.

客观世界中很多常见问题的数学本质, 往往可以 (近似) 归结为线性方程 (组), 即一次方程 (组) 的求解. 这在中学学习一元、二元和三元一次方程 (组) 时, 就有特别明显的体现. 比如, 读者熟知小学数学中很多十分困难的算术问题, 若使用线性方程组常常能够迎刃而解.

但是, 实际应用中的问题一般总是要比中学学习的线性方程组复杂得多. 因此, 仅仅具有中学的知识是远远不够的! 例如, 在现代信息科学及其应用中, 经常需要考虑未知元个数是百万、千万, 甚至更多的线性方程组的求解. 事实上, 对任意正整数 $n \geqslant 1$, 如何建立一般 $n$ 元线性方程组的理论, 从 18 世纪后期开始便被提上议程了.

人们遇到的第一个问题是线性方程组的书写. 在未知元和方程的个数都较少时, 这不是问题. 我们可以像在中学一样罗列出所有方程就行了. 但是, 当未知元和方程的个数都比较多时, 这种方法就不可行了. 例如, 采用罗列方法逐个写出含有 1000 个未知元 300 个方程的方程组, 就已经很难想象. 解决这个问题的方法是引入矩阵、向量及其运算. 因此, 矩阵、向量及其线性运算和代数运算, 便随着线性方程组相继出现.

第二个问题是线性方程组可解性的判断. 解决这个问题的主要方法是引入矩阵的秩. 矩阵的秩是由矩阵唯一确定的一个整数, 在矩阵理论中具有十分重要的作用.

第三个问题是线性方程组的求解. 解决这个问题的一般方法是 Gauss 消元法, 利用矩阵语言表述就是矩阵的初等变换. 初等变换及其思想是线性代数贯穿始终的一个思想方法, 在线性代数简化和解决问题时常常具有核心作用, 是线性代数中最具标志意义的一个独特方法.

第四个问题是解的表示以及解与解之间的联系. 表示线性方程组解的方法是利用行列式和向量间的线性关系. 行列式的概念源于线性方程组, 它与矩阵紧密相关, 在整个数学中有广泛应用. 向量概念是几何语言的借用, $n$ 元线性方程组的解看作向量时总是 $n$ 维向量形成的线性空间的子集. 了解线性空间基础, 对理解线性方程组的可解性及解与解之间的关系具有基础作用.

线性代数就是以线性方程组为脉络和主线, 以矩阵、向量空间、行列式等为主要工具和内容, 以矩阵的初等变换为思想和方法, 以矩阵的相似对角化和二次型等为典型应用的一门经典代数类数学课程. 学习线性代数需要理解线性方程组和二次型作为问题驱动的牵引作用, 需要掌握矩阵、向量、行列式、线性空间和特征值及特征向量作为基本工具和核心内容的主体作用, 需要领悟矩阵的初等变换作为课程核心思想的贯穿作用, 需要品味代数类数学学科使用代数运算和结构分类分析研究问题的基本思想与基本逻辑.

学好和掌握线性代数是需要付出辛勤劳动和努力的. 第一, 需要认真研读教材. 教材是获取知识的基本媒介, 我们使用的教材都是经过认真比较和筛选确定的, 一般比较符合学习实际. 第二, 需要认真听课. 数学知识通常总是高度凝练、比较抽象的, 要深入理解通常需要老师循序渐进予以讲解指导, 所以结合自己实际认真上好每一节课就显得十分重要. 第三, 需要勤加练习. 学好数学课程是需要动手练习的, 学好线性代数也不例外. 只有勤奋练习才能真正理解和固化所学知识, 进而灵活运用. 第四, 需要参阅网络资源. 网络资源是信息化浪潮带来的红利, 利用这个红利, 可以使碎片知识获取成为系统知识学习的有效补充. 第五, 需要相互交流. 学习是需要相互借鉴、相互激励的. 线性代数作为公共基础课程更需要经常交流学习心得, 互相解疑释惑, 取长补短, 共同提高.

让我们以本书为媒介, 喜爱线性代数, 学好线性代数!

编 者

2023 年 7 月

# 前 言

本书自 2013 年出版以来, 有多个学校多次作为教材使用. 其间, 有不少教师和学生提出宝贵意见与改进建议. 鉴于教学实践的反馈和读者的意见, 结合自己的感悟和思考, 为更好适应读者要求和教学需要, 我们决定对本书进行改写修订.

这次再版的主要思路是:

第一, 进一步完善线性方程组理论和应用在经典线性代数中的主线作用, 突出问题牵引.

第二, 进一步完善矩阵、行列式和向量在线性代数中的工具和主体作用, 厚植基本理论.

第三, 进一步完善并突显矩阵的初等变换在线性代数中的方法作用, 注重思想贯穿.

第四, 考虑到线性空间的重要性, 把这部分内容独立成章. 这样对线性方程组的解和解的结构的讨论便能更加透彻.

第五, 加入 "数值计算初步" 和 "应用举例" 两个选读章节, 用来展现线性代数的广泛应用.

第六, 更加重视由易到难、由简到繁、循序渐进教学规律在教材写作中的体现, 提升教学适应性.

第七, 更加重视例题和习题的选用. 对原书的例题和习题进行了全面调整和更新, 在原书 A 类和 B 类习题的基础上, 增加了每一节的练习题, 希望以此达到更好固化知识的目的.

本次修订还结合了新时代大学生的特点, 考虑了新时代网络教学资源的利用, 依据了新时代教育教学新要求, 借鉴了国内外多本同类优质教材特长. 写作努力体现思想性、知识性、科学性、规范性和可读性的有机统一, 努力体现素质教育导向, 侧重应用能力培养.

修订后的教材共 9 章. 第 1 章和第 2 章分别介绍行列式和矩阵的基本知识, 建立后续学习的基础. 第 3 章较为系统地介绍向量和向量空间基础. 第 4 章系统介绍线性方程组的基本理论. 第 5 章介绍矩阵的特征值、特征向量和矩阵的对角化. 第 6 章介绍二次型及其分类, 特别是矩阵在合同意义下的对角化和标准形. 第 7 章和第 8 章分别介绍线性代数数值计算的几个简单例子和线性代数在实际应用中的几个简单模型. 第 9 章简单介绍 MATLAB 在线性代数中的一些应用. 它们的教学应当穿插在相关内容的学习之中.

为适应不同高校和不同读者的需要, 本次修订加入了一些带“*”号的内容. 其中, 每章最后一节的思考与拓展是请读者自行阅读并扩展相关知识的, 不必占用教学课时. 第 7 章和第 8 章是为有数值计算和实际应用专门需要的读者准备的, 对于 48 学时以下的线性代数课程, 都可以不讲. 略去它们, 不会影响本书的系统性、完整性和教学使用.

此外, 行文中常用波浪线来指示和强调一些重要概念和内容.

限于水平, 不足之处在所难免, 欢迎读者批评指正.

编 者

2023 年 7 月

# 第一版前言

线性代数是一个植根深远的数学分支, 起源较早、思想很深、理论完善、应用广泛. 它在培养现代大学生数学素质和利用数学解决实际问题能力方面具有重要作用, 是大学本科相关专业人才培养方案中课程体系和知识体系的重要组成部分, 是后续专业课程学习的知识基础、思想基础和方法基础.

线性代数的主要研究对象是线性方程组. 建立线性方程组求解的基本理论, 展现其广泛深入的应用, 是线性代数的一项重要任务. 线性代数的基本工具是矩阵及其基本理论. 线性方程组求解的实质可以理解为矩阵的初等变换. 因此, 建立关于矩阵的初步理论是线性代数的第二项重要任务. 不管是线性方程组还是矩阵, 它们都来源于生产和生活实践. 随着理论的发展完善, 它们反过来又能够用于解决生产和生活中的实际问题. 所以, 从思想、内容、方法等方面, 体现线性代数来源于实际反过来又解决实际问题的本质, 是线性代数的第三项重要任务. 本书就是按照这些任务要求进行写作的.

根据作者多年的教学实践和体会, 作为一本简明线性代数教程, 应该突显其构筑知识体系基础和锻炼实际应用能力的特点及需要. 所以, 本书在取材上希望做到精简且实用: 以行列式、矩阵、线性方程组、二次型等经典题材为内容, 呈现线性代数的核心思想和主要脉络. 以线性方程组求解理论为目标和驱动, 以矩阵理论来贯穿和联系, 展示代数方法的严密逻辑和运算技巧. 然而, 对可能冲淡, 甚至干扰到主要思想表达的一些细节, 或舍去, 或只谈大意. 同时, 在具体例子和问题的选取上, 希望体现大众化大学教育和学生职业需求的实用性要求. 书中每章都有一节以思考和拓展为题的内容, 给出延伸阅读的一些材料. 希望以此展现线性代数与其他知识体系的广泛联系, 开阔读者视野.

除了一些最基本的数学知识, 比如中学解 2 元一次方程组的 Gauss 消元法, 本书基本不需要其他预备知识. 个别用到其他知识的内容, 一般都是例子. 跳过它们, 不会影响任何学习. 在习题安排上, A 类习题一般是用来巩固基本知识的, B 类习题一般会有体现拓展和应用的考虑.

本书由刘法贵初步取材. 第 1 ～ 5 章分别由李亦芳、宋长明、刘法贵、徐少贤和张之正执笔. 全书统稿和定稿由王天泽完成. 限于作者水平, 不当之处在所难免, 欢迎读者批评指正.

编　者

2013 年 2 月

# 各章之间逻辑关系图

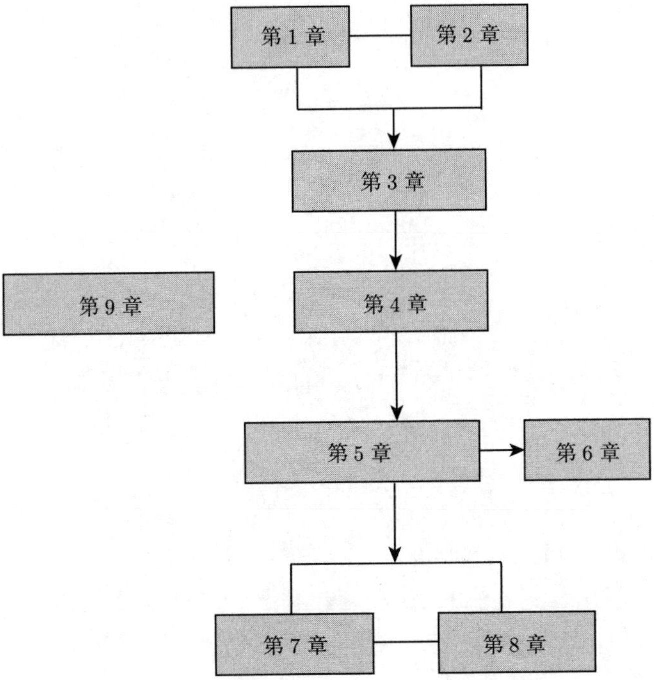

# 目　　录

# 第 1 章　行　列　式

行列式 (determinant) 是一个基本的数学概念和数学工具, 应用领域十分广泛. 在线性代数中, 行列式对很多核心对象和问题都有关键作用. 本章介绍行列式的定义, 讨论其基本性质和计算. 作为应用, 给出求解一类特殊线性方程组的 Cramer(克拉默) 法则.

## 1.1　行列式的定义

行列式的定义方法有多种, 本书采用递归的方法.

### 1.1.1　2 阶和 3 阶行列式的定义

1. 2 阶行列式的定义

行列式起源于线性方程组的求解, 最早是一种速记的表达式. 以含有 2 个未知元 $x_1, x_2$ 的线性方程组

$$\begin{cases} a_{11}x_1 + a_{12}x_2 = b_1, \\ a_{21}x_1 + a_{22}x_2 = b_2 \end{cases} \tag{1.1}$$

为例, 当 $a_{11}a_{22} - a_{12}a_{21} \neq 0$ 时, 它的唯一解为

$$x_1 = \frac{b_1a_{22} - a_{12}b_2}{a_{11}a_{22} - a_{12}a_{21}}, \quad x_2 = \frac{a_{11}b_2 - b_1a_{21}}{a_{11}a_{22} - a_{12}a_{21}}. \tag{1.2}$$

虽然 (1.2) 并不十分复杂, 但要快速准确记忆并不容易. 观察到 (1.2) 中分式的分子和分母都是 4 个数字两两乘积的代数和, 为了找到速记规律, 以其中的分母为例, 人们把 $a_{11}, a_{12}, a_{21}, a_{22}$ 这 4 个数字按照它们在 (1.1) 中出现的位置写出, 两边加上竖线, 形成下述既简洁又有规律的表达式:

$$\begin{vmatrix} a_{11} & a_{12} \\ a_{21} & a_{22} \end{vmatrix}. \tag{1.3}$$

并以此来表示 (1.2) 分母中的代数式 $a_{11}a_{22} - a_{12}a_{21}$, 即定义

$$\begin{vmatrix} a_{11} & a_{12} \\ a_{21} & a_{22} \end{vmatrix} = a_{11}a_{22} - a_{12}a_{21}. \tag{1.4}$$

在 (1.4) 中分别用 $b_1, b_2$ 代替 $a_{11}, a_{21}$, 以及 $a_{12}, a_{22}$, 可得

$$\begin{vmatrix} b_1 & a_{12} \\ b_2 & a_{22} \end{vmatrix} = b_1 a_{22} - a_{12} b_2, \quad \begin{vmatrix} a_{11} & b_1 \\ a_{21} & b_2 \end{vmatrix} = a_{11} b_2 - b_1 a_{21}.$$

这样, (1.2) 就可以表示成为下述容易记忆的形式:

$$x_1 = \frac{\begin{vmatrix} b_1 & a_{12} \\ b_2 & a_{22} \end{vmatrix}}{\begin{vmatrix} a_{11} & a_{12} \\ a_{21} & a_{22} \end{vmatrix}}, \quad x_2 = \frac{\begin{vmatrix} a_{11} & b_1 \\ a_{21} & b_2 \end{vmatrix}}{\begin{vmatrix} a_{11} & a_{12} \\ a_{21} & a_{22} \end{vmatrix}}.$$

缘于此, 结合书写形状, 我们给出如下定义.

**定义 1.1**　任给 $4 = 2^2$ 个实数 $a_{ij}$ $(i, j = 1, 2)$, 则按照 (1.4) 赋予数值的表达式

$$\begin{vmatrix} a_{11} & a_{12} \\ a_{21} & a_{22} \end{vmatrix}$$

称为一个 2 阶行列式, 其中 $a_{ij}$ 称为行列式的元素, $a_{ij}$ 的第一个下标 $i$ 指明它在行列式中所处的行, $a_{ij}$ 的第二个下标 $j$ 指明它在行列式中所处的列, 2 阶一词用来指示该表达式的行数和列数均为 2.

为叙述方便, 以 $a_{ij}$ 为元素的行列式也常记为 $|a_{ij}|$, 或 $\det(a_{ij})$. 当不必指明元素时, 2 阶行列式也常用记号 $D_2$ 表示.

速记只是行列式的一个来源, 后续发展表明, 行列式在很多理论和应用问题中都有关键作用.

2. 2 阶行列式的对角线法则

通常, 人们把 2 阶行列式

$$\begin{vmatrix} a_{11} & a_{12} \\ a_{21} & a_{22} \end{vmatrix}$$

中连接 $a_{11}$ 和 $a_{22}$ 的对角线称为主对角线, 把连接 $a_{12}$ 和 $a_{21}$ 的对角线称为副对角线. 这样, 一个 2 阶行列式就等于其主对角线上两个元素的乘积减去其副对角线上两个元素的乘积. 这种计算 2 阶行列式的方法称为 2 阶行列式计算的对角线法则.

例如, 在 2 阶行列式 $D_2 = \begin{vmatrix} 1 & 2 \\ 3 & 4 \end{vmatrix}$ 中, $a_{11} = 1$, $a_{12} = 2$, $a_{21} = 3$, $a_{22} = 4$. 该行列式的值为

$$D_2 = \begin{vmatrix} 1 & 2 \\ 3 & 4 \end{vmatrix} = 1 \times 4 - 2 \times 3 = -2.$$

3. 3 阶行列式的定义和对角线法则

沿用 2 阶行列式对角线法则的思路, 在由 $9 = 3^2$ 个数 $a_{ij}$ $(i, j = 1, 2, 3)$ 所组成的表达式

$$D_3 = \begin{vmatrix} a_{11} & a_{12} & a_{13} \\ a_{21} & a_{22} & a_{23} \\ a_{31} & a_{32} & a_{33} \end{vmatrix} \tag{1.5}$$

中, 我们把连接 $a_{11}$, $a_{22}$, $a_{33}$ 的对角线称为主对角线. 主对角线上的三个元素 $a_{11}$, $a_{22}$, $a_{33}$ 形成一个乘积 $a_{11}a_{22}a_{33}$. 在主对角线两侧且与主对角线平行, 各有两条经过相关元素的直线. 把位于一侧直线上的两个元素与另一侧直线上的一个元素相乘, 形成两个乘积: $a_{12}a_{23}a_{31}$, $a_{13}a_{21}a_{32}$. 类似地, 我们把连接 $a_{13}$, $a_{22}$, $a_{31}$ 的对角线称为副对角线. 副对角线上的三个元素 $a_{13}$, $a_{22}$, $a_{31}$ 形成一个乘积 $a_{13}a_{22}a_{31}$. 在副对角线两侧且与副对角线平行, 各有两条经过相关元素的直线. 把位于一侧直线上的两个元素与另一侧直线上的一个元素相乘, 也形成两个乘积: $a_{12}a_{21}a_{33}$, $a_{11}a_{23}a_{32}$.

对于表达式 (1.5), 用主对角线及其平行线上元素所形成的三个乘积之和, 减去副对角线及其平行线上元素所形成的三个乘积之和, 得到一个数值:

$$a_{11}a_{22}a_{33} + a_{12}a_{23}a_{31} + a_{13}a_{21}a_{32} - a_{13}a_{22}a_{31} - a_{12}a_{21}a_{33} - a_{11}a_{23}a_{32}.$$

该数值很自然理解为表达式 (1.5) 的值, 即有如下定义.

**定义 1.2** 任给 $9 = 3^2$ 个数 $a_{ij}$ $(i, j = 1, 2, 3)$, 3 阶行列式

$$D_3 = \begin{vmatrix} a_{11} & a_{12} & a_{13} \\ a_{21} & a_{22} & a_{23} \\ a_{31} & a_{32} & a_{33} \end{vmatrix}$$

定义为

$$
\begin{aligned}
D_3 = \begin{vmatrix} a_{11} & a_{12} & a_{13} \\ a_{21} & a_{22} & a_{23} \\ a_{31} & a_{32} & a_{33} \end{vmatrix}
&= a_{11}a_{22}a_{33} + a_{12}a_{23}a_{31} + a_{13}a_{21}a_{32} \\
&\quad - a_{13}a_{22}a_{31} - a_{12}a_{21}a_{33} - a_{11}a_{23}a_{32}. \qquad (1.6)
\end{aligned}
$$

与 2 阶行列式类似, 以 $a_{ij}$ 为元素的 3 阶行列式也常记为 $|a_{ij}|$ 或 $\det(a_{ij})$. 根据上下文, 一般不难辨别 $|a_{ij}|$ 或 $\det(a_{ij})$ 所表示的行列式的阶数.

上述定义 3 阶行列式的方法称为 3 阶行列式的对角线法则.

例如, 按照定义, 3 阶行列式

$$
\begin{aligned}
D_3 = \begin{vmatrix} 1 & 2 & 3 \\ 2 & 3 & 4 \\ 3 & 4 & 5 \end{vmatrix}
&= 1\times3\times5 + 2\times4\times3 + 3\times2\times4 \\
&\quad -3\times3\times3 - 2\times2\times5 - 1\times4\times4 \\
&= 0.
\end{aligned}
$$

按照 2 阶和 3 阶行列式的定义思路回溯, 通常, 人们把由 1 个数 $a$ 组成的 1 阶行列式 $D_1 = |a|$ 理解为数 $a$ 本身, 即 1 阶行列式 $D_1 = |a|$ 定义为

$$
D_1 = |a| = a. \tag{1.7}
$$

这里, 要注意区分 1 阶行列式 $D_1 = |a| = a$ 与实数 $a$ 的绝对值 $|a|$ 的区别. 根据上下文, 这一般不难辨别.

### 1.1.2　$n$ 阶行列式的定义

1. 2 阶和 3 阶行列式定义规律的探讨

观察 2 阶行列式

$$
D_2 = \begin{vmatrix} a_{11} & a_{12} \\ a_{21} & a_{22} \end{vmatrix}.
$$

在其中划去 $a_{11}$ 所在的行和列, 剩下的 $a_{22}$ 可以看作是由 $a_{22}$ 所形成的一个 1 阶行列式 $|a_{22}|$. 基于这种理解, 我们把它称为 $a_{11}$ 的余子式, 通常用与 $a_{11}$ 具有同样下标的记号 $M_{11}$ 表示, 即定义

$$
M_{11} = |a_{22}|.
$$

类似地, 划去 $a_{12}$ 所在的行和列, 剩下的是由 $a_{21}$ 所形成的 1 阶行列式 $|a_{21}|$, 它称为 $a_{12}$ 的余子式, 记为 $M_{12}$, 即定义

$$M_{12}=|a_{21}|.$$

进一步, 利用余子式 $M_{11}$, $M_{12}$ 的双下标, 可以给出如下定义:

$$A_{11}=(-1)^{1+1}M_{11},\quad A_{12}=(-1)^{1+2}M_{12}.$$

它们分别称为 $a_{11}$, $a_{12}$ 的代数余子式. 容易看出, $A_{11}=(-1)^{1+1}M_{11}=M_{11}=a_{22}$, $A_{12}=(-1)^{1+2}M_{12}=-M_{12}=-a_{21}$. 故由 2 阶行列式的定义可知

$$D_2=a_{11}a_{22}-a_{12}a_{21}=a_{11}A_{11}+a_{12}A_{12}.$$

该式说明, 2 阶行列式等于它的第一行元素与其代数余子式的对应乘积之和.

再观察 3 阶行列式

$$D_3=\begin{vmatrix} a_{11} & a_{12} & a_{13} \\ a_{21} & a_{22} & a_{23} \\ a_{31} & a_{32} & a_{33} \end{vmatrix}.$$

在其中分别划去 $a_{11}$, $a_{12}$, $a_{13}$ 所在的行和列, 剩下元素按照原来位置将依次形成下面三个 2 阶行列式:

$$M_{11}=\begin{vmatrix} a_{22} & a_{23} \\ a_{32} & a_{33} \end{vmatrix},\quad M_{12}=\begin{vmatrix} a_{21} & a_{23} \\ a_{31} & a_{33} \end{vmatrix},\quad M_{13}=\begin{vmatrix} a_{21} & a_{22} \\ a_{31} & a_{32} \end{vmatrix}.$$

它们分别称为 $a_{11}$, $a_{12}$, $a_{13}$ 的余子式. 利用余子式 $M_{11}$, $M_{12}$, $M_{13}$ 的双下标, 记

$$A_{11}=(-1)^{1+1}M_{11},\quad A_{12}=(-1)^{1+2}M_{12},\quad A_{13}=(-1)^{1+3}M_{13}.$$

它们分别称为 $a_{11}$, $a_{12}$, $a_{13}$ 的代数余子式. 由此, 以及 2 阶和 3 阶行列式的定义, 经过简单计算可得

$$D_3=a_{11}A_{11}+a_{12}A_{12}+a_{13}A_{13}.$$

该式说明, 3 阶行列式也等于它的第一行元素与其代数余子式的对应乘积之和.

综合 2 阶和 3 阶行列式的定义规律可以发现, 通过代数余子式, 3 阶行列式可以利用一些 2 阶行列式作为基础来定义, 2 阶行列式可以利用一些 1 阶行列式作为基础来定义. 沿用这种逐步“降阶”的思想, 下面利用代数余子式, 通过递归的办法给出一般 $n$ 阶行列式的定义.

2. $n$ 阶行列式的递归定义

首先, 来定义由 $n^2$ 个实数 $a_{ij}$ $(i, j = 1, 2, \cdots, n)$ 形成的 $n$ 阶行列式

$$D_n = \det(a_{ij}) = |a_{ij}| = \begin{vmatrix} a_{11} & a_{12} & \cdots & a_{1n} \\ a_{21} & a_{22} & \cdots & a_{2n} \\ \vdots & \vdots & & \vdots \\ a_{n1} & a_{n2} & \cdots & a_{nn} \end{vmatrix} \tag{1.8}$$

的余子式和代数余子式, 其中 $n \geqslant 2$ 是任意给定的一个正整数.

**定义 1.3**　设 $n \geqslant 2$. 在 $n$ 阶行列式 $D_n = |a_{ij}|$ 中划去 $a_{ij}$ 所在的第 $i$ 行和第 $j$ 列, 余下的 $(n-1)^2$ 个元素按照原来位置关系所形成的 $n-1$ 阶行列式

$$D_{n-1} = \begin{vmatrix} a_{11} & \cdots & a_{1,j-1} & a_{1,j+1} & \cdots & a_{1n} \\ \vdots & & \vdots & \vdots & & \vdots \\ a_{i-1,1} & \cdots & a_{i-1,j-1} & a_{i-1,j+1} & \cdots & a_{i-1,n} \\ a_{i+1,1} & \cdots & a_{i+1,j-1} & a_{i+1,j+1} & \cdots & a_{i+1,n} \\ \vdots & & \vdots & \vdots & & \vdots \\ a_{n1} & \cdots & a_{n,j-1} & a_{n,j+1} & \cdots & a_{nn} \end{vmatrix}$$

称为 $a_{ij}$ 的余子式, 记为 $M_{ij}$. 用 $(-1)^{i+j}$ 乘以余子式 $M_{ij}$ 得到的式子 $(-1)^{i+j}M_{ij}$ 称为 $a_{ij}$ 的代数余子式, 记为 $A_{ij}$, 即

$$A_{ij} = (-1)^{i+j}M_{ij}.$$

例如, 对 4 阶行列式 $D_4 = \begin{vmatrix} 1 & 3 & 0 & 1 \\ 3 & 0 & 1 & 4 \\ 1 & 1 & 2 & 1 \\ 0 & 1 & 1 & 0 \end{vmatrix}$, 其第 1 行元素的余子式分别是 3 阶行列式

$$M_{11} = \begin{vmatrix} 0 & 1 & 4 \\ 1 & 2 & 1 \\ 1 & 1 & 0 \end{vmatrix}, \quad M_{12} = \begin{vmatrix} 3 & 1 & 4 \\ 1 & 2 & 1 \\ 0 & 1 & 0 \end{vmatrix},$$

$$M_{13} = \begin{vmatrix} 3 & 0 & 4 \\ 1 & 1 & 1 \\ 0 & 1 & 0 \end{vmatrix}, \quad M_{14} = \begin{vmatrix} 3 & 0 & 1 \\ 1 & 1 & 2 \\ 0 & 1 & 1 \end{vmatrix};$$

代数余子式分别是

$$A_{11} = (-1)^{1+1}M_{11}, \quad A_{12} = (-1)^{1+2}M_{12},$$

$$A_{13} = (-1)^{1+3}M_{13}, \quad A_{14} = (-1)^{1+4}M_{14}.$$

有了余子式和代数余子式的概念, 沿用 2 阶和 3 阶行列式定义的规律, 便可利用递归的办法给出形如 (1.8) 的 $n$ 阶行列式 $D_n$ 的下述定义.

**定义 1.4** 设 $n \geqslant 2$, 则形如 (1.8) 的 $n$ 阶行列式 $D_n = \det(a_{ij}) = |a_{ij}|$ 可由下式递归定义:

$$D_n = a_{11}A_{11} + a_{12}A_{12} + \cdots + a_{1n}A_{1n}, \tag{1.9}$$

其中 $A_{1j}$ $(j = 1, 2, \cdots, n)$ 是 $D_n$ 中第一行元素 $a_{1j}$ $(j = 1, 2, \cdots, n)$ 的代数余子式.

按照习惯, 在形如 (1.8) 的 $n$ 阶行列式 $D_n$ 中, 元素 $a_{11}, \cdots, a_{nn}$ 所在的对角线称为 $D_n$ 的主对角线, 元素 $a_{1n}, \cdots, a_{n1}$ 所在的对角线称为 $D_n$ 的副对角线.

**例 1.1** 计算 3 阶行列式 $D_3 = \begin{vmatrix} 1 & 2 & 3 \\ 3 & 4 & 5 \\ 5 & 6 & 7 \end{vmatrix}$.

**解** 由 (1.9) 可知

$$D_3 = A_{11} + 2A_{12} + 3A_{13},$$

其中

$$A_{11} = (-1)^{1+1}\begin{vmatrix} 4 & 5 \\ 6 & 7 \end{vmatrix} = 4 \times 7 - 5 \times 6 = -2,$$

$$A_{12} = (-1)^{1+2}\begin{vmatrix} 3 & 5 \\ 5 & 7 \end{vmatrix} = (-1)(3 \times 7 - 5 \times 5) = 4,$$

$$A_{13} = (-1)^{1+3}\begin{vmatrix} 3 & 4 \\ 5 & 6 \end{vmatrix} = 3 \times 6 - 4 \times 5 = -2.$$

因此

$$D_3 = 1 \times (-2) + 2 \times 4 + 3 \times (-2) = 0.$$

**例 1.2**　计算 4 阶行列式 $D_4 = \begin{vmatrix} 1 & 3 & 0 & 1 \\ 3 & 0 & 1 & 4 \\ 1 & 1 & 2 & 1 \\ 0 & 1 & 1 & 0 \end{vmatrix}$.

**解**　由 (1.9) 可知

$$D_4 = A_{11} + 3A_{12} + 0 \times A_{13} + A_{14} = A_{11} + 3A_{12} + A_{14},$$

其中

$$A_{11} = \begin{vmatrix} 0 & 1 & 4 \\ 1 & 2 & 1 \\ 1 & 1 & 0 \end{vmatrix}, \quad A_{12} = -\begin{vmatrix} 3 & 1 & 4 \\ 1 & 2 & 1 \\ 0 & 1 & 0 \end{vmatrix},$$

$$A_{13} = \begin{vmatrix} 3 & 0 & 4 \\ 1 & 1 & 1 \\ 0 & 1 & 0 \end{vmatrix}, \quad A_{14} = -\begin{vmatrix} 3 & 0 & 1 \\ 1 & 1 & 2 \\ 0 & 1 & 1 \end{vmatrix}.$$

再次使用 (1.9) 可得

$$\begin{aligned}
A_{11} &= (-1)^{1+2}\begin{vmatrix} 1 & 1 \\ 1 & 0 \end{vmatrix} + 4 \times (-1)^{1+3}\begin{vmatrix} 1 & 2 \\ 1 & 1 \end{vmatrix} \\
&= (-1)^{1+2}(1 \times 0 - 1 \times 1) + 4 \times (-1)^{1+3}(1 \times 1 - 2 \times 1) \\
&= -3, \\
A_{12} &= -\left[3 \times (-1)^{1+1}\begin{vmatrix} 2 & 1 \\ 1 & 0 \end{vmatrix} + (-1)^{1+2}\begin{vmatrix} 1 & 1 \\ 0 & 0 \end{vmatrix} + 4 \times (-1)^{1+3}\begin{vmatrix} 1 & 2 \\ 0 & 1 \end{vmatrix}\right] \\
&= -\left[3 \times (-1)^{1+1}(2 \times 0 - 1 \times 1) + 4 \times (-1)^{1+3}(1 \times 1 - 2 \times 0)\right] \\
&= -1, \\
A_{14} &= -\left[3 \times (-1)^{1+1}\begin{vmatrix} 1 & 2 \\ 1 & 1 \end{vmatrix} + (-1)^{1+3}\begin{vmatrix} 1 & 1 \\ 0 & 1 \end{vmatrix}\right] \\
&= -\left[3 \times (-1)^{1+1}(1 \times 1 - 2 \times 1) + (-1)^{1+3}(1 \times 1 - 1 \times 0)\right] \\
&= 2.
\end{aligned}$$

所以

$$D_4 = -3 + 3 \times (-1) + 2 = -4.$$

**例 1.3** 设 $n \geqslant 1$ 为正整数, 通常称形如 $L_n = \begin{vmatrix} a_1 & 0 & \cdots & 0 \\ * & a_2 & \cdots & 0 \\ \vdots & \vdots & & \vdots \\ * & * & \cdots & a_n \end{vmatrix}$ 的 $n$ 阶行列式为下三角行列式. 对 $n$ 阶下三角行列式 $L_n$, 证明

$$L_n = \begin{vmatrix} a_1 & 0 & \cdots & 0 \\ * & a_2 & \cdots & 0 \\ \vdots & \vdots & & \vdots \\ * & * & \cdots & a_n \end{vmatrix} = a_1 a_2 \cdots a_n.$$

以后, 常用 “$*$” 简记没有必要明确写出的实数, 不同位置上的 “$*$” 可能是不同的.

**证明** 当 $n = 1$ 时, 结论明显成立. 当 $n \geqslant 2$ 时, 假设结论对所有 $n-1$ 阶下三角行列式都成立, 则由 $n$ 阶下三角行列式 $L_n$ 的定义和 (1.9) 可得

$$L_n = a_1 \begin{vmatrix} a_2 & \cdots & 0 \\ \vdots & & \vdots \\ * & \cdots & a_n \end{vmatrix} = a_1 a_2 \cdots a_n.$$

故由数学归纳法可知, 结论对任意 $n$ 阶下三角行列式 $L_n$ 都成立.

**例 1.4** 设 $n \geqslant 1$ 为正整数, 证明 $n$ 阶三角形行列式

$$D_n = \begin{vmatrix} 0 & 0 & \cdots & 0 & a_1 \\ 0 & 0 & \cdots & a_2 & * \\ \vdots & \vdots & & \vdots & \vdots \\ a_n & * & \cdots & * & * \end{vmatrix} = (-1)^{\frac{n(n-1)}{2}} a_1 a_2 \cdots a_n.$$

**证明** 当 $n = 1$ 时, 结论明显成立. 当 $n \geqslant 2$ 时, 假设结论对所有 $n-1$ 阶三角形行列式 $D_{n-1}$ 都成立, 则由 (1.9) 可知, 对 $n$ 阶三角形行列式 $D_n$, 有

$$\begin{aligned} D_n &= a_1(-1)^{1+n} \begin{vmatrix} 0 & 0 & \cdots & a_2 \\ \vdots & \vdots & & \vdots \\ a_n & * & \cdots & * \end{vmatrix} = a_1(-1)^{1+n}(-1)^{\frac{(n-1)(n-2)}{2}} a_2 \cdots a_n \\ &= (-1)^{\frac{n(n-1)}{2}} a_1 a_2 \cdots a_n. \end{aligned}$$

故由数学归纳法可知, 结论对任意 $n$ 阶三角形行列式 $D_n$ 都成立.

综合例 1.3 和例 1.4, 可得下述结论.

**定理 1.1** 设 $n \geqslant 1$ 为任一正整数, 则

(1) $n$ 阶下三角行列式 $L_n = \begin{vmatrix} a_1 & 0 & \cdots & 0 \\ * & a_2 & \cdots & 0 \\ \vdots & \vdots & & \vdots \\ * & * & \cdots & a_n \end{vmatrix} = a_1a_2\cdots a_n.$

(2) $n$ 阶三角形行列式 $D_n = \begin{vmatrix} 0 & 0 & \cdots & 0 & a_1 \\ 0 & 0 & \cdots & a_2 & * \\ \vdots & \vdots & & \vdots & \vdots \\ a_n & * & \cdots & * & * \end{vmatrix} = (-1)^{\frac{n(n-1)}{2}} a_1a_2\cdots a_n.$

特别地, 形如

$$D_n = \begin{vmatrix} a_1 & 0 & \cdots & 0 \\ 0 & a_2 & \cdots & 0 \\ \vdots & \vdots & & \vdots \\ 0 & 0 & \cdots & a_n \end{vmatrix}$$

的 $n$ 阶行列式称为对角形行列式. 更加特殊地, $n$ 阶行列式

$$I_n = \begin{vmatrix} 1 & 0 & \cdots & 0 \\ 0 & 1 & \cdots & 0 \\ \vdots & \vdots & & \vdots \\ 0 & 0 & \cdots & 1 \end{vmatrix}$$

称为单位行列式. 作为定理 1.1 的特例, 对 $n$ 阶对角形行列式, 有

$$D_n = \begin{vmatrix} a_1 & 0 & \cdots & 0 \\ 0 & a_2 & \cdots & 0 \\ \vdots & \vdots & & \vdots \\ 0 & 0 & \cdots & a_n \end{vmatrix} = a_1a_2\cdots a_n.$$

## 习 题 1.1

1. 计算下列行列式.

(1) $\begin{vmatrix} 5 & 3 \\ 7 & 8 \end{vmatrix}$; (2) $\begin{vmatrix} a^2 & ab \\ ab & b^2 \end{vmatrix}$; (3) $\begin{vmatrix} 1 & \log_a b \\ \log_b a & 1 \end{vmatrix}$;

(4) $\begin{vmatrix} 1 & -1 & 3 \\ 2 & 0 & 4 \\ 7 & 5 & 3 \end{vmatrix}$; (5) $\begin{vmatrix} 4 & 2 & 5 \\ 3 & 7 & 6 \\ 10 & 9 & 8 \end{vmatrix}$; (6) $\begin{vmatrix} a & b & a+b \\ b & a+b & a \\ a+b & a & b \end{vmatrix}$;

(7) $\begin{vmatrix} 1 & x & x \\ x & 2 & x \\ x & x & 3 \end{vmatrix}$; (8) $\begin{vmatrix} 1 & 1 & 1 \\ 2 & 3 & x \\ 4 & 9 & x^2 \end{vmatrix}$; (9) $\begin{vmatrix} 2-\lambda & 3 & 1 \\ 4 & 1-\lambda & 2 \\ 5 & 3 & 3-\lambda \end{vmatrix}$.

2. 求 4 阶行列式 $\begin{vmatrix} 1 & 2 & 3 & 4 \\ 5 & 6 & 7 & 8 \\ 0 & 2 & 3 & 1 \\ 6 & 4 & 0 & 2 \end{vmatrix}$ 的余子式和代数余子式.

3. 计算 4 阶行列式 $\begin{vmatrix} a & 0 & 0 & b \\ 0 & c & d & 0 \\ 0 & e & f & 0 \\ g & 0 & 0 & h \end{vmatrix}$.

## 1.2 行列式的性质和计算

当阶数 $n$ 比较大时, 使用定义计算一个 $n$ 阶行列式, 一般是比较繁琐的. 这在 1.1 节的例 1.1 和例 1.2 中已有体现. 因此, 真正计算行列式时, 一般需要利用行列式的性质对其进行简化. 本节就来介绍这些性质, 并通过例子介绍计算行列式的基本方法.

### 1.2.1 行列式的性质

行列式的性质都比较容易接受和理解, 它们的证明也都较为经典. 因此, 下面只对行列式的性质作一罗列和说明, 而不去追究它们的严格证明. 有兴趣的读者可以根据本书体系, 尝试使用数学归纳法给出证明.

**性质 1.1** $n$ 阶单位行列式 $I_n$ 的值为 1, 即

$$I_n = \begin{vmatrix} 1 & 0 & \cdots & 0 \\ 0 & 1 & \cdots & 0 \\ \vdots & \vdots & & \vdots \\ 0 & 0 & \cdots & 1 \end{vmatrix} = 1.$$

**性质 1.2** 行列式一行元素的倍数可以提到行列式外面.

以 2 阶行列式的第一行为例, 该性质是说, 对任意实数 $k$, 有

$$\begin{vmatrix} ka & kb \\ c & d \end{vmatrix} = k\begin{vmatrix} a & b \\ c & d \end{vmatrix}.$$

上式可由 2 阶行列式的定义直接验证.

**性质 1.3**　如果行列式某一行元素都是两个数的和, 则该行列式可以按这一行分拆为两个行列式之和. 具体来说, 以 2 阶行列式的第一行为例, 该性质是说,

$$\begin{vmatrix} a+c & b+d \\ e & f \end{vmatrix} = \begin{vmatrix} a & b \\ e & f \end{vmatrix} + \begin{vmatrix} c & d \\ e & f \end{vmatrix}.$$

该式也可使用 2 阶行列式的定义直接验证.

性质 1.2 和性质 1.3 合在一起常被称为行列式关于行的线性性.

**性质 1.4**　两行互换, 其余行保持不变, 行列式变号. 具体来说, 以 2 阶行列式为例, 该性质是说

$$\begin{vmatrix} c & d \\ a & b \end{vmatrix} = -\begin{vmatrix} a & b \\ c & d \end{vmatrix}.$$

该式仍可使用 2 阶行列式的定义直接验证.

以后, 互换一个行列式的 $i$, $j$ 两行, 通常简写为 $r_i \leftrightarrow r_j$.

行列式的值是由性质 1.1 到性质 1.4 完全决定的! 行列式的其他性质都是性质 1.1 到性质 1.4 的推论.

**性质 1.5**　如果行列式某两行成比例, 或其中一行元素均为零, 则行列式的值为零.

该性质可由性质 1.2 和性质 1.4 推出.

**性质 1.6**　某一行的倍数加到另外一行, 行列式的值不变.

例如, 将行列式 $\begin{vmatrix} a & b \\ c & d \end{vmatrix}$ 第 2 行的 $k$ 倍加到第 1 行, 得到 $\begin{vmatrix} a+kc & b+kd \\ c & d \end{vmatrix}$. 该性质说明

$$\begin{vmatrix} a+kc & b+kd \\ c & d \end{vmatrix} = \begin{vmatrix} a & b \\ c & d \end{vmatrix}.$$

该性质可由性质 1.3 和性质 1.5 推出.

把行列式第 $j$ 行的 $k$ 倍加到第 $i$ 行, 通常简写为 $r_i + kr_j$.

**性质 1.7** 行列互换, 行列式的值不变.

以 2 阶行列式 $\begin{vmatrix} a & b \\ c & d \end{vmatrix}$ 为例, 互换其行和列得到的行列式是 $\begin{vmatrix} a & c \\ b & d \end{vmatrix}$. 该性质断言,

$$\begin{vmatrix} a & c \\ b & d \end{vmatrix} = \begin{vmatrix} a & b \\ c & d \end{vmatrix}.$$

该式可使用 2 阶行列式的定义直接验证. 一般情况可以使用数学归纳法证明.

通常, 互换一个行列式的行和列所得到的行列式称为原行列式的转置行列式. 行列式 $D$ 的转置行列式记为 $D^{\mathrm{T}}$. 性质 1.7 是说一个行列式与其转置行列式相等, 即 $D = D^{\mathrm{T}}$.

利用该性质, 性质 1.2 到性质 1.6 中关于行的所有结论, 都可以应用到列上去. 读者可以尝试给出叙述. 特别地, 互换一个行列式的 $i, j$ 两列, 通常简写为 $c_i \leftrightarrow c_j$. 把行列式第 $j$ 列的 $k$ 倍加到第 $i$ 列, 通常简写为 $c_i + kc_j$.

**例 1.5** 设 $n \geqslant 1$ 为正整数, 通常称形如 $U_n = \begin{vmatrix} a_1 & * & \cdots & * \\ 0 & a_2 & \cdots & * \\ \vdots & \vdots & & \vdots \\ 0 & 0 & \cdots & a_n \end{vmatrix}$ 的 $n$ 阶行列式为上三角行列式. 对 $n$ 阶上三角行列式 $U_n$, 证明

$$U_n = \begin{vmatrix} a_1 & * & \cdots & * \\ 0 & a_2 & \cdots & * \\ \vdots & \vdots & & \vdots \\ 0 & 0 & \cdots & a_n \end{vmatrix} = a_1 a_2 \cdots a_n.$$

**证明** 由性质 1.7 和定理 1.1(1) 可得

$$U_n = U_n^{\mathrm{T}} = \begin{vmatrix} a_1 & 0 & \cdots & 0 \\ * & a_2 & \cdots & 0 \\ \vdots & \vdots & & \vdots \\ * & * & \cdots & a_n \end{vmatrix} = a_1 a_2 \cdots a_n.$$

**例 1.6** 设 $n \geqslant 1$ 为正整数, 证明 $n$ 阶三角形行列式

$$D_n = \begin{vmatrix} * & * & \cdots & * & a_1 \\ * & * & \cdots & a_2 & 0 \\ \vdots & \vdots & & \vdots & \vdots \\ a_n & 0 & \cdots & 0 & 0 \end{vmatrix} = (-1)^{\frac{n(n-1)}{2}} a_1 a_2 \cdots a_n.$$

**证明** 当 $n=1$ 时, 结论明显成立. 当 $n \geqslant 2$ 时, 假设结论对所有 $n-1$ 阶同类型的三角形行列式都成立. 根据定义, 除 $a_1$ 外, $D_n$ 中第一行元素余子式的最后一列均为零. 所以, 由性质 1.5 和性质 1.7 可知, 这些余子式均为零. 因而, 相应的代数余子式也均为零. 故由 (1.9) 和归纳假设可知, 对题中的 $n$ 阶三角形行列式 $D_n$, 有

$$\begin{aligned} D_n &= a_1(-1)^{1+n} \begin{vmatrix} * & * & \cdots & a_2 \\ \vdots & \vdots & & \vdots \\ a_n & 0 & \cdots & 0 \end{vmatrix} \\ &= a_1(-1)^{1+n}(-1)^{\frac{(n-1)(n-2)}{2}} a_2 \cdots a_n \\ &= (-1)^{\frac{n(n-1)}{2}} a_1 a_2 \cdots a_n. \end{aligned}$$

故由数学归纳法可知, 结论对任意 $n$ 阶三角形行列式 $D_n$ 都成立.

综合例 1.5 和例 1.6, 可得下述结论.

**定理 1.2** 设 $n \geqslant 1$ 为任一正整数, 则

(1) $n$ 阶上三角行列式 $U_n = \begin{vmatrix} a_1 & * & \cdots & * \\ 0 & a_2 & \cdots & * \\ \vdots & \vdots & & \vdots \\ 0 & 0 & \cdots & a_n \end{vmatrix} = a_1 a_2 \cdots a_n$;

(2) $n$ 阶三角形行列式 $D_n = \begin{vmatrix} * & * & \cdots & * & a_1 \\ * & * & \cdots & a_2 & 0 \\ \vdots & \vdots & & \vdots & \vdots \\ a_n & 0 & \cdots & 0 & 0 \end{vmatrix} = (-1)^{\frac{n(n-1)}{2}} a_1 a_2 \cdots a_n$.

### 1.2.2 $n$ 阶行列式的 Laplace 展开定理

根据定义 1.4, $n$ 阶行列式 $D_n$ 是其第 1 行元素与它们的代数余子式对应乘积之和. 习惯上, 这称为 $n$ 阶行列式 $D_n$ 按照第 1 行元素的展开式, 或称 $D_n$ 可以按

照第 1 行展开. 据此追问, $D_n$ 是否也能够按照其他行展开, 即对任意的 $1 \leqslant i \leqslant n$, $D_n$ 的第 $i$ 行元素与它们代数余子式的对应乘积之和是否也等于 $D_n$? 进一步, 可以深问, 当 $1 \leqslant i \neq j \leqslant n$ 时, $D_n$ 的第 $i$ 行元素与第 $j$ 行元素代数余子式的对应乘积之和会是什么? 再进一步, 如果把有关结论中的"行"都改为"列", 是否会有类似结论?

下面关于 $n$ 阶行列式的 Laplace (拉普拉斯) 展开定理, 对这些问题给出了一个十分完美的回答.

**定理 1.3** 对任一 $n$ 阶行列式 $D_n = \det(a_{ij}) = |a_{ij}|$, 设 $A_{ij}$ 为 $a_{ij}$ 的代数余子式, 则

$$\sum_{k=1}^{n} a_{ik}A_{jk} = a_{i1}A_{j1} + a_{i2}A_{j2} + \cdots + a_{in}A_{jn} = \begin{cases} D_n, & j = i, \\ 0, & j \neq i; \end{cases} \tag{1.10}$$

$$\sum_{k=1}^{n} a_{ki}A_{kj} = a_{1i}A_{1j} + a_{2i}A_{2j} + \cdots + a_{ni}A_{nj} = \begin{cases} D_n, & j = i, \\ 0, & j \neq i. \end{cases} \tag{1.11}$$

该定理说明, 行列式中任意一行 (列) 元素与它们的代数余子式对应乘积之和等于行列式的值, 任意一行 (列) 元素与另一行 (列) 元素代数余子式的对应乘积之和等于零.

**证明*** 很明显, 关于"列"的展开结论 (1.11) 是关于"行"的展开结论 (1.10) 和性质 1.7 的简单推论. 因此, 只需证明 (1.10). 先证 $j = i$ 的情形. 当 $j = i = 1$ 时, (1.10) 就是 (1.9), 所以结论成立. 当 $j = i \geqslant 2$ 时, 令 $\widetilde{D}_n$ 为把 $D_n$ 的第 $i$ 行逐次与其 $i-1$ 行, $i-2$ 行, 直至第 1 行互换所得到的 $n$ 阶行列式, 则由性质 1.4 可知

$$D_n = (-1)^{i-1}\widetilde{D}_n, \tag{1.12}$$

且 $\widetilde{D}_n$ 具有如下形式:

$$\widetilde{D}_n = \begin{vmatrix} a_{i1} & a_{i2} & \cdots & a_{in} \\ a_{11} & a_{12} & \cdots & a_{1n} \\ \vdots & \vdots & & \vdots \\ a_{i-1,1} & a_{i-1,2} & \cdots & a_{i-1,n} \\ a_{i+1,1} & a_{i+1,2} & \cdots & a_{i+1,n} \\ \vdots & \vdots & & \vdots \\ a_{n1} & a_{n2} & \cdots & a_{nn} \end{vmatrix}.$$

由该式容易看出, 对 $k=1,2,\cdots,n$, 按照定义 1.3, $a_{ik}$ 作为 $\widetilde{D}_n$ 中第 1 行的元素, 其余子式恰好就是 $a_{ik}$ 在 $D_n$ 中的余子式 $M_{ik}$. 故由定义 1.4 可得

$$\widetilde{D}_n=a_{i1}(-1)^{1+1}M_{i1}+a_{i2}(-1)^{1+2}M_{i2}+\cdots+a_{in}(-1)^{1+n}M_{in}.$$

将该式代入 (1.12), 并利用代数余子式的定义, 可得

$$\begin{aligned}D_n&=(-1)^{i-1}\left(a_{i1}(-1)^{1+1}M_{i1}+a_{i2}(-1)^{1+2}M_{i2}+\cdots+a_{in}(-1)^{1+n}M_{in}\right)\\&=a_{i1}(-1)^{i+1}M_{i1}+a_{i2}(-1)^{i+2}M_{i2}+\cdots+a_{in}(-1)^{i+n}M_{in}\\&=a_{i1}A_{i1}+a_{i2}A_{i2}+\cdots+a_{in}A_{in}.\end{aligned}$$

这就证明了在 $j=i$ 时 (1.10) 成立. 当 $j\neq i$ 时, 假设 $\hat{D}_n$ 是把 $D_n$ 的第 $j$ 行用其第 $i$ 行代替所得到的行列式, 则由性质 1.5 可得

$$\hat{D}_n=0.$$

很明显, $\hat{D}_n$ 第 $j$ 行元素的代数余子式, 就是 $D_n$ 第 $j$ 行元素的代数余子式 $A_{j1}$, $A_{j2},\cdots,A_{jn}$. 所以, 对 $\hat{D}_n$ 利用刚刚证明的结论将其按照第 $j$ 行展开, 可得

$$\hat{D}_n=a_{i1}A_{j1}+a_{i2}A_{j2}+\cdots+a_{in}A_{jn}.$$

以上两式结合可知, (1.10) 在 $j\neq i$ 时成立. 证毕.

**例 1.7** 已知 $n$ 阶行列式 $D_n$ 含有非零元素, 且其代数余子式 $A_{ij}=a_{ij}$ $(i,j=1,2,\cdots,n)$. 证明 $D_n\neq 0$.

**证明** 假设 $D_n$ 中含有的非零元素为某个 $a_{ij}$, 则根据定理 1.3 将 $D_n$ 按照第 $i$ 行展开, 并利用 $A_{ij}=a_{ij}$ $(j=1,2,\cdots,n)$, 可得

$$\begin{aligned}D_n&=a_{i1}A_{i1}+a_{i2}A_{i2}+\cdots+a_{in}A_{in}\\&=a_{i1}^2+a_{i2}^2+\cdots+a_{in}^2.\end{aligned}$$

由于 $a_{ij}\neq 0$, 所以 $a_{i1}^2+a_{i2}^2+\cdots+a_{in}^2\neq 0$. 因此, $D_n\neq 0$.

**例 1.8*** 已知 $n$ 阶行列式 $D_n=|a_{ij}|=\begin{vmatrix}1&1&\cdots&1\\0&1&\cdots&1\\0&0&\ddots&\vdots\\0&0&\cdots&1\end{vmatrix}$, 且 $A_{ij}$ 为其元素 $a_{ij}$ 的代数余子式. 求 $\sum\limits_{i,j=1}^{n}A_{ij}$.

**解** 首先, 由于 $D_n$ 为上三角行列式, 且其主对角线上元素均为 1, 所以由定理 1.2 可知 $D_n = 1$. 故由定理 1.3 对 $D_n$ 按照第 1 行展开可得

$$A_{11} + A_{12} + \cdots + A_{1n} = 1.$$

其次, 在 (1.10) 中取 $i = 1$, 则对 $2 \leqslant j \leqslant n$ 均有

$$A_{j1} + A_{j2} + \cdots + A_{jn} = 0.$$

将上述式子左右两边分别相加, 可得

$$\sum_{i,\, j=1}^{n} A_{ij} = 1.$$

### 1.2.3 行列式的计算

计算行列式的方法多种多样, 有时技巧性很强. 但基本思路可以归为两类: 一是利用行列式的性质将它化为上三角行列式或下三角行列式, 二是利用行列式的 Laplace 展开定理降低行列式的阶数. 下面通过例子来说明这两种思路的应用.

1. 化行列式为上 (下) 三角行列式

**例 1.9** 计算 4 阶行列式 $D_4 = \begin{vmatrix} 3 & 1 & -1 & 2 \\ -5 & 1 & 3 & -4 \\ 2 & 0 & 1 & -1 \\ 1 & -5 & 3 & -3 \end{vmatrix}$.

**解** 由行列式的性质和定理 1.2 可得

$$D_4 \xlongequal{c_1 \leftrightarrow c_2} - \begin{vmatrix} 1 & 3 & -1 & 2 \\ 1 & -5 & 3 & -4 \\ 0 & 2 & 1 & -1 \\ -5 & 1 & 3 & -3 \end{vmatrix} \xlongequal{r_2 - r_1,\, r_4 + 5r_1} - \begin{vmatrix} 1 & 3 & -1 & 2 \\ 0 & -8 & 4 & -6 \\ 0 & 2 & 1 & -1 \\ 0 & 16 & -2 & 7 \end{vmatrix}$$

$$\xlongequal{r_2 \leftrightarrow r_3} \begin{vmatrix} 1 & 3 & -1 & 2 \\ 0 & 2 & 1 & -1 \\ 0 & -8 & 4 & -6 \\ 0 & 16 & -2 & 7 \end{vmatrix} \xlongequal{r_3 + 4r_2,\, r_4 - 8r_2} \begin{vmatrix} 1 & 3 & -1 & 2 \\ 0 & 2 & 1 & -1 \\ 0 & 0 & 8 & -10 \\ 0 & 0 & -10 & 15 \end{vmatrix}$$

$$\xlongequal{r_4+\frac{10}{8}r_3}\begin{vmatrix}1&3&-1&2\\0&2&1&-1\\0&0&8&-10\\0&0&0&\dfrac{5}{2}\end{vmatrix}=1\times2\times8\times\frac{5}{2}=40.$$

以后, 等号上面的标注总是用来指明从上一步到下一步所实施的运算. 比如, “$\xlongequal{c_1\leftrightarrow c_2}$” 表示交换行列式的 1, 2 两列所得到的结果, “$\xlongequal{r_2-r_1,\, r_4+5r_1}$” 表示第 2 行减去第 1 行, 同时, 第 4 行加上第 1 行的 5 倍所得到的结果.

归纳上述做法, 把一个行列式化为上三角行列式的步骤是:

第一步, 利用行与行或列与列的互换, 把行列式中处于 $a_{11}$ 位置上的元素调整为非零的数. 否则, 行列式的值必为零. 当有多种选择时, 应把 $a_{11}$ 位置上的非零元素调整为尽可能小的整数. 若可能的话, 最好调整为 1 或 $-1$. 通常, 还经常需要使用性质 1.2 把行列式中某一行或某一列元素的倍数提到行列式外面.

第二步, 利用 $a_{11}\neq 0$ 和性质 1.6 将行列式中第 1 列的其他元素全化为零.

第三步, 对处在右下角的 $a_{11}$ 的余子式继续实施前两步的运算, 直至经过有限步, 把要计算的行列式化为上三角行列式.

需要注意的是, 在运算过程中, 若出现全为零的行或列, 则行列式必为零, 后续程序就不必进行了. 同时, 为了使计算简洁, 一般需要尽量减少分数的出现和运算.

另外, 怎样把一个行列式化为下三角行列式, 是一个有趣的问题, 请读者自行思考.

2. 利用 Laplace 展开定理降阶

**例 1.10** 利用 Laplace 展开定理计算 4 阶行列式 $D_4=\begin{vmatrix}3&1&-1&2\\-5&1&3&-4\\2&0&1&-1\\1&-5&3&-3\end{vmatrix}$.

**解** 首先, 由行列式的性质可得

$$D_4\xlongequal{r_2-r_1,\, r_4+5r_1}\begin{vmatrix}3&1&-1&2\\-8&0&4&-6\\2&0&1&-1\\16&0&-2&7\end{vmatrix}.$$

其次, 使用定理 1.3 对等式右边的行列式按照第 2 列展开, 可得

$$D_4=(-1)^{1+2}\begin{vmatrix} -8 & 4 & -6 \\ 2 & 1 & -1 \\ 16 & -2 & 7 \end{vmatrix} = -\begin{vmatrix} -8 & 4 & -6 \\ 2 & 1 & -1 \\ 16 & -2 & 7 \end{vmatrix}.$$

再对等式右边的 3 阶行列式使用行列式的性质, 可得

$$D_4=-2\begin{vmatrix} -4 & 4 & -6 \\ 1 & 1 & -1 \\ 8 & -2 & 7 \end{vmatrix} \xlongequal{c_1-c_2,\, c_3+c_2} -2\begin{vmatrix} -8 & 4 & -2 \\ 0 & 1 & 0 \\ 10 & -2 & 5 \end{vmatrix}.$$

使用定理 1.3 对最后一个 3 阶行列式按照第 2 行展开, 再直接计算相应的 2 阶行列式, 可得

$$D_4=-2\begin{vmatrix} -8 & -2 \\ 10 & 5 \end{vmatrix} = (-2)\times(-8\times 5+2\times 10)=40.$$

由上述解法可以看出, 采用降低阶数的办法计算行列式时, 通常需要交替使用行列式的性质和 Laplace 展开定理. 行列式的性质用来把行列式中某一行或某一列化成只有少数几个非零元素, Laplace 展开定理用来把高阶行列式降为低阶行列式.

3. 典型例子

下面来看一些特殊类型的一般阶数行列式的计算. 计算这些行列式, 往往需要先观察行列式的特点和规律, 然后利用行列式的性质和 Laplace 展开定理, 借助数学归纳法以及上下三角行列式的结论, 给出计算结果.

**例 1.11** 计算 $n$ 阶行列式 $D_n=\begin{vmatrix} x & a & a & \cdots & a \\ a & x & a & \cdots & a \\ a & a & x & \cdots & a \\ \vdots & \vdots & \vdots & & \vdots \\ a & a & a & \cdots & x \end{vmatrix}$, 其中 $x, a$ 均为实数.

**解** 先将 $D_n$ 的第 $2, 3, \cdots, n$ 行均加到第 1 行, 然后提出所得行列式第 1 行元素的倍数 $x+(n-1)a$, 可得

$$D_n = \begin{vmatrix} x+(n-1)a & x+(n-1)a & \cdots & x+(n-1)a \\ a & x & \cdots & a \\ \vdots & \vdots & & \vdots \\ a & a & \cdots & x \end{vmatrix}$$

$$= (x+(n-1)a) \begin{vmatrix} 1 & 1 & \cdots & 1 \\ a & x & \cdots & a \\ \vdots & \vdots & & \vdots \\ a & a & \cdots & x \end{vmatrix}.$$

在上式最后一个行列式中, 将第 1 行的 $-a$ 倍依次加到第 2, 3, $\cdots$ , $n$ 行上, 然后应用定理 1.2 可得

$$D_n = (x+(n-1)a) \begin{vmatrix} 1 & 1 & \cdots & 1 \\ 0 & x-a & \cdots & 0 \\ \vdots & \vdots & & \vdots \\ 0 & 0 & \cdots & x-a \end{vmatrix}$$

$$= (x+(n-1)a)(x-a)^{n-1}.$$

**例 1.12*** 计算 $n+1$ 阶行列式 $D_{n+1} = \begin{vmatrix} a_0 & a_1 & a_2 & \cdots & a_n \\ b_1 & d_1 & 0 & \cdots & 0 \\ b_2 & 0 & d_2 & \cdots & 0 \\ \vdots & \vdots & \vdots & & \vdots \\ b_n & 0 & 0 & \cdots & d_n \end{vmatrix}$, 其中 $a_0, a_1, \cdots, a_n, b_1, \cdots, b_n, d_1, \cdots, d_n$ 均为实数, 且 $d_1 \cdots d_n \neq 0$.

**解** 由于 $d_1, \cdots, d_n$ 均不为零, 所以可以分别用 $-\dfrac{a_1}{d_1}, \cdots, -\dfrac{a_n}{d_n}$ 依次去乘 $D_{n+1}$ 的第 2 到第 $n+1$ 行, 并把它们都加到第 1 行. 这样可得

$$D_{n+1} = \begin{vmatrix} a_0 - \sum\limits_{k=1}^{n} \dfrac{a_k b_k}{d_k} & 0 & 0 & \cdots & 0 \\ b_1 & d_1 & 0 & \cdots & 0 \\ \vdots & \vdots & \vdots & & \vdots \\ b_n & 0 & 0 & \cdots & d_n \end{vmatrix}.$$

故由定理 1.1 可得

$$D_{n+1}=\left(a_0-\sum_{k=1}^{n}\frac{a_kb_k}{d_k}\right)d_1d_2\cdots d_n=a_0\prod_{i=1}^{n}d_i-\sum_{k=1}^{n}a_kb_k\prod_{\substack{i=1\\ i\neq k}}^{n}d_i.$$

请读者思考, 当 $d_1d_2\cdots d_n=0$ 时, 结果如何?

**例 1.13*** 证明当 $\alpha\neq\beta$ 时, $n$ 阶行列式

$$D_n=\begin{vmatrix}\alpha+\beta & \alpha\beta & & & & \\ 1 & \alpha+\beta & \alpha\beta & & & \\ & 1 & \alpha+\beta & \alpha\beta & & \\ & & \ddots & \ddots & \ddots & \\ & & & 1 & \alpha+\beta & \alpha\beta \\ & & & & 1 & \alpha+\beta\end{vmatrix}=\frac{\beta^{n+1}-\alpha^{n+1}}{\beta-\alpha}.$$

这里, 行列式中未写出的元素均为零. 行列式的这种表示方法以后会经常使用. 另外, 缘于 $D_n$ 的书写形状, 它称为三对角行列式.

**证明** 对行列式的阶数 $n$ 使用数学归纳法. 当 $n=1$ 时, 结论明显成立. 当 $n=2$ 时, 按照 2 阶行列式的定义直接计算, 容易验证结论成立. 现设 $n\geqslant 3$, 并设结论对不超过 $n-1$ 阶的行列式均成立. 由 Laplace 展开定理将 $D_n$ 按照第 1 行展开, 可得

$$D_n=(\alpha+\beta)D_{n-1}-\alpha\beta\begin{vmatrix}1 & \alpha\beta & & & \\ & \alpha+\beta & \alpha\beta & & \\ & \ddots & \ddots & \ddots & \\ & & 1 & \alpha+\beta & \alpha\beta \\ & & & 1 & \alpha+\beta\end{vmatrix}.$$

对最后一个行列式按照第 1 列展开, 然后利用归纳假设, 并经简单整理, 可得

$$\begin{aligned}D_n&=(\alpha+\beta)D_{n-1}-\alpha\beta D_{n-2}\\&=(\alpha+\beta)\frac{\beta^n-\alpha^n}{\beta-\alpha}-\alpha\beta\frac{\beta^{n-1}-\alpha^{n-1}}{\beta-\alpha}\\&=\frac{\beta^{n+1}-\alpha^{n+1}}{\beta-\alpha}.\end{aligned}$$

故由数学归纳法可知, 结论对任意 $n \geqslant 1$ 阶行列式都成立.

请读者思考, 当 $\alpha = \beta$ 时, 结果如何?

**例 1.14** 当 $n \geqslant 2$ 时, 证明 Vandermonde(范德蒙德) 行列式

$$D_n = \begin{vmatrix} 1 & 1 & \cdots & 1 \\ x_1 & x_2 & \cdots & x_n \\ x_1^2 & x_2^2 & \cdots & x_n^2 \\ \vdots & \vdots & & \vdots \\ x_1^{n-1} & x_2^{n-1} & \cdots & x_n^{n-1} \end{vmatrix} = \prod_{1 \leqslant i < j \leqslant n} (x_j - x_i).$$

**证明*** 当存在 $x_j$ $(1 \leqslant j \leqslant n-1)$ 使得 $x_j = x_n$ 时, 由行列式的性质 1.5 可知结论成立. 故下面假设对任意 $1 \leqslant j \leqslant n-1$, 均有 $x_j \neq x_n$. 对行列式的阶数 $n$ 使用数学归纳法. 当 $n=2$ 时, 由 2 阶行列式的定义可知 $D_2 = x_2 - x_1$. 故结论成立. 假设结论对 $n-1$ 成立, 即

$$D_{n-1} = \prod_{1 \leqslant i < j \leqslant n-1} (x_j - x_i).$$

对于 $D_n$, 按 $k = n, n-1, \cdots, 2$ 的次序, 把第 $k-1$ 行的 $-x_n$ 倍加到第 $k$ 行, 得

$$D_n = \begin{vmatrix} 1 & 1 & \cdots & 1 & 1 \\ x_1 - x_n & x_2 - x_n & \cdots & x_{n-1} - x_n & 0 \\ x_1^2 - x_1 x_n & x_2^2 - x_2 x_n & \cdots & x_{n-1}^2 - x_{n-1} x_n & 0 \\ \vdots & \vdots & & \vdots & \vdots \\ x_1^{n-1} - x_1^{n-2} x_n & x_2^{n-1} - x_2^{n-2} x_n & \cdots & x_{n-1}^{n-1} - x_{n-1}^{n-2} x_n & 0 \end{vmatrix}.$$

将上式右端按照第 $n$ 列展开, 然后在所得的 $n-1$ 阶行列式中, 对 $j=1,2,\cdots,n-1$ 提出第 $j$ 列元素的倍数 $x_j - x_n$, 得

$$D_n = (x_n - x_1)(x_n - x_2) \cdots (x_n - x_{n-1}) D_{n-1} = \prod_{1 \leqslant i < j \leqslant n} (x_j - x_i).$$

故由数学归纳法可知结论对任意 $n \geqslant 2$ 成立.

**例 1.15** 设 $|\boldsymbol{A}| = |a_{ij}|$ 为 $k$ 阶行列式, $|\boldsymbol{B}| = |b_{ij}|$ 为 $m$ 阶行列式, 证明

$m+k$ 阶行列式

$$D=\begin{vmatrix} a_{11} & \cdots & a_{1k} & 0 & \cdots & 0 \\ \vdots & & \vdots & \vdots & & \vdots \\ a_{k1} & \cdots & a_{kk} & 0 & \cdots & 0 \\ c_{11} & \cdots & c_{1k} & b_{11} & \cdots & b_{1m} \\ \vdots & & \vdots & \vdots & & \vdots \\ c_{m1} & \cdots & c_{mk} & b_{m1} & \cdots & b_{mm} \end{vmatrix} = \begin{vmatrix} a_{11} & \cdots & a_{1k} \\ \vdots & & \vdots \\ a_{k1} & \cdots & a_{kk} \end{vmatrix} \begin{vmatrix} b_{11} & \cdots & b_{1m} \\ \vdots & & \vdots \\ b_{m1} & \cdots & b_{mm} \end{vmatrix}.$$

该式通常简记为

$$\underset{\sim\sim\sim\sim\sim\sim\sim\sim\sim\sim\sim\sim}{\begin{vmatrix} \boldsymbol{A} & \boldsymbol{O} \\ * & \boldsymbol{B} \end{vmatrix} = |\boldsymbol{A}||\boldsymbol{B}|},$$

其中等式左边表达式右上角的 $\boldsymbol{O}$ 是行列式 $D$ 中 $mk$ 个零元素的简写, “$*$” 是行列式 $D$ 左下角 $mk$ 个元素 $c_{ij}$ 的略写.

**证明*** 对行列式 $|\boldsymbol{A}|$ 的阶数 $k$ 用数学归纳法. 当 $k=1$ 时, 对 $D$ 按照第 1 行展开可得结论. 假设结论对 $k-1$ 成立. 下面考虑 $k$ 的情形. 仍将 $D$ 按照第 1 行展开, 得

$$D=a_{11}(-1)^{1+1}M_{11}+a_{12}(-1)^{1+2}M_{12}+\cdots+a_{1k}(-1)^{1+k}M_{1k},$$

其中 $M_{1j}$ 是 $a_{1j}$ 在 $D$ 中的余子式, $j=1,2,\cdots,k$. 很明显, $M_{1j}$ 是和 $D$ 同类型的行列式, 其左上角处在 $\boldsymbol{A}$ 的位置的元素形成一个 $k-1$ 阶行列式, 它就是 $a_{1j}$ 在 $|\boldsymbol{A}|$ 中的余子式. 记该余子式为 $\widetilde{M}_{1j}$, 则由归纳假设可得

$$M_{1j}=\widetilde{M}_{1j}|\boldsymbol{B}|, \quad j=1,2,\cdots,k.$$

代入上式, 由 (1.10) 可得

$$D=\left(a_{11}(-1)^{1+1}\widetilde{M}_{11}+\cdots+a_{1k}(-1)^{1+k}\widetilde{M}_{1k}\right)|\boldsymbol{B}|=|\boldsymbol{A}||\boldsymbol{B}|.$$

故结论成立.

类似地, 有

$$\begin{vmatrix} \boldsymbol{A} & * \\ \boldsymbol{O} & \boldsymbol{B} \end{vmatrix} = |\boldsymbol{A}||\boldsymbol{B}|.$$

以上两式可以分别看作通常 2 阶下三角行列式和上三角行列式计算公式的一种推广. 一般 $n$ 阶下三角行列式和上三角行列式的计算公式, 也有类似推广. 有兴趣的读者可以思考研讨.

此外, 在 $D$ 中将 $|\boldsymbol{A}|$ 所在的每一列依次与其前面的 $m$ 列逐列交换, 共经过 $k \times m$ 次交换后, 可得下述等式:

$$\begin{vmatrix} \boldsymbol{O} & \boldsymbol{A} \\ \boldsymbol{B} & * \end{vmatrix} = (-1)^{km} \begin{vmatrix} \boldsymbol{A} & \boldsymbol{O} \\ * & \boldsymbol{B} \end{vmatrix} = (-1)^{km}|\boldsymbol{A}||\boldsymbol{B}|,$$

$$\begin{vmatrix} * & \boldsymbol{A} \\ \boldsymbol{B} & \boldsymbol{O} \end{vmatrix} = (-1)^{km} \begin{vmatrix} \boldsymbol{A} & * \\ \boldsymbol{O} & \boldsymbol{B} \end{vmatrix} = (-1)^{km}|\boldsymbol{A}||\boldsymbol{B}|.$$

## 习　题　1.2

1. 填空题.

(1) 设 $\begin{vmatrix} a & 3 & 0 \\ b & 0 & 1 \\ c & 2 & 1 \end{vmatrix} = 2$, 则 $\begin{vmatrix} 3 & 0 & a \\ 0 & 1 & b \\ 2 & 1 & c \end{vmatrix} = (\qquad)$;

(2) 设 $\begin{vmatrix} a_1 & b_1 & c_1 \\ a_2 & b_2 & c_2 \\ a_3 & b_3 & c_3 \end{vmatrix} = m$, 则 $\begin{vmatrix} a_1+2b_1 & b_1-c_1 & c_1+3a_1 \\ a_2+2b_2 & b_2-c_2 & c_2+3a_2 \\ a_3+2b_3 & b_3-c_3 & c_3+3a_3 \end{vmatrix} = (\qquad)$;

(3) 行列式 $\begin{vmatrix} 1 & 1 & 1 & 1 \\ -1 & 1 & 1 & 1 \\ -1 & -1 & 1 & 1 \\ -1 & -1 & -1 & 1 \end{vmatrix} = (\qquad)$;

(4) 行列式 $\begin{vmatrix} 1 & 1 & 1 & 1 \\ 1 & 2 & 3 & 4 \\ 1 & 3 & 6 & 10 \\ 111 & 232 & 363 & 504 \end{vmatrix} = (\qquad)$;

(5) 方程 $\begin{vmatrix} 1 & 1 & 1 & 1 \\ 1 & 2 & 3 & x \\ 1 & 4 & 9 & x^2 \\ 1 & 8 & 27 & x^3 \end{vmatrix} = 0$ 的全部根为 $(\qquad)$;

(6) 设 $f(x)=\begin{vmatrix} 2x & x & 1 & 2x \\ 1 & x & 1 & -1 \\ 3 & 2 & x & 1 \\ 1 & 1 & 1 & x \end{vmatrix}$, 则 $x^3$ 的系数为 (　　), $x^4$ 的系数为 (　　).

2. 计算下列行列式.

(1) $\begin{vmatrix} 1 & 2 & b & 0 \\ a & 0 & 0 & b \\ 0 & c & d & 0 \\ c & 0 & 0 & d \end{vmatrix}$;　　(2) $\begin{vmatrix} 0 & a & b & 0 \\ a & 0 & 0 & b \\ 0 & c & d & 0 \\ c & 0 & 0 & d \end{vmatrix}$;

(3) $\begin{vmatrix} 1 & 1 & 1 & 1 \\ 5 & 8 & 6 & 2 \\ 5^2 & 8^2 & 6^2 & 2^2 \\ 5^3 & 8^3 & 6^3 & 2^3 \end{vmatrix}$;　　(4) $\begin{vmatrix} 1+x & 1 & 1 & 1 \\ 1 & 1-x & 1 & 1 \\ 1 & 1 & 1+y & 1 \\ 1 & 1 & 1 & 1-y \end{vmatrix}$;

(5) $\begin{vmatrix} 1 & 1 & 1 & 1 \\ 1+a & 1+b & 1+c & 1+d \\ a+a^2 & b+b^2 & c+c^2 & d+d^2 \\ a^2+a^3 & b^2+b^3 & c^2+c^3 & d^2+d^3 \end{vmatrix}$;

(6) $\begin{vmatrix} 1 & 2 & 3 & \cdots & n-1 & n \\ -1 & 0 & 3 & \cdots & n-1 & n \\ -1 & -2 & 0 & \cdots & n-1 & n \\ \vdots & \vdots & \vdots & & \vdots & \vdots \\ -1 & -2 & -3 & \cdots & 0 & n \\ -1 & -2 & -3 & \cdots & -(n-1) & 0 \end{vmatrix}$.

3. 设 $M_{ij}$ 和 $A_{ij}$ 分别表示行列式 $D=\begin{vmatrix} 1 & 2 & -1 & 0 \\ 1 & 1 & 0 & -5 \\ -1 & 3 & 1 & 3 \\ 2 & -4 & -1 & 3 \end{vmatrix}$ 的余子式和代数余子式, 试计算:

(1) $A_{11}+A_{12}+A_{14}$;　　(2) $3A_{22}+2A_{23}+5A_{24}$;

(3) $2A_{12}+3A_{32}+6A_{42}$;　　(4) $3A_{14}+A_{24}+2A_{34}$;

(5) $M_{11}+M_{12}+M_{14}$;　　(6) $3M_{22}+2M_{23}+5M_{24}$;

(7) $2M_{12}+3M_{32}+6M_{42}$;　　(8) $3M_{14}+M_{24}+2M_{34}$.

4. 计算 $n$ 阶行列式 $\begin{vmatrix} 1 & 1 & \cdots & 1 & -n \\ 1 & 1 & \cdots & -n & 1 \\ \vdots & \vdots & & \vdots & \vdots \\ 1 & -n & \cdots & 1 & 1 \\ -n & 1 & \cdots & 1 & 1 \end{vmatrix}$.

5. 计算 $n$ 阶行列式 $\begin{vmatrix} 1 & 2 & 3 & \cdots & n \\ 2 & 3 & 4 & \cdots & 1 \\ 3 & 4 & 5 & \cdots & 2 \\ \vdots & \vdots & \vdots & & \vdots \\ n & 1 & 2 & \cdots & n-1 \end{vmatrix}$.

6. 计算 $n+1$ 阶行列式 $\begin{vmatrix} 1 & a_1 & a_2 & \cdots & a_n \\ 1 & a_1+b_1 & a_2 & \cdots & a_n \\ 1 & a_1 & a_2+b_2 & \cdots & a_n \\ \vdots & \vdots & \vdots & & \vdots \\ 1 & a_1 & a_2 & \cdots & a_n+b_n \end{vmatrix}$.

## 1.3 Cramer 法则

本节讨论行列式在研究方程个数和未知元个数相等的线性方程组时的应用. 这类线性方程组在系数行列式不等于零时的求解公式, 通常称为Cramer 法则.

**定理 1.4** 设线性方程组

$$\begin{cases} a_{11}x_1 + a_{12}x_2 + \cdots + a_{1n}x_n = b_1, \\ a_{21}x_1 + a_{22}x_2 + \cdots + a_{2n}x_n = b_2, \\ \cdots\cdots \\ a_{n1}x_1 + a_{n2}x_2 + \cdots + a_{nn}x_n = b_n \end{cases} \tag{1.13}$$

的系数行列式

$$D = \begin{vmatrix} a_{11} & a_{12} & \cdots & a_{1n} \\ a_{21} & a_{22} & \cdots & a_{2n} \\ \vdots & \vdots & & \vdots \\ a_{n1} & a_{n2} & \cdots & a_{nn} \end{vmatrix} \neq 0,$$

则该方程组存在唯一解

$$x_j = \frac{d_j}{D}, \quad j = 1, 2, \cdots, n, \tag{1.14}$$

其中 $d_j$ 为用 $b_1, b_2, \cdots, b_n$ 替代 $D$ 的第 $j$ 列元素 $a_{1j}, a_{2j}, \cdots, a_{nj}$ 所形成的行列式.

**证明*** 首先证明 (1.14) 是方程组 (1.13) 的解. 为简化叙述, 将方程组 (1.13) 简写为

$$\sum_{j=1}^{n} a_{ij}x_j = b_i, \quad i = 1, 2, \cdots, n, \tag{1.15}$$

并用 $A_{ij}$ 表示 $a_{ij}$ 在 $D$ 中的代数余子式. 则把行列式 $d_j$ 按照第 $j$ 列展开, 可得

$$d_j = b_1A_{1j} + b_2A_{2j} + \cdots + b_nA_{nj} = \sum_{k=1}^{n} b_kA_{kj} \quad (j = 1, 2, \cdots, n).$$

由此可得, 当 $1 \leqslant i \leqslant n$ 时,

$$\begin{aligned}\sum_{j=1}^{n} a_{ij}\frac{d_j}{D} &= \frac{1}{D}\sum_{j=1}^{n} a_{ij}d_j = \frac{1}{D}\sum_{j=1}^{n} a_{ij}\sum_{k=1}^{n} b_kA_{kj} \\ &= \frac{1}{D}\sum_{j=1}^{n}\sum_{k=1}^{n} a_{ij}b_kA_{kj} = \frac{1}{D}\sum_{k=1}^{n} b_k\sum_{j=1}^{n} a_{ij}A_{kj}.\end{aligned}$$

根据 Laplace 展开定理, 上式中的最后一个和式为

$$\sum_{j=1}^{n} a_{ij}A_{kj} = \begin{cases} D, & k = i, \\ 0, & k \neq i. \end{cases}$$

代入上式可得

$$\sum_{j=1}^{n} a_{ij}\frac{d_j}{D} = \frac{1}{D}b_iD = b_i, \quad i = 1, 2, \cdots, n.$$

这说明 (1.14) 是方程组 (1.13) 的解.

下面证明解的唯一性. 设 $x_k = c_k$ $(k = 1, 2, \cdots, n)$ 也是方程组 (1.13) 的解, 则

$$\sum_{j=1}^{n} a_{ij}c_j = b_i, \quad i = 1, 2, \cdots, n.$$

将该式两边同时乘以 $A_{ik}$, 然后对 $i$ 求和, 得

$$\sum_{i=1}^{n} A_{ik}\sum_{j=1}^{n} a_{ij}c_j = \sum_{i=1}^{n} b_iA_{ik}.$$

根据定义, 由 Laplace 展开定理可知, 上式右边等于 $d_k$. 其左边经过交换 $i$ 和 $j$ 的求和顺序, 再用 Laplace 展开定理计算可得

$$\sum_{i=1}^{n} A_{ik} \sum_{j=1}^{n} a_{ij}c_j = \sum_{j=1}^{n} c_j \sum_{i=1}^{n} a_{ij}A_{ik} = c_k D.$$

故 $c_k = \dfrac{d_k}{D}$ $(k = 1, 2, \cdots, n)$. 这证明了唯一性. 证毕.

实际上, 系数行列式 $D \neq 0$ 是线性方程组 (1.13) 存在唯一解的充分必要条件. 这将在第 4 章线性方程组的一般理论中给出说明 (见定理 4.5). 作为特殊情况, 当 $b_1 = b_2 = \cdots = b_n = 0$ 时, 有

**推论 1**　线性方程组

$$\begin{cases} a_{11}x_1 + a_{12}x_2 + \cdots + a_{1n}x_n = 0, \\ a_{21}x_1 + a_{22}x_2 + \cdots + a_{2n}x_n = 0, \\ \qquad\qquad \cdots\cdots \\ a_{n1}x_1 + a_{n2}x_2 + \cdots + a_{nn}x_n = 0 \end{cases} \tag{1.16}$$

有非零解的充分必要条件是它的系数行列式 $D = 0$.

**例 1.16**　求解线性方程组 $\begin{cases} x_1 + x_2 + x_3 = 1, \\ x_1 + 2x_2 - x_3 = 0, \\ 3x_1 + 5x_2 + x_3 = 3. \end{cases}$

**解**　该方程组的系数行列式

$$D = \begin{vmatrix} 1 & 1 & 1 \\ 1 & 2 & -1 \\ 3 & 5 & 1 \end{vmatrix} = \begin{vmatrix} 1 & 1 & 1 \\ 0 & 1 & -2 \\ 0 & 2 & -2 \end{vmatrix} = \begin{vmatrix} 1 & 1 & 1 \\ 0 & 1 & -2 \\ 0 & 0 & 2 \end{vmatrix} = 2 \neq 0.$$

因此, 它有唯一解. 又

$$d_1 = \begin{vmatrix} 1 & 1 & 1 \\ 0 & 2 & -1 \\ 3 & 5 & 1 \end{vmatrix} = -2, \quad d_2 = \begin{vmatrix} 1 & 1 & 1 \\ 1 & 0 & -1 \\ 3 & 3 & 1 \end{vmatrix} = 2, \quad d_3 = \begin{vmatrix} 1 & 1 & 1 \\ 1 & 2 & 0 \\ 3 & 5 & 3 \end{vmatrix} = 2.$$

所以, 由定理 1.4 知该方程组的解为

$$x_1 = \frac{d_1}{D} = -1, \quad x_2 = \frac{d_2}{D} = 1, \quad x_3 = \frac{d_3}{D} = 1.$$

**例 1.17** 给定平面上三个点 $(1,1)$, $(2,-1)$, $(3,1)$. 求过这三个点且对称轴与 $y$ 轴平行的抛物线方程.

**解** 由于所求抛物线的对称轴与 $y$ 轴平行, 所以由平面解析几何知道, 可设其方程为 $y = ax^2+bx+c$, 其中 $a$, $b$, $c$ 为待定常数. 将给定三个点 (1, 1), (2, −1), (3, 1) 的坐标代入, 可得

$$\begin{cases} a+b+c=1, \\ 4a+2b+c=-1, \\ 9a+3b+c=1. \end{cases}$$

这是一个以 $a$, $b$, $c$ 为未知元的线性方程组, 其系数行列式

$$D = \begin{vmatrix} 1 & 1 & 1 \\ 4 & 2 & 1 \\ 9 & 3 & 1 \end{vmatrix} = \begin{vmatrix} 1 & 1 & 1 \\ 0 & -2 & -3 \\ 0 & -6 & -8 \end{vmatrix} = \begin{vmatrix} 1 & 1 & 1 \\ 0 & -2 & -3 \\ 0 & 0 & 1 \end{vmatrix} = -2 \neq 0.$$

又

$$d_1 = \begin{vmatrix} 1 & 1 & 1 \\ -1 & 2 & 1 \\ 1 & 3 & 1 \end{vmatrix} = -4, \quad d_2 = \begin{vmatrix} 1 & 1 & 1 \\ 4 & -1 & 1 \\ 9 & 1 & 1 \end{vmatrix} = 16, \quad d_3 = \begin{vmatrix} 1 & 1 & 1 \\ 4 & 2 & -1 \\ 9 & 3 & 1 \end{vmatrix} = -14.$$

故由定理 1.4 可得 $a=2$, $b=-8$, $c=7$. 因此, 所求的抛物线方程为

$$y = 2x^2 - 8x + 7.$$

一般地, 平面上过 $n+1$ 个横坐标不同的点 $(x_i, y_i)$ $(i = 1, 2, \cdots, n+1)$ 可以唯一确定一条 $n$ 次曲线的方程

$$y = f(x) = a_0 + a_1 x + \cdots + a_n x^n.$$

请读者自行思考并证明之.

**例 1.18** 讨论 $\lambda$ 为何值时, 线性方程组

$$\begin{cases} \lambda x_1 + x_2 + x_3 = 1, \\ x_1 + \lambda x_2 + x_3 = 1, \\ x_1 + x_2 + \lambda x_3 = 1 \end{cases}$$

有唯一解, 并求其解.

**解**　该方程组的系数行列式

$$D=\begin{vmatrix}\lambda & 1 & 1\\ 1 & \lambda & 1\\ 1 & 1 & \lambda\end{vmatrix}=\begin{vmatrix}\lambda+2 & \lambda+2 & \lambda+2\\ 1 & \lambda & 1\\ 1 & 1 & \lambda\end{vmatrix}=(\lambda+2)\begin{vmatrix}1 & 1 & 1\\ 1 & \lambda & 1\\ 1 & 1 & \lambda\end{vmatrix}$$

$$=(\lambda+2)\begin{vmatrix}1 & 1 & 1\\ 0 & \lambda-1 & 0\\ 0 & 0 & \lambda-1\end{vmatrix}=(\lambda+2)(\lambda-1)^2.$$

因此, 由定理 1.4 知, 当 $\lambda\neq 1$ 且 $\lambda\neq -2$ 时, 它有唯一解. 又,

$$d_1=\begin{vmatrix}1 & 1 & 1\\ 1 & \lambda & 1\\ 1 & 1 & \lambda\end{vmatrix}=\begin{vmatrix}1 & 1 & 1\\ 0 & \lambda-1 & 0\\ 0 & 0 & \lambda-1\end{vmatrix}=(\lambda-1)^2,$$

$$d_2=\begin{vmatrix}\lambda & 1 & 1\\ 1 & 1 & 1\\ 1 & 1 & \lambda\end{vmatrix}=\begin{vmatrix}\lambda-1 & 1 & 0\\ 0 & 1 & 0\\ 0 & 1 & \lambda-1\end{vmatrix}=(\lambda-1)\begin{vmatrix}1 & 0\\ 1 & \lambda-1\end{vmatrix}=(\lambda-1)^2,$$

$$d_3=\begin{vmatrix}\lambda & 1 & 1\\ 1 & \lambda & 1\\ 1 & 1 & 1\end{vmatrix}=\begin{vmatrix}\lambda-1 & 0 & 0\\ 0 & \lambda-1 & 0\\ 1 & 1 & 1\end{vmatrix}=(\lambda-1)^2.$$

故其解为

$$x_1=x_2=x_3=\frac{1}{\lambda+2}.$$

请读者验证, 在该例中, 如果 $\lambda=-2$, 则方程组无解; 如果 $\lambda=1$, 则方程组变为 $x_1+x_2+x_3=1$, 它明显有无穷多解.

**例 1.19***　设 $f(x)=a_0+a_1x+\cdots+a_nx^n$ 为 $n$ 次多项式. 证明: 如果 $f(x)$ 至少有 $n+1$ 个不同的根, 则 $f(x)=0$.

**证明**　设 $x_1, x_2, \cdots, x_{n+1}$ 为 $f(x)$ 的 $n+1$ 个不同的根. 将它们代入 $f(x)$, 可得下述关于 $a_0, a_1, \cdots, a_n$ 的线性方程组

$$a_0+a_1x_i+\cdots+a_nx_i^n=0,\quad i=1, 2, \cdots, n+1.$$

其系数行列式

$$D = \begin{vmatrix} 1 & x_1 & \cdots & x_1^n \\ 1 & x_2 & \cdots & x_2^n \\ \vdots & \vdots & & \vdots \\ 1 & x_{n+1} & \cdots & x_{n+1}^n \end{vmatrix}$$

的转置行列式 $D^{\mathrm{T}}$ 是一个 Vandermonde 行列式. 由于 $x_1, x_2, \cdots, x_{n+1}$ 互不相等, 所以由 $D = D^{\mathrm{T}} = \prod\limits_{1 \leqslant i < j \leqslant n+1} (x_j - x_i)$ 可知 $D \neq 0$. 因此由推论 1 可知上述线性方程组只有零解, 即 $a_0 = a_1 = \cdots = a_n = 0$. 从而 $f(x) = 0$.

### 习　题　1.3

1. 选择题.

(1) 行列式 $D_n$ 非零的充分必要条件为 (　　).

(A) $D_n$ 的所有元素非零　　(B) $D_n$ 的任意两行元素不成比例

(C) $D_n$ 至少有 $n$ 个元素非零　　(D) 以 $D_n$ 为系数行列式的线性方程组有唯一解

(2) 设线性方程组 $\begin{cases} kx_1 + x_2 + x_3 = 0, \\ x_1 + kx_2 + x_3 = 0, \\ 2x_1 - x_2 + x_3 = 0 \end{cases}$ 只有零解, 则 $k =$ (　　).

(A) 0 或 1　　(B) 0 或 −1　　(C) 不等于 0 和 1　　(D) 不确定

2. 讨论 $k$ 为何值时线性方程组

$$\begin{cases} kx_1 + x_2 + x_3 = 1, \\ x_1 + kx_2 + x_3 = k, \\ x_1 + x_2 + kx_3 = k^2 \end{cases}$$

有唯一解, 并求出其解.

## 1.4　思考与拓展 *

### 1.4.1　平面解析几何中行列式的意义和应用

(1) 若 $\boldsymbol{a} = a_1\boldsymbol{i} + a_2\boldsymbol{j}$, $\boldsymbol{b} = b_1\boldsymbol{i} + b_2\boldsymbol{j}$ 是平面上两个非零向量, 其中 $\boldsymbol{i}, \boldsymbol{j}$ 分别是 $x$ 轴和 $y$ 轴正向上的单位向量, 则以 $\boldsymbol{a}, \boldsymbol{b}$ 为邻边的平行四边形的面积

$$S = |\boldsymbol{a}||\boldsymbol{b}| \sin\theta = |\boldsymbol{a} \times \boldsymbol{b}|,$$

其中 $\theta$ 表示 $\boldsymbol{a}, \boldsymbol{b}$ 的夹角. 又直接计算可得

$$\boldsymbol{a} \times \boldsymbol{b} = (a_1\boldsymbol{i} + a_2\boldsymbol{j}) \times (b_1\boldsymbol{i} + b_2\boldsymbol{j}) = (a_1b_2 - a_2b_1)\, \boldsymbol{i} \times \boldsymbol{j}.$$

所以

$$S = |\boldsymbol{a} \times \boldsymbol{b}| = |a_1 b_2 - a_2 b_1| = |D|,$$

其中 $D = \begin{vmatrix} a_1 & a_2 \\ b_1 & b_2 \end{vmatrix} = \begin{vmatrix} a_1 & b_1 \\ a_2 & b_2 \end{vmatrix}$. 该式表示, 以 $\boldsymbol{a}$, $\boldsymbol{b}$ 为邻边的平行四边形的面积 $S$ 等于以 $\boldsymbol{a}$, $\boldsymbol{b}$ 的坐标为行或列的 2 阶行列式 $D$ 的绝对值.

特别地, 向量 $\boldsymbol{a}$, $\boldsymbol{b}$ 共线当且仅当行列式 $D$ 的值为零. 此时上述平行四边形退化为线段.

(2) 平面上圆锥曲线的一般方程

$$a_1 x^2 + a_2 xy + a_3 y^2 + a_4 x + a_5 y + a_6 = 0,$$

其中 $a_1, a_2, a_3$ 不全为零. 由于可用某个非零的 $a_i\,(1 \leqslant i \leqslant 3)$ 去除该方程, 所以可以假设 $a_1, a_2, a_3$ 中的某个为 1. 因此, 要确定一条圆锥曲线, 只需给出 5 个相互独立的条件. 作为例子, 由推论 1 可知, 平面上通过 5 个不同点 $(x_i, y_i)$ $(i = 1, 2, 3, 4, 5)$ 的一般圆锥曲线的方程为

$$\begin{vmatrix} x^2 & xy & y^2 & x & y & 1 \\ x_1^2 & x_1 y_1 & y_1^2 & x_1 & y_1 & 1 \\ x_2^2 & x_2 y_2 & y_2^2 & x_2 & y_2 & 1 \\ x_3^2 & x_3 y_3 & y_3^2 & x_3 & y_3 & 1 \\ x_4^2 & x_4 y_4 & y_4^2 & x_4 & y_4 & 1 \\ x_5^2 & x_5 y_5 & y_5^2 & x_5 & y_5 & 1 \end{vmatrix} = 0.$$

### 1.4.2 空间解析几何中行列式的意义和应用

按照习惯, 用 $\boldsymbol{i}$, $\boldsymbol{j}$, $\boldsymbol{k}$ 分别表示 $x$ 轴、$y$ 轴和 $z$ 轴正向上的单位向量. 设

$$\boldsymbol{a} = a_1\boldsymbol{i} + a_2\boldsymbol{j} + a_3\boldsymbol{k}, \quad \boldsymbol{b} = b_1\boldsymbol{i} + b_2\boldsymbol{j} + b_3\boldsymbol{k}, \quad \boldsymbol{c} = c_1\boldsymbol{i} + c_2\boldsymbol{j} + c_3\boldsymbol{k}$$

是 3 个空间向量, 则可以证明:

(1) 向量 $\boldsymbol{a}$, $\boldsymbol{b}$, $\boldsymbol{c}$ 的混合积 $(\boldsymbol{a}, \boldsymbol{b}, \boldsymbol{c}) = (\boldsymbol{a} \times \boldsymbol{b}) \cdot \boldsymbol{c}$ 为

$$(\boldsymbol{a}, \boldsymbol{b}, \boldsymbol{c}) = (\boldsymbol{a} \times \boldsymbol{b}) \cdot \boldsymbol{c} = \begin{vmatrix} a_1 & a_2 & a_3 \\ b_1 & b_2 & b_3 \\ c_1 & c_2 & c_3 \end{vmatrix}.$$

(2) 以任意 3 个非零向量 $\boldsymbol{a}$, $\boldsymbol{b}$, $\boldsymbol{c}$ 为棱的平行六面体的体积 $V$ 等于它们混合积的绝对值, 即有

$$V = |(\boldsymbol{a}, \boldsymbol{b}, \boldsymbol{c})|.$$

(3) 特别地, 3 个向量 $\boldsymbol{a}, \boldsymbol{b}, \boldsymbol{c}$ 共面当且仅当它们的混合积 $(\boldsymbol{a}, \boldsymbol{b}, \boldsymbol{c}) = 0$. 此时平行六面体退化为平面图形.

(4) 非零向量 $\boldsymbol{a}, \boldsymbol{b}$ 的向量积 $\boldsymbol{a} \times \boldsymbol{b}$ 可以利用行列式表示为

$$\boldsymbol{a} \times \boldsymbol{b} = \begin{vmatrix} \boldsymbol{i} & \boldsymbol{j} & \boldsymbol{k} \\ a_1 & a_2 & a_3 \\ b_1 & b_2 & b_3 \end{vmatrix},$$

其中上式右边表示按照其第一行展开所得的空间向量.

### 1.4.3 $n$ 阶行列式 $D_n = \det(a_{ij}) = |a_{ij}|$ 的直接定义

$n$ 阶行列式 $D_n = \det(a_{ij}) = |a_{ij}|$ 也可以用下式定义

$$\begin{aligned} D_n &= \sum (-1)^{\tau(j_1 j_2 \cdots j_n)} a_{1j_1} a_{2j_2} \cdots a_{nj_n} \\ &= \sum (-1)^{\tau(i_1 i_2 \cdots i_n)} a_{i_1 1} a_{i_2 2} \cdots a_{i_n n} \\ &= \sum (-1)^{\tau(j_1 j_2 \cdots j_n) + \tau(i_1 i_2 \cdots i_n)} a_{i_1 j_1} a_{i_2 j_2} \cdots a_{i_n j_n}, \end{aligned}$$

其中, 第一个 $\sum$ 表示对 $1, 2, \cdots, n$ 的所有可能的排列 $(j_1 j_2 \cdots j_n)$ 求和, 第二个 $\sum$ 表示对所有可能的排列 $(i_1 i_2 \cdots i_n)$ 求和, 第三个 $\sum$ 表示当排列 $(i_1 i_2 \cdots i_n)$ 和 $(j_1 j_2 \cdots j_n)$ 中某一个固定时, 对另一个的所有可能求和. 这里, $\tau(\cdots)$ 表示排列的逆序数.

所谓一个由正整数所形成的排列的逆序数, 是指该排列的逆序的总数. 而排列的一个逆序, 是指在这个排列中由后面小于前面的两个数字所形成的一个数对. 例如, 对排列 (312) 来说, 其逆序数 $\tau(312) = 2$.

### 1.4.4 行列式发展简述

行列式最早是一种速记的表达式, 出现于线性方程组的求解, 是由德国数学家 G. W. Leibniz (莱布尼茨) 和日本数学家关孝和发明的. 1693 年, Leibniz 在写给 L' Hospital (洛必达) 的一封信中提出了行列式的概念, 并给出方程组的系数行列式为零的条件. 同时代的日本数学家关孝和在其著作《解伏题元法》中也提出了行列式的概念和算法.

1750 年, 瑞士数学家 G. Cramer 在其著作《线性代数分析导引》中, 对行列式的定义和展开法则给出了比较完整、明确的阐述, 并给出了现在我们所称的解线性方程组的 Cramer 法则. 稍后, 法国数学家 E. Bezout (贝祖) 将确定行列式每一项符号的方法进行了系统化, 利用系数行列式概念指出了如何判断一个齐次线性方程组有非零解.

在行列式的发展史上, 第一个不仅仅只是对行列式作为解线性方程组的一种工具使用, 而是在理论和逻辑上做出系统阐述的人, 是法国数学家 Vandermonde. 就这一点来说, 他应是这门理论的奠基人. 他把行列式理论与线性方程组求解相分离, 给出了用 2 阶子式和它们的余子式来展开行列式的法则. 1772 年, 法国数学家 P. S. Laplace (拉普拉斯) 在一篇论文中证明了 Vandermonde 提出的一些规则, 推广了他展开行列式的方法.

继 Vandermonde 之后, 在行列式方面做出突出贡献的人是法国数学家 A. L. Cauchy (柯西). 1815 年, Cauchy 在一篇论文中给出了行列式的第一个系统的、几乎是近代的处理. 其中主要结果之一是行列式的乘法定理. 另外, 他第一个把行列式的元素排成方阵, 采用双足标记法, 引进了行列式特征方程的术语, 给出了相似行列式概念, 改进了 Laplace 的行列式展开定理并给出了一个新证明.

19 世纪的前半个多世纪, 对行列式研究始终不渝的重要数学家之一是英国数学家 J. Sylvester (西尔维斯特). 他的重要成就之一是改进了从一个 $n$ 次和一个 $m$ 次的多项式中消去 $x$ 的方法, 指出两个多项式方程有公共根是可以使用一个行列式为零的结果来刻画的, 但没有给出证明.

继 Cauchy 之后, 在行列式方面最多产的人是德国数学家 J. Jacobi (雅可比). 他引进了函数行列式, 即 “Jacobi 行列式”, 指出函数行列式在多重积分的变量替换中的作用, 给出了函数行列式的导数公式. Jacobi 的著名论文《论行列式的形成和性质》标志着行列式系统理论的建立和完成. 行列式在数学分析、几何学、线性方程组理论、二次型理论等多方面的应用, 促使行列式理论自身在 19 世纪也得到了很大发展. 整个 19 世纪都有行列式的新结果. 除了一般行列式的大量定理之外, 还有许多有关特殊行列式的其他定理相继得到.

# 复 习 题 1

## (A)

1. 计算下列行列式.

(1) $\begin{vmatrix} x^2+1 & yx & zx \\ xy & y^2+1 & zy \\ xz & yz & z^2+1 \end{vmatrix}$; (2) $\begin{vmatrix} a_1 & 0 & 0 & b_1 \\ 0 & a_2 & b_2 & 0 \\ 0 & b_3 & a_3 & 0 \\ b_4 & 0 & 0 & a_4 \end{vmatrix}$;

(3) $\begin{vmatrix} 0 & 1 & 0 & \cdots & 0 \\ 0 & 0 & 2 & \cdots & 0 \\ \vdots & \vdots & \vdots & & \vdots \\ 0 & 0 & 0 & \cdots & n-1 \\ n & 0 & 0 & \cdots & 0 \end{vmatrix}$; (4) $\begin{vmatrix} 1 & 1 & 1 & \cdots & 1 \\ 2 & 2^2 & 2^3 & \cdots & 2^n \\ 3 & 3^2 & 3^3 & \cdots & 3^n \\ \vdots & \vdots & \vdots & & \vdots \\ n & n^2 & n^3 & \cdots & n^n \end{vmatrix}$.

2. 证明下列恒等式.

(1) $\begin{vmatrix} a-b & b-c & c-a \\ b-c & c-a & a-b \\ c-a & a-b & b-c \end{vmatrix}=0$; (2) $\begin{vmatrix} 1+a & b & c \\ a & 1+b & c \\ a & b & 1+c \end{vmatrix}=1+a+b+c$;

(3) $\begin{vmatrix} 1 & 2 & 3 & \cdots & n \\ 1 & 1+2 & 3 & \cdots & n \\ 1 & 2 & 2+3 & \cdots & n \\ \vdots & \vdots & \vdots & & \vdots \\ 1 & 2 & 3 & \cdots & (n-1)+n \end{vmatrix}=(n-1)!$;

(4) $\begin{vmatrix} a_0 & -1 & 0 & \cdots & 0 & 0 \\ a_1 & x & -1 & \cdots & 0 & 0 \\ \vdots & \vdots & \vdots & & \vdots & \vdots \\ a_{n-2} & 0 & 0 & \cdots & x & -1 \\ a_{n-1} & 0 & 0 & \cdots & 0 & x \end{vmatrix}=a_0x^{n-1}+a_1x^{n-2}+\cdots+a_{n-2}x+a_{n-1}$.

3. 已知 4 阶行列式 $D$ 的值为 91, 它的第 1 行元素依次为 2, 3, $t+3$, $-5$, 它们的余子式分别为 $M_{11}=-1$, $M_{12}=0$, $M_{13}=6$, $M_{14}=9$. 求参数 $t$.

4. 已知行列式 $D=\begin{vmatrix} 3 & -5 & 2 & 1 \\ 1 & 1 & 0 & -5 \\ -1 & 3 & 1 & 3 \\ 2 & -4 & -1 & -3 \end{vmatrix}$, 求

(1) $A_{11}+A_{12}+A_{13}+A_{14}$; (2) $2M_{11}+M_{12}-M_{13}+2M_{14}$.

5. 利用 Cramer 法则求下列方程组的解.

(1) $\begin{cases} x_1+2x_2+3x_3=-7, \\ 2x_1+3x_2+5x_3=-10, \\ 4x_1+7x_2+9x_3=-22; \end{cases}$ (2) $\begin{cases} x_1+x_2+x_3=5, \\ 2x_1+x_2-x_3+x_4=1, \\ x_1+2x_2-x_3+x_4=2, \\ x_2+2x_3+3x_4=3. \end{cases}$

6. 问参数 $k$ 取何值时方程组 $\begin{cases} kx+z=0, \\ 2x+ky+z=0, \\ kx-2y+z=0 \end{cases}$ 仅有零解.

7. 若齐次线性方程组 $\begin{cases} x_1+x_2+x_3+ax_4=0, \\ x_1+2x_2+x_3+x_4=0, \\ x_1+x_2-3x_3+x_4=0, \\ x_1+x_2+ax_3+bx_4=0 \end{cases}$ 有非零解, 问参数 $a$, $b$ 满足什么条件?

8. 已知 $f(x)=a_0+a_1x+a_2x^2+a_3x^3$, 求 $a_0, a_1, a_2, a_3$ 使 $f(-1)=0$, $f(1)=4$, $f(2)=3$, $f(3)=16$.

9. 设 $(x_1, y_1)$ 和 $(x_2, y_2)$ 是平面上两个不同的点. 证明: 过这两点的直线方程为

$$\begin{vmatrix} 1 & x & y \\ 1 & x_1 & y_1 \\ 1 & x_2 & y_2 \end{vmatrix} = 0.$$

10. 已知 204, 527, 255 都能被 17 整除. 证明: 行列式 $D = \begin{vmatrix} 2 & 5 & 2 \\ 0 & 2 & 5 \\ 4 & 7 & 5 \end{vmatrix}$ 也能被 17 整除.

## (B)

1. 计算下列行列式.

(1) $D_5 = \begin{vmatrix} 1-a & a & 0 & 0 & 0 \\ -1 & 1-a & a & 0 & 0 \\ 0 & -1 & 1-a & a & 0 \\ 0 & 0 & -1 & 1-a & a \\ 0 & 0 & 0 & -1 & 1-a \end{vmatrix}$;

(2) $D_n = \begin{vmatrix} x & y & y & \cdots & y & y \\ z & x & y & \cdots & y & y \\ z & z & x & \cdots & y & y \\ \vdots & \vdots & \vdots & & \vdots & \vdots \\ z & z & z & \cdots & z & x \end{vmatrix}$;

(3) $D_n = \begin{vmatrix} 1 & 3 & 5 & \cdots & 2n-1 \\ 1 & 2 & 0 & \cdots & 0 \\ 1 & 0 & 3 & \cdots & 0 \\ \vdots & \vdots & \vdots & & \vdots \\ 1 & 0 & 0 & \cdots & n \end{vmatrix}$;

(4) $D_n = \begin{vmatrix} 1 & 3 & 3 & 3 & \cdots & 3 \\ 3 & 2 & 3 & 3 & \cdots & 3 \\ 3 & 3 & 3 & 3 & \cdots & 3 \\ \vdots & \vdots & \vdots & \vdots & & \vdots \\ 3 & 3 & 3 & 3 & \cdots & n \end{vmatrix}$.

2. 设 $f(x) = \begin{vmatrix} x-2 & x-1 & x-2 & x-3 \\ 2x-2 & 2x-1 & 2x-2 & 2x-3 \\ 3x-3 & 3x-2 & 4x-5 & 3x-5 \\ 4x & 4x-3 & 5x-7 & 4x-3 \end{vmatrix}$, 求方程 $f(x) = 0$ 的根的个数.

3. 已知 $D = \begin{vmatrix} 2 & 2 & 3 \\ 1 & 1 & 2 \\ 2 & y & x \end{vmatrix}$, 且 $M_{11} + M_{12} - M_{13} = 3$, $A_{11} + A_{12} + A_{13} = 1$, 其中 $M_{ij}$,

$A_{ij}$ 分别是 $D$ 中元素 $a_{ij}$ 的余子式和代数余子式. 求 $x$, $y$.

4. 已知 Fibonacci (斐波那契) 数 $F_i$ 由 $F_1=1$, $F_2=2$, $F_n=F_{n-1}+F_{n-2}\,(n\geqslant 3)$ 定义. 证明:

$$F_n=\begin{vmatrix} 1 & 1 & 0 & \cdots & 0 & 0 \\ -1 & 1 & 1 & \cdots & 0 & 0 \\ 0 & -1 & 1 & \cdots & 0 & 0 \\ \vdots & \vdots & \vdots & & \vdots & \vdots \\ 0 & 0 & 0 & \cdots & 1 & 1 \\ 0 & 0 & 0 & \cdots & -1 & 1 \end{vmatrix}.$$

5. 设 $n$ 阶行列式 $D=|a_{ij}|=4$, 其各列元素之和为 2, 且 $A_{ij}$ 为 $a_{ij}$ 的代数余子式. 求 $\sum\limits_{i,\,j=1}^{n} A_{ij}$.

6. 设 $f_i(x)$ 为次数不超过 $n-2\ (n>1)$ 的多项式, $a_i\neq a_j\ (1\leqslant i\neq j\leqslant n)$. 证明: $\det\,(f_i(a_j))=0$.

第 1 章习题参考答案

# 第 2 章 矩 阵

矩阵 (matrix) 以矩形数表形式出现, 是代数学的一个核心对象. 矩阵理论十分丰富, 应用领域十分广泛. 在线性代数中, 它既是核心对象, 又是主要工具. 本章主要介绍矩阵的基本概念、代数运算、初等变换、矩阵的秩等基本内容, 建立矩阵理论及其应用的基础.

## 2.1 矩阵的基本概念

### 2.1.1 几个实例

在生产和社会实践中, 人们经常会用数表来简单描述各种定量现象和问题.

**实例一** A, B, C, D 四名学生的考试成绩可用下表显示:

| | 数学 | 物理 | 英语 | 语文 |
|---|---|---|---|---|
| 学生 A | 98 | 90 | 87 | 72 |
| 学生 B | 89 | 90 | 86 | 98 |
| 学生 C | 97 | 84 | 75 | 87 |
| 学生 D | 85 | 88 | 85 | 88 |

如果仅考虑其中的成绩, 那么上表就可以归结为下面的矩形数表:

$$\begin{pmatrix} 98 & 90 & 87 & 72 \\ 89 & 90 & 86 & 98 \\ 97 & 84 & 75 & 87 \\ 85 & 88 & 85 & 88 \end{pmatrix},$$

其中数表两边的括号用来指明表中数字及其相对位置共同形成一个整体.

**实例二** 3 种商品在 4 个不同商店的销售量统计可用下表显示:

| | 商品甲 | 商品乙 | 商品丙 |
|---|---|---|---|
| 商店 A | 102 | 190 | 892 |
| 商店 B | 200 | 310 | 198 |
| 商店 C | 970 | 804 | 787 |
| 商店 D | 80 | 85 | 128 |

如果仅考虑其中的销售量, 那么上表可以归结为如下矩形数表:

$$\begin{pmatrix} 102 & 190 & 892 \\ 200 & 310 & 198 \\ 970 & 804 & 787 \\ 80 & 85 & 128 \end{pmatrix}.$$

通常, 只要涉及两个集合, 并且集合元素间由某些实数相关联的场合, 往往可用这种矩形数表来刻画.

**实例三** 对一个含有 $n$ 个未知元 $m$ 个方程的线性方程组

$$\begin{cases} a_{11}x_1 + a_{12}x_2 + \cdots + a_{1n}x_n = b_1, \\ a_{21}x_1 + a_{22}x_2 + \cdots + a_{2n}x_n = b_2, \\ \cdots\cdots \\ a_{m1}x_1 + a_{m2}x_2 + \cdots + a_{mn}x_n = b_m, \end{cases}$$

如果略去其中的联系符号 "+", "=", 以及未知元 $x_1, x_2, \cdots, x_n$, 仅考虑对应的系数和等式右端的常数项, 按顺序可以排成下面一个矩形数表:

$$\begin{pmatrix} a_{11} & a_{12} & \cdots & a_{1n} & b_1 \\ a_{21} & a_{22} & \cdots & a_{2n} & b_2 \\ \vdots & \vdots & & \vdots & \vdots \\ a_{m1} & a_{m2} & \cdots & a_{mn} & b_m \end{pmatrix}.$$

根据习惯, 像这种在实例一至实例三中出现的矩形数表, 就是下面要介绍的矩阵.

### 2.1.2 矩阵的基本概念

**定义 2.1** 由 $m \times n$ 个数 $a_{ij}$ $(i = 1, 2, \cdots, m; j = 1, 2, \cdots, n)$ 排成的一个 $m$ 行 $n$ 列的矩形数表

$$\begin{pmatrix} a_{11} & a_{12} & \cdots & a_{1n} \\ a_{21} & a_{22} & \cdots & a_{2n} \\ \vdots & \vdots & & \vdots \\ a_{m1} & a_{m2} & \cdots & a_{mn} \end{pmatrix}$$

称为一个 $m$ 行 $n$ 列矩阵, 简称 $m \times n$ 矩阵, $a_{ij}$ 称为矩阵的元素. 通常, 矩阵

用黑体大写英文字母 $\boldsymbol{A}, \boldsymbol{B}, \cdots$ 表示, 或更加明确地, 用 $\boldsymbol{A}_{m\times n}, \boldsymbol{B}_{m\times n}, \cdots$ 表示. 以 $a_{ij}$ 为元素的 $m\times n$ 矩阵 $\boldsymbol{A}=\boldsymbol{A}_{m\times n}$ 通常记作

$$\boldsymbol{A}=(a_{ij})_{m\times n}.$$

元素全为实数的矩阵称为实矩阵, 包含复数元素的矩阵称为复矩阵.

当 $m=n$ 时, 特殊类型的矩阵 $\boldsymbol{A}=\boldsymbol{A}_{n\times n}$ 称为 $n$ 阶矩阵, 也称为 $n$ 阶方阵. $n$ 阶方阵 $\boldsymbol{A}_{n\times n}$ 有时简记为 $\boldsymbol{A}_n$. 按照习惯, 由一个数 $a$ 形成的 1 阶方阵 $(a)$ 等同于数 $a$.

在 $n$ 阶方阵 $\boldsymbol{A}=(a_{ij})$ 中, 连接元素 $a_{11}, a_{22}, \cdots, a_{nn}$ 的对角线, 称为其主对角线, 连接元素 $a_{1n}, a_{2,n-1}, \cdots, a_{n1}$ 的对角线, 称为副对角线.

如果矩阵 $\boldsymbol{A}$ 和 $\boldsymbol{B}$ 的行数和列数分别相等, 则 $\boldsymbol{A}$ 和 $\boldsymbol{B}$ 称为同型矩阵. 对于同型矩阵 $\boldsymbol{A}$ 和 $\boldsymbol{B}$, 如果它们的对应元素都相等, 则称矩阵 $\boldsymbol{A}$ 和 $\boldsymbol{B}$ 相等, 记为 $\boldsymbol{A}=\boldsymbol{B}$.

矩阵的例子是很多的. 比如, 在实例三中, 由未知元 $x_1, x_2, \cdots, x_n$ 的系数按顺序所形成的矩阵是

$$\begin{pmatrix} a_{11} & a_{12} & \cdots & a_{1n} \\ a_{21} & a_{22} & \cdots & a_{2n} \\ \vdots & \vdots & & \vdots \\ a_{m1} & a_{m2} & \cdots & a_{mn} \end{pmatrix},$$

它称为实例三中方程组的系数矩阵. 由未知元 $x_1, x_2, \cdots, x_n$ 的系数和常数项按顺序所形成的矩阵是

$$\begin{pmatrix} a_{11} & a_{12} & \cdots & a_{1n} & b_1 \\ a_{21} & a_{22} & \cdots & a_{2n} & b_2 \\ \vdots & \vdots & & \vdots & \vdots \\ a_{m1} & a_{m2} & \cdots & a_{mn} & b_m \end{pmatrix},$$

它称为方程组的增广矩阵.

根据矩阵相等的定义, 以 $a_{ij}$ 为元素的 $m\times n$ 矩阵 $(a_{ij})_{m\times n}$ 和以 $b_{ij}$ 为元素的 $m\times n$ 矩阵 $(b_{ij})_{m\times n}$ 相等意味着, 对任意的 $1\leqslant i\leqslant m, 1\leqslant j\leqslant n$, 均有

$$a_{ij}=b_{ij}.$$

特别地, 矩阵等式

$$\begin{pmatrix} x & -1 & -8 \\ 0 & y & 4 \end{pmatrix} = \begin{pmatrix} 3 & -1 & z \\ 0 & 2 & 4 \end{pmatrix},$$

蕴含 $x = 3, y = 2, z = -8$.

需要指出, 矩阵和行列式是两个完全不同的概念. 行列式是一个算式, 其行数和列数相等, 表示一个数. 矩阵的行数和列数可以不相等, 它是一个数表.

此外, 矩阵和行列式之间也是有联系的:

**定义 2.2** 对任一 $n$ 阶方阵 $\boldsymbol{A}$, 都有一个以 $\boldsymbol{A}$ 的元素为元素的 $n$ 阶行列式, 该行列式称为方阵 $\boldsymbol{A}$ 的行列式, 通常用 $|\boldsymbol{A}|$ 或 $\det(\boldsymbol{A})$ 表示.

当 $\det(\boldsymbol{A}) = 0$ 时, $\boldsymbol{A}$ 称为奇异矩阵; 当 $\det(\boldsymbol{A}) \neq 0$ 时, $\boldsymbol{A}$ 称为非奇异矩阵.

### 2.1.3 一些特殊类型的重要矩阵

下面给出关于一些特殊类型常见矩阵的几个重要概念.

**定义 2.3** 如果一个矩阵 $\boldsymbol{A} = \boldsymbol{A}_{m\times n}$ 的所有元素 $a_{ij}$ $(1 \leqslant i \leqslant m, 1 \leqslant j \leqslant n)$ 全为零, 则称 $\boldsymbol{A}$ 为零矩阵. 零矩阵通常用 $\boldsymbol{O}$ 表示.

但要注意, 不同地方出现的零矩阵 $\boldsymbol{O}$ 不一定是同型的. 根据上下文, 一般不难区分零矩阵 $\boldsymbol{O}$ 的类型.

**定义 2.4** 形如 $\boldsymbol{A} = (a_1, a_2, \cdots, a_n)$ 的 1 行 $n$ 列矩阵, 称为 $n$ 维行向量, 或行矩阵; 形如 $\boldsymbol{A} = \begin{pmatrix} a_1 \\ a_2 \\ \vdots \\ a_n \end{pmatrix}$ 的 $n$ 行 1 列矩阵, 称为 $n$ 维列向量, 或列矩阵. 行向量和列向量统称向量.

该定义告诉我们, 向量可以看作特殊的矩阵.

**定义 2.5** 对于 $n$ 阶方阵 $\boldsymbol{A} = (a_{ij})$, 如果当 $i > j$ 时, $a_{ij} = 0$ (或$a_{ji} = 0$), 即 $\boldsymbol{A}$ 的主对角线下 (或上) 方元素全为零, 则称 $\boldsymbol{A}$ 为上 (或下) 三角形矩阵.

上、下三角形矩阵的形式分别为

$$\begin{pmatrix} a_{11} & a_{12} & \cdots & a_{1n} \\ 0 & a_{22} & \cdots & a_{2n} \\ \vdots & \vdots & & \vdots \\ 0 & 0 & \cdots & a_{nn} \end{pmatrix} \quad 和 \quad \begin{pmatrix} a_{11} & 0 & \cdots & 0 \\ a_{21} & a_{22} & \cdots & 0 \\ \vdots & \vdots & & \vdots \\ a_{n1} & a_{n2} & \cdots & a_{nn} \end{pmatrix}.$$

进一步, 如果 $n$ 阶方阵 $\boldsymbol{A}$ 除主对角线之外的其他元素全为零, 即

$$\boldsymbol{A} = \begin{pmatrix} a_1 & & & \\ & a_2 & & \\ & & \ddots & \\ & & & a_n \end{pmatrix},$$

则称 $\boldsymbol{A}$ 为对角矩阵. 上述对角矩阵通常记为

$$\boldsymbol{A} = \operatorname{diag}(a_1, a_2, \cdots, a_n).$$

这里, 未写出的元素均为零.

上式省略零元素的矩阵书写方式是一种惯例, 它会带来很多方便, 以后会经常使用.

**定义 2.6**　在对角矩阵 $\boldsymbol{A} = \operatorname{diag}(a_1, a_2, \cdots, a_n)$ 中, 如果 $a_1 = a_2 = \cdots = a_n = a$, 则 $\boldsymbol{A}$ 称为数量矩阵, 或纯量矩阵; 进一步, 如果 $a_1 = a_2 = \cdots = a_n = 1$, 则 $\boldsymbol{A}$ 称为 $n$ 阶单位矩阵. $n$ 阶单位矩阵记为 $\boldsymbol{E}_n$, 或简记为 $\boldsymbol{E}$.

需要指出, 不同地方出现的单位矩阵 $\boldsymbol{E}$ 的阶数可能不同. 但根据上下文, 一般不难看出单位矩阵 $\boldsymbol{E}$ 的阶数.

**定义 2.7**　对于 $n$ 阶方阵 $\boldsymbol{A} = (a_{ij})$, 如果 $a_{ij} = a_{ji}\ (1 \leqslant i, j \leqslant n)$, 则称 $\boldsymbol{A}$ 为对称矩阵; 如果 $a_{ij} = -a_{ji}\ (1 \leqslant i, j \leqslant n)$, 则称 $\boldsymbol{A}$ 为反对称矩阵.

例如, 矩阵

$$\begin{pmatrix} 1 & -1 & 3 & 6 \\ -1 & 2 & 0 & 1 \\ 3 & 0 & 4 & -5 \\ 6 & 1 & -5 & 3 \end{pmatrix}, \quad \begin{pmatrix} 11 & -10 & 23 & 26 \\ -10 & 22 & 0 & 1 \\ 23 & 0 & 43 & 0 \\ 26 & 1 & 0 & 13 \end{pmatrix}$$

都是对称矩阵. 矩阵

$$\begin{pmatrix} 0 & 1 & -3 & -6 \\ -1 & 0 & 0 & 1 \\ 3 & 0 & 0 & 5 \\ 6 & -1 & -5 & 0 \end{pmatrix}, \quad \begin{pmatrix} 0 & 10 & -23 & -26 \\ -10 & 0 & 7 & 1 \\ 23 & -7 & 0 & 2 \\ 26 & -1 & -2 & 0 \end{pmatrix}$$

都是反对称矩阵.

需要指出, 反对称矩阵主对角线上的元素一定均为零.

**定义 2.8** 一个 $m \times n$ 矩阵 $\boldsymbol{A} = \boldsymbol{A}_{m\times n}$ 每一行自左至右的第一个非零元素称为它的主元. 如果一个 $m \times n$ 矩阵 $\boldsymbol{A} = \boldsymbol{A}_{m\times n}$ 满足

(1) 元素全为零的行 (如果有的话) 均在元素不全为零的行的下方,

(2) 后一行的主元总是在前一行主元的右边,

则 $\boldsymbol{A}$ 称为一个行阶梯形矩阵.

如果一个行阶梯形矩阵 $\boldsymbol{A} = \boldsymbol{A}_{m\times n}$ 的所有主元均为 1, 并且每个主元所在的列除主元外的其他元素全为零, 则 $\boldsymbol{A}$ 称为一个行最简形矩阵.

一个左上角位置是单位矩阵, 其他元素全为零的行最简形矩阵称为一个标准形矩阵.

例如, 矩阵

$$\begin{pmatrix} 1 & 2 & 3 & 4 \\ 0 & 0 & 0 & 1 \\ 0 & 0 & 0 & 0 \end{pmatrix}, \quad \begin{pmatrix} 1 & 2 & 3 \\ 0 & 4 & 5 \\ 0 & 0 & 8 \\ 0 & 0 & 0 \end{pmatrix}, \quad \begin{pmatrix} 1 & 2 & 0 & 4 & 0 & 5 & 0 \\ 0 & 0 & 0 & 2 & 2 & 0 & 0 \\ 0 & 0 & 0 & 0 & 0 & 0 & 0 \\ 0 & 0 & 0 & 0 & 0 & 0 & 0 \end{pmatrix}$$

都是行阶梯形矩阵, 但它们都不是行最简形矩阵. 矩阵

$$\begin{pmatrix} 0 & 1 & 2 & 0 & 4 \\ 0 & 0 & 0 & 1 & 0 \\ 0 & 0 & 0 & 0 & 0 \end{pmatrix}, \quad \begin{pmatrix} 1 & 0 & 2 & 0 & -1 \\ 0 & 1 & 1 & 0 & -2 \\ 0 & 0 & 0 & 1 & 2 \\ 0 & 0 & 0 & 0 & 0 \end{pmatrix}, \quad \begin{pmatrix} 1 & 0 & 2 & 0 & 0 & -2 & 0 \\ 0 & 1 & 2 & 0 & 0 & -4 & 0 \\ 0 & 0 & 0 & 0 & 1 & 2 & 0 \\ 0 & 0 & 0 & 0 & 0 & 0 & 0 \end{pmatrix}$$

都是行最简形矩阵, 但它们都不是标准形矩阵. 矩阵

$$\begin{pmatrix} 1 & 0 & 0 & 0 \\ 0 & 1 & 0 & 0 \\ 0 & 0 & 0 & 0 \end{pmatrix}, \quad \begin{pmatrix} 1 & 0 & 0 & 0 & 0 \\ 0 & 1 & 0 & 0 & 0 \\ 0 & 0 & 1 & 0 & 0 \\ 0 & 0 & 0 & 0 & 0 \\ 0 & 0 & 0 & 0 & 0 \end{pmatrix}$$

都是标准形矩阵.

### 习 题 2.1

1. 写出 $3 \times 4$ 矩阵 $\boldsymbol{A} = (a_{ij})_{3\times 4}$, 其中 $a_{ij} = 2j - i\,(i = 1, 2, 3;\ j = 1, 2, 3, 4)$.

2. 写出下列方程组的系数矩阵和增广矩阵.

(1) $\begin{cases} x_1 + 2x_2 + 3x_3 = 2, \\ x_2 + x_3 = 1, \\ x_3 = 5; \end{cases}$

(2) $\begin{cases} 3x_1 - x_2 + x_3 - x_4 = 1, \\ x_1 + 3x_2 \quad + x_4 = 5, \\ x_2 + x_3 + 5x_4 = 4. \end{cases}$

3. 已知矩阵

$$\boldsymbol{A} = \begin{pmatrix} 3 & a & b \\ c & -2 & 5 \end{pmatrix}, \quad \boldsymbol{B} = \begin{pmatrix} x & 2 & 5 \\ -2 & -2 & y \end{pmatrix}.$$

设 $\boldsymbol{A} = \boldsymbol{B}$, 求 $a, b, c, x, y$.

## 2.2 矩阵的代数运算

本节介绍矩阵的线性运算和乘积运算, 它们构成矩阵的代数运算. 正是代数运算的引入, 才使矩阵在有序表达和描述有关对象这一基本作用的基础上, 成为研究有关对象之间相互联系的有力工具, 进而成为具有重要理论意义和实际应用价值的核心数学概念.

### 2.2.1 矩阵的线性运算

1. 矩阵的加 (减) 法运算

**定义 2.9** 设 $\boldsymbol{A} = (a_{ij})_{m\times n}$, $\boldsymbol{B} = (b_{ij})_{m\times n}$ 为同型矩阵, 则它们的加法和减法运算定义为

$$\boldsymbol{A} + \boldsymbol{B} = (a_{ij} + b_{ij}), \quad \boldsymbol{A} - \boldsymbol{B} = (a_{ij} - b_{ij}),$$

其中 $\boldsymbol{A}+\boldsymbol{B}$ 和 $\boldsymbol{A}-\boldsymbol{B}$ 分别称为 $\boldsymbol{A}$ 与 $\boldsymbol{B}$ 的和及差.

例如,

$$\begin{aligned}&\begin{pmatrix}1&2&3\\4&5&6\end{pmatrix}+\begin{pmatrix}-1&-2&-3\\-4&-5&-6\end{pmatrix}\\=&\begin{pmatrix}1+(-1)&2+(-2)&3+(-3)\\4+(-4)&5+(-5)&6+(-6)\end{pmatrix}=\boldsymbol{O},\end{aligned}$$

$$\begin{aligned}&\begin{pmatrix}1&2&3\\4&5&6\end{pmatrix}-\begin{pmatrix}0&1&2\\-1&2&3\end{pmatrix}\\=&\begin{pmatrix}1-0&2-1&3-2\\4-(-1)&5-2&6-3\end{pmatrix}=\begin{pmatrix}1&1&1\\5&3&3\end{pmatrix}.\end{aligned}$$

需要注意, 只有同型矩阵才能相加 (减), 且其和 (差) 保持同型.

根据定义, 不难验证矩阵的加法具有下列性质.

(1) 交换律 : $\boldsymbol{A}+\boldsymbol{B}=\boldsymbol{B}+\boldsymbol{A}$.

(2) 结合律 : $(\boldsymbol{A}+\boldsymbol{B})+\boldsymbol{C}=\boldsymbol{A}+(\boldsymbol{B}+\boldsymbol{C})$.

(3) 若 $\boldsymbol{A}=\boldsymbol{B}$, 且 $\boldsymbol{C}$ 与 $\boldsymbol{A}$ 和 $\boldsymbol{B}$ 同型, 则 $\boldsymbol{A}+\boldsymbol{C}=\boldsymbol{B}+\boldsymbol{C}$.

(4) 设 $\boldsymbol{A}$ 和 $\boldsymbol{O}$ 同型, 则 $\boldsymbol{A}+\boldsymbol{O}=\boldsymbol{A}$.

(5) 对任一矩阵 $\boldsymbol{A}=(a_{ij})$, 存在唯一同型矩阵 $\boldsymbol{B}=(-a_{ij})$ 使得 $\boldsymbol{A}+\boldsymbol{B}=\boldsymbol{O}$, 这里, $\boldsymbol{B}$ 称为 $\boldsymbol{A}$ 的负矩阵, 记为 $-\boldsymbol{A}$.

2. 矩阵的数乘运算

**定义 2.10** 设 $k$ 为任意一个实数, $\boldsymbol{A}=(a_{ij})_{m\times n}$, 则 $k$ 与 $\boldsymbol{A}$ 的数量乘积, 简称数乘, 定义为

$$k\boldsymbol{A}=(ka_{ij})=\begin{pmatrix}ka_{11}&ka_{12}&\cdots&ka_{1n}\\ka_{21}&ka_{22}&\cdots&ka_{2n}\\\vdots&\vdots&&\vdots\\ka_{m1}&ka_{m2}&\cdots&ka_{mn}\end{pmatrix}.$$

矩阵的数乘和加减法运算一起统称为矩阵的线性运算.

需要注意, $k\boldsymbol{A}$ 是实数 $k$ 与矩阵 $\boldsymbol{A}$ 的每一个元素相乘得到的矩阵, 这与实数 $k$ 乘以 $\boldsymbol{A}$ 的行列式 $|\boldsymbol{A}|$ 之间有着本质区别.

设 $k, l$ 是实数, $\boldsymbol{A}, \boldsymbol{B}$ 是同型矩阵, 则容易验证矩阵的数乘具有以下性质:

(1) $1\boldsymbol{A}=\boldsymbol{A}$;

(2) $(-1)\boldsymbol{A}=-\boldsymbol{A}$;

(3) $(kl)\boldsymbol{A}=k(l\boldsymbol{A})$;

(4) $(k+l)\boldsymbol{A}=k\boldsymbol{A}+l\boldsymbol{A}$;

(5) $k(\boldsymbol{A}+\boldsymbol{B})=k\boldsymbol{A}+k\boldsymbol{B}$.

**例 2.1**　已知 $2\boldsymbol{A}+3\boldsymbol{X}=\boldsymbol{B}$, 其中 $\boldsymbol{A}=\begin{pmatrix}-2 & 1\\ 1 & 0\\ -1 & 3\end{pmatrix}$, $\boldsymbol{B}=\begin{pmatrix}2 & 2\\ -1 & 3\\ 4 & 0\end{pmatrix}$. 求 $\boldsymbol{X}$.

**解**　在 $2\boldsymbol{A}+3\boldsymbol{X}=\boldsymbol{B}$ 两边同时加上 $-2\boldsymbol{A}$, 由矩阵加法的性质可得

$$3\boldsymbol{X}=\boldsymbol{B}-2\boldsymbol{A}.$$

故由数乘定义可得

$$\boldsymbol{X}=\frac{1}{3}(\boldsymbol{B}-2\boldsymbol{A}).$$

代入 $\boldsymbol{A}, \boldsymbol{B}$, 可得

$$\boldsymbol{X}=\frac{1}{3}\begin{pmatrix}2-2\times(-2) & 2-2\times 1\\ -1-2\times 1 & 3-2\times 0\\ 4-2\times(-1) & 0-2\times 3\end{pmatrix}=\begin{pmatrix}\dfrac{2-2\times(-2)}{3} & \dfrac{2-2\times 1}{3}\\ \dfrac{-1-2\times 1}{3} & \dfrac{3-2\times 0}{3}\\ \dfrac{4-2\times(-1)}{3} & \dfrac{0-2\times 3}{3}\end{pmatrix}$$

$$=\begin{pmatrix}2 & 0\\ -1 & 1\\ 2 & -2\end{pmatrix}.$$

### 2.2.2　矩阵的乘法

1. 由线性方程组的表示引发的启示

按照矩阵观点, 最简单的一元一次方程 $ax=b$ 可以看成三个 $1\times 1$ 矩阵 $(a)$, $(x)$, $(b)$ 之间的下述关系:

$$(a)(x)=(b).$$

这里, 我们把乘积 $(a)(x)$ 理解为 $(ax)$. 依此观点, 对含有 $n$ 个未知元 $x_1, x_2, \cdots, x_n$ 的线性方程

$$a_1x_1 + a_2x_2 + \cdots + a_nx_n = b,$$

如果令

$$\boldsymbol{A} = \begin{pmatrix} a_1, a_2, \cdots, a_n \end{pmatrix}, \quad \boldsymbol{X} = \begin{pmatrix} x_1 \\ x_2 \\ \vdots \\ x_n \end{pmatrix},$$

并且定义 $1 \times n$ 矩阵 $\boldsymbol{A}$ 和 $n \times 1$ 矩阵 $\boldsymbol{X}$ 的乘积 $\boldsymbol{AX}$ 为它们对应元素的乘积之和, 即

$$\boldsymbol{AX} = a_1x_1 + a_2x_2 + \cdots + a_nx_n,$$

则上述线性方程可简写为

$$\boldsymbol{AX} = (b).$$

比如, 若

$$\boldsymbol{A} = \begin{pmatrix} 2, 3, 4, 5 \end{pmatrix}, \quad \boldsymbol{X} = \begin{pmatrix} x_1 \\ x_2 \\ x_3 \\ x_4 \end{pmatrix},$$

则线性方程 $2x_1 + 3x_2 + 4x_3 + 5x_4 = 6$ 就可简写成

$$\boldsymbol{AX} = (6).$$

进一步, 对含有 $n$ 个未知元、$m$ 个方程的线性方程组

$$\begin{cases} a_{11}x_1 + a_{12}x_2 + \cdots + a_{1n}x_n = b_1, \\ a_{21}x_1 + a_{22}x_2 + \cdots + a_{2n}x_n = b_2, \\ \cdots\cdots \\ a_{m1}x_1 + a_{m2}x_2 + \cdots + a_{mn}x_n = b_m, \end{cases}$$

如果令

$$\boldsymbol{A} = \begin{pmatrix} a_{11} & a_{12} & \cdots & a_{1n} \\ a_{21} & a_{22} & \cdots & a_{2n} \\ \vdots & \vdots & & \vdots \\ a_{m1} & a_{m2} & \cdots & a_{mn} \end{pmatrix}, \quad \boldsymbol{X} = \begin{pmatrix} x_1 \\ x_2 \\ \vdots \\ x_n \end{pmatrix}, \quad \boldsymbol{b} = \begin{pmatrix} b_1 \\ b_2 \\ \vdots \\ b_m \end{pmatrix},$$

并且定义 $m\times n$ 矩阵 $\boldsymbol{A}$ 和 $n\times 1$ 矩阵 $\boldsymbol{X}$ 的乘积 $\boldsymbol{AX}$ 为 $m\times 1$ 矩阵:

$$\boldsymbol{AX}=\begin{pmatrix} a_{11}x_1+a_{12}x_2+\cdots+a_{1n}x_n \\ a_{21}x_1+a_{22}x_2+\cdots+a_{2n}x_n \\ \vdots \\ a_{m1}x_1+a_{m2}x_2+\cdots+a_{mn}x_n \end{pmatrix}, \tag{2.1}$$

它的第 $i$ 行元素 $a_{i1}x_1+a_{i2}x_2+\cdots+a_{in}x_n$ $(1\leqslant i\leqslant m)$ 是 $\boldsymbol{A}$ 的第 $i$ 行 $(a_{i1},a_{i2},\cdots,a_{in})$ 与 $\boldsymbol{X}$ 的乘积. 则上述线性方程组仍可简写为

$$\boldsymbol{AX}=\boldsymbol{b}.$$

需要强调的是, 乘积 $\boldsymbol{AX}$ 有意义的条件为: $\boldsymbol{A}$ 的列数等于 $\boldsymbol{X}$ 的行数, 二者都等于 $n$.

比如, 若

$$\boldsymbol{A}=\begin{pmatrix} 2 & 3 & 4 & 5 \\ 6 & 7 & 8 & 9 \\ -2 & 3 & 6 & -5 \end{pmatrix},\quad \boldsymbol{X}=\begin{pmatrix} x_1 \\ x_2 \\ x_3 \\ x_4 \end{pmatrix},\quad \boldsymbol{b}=\begin{pmatrix} 1 \\ -2 \\ 3 \end{pmatrix},$$

则由于 $\boldsymbol{A}$ 的列数等于 $\boldsymbol{X}$ 的行数均等于 4, 所以

$$\boldsymbol{AX}=\begin{pmatrix} 2x_1+3x_2+4x_3+5x_4 \\ 6x_1+7x_2+8x_3+9x_4 \\ -2x_1+3x_2+6x_3-5x_4 \end{pmatrix}.$$

于是, 线性方程组

$$\begin{cases} 2x_1+3x_2+4x_3+5x_4=1, \\ 6x_1+7x_2+8x_3+9x_4=-2, \\ -2x_1+3x_2+6x_3-5x_4=3 \end{cases}$$

就可写成

$$\begin{pmatrix} 2 & 3 & 4 & 5 \\ 6 & 7 & 8 & 9 \\ -2 & 3 & 6 & -5 \end{pmatrix}\begin{pmatrix} x_1 \\ x_2 \\ x_3 \\ x_4 \end{pmatrix}=\begin{pmatrix} 1 \\ -2 \\ 3 \end{pmatrix},\quad 即\quad \boldsymbol{AX}=\boldsymbol{b}.$$

受上面这种定义 $\boldsymbol{A}$ 和 $\boldsymbol{X}$ 的乘积 $\boldsymbol{AX}$ 的启发, 对任意两个矩阵 $\boldsymbol{A}$ 和 $\boldsymbol{B}$, 当 $\boldsymbol{A}$ 的列数和 $\boldsymbol{B}$ 的行数相同时, 下面来考虑它们的乘积 $\boldsymbol{AB}$.

2. 矩阵乘法的定义

**定义 2.11** 设 $\boldsymbol{A}=(a_{ij})_{m\times n}$, $\boldsymbol{B}=(b_{ij})_{n\times s}$ 是任意两个矩阵, 其中 $\boldsymbol{A}$ 的列数等于 $\boldsymbol{B}$ 的行数均为 $n$, 则 $\boldsymbol{A}$ 与 $\boldsymbol{B}$ 的乘积 $\boldsymbol{AB}$ 定义为 $m\times s$ 矩阵

$$\boldsymbol{C}=(c_{ij})_{m\times s},$$

其中, 对 $j=1,\cdots,s$, $\boldsymbol{C}$ 的第 $j$ 列定义为 $\boldsymbol{A}$ 与 $\boldsymbol{B}$ 的第 $j$ 列的乘积, 即

$$\begin{pmatrix} c_{1j} \\ c_{2j} \\ \vdots \\ c_{nj} \end{pmatrix}=\begin{pmatrix} a_{11}b_{1j}+a_{12}b_{2j}+\cdots+a_{1n}b_{nj} \\ a_{21}b_{1j}+a_{22}b_{2j}+\cdots+a_{2n}b_{nj} \\ \vdots \\ a_{m1}b_{1j}+a_{m2}b_{2j}+\cdots+a_{mn}b_{nj} \end{pmatrix}.$$

由定义可知, 矩阵 $\boldsymbol{C}$ 的第 $i$ 行第 $j$ 列元素 $c_{ij}$ 就是矩阵 $\boldsymbol{A}$ 第 $i$ 行的 $n$ 个元素与矩阵 $\boldsymbol{B}$ 的第 $j$ 列 $n$ 个相应元素的对应乘积之和, 即对任意的 $1\leqslant i\leqslant m$, $1\leqslant j\leqslant s$, 有

$$c_{ij}=a_{i1}b_{1j}+a_{i2}b_{2j}+\cdots+a_{in}b_{nj}=\sum_{k=1}^{n}a_{ik}b_{kj}.$$

矩阵 $\boldsymbol{A}$ 和 $\boldsymbol{B}$ 的上述乘积 $\boldsymbol{AB}$ 有时也明确叫作 $\boldsymbol{A}$ 左乘 $\boldsymbol{B}$, 或 $\boldsymbol{B}$ 右乘 $\boldsymbol{A}$.

**例 2.2** 设 $\boldsymbol{A}=\begin{pmatrix} 1 & 0 & 3 \\ 2 & 1 & 0 \end{pmatrix}$, $\boldsymbol{B}=\begin{pmatrix} 4 & 1 & 0 \\ -1 & 1 & 3 \\ 2 & 0 & 1 \end{pmatrix}$, 求 $\boldsymbol{AB}$.

**解** 根据定义, 有

$$\begin{aligned}\boldsymbol{AB}&=\begin{pmatrix} 1\times4+0\times(-1)+3\times2 & 1\times1+0\times1+3\times0 & 1\times0+0\times3+3\times1 \\ 2\times4+1\times(-1)+0\times2 & 2\times1+1\times1+0\times0 & 2\times0+1\times3+0\times1 \end{pmatrix}\\&=\begin{pmatrix} 10 & 1 & 3 \\ 7 & 3 & 3 \end{pmatrix}.\end{aligned}$$

**例 2.3** 用矩阵表示 2.1 节实例一中四门课和四位同学的平均成绩.

**解**　引入矩阵 (1, 1, 1, 1). 根据数乘和矩阵乘法的定义, 四门课的平均成绩可用矩阵表示为

$$\frac{1}{4}(1,1,1,1)\begin{pmatrix} 98 & 90 & 87 & 72 \\ 89 & 90 & 86 & 98 \\ 97 & 84 & 75 & 87 \\ 85 & 88 & 85 & 88 \end{pmatrix} = \frac{1}{4}(369, 352, 333, 345)$$

$$= \left(\frac{369}{4}, \frac{352}{4}, \frac{333}{4}, \frac{345}{4}\right)$$

$$= (92.25, 88, 83.25, 86.25).$$

这就是说, 数学、物理、英语、语文四门课考试的平均成绩分别为 92.25, 88, 83.25, 86.25.

类似地, 引入矩阵 $\begin{pmatrix} 1 \\ 1 \\ 1 \\ 1 \end{pmatrix}$, 四位同学的平均成绩可用矩阵表示为

$$\frac{1}{4}\begin{pmatrix} 98 & 90 & 87 & 72 \\ 89 & 90 & 86 & 98 \\ 97 & 84 & 75 & 87 \\ 85 & 88 & 85 & 88 \end{pmatrix}\begin{pmatrix} 1 \\ 1 \\ 1 \\ 1 \end{pmatrix} = \frac{1}{4}\begin{pmatrix} 347 \\ 363 \\ 343 \\ 346 \end{pmatrix} = \begin{pmatrix} 86.75 \\ 90.75 \\ 85.75 \\ 86.5 \end{pmatrix}.$$

这就是说, A, B, C, D 四位同学的平均考试成绩分别为 86.75, 90.75, 85.75, 86.5.

关于矩阵的乘法, 需要强调以下两点:

(1) 只有当第一个矩阵 $\boldsymbol{A}$ 的列数等于第二个矩阵 $\boldsymbol{B}$ 的行数时, 矩阵 $\boldsymbol{A}$ 与 $\boldsymbol{B}$ 的乘积 $\boldsymbol{AB}$ 才有意义. 否则, $\boldsymbol{A}$ 与 $\boldsymbol{B}$ 不能相乘.

(2) 当 $\boldsymbol{A}$ 与 $\boldsymbol{B}$ 的乘积 $\boldsymbol{AB}$ 有意义时, 乘积矩阵 $\boldsymbol{AB}$ 的行数等于矩阵 $\boldsymbol{A}$ 的行数, 乘积矩阵 $\boldsymbol{AB}$ 的列数等于矩阵 $\boldsymbol{B}$ 的列数.

### 2.2.3　矩阵乘法的运算规律

**定理 2.1**　设 $k$ 为任一实数, $\boldsymbol{A}, \boldsymbol{B}, \boldsymbol{C}$ 是任意使得下述运算分别有意义的矩阵, 则

(1) 结合律: $(\boldsymbol{AB})\boldsymbol{C} = \boldsymbol{A}(\boldsymbol{BC})$;

(2) 分配律: $\boldsymbol{A}(\boldsymbol{B}+\boldsymbol{C}) = \boldsymbol{AB}+\boldsymbol{AC}$, $(\boldsymbol{B}+\boldsymbol{C})\boldsymbol{A} = \boldsymbol{BA}+\boldsymbol{CA}$;

(3) 乘法与数乘混合的结合律和交换律: $k(\boldsymbol{AB}) = (k\boldsymbol{A})\boldsymbol{B} = \boldsymbol{A}(k\boldsymbol{B})$;

(4) $\boldsymbol{AE} = \boldsymbol{A}$, $\boldsymbol{EB} = \boldsymbol{B}$, 其中 $\boldsymbol{E}$ 表示单位矩阵.

**证明*** 只证明结合律: $(\boldsymbol{AB})\boldsymbol{C} = \boldsymbol{A}(\boldsymbol{BC})$, 其他作为练习. 假设 $\boldsymbol{A} = (a_{ij})_{m\times n}$, $\boldsymbol{B} = (b_{ij})_{n\times s}$, $\boldsymbol{C} = (c_{ij})_{s\times t}$, 并记 $\boldsymbol{D} = \boldsymbol{AB} = (d_{ik})_{m\times s}$, $\boldsymbol{F} = \boldsymbol{BC} = (f_{\ell j})_{n\times t}$, 则由定义可得

$$d_{ik} = \sum_{\ell=1}^{n} a_{i\ell} b_{\ell k} \quad (1 \leqslant i \leqslant m,\ 1 \leqslant k \leqslant s),$$

$$f_{\ell j} = \sum_{k=1}^{s} b_{\ell k} c_{kj} \quad (1 \leqslant \ell \leqslant n,\ 1 \leqslant j \leqslant t).$$

再记 $(\boldsymbol{AB})\boldsymbol{C} = (g_{ij})_{m\times t}$, $\boldsymbol{A}(\boldsymbol{BC}) = (h_{ij})_{m\times t}$, 则当 $1 \leqslant i \leqslant m$, $1 \leqslant j \leqslant t$ 时,

$$g_{ij} = \sum_{k=1}^{s} d_{ik} c_{kj}, \quad h_{ij} = \sum_{\ell=1}^{n} a_{i\ell} f_{\ell j}.$$

代入 $d_{ik}$ 和 $f_{\ell j}$ 可得

$$g_{ij} = \sum_{k=1}^{s} c_{kj} \sum_{\ell=1}^{n} a_{i\ell} b_{\ell k} = \sum_{k=1}^{s}\sum_{\ell=1}^{n} a_{i\ell} b_{\ell k} c_{kj},$$

$$h_{ij} = \sum_{\ell=1}^{n} a_{i\ell} \sum_{k=1}^{s} b_{\ell k} c_{kj} = \sum_{k=1}^{s}\sum_{\ell=1}^{n} a_{i\ell} b_{\ell k} c_{kj}.$$

故 $g_{ij} = h_{ij}$. 所以 $(\boldsymbol{AB})\boldsymbol{C} = \boldsymbol{A}(\boldsymbol{BC})$. 证毕.

关于该定理需要说明以下几点:

(1) 为了使定理中的运算有意义, 关于矩阵的加法要求参与相加的矩阵同型, 关于矩阵的乘法要求前者的列数等于后者的行数. 比如, 等式 $\boldsymbol{AE} = \boldsymbol{A}$ 要求 $\boldsymbol{E}$ 的阶数等于 $\boldsymbol{A}$ 的列数, 等式 $\boldsymbol{EB} = \boldsymbol{B}$ 要求 $\boldsymbol{E}$ 的阶数等于 $\boldsymbol{B}$ 的行数. 为简化叙述, 这些条件以后不再一一说明.

(2) 利用矩阵乘法的结合律, 对矩阵 $\boldsymbol{A}$, $\boldsymbol{B}$, $\boldsymbol{C}$, 可以使用三个矩阵的乘积记号 $\boldsymbol{ABC}$, 它表示 $\boldsymbol{A}$, $\boldsymbol{B}$, $\boldsymbol{C}$ 的任意一种结合形成的矩阵, 即 $\boldsymbol{ABC} = (\boldsymbol{AB})\boldsymbol{C} = \boldsymbol{A}(\boldsymbol{BC})$. 一般地, 对 $n$ 个矩阵 $\boldsymbol{A}_1, \boldsymbol{A}_2, \cdots, \boldsymbol{A}_n$, 可使用矩阵的乘积记号 $\boldsymbol{A}_1\boldsymbol{A}_2\cdots\boldsymbol{A}_n$ 它表示 $\boldsymbol{A}_1, \boldsymbol{A}_2, \cdots, \boldsymbol{A}_n$ 的任意一种结合形成的矩阵.

(3) 定理的前三个结论说明, 矩阵的加法、乘法和数乘运算, 满足和实数运算类似的结合律和分配律. 因此, 它们可以看作实数所满足的相应运算规律在矩阵上的类比和推广.

(4) 定理的第四个结论说明, 在矩阵的乘法运算中, 单位矩阵 $\boldsymbol{E}$ 所起的作用与数 1 在实数乘法运算中所起的作用是等同的, 即任意一个矩阵与 $\boldsymbol{E}$ 左乘和右乘的结果都还是该矩阵.

**例 2.4** 对矩阵 $\boldsymbol{A}=\begin{pmatrix}1&2\\3&4\end{pmatrix}, \boldsymbol{B}=\begin{pmatrix}2&1\\-3&2\end{pmatrix}, \boldsymbol{C}=\begin{pmatrix}1&0\\2&1\end{pmatrix}$, 验证

$$\boldsymbol{A}(\boldsymbol{B}+\boldsymbol{C})=\boldsymbol{A}\boldsymbol{B}+\boldsymbol{A}\boldsymbol{C}.$$

**解** 直接计算可得

$$\begin{aligned}\boldsymbol{A}(\boldsymbol{B}+\boldsymbol{C})&=\begin{pmatrix}1&2\\3&4\end{pmatrix}\left(\begin{pmatrix}2&1\\-3&2\end{pmatrix}+\begin{pmatrix}1&0\\2&1\end{pmatrix}\right)\\&=\begin{pmatrix}1&2\\3&4\end{pmatrix}\begin{pmatrix}3&1\\-1&3\end{pmatrix}\\&=\begin{pmatrix}1\cdot3+2\cdot(-1)&1\cdot1+2\cdot3\\3\cdot3+4\cdot(-1)&3\cdot1+4\cdot3\end{pmatrix}\\&=\begin{pmatrix}1&7\\5&15\end{pmatrix},\end{aligned}$$

$$\begin{aligned}\boldsymbol{A}\boldsymbol{B}+\boldsymbol{A}\boldsymbol{C}&=\begin{pmatrix}1&2\\3&4\end{pmatrix}\begin{pmatrix}2&1\\-3&2\end{pmatrix}+\begin{pmatrix}1&2\\3&4\end{pmatrix}\begin{pmatrix}1&0\\2&1\end{pmatrix}\\&=\begin{pmatrix}1\cdot2+2\cdot(-3)&1\cdot1+2\cdot2\\3\cdot2+4\cdot(-3)&3\cdot1+4\cdot2\end{pmatrix}+\begin{pmatrix}1\cdot1+2\cdot2&1\cdot0+2\cdot1\\3\cdot1+4\cdot2&3\cdot0+4\cdot1\end{pmatrix}\\&=\begin{pmatrix}-4&5\\-6&11\end{pmatrix}+\begin{pmatrix}5&2\\11&4\end{pmatrix}=\begin{pmatrix}1&7\\5&15\end{pmatrix}.\end{aligned}$$

因此

$$\boldsymbol{A}(\boldsymbol{B}+\boldsymbol{C})=\boldsymbol{A}\boldsymbol{B}+\boldsymbol{A}\boldsymbol{C}.$$

虽然定理 2.1 说明通常算术中很多常见的运算规律对矩阵都是成立的, 但是, 下面例子表明, 也有一些算术中的常见运算规律对矩阵运算是不成立的!

**例 2.5** 设 $\boldsymbol{A}=\begin{pmatrix}1&1\\2&2\end{pmatrix}$, $\boldsymbol{B}=\begin{pmatrix}1&-1\\-1&1\end{pmatrix}$, 求 $\boldsymbol{AB}$ 和 $\boldsymbol{BA}$.

**解** 直接计算可得

$$\boldsymbol{AB}=\begin{pmatrix}1&1\\2&2\end{pmatrix}\begin{pmatrix}1&-1\\-1&1\end{pmatrix}$$

$$=\begin{pmatrix}1\cdot1+1\cdot(-1)&1\cdot(-1)+1\cdot1\\2\cdot1+2\cdot(-1)&2\cdot(-1)+2\cdot1\end{pmatrix}=\boldsymbol{O},$$

$$\boldsymbol{BA}=\begin{pmatrix}1&-1\\-1&1\end{pmatrix}\begin{pmatrix}1&1\\2&2\end{pmatrix}$$

$$=\begin{pmatrix}1\cdot1+(-1)\cdot2&1\cdot1+(-1)\cdot2\\(-1)\cdot1+1\cdot2&(-1)\cdot1+1\cdot2\end{pmatrix}$$

$$=\begin{pmatrix}-1&-1\\1&1\end{pmatrix}.$$

该例显示了矩阵乘法区别于数的乘法的下面两个重要事实:

(1) 矩阵乘法不满足交换律, 即一般来说, $\boldsymbol{AB}=\boldsymbol{BA}$ 不成立.

正因如此, 形如 $\boldsymbol{AB}$ 的矩阵乘积才称为矩阵 $\boldsymbol{A}$ 左乘矩阵 $\boldsymbol{B}$ 的乘积, 形如 $\boldsymbol{BA}$ 的矩阵乘积称为矩阵 $\boldsymbol{A}$ 右乘矩阵 $\boldsymbol{B}$ 的乘积. 以此来区分乘积 $\boldsymbol{AB}$ 和 $\boldsymbol{BA}$ 的不同. 由此引申, 当 $\boldsymbol{AB}=\boldsymbol{BA}$ 时, 称矩阵 $\boldsymbol{A}$, $\boldsymbol{B}$ 可交换.

易见, $n$ 阶单位矩阵 $\boldsymbol{E}$ 与任何 $n$ 阶方阵 $\boldsymbol{A}$ 都可交换, 即有 $\boldsymbol{AE}=\boldsymbol{A}=\boldsymbol{EA}$.

(2) 两个非零矩阵相乘可以是零矩阵. 换句话说, 矩阵乘法不满足消去律, 也就是说, 当 $\boldsymbol{A}\neq\boldsymbol{O}$ 时, 由 $\boldsymbol{AB}=\boldsymbol{AC}$ 一般不能推出 $\boldsymbol{B}=\boldsymbol{C}$.

这是因为, 当 $\boldsymbol{A}$ 和 $\boldsymbol{B}-\boldsymbol{C}$ 都不为零矩阵时, 可能会有 $\boldsymbol{A}(\boldsymbol{B}-\boldsymbol{C})=\boldsymbol{O}$, 即 $\boldsymbol{AB}=\boldsymbol{AC}$. 但若 $\boldsymbol{B}-\boldsymbol{C}\neq\boldsymbol{O}$, 就会有 $\boldsymbol{B}\neq\boldsymbol{C}$.

**例 2.6** 证明: $n$ 阶数量矩阵 $\boldsymbol{A}=\mathrm{diag}(a, a, \cdots, a)$ 与任意 $n$ 阶方阵 $\boldsymbol{B}$ 可交换.

**证明** 按照定义, $\boldsymbol{A}=\mathrm{diag}(a, a, \cdots, a)=a\boldsymbol{E}$. 所以

$$\boldsymbol{AB}=(a\boldsymbol{E})\boldsymbol{B}=a(\boldsymbol{EB})=a\boldsymbol{B},$$

$$\boldsymbol{BA}=\boldsymbol{B}(a\boldsymbol{E})=a(\boldsymbol{BE})=a\boldsymbol{B}.$$

因此, $\boldsymbol{AB}=\boldsymbol{BA}$.

**例 2.7*** 设 $\boldsymbol{A}=\begin{pmatrix}2&0\\0&3\end{pmatrix}$, 求与 $\boldsymbol{A}$ 可交换的 2 阶方阵 $\boldsymbol{B}$.

**解** 设 2 阶方阵为 $\boldsymbol{B}=\begin{pmatrix}x_1&x_2\\x_3&x_4\end{pmatrix}$, 则

$$\boldsymbol{AB}=\begin{pmatrix}2&0\\0&3\end{pmatrix}\begin{pmatrix}x_1&x_2\\x_3&x_4\end{pmatrix}=\begin{pmatrix}2x_1&2x_2\\3x_3&3x_4\end{pmatrix},$$

$$\boldsymbol{BA}=\begin{pmatrix}x_1&x_2\\x_3&x_4\end{pmatrix}\begin{pmatrix}2&0\\0&3\end{pmatrix}=\begin{pmatrix}2x_1&3x_2\\2x_3&3x_4\end{pmatrix}.$$

故 $\boldsymbol{AB}=\boldsymbol{BA}$ 当且仅当

$$\begin{pmatrix}2x_1&2x_2\\3x_3&3x_4\end{pmatrix}=\begin{pmatrix}2x_1&3x_2\\2x_3&3x_4\end{pmatrix},$$

即 $2x_2=3x_2$ 且 $3x_3=2x_3$, 也就是说, $x_2=x_3=0$. 因此, 所求方阵 $\boldsymbol{B}$ 为

$$\boldsymbol{B}=\begin{pmatrix}x_1&0\\0&x_4\end{pmatrix},$$

其中 $x_1, x_4$ 为任意实数.

下面给出关于矩阵乘积的行列式的一个重要定理, 它在很多矩阵问题的研究中都有关键作用.

**定理 2.2** 设 $\boldsymbol{A}, \boldsymbol{B}$ 为同阶方阵, 则 $|\boldsymbol{AB}|=|\boldsymbol{A}||\boldsymbol{B}|$.

**证明*** 假设 $\boldsymbol{A}=(a_{ij})_n$, $\boldsymbol{B}=(b_{ij})_n$ 都是 $n$ 阶方阵, 并作 $2n$ 阶行列式

$$|\boldsymbol{D}|=\begin{vmatrix}\boldsymbol{A}&\boldsymbol{O}\\-\boldsymbol{E}&\boldsymbol{B}\end{vmatrix}=\begin{vmatrix}a_{11}&\cdots&a_{1n}&0&\cdots&0\\\vdots&&\vdots&\vdots&&\vdots\\a_{n1}&\cdots&a_{nn}&0&\cdots&0\\-1&\cdots&0&b_{11}&\cdots&b_{1n}\\\vdots&&\vdots&\vdots&&\vdots\\0&\cdots&-1&b_{n1}&\cdots&b_{nn}\end{vmatrix}.$$

则由例 1.15 可知

$$|\boldsymbol{D}| = |\boldsymbol{A}||\boldsymbol{B}|.$$

令 $\boldsymbol{C} = \boldsymbol{AB} = (c_{ij})_n$. 将行列式 $|\boldsymbol{D}|$ 第 $n+1$ 行的 $a_{11}$ 倍, 第 $n+2$ 行的 $a_{12}$ 倍, 以此类推, 直到将第 $2n$ 行的 $a_{1n}$ 倍均加到第 1 行, 则 $|\boldsymbol{D}|$ 的第 1 行 $(a_{11}, \cdots, a_{1n}, 0, \cdots, 0)$ 就变成了

$$(0, \cdots, 0, c_{11}, \cdots, c_{1n}).$$

类似地, 将 $|\boldsymbol{D}|$ 第 $n+1$ 行的 $a_{21}$ 倍, 第 $n+2$ 行的 $a_{22}$ 倍, 直到将第 $2n$ 行的 $a_{2n}$ 倍均加到第 2 行, 则 $|\boldsymbol{D}|$ 的第 2 行 $(a_{21}, \cdots, a_{2n}, 0, \cdots, 0)$ 就变成了

$$(0, \cdots, 0, c_{21}, \cdots, c_{2n}).$$

如此下去, 将 $|\boldsymbol{D}|$ 第 $n+1$ 行的 $a_{n1}$ 倍, 第 $n+2$ 行的 $a_{n2}$ 倍, 直到将第 $2n$ 行的 $a_{nn}$ 倍均加到第 $n$ 行, 则 $|\boldsymbol{D}|$ 的第 $n$ 行 $(a_{n1}, \cdots, a_{nn}, 0, \cdots, 0)$ 就变成了

$$(0, \cdots, 0, c_{n1}, \cdots, c_{nn}).$$

于是, 由行列式的性质可得

$$|\boldsymbol{D}| = \begin{vmatrix} 0 & \cdots & 0 & c_{11} & \cdots & c_{1n} \\ \vdots & & \vdots & \vdots & & \vdots \\ 0 & \cdots & 0 & c_{n1} & \cdots & c_{nn} \\ -1 & \cdots & 0 & b_{11} & \cdots & b_{1n} \\ \vdots & & \vdots & \vdots & & \vdots \\ 0 & \cdots & -1 & b_{n1} & \cdots & b_{nn} \end{vmatrix} = \begin{vmatrix} \boldsymbol{O} & \boldsymbol{C} \\ -\boldsymbol{E} & \boldsymbol{B} \end{vmatrix}.$$

在该式中, 将第 $n+1$ 列依次与其前面的 $n$ 个列逐次交换, 然后, 将第 $n+2$ 列依次与其前面的 $n$ 个列逐次交换, 以此类推, 直到将第 $2n$ 列依次与其前面的 $n$ 个列逐次交换. 这样, 共经过 $n^2$ 次列的交换后, 可得

$$|\boldsymbol{D}| = (-1)^{n^2} \begin{vmatrix} \boldsymbol{C} & \boldsymbol{O} \\ \boldsymbol{B} & -\boldsymbol{E} \end{vmatrix}.$$

再次使用例 1.15 的结论计算上式右端的行列式, 可得

$$|\boldsymbol{D}| = (-1)^{n^2} |-\boldsymbol{E}| |\boldsymbol{C}| = (-1)^{n^2}(-1)^n |\boldsymbol{C}| = (-1)^{n(n+1)} |\boldsymbol{C}| = |\boldsymbol{C}|.$$

结合行列式 $|\boldsymbol{D}|$ 的上述两种计算结果, 可得

$$|\boldsymbol{AB}| = |\boldsymbol{C}| = |\boldsymbol{D}| = |\boldsymbol{A}||\boldsymbol{B}|.$$

证毕.

根据定理 2.2, 利用数学归纳法不难证明: 对任意 $n$ 个同阶方阵 $\boldsymbol{A}_1, \boldsymbol{A}_2, \cdots, \boldsymbol{A}_n$, 有

$$|\boldsymbol{A}_1\boldsymbol{A}_2\cdots\boldsymbol{A}_n| = |\boldsymbol{A}_1||\boldsymbol{A}_2|\cdots|\boldsymbol{A}_n|.$$

### 2.2.4 方阵的幂

**定义 2.12** 设 $\boldsymbol{A}$ 为 $n$ 阶方阵, $k$ 为正整数, 则 $\boldsymbol{A}$ 的零次幂定义为

$$\boldsymbol{A}^0=\boldsymbol{E},$$

$\boldsymbol{A}$ 的 $k$ 次幂定义为

$$\boldsymbol{A}^k=\underbrace{\boldsymbol{A}\boldsymbol{A}\cdots\boldsymbol{A}}_{k\text{个}},$$

其中 $\boldsymbol{E}$ 为 $n$ 阶单位矩阵. 进一步, 如果 $f(x)=a_0+a_1x+\cdots+a_mx^m$ 是 $x$ 的 $m$ 次多项式, 则称

$$a_0\boldsymbol{E}+a_1\boldsymbol{A}+\cdots+a_m\boldsymbol{A}^m$$

为由多项式 $f(x)$ 生成的关于矩阵 $\boldsymbol{A}$ 的多项式, 记为 $f(\boldsymbol{A})$. 这里, 在用 $\boldsymbol{A}$ 代替 $x$ 时, 常数项 $a_0$ 要用 $a_0\boldsymbol{E}$ 代替.

注意, 当 $m\neq n$ 时, 对一般 $m\times n$ 矩阵 $\boldsymbol{A}$ 是不能谈 $\boldsymbol{A}$ 的幂的.

关于方阵的幂, 有下述运算规律.

(1) $\boldsymbol{A}^k\boldsymbol{A}^l=\boldsymbol{A}^{k+l}$;

(2) $\left(\boldsymbol{A}^k\right)^l=\boldsymbol{A}^{kl}$;

(3) 如果 $\boldsymbol{A}, \boldsymbol{B}$ 可交换, 则 $(\boldsymbol{A}\boldsymbol{B})^k=\boldsymbol{A}^k\boldsymbol{B}^k$;

(4) $|\boldsymbol{A}^m|=|\boldsymbol{A}|^m,\ \ |t\boldsymbol{A}|=t^n|\boldsymbol{A}|$.

这里, $\boldsymbol{A}, \boldsymbol{B}$ 均为 $n$ 阶方阵, $k, l$ 均为非负整数, $t$ 是任意实数.

**例 2.8** 已知 $f(x)=x^3-6x+4$, $\boldsymbol{A}=\begin{pmatrix}2&1&0\\0&2&1\\0&0&2\end{pmatrix}$. 求 $\boldsymbol{A}^3$ 及 $f(\boldsymbol{A})$.

**解** 直接计算可得

$$\boldsymbol{A}^2=\boldsymbol{A}\cdot\boldsymbol{A}=\begin{pmatrix}2&1&0\\0&2&1\\0&0&2\end{pmatrix}\begin{pmatrix}2&1&0\\0&2&1\\0&0&2\end{pmatrix}=\begin{pmatrix}4&4&1\\0&4&4\\0&0&4\end{pmatrix}.$$

因此

$$A^3 = A^2 \cdot A = \begin{pmatrix} 4 & 4 & 1 \\ 0 & 4 & 4 \\ 0 & 0 & 4 \end{pmatrix}\begin{pmatrix} 2 & 1 & 0 \\ 0 & 2 & 1 \\ 0 & 0 & 2 \end{pmatrix} = \begin{pmatrix} 8 & 12 & 6 \\ 0 & 8 & 12 \\ 0 & 0 & 8 \end{pmatrix}.$$

进而有

$$\begin{aligned} f(A) &= A^3 - 6A + 4E \\ &= \begin{pmatrix} 8 & 12 & 6 \\ 0 & 8 & 12 \\ 0 & 0 & 8 \end{pmatrix} - 6\begin{pmatrix} 2 & 1 & 0 \\ 0 & 2 & 1 \\ 0 & 0 & 2 \end{pmatrix} + 4\begin{pmatrix} 1 & 0 & 0 \\ 0 & 1 & 0 \\ 0 & 0 & 1 \end{pmatrix} \\ &= \begin{pmatrix} 8 & 12 & 6 \\ 0 & 8 & 12 \\ 0 & 0 & 8 \end{pmatrix} - \begin{pmatrix} 12 & 6 & 0 \\ 0 & 12 & 6 \\ 0 & 0 & 12 \end{pmatrix} + \begin{pmatrix} 4 & 0 & 0 \\ 0 & 4 & 0 \\ 0 & 0 & 4 \end{pmatrix} \\ &= \begin{pmatrix} 0 & 6 & 6 \\ 0 & 0 & 6 \\ 0 & 0 & 0 \end{pmatrix}. \end{aligned}$$

**例 2.9** 设 $A = \begin{pmatrix} 1 & -1 & 2 \\ -2 & 2 & -4 \\ 1 & -1 & 2 \end{pmatrix}$, 求 $A^n$.

**解法一** 直接计算法. 按照定义直接计算可得

$$A^2 = \begin{pmatrix} 5 & -5 & 10 \\ -10 & 10 & -20 \\ 5 & -5 & 10 \end{pmatrix} = 5A.$$

于是

$$A^3 = A^2A = 5AA = 5A^2 = 5^2A.$$

以此类推, 由数学归纳法可得

$$A^n = 5^{n-1}A = \begin{pmatrix} 5^{n-1} & -5^{n-1} & 2\cdot 5^{n-1} \\ -2\cdot 5^{n-1} & 2\cdot 5^{n-1} & -4\cdot 5^{n-1} \\ 5^{n-1} & -5^{n-1} & 2\cdot 5^{n-1} \end{pmatrix}.$$

**解法二*** 间接计算法. 注意到矩阵 $\boldsymbol{A}$ 的各行成比例, 把第 1 行作为基础, 以第 1 行到第 3 行关于第 1 行的比例系数 1, −2 和 1 为元素, 作出一个 $3\times 1$ 矩阵 $\begin{pmatrix} 1 \\ -2 \\ 1 \end{pmatrix}$. 这样, $\boldsymbol{A}$ 就可以写成该矩阵与其第 1 行形成的 $1\times 3$ 矩阵 $(1,\ -1,\ 2)$ 的乘积:

$$\boldsymbol{A}=\begin{pmatrix} 1 \\ -2 \\ 1 \end{pmatrix}(1,\ -1,\ 2).$$

因此

$$\boldsymbol{A}^n=\begin{pmatrix} 1 \\ -2 \\ 1 \end{pmatrix}(1,\ -1,\ 2)\begin{pmatrix} 1 \\ -2 \\ 1 \end{pmatrix}(1,\ -1,\ 2)\cdots\begin{pmatrix} 1 \\ -2 \\ 1 \end{pmatrix}(1,\ -1,\ 2).$$

注意到乘积 $(1,\ -1,\ 2)\begin{pmatrix} 1 \\ -2 \\ 1 \end{pmatrix}=5$, 把上式右端按照这样的乘积结合, 可得

$$\begin{aligned}\boldsymbol{A}^n&=\begin{pmatrix} 1 \\ -2 \\ 1 \end{pmatrix}\left((1,\ -1,\ 2)\begin{pmatrix} 1 \\ -2 \\ 1 \end{pmatrix}\right)\cdots\left((1,\ -1,\ 2)\begin{pmatrix} 1 \\ -2 \\ 1 \end{pmatrix}\right)(1,\ -1,\ 2)\\&=\begin{pmatrix} 1 \\ -2 \\ 1 \end{pmatrix}5^{n-1}(1,\ -1,\ 2)=5^{n-1}\boldsymbol{A}=\begin{pmatrix} 5^{n-1} & -5^{n-1} & 2\cdot 5^{n-1} \\ -2\cdot 5^{n-1} & 2\cdot 5^{n-1} & -4\cdot 5^{n-1} \\ 5^{n-1} & -5^{n-1} & 2\cdot 5^{n-1} \end{pmatrix}.\end{aligned}$$

**例 2.10** 设 $\boldsymbol{A}, \boldsymbol{B}$ 为同阶方阵, 证明: 矩阵等式

$$(\boldsymbol{A}+\boldsymbol{B})^2=\boldsymbol{A}^2+2\boldsymbol{A}\boldsymbol{B}+\boldsymbol{B}^2$$

成立的充分必要条件是 $\boldsymbol{A}, \boldsymbol{B}$ 可交换. 一般地, 对任意整数 $n\geqslant 2$, 矩阵等式

$$(\boldsymbol{A}+\boldsymbol{B})^n=\sum_{k=0}^{n}\binom{n}{k}\boldsymbol{A}^{n-k}\boldsymbol{B}^k$$

成立的充分必要条件也是 $\boldsymbol{A}, \boldsymbol{B}$ 可交换. 这里, $\dbinom{n}{k}$ 表示从 $n$ 个元素形成的集合中取出 $k$ 个不同元素的组合数.

**证明** 只证明 $n=2$ 的情形. 对一般情形, 可由数学归纳法证明. 先证必要性. 根据定义,

$$(\boldsymbol{A}+\boldsymbol{B})^2=(\boldsymbol{A}+\boldsymbol{B})(\boldsymbol{A}+\boldsymbol{B})=\boldsymbol{A}^2+\boldsymbol{AB}+\boldsymbol{BA}+\boldsymbol{B}^2.$$

于是, 由 $(\boldsymbol{A}+\boldsymbol{B})^2=\boldsymbol{A}^2+2\boldsymbol{AB}+\boldsymbol{B}^2$ 可得 $\boldsymbol{A}^2+\boldsymbol{AB}+\boldsymbol{BA}+\boldsymbol{B}^2=\boldsymbol{A}^2+2\boldsymbol{AB}+\boldsymbol{B}^2$, 即 $\boldsymbol{AB}=\boldsymbol{BA}$. 也就是说, $\boldsymbol{A}$, $\boldsymbol{B}$ 可交换.

再证充分性. 设 $\boldsymbol{AB}=\boldsymbol{BA}$, 则直接计算可得

$$\begin{aligned}(\boldsymbol{A}+\boldsymbol{B})^2&=(\boldsymbol{A}+\boldsymbol{B})(\boldsymbol{A}+\boldsymbol{B})=\boldsymbol{A}^2+\boldsymbol{AB}+\boldsymbol{BA}+\boldsymbol{B}^2\\&=\boldsymbol{A}^2+\boldsymbol{AB}+\boldsymbol{AB}+\boldsymbol{B}^2=\boldsymbol{A}^2+2\boldsymbol{AB}+\boldsymbol{B}^2.\end{aligned}$$

**例 2.11** 设 $\boldsymbol{A}=\begin{pmatrix}\lambda & 1 & \\ & \lambda & 1\\ & & \lambda\end{pmatrix}$, 求 $\boldsymbol{A}^n$.

**解** 容易看出

$$\boldsymbol{A}=\lambda\boldsymbol{E}+\boldsymbol{B},$$

其中 $\boldsymbol{B}=\begin{pmatrix}0&1&0\\0&0&1\\0&0&0\end{pmatrix}$. 因为 $\lambda\boldsymbol{E}$ 和 $\boldsymbol{B}$ 可交换, 所以由上例结论可知

$$\boldsymbol{A}^n=(\lambda\boldsymbol{E}+\boldsymbol{B})^n=\lambda^n\boldsymbol{E}+n\lambda^{n-1}\boldsymbol{B}+\frac{n(n-1)}{2!}\lambda^{n-2}\boldsymbol{B}^2+\cdots+\boldsymbol{B}^n.$$

又直接计算可得

$$\boldsymbol{B}^2=\begin{pmatrix}0&0&1\\0&0&0\\0&0&0\end{pmatrix},\quad \boldsymbol{B}^k=\boldsymbol{O}\quad(k=3,4,\cdots,n).$$

将 $\boldsymbol{B}^k$ $(k=1,2,\cdots,n)$ 的结果代入上式, 可得

$$\boldsymbol{A}^n=\begin{pmatrix}\lambda^n & n\lambda^{n-1} & \dfrac{n(n-1)}{2!}\lambda^{n-2}\\ 0 & \lambda^n & n\lambda^{n-1}\\ 0 & 0 & \lambda^n\end{pmatrix}.$$

### 2.2.5 矩阵的转置

**定义 2.13** 将 $m \times n$ 矩阵 $\boldsymbol{A} = (a_{ij})_{m\times n}$ 的行依次转换成同序数的列 (简称行列互换) 得到的 $n \times m$ 矩阵称为 $\boldsymbol{A}$ 的转置矩阵, 记为 $\boldsymbol{A}^{\mathrm{T}}$.

例如, $2\times 3$ 矩阵 $\boldsymbol{A} = \begin{pmatrix} 1 & 2 & 3 \\ 4 & 5 & 6 \end{pmatrix}$ 的转置是 $3\times 2$ 矩阵 $\boldsymbol{A}^{\mathrm{T}} = \begin{pmatrix} 1 & 4 \\ 2 & 5 \\ 3 & 6 \end{pmatrix}$.

注意, 矩阵的转置是把一个矩阵转换成另一个矩阵的一种变换, 它并不像矩阵的加法和乘法那样, 是由两个已知矩阵给出另一个矩阵的运算.

**例 2.12** 已知 $\boldsymbol{A} = \begin{pmatrix} 1 & -1 \\ 1 & -1 \end{pmatrix}$, $\boldsymbol{B} = \begin{pmatrix} 1 & 0 \\ 1 & 1 \end{pmatrix}$, 求 $(\boldsymbol{AB})^{\mathrm{T}}$, $\boldsymbol{A}^{\mathrm{T}}\boldsymbol{B}^{\mathrm{T}}$, $\boldsymbol{B}^{\mathrm{T}}\boldsymbol{A}^{\mathrm{T}}$.

**解** 根据定义,

$$
\begin{aligned}
(\boldsymbol{AB})^{\mathrm{T}} &= \left(\begin{pmatrix} 1 & -1 \\ 1 & -1 \end{pmatrix}\begin{pmatrix} 1 & 0 \\ 1 & 1 \end{pmatrix}\right)^{\mathrm{T}} = \begin{pmatrix} 0 & -1 \\ 0 & -1 \end{pmatrix}^{\mathrm{T}} \\
&= \begin{pmatrix} 0 & 0 \\ -1 & -1 \end{pmatrix}, \\
\boldsymbol{A}^{\mathrm{T}}\boldsymbol{B}^{\mathrm{T}} &= \begin{pmatrix} 1 & -1 \\ 1 & -1 \end{pmatrix}^{\mathrm{T}}\begin{pmatrix} 1 & 0 \\ 1 & 1 \end{pmatrix}^{\mathrm{T}} = \begin{pmatrix} 1 & 1 \\ -1 & -1 \end{pmatrix}\begin{pmatrix} 1 & 1 \\ 0 & 1 \end{pmatrix} \\
&= \begin{pmatrix} 1 & 2 \\ -1 & -2 \end{pmatrix}, \\
\boldsymbol{B}^{\mathrm{T}}\boldsymbol{A}^{\mathrm{T}} &= \begin{pmatrix} 1 & 0 \\ 1 & 1 \end{pmatrix}^{\mathrm{T}}\begin{pmatrix} 1 & -1 \\ 1 & -1 \end{pmatrix}^{\mathrm{T}} = \begin{pmatrix} 1 & 1 \\ 0 & 1 \end{pmatrix}\begin{pmatrix} 1 & 1 \\ -1 & -1 \end{pmatrix} \\
&= \begin{pmatrix} 0 & 0 \\ -1 & -1 \end{pmatrix}.
\end{aligned}
$$

该例说明, 等式 $(\boldsymbol{AB})^{\mathrm{T}} = \boldsymbol{A}^{\mathrm{T}}\boldsymbol{B}^{\mathrm{T}}$ 一般并不一定成立.

矩阵的转置具有以下基本性质:

(1) $(\boldsymbol{A}^{\mathrm{T}})^{\mathrm{T}} = \boldsymbol{A}$;

(2) $(\boldsymbol{A} \pm \boldsymbol{B})^{\mathrm{T}} = \boldsymbol{A}^{\mathrm{T}} \pm \boldsymbol{B}^{\mathrm{T}}$;

(3) $(k\boldsymbol{A})^{\mathrm{T}} = k\boldsymbol{A}^{\mathrm{T}}$, $k$ 为任意实数;

(4) $(\boldsymbol{AB})^{\mathrm{T}} = \boldsymbol{B}^{\mathrm{T}}\boldsymbol{A}^{\mathrm{T}}$, $(\boldsymbol{A}_1\boldsymbol{A}_2\cdots\boldsymbol{A}_m)^{\mathrm{T}} = \boldsymbol{A}_m^{\mathrm{T}}\boldsymbol{A}_{m-1}^{\mathrm{T}}\cdots\boldsymbol{A}_2^{\mathrm{T}}\boldsymbol{A}_1^{\mathrm{T}}$, $m$ 为正整数;

(5) 若 $\boldsymbol{A}$ 为方阵, 则 $(\boldsymbol{A}^m)^{\mathrm{T}} = (\boldsymbol{A}^{\mathrm{T}})^m$, $m$ 为非负整数.

这些结论的证明都不困难, 请读者自己验证.

作为矩阵转置概念的简单应用, 读者不难验证下述两个常见结论.

(1) 若 $\boldsymbol{A}$ 为方阵, 则 $\boldsymbol{A}$ 对称和反对称的充分必要条件分别是 $\boldsymbol{A} = \boldsymbol{A}^{\mathrm{T}}$ 和 $\boldsymbol{A}^{\mathrm{T}} = -\boldsymbol{A}$;

(2) 任何方阵 $\boldsymbol{A}$ 都可表示为下述对称矩阵 $\boldsymbol{A}_1$ 和反对称矩阵 $\boldsymbol{A}_2$ 之和:

$$\boldsymbol{A} = \boldsymbol{A}_1 + \boldsymbol{A}_2,$$

其中 $\boldsymbol{A}_1 = \dfrac{1}{2}(\boldsymbol{A} + \boldsymbol{A}^{\mathrm{T}})$, $\boldsymbol{A}_2 = \dfrac{1}{2}(\boldsymbol{A} - \boldsymbol{A}^{\mathrm{T}})$.

**例 2.13*** 设 $n \times 1$ 矩阵 $\boldsymbol{A}$ 满足 $\boldsymbol{A}^{\mathrm{T}}\boldsymbol{A} = 1$, 矩阵 $\boldsymbol{B} = \boldsymbol{E} - 2\boldsymbol{A}\boldsymbol{A}^{\mathrm{T}}$, 证明 $\boldsymbol{B}$ 为对称矩阵, 且 $\boldsymbol{B}^2 = \boldsymbol{E}$.

**证明** 由 $\boldsymbol{B} = \boldsymbol{E} - 2\boldsymbol{A}\boldsymbol{A}^{\mathrm{T}}$, 根据矩阵转置的性质,

$$\begin{aligned}\boldsymbol{B}^{\mathrm{T}} &= (\boldsymbol{E} - 2\boldsymbol{A}\boldsymbol{A}^{\mathrm{T}})^{\mathrm{T}} = \boldsymbol{E}^{\mathrm{T}} - (2\boldsymbol{A}\boldsymbol{A}^{\mathrm{T}})^{\mathrm{T}} \\ &= \boldsymbol{E} - 2(\boldsymbol{A}^{\mathrm{T}})^{\mathrm{T}}\boldsymbol{A}^{\mathrm{T}} = \boldsymbol{E} - 2\boldsymbol{A}\boldsymbol{A}^{\mathrm{T}} = \boldsymbol{B}.\end{aligned}$$

所以 $\boldsymbol{B}$ 是对称矩阵. 又由于 $\boldsymbol{A}^{\mathrm{T}}\boldsymbol{A} = 1$, 直接计算可得

$$\begin{aligned}\boldsymbol{B}^2 &= (\boldsymbol{E} - 2\boldsymbol{A}\boldsymbol{A}^{\mathrm{T}})^2 = \boldsymbol{E}^2 - 4\boldsymbol{A}\boldsymbol{A}^{\mathrm{T}} + 4(\boldsymbol{A}\boldsymbol{A}^{\mathrm{T}})^2 \\ &= \boldsymbol{E} - 4\boldsymbol{A}\boldsymbol{A}^{\mathrm{T}} + 4\boldsymbol{A}(\boldsymbol{A}^{\mathrm{T}}\boldsymbol{A})\boldsymbol{A}^{\mathrm{T}} = \boldsymbol{E}.\end{aligned}$$

### 2.2.6 应用举例*

**例 2.14** (产品售价和数量) 设某厂向三个超市 (代号为 $(X)$, $(Y)$, $(Z)$) 发送四种产品 (代号为 $(a)$, $(b)$, $(c)$, $(d)$), 包装箱数量形成的矩阵为

$$\begin{array}{c} \\ \boldsymbol{A} = \end{array}\begin{array}{c} \begin{matrix} (a) & (b) & (c) & (d) \end{matrix} \\ \begin{pmatrix} 30 & 20 & 50 & 20 \\ 0 & 7 & 10 & 0 \\ 50 & 40 & 50 & 50 \end{pmatrix} \end{array}\begin{array}{l} \\ (X) \\ (Y), \\ (Z) \end{array}$$

四种产品的单箱售价及单箱货物数量 (代号为 $(J),(L)$) 形成的矩阵为

$$\boldsymbol{B}=\begin{matrix} & \begin{matrix}(J) & (L)\end{matrix} & \\ & \begin{pmatrix}30 & 40\\16 & 30\\22 & 30\\18 & 20\end{pmatrix} & \begin{matrix}(a)\\(b),\\(c)\\(d)\end{matrix}\end{matrix}$$

试求该厂向每个超市售出产品的总售价及货物总数量所形成的矩阵.

**解**　按照矩阵 $\boldsymbol{A}$, $\boldsymbol{B}$ 的意义, 该厂向每个超市售出产品的总售价及货物总数量所形成的矩阵应是矩阵 $\boldsymbol{AB}$. 根据矩阵乘积定义计算, 可得

$$\boldsymbol{AB}=\begin{pmatrix}30 & 20 & 50 & 20\\0 & 7 & 10 & 0\\50 & 40 & 50 & 50\end{pmatrix}\begin{pmatrix}30 & 40\\16 & 30\\22 & 30\\18 & 20\end{pmatrix}=\begin{matrix}\begin{matrix}(M) & (N)\end{matrix} & \\ \begin{pmatrix}2680 & 3700\\332 & 510\\4140 & 5700\end{pmatrix} & \begin{matrix}(X)\\(Y)\\(Z)\end{matrix}\end{matrix},$$

其中, $(M)$ 和 $(N)$ 标示的分别是总售价及货物总数量.

**例 2.15**(情报检索技术)　现代情报检索技术是构筑在矩阵理论基础上的. 通常, 数据库中收集了大量文件 (比如书籍等), 情报检索技术是要在数据库中搜索那些能够与指定关键词相匹配的文件, 并根据不同匹配文件匹配程度的大小对其进行排序. 假如一个数据库中包含 $n$ 个文件和 $m$ 个搜索所用的关键词, 那么通过考察不同关键词在不同文件中的出现与否, 可以构造一个以 0, 1 为元素的 $m\times n$ 矩阵, 该矩阵称为数据库搜索矩阵. 试以含有 “线性代数” “线性代数及空间解析几何”“线性代数及其应用” 等 3 个文件, 含有 “代数” “几何” “线性” “应用” 等 4 个关键词的数据库为例, 说明现代情报检索技术的数学原理.

**解**　将 3 个文件和 4 个关键词均按拼音字母排序, 并分别用 0 和 1 来标示不同关键词在不同文件中的出现与否, 可以列出表 2.1:

表 2.1

| | 线性代数 | 线性代数及空间解析几何 | 线性代数及其应用 |
|---|---|---|---|
| 代数 | 1 | 1 | 1 |
| 几何 | 0 | 1 | 0 |
| 线性 | 1 | 1 | 1 |
| 应用 | 0 | 0 | 1 |

进而得到下述以 0 和 1 为元素的 $4\times 3$ 数据库搜索矩阵:

$$A = \begin{pmatrix} 1 & 1 & 1 \\ 0 & 1 & 0 \\ 1 & 1 & 1 \\ 0 & 0 & 1 \end{pmatrix}.$$

如果读者输入的关键词是“代数”和“几何”, 则类似数据库搜索矩阵 $\boldsymbol{A}$ 的构造, 可以给出该读者的关键词搜索矩阵:

$$\boldsymbol{x} = \begin{pmatrix} 1 \\ 1 \\ 0 \\ 0 \end{pmatrix},$$

其中 1 对应被搜索的关键词, 0 对应没有被搜索的关键词. 利用数据库搜索矩阵 $\boldsymbol{A}$ 和关键词搜索矩阵 $\boldsymbol{x}$, 可以得到指示搜索结果的矩阵:

$$\boldsymbol{y} = \boldsymbol{A}^{\mathrm{T}}\boldsymbol{x} = \begin{pmatrix} 1 \\ 2 \\ 1 \end{pmatrix}.$$

这里 $\boldsymbol{y}$ 的第 1 个到第 3 个分量分别表示第 1 个到第 3 个文件与关键词搜索矩阵 $\boldsymbol{x}$ 的匹配程度. 对该例来说, 因为 $\boldsymbol{y}$ 的第 2 个分量大于其他分量, 这说明第 2 个文件与关键词搜索矩阵 $\boldsymbol{x}$ 的匹配程度最高, 所以第 2 个文件在搜索结果中要排在最前面. 又因为 $\boldsymbol{y}$ 的其他两个分量相等, 这说明它们与关键词搜索矩阵 $\boldsymbol{x}$ 的匹配程度一样. 所以, 这两个文件仍可以按照它们的拼音字母来自然排序.

## 习 题 2.2

1. 判断题.

(1) 若 $\boldsymbol{A}^2 = \boldsymbol{O}$, 则 $\boldsymbol{A} = \boldsymbol{O}$; ( )

(2) 若 $\boldsymbol{A}^2 = \boldsymbol{A}$, 则 $\boldsymbol{A} = \boldsymbol{O}$ 或 $\boldsymbol{A} = \boldsymbol{E}$; ( )

(3) 若 $\boldsymbol{AB} = \boldsymbol{O}$, 则 $\boldsymbol{A} = \boldsymbol{O}$ 或 $\boldsymbol{B} = \boldsymbol{O}$; ( )

(4) 若 $\boldsymbol{A} + \boldsymbol{X} = \boldsymbol{A} + \boldsymbol{Y}$, 则 $\boldsymbol{X} = \boldsymbol{Y}$; ( )

(5) 若 $\boldsymbol{AX} = \boldsymbol{AY}$, 且 $\boldsymbol{A} \neq \boldsymbol{O}$, 则 $\boldsymbol{X} = \boldsymbol{Y}$; ( )

(6) 若 $\boldsymbol{A}$ 为任意矩阵, 且 $\boldsymbol{AA}^{\mathrm{T}} = \boldsymbol{O}$, 则 $\boldsymbol{A} = \boldsymbol{O}$; ( )

(7) 若 $\boldsymbol{A}, \boldsymbol{B}$ 均为 $n$ 阶方阵, 则 $(\boldsymbol{A} - \boldsymbol{B})(\boldsymbol{A} + \boldsymbol{B}) = \boldsymbol{A}^2 - \boldsymbol{B}^2$; ( )

(8) 矩阵 $\begin{pmatrix} 3 & 1 & 5 \\ 3 & 2 & -1 \end{pmatrix}$ 与 $\begin{pmatrix} 2 & 1 \\ 3 & 0 \\ 1 & 2 \end{pmatrix}$ 可以相乘; ( )

(9) 矩阵 $\begin{pmatrix}2\\3\\1\end{pmatrix}$ 与 $\begin{pmatrix}3 & 1 & 5\end{pmatrix}$ 不可以相乘;　　(　　)

(10) 矩阵 $\begin{pmatrix}3 & 1 & 5\\3 & 2 & -1\end{pmatrix}$ 与 $\begin{pmatrix}-1 & 1 & -2\\0 & -2 & 1\end{pmatrix}$ 可以相乘.　　(　　)

2. 假设 $\boldsymbol{A}=\begin{pmatrix}2 & 1 & 4\\-3 & 1 & 0\\3 & 1 & 2\end{pmatrix}$, $\boldsymbol{B}=\begin{pmatrix}1 & 0 & 4\\-3 & 0 & 1\\2 & -1 & 4\end{pmatrix}$, 计算:

(1) $3\boldsymbol{A}$;　(2) $\boldsymbol{A}+\boldsymbol{B}$;　(3) $3\boldsymbol{A}-4\boldsymbol{B}$;

(4) $(3\boldsymbol{A})^{\mathrm{T}}-(4\boldsymbol{B})^{\mathrm{T}}$;　(5) $\boldsymbol{A}\boldsymbol{B}$;　(6) $\boldsymbol{B}\boldsymbol{A}$;

(7) $\boldsymbol{A}^{\mathrm{T}}\boldsymbol{B}^{\mathrm{T}}$;　(8) $\boldsymbol{B}^{\mathrm{T}}\boldsymbol{A}^{\mathrm{T}}$;　(9) $\boldsymbol{A}^2+\boldsymbol{B}^3$.

3. 设 $\boldsymbol{A}=\begin{pmatrix}5 & 1 & 4\\-3 & 1 & 0\end{pmatrix}$, $\boldsymbol{B}=\begin{pmatrix}-2 & -6 & 4\\-3 & 2 & 5\end{pmatrix}$, 验证:

(1) $\boldsymbol{A}+\boldsymbol{B}=\boldsymbol{B}+\boldsymbol{A}$;

(2) $3(\boldsymbol{A}+\boldsymbol{B})=3\boldsymbol{A}+3\boldsymbol{B}$;

(3) $(\boldsymbol{A}+\boldsymbol{B})^{\mathrm{T}}=\boldsymbol{A}^{\mathrm{T}}+\boldsymbol{B}^{\mathrm{T}}$.

4. 设 $\boldsymbol{A}=\begin{pmatrix}5 & 1\\-3 & 2\\3 & 4\end{pmatrix}$, $\boldsymbol{B}=\begin{pmatrix}2 & 1\\3 & -4\end{pmatrix}$, 验证:

(1) $3(\boldsymbol{A}\boldsymbol{B})=(3\boldsymbol{A})\boldsymbol{B}=\boldsymbol{A}(3\boldsymbol{B})$;

(2) $(\boldsymbol{A}\boldsymbol{B})^{\mathrm{T}}=\boldsymbol{B}^{\mathrm{T}}\boldsymbol{A}^{\mathrm{T}}$.

5. 设 $\boldsymbol{A}=\begin{pmatrix}-2 & 3\\1 & -4\end{pmatrix}$, $\boldsymbol{B}=\begin{pmatrix}2 & 1\\-3 & 4\end{pmatrix}$, $\boldsymbol{C}=\begin{pmatrix}3 & 4\\-5 & 6\end{pmatrix}$, 验证:

(1) $(\boldsymbol{A}+\boldsymbol{B})+\boldsymbol{C}=\boldsymbol{A}+(\boldsymbol{B}+\boldsymbol{C})$;

(2) $(\boldsymbol{A}\boldsymbol{B})\boldsymbol{C}=\boldsymbol{A}(\boldsymbol{B}\boldsymbol{C})$;

(3) $\boldsymbol{A}(\boldsymbol{B}+\boldsymbol{C})=\boldsymbol{A}\boldsymbol{B}+\boldsymbol{A}\boldsymbol{C}$;

(4) $(\boldsymbol{A}+\boldsymbol{B})\boldsymbol{C}=\boldsymbol{A}\boldsymbol{C}+\boldsymbol{B}\boldsymbol{C}$.

6. 证明: 矩阵 $\boldsymbol{A}=\begin{pmatrix}1 & 1\\-1 & -1\end{pmatrix}$ 满足 $\boldsymbol{A}^2=\boldsymbol{O}$. 试问是否存在 $2\times 2$ 对称矩阵也具有这样的性质? 证明你的结论.

7. 设 $\boldsymbol{A}=\begin{pmatrix}1 & 1\\0 & 1\end{pmatrix}$, 试计算 $\boldsymbol{A}^2$ 和 $\boldsymbol{A}^3$, 并推断和说明 $\boldsymbol{A}^n$ 是什么.

8. 设 $\boldsymbol{A}=\begin{pmatrix}\frac{1}{2} & -\frac{1}{2}\\-\frac{1}{2} & \frac{1}{2}\end{pmatrix}$, 试计算 $\boldsymbol{A}^2$ 和 $\boldsymbol{A}^3$, 并推断和说明 $\boldsymbol{A}^n$ 是什么.

9. 设 $\boldsymbol{A}=\begin{pmatrix}0&1&1\\0&0&1\\0&0&0\end{pmatrix}$, 试求 $\boldsymbol{A}^n$, 其中 $n$ 是正整数.

10. 设 $\boldsymbol{A}=\begin{pmatrix}\frac{1}{2}&-\frac{1}{2}&-\frac{1}{2}&-\frac{1}{2}\\-\frac{1}{2}&\frac{1}{2}&-\frac{1}{2}&-\frac{1}{2}\\-\frac{1}{2}&-\frac{1}{2}&\frac{1}{2}&-\frac{1}{2}\\-\frac{1}{2}&-\frac{1}{2}&-\frac{1}{2}&\frac{1}{2}\end{pmatrix}$, 试计算 $\boldsymbol{A}^2$ 和 $\boldsymbol{A}^3$, 并推断和说明 $\boldsymbol{A}^{2n}$ 和 $\boldsymbol{A}^{2n+1}$ 是什么.

11. 设 $\boldsymbol{A}, \boldsymbol{B}$ 均为 $n$ 阶对称矩阵, 试问下列矩阵是否对称?

(1) $\boldsymbol{A}+\boldsymbol{B}$; (2) $\boldsymbol{A}^3$; (3) $\boldsymbol{AB}$;

(4) $\boldsymbol{ABA}$; (5) $\boldsymbol{AB}+\boldsymbol{BA}$; (6) $\boldsymbol{AB}-\boldsymbol{BA}$.

12. 设 $\boldsymbol{A}$ 为 $n$ 阶方阵, 试问下列矩阵是否对称?

(1) $\boldsymbol{A}+\boldsymbol{A}^{\mathrm{T}}$; (2) $\boldsymbol{A}-\boldsymbol{A}^{\mathrm{T}}$; (3) $\boldsymbol{A}^{\mathrm{T}}\boldsymbol{A}$;

(4) $\boldsymbol{A}^{\mathrm{T}}\boldsymbol{A}-\boldsymbol{A}\boldsymbol{A}^{\mathrm{T}}$; (5) $(\boldsymbol{E}+\boldsymbol{A})(\boldsymbol{E}+\boldsymbol{A}^{\mathrm{T}})$; (6) $(\boldsymbol{E}-\boldsymbol{A})(\boldsymbol{E}-\boldsymbol{A}^{\mathrm{T}})$.

## 2.3 矩阵的逆

实数乘法所具有的一个重要性质是, 对任意一个实数 $a\neq 0$, 一定存在一个实数 $b\neq 0$ 使得 $ab=ba=1$. 这里 $b=a^{-1}$ 是 $a$ 的倒数, 也称为 $a$ 的乘法逆. 有了乘法逆的概念, 数的除法运算 $c/a$ 就可以转换成乘法运算 $ca^{-1}$. 作为推广, 人们自然想到对矩阵也考虑它的乘法逆. 这就引发我们来讨论逆矩阵的概念.

### 2.3.1 逆矩阵的概念

我们知道, 单位矩阵 $\boldsymbol{E}$ 在矩阵乘法运算中所起的作用, 与数 1 在实数乘法运算中所起的作用是类似的. 所以参考实数乘法逆的概念, 给出下述概念.

**定义 2.14** 设 $\boldsymbol{A}$ 为 $n$ 阶方阵, 如果存在 $n$ 阶方阵 $\boldsymbol{B}$ 使得

$$\boldsymbol{AB}=\boldsymbol{BA}=\boldsymbol{E}, \tag{2.2}$$

则称矩阵 $\boldsymbol{A}$ 可逆, 并称 $\boldsymbol{B}$ 是 $\boldsymbol{A}$ 的一个逆矩阵.

关于该定义需要强调以下几点:

(1) 可逆概念是对方阵而言的. 换句话说, 当 $m\neq n$ 时, 对一般 $m\times n$ 矩阵 $\boldsymbol{A}=\boldsymbol{A}_{m\times n}$ 是不谈其可逆性的. 这是因为, 要使等式 $\boldsymbol{AB}=\boldsymbol{E}$ 有意义, $\boldsymbol{A}$ 的行数必须等于 $\boldsymbol{E}$ 的行数, 要使等式 $\boldsymbol{BA}=\boldsymbol{E}$ 有意义, $\boldsymbol{A}$ 的列数必须等于 $\boldsymbol{E}$ 的列数. 故由 $\boldsymbol{E}$ 为方阵可知, $\boldsymbol{A}$ 只能为方阵.

(2) $\boldsymbol{A}$ 和 $\boldsymbol{B}$ 在定义中的地位是对等的. 换句话说, 当 (2.2) 成立时, 方阵 $\boldsymbol{B}$ 也可逆, 并且 $\boldsymbol{A}$ 也称为 $\boldsymbol{B}$ 的一个逆矩阵.

(3) 单位矩阵 $\boldsymbol{E}$ 一定可逆. 这是因为: 在定义 2.14 取 $\boldsymbol{A}=\boldsymbol{B}=\boldsymbol{E}$, 则 $\boldsymbol{AB}=\boldsymbol{BA}=\boldsymbol{E}$. 因此, 可逆矩阵是存在的.

(4) 不可逆矩阵也是存在的. 比如, 若在定义 2.14 中取 $\boldsymbol{A}=\begin{pmatrix}1&0\\0&0\end{pmatrix}$, 则对任意 2 阶方阵 $\boldsymbol{B}=\begin{pmatrix}a&b\\c&d\end{pmatrix}$, 都有

$$\boldsymbol{AB}=\begin{pmatrix}1&1\\0&0\end{pmatrix}\begin{pmatrix}a&b\\c&d\end{pmatrix}=\begin{pmatrix}a&b\\0&0\end{pmatrix}.$$

该矩阵显然不可能等于单位矩阵 $\boldsymbol{E}=\begin{pmatrix}1&0\\0&1\end{pmatrix}$. 也就是说, 对上述 2 阶方阵 $\boldsymbol{A}$, 不可能存在 2 阶方阵 $\boldsymbol{B}$ 使得 $\boldsymbol{AB}=\boldsymbol{E}$. 因此, $\boldsymbol{A}$ 不可逆.

下述定理表明一个矩阵的逆矩阵具有唯一性.

**定理 2.3** 如果 $n$ 阶方阵 $\boldsymbol{A}$ 可逆, 则它的逆矩阵是唯一的.

**证明** 设 $\boldsymbol{B},\boldsymbol{C}$ 都是 $\boldsymbol{A}$ 的逆矩阵, 则 $\boldsymbol{AB}=\boldsymbol{BA}=\boldsymbol{E}$, $\boldsymbol{AC}=\boldsymbol{CA}=\boldsymbol{E}$. 因此

$$\boldsymbol{B}=\boldsymbol{BE}=\boldsymbol{B}(\boldsymbol{AC})=(\boldsymbol{BA})\boldsymbol{C}=\boldsymbol{EC}=\boldsymbol{C}.$$

证毕.

据此, 可逆矩阵 $\boldsymbol{A}$ 的逆矩阵便是由 $\boldsymbol{A}$ 唯一确定的. 因此, 沿用非零实数乘法逆的记号, 把可逆矩阵 $\boldsymbol{A}$ 的逆矩阵记作 $\boldsymbol{A}^{-1}$. 这样, 如果 $\boldsymbol{AB}=\boldsymbol{BA}=\boldsymbol{E}$, 则 $\boldsymbol{A}^{-1}=\boldsymbol{B}$, $\boldsymbol{B}^{-1}=\boldsymbol{A}$.

特别地, $n$ 阶单位矩阵 $\boldsymbol{E}$ 的逆矩阵 $\boldsymbol{E}^{-1}$ 就是 $\boldsymbol{E}$ 自身.

**例 2.16** 设 $\boldsymbol{A}=\begin{pmatrix}1&2\\3&5\end{pmatrix}$, 求矩阵 $\boldsymbol{B}=\begin{pmatrix}a&b\\c&d\end{pmatrix}$ 使得 $\boldsymbol{AB}=\boldsymbol{E}$, 进而说明 $\boldsymbol{A}$ 是可逆的, 并写出 $\boldsymbol{A}$ 的逆矩阵.

**解** 由于

$$\boldsymbol{AB}=\begin{pmatrix}1&2\\3&5\end{pmatrix}\begin{pmatrix}a&b\\c&d\end{pmatrix}=\begin{pmatrix}a+2c&b+2d\\3a+5c&3b+5d\end{pmatrix},$$

故若 $\boldsymbol{AB}=\boldsymbol{E}$, 则

$$\begin{pmatrix} a+2c & b+2d \\ 3a+5c & 3b+5d \end{pmatrix}=\begin{pmatrix} 1 & 0 \\ 0 & 1 \end{pmatrix}.$$

即

$$\begin{cases} a+2c=1, \\ b+2d=0, \\ 3a+5c=0, \\ 3b+5d=1. \end{cases}$$

解此线性方程组可得 $a=-5$, $b=2$, $c=3$, $d=-1$. 因此

$$\boldsymbol{B}=\begin{pmatrix} -5 & 2 \\ 3 & -1 \end{pmatrix}.$$

又直接计算可得

$$\boldsymbol{BA}=\begin{pmatrix} -5 & 2 \\ 3 & -1 \end{pmatrix}\begin{pmatrix} 1 & 2 \\ 3 & 5 \end{pmatrix}=\boldsymbol{E}.$$

所以, $\boldsymbol{AB}=\boldsymbol{BA}=\boldsymbol{E}$. 故 $\boldsymbol{A}$ 可逆, 且 $\boldsymbol{A}^{-1}=\boldsymbol{B}=\begin{pmatrix} -5 & 2 \\ 3 & -1 \end{pmatrix}$.

### 2.3.2 伴随矩阵

伴随矩阵是一个与给定方阵相伴而生的方阵, 它与给定方阵同阶, 由给定方阵完全确定. 伴随矩阵在逆矩阵讨论中具有重要作用.

**定义 2.15** 设 $n \geqslant 2$, 方阵 $\boldsymbol{A}=\boldsymbol{A}_n=(a_{ij})_n$. 对 $i, j=1, 2, \cdots, n$, 设 $A_{ij}$ 是 $a_{ij}$ 的代数余子式, 则 $n$ 阶方阵

$$\begin{pmatrix} A_{11} & A_{21} & \cdots & A_{n1} \\ A_{12} & A_{22} & \cdots & A_{n2} \\ \vdots & \vdots & & \vdots \\ A_{1n} & A_{2n} & \cdots & A_{nn} \end{pmatrix}$$

称为矩阵 $\boldsymbol{A}$ 的伴随矩阵, 记为 $\boldsymbol{A}^*$.

在伴随矩阵 $\boldsymbol{A}^*$ 的上述表达式中, 元素 $A_{ij}$ 不是处在第 $i$ 行第 $j$ 列, 而是处在第 $j$ 行第 $i$ 列. 这一点需要给予特别注意.

不难验证, 单位矩阵 $\boldsymbol{E}$ 的伴随矩阵 $\boldsymbol{E}^*$ 仍为 $\boldsymbol{E}$.

**例 2.17**　设 $\boldsymbol{A}=\begin{pmatrix}1&2&1\\1&0&2\\-1&3&0\end{pmatrix}$, 求 $\boldsymbol{A}$ 的伴随矩阵 $\boldsymbol{A}^*$.

**解**　直接计算可知, $\boldsymbol{A}$ 的各个代数余子式分别为

$$A_{11}=(-1)^{1+1}\begin{vmatrix}0&2\\3&0\end{vmatrix}=-6,\quad A_{12}=(-1)^{1+2}\begin{vmatrix}1&2\\-1&0\end{vmatrix}=-2,$$

$$A_{13}=(-1)^{1+3}\begin{vmatrix}1&0\\-1&3\end{vmatrix}=3,\quad A_{21}=(-1)^{2+1}\begin{vmatrix}2&1\\3&0\end{vmatrix}=3,$$

$$A_{22}=(-1)^{2+2}\begin{vmatrix}1&1\\-1&0\end{vmatrix}=1,\quad A_{23}=(-1)^{2+3}\begin{vmatrix}1&2\\-1&3\end{vmatrix}=-5,$$

$$A_{31}=(-1)^{3+1}\begin{vmatrix}2&1\\0&2\end{vmatrix}=4,\quad A_{32}=(-1)^{3+2}\begin{vmatrix}1&1\\1&2\end{vmatrix}=-1,$$

$$A_{33}=(-1)^{3+3}\begin{vmatrix}1&2\\1&0\end{vmatrix}=-2.$$

故由定义可知, 矩阵 $\boldsymbol{A}$ 的伴随矩阵 $\boldsymbol{A}^*=\begin{pmatrix}-6&3&4\\-2&1&-1\\3&-5&-2\end{pmatrix}$.

下述定理给出的是关于伴随矩阵的一个基本结论.

**定理 2.4**　对任一 $n$ 阶方阵 $\boldsymbol{A}$, 设 $\boldsymbol{A}^*$ 是 $\boldsymbol{A}$ 的伴随矩阵, 则

$$\boldsymbol{A}\boldsymbol{A}^*=\boldsymbol{A}^*\boldsymbol{A}=|\boldsymbol{A}|\boldsymbol{E}. \tag{2.3}$$

**证明**　根据行列式 $|\boldsymbol{A}|$ 按照行和列展开的 Laplace 定理, 该定理是伴随矩阵以及矩阵乘法和数乘定义的直接推论. 证毕.

由 (2.3) 容易看出, 如果 $|\boldsymbol{A}|\neq 0$, 则

$$\boldsymbol{A}\left(\frac{1}{|\boldsymbol{A}|}\boldsymbol{A}^*\right)=\left(\frac{1}{|\boldsymbol{A}|}\boldsymbol{A}^*\right)\boldsymbol{A}=\boldsymbol{E},\quad \boldsymbol{A}^*\left(\frac{1}{|\boldsymbol{A}|}\boldsymbol{A}\right)=\left(\frac{1}{|\boldsymbol{A}|}\boldsymbol{A}\right)\boldsymbol{A}^*=\boldsymbol{E}.$$

故由定义可知, 此时矩阵 $\boldsymbol{A}$ 可逆, 且

$$\boldsymbol{A}^{-1}=\frac{1}{|\boldsymbol{A}|}\boldsymbol{A}^*,\quad (\boldsymbol{A}^*)^{-1}=\frac{1}{|\boldsymbol{A}|}\boldsymbol{A}. \tag{2.4}$$

另一方面, 如果矩阵 $\boldsymbol{A}$ 可逆, 则由定义 2.14 和定理 2.2 可知存在同阶方阵 $\boldsymbol{B}$, 使得

$$|\boldsymbol{A}||\boldsymbol{B}|=|\boldsymbol{AB}|=|\boldsymbol{E}|=1.$$

因此, $|\boldsymbol{A}|\neq 0$. 综合上述讨论, 可得下述定理.

**定理 2.5** 方阵 $\boldsymbol{A}$ 可逆的充分必要条件为 $|\boldsymbol{A}|\neq 0$. 并且, 当 $\boldsymbol{A}$ 可逆时, $\boldsymbol{A}^{-1}=\dfrac{1}{|\boldsymbol{A}|}\boldsymbol{A}^*$.

**例 2.18** 求例 2.17 中矩阵 $\boldsymbol{A}$ 的逆矩阵.

**解** 根据定义, 使用例 2.17 中的记号和计算可得

$$|\boldsymbol{A}|=A_{11}+2A_{12}+A_{13}=-6+2\cdot(-2)+3=-7.$$

故

$$\boldsymbol{A}^{-1}=-\frac{1}{7}\begin{pmatrix}-6&3&4\\-2&1&-1\\3&-5&-2\end{pmatrix}=\begin{pmatrix}\dfrac{6}{7}&-\dfrac{3}{7}&-\dfrac{4}{7}\\\dfrac{2}{7}&-\dfrac{1}{7}&\dfrac{1}{7}\\-\dfrac{3}{7}&\dfrac{5}{7}&\dfrac{2}{7}\end{pmatrix}.$$

该例求 $\boldsymbol{A}^{-1}$ 的方法称为求逆矩阵的伴随矩阵法. 这种方法对于理论研究以及求阶数较低或较特殊的一些矩阵的逆矩阵比较有用. 但对于阶数较高的矩阵, 使用起来一般会很繁琐. 因此, 关于逆矩阵的具体计算, 还需要探讨其他方法. 这将在 2.4 节给出.

但要指出, 当 $\boldsymbol{A}$ 已知时, 利用 (2.4) 来求 $(\boldsymbol{A}^*)^{-1}$ 和 $|\boldsymbol{A}^*|$ 通常是很方便的.

**例 2.19** 已知 $\boldsymbol{A}=\begin{pmatrix}1&2&0\\2&2&0\\3&4&5\end{pmatrix}$, 求 $(\boldsymbol{A}^*)^{-1}$ 和 $|\boldsymbol{A}^*|$.

**解** 根据 Laplace 定理将行列式 $|\boldsymbol{A}|$ 按照第 3 列展开可得

$$|\boldsymbol{A}|=5\cdot(-1)^{3+3}\begin{vmatrix}1&2\\2&2\end{vmatrix}=-10\neq 0.$$

故由 (2.4) 可得

$$(\boldsymbol{A}^*)^{-1}=\frac{1}{|\boldsymbol{A}|}\boldsymbol{A}=-\frac{1}{10}\begin{pmatrix}1&2&0\\2&2&0\\3&4&5\end{pmatrix}=\begin{pmatrix}-\dfrac{1}{10}&-\dfrac{1}{5}&0\\-\dfrac{1}{5}&-\dfrac{1}{5}&0\\-\dfrac{3}{10}&-\dfrac{2}{5}&-\dfrac{1}{2}\end{pmatrix}.$$

又注意到 $\det(|\boldsymbol{A}|\boldsymbol{E})=\det(\operatorname{diag}(|\boldsymbol{A}|,|\boldsymbol{A}|,|\boldsymbol{A}|))=|\boldsymbol{A}|^3$, 对 $\boldsymbol{A}^*\boldsymbol{A}=|\boldsymbol{A}|\boldsymbol{E}$ 两端同时取行列式, 由定理 2.2 可得

$$|\boldsymbol{A}^*|\,|\boldsymbol{A}|=\det(|\boldsymbol{A}|\boldsymbol{E})=|\boldsymbol{A}|^3.$$

故

$$|\boldsymbol{A}^*|=|\boldsymbol{A}|^2=(-10)^2=100.$$

作为定理 2.5 的一个重要推论, 下述定理说明, 对于 $n$ 阶方阵 $\boldsymbol{A},\boldsymbol{B}$ 来说, 矩阵等式 $\boldsymbol{AB}=\boldsymbol{E}$ 和 $\boldsymbol{BA}=\boldsymbol{E}$ 是等价的.

**定理 2.6**　设 $\boldsymbol{A},\boldsymbol{B}$ 均为 $n$ 阶方阵, 则 $\boldsymbol{AB}=\boldsymbol{E}$ 当且仅当 $\boldsymbol{BA}=\boldsymbol{E}$. 进而, 一个 $n$ 阶方阵 $\boldsymbol{A}$ 可逆并且 $\boldsymbol{A}^{-1}=\boldsymbol{B}$ 当且仅当 $\boldsymbol{AB}=\boldsymbol{E}$ 或者 $\boldsymbol{BA}=\boldsymbol{E}$.

**证明**　很明显, 定理的后一部分是前一部分的直接推论. 因此, 只需证明前一部分. 先证明 $\boldsymbol{AB}=\boldsymbol{E}$ 蕴含 $\boldsymbol{BA}=\boldsymbol{E}$. 事实上, 由 $\boldsymbol{AB}=\boldsymbol{E}$ 和定理 2.2 可得 $|\boldsymbol{A}||\boldsymbol{B}|=1$. 故 $|\boldsymbol{A}|\neq 0$. 于是由定理 2.5 知 $\boldsymbol{A}$ 可逆, 即存在矩阵 $\boldsymbol{C}$ 使 $\boldsymbol{AC}=\boldsymbol{CA}=\boldsymbol{E}$. 又在 $\boldsymbol{AB}=\boldsymbol{E}$ 的两边同时左乘 $\boldsymbol{C}$, 右乘 $\boldsymbol{A}$, 可得 $(\boldsymbol{CA})(\boldsymbol{BA})=\boldsymbol{CEA}=\boldsymbol{CA}$. 因此, 由 $\boldsymbol{CA}=\boldsymbol{E}$ 可得 $\boldsymbol{BA}=\boldsymbol{E}$. 交换上述证明中 $\boldsymbol{A},\boldsymbol{B}$ 的位置可知, $\boldsymbol{BA}=\boldsymbol{E}$ 也蕴含 $\boldsymbol{AB}=\boldsymbol{E}$. 证毕.

该定理说明, 要判断方阵 $\boldsymbol{B}$ 是否为方阵 $\boldsymbol{A}$ 的逆矩阵, 不必同时检验 $\boldsymbol{AB}=\boldsymbol{E}$ 和 $\boldsymbol{BA}=\boldsymbol{E}$ 的正确性, 只要检验其中之一即可.

例如, 由

$$\begin{pmatrix}1&2&3\\0&1&4\\0&0&1\end{pmatrix}\begin{pmatrix}1&-2&5\\0&1&-4\\0&0&1\end{pmatrix}=\begin{pmatrix}1&0&0\\0&1&0\\0&0&1\end{pmatrix}$$

即可得出

$$\begin{pmatrix}1&-2&5\\0&1&-4\\0&0&1\end{pmatrix}\begin{pmatrix}1&2&3\\0&1&4\\0&0&1\end{pmatrix}=\begin{pmatrix}1&0&0\\0&1&0\\0&0&1\end{pmatrix},$$

且

$$\begin{pmatrix} 1 & 2 & 3 \\ 0 & 1 & 4 \\ 0 & 0 & 1 \end{pmatrix}^{-1} = \begin{pmatrix} 1 & -2 & 5 \\ 0 & 1 & -4 \\ 0 & 0 & 1 \end{pmatrix}.$$

### 2.3.3 逆矩阵的基本性质

下面介绍关于逆矩阵的一些基本性质. 先看下述例子.

**例 2.20** 设 $\boldsymbol{A}$ 为可逆 $n$ 阶方阵, $m$ 为非负整数, 证明:

$$(\boldsymbol{A}^m)^{-1} = \left(\boldsymbol{A}^{-1}\right)^m, \quad (\boldsymbol{A}^*)^{-1} = \left(\boldsymbol{A}^{-1}\right)^*.$$

**证明** 先证第一个等式. 根据定理 2.6, 只需证明

$$\boldsymbol{A}^m \left(\boldsymbol{A}^{-1}\right)^m = \boldsymbol{E},$$

这是矩阵幂的定义和乘法结合律的直接推论. 下面证明第二个等式. 在 (2.3) 中用 $\boldsymbol{A}^{-1}$ 代替 $\boldsymbol{A}$ 可得

$$\boldsymbol{A}^{-1} \left(\boldsymbol{A}^{-1}\right)^* = \left|\boldsymbol{A}^{-1}\right| \boldsymbol{E}.$$

该式两边同时左乘 $\boldsymbol{A}$ 可得

$$\left(\boldsymbol{A}^{-1}\right)^* = \boldsymbol{A}\left(\left|\boldsymbol{A}^{-1}\right| \boldsymbol{E}\right) = \left|\boldsymbol{A}^{-1}\right| \boldsymbol{A}\boldsymbol{E} = \left|\boldsymbol{A}^{-1}\right| \boldsymbol{A}.$$

在该式两边同时右乘 $\boldsymbol{A}^*$, 由 (2.3) 和定理 2.2 可得

$$\left(\boldsymbol{A}^{-1}\right)^* \boldsymbol{A}^* = \left|\boldsymbol{A}^{-1}\right| \boldsymbol{A}\boldsymbol{A}^* = \left|\boldsymbol{A}^{-1}\right| |\boldsymbol{A}| \boldsymbol{E} = \left|\boldsymbol{A}^{-1}\boldsymbol{A}\right| \boldsymbol{E} = |\boldsymbol{E}|\boldsymbol{E} = \boldsymbol{E}.$$

故由定理 2.6 可知

$$(\boldsymbol{A}^*)^{-1} = \left(\boldsymbol{A}^{-1}\right)^*.$$

该例说明, 对可逆矩阵来说, 求逆矩阵和伴随矩阵的运算是可以交换顺序的.

下述定理列出了关于逆矩阵的一些基本性质, 其证明都不困难, 请读者自行验证.

**定理 2.7** 设 $\boldsymbol{A}, \boldsymbol{B}$ 均为可逆矩阵, $m$ 为非负整数, $k$ 为非零实数, 则

(1) $\left(\boldsymbol{A}^{-1}\right)^{-1} = \boldsymbol{A}$; (2) $(k\boldsymbol{A})^{-1} = k^{-1}\boldsymbol{A}^{-1}$; (3) $(\boldsymbol{A}\boldsymbol{B})^{-1} = \boldsymbol{B}^{-1}\boldsymbol{A}^{-1}$;

(4) $\left(\boldsymbol{A}^{\mathrm{T}}\right)^{-1} = \left(\boldsymbol{A}^{-1}\right)^{\mathrm{T}}$; (5) $(\boldsymbol{A}^m)^{-1} = \left(\boldsymbol{A}^{-1}\right)^m$; (6) $(\boldsymbol{A}^*)^{-1} = \left(\boldsymbol{A}^{-1}\right)^*$;

(7) $\left|\boldsymbol{A}^{-1}\right| = |\boldsymbol{A}|^{-1}$.

但要指出, 矩阵 $\boldsymbol{A}, \boldsymbol{B}$ 可逆与矩阵 $\boldsymbol{A}\pm\boldsymbol{B}$ 可逆, 两者之间没有联系. 请读者举例说明.

**例 2.21** 已知 3 阶方阵 $\boldsymbol{A}$ 的行列式 $|\boldsymbol{A}|=\dfrac{1}{27}$. 求行列式 $|(3\boldsymbol{A})^{-1}-27\boldsymbol{A}^*|$ 的值.

**解** 由于 $|\boldsymbol{A}|=\dfrac{1}{27}\neq 0$, 所以 $\boldsymbol{A}$ 可逆. 注意到 $\boldsymbol{A}^*=|\boldsymbol{A}|\boldsymbol{A}^{-1}=\dfrac{1}{27}\boldsymbol{A}^{-1}$, 有

$$\left|(3\boldsymbol{A})^{-1}-27\boldsymbol{A}^*\right|=\left|\frac{1}{3}\boldsymbol{A}^{-1}-\boldsymbol{A}^{-1}\right|=\left|-\frac{2}{3}\boldsymbol{A}^{-1}\right|.$$

又, 因为 $|\boldsymbol{A}^{-1}|$ 为 3 阶行列式, 所以

$$\left|-\frac{2}{3}\boldsymbol{A}^{-1}\right|=\left(-\frac{2}{3}\right)^3\left|\boldsymbol{A}^{-1}\right|=-\frac{8}{27}\frac{1}{|\boldsymbol{A}|}=-8.$$

因此

$$\left|(3\boldsymbol{A})^{-1}-27\boldsymbol{A}^*\right|=-8.$$

**例 2.22** * 设 $\boldsymbol{A}, \boldsymbol{B}$ 均为 $n$ 阶矩阵, 且 $|\boldsymbol{A}|=2$, $|\boldsymbol{B}|=3$, 试求 $|\boldsymbol{A}^{-1}\boldsymbol{B}^*-\boldsymbol{A}^*\boldsymbol{B}^{-1}|$.

**解** 由题设可知 $\boldsymbol{A}, \boldsymbol{B}$ 均可逆, 所以 $\boldsymbol{A}^*=|\boldsymbol{A}|\boldsymbol{A}^{-1}$, $\boldsymbol{B}^*=|\boldsymbol{B}|\boldsymbol{B}^{-1}$. 因此

$$\begin{aligned}\left|\boldsymbol{A}^{-1}\boldsymbol{B}^*-\boldsymbol{A}^*\boldsymbol{B}^{-1}\right|&=\det\left(|\boldsymbol{B}|\boldsymbol{A}^{-1}\boldsymbol{B}^{-1}-|\boldsymbol{A}|\boldsymbol{A}^{-1}\boldsymbol{B}^{-1}\right)\\&=\det\left((|\boldsymbol{B}|-|\boldsymbol{A}|)\,\boldsymbol{A}^{-1}\boldsymbol{B}^{-1}\right)\\&=\det\left((3-2)\,\boldsymbol{A}^{-1}\boldsymbol{B}^{-1}\right)\\&=\det\left(\boldsymbol{A}^{-1}\boldsymbol{B}^{-1}\right)=\left|\boldsymbol{A}^{-1}\right|\left|\boldsymbol{B}^{-1}\right|\\&=\frac{1}{|\boldsymbol{A}||\boldsymbol{B}|}=\frac{1}{6}.\end{aligned}$$

**例 2.23** * 已知 $\boldsymbol{A}=\begin{pmatrix}1&0&0&0\\-2&3&0&0\\0&-4&5&0\\0&0&-6&7\end{pmatrix}$, $\boldsymbol{B}=(\boldsymbol{E}+\boldsymbol{A})^{-1}(\boldsymbol{E}-\boldsymbol{A})$. 试求 $(\boldsymbol{B}+\boldsymbol{E})^{-1}$.

**解** 在等式 $\boldsymbol{B}=(\boldsymbol{E}+\boldsymbol{A})^{-1}(\boldsymbol{E}-\boldsymbol{A})$ 两端同时左乘 $\boldsymbol{E}+\boldsymbol{A}$, 可得 $(\boldsymbol{E}+\boldsymbol{A})\boldsymbol{B}=\boldsymbol{E}-\boldsymbol{A}$. 于是

$$(\boldsymbol{A}+\boldsymbol{E})(\boldsymbol{B}+\boldsymbol{E})=(\boldsymbol{A}+\boldsymbol{E})\boldsymbol{B}+(\boldsymbol{A}+\boldsymbol{E})\boldsymbol{E}=\boldsymbol{E}-\boldsymbol{A}+\boldsymbol{A}+\boldsymbol{E}=2\boldsymbol{E}.$$

因此, $\boldsymbol{B}+\boldsymbol{E}$ 可逆, 且

$$(\boldsymbol{B}+\boldsymbol{E})^{-1}=\frac{1}{2}(\boldsymbol{A}+\boldsymbol{E})=\frac{1}{2}\begin{pmatrix}2&0&0&0\\-2&4&0&0\\0&-4&6&0\\0&0&-6&8\end{pmatrix}=\begin{pmatrix}1&0&0&0\\-1&2&0&0\\0&-2&3&0\\0&0&-3&4\end{pmatrix}.$$

**例 2.24** $^*$ 设 $\boldsymbol{A},\boldsymbol{B}$ 均为 $n$ 阶方阵, $k$ 为任一实数, 证明: 当 $n\geqslant 2$ 时,

(1) $|\boldsymbol{A}^*|=|\boldsymbol{A}|^{n-1}$; (2) $(\boldsymbol{A}^*)^{\mathrm{T}}=(\boldsymbol{A}^{\mathrm{T}})^*$;

(3) $(k\boldsymbol{A})^*=k^{n-1}\boldsymbol{A}^*$; (4) $(\boldsymbol{AB})^*=\boldsymbol{B}^*\boldsymbol{A}^*$;

(5) $(\boldsymbol{A}^*)^*=|\boldsymbol{A}|^{n-2}\boldsymbol{A}$.

**证明** (1) 由于 $\boldsymbol{A}$ 为 $n$ 阶方阵, 所以 $\boldsymbol{AA}^*=|\boldsymbol{A}|\boldsymbol{E}$. 在该式两端同时取行列式, 并注意 $\det(|\boldsymbol{A}|\boldsymbol{E})=|\boldsymbol{A}|^n$, 可得

$$|\boldsymbol{A}||\boldsymbol{A}^*|=|\boldsymbol{A}|^n.$$

因此, 当 $|\boldsymbol{A}|\neq 0$ 时, 结论 (1) 成立. 当 $|\boldsymbol{A}|=0$ 时, 只需证明 $|\boldsymbol{A}^*|=0$. 否则, 假设 $|\boldsymbol{A}^*|\neq 0$, 则 $\boldsymbol{A}^*$ 可逆. 这样, 由 $\boldsymbol{AA}^*=|\boldsymbol{A}|\boldsymbol{E}$ 可得

$$\boldsymbol{A}=\boldsymbol{AE}=\boldsymbol{AA}^*(\boldsymbol{A}^*)^{-1}=|\boldsymbol{A}|\boldsymbol{E}(\boldsymbol{A}^*)^{-1}=|\boldsymbol{A}|(\boldsymbol{A}^*)^{-1}=\boldsymbol{O}.$$

故由伴随矩阵的定义可知 $\boldsymbol{A}^*=\boldsymbol{O}$, 进而 $|\boldsymbol{A}^*|=0$. 这与 $|\boldsymbol{A}^*|\neq 0$ 的假设矛盾. 所以结论 (1) 成立.

(2) 对任意的 $1\leqslant i,j\leqslant n$, 若记 $\boldsymbol{A}$ 的第 $i$ 行第 $j$ 列元素为 $a_{ij}$, 其相应的余子式和代数余子式分别记为 $M_{ij}$ 和 $A_{ij}$, 则根据伴随矩阵的定义, $A_{ij}$ 是 $\boldsymbol{A}^*$ 的第 $j$ 行第 $i$ 列元素, 因而是 $(\boldsymbol{A}^*)^{\mathrm{T}}$ 的第 $i$ 行第 $j$ 列元素. 另一方面, 根据定义, $a_{ij}$ 作为 $\boldsymbol{A}^{\mathrm{T}}$ 的第 $j$ 行第 $i$ 列元素, 它在 $\boldsymbol{A}^{\mathrm{T}}$ 中的余子式显然是 $M_{ij}$ 的转置行列式. 故由行列式的性质可知, 其值与 $M_{ij}$ 相等. 进而, $a_{ij}$ 在 $\boldsymbol{A}^{\mathrm{T}}$ 中的代数余子式也等于 $A_{ij}$. 所以, $(\boldsymbol{A}^{\mathrm{T}})^*$ 的第 $i$ 行第 $j$ 列元素便是 $A_{ij}$. 两者结合, 证明 $(\boldsymbol{A}^*)^{\mathrm{T}}$ 和 $(\boldsymbol{A}^{\mathrm{T}})^*$ 的第 $i$ 行第 $j$ 列元素均为 $A_{ij}$. 所以结论 (2) 成立.

(3) 同 (2) 一样, 对任意的 $1\leqslant i,j\leqslant n$, 记 $\boldsymbol{A}$ 的第 $i$ 行第 $j$ 列元素为 $a_{ij}$, 其相应的余子式和代数余子式分别记为 $M_{ij}$ 和 $A_{ij}$. 则 $\boldsymbol{A}^*$ 的第 $j$ 行第 $i$ 列元素便是 $A_{ij}$. 因而, $k^{n-1}\boldsymbol{A}^*$ 的第 $j$ 行第 $i$ 列元素是 $k^{n-1}A_{ij}$. 另一方面, $k\boldsymbol{A}$ 的第 $i$ 行第 $j$ 列元素 $ka_{ij}$ 余子式中的每一元素显然都是 $M_{ij}$ 中相应元素的 $k$ 倍, 所以, $ka_{ij}$ 在 $k\boldsymbol{A}$ 中的余子式等于 $k^{n-1}M_{ij}$. 进而, 其代数余子式等于 $k^{n-1}A_{ij}$. 于是, $(k\boldsymbol{A})^*$ 的第 $j$ 行第 $i$ 列元素便也是 $k^{n-1}A_{ij}$. 所以结论 (3) 成立.

(4) 首先, 假设 $\boldsymbol{A}$, $\boldsymbol{B}$ 均可逆. 这时,

$$\boldsymbol{A}^* = |\boldsymbol{A}|\boldsymbol{A}^{-1},\ \ \boldsymbol{B}^* = |\boldsymbol{B}|\boldsymbol{B}^{-1},\ \ (\boldsymbol{AB})^* = |\boldsymbol{AB}|(\boldsymbol{AB})^{-1}.$$

因此

$$(\boldsymbol{AB})^* = |\boldsymbol{A}||\boldsymbol{B}|\boldsymbol{B}^{-1}\boldsymbol{A}^{-1} = \left(|\boldsymbol{B}|\boldsymbol{B}^{-1}\right)\left(|\boldsymbol{A}|\boldsymbol{A}^{-1}\right) = \boldsymbol{B}^*\boldsymbol{A}^*.$$

对一般情形, 作矩阵

$$\boldsymbol{X}(t) = \boldsymbol{A} + t\boldsymbol{E},\quad \boldsymbol{Y}(t) = \boldsymbol{B} + t\boldsymbol{E},$$

其中 $t$ 为任意参数. 很明显, 行列式 $|\boldsymbol{X}(t)|$ 和 $|\boldsymbol{Y}(t)|$ 都是关于 $t$ 的 $n$ 次多项式. 所以, $|\boldsymbol{X}(t)| = 0$ 和 $|\boldsymbol{Y}(t)| = 0$ 关于 $t$ 均最多只有 $n$ 个不同的根. 因此, 存在只依赖于 $\boldsymbol{A}$ 和 $\boldsymbol{B}$ 的实数 $t_0 > 0$, 使得对任意的 $t > t_0$ 均有

$$|\boldsymbol{X}(t)| \neq 0,\quad |\boldsymbol{Y}(t)| \neq 0.$$

这样, 当 $t > t_0$ 时, 对 $\boldsymbol{X}(t)$ 和 $\boldsymbol{Y}(t)$ 使用刚刚证明的结论, 可得

$$(\boldsymbol{X}(t)\boldsymbol{Y}(t))^* = \boldsymbol{Y}(t)^*\boldsymbol{X}(t)^*. \tag{2.5}$$

对任意的 $1 \leqslant i, j \leqslant n$, 分别用 $p_{ij}(t)$ 和 $q_{ij}(t)$ 表示 (2.5) 左右两边矩阵的第 $i$ 行第 $j$ 列元素, 则 $p_{ij}(t)$ 和 $q_{ij}(t)$ 均为关于 $t$ 的次数不超过 $2(n-1)$ 的多项式, 且 $p_{ij}(t) = q_{ij}(t)\ \ (t > t_0)$. 所以, 由 $t > t_0$ 的任意性可知, $p_{ij}(t)$ 和 $q_{ij}(t)$ 作为 $t$ 的多项式是恒等的. 因此, (2.5) 对任意实数 $t$ 都成立. 在 (2.5) 中取 $t = 0$ 即得结论 (4).

(5) 沿用证明结论 (4) 的思路, 首先假设 $\boldsymbol{A}$ 可逆. 这时, $\boldsymbol{A}^*$ 也可逆, 且

$$(\boldsymbol{A}^*)^* = |\boldsymbol{A}^*|(\boldsymbol{A}^*)^{-1},\quad (\boldsymbol{A}^*)^{-1} = \frac{1}{|\boldsymbol{A}|}\boldsymbol{A}.$$

故由结论 (1) 可得

$$(\boldsymbol{A}^*)^* = |\boldsymbol{A}|^{n-1}(\boldsymbol{A}^*)^{-1} = |\boldsymbol{A}|^{n-2}\boldsymbol{A}.$$

对一般情形, 作矩阵

$$\boldsymbol{X}(t) = \boldsymbol{A} + t\boldsymbol{E},$$

其中 $t$ 为任意参数. 使用与 (4) 类似的讨论可知, 存在只依赖于 $\boldsymbol{A}$ 的实数 $t_0 > 0$, 使得对任意的 $t > t_0$ 均有

$$|\boldsymbol{X}(t)| \neq 0.$$

这样, 当 $t > t_0$ 时, 对 $X(t)$ 使用已经证明的结论, 可得

$$(X(t)^*)^* = |X(t)|^{n-2}X(t). \tag{2.6}$$

对任意的 $1 \leqslant i, j \leqslant n$, 分别用 $r_{ij}(t)$ 和 $s_{ij}(t)$ 表示 (2.6) 左右两边矩阵的第 $i$ 行第 $j$ 列元素, 则 $r_{ij}(t)$ 和 $s_{ij}(t)$ 均为关于 $t$ 的次数不超过 $(n-1)^2$ 的多项式, 且 $r_{ij}(t) = s_{ij}(t)$ $(t > t_0)$. 所以, 由 $t > t_0$ 的任意性可知, $r_{ij}(t)$ 和 $s_{ij}(t)$ 作为 $t$ 的多项式是恒等的. 因此, (2.6) 对任意实数 $t$ 都成立. 在 (2.6) 中取 $t = 0$ 即得结论 (5).

该例给出的这些结论以后可以作为公式直接使用.

需要指出, $\boldsymbol{A} \pm \boldsymbol{B}$ 的伴随矩阵 $(\boldsymbol{A} \pm \boldsymbol{B})^*$ 与 $\boldsymbol{A}^* \pm \boldsymbol{B}^*$ 之间没有必然联系. 请读者举例说明.

### 2.3.4 矩阵方程

作为逆矩阵的一个应用, 下面简单介绍矩阵方程及其求解. 为简化叙述, 假定下面出现的矩阵运算都有意义.

类似于通常方程, 把含有未知矩阵的矩阵等式称为矩阵方程, 把满足矩阵方程的未知矩阵的取法称为矩阵方程的解. 与通常方程一样, 一个矩阵方程可能有解, 也可能没有解. 比如, 直接验证可知, 矩阵方程 $\begin{pmatrix} 2 & 1 \\ 3 & 2 \end{pmatrix} \boldsymbol{X} = \begin{pmatrix} 1 & 0 \\ 0 & 1 \end{pmatrix}$ 有唯一解

$$\boldsymbol{X} = \begin{pmatrix} 2 & -1 \\ -3 & 2 \end{pmatrix}.$$

矩阵方程 $\begin{pmatrix} 2 & 1 \\ 0 & 0 \end{pmatrix} \boldsymbol{X} = \begin{pmatrix} 0 & 1 \\ 1 & 0 \end{pmatrix}$ 无解. 矩阵方程 $\begin{pmatrix} 1 & 1 \\ 1 & 1 \end{pmatrix} \boldsymbol{X} = \begin{pmatrix} 1 & 0 \\ 1 & 0 \end{pmatrix}$ 有无穷多解

$$\boldsymbol{X} = \begin{pmatrix} a & b \\ 1-a & -b \end{pmatrix},$$

其中 $a, b$ 为任意实数.

含有未知矩阵 $\boldsymbol{X}$ 的矩阵方程的基本类型有:

(i) $\boldsymbol{AX} = \boldsymbol{C}$, 其中 $\boldsymbol{A}$ 为可逆矩阵;

(ii) $\boldsymbol{XB} = \boldsymbol{C}$, 其中 $\boldsymbol{B}$ 为可逆矩阵;

(iii) $\boldsymbol{AXB} = \boldsymbol{C}$, 其中 $\boldsymbol{A}, \boldsymbol{B}$ 均为可逆矩阵.

不难看出, 这三类矩阵方程的解分别为

$$\boldsymbol{X}=\boldsymbol{A}^{-1}\boldsymbol{C},\quad \boldsymbol{X}=\boldsymbol{C}\boldsymbol{B}^{-1},\quad \boldsymbol{X}=\boldsymbol{A}^{-1}\boldsymbol{C}\boldsymbol{B}^{-1}.$$

在实际问题中遇到的矩阵方程, 往往比上述三种类型的方程要复杂. 求解矩阵方程的基本方法是, 先利用矩阵的运算性质对它们进行简化, 然后再进行计算.

**例 2.25** 求矩阵方程 $\boldsymbol{AXB}=\boldsymbol{C}$ 的解, 其中 $\boldsymbol{A}=\begin{pmatrix}1&2&3\\2&2&1\\3&4&3\end{pmatrix}$, $\boldsymbol{B}=\begin{pmatrix}2&1\\5&3\end{pmatrix}$, $\boldsymbol{C}=\begin{pmatrix}1&3\\2&0\\3&1\end{pmatrix}$.

**解** 直接计算可得

$$|\boldsymbol{A}|=\begin{vmatrix}1&2&3\\2&2&1\\3&4&3\end{vmatrix}=\begin{vmatrix}1&2&3\\0&-2&-5\\0&-2&-6\end{vmatrix}=\begin{vmatrix}-2&-5\\-2&-6\end{vmatrix}=2,$$

$$|\boldsymbol{B}|=\begin{vmatrix}2&1\\5&3\end{vmatrix}=1.$$

因此, $\boldsymbol{A},\boldsymbol{B}$ 均可逆. 又根据定义, $\boldsymbol{A},\boldsymbol{B}$ 的伴随矩阵分别为 $\boldsymbol{A}^*=\begin{pmatrix}2&6&-4\\-3&-6&5\\2&2&-2\end{pmatrix}$, $\boldsymbol{B}^*=\begin{pmatrix}3&-1\\-5&2\end{pmatrix}$. 所以

$$\boldsymbol{A}^{-1}=\frac{1}{|\boldsymbol{A}|}\boldsymbol{A}^*=\frac{1}{|\boldsymbol{A}|}\begin{pmatrix}2&6&-4\\-3&-6&5\\2&2&-2\end{pmatrix}=\begin{pmatrix}1&3&-2\\-3/2&-3&5/2\\1&1&-1\end{pmatrix},$$

$$\boldsymbol{B}^{-1}=\frac{1}{|\boldsymbol{B}|}\boldsymbol{B}^*=\frac{1}{|\boldsymbol{B}|}\begin{pmatrix}3&-1\\-5&2\end{pmatrix}=\begin{pmatrix}3&-1\\-5&2\end{pmatrix}.$$

于是, 矩阵方程 $\boldsymbol{AXB}=\boldsymbol{C}$ 的解为

$$X = A^{-1}CB^{-1} = \begin{pmatrix} 1 & 3 & -2 \\ -3/2 & -3 & 5/2 \\ 1 & 1 & -1 \end{pmatrix} \begin{pmatrix} 1 & 3 \\ 2 & 0 \\ 3 & 1 \end{pmatrix} \begin{pmatrix} 3 & -1 \\ -5 & 2 \end{pmatrix}$$

$$= \begin{pmatrix} 1 & 3 & -2 \\ -3/2 & -3 & 5/2 \\ 1 & 1 & -1 \end{pmatrix} \begin{pmatrix} -12 & 5 \\ 6 & -2 \\ 4 & -1 \end{pmatrix} = \begin{pmatrix} -2 & 1 \\ 10 & -4 \\ -10 & 4 \end{pmatrix}.$$

**例 2.26** 求矩阵方程 $2X^{-1}B = B - 4E$ 的解, 其中 $B = \begin{pmatrix} 1 & -2 & 0 \\ 1 & 2 & 0 \\ 0 & 0 & 2 \end{pmatrix}$.

**解** 经简单计算可得 $B - 4E = \begin{pmatrix} -3 & -2 & 0 \\ 1 & -2 & 0 \\ 0 & 0 & -2 \end{pmatrix}$. 因此

$$\det(B - 4E) = \begin{vmatrix} -3 & -2 & 0 \\ 1 & -2 & 0 \\ 0 & 0 & -2 \end{vmatrix} = (-2)\begin{vmatrix} -3 & -2 \\ 1 & -2 \end{vmatrix} = -16,$$

$$(B - 4E)^* = \begin{pmatrix} 4 & -4 & 0 \\ 2 & 6 & 0 \\ 0 & 0 & 8 \end{pmatrix}.$$

所以

$$(B - 4E)^{-1} = \frac{1}{\det(B - 4E)} \begin{pmatrix} 4 & -4 & 0 \\ 2 & 6 & 0 \\ 0 & 0 & 8 \end{pmatrix} = \begin{pmatrix} -1/4 & 1/4 & 0 \\ -1/8 & -3/8 & 0 \\ 0 & 0 & -1/2 \end{pmatrix}.$$

于是, 在矩阵方程 $2X^{-1}B = B - 4E$ 的两端同时左乘 $X$ 右乘 $(B - 4E)^{-1}$, 可得

$$X = 2B(B - 4E)^{-1} = \begin{pmatrix} 2 & -4 & 0 \\ 2 & 4 & 0 \\ 0 & 0 & 4 \end{pmatrix} \begin{pmatrix} -1/4 & 1/4 & 0 \\ -1/8 & -3/8 & 0 \\ 0 & 0 & -1/2 \end{pmatrix}$$

$$= \begin{pmatrix} 0 & 2 & 0 \\ -1 & -1 & 0 \\ 0 & 0 & -2 \end{pmatrix}.$$

**例 2.27*** 已知矩阵 $\boldsymbol{A}$ 的伴随矩阵 $\boldsymbol{A}^*=\begin{pmatrix}1&0&0&0\\0&1&0&0\\0&0&1&0\\0&-3&0&8\end{pmatrix}$, 求矩阵方程 $\boldsymbol{AXA}^{-1}=\boldsymbol{XA}^{-1}+3\boldsymbol{E}$ 的解.

**解** 在 $\boldsymbol{AXA}^{-1}=\boldsymbol{XA}^{-1}+3\boldsymbol{E}$ 两端同时右乘 $\boldsymbol{A}$ 可得 $\boldsymbol{AX}=\boldsymbol{X}+3\boldsymbol{A}$, 因此

$$(\boldsymbol{A}-\boldsymbol{E})\boldsymbol{X}=3\boldsymbol{A}.$$

又由 $\boldsymbol{A}^*$ 为下三角矩阵易见 $|\boldsymbol{A}^*|=8$. 而由例 2.24 可知 $|\boldsymbol{A}^*|=|\boldsymbol{A}|^3$. 所以 $|\boldsymbol{A}|=2$. 故 $\boldsymbol{AA}^*=|\boldsymbol{A}|\boldsymbol{E}=2\boldsymbol{E}$. 因此

$$(\boldsymbol{A}-\boldsymbol{E})\boldsymbol{A}^*=2\boldsymbol{E}-\boldsymbol{A}^*=\begin{pmatrix}2&0&0&0\\0&2&0&0\\0&0&2&0\\0&0&0&2\end{pmatrix}-\begin{pmatrix}1&0&0&0\\0&1&0&0\\0&0&1&0\\0&-3&0&8\end{pmatrix}$$

$$=\begin{pmatrix}1&0&0&0\\0&1&0&0\\0&0&1&0\\0&3&0&-6\end{pmatrix}.$$

于是

$$|\boldsymbol{A}-\boldsymbol{E}|\,|\boldsymbol{A}^*|=\begin{vmatrix}1&0&0&0\\0&1&0&0\\0&0&1&0\\0&3&0&-6\end{vmatrix}=-6\neq 0.$$

所以, $\boldsymbol{A}-\boldsymbol{E}$ 可逆. 因此, 由 $(\boldsymbol{A}-\boldsymbol{E})\boldsymbol{X}=3\boldsymbol{A}$ 可得

$$\boldsymbol{X}=3(\boldsymbol{A}-\boldsymbol{E})^{-1}\boldsymbol{A}=3\left(\boldsymbol{E}-\boldsymbol{A}^{-1}\right)^{-1}=3\left(\boldsymbol{E}-\frac{1}{|\boldsymbol{A}|}\boldsymbol{A}^*\right)^{-1}$$

$$=3|\boldsymbol{A}|\left(|\boldsymbol{A}|\boldsymbol{E}-\boldsymbol{A}^*\right)^{-1}=6\left(2\boldsymbol{E}-\boldsymbol{A}^*\right)^{-1}$$

$$=6\begin{pmatrix}1&0&0&0\\0&1&0&0\\0&0&1&0\\0&3&0&-6\end{pmatrix}^{-1}=6\begin{pmatrix}1&0&0&0\\0&1&0&0\\0&0&1&0\\0&1/2&0&-1/6\end{pmatrix}$$

$$= \begin{pmatrix} 6 & 0 & 0 & 0 \\ 0 & 6 & 0 & 0 \\ 0 & 0 & 6 & 0 \\ 0 & 3 & 0 & -1 \end{pmatrix}.$$

**例 2.28** *(利用可逆矩阵加密) 有一种信息传输的办法, 是先把 26 个英文字母分别对应一个整数, 然后通过传输一组数据来传输信息. 但是, 直接使用这种办法, 在一个长消息中, 根据数字出现的频率, 能够估计它们所代表的字母. 这样, 要传输的信息就容易被破译. 为解决这个问题, 利用矩阵乘法对要发送的消息进行加密后再传输, 是保密的一种措施. 试举例说明利用矩阵乘法进行加密和解密的基本原理.

**解** 我们来考虑信息 "linear" 的发送和接收. 先把 26 个英文字母 A, B, $\cdots$, Z 依次与数字 1, 2, $\cdots$, 26 相对应, 这是对英文字母的一种简单编码. 根据这种编码, linear 中的 6 个字母依次与整数 12, 9, 14, 5, 1, 18 相对应. 因此, 要发送信息 "linear" 只需发送编码后的整数组 (12, 9, 14, 5, 1, 18) 即可. 再任意选定一个行列式为 $\pm 1$, 元素为整数的矩阵, 如

$$\boldsymbol{A} = \begin{pmatrix} 1 & 2 & 3 \\ 1 & 1 & 2 \\ 0 & 1 & 2 \end{pmatrix},$$

其行列式 $|\boldsymbol{A}| = -1$. 这样,

$$\boldsymbol{A}^{-1} = \begin{pmatrix} 0 & 1 & -1 \\ 2 & -2 & -1 \\ -1 & 1 & 1 \end{pmatrix}$$

也是元素为整数的矩阵, 且 $|\boldsymbol{A}^{-1}| = -1$. 现把要发送的信息编码 (12, 9, 14, 5, 1, 18) 依次写为 $\boldsymbol{x}_1 = (12, 9, 14)^{\mathrm{T}}$, $\boldsymbol{x}_2 = (5, 1, 18)^{\mathrm{T}}$, 并令 $\boldsymbol{y}_1 = \boldsymbol{A}\boldsymbol{x}_1$, $\boldsymbol{y}_2 = \boldsymbol{A}\boldsymbol{x}_2$, 则直接计算可得

$$\boldsymbol{y}_1 = \boldsymbol{A}\boldsymbol{x}_1 = \begin{pmatrix} 72 \\ 49 \\ 37 \end{pmatrix}, \quad \boldsymbol{y}_2 = \boldsymbol{A}\boldsymbol{x}_2 = \begin{pmatrix} 61 \\ 42 \\ 37 \end{pmatrix}.$$

这样, 通过 $\boldsymbol{A}$ 就把要发送的明码 (12, 9, 14, 5, 1, 18) 加密成了密码 (72, 49, 37, 61, 42, 37). 把它改写成 $\boldsymbol{y}_1 = (72, 49, 37)^{\mathrm{T}}$ 和 $\boldsymbol{y}_2 = (61, 42, 37)^{\mathrm{T}}$ 传输该密码, 并

用 $A^{-1}$ 左乘 $\boldsymbol{y}_1$ 和 $\boldsymbol{y}_2$ 进行解密, 即可将 (72, 49, 37, 61, 42, 37) 解密恢复为明码 (12, 9, 14, 5, 1, 18). 进而得到信息 “linear”.

经过这样的加密和解密变换, 敌方即使收到了密码 (72, 49, 37, 61, 42, 37), 但由于不知道矩阵 $\boldsymbol{A}$, 所以就不知道矩阵 $\boldsymbol{A}^{-1}$. 因此, 难以利用接收到数字出现的频率进行解密破译, 进而保证信息传输安全.

## 习　题　2.3

1. 求下列矩阵的伴随矩阵和逆矩阵.

(1) $\begin{pmatrix} -1 & 1 \\ 1 & 0 \end{pmatrix}$;　(2) $\begin{pmatrix} 2 & 5 \\ 1 & 3 \end{pmatrix}$;　(3) $\begin{pmatrix} 2 & 7 \\ 1 & 4 \end{pmatrix}$;

(4) $\begin{pmatrix} 1 & 1 & 1 \\ 0 & 1 & 1 \\ 0 & 0 & 1 \end{pmatrix}$;　(5) $\begin{pmatrix} 2 & 0 & 5 \\ 0 & 3 & 0 \\ 1 & 0 & 4 \end{pmatrix}$;　(6) $\begin{pmatrix} 1 & 0 & 1 \\ -1 & 1 & 1 \\ -1 & -2 & -1 \end{pmatrix}$.

2. 设 4 阶方阵 $\boldsymbol{A} = \begin{pmatrix} 5 & 2 & 0 & 0 \\ 2 & 1 & 0 & 0 \\ 0 & 0 & 1 & -2 \\ 0 & 0 & 1 & 1 \end{pmatrix}$, 求 $\boldsymbol{A}$ 的逆矩阵 $\boldsymbol{A}^{-1}$.

3. 设 $n$ 阶方阵 $\boldsymbol{A} = \begin{pmatrix} \lambda_1 & & & \\ & \lambda_2 & & \\ & & \ddots & \\ & & & \lambda_n \end{pmatrix}$, 其中 $\lambda_1\lambda_2\cdots\lambda_n \neq 0$, 求 $\boldsymbol{A}$ 的逆矩阵 $\boldsymbol{A}^{-1}$.

4. 设 $\boldsymbol{A} = \begin{pmatrix} 5 & 3 \\ 3 & 2 \end{pmatrix}$, $\boldsymbol{B} = \begin{pmatrix} 6 & 3 \\ 2 & 3 \end{pmatrix}$, $\boldsymbol{C} = \begin{pmatrix} 4 & -3 \\ -5 & 3 \end{pmatrix}$, 解下列矩阵方程.

(1) $\boldsymbol{AX} + \boldsymbol{B} = \boldsymbol{C}$;　(2) $\boldsymbol{XA} + \boldsymbol{B} = \boldsymbol{C}$;

(3) $\boldsymbol{AX} + \boldsymbol{B} = \boldsymbol{X}$;　(4) $\boldsymbol{XA} + \boldsymbol{C} = \boldsymbol{X}$.

5. 证明: 若方阵 $\boldsymbol{A}^2$ 的逆矩阵为 $\boldsymbol{B}$, 则方阵 $\boldsymbol{A}$ 可逆且其逆矩阵为 $\boldsymbol{AB}$.

6. 试写出一个二阶方阵 $\boldsymbol{A}$ 使得 $\boldsymbol{A} \neq \pm\boldsymbol{E}$, $\boldsymbol{A}^2 = \boldsymbol{E}$.

7. 试分别写出满足下列条件的矩阵 $\boldsymbol{A}$ 和 $\boldsymbol{B}$.

(1) $\boldsymbol{A}$ 和 $\boldsymbol{B}$ 都可逆, 但 $\boldsymbol{A} \pm \boldsymbol{B}$ 不可逆;

(2) $\boldsymbol{A}$ 和 $\boldsymbol{B}$ 都不可逆, 但 $\boldsymbol{A} \pm \boldsymbol{B}$ 可逆;

(3) $\boldsymbol{A}$, $\boldsymbol{B}$ 和 $\boldsymbol{A} \pm \boldsymbol{B}$ 都可逆;

(4) $\boldsymbol{A}$, $\boldsymbol{B}$ 和 $\boldsymbol{A} \pm \boldsymbol{B}$ 都不可逆.

8. 证明: 当 $\boldsymbol{A}$, $\boldsymbol{B}$ 和 $\boldsymbol{A} + \boldsymbol{B}$ 都可逆时, 矩阵 $\boldsymbol{C} = \boldsymbol{A}^{-1} + \boldsymbol{B}^{-1} = \boldsymbol{A}^{-1}(\boldsymbol{A} + \boldsymbol{B})\boldsymbol{B}^{-1}$ 也可逆, 并写出 $\boldsymbol{C}^{-1}$ 的一个计算公式.

9. 设 $\boldsymbol{A} = \begin{pmatrix} 1 & 1 & -1 \\ -1 & 1 & 1 \\ 1 & -1 & 1 \end{pmatrix}$, $\boldsymbol{A}^*\boldsymbol{X}\left(\frac{1}{2}\boldsymbol{A}^*\right)^{-1} = 8\boldsymbol{A}^{-1}\boldsymbol{X} + \boldsymbol{E}$. 求矩阵 $\boldsymbol{X}$.

10. 设 $n$ 阶方阵 $\boldsymbol{A}, \boldsymbol{B}$ 满足 $\boldsymbol{A}+\boldsymbol{B}=\boldsymbol{AB}$, 证明 $\boldsymbol{A}-\boldsymbol{E}$ 可逆, 并写出求 $(\boldsymbol{A}-\boldsymbol{E})^{-1}$ 的一个公式.

11. 设 $n$ 阶方阵 $\boldsymbol{A}$ 满足 $\boldsymbol{A}^3=2\boldsymbol{E}$, 证明 $\boldsymbol{A}+\boldsymbol{E}$ 可逆, 并写出求 $(\boldsymbol{A}+\boldsymbol{E})^{-1}$ 的一个公式.

## 2.4 初等变换与初等矩阵

初等变换是通过对矩阵的行 (或列) 实施加法和数乘运算以及位置交换对其进行简化, 进而来了解矩阵本质属性的一个基本方法. 初等变换思想贯穿线性代数始终, 是线性代数特有的一个核心思想. 初等矩阵与初等变换相伴而生, 并以矩阵乘法为桥梁, 能够起到与初等变换同样的作用. 本节主要介绍初等变换和初等矩阵的概念, 以及两者之间的基本联系.

### 2.4.1 初等变换

1. *初等变换的概念*

初等变换思想的重要来源是下面例子呈现的关于线性方程组求解的 Gauss(高斯) 消元法.

**例 2.29** 利用 Gauss 消元法解线性方程组

$$(\mathrm{A}):\begin{cases}2x_1+2x_2+3x_3=1,\\ x_1-x_2=2,\\ -x_1+2x_2+x_3=-2.\end{cases}$$

**解** 交换方程组 (A) 中第一个和第二个方程的位置, 可得下述与其同解的方程组

$$(\mathrm{B}):\begin{cases}x_1-x_2=2,\\ 2x_1+2x_2+3x_3=1,\\ -x_1+2x_2+x_3=-2.\end{cases}$$

交换 (B) 中第二个和第三个方程的位置, 可得同解方程组

$$(\mathrm{C}):\begin{cases}x_1-x_2=2,\\ -x_1+2x_2+x_3=-2,\\ 2x_1+2x_2+3x_3=1.\end{cases}$$

将 (C) 中第一个方程的 $-2$ 倍加到第三个方程, 同时将第一个方程加到第二个方程, 可得同解方程组

$$(\mathrm{D}):\begin{cases}x_1-x_2=2,\\ x_2+x_3=0,\\ 4x_2+3x_3=-3.\end{cases}$$

将 (D) 中第二个方程的 $-4$ 倍加到第三个方程, 可得同解方程组

$$
\text{(E)}: \begin{cases} x_1 - x_2 \qquad\quad = 2, \\ \qquad\quad x_2 + x_3 = 0, \\ \qquad\qquad\;\; -x_3 = -3. \end{cases}
$$

将 (E) 中第三个方程两端乘以 $-1$, 可得同解方程组

$$
\text{(F)}: \begin{cases} x_1 - x_2 \qquad\quad = 2, \\ \qquad\quad x_2 + x_3 = 0, \\ \qquad\qquad\quad x_3 = 3. \end{cases}
$$

对方程组 (F), 将 $x_3 = 3$ 代入第二个方程可得 $x_2 = -3$, 将 $x_2 = -3$ 代入第一个方程可得 $x_1 = -1$. 这一过程通常称为回代. 由此, 原方程组的解为 $x_1 = -1$, $x_2 = -3$, $x_3 = 3$.

在上述过程中, 同解方程组指的是解集合完全相同的方程组. 通过同解变换逐步消去未知元来求解线性方程组的方法就是 Gauss 消元法. Gauss 消元法的实质和关键, 可以归结为对线性方程组所实施的下述三种变换:

(1) 交换某两个方程在方程组中的位置;

(2) 用非零数去乘一个方程两端;

(3) 一个方程加上另一个方程的倍数.

习惯上, 这三种变换统称为线性方程组的初等变换.

现在, 进一步来考察上例中各个同解方程组所对应的增广矩阵. 为此, 把线性方程组 (A) 到 (F) 的增广矩阵依次记为 $\boldsymbol{A}, \cdots, \boldsymbol{F}$. 逐一对比可以看出, 对线性方程组实施初等变换从 (A) 到 (F) 的过程, 就是对增广矩阵实施以行为基本单位的相应变换从 $\boldsymbol{A}$ 到 $\boldsymbol{F}$ 的过程. 因此, 参照线性方程组初等变换的概念, 给出下述定义.

**定义 2.16** 矩阵的初等行变换是下面三种对矩阵实施关于行的变换的统称.

(1) 交换矩阵的 $i, j$ 两行, 通常记作 $r_i \leftrightarrow r_j$;

(2) 用非零数 $k \neq 0$ 去乘矩阵的第 $i$ 行, 通常记作 $kr_i$;

(3) 把矩阵第 $j$ 行的 $k$ 倍加到第 $i$ 行上, 通常记作 $r_i + kr_j$.

由于从数表的角度看, 矩阵的行和列具有同等地位, 所以还有下述定义.

**定义 2.17** 矩阵的初等列变换是下面三种对矩阵实施关于列的变换的统称.

(1) 交换矩阵的 $i, j$ 两列, 通常记作 $c_i \leftrightarrow c_j$;

(2) 用非零数 $k \neq 0$ 去乘矩阵的第 $i$ 列, 通常记作 $kc_i$;

(3) 把矩阵第 $j$ 列的 $k$ 倍加到第 $i$ 列上, 通常记作 $c_i + kc_j$.

矩阵的初等行变换和初等列变换, 统称为矩阵的初等变换.

按照习惯, 用记号 $\boldsymbol{A} \to \boldsymbol{B}$ 表示矩阵 $\boldsymbol{B}$ 是由矩阵 $\boldsymbol{A}$ 经过一些初等变换得到的, 并且, 为表述更加清楚, 有时还会把从 $\boldsymbol{A}$ 到 $\boldsymbol{B}$ 所使用的初等变换写在箭线 "$\to$" 上面.

**例 2.30** 写出例 2.29 中线性方程组 (A) 到 (F) 所对应的增广矩阵 $\boldsymbol{A}$ 到 $\boldsymbol{F}$ 的初等变换的数学表达式.

**解** 使用上述定义和记号, 有

$$\boldsymbol{A} = \begin{pmatrix} 2 & 2 & 3 & 1 \\ 1 & -1 & 0 & 2 \\ -1 & 2 & 1 & -2 \end{pmatrix} \xrightarrow{r_1 \leftrightarrow r_2} \boldsymbol{B} = \begin{pmatrix} 1 & -1 & 0 & 2 \\ 2 & 2 & 3 & 1 \\ -1 & 2 & 1 & -2 \end{pmatrix}$$

$$\xrightarrow{r_2 \leftrightarrow r_3} \boldsymbol{C} = \begin{pmatrix} 1 & -1 & 0 & 2 \\ -1 & 2 & 1 & -2 \\ 2 & 2 & 3 & 1 \end{pmatrix} \xrightarrow{r_2 + r_1,\, r_3 - 2r_1} \boldsymbol{D} = \begin{pmatrix} 1 & -1 & 0 & 2 \\ 0 & 1 & 1 & 0 \\ 0 & 4 & 3 & -3 \end{pmatrix}$$

$$\xrightarrow{r_3 - 4r_2} \boldsymbol{E} = \begin{pmatrix} 1 & -1 & 0 & 2 \\ 0 & 1 & 1 & 0 \\ 0 & 0 & -1 & -3 \end{pmatrix} \xrightarrow{(-1)r_3} \boldsymbol{F} = \begin{pmatrix} 1 & -1 & 0 & 2 \\ 0 & 1 & 1 & 0 \\ 0 & 0 & 1 & 3 \end{pmatrix}.$$

2. 初等变换的应用

回顾 2.1 节关于特殊类型矩阵的定义, 上例中最后一个矩阵 $\boldsymbol{F}$ 是一个行阶梯形矩阵. 继续对该矩阵实施初等行变换, 可得

$$\boldsymbol{F} = \begin{pmatrix} 1 & -1 & 0 & 2 \\ 0 & 1 & 1 & 0 \\ 0 & 0 & 1 & 3 \end{pmatrix} \xrightarrow{r_2 + (-1)r_3} \boldsymbol{G} = \begin{pmatrix} 1 & -1 & 0 & 2 \\ 0 & 1 & 0 & -3 \\ 0 & 0 & 1 & 3 \end{pmatrix}$$

$$\xrightarrow{r_1 + r_2} \boldsymbol{H} = \begin{pmatrix} 1 & 0 & 0 & -1 \\ 0 & 1 & 0 & -3 \\ 0 & 0 & 1 & 3 \end{pmatrix}.$$

很明显, 上式中最后一个矩阵 $\boldsymbol{H}$ 是一个行最简形矩阵. 再对矩阵 $\boldsymbol{H}$ 实施初等列变换, 可得

$$\boldsymbol{H}=\begin{pmatrix}1&0&0&-1\\0&1&0&-3\\0&0&1&3\end{pmatrix}\xrightarrow{c_4+c_1+3c_2-3c_3}\boldsymbol{N}=\begin{pmatrix}1&0&0&0\\0&1&0&0\\0&0&1&0\end{pmatrix}.$$

矩阵 $\boldsymbol{N}$ 显然是一个标准形矩阵.

**例 2.31** 利用初等变换将矩阵 $\boldsymbol{A}=\begin{pmatrix}1&1&-1&0&2\\0&0&1&2&-1\\0&0&-1&-2&4\\0&0&3&6&-3\end{pmatrix}$ 化为行阶梯形矩阵、行最简形矩阵和标准形矩阵.

**解法一** 对 $\boldsymbol{A}$ 实施下述初等行变换可将其化为行阶梯形矩阵 $\boldsymbol{B}$:

$$\boldsymbol{A}\xrightarrow{r_4-3r_2}\begin{pmatrix}1&1&-1&0&2\\0&0&1&2&-1\\0&0&-1&-2&4\\0&0&0&0&0\end{pmatrix}\xrightarrow{r_3+r_2}\begin{pmatrix}1&1&-1&0&2\\0&0&1&2&-1\\0&0&0&0&3\\0&0&0&0&0\end{pmatrix}=\boldsymbol{B}.$$

对 $\boldsymbol{B}$ 实施下述初等行变换可将其化为行最简形矩阵 $\boldsymbol{C}$:

$$\boldsymbol{B}\xrightarrow{\frac{1}{3}r_3}\begin{pmatrix}1&1&-1&0&2\\0&0&1&2&-1\\0&0&0&0&1\\0&0&0&0&0\end{pmatrix}\xrightarrow{r_2+r_3}\begin{pmatrix}1&1&-1&0&2\\0&0&1&2&0\\0&0&0&0&1\\0&0&0&0&0\end{pmatrix}$$

$$\xrightarrow{r_1+r_2}\begin{pmatrix}1&1&0&2&2\\0&0&1&2&0\\0&0&0&0&1\\0&0&0&0&0\end{pmatrix}\xrightarrow{r_1-2r_3}\begin{pmatrix}1&1&0&2&0\\0&0&1&2&0\\0&0&0&0&1\\0&0&0&0&0\end{pmatrix}=\boldsymbol{C}.$$

对矩阵 $\boldsymbol{C}$ 依次实施初等列变换 $c_2-c_1, c_4-2c_1, c_4-2c_3$, 可将其化为下述矩阵 $\boldsymbol{D}$:

$$C \to \begin{pmatrix} 1 & 0 & 0 & 0 & 0 \\ 0 & 0 & 1 & 0 & 0 \\ 0 & 0 & 0 & 0 & 1 \\ 0 & 0 & 0 & 0 & 0 \end{pmatrix} = \boldsymbol{D}.$$

对矩阵 $\boldsymbol{D}$ 依次实施初等列变换 $c_2 \leftrightarrow c_3, c_3 \leftrightarrow c_5$，可将其化为下述标准形矩阵 $\boldsymbol{N}$:

$$\boldsymbol{D} \to \begin{pmatrix} 1 & 0 & 0 & 0 & 0 \\ 0 & 1 & 0 & 0 & 0 \\ 0 & 0 & 1 & 0 & 0 \\ 0 & 0 & 0 & 0 & 0 \end{pmatrix} = \boldsymbol{N}.$$

**解法二** 对 $\boldsymbol{A}$ 实施下述初等行变换可将其化为行阶梯形矩阵 $\tilde{\boldsymbol{B}}$:

$$\boldsymbol{A} \xrightarrow{r_4-3r_2} \begin{pmatrix} 1 & 1 & -1 & 0 & 2 \\ 0 & 0 & 1 & 2 & -1 \\ 0 & 0 & -1 & -2 & 4 \\ 0 & 0 & 0 & 0 & 0 \end{pmatrix} \xrightarrow{r_2 \leftrightarrow r_3} \begin{pmatrix} 1 & 1 & -1 & 0 & 2 \\ 0 & 0 & -1 & -2 & 4 \\ 0 & 0 & 1 & 2 & -1 \\ 0 & 0 & 0 & 0 & 0 \end{pmatrix}$$

$$\xrightarrow{r_3+r_2} \begin{pmatrix} 1 & 1 & -1 & 0 & 2 \\ 0 & 0 & -1 & -2 & 4 \\ 0 & 0 & 0 & 0 & 3 \\ 0 & 0 & 0 & 0 & 0 \end{pmatrix} = \tilde{\boldsymbol{B}}.$$

对 $\tilde{\boldsymbol{B}}$ 实施下述初等行变换可将其化为行最简形矩阵 $\tilde{\boldsymbol{C}}$:

$$\tilde{\boldsymbol{B}} \xrightarrow{(-1)r_2,\ \frac{1}{3}r_3} \begin{pmatrix} 1 & 1 & -1 & 0 & 2 \\ 0 & 0 & 1 & 2 & -4 \\ 0 & 0 & 0 & 0 & 1 \\ 0 & 0 & 0 & 0 & 0 \end{pmatrix} \xrightarrow{r_2+4r_3} \begin{pmatrix} 1 & 1 & -1 & 0 & 2 \\ 0 & 0 & 1 & 2 & 0 \\ 0 & 0 & 0 & 0 & 1 \\ 0 & 0 & 0 & 0 & 0 \end{pmatrix}$$

$$\xrightarrow{r_1+r_2} \begin{pmatrix} 1 & 1 & 0 & 2 & 2 \\ 0 & 0 & 1 & 2 & 0 \\ 0 & 0 & 0 & 0 & 1 \\ 0 & 0 & 0 & 0 & 0 \end{pmatrix} \xrightarrow{r_1-2r_3} \begin{pmatrix} 1 & 1 & 0 & 2 & 0 \\ 0 & 0 & 1 & 2 & 0 \\ 0 & 0 & 0 & 0 & 1 \\ 0 & 0 & 0 & 0 & 0 \end{pmatrix} = \tilde{\boldsymbol{C}}.$$

显然, $\tilde{\boldsymbol{C}}=\boldsymbol{C}$. 所以, 重复解法一中相应过程即可得到 $\boldsymbol{A}$ 的标准形矩阵:

$$\boldsymbol{N}=\begin{pmatrix}1&0&0&0&0\\0&1&0&0&0\\0&0&1&0&0\\0&0&0&0&0\end{pmatrix}.$$

上述例子说明, 一个矩阵经过初等行变换可以化为行阶梯形矩阵和行最简形矩阵, 再经过初等列变换可以化为标准形矩阵. 实际上, 这是一个一般结论.

**定理 2.8** 任意一个 $m\times n$ 矩阵 $\boldsymbol{A}$ 经过有限次初等行变换一定能够化为行阶梯形矩阵和行最简形矩阵, 经过有限次初等行和列的变换一定能够化为标准形矩阵. $\boldsymbol{A}$ 的标准形矩阵一定是唯一的. $\boldsymbol{A}$ 的行最简形矩阵在只允许使用初等行变换时也是唯一的. $\boldsymbol{A}$ 的行阶梯形矩阵和行最简形矩阵中的非零行数相等, 它们由 $\boldsymbol{A}$ 唯一确定.

关于该定理, 需要说明以下几点.

(1) 一个矩阵的行阶梯形矩阵一般不是唯一的. 这可由上例中的 $\tilde{\boldsymbol{B}}\neq\boldsymbol{B}$ 得到证实;

(2) 在允许使用初等列变换时, 一个矩阵的行最简形矩阵一般也不是唯一的. 比如, 在上例中把 $\boldsymbol{C}$ 的第 2 列或第 4 列乘以任何非零常数所得的矩阵都是 $\boldsymbol{A}$ 的行最简形矩阵;

(3) 一般说来, 利用单一的初等行变换或初等列变换, 未必能够把一个矩阵化为标准形矩阵;

(4) 任意一个 $m\times n$ 矩阵 $\boldsymbol{A}$ 的标准形矩阵一定具有如下形式:

$$\begin{pmatrix}\boldsymbol{E}_r&\boldsymbol{O}\\\boldsymbol{O}&\boldsymbol{O}\end{pmatrix},$$

其中 $r$ 是 $\boldsymbol{A}$ 的行阶梯形矩阵中非零行的个数, $\boldsymbol{E}_r$ 为 $r$ 阶单位矩阵. 该标准形矩阵记为 $\boldsymbol{E}_{m\times n}^{(r)}$. 当 $r=0$ 时, $\boldsymbol{E}_{m\times n}^{(0)}$ 约定为 $m\times n$ 零矩阵.

### 3. 矩阵的等价

通常, 当一个变换 $T$ 将矩阵 $\boldsymbol{A}$ 变成矩阵 $\boldsymbol{B}$ 时, 我们把将 $\boldsymbol{B}$ 变回到 $\boldsymbol{A}$ 的变换称为 $T$ 的逆变换. 这时, 变换 $T$ 称为可逆的. 回顾初等变换的定义, 容易看出, 对于变换 $r_i\leftrightarrow r_j$ $(c_i\leftrightarrow c_j)$, 其逆变换就是其本身. 变换 $kr_i$ $(kc_i)$ 的逆变换是 $k^{-1}r_i$ $(k^{-1}c_i)$. 变换 $r_i+kr_j$ $(c_i+kc_j)$ 的逆变换是 $r_i-kr_j$ $(c_i-kc_j)$. 因此, 初等变换是可逆的. 根据初等变换的可逆特性, 给出如下定义.

**定义 2.18** 如果矩阵 $\boldsymbol{A}$ 经过有限次初等变换能够变成矩阵 $\boldsymbol{B}$, 则称矩阵 $\boldsymbol{A}$ 和 $\boldsymbol{B}$ 等价.

根据定义和初等变换的可逆性, 矩阵的等价性具有下列性质.

(1) 反身性: 矩阵 $\boldsymbol{A}$ 与其自身等价.

(2) 对称性: 若矩阵 $\boldsymbol{A}$ 与 $\boldsymbol{B}$ 等价, 则 $\boldsymbol{B}$ 与 $\boldsymbol{A}$ 也等价.

(3) 传递性: 若矩阵 $\boldsymbol{A}$ 与 $\boldsymbol{B}$ 等价, $\boldsymbol{B}$ 与 $\boldsymbol{C}$ 等价, 则 $\boldsymbol{A}$ 与 $\boldsymbol{C}$ 等价.

数学上, 把满足上述三条性质的关系称为等价关系. 这样, 矩阵的等价便是矩阵之间的一个等价关系. 后续章节还会遇到矩阵之间的其他等价关系.

根据定理 2.8, 可得下述重要结论.

**定理 2.9** 任意一个矩阵一定等价于唯一一个与其同型的标准形矩阵.

### 2.4.2 初等矩阵

1. 初等矩阵的概念

**定义 2.19** 单位矩阵 $\boldsymbol{E}$ 经过一次初等变换所得到的矩阵称为初等矩阵.

因为初等变换有三种情况, 所以初等矩阵有如下三种类型:

(1) 把单位矩阵 $\boldsymbol{E}$ 的第 $i, j$ 两行 (列) 互换所得到的初等矩阵, 记为 $\boldsymbol{E}(i, j)$, 即

$$\boldsymbol{E}(i, j)=\begin{pmatrix} 1 &&&&&&&&& \\ & \ddots &&&&&&&& \\ && 1 &&&&&&& \\ &&& 0 & & \cdots & & 1 &&& \\ &&&& 1 &&&&&& \\ &&& \vdots && \ddots && \vdots &&& \\ &&&&&& 1 &&&& \\ &&& 1 && \cdots && 0 &&& \\ &&&&&&&& 1 && \\ &&&&&&&&& \ddots & \\ &&&&&&&&&& 1 \end{pmatrix}.$$

(2) 以非零数 $k \neq 0$ 乘单位矩阵 $\boldsymbol{E}$ 的第 $i$ 行 (列) 所得到的初等矩阵, 记为 $\boldsymbol{E}(i(k))$, 即

$$\boldsymbol{E}(i(k))=\operatorname{diag}(1,\cdots,1,k,1,\cdots,1)=\begin{pmatrix}1&&&&&&\\&\ddots&&&&&\\&&1&&&&\\&&&k&&&\\&&&&1&&\\&&&&&\ddots&\\&&&&&&1\end{pmatrix}.$$

(3) 单位矩阵 $\boldsymbol{E}$ 第 $j$ 行的 $k$ 倍加到第 $i$ 行或单位矩阵 $\boldsymbol{E}$ 第 $i$ 列的 $k$ 倍加到第 $j$ 列得到的初等矩阵, 记为 $\boldsymbol{E}(i,\,j(k))$, 其中 $k$ 为任一实数. 当 $i<j$ 时, 其形状为

$$\boldsymbol{E}(i,\,j(k))=\begin{pmatrix}1&&&&&&\\&\ddots&&&&&\\&&1&\cdots&k&&\\&&&\ddots&\vdots&&\\&&&&1&&\\&&&&&\ddots&\\&&&&&&1\end{pmatrix}.$$

当 $i>j$ 时, 初等矩阵 $\boldsymbol{E}(i,\,j(k))$ 的形状, 请读者自行写出.

2. *初等矩阵的性质*

初等矩阵的行列式及其逆矩阵和伴随矩阵具有如下基本运算公式:

(1) $\det(\boldsymbol{E}(i,\,j))=-1,\ \det(\boldsymbol{E}(i(k)))=k,\ \det(\boldsymbol{E}(i,\,j(k)))=1.$

(2) $\boldsymbol{E}(i,\,j)^{-1}=\boldsymbol{E}(i,\,j),\ \boldsymbol{E}(i(k))^{-1}=\boldsymbol{E}(i(k^{-1})),\ \boldsymbol{E}(i,\,j(k))^{-1}=\boldsymbol{E}(i,j(-k)).$

(3) $\boldsymbol{E}(i,\,j)^{*}=-\boldsymbol{E}(i,\,j),\ \boldsymbol{E}(i(k))^{*}=k\boldsymbol{E}(i(k^{-1})),\ \boldsymbol{E}(i,\,j(k))^{*}=\boldsymbol{E}(i,\,j(-k)).$

这里, (1) 可以通过计算行列式直接验证, (2) 可以利用逆矩阵的定义直接验证, (3) 可以利用伴随矩阵和逆矩阵之间的关系式 $\boldsymbol{A}^{*}=|\boldsymbol{A}|\boldsymbol{A}^{-1}$ 直接验证.

**例 2.32**　设矩阵 $\boldsymbol{A}=\begin{pmatrix}1&2\\3&4\end{pmatrix}$, 试计算下列矩阵的乘积:

(1) $\boldsymbol{E}(1,\,2)\boldsymbol{A},\ \boldsymbol{A}\boldsymbol{E}(1,2)$;

(2) $\boldsymbol{E}(1(k))\boldsymbol{A},\ \boldsymbol{A}\boldsymbol{E}(1(k))$;

(3) $\boldsymbol{E}(1,\,2(k))\boldsymbol{A},\ \boldsymbol{A}\boldsymbol{E}(1,\,2(k))$.

**解**　根据矩阵乘法的定义直接计算可得

$$(1)\quad \boldsymbol{E}(1,2)\boldsymbol{A}=\begin{pmatrix}3&4\\1&2\end{pmatrix};\qquad \boldsymbol{AE}(1,2)=\begin{pmatrix}2&1\\4&3\end{pmatrix}.$$

$$(2)\quad \boldsymbol{E}(1(k))\boldsymbol{A}=\begin{pmatrix}1\cdot k&2k\\3&4\end{pmatrix};\qquad \boldsymbol{AE}(1(k))=\begin{pmatrix}1\cdot k&2\\3k&4\end{pmatrix}.$$

$$(3)\quad \boldsymbol{E}(1,2(k))\boldsymbol{A}=\begin{pmatrix}1+3k&2+4k\\3&4\end{pmatrix};\qquad \boldsymbol{AE}(1,2(k))=\begin{pmatrix}1+2k&2\\3+4k&4\end{pmatrix}.$$

尽管该例的计算都很简单, 但认真观察比较计算结果与矩阵 $\boldsymbol{A}$ 之间的联系, 可以发现这样一个事实: 对矩阵 $\boldsymbol{A}$ 左乘一个初等矩阵, 相当于对它实施一次同类型的初等行变换; 对 $\boldsymbol{A}$ 右乘一个初等矩阵, 相当于对它实施一次同类型的初等列变换. 实际上, 这是一个十分重要的一般规律, 也是初等矩阵的一个最根本的性质. 我们把它归结为下面定理.

**定理 2.10** 设 $\boldsymbol{A}=\boldsymbol{A}_{m\times n}$ 是一个 $m\times n$ 矩阵, 则对 $\boldsymbol{A}$ 左乘一个 $m$ 阶初等矩阵, 相当于对 $\boldsymbol{A}$ 实施一次与该初等矩阵相对应的初等行变换; 对 $\boldsymbol{A}$ 右乘一个 $n$ 阶初等矩阵, 相对于对 $\boldsymbol{A}$ 实施一次与该初等矩阵相对应的初等列变换.

3. 初等矩阵的应用

作为初等矩阵的重要应用, 把定理 2.8 和定理 2.10 相结合, 可以得到下面两个重要结论.

**定理 2.11** 对任意 $m\times n$ 矩阵 $\boldsymbol{A}$, 总存在有限个 $m$ 阶初等矩阵 $\boldsymbol{P}_1,\cdots,\boldsymbol{P}_{t-1},\boldsymbol{P}_t$ 使得

$$\boldsymbol{P}_t\boldsymbol{P}_{t-1}\cdots\boldsymbol{P}_1\boldsymbol{A}=\boldsymbol{H},$$

其中 $\boldsymbol{H}$ 是由 $\boldsymbol{A}$ 出发只利用初等行变换所唯一确定的行最简形矩阵, 即 $\boldsymbol{H}$ 不随 $\boldsymbol{P}_1,\cdots,\boldsymbol{P}_{t-1},\boldsymbol{P}_t$ 选择的变化而变化.

**定理 2.12** 对任意 $m\times n$ 矩阵 $\boldsymbol{A}$, 总存在有限个 $m$ 阶初等矩阵$\boldsymbol{P}_1,\boldsymbol{P}_2,\cdots,\boldsymbol{P}_t$ 和有限个 $n$ 阶初等矩阵 $\boldsymbol{Q}_1,\boldsymbol{Q}_2,\cdots,\boldsymbol{Q}_s$, 使得

$$\boldsymbol{P}_t\boldsymbol{P}_{t-1}\cdots\boldsymbol{P}_1\boldsymbol{A}\boldsymbol{Q}_1\boldsymbol{Q}_2\cdots\boldsymbol{Q}_s=\boldsymbol{E}_{m\times n}^{(r)},$$

其中 $\boldsymbol{E}_{m\times n}^{(r)}$ 表示由 $\boldsymbol{A}$ 唯一确定的 $\boldsymbol{A}$ 的标准形矩阵, $r$ 是与该标准形矩阵相对应的单位矩阵的阶数.

作为定理 2.11 的特例, 如果 $n$ 阶方阵 $\boldsymbol{A}$ 可逆, 则由 $\boldsymbol{P}_1,\boldsymbol{P}_2,\cdots,\boldsymbol{P}_t$ 和 $\boldsymbol{A}$ 的行列式均不为零可知, $\boldsymbol{A}$ 的行最简形矩阵 $\boldsymbol{H}$ 的行列式一定也不为零. 所以, $\boldsymbol{H}$ 主对角线上的元素均为 1. 故 $\boldsymbol{H}$ 就是单位矩阵 $\boldsymbol{E}$. 因此, 定理 2.11 和定理 2.10 结合

说明, 可逆矩阵 $\boldsymbol{A}$ 仅经过有限次初等行变换就一定可以化为同阶单位矩阵. 也就是说, 若矩阵 $\boldsymbol{A}$ 可逆, 则 $\boldsymbol{A}$ 一定可以表示成为有限个初等矩阵的乘积. 反过来, 若 $\boldsymbol{A}$ 可表示为有限个初等矩阵的乘积, 则 $|\boldsymbol{A}| \neq 0$, 即 $\boldsymbol{A}$ 可逆. 这样就证明了如下定理.

**定理 2.13** 矩阵 $\boldsymbol{A}$ 可逆当且仅当 $\boldsymbol{A}$ 可以表示成为有限个初等矩阵的乘积, 或当且仅当 $\boldsymbol{A}$ 只经过初等行变换化成的行最简形矩阵是单位矩阵.

作为定理 2.12 和定理 2.13 的推论, 关于矩阵等价有下述定理.

**定理 2.14** 矩阵 $\boldsymbol{A} = \boldsymbol{A}_{m\times n}$ 与 $\boldsymbol{B} = \boldsymbol{B}_{m\times n}$ 等价的充分必要条件为, 存在 $m$ 阶可逆矩阵 $\boldsymbol{P}$ 和 $n$ 阶可逆矩阵 $\boldsymbol{Q}$ 使得

$$\boldsymbol{A} = \boldsymbol{PBQ}.$$

### 2.4.3 矩阵可逆的初等变换判别法及逆矩阵的初等变换求法

作为定理 2.13 的应用, 下面介绍利用初等变换判别矩阵的可逆性和求逆矩阵的一个常用方法.

首先, 由定理 2.13 可知, 如果 $n$ 阶方阵 $\boldsymbol{A}$ 可逆, 则存在有限个初等矩阵 $\boldsymbol{P}_1$, $\boldsymbol{P}_2, \cdots, \boldsymbol{P}_t$, 使得 $\boldsymbol{P}_t\boldsymbol{P}_{t-1}\cdots\boldsymbol{P}_1\boldsymbol{A}=\boldsymbol{E}$. 该式两边同时右乘 $\boldsymbol{A}^{-1}$ 可得 $\boldsymbol{P}_t\boldsymbol{P}_{t-1}\cdots\cdot\boldsymbol{P}_1\boldsymbol{E} = \boldsymbol{A}^{-1}$. 因此, 依次用 $\boldsymbol{P}_1, \boldsymbol{P}_2, \cdots, \boldsymbol{P}_t$ 左乘, 在把 $\boldsymbol{A}$ 变为 $\boldsymbol{E}$ 的同时, 就把 $\boldsymbol{E}$ 变成了 $\boldsymbol{A}^{-1}$. 换句话说, 若作 $n \times 2n$ 矩阵 $(\boldsymbol{A}, \boldsymbol{E})$, 就有

$$\boldsymbol{P}_t\boldsymbol{P}_{t-1}\cdots\boldsymbol{P}_1(\boldsymbol{A}, \boldsymbol{E}) = \left(\boldsymbol{E}, \boldsymbol{A}^{-1}\right). \tag{2.7}$$

很明显, (2.7) 右边的矩阵 $(\boldsymbol{E}, \boldsymbol{A}^{-1})$ 就是矩阵 $(\boldsymbol{A}, \boldsymbol{E})$ 的行最简形矩阵. 这样, 根据定理 2.10, 求一个 $n$ 阶可逆矩阵 $\boldsymbol{A}$ 的逆矩阵的过程, 便可以归结为对矩阵 $(\boldsymbol{A}, \boldsymbol{E})$ 只实施初等行变换来写出其行最简形矩阵 $\boldsymbol{H}$ 的过程. 这时, $\boldsymbol{H}$ 的后 $n$ 列元素所构成的矩阵就是矩阵 $\boldsymbol{A}$ 的逆矩阵 $\boldsymbol{A}^{-1}$.

受这种思想的启发, 对一般 $n$ 阶方阵 $\boldsymbol{A}$, 作 $n \times 2n$ 矩阵 $(\boldsymbol{A}, \boldsymbol{E})$, 并利用初等行变换将其化为行最简形矩阵 $\boldsymbol{H} = (\boldsymbol{H}_1, \boldsymbol{H}_2)$, 其中 $\boldsymbol{H}_1$ 和 $\boldsymbol{H}_2$ 分别表示 $\boldsymbol{H}$ 的前 $n$ 列和后 $n$ 列元素所构成的矩阵. 这样, $\boldsymbol{H}_1$ 便是 $\boldsymbol{A}$ 的只利用初等行变换所确定的行最简形矩阵. 故由定理 2.13 可知, 当 $\boldsymbol{H}_1 = \boldsymbol{E}$ 时 $\boldsymbol{A}$ 可逆; 当 $\boldsymbol{H}_1 \neq \boldsymbol{E}$ 时 $\boldsymbol{A}$ 不可逆. 由此, 便可给出利用初等变换判别矩阵可逆性和求逆矩阵的下述步骤:

第一步, 作 $n \times 2n$ 矩阵 $(\boldsymbol{A}, \boldsymbol{E})$.
第二步, 对矩阵 $(\boldsymbol{A}, \boldsymbol{E})$ 实施初等行变换将其化为行最简形矩阵 $\boldsymbol{H}=(\boldsymbol{H}_1, \boldsymbol{H}_2)$.
第三步, 当 $\boldsymbol{H}_1 = \boldsymbol{E}$ 时 $\boldsymbol{A}$ 可逆, 且 $\boldsymbol{A}^{-1} = \boldsymbol{H}_2$; 当 $\boldsymbol{H}_1 \neq \boldsymbol{E}$ 时 $\boldsymbol{A}$ 不可逆.

这种利用初等行变换求逆矩阵的方法称为初等行变换法.

与初等行变换法相对应, 对 $2n \times n$ 矩阵 $\begin{pmatrix} \boldsymbol{A} \\ \boldsymbol{E} \end{pmatrix}$, 若能够只利用初等列变换将它化为 $\begin{pmatrix} \boldsymbol{E} \\ \tilde{\boldsymbol{H}} \end{pmatrix}$ 的形式, 则矩阵 $\boldsymbol{A}$ 可逆, 且 $\tilde{\boldsymbol{H}}$ 就是 $\boldsymbol{A}$ 的逆矩阵 $\boldsymbol{A}^{-1}$. 否则, 矩阵 $\boldsymbol{A}$ 不可逆. 这种方法称为初等列变换法.

**例 2.33** 设矩阵 $\boldsymbol{A} = \begin{pmatrix} 4 & 2 & 3 \\ 3 & 1 & 2 \\ 2 & 1 & 1 \end{pmatrix}$, $\boldsymbol{B} = \begin{pmatrix} 1 & 2 & 3 \\ 3 & -1 & 4 \\ 4 & 1 & 7 \end{pmatrix}$, 试利用初等行变换判断矩阵 $\boldsymbol{A}, \boldsymbol{B}$ 是否可逆? 如果可逆, 求其逆矩阵.

**解** 构造 $3\times 6$ 矩阵 $(\boldsymbol{A}, \boldsymbol{E})$, 并对它实施初等行变换将其化为行最简形矩阵, 可得

$$(\boldsymbol{A}, \boldsymbol{E}) \to \left(\begin{array}{ccc|ccc} 4 & 2 & 3 & 1 & 0 & 0 \\ 3 & 1 & 2 & 0 & 1 & 0 \\ 2 & 1 & 1 & 0 & 0 & 1 \end{array}\right) \to \left(\begin{array}{ccc|ccc} 2 & 1 & 1 & 0 & 0 & 1 \\ 3 & 1 & 2 & 0 & 1 & 0 \\ 4 & 2 & 3 & 1 & 0 & 0 \end{array}\right)$$

$$\to \left(\begin{array}{ccc|ccc} 2 & 1 & 1 & 0 & 0 & 1 \\ 0 & -\frac{1}{2} & \frac{1}{2} & 0 & 1 & -\frac{3}{2} \\ 0 & 0 & 1 & 1 & 0 & -2 \end{array}\right) \to \left(\begin{array}{ccc|ccc} 2 & 1 & 1 & 0 & 0 & 1 \\ 0 & 1 & -1 & 0 & -2 & 3 \\ 0 & 0 & 1 & 1 & 0 & -2 \end{array}\right)$$

$$\to \left(\begin{array}{ccc|ccc} 2 & 1 & 0 & -1 & 0 & 3 \\ 0 & 1 & 0 & 1 & -2 & 1 \\ 0 & 0 & 1 & 1 & 0 & -2 \end{array}\right) \to \left(\begin{array}{ccc|ccc} 2 & 0 & 0 & -2 & 2 & 2 \\ 0 & 1 & 0 & 1 & -2 & 1 \\ 0 & 0 & 1 & 1 & 0 & -2 \end{array}\right)$$

$$\to \left(\begin{array}{ccc|ccc} 1 & 0 & 0 & -1 & 1 & 1 \\ 0 & 1 & 0 & 1 & -2 & 1 \\ 0 & 0 & 1 & 1 & 0 & -2 \end{array}\right).$$

因此矩阵 $\boldsymbol{A}$ 可逆, 且 $\boldsymbol{A}^{-1} = \begin{pmatrix} -1 & 1 & 1 \\ 1 & -2 & 1 \\ 1 & 0 & -2 \end{pmatrix}$.

构造 $3 \times 6$ 矩阵 $(\boldsymbol{B}, \boldsymbol{E})$, 并对它实施初等行变换将其化为行最简形矩阵, 可得

$$(\boldsymbol{B}, \boldsymbol{E}) \to \left(\begin{array}{ccc|ccc} 1 & 2 & 3 & 1 & 0 & 0 \\ 3 & -1 & 4 & 0 & 1 & 0 \\ 4 & 1 & 7 & 0 & 0 & 1 \end{array}\right) \to \left(\begin{array}{ccc|ccc} 1 & 2 & 3 & 1 & 0 & 0 \\ 0 & -7 & -5 & -3 & 1 & 0 \\ 0 & -7 & -5 & -4 & 0 & 1 \end{array}\right)$$

$$\to \left(\begin{array}{ccc|ccc} 1 & 2 & 3 & 1 & 0 & 0 \\ 0 & 1 & \dfrac{5}{7} & \dfrac{3}{7} & -\dfrac{1}{7} & 0 \\ 0 & 0 & 0 & -1 & -1 & 1 \end{array}\right) \to \left(\begin{array}{ccc|ccc} 1 & 0 & \dfrac{11}{7} & \dfrac{1}{7} & \dfrac{2}{7} & 0 \\ 0 & 1 & \dfrac{5}{7} & \dfrac{3}{7} & -\dfrac{1}{7} & 0 \\ 0 & 0 & 0 & -1 & -1 & 1 \end{array}\right).$$

因此, 矩阵 $\boldsymbol{B}$ 不可逆.

最后再次强调, 在利用初等行变换法求一个 $n$ 阶方阵 $\boldsymbol{A}$ 的逆矩阵时, 始终只允许实施初等行变换, 其间不能实施任何初等列变换. 在此过程中, 若出现了某一行的前 $n$ 个元素全为零的情况, 则 $\boldsymbol{A}$ 的行最简形矩阵 $\boldsymbol{H} = (\boldsymbol{H}_1, \boldsymbol{H}_2)$ 中的 $\boldsymbol{H}_1$ 便不可能为单位矩阵 $\boldsymbol{E}$ 了. 这时, $\boldsymbol{A}$ 一定不可逆. 同样地, 在利用初等列变换法求矩阵 $\boldsymbol{A}$ 的逆矩阵时, 始终只能进行初等列变换, 其间不能进行任何初等行变换.

## 习 题 2.4

1. 指出下列矩阵哪些是行阶梯形矩阵, 哪些是行最简形矩阵?

(1) $\begin{pmatrix} 1 & 2 & 3 & 4 \\ 0 & 0 & 1 & 2 \end{pmatrix}$; (2) $\begin{pmatrix} 1 & 3 & 0 \\ 0 & 0 & 1 \\ 0 & 0 & 0 \end{pmatrix}$; (3) $\begin{pmatrix} 1 & 0 & 0 & 0 \\ 0 & 0 & 0 & 0 \\ 0 & 0 & 1 & 0 \end{pmatrix}$;

(4) $\begin{pmatrix} 1 & 1 & 1 & 0 \\ 0 & 1 & 2 & 3 \\ 0 & 0 & 0 & 4 \end{pmatrix}$; (5) $\begin{pmatrix} 0 & 1 & 2 & 0 \\ 0 & 0 & 1 & 3 \\ 0 & 0 & 0 & 0 \end{pmatrix}$; (6) $\begin{pmatrix} 1 & 0 & 0 & 1 & 2 \\ 0 & 1 & 0 & 2 & 3 \\ 0 & 0 & 4 & 5 & 6 \end{pmatrix}$.

2. 写出下列方程组的增广矩阵, 并用初等行变换把它们化为行阶梯形矩阵. 在方程组可解时, 写出回代过程并给出方程组的解.

(1) $\begin{cases} x_1 - 3x_2 = 3, \\ 2x_1 - 7x_2 = 4; \end{cases}$ (2) $\begin{cases} x_1 + x_2 = 0, \\ 2x_1 + 3x_2 = 0, \\ 3x_1 - 4x_2 = 0; \end{cases}$

(3) $\begin{cases} 3x_1 + 2x_2 - x_3 = 4, \\ x_1 - 2x_2 + 2x_3 = 1, \\ 11x_1 + 2x_2 + x_3 = 14; \end{cases}$ (4) $\begin{cases} x_1 - 2x_2 + 2x_3 = 1, \\ 2x_1 + 3x_2 - x_3 = 2, \\ 7x_1 + 3x_2 + 4x_3 = 6; \end{cases}$

(5) $\begin{cases} -2x_1 + 2x_2 + x_3 = 4, \\ 3x_1 + 2x_2 + 3x_3 = 5, \\ -3x_1 + 5x_2 + 2x_3 = 6; \end{cases}$ (6) $\begin{cases} 2x_1 + 3x_2 - 2x_3 = 1, \\ x_1 - x_2 + x_3 = 2, \\ 7x_1 + 3x_2 + 2x_3 = 7. \end{cases}$

3. 利用初等变换把下列矩阵化为行阶梯形矩阵和行最简形矩阵.

(1) $\begin{pmatrix}1&2&3&4\\5&6&7&8\end{pmatrix}$; (2) $\begin{pmatrix}1&2&4\\3&0&2\\4&3&7\end{pmatrix}$; (3) $\begin{pmatrix}1&3&0&5\\-3&2&7&6\\2&-3&-1&5\end{pmatrix}$;

(4) $\begin{pmatrix}3&2&1&3\\2&0&0&2\\1&3&2&4\end{pmatrix}$; (5) $\begin{pmatrix}0&1&2&-1\\-1&0&2&3\\4&3&2&1\end{pmatrix}$; (6) $\begin{pmatrix}0&-2&-1&1&2\\0&1&0&-2&-7\\0&5&0&-5&6\end{pmatrix}$.

4. 把矩阵

$$\begin{pmatrix}1&1&1&4\\1&1&-1&-2\\2&2&1&5\\3&3&1&6\end{pmatrix}$$

化为标准形矩阵.

5. 关于下列矩阵对 $\boldsymbol{A}$ 和 $\boldsymbol{B}$, 写出把 $\boldsymbol{A}$ 化为 $\boldsymbol{B}$ 的初等矩阵.

(1) $\boldsymbol{A}=\begin{pmatrix}1&2&3&4\\5&6&7&8\end{pmatrix}$, $\boldsymbol{B}=\begin{pmatrix}-2&-4&-6&-8\\5&6&7&8\end{pmatrix}$;

(2) $\boldsymbol{A}=\begin{pmatrix}1&3&0&5\\-3&2&7&6\\2&-3&-1&5\end{pmatrix}$, $\boldsymbol{B}=\begin{pmatrix}2&-3&-1&5\\-3&2&7&6\\1&3&0&5\end{pmatrix}$;

(3) $\boldsymbol{A}=\begin{pmatrix}0&-2&-1&1&2\\0&1&0&-2&-7\\0&5&0&-5&6\end{pmatrix}$, $\boldsymbol{B}=\begin{pmatrix}-2&-2&-1&1&2\\4&1&0&-2&-7\\10&5&0&-5&6\end{pmatrix}$.

6. 设

$$\boldsymbol{A}=\begin{pmatrix}a_{11}&a_{12}&a_{13}\\a_{21}&a_{22}&a_{23}\\a_{31}&a_{32}&a_{33}\end{pmatrix},\quad \boldsymbol{B}=\begin{pmatrix}a_{21}&a_{22}&a_{23}\\a_{11}&a_{12}&a_{13}\\a_{31}+a_{11}&a_{32}+a_{12}&a_{33}+a_{13}\end{pmatrix},$$

$$\boldsymbol{P}_1=\begin{pmatrix}0&1&0\\1&0&0\\0&0&1\end{pmatrix},\quad \boldsymbol{P}_2=\begin{pmatrix}1&0&0\\0&1&0\\1&0&1\end{pmatrix},$$

则下列等式成立的是 ( ).

(A) $\boldsymbol{AP}_1\boldsymbol{P}_2=\boldsymbol{B}$ (B) $\boldsymbol{AP}_2\boldsymbol{P}_1=\boldsymbol{B}$ (C) $\boldsymbol{P}_1\boldsymbol{P}_2\boldsymbol{A}=\boldsymbol{B}$ (D) $\boldsymbol{P}_2\boldsymbol{P}_1\boldsymbol{A}=\boldsymbol{B}$

7. 设 $\boldsymbol{A}$ 为 3 阶矩阵, 将 $\boldsymbol{A}$ 的第 2 行加到第 1 行得 $\boldsymbol{B}$, 再将 $\boldsymbol{B}$ 的第 1 列的 $-1$ 倍加到第 2 列得 $\boldsymbol{C}$, 记 $\boldsymbol{P}=\begin{pmatrix}1&1&0\\0&1&0\\0&0&1\end{pmatrix}$, 则 ( ).

(A) $\boldsymbol{C}=\boldsymbol{P}^{-1}\boldsymbol{AP}$ (B) $\boldsymbol{C}=\boldsymbol{PAP}^{-1}$ (C) $\boldsymbol{C}=\boldsymbol{P}^{\mathrm{T}}\boldsymbol{AP}$ (D) $\boldsymbol{C}=\boldsymbol{PAP}^{\mathrm{T}}$

8. 假设矩阵 $\boldsymbol{A}=\begin{pmatrix}2&1&1\\6&4&5\\4&1&3\end{pmatrix}$.

(1) 试写出使得

$$E_1E_2E_3A = U$$

的初等矩阵 $E_1$, $E_2$, $E_3$, 其中 $U$ 为上三角矩阵.

(2) 写出初等矩阵 $E_1$, $E_2$, $E_3$ 的逆矩阵, 并计算 $L = E_1^{-1}E_2^{-1}E_3^{-1}$. 指出矩阵 $L$ 的类型, 并证明

$$A = LU.$$

9. 试将矩阵 $A = \begin{pmatrix} 2 & 1 \\ 5 & 3 \end{pmatrix}$ 和 $A^{-1}$ 均表示成为初等矩阵的乘积.

10. 试判断下列矩阵是否可逆, 可逆时, 求出其逆矩阵.

(1) $\begin{pmatrix} 1 & 2 & 3 & 4 \\ 0 & 0 & 1 & 2 \end{pmatrix}$; (2) $\begin{pmatrix} 1 & 3 & 0 \\ 0 & 0 & 1 \\ 0 & 0 & 0 \end{pmatrix}$; (3) $\begin{pmatrix} 1 & 0 & 0 & 0 \\ 0 & 0 & 0 & 0 \\ 0 & 0 & 1 & 0 \end{pmatrix}$;

(4) $\begin{pmatrix} 1 & 1 & 1 & 0 \\ 0 & 1 & 2 & 3 \\ 0 & 0 & 0 & 4 \end{pmatrix}$; (5) $\begin{pmatrix} 0 & 1 & 2 & 0 \\ 0 & 0 & 1 & 3 \\ 0 & 0 & 0 & 0 \end{pmatrix}$; (6) $\begin{pmatrix} 1 & 0 & 0 & 1 & 2 \\ 0 & 1 & 0 & 2 & 3 \\ 0 & 0 & 4 & 5 & 6 \end{pmatrix}$.

11. 设 $A = \begin{pmatrix} 1 & 0 & 0 \\ 0 & -1 & 0 \\ 2 & 0 & 1 \end{pmatrix}$, 试求 $(A^*)^{-1}$.

## 2.5 矩阵的秩

矩阵的秩是一个能够用来刻画矩阵本质属性的非负整数, 是关于初等变换的一个不变量, 在矩阵理论及其应用中十分重要. 本节主要介绍矩阵秩的概念及其基本性质.

### 2.5.1 矩阵秩的概念

先介绍矩阵子式的概念, 然后给出矩阵秩的定义.

1. 矩阵的子式

**定义 2.20** 在一个矩阵 $A = (a_{ij})_{m\times n}$ 中任取 $k$ 行 $k$ 列 $(1 \leqslant k \leqslant \min(m, n))$, 则位于这 $k$ 行 $k$ 列交叉点上的 $k^2$ 个元素, 按照它们在矩阵 $A$ 中的相应位置所组成的 $k$ 阶行列式称为矩阵 $A$ 的一个 $k$ 阶子式.

例如, 在矩阵 $A = \begin{pmatrix} 1 & 1 & 3 & 1 \\ 0 & 2 & -1 & 4 \\ 0 & 0 & 0 & 5 \\ 0 & 0 & 0 & 0 \end{pmatrix}$ 中取定 1, 3 两行和 2, 3 两列, 则在

它们交叉点上的 4 个元素所组成的 2 阶行列式 $\begin{vmatrix} 1 & 3 \\ 0 & 0 \end{vmatrix}$ 就是 $\boldsymbol{A}$ 的一个 2 阶子式, 该子式的值为 $\begin{vmatrix} 1 & 3 \\ 0 & 0 \end{vmatrix} = 0$. 又如, 取定矩阵 $\boldsymbol{A}$ 的第 1, 2, 3 三行和 1, 2, 4 三列, 则相应的 3 阶行列式 $\begin{vmatrix} 1 & 1 & 1 \\ 0 & 2 & 4 \\ 0 & 0 & 5 \end{vmatrix}$ 是 $\boldsymbol{A}$ 的一个 3 阶子式, 其值为 $\begin{vmatrix} 1 & 1 & 1 \\ 0 & 2 & 4 \\ 0 & 0 & 5 \end{vmatrix} = 10$.

由于从 $m$ 行中取出 $k$ 行的取法共有 $\binom{m}{k}$ 种, 从 $n$ 列中取出 $k$ 列的取法共有 $\binom{n}{k}$ 种, 所以由定义可以看出, 矩阵 $\boldsymbol{A}_{m\times n}$ 的 $k$ 阶子式一共有 $\binom{m}{k}\binom{n}{k}$ 个, 其中 $\binom{m}{k}$ 和 $\binom{n}{k}$ 分别表示从 $m$ 个和 $n$ 个对象中取出 $k$ 个的组合数. 在这些子式中, 有的可能为零, 有的可能不为零.

2. 矩阵的秩

**定义 2.21** 若在 $m\times n$ 矩阵 $\boldsymbol{A}$ 中存在 $r$ 阶非零子式, 但不存在大于 $r$ 阶非零子式, 其中 $1 \leqslant r \leqslant \min(m, n)$, 则 $r$ 称为矩阵 $\boldsymbol{A}$ 的秩, 记为 $\mathrm{Rank}(\boldsymbol{A})$, 简记为 $R(\boldsymbol{A})$. 此外, 零矩阵的秩定义为零.

关于该定义, 需要强调以下几点:

(1) 矩阵 $\boldsymbol{A}$ 的秩 $R(\boldsymbol{A})$ 就是 $\boldsymbol{A}$ 中非零子式的最高阶数. 所以, $R(\boldsymbol{A})$ 由 $\boldsymbol{A}$ 唯一确定;

(2) 对 $m\times n$ 矩阵 $\boldsymbol{A}$ 有 $0 \leqslant R(\boldsymbol{A}) \leqslant \min(m, n)$;

(3) 如果矩阵 $\boldsymbol{A}$ 中存在一个 $r$ 阶子式不为零, 则 $R(\boldsymbol{A}) \geqslant r$;

(4) 若矩阵 $\boldsymbol{A}$ 的所有 $r+1$ 阶子式全为零, 则 $R(\boldsymbol{A}) \leqslant r$;

(5) 对任意矩阵 $\boldsymbol{A}$, 有 $R(\boldsymbol{A}) = R(\boldsymbol{A}^{\mathrm{T}})$, 即转置不改变矩阵的秩;

(6) 对任意矩阵 $\boldsymbol{A}$ 和任意非零实数 $k$, 有 $R(k\boldsymbol{A}) = R(\boldsymbol{A})$, 即数乘不改变矩阵的秩.

**例 2.34** 求下列矩阵的秩.

$$A=\begin{pmatrix}1&2\\2&4\end{pmatrix},\quad B=\begin{pmatrix}1&2&0&3\\2&4&1&0\\3&6&0&9\end{pmatrix},\quad C=\begin{pmatrix}1&6&3&1&2\\0&2&4&1&0\\0&0&0&5&7\\0&0&0&0&0\end{pmatrix}.$$

**解**　对矩阵 $\boldsymbol{A}$, 由于 $|\boldsymbol{A}|=0$, 且它显然有非零的 1 阶子式, 因此 $R(\boldsymbol{A})=1$.

对矩阵 $\boldsymbol{B}$, 它的 4 个 3 阶子式分别为

$$\begin{vmatrix}1&2&0\\2&4&1\\3&6&0\end{vmatrix}=\begin{vmatrix}1&2&3\\2&4&0\\3&6&9\end{vmatrix}=\begin{vmatrix}2&0&3\\4&1&0\\6&0&9\end{vmatrix}=\begin{vmatrix}1&0&3\\2&1&0\\3&0&9\end{vmatrix}=0,$$

但其 2 阶子式 $\begin{vmatrix}0&3\\1&0\end{vmatrix}\neq 0$, 因此 $R(\boldsymbol{B})=2$.

对矩阵 $\boldsymbol{C}$, 其 4 阶子式显然全为零, 但其 3 阶子式 $\begin{vmatrix}1&6&1\\0&2&1\\0&0&5\end{vmatrix}\neq 0$, 因此 $R(\boldsymbol{C})=3$.

### 2.5.2　矩阵秩的性质和计算

1. 秩的性质

**定理 2.15**　初等变换不改变矩阵的秩.

**证明**　只需证明经过一次初等变换不会改变矩阵的秩. 以初等行变换为例, 设矩阵 $\boldsymbol{A}$ 的秩为 $r$, 并设 $\boldsymbol{A}$ 经过一次初等行变换得到的矩阵为 $\boldsymbol{B}$. 当实施的初等行变换为 $r_i\leftrightarrow r_j$ 或 $kr_i$ 时, $\boldsymbol{A}$ 和 $\boldsymbol{B}$ 非零子式的最高阶数明显相同, 因此 $R(\boldsymbol{A})=R(\boldsymbol{B})$. 当实施的初等行变换为 $r_i+kr_j$ 时, 对 $\boldsymbol{B}$ 的任意一个 $r+1$ 阶子式 $D$, 会有以下三种情况:

(i) $D$ 不包含 $\boldsymbol{B}$ 的第 $i$ 行元素. 这时 $D$ 也是 $A$ 的一个 $r+1$ 阶子式, 因此 $D=0$.

(ii) $D$ 既包含 $\boldsymbol{B}$ 的第 $i$ 行元素也包含 $\boldsymbol{B}$ 的第 $j$ 行元素. 此时, 利用行列式的性质可知, $D$ 等于 $\boldsymbol{A}$ 中相应位置的 $r+1$ 阶子式, 所以 $D=0$.

(iii) $D$ 仅包含 $\boldsymbol{B}$ 的第 $i$ 行元素, 但不包含 $\boldsymbol{B}$ 的第 $j$ 行元素. 此时, 利用行列式的性质可知, $D=D_1+kD_2$, 其中 $D_1$ 为 $\boldsymbol{A}$ 的 $r+1$ 阶子式, $D_2$ 的第 $i$ 行与第 $j$ 行相同. 因此, 由 $D_1=D_2=0$ 可知 $D=0$.

综合以上三种情况可知, 对 $\boldsymbol{B}$ 的任意 $r+1$ 阶子式 $D$, 总有 $D=0$. 故

$$R(\boldsymbol{B})\leqslant r=R(\boldsymbol{A}).$$

反过来, 由于初等变换是可逆变换, 所以, 矩阵 $\boldsymbol{A}$ 又可以看作是由矩阵 $\boldsymbol{B}$ 经过一次初等行变换得到的. 于是利用上边结论可得 $R(\boldsymbol{A}) \leqslant R(\boldsymbol{B})$. 两者结合可得 $R(\boldsymbol{A}) = R(\boldsymbol{B})$. 证毕.

作为该定理的推论, 有下述结果.

**推论 1** 设 $\boldsymbol{A}, \boldsymbol{B}$ 均为 $m \times n$ 矩阵, 则

(1) 矩阵 $\boldsymbol{A}$ 和矩阵 $\boldsymbol{B}$ 等价的充分必要条件为 $R(\boldsymbol{A}) = R(\boldsymbol{B})$.

(2) 当 $\boldsymbol{P}$ 和 $\boldsymbol{Q}$ 分别为 $m$ 阶和 $n$ 阶可逆矩阵时, 有

$$R(\boldsymbol{PAQ}) = R(\boldsymbol{PA}) = R(\boldsymbol{AQ}) = R(\boldsymbol{A}),$$

即左乘和右乘可逆矩阵不改变矩阵 $\boldsymbol{A}$ 的秩.

但要注意, 当矩阵 $\boldsymbol{A}, \boldsymbol{B}$ 不同型时, 推论中的结论 (1) 明显不会成立.

由上节知道, 任一 $m \times n$ 矩阵 $\boldsymbol{A}$ 经一系列初等变换可以化为标准形矩阵. 对标准形矩阵, 其秩显然是矩阵中非零行的行数, 也就是其左上角单位矩阵的阶数. 故由矩阵秩的唯一性, 便可得到矩阵标准形的唯一性.

**推论 2** 一个矩阵的标准形是唯一的.

2. 秩的计算

利用定义求矩阵的秩一般是比较繁琐的, 尤其是当矩阵的行数和列数较多时. 因此, 根据定理 2.15, 求一个给定矩阵 $\boldsymbol{A}$ 的秩的常用办法, 是首先利用初等变换将它化为行阶梯形矩阵. 根据定义, 行阶梯形矩阵的秩明显就是它的非零行数. 所以, 通过行阶梯形矩阵中非零行数的计数就可给出矩阵 $\boldsymbol{A}$ 的秩.

**例 2.35** 求矩阵 $\boldsymbol{A} = \begin{pmatrix} 1 & 0 & 1 & 2 & -1 \\ 0 & 1 & -1 & 1 & -1 \\ 1 & 1 & 0 & 3 & -2 \\ 2 & 2 & 0 & 6 & -3 \end{pmatrix}$ 的秩, 并写出其标准形.

**解** 利用初等变换化矩阵 $\boldsymbol{A}$ 为行阶梯形矩阵 $\boldsymbol{B}$:

$$\boldsymbol{A} \to \begin{pmatrix} 1 & 0 & 1 & 2 & -1 \\ 0 & 1 & -1 & 1 & -1 \\ 0 & 1 & -1 & 1 & -1 \\ 0 & 2 & -2 & 2 & -1 \end{pmatrix} \to \begin{pmatrix} 1 & 0 & 1 & 2 & -1 \\ 0 & 1 & -1 & 1 & -1 \\ 0 & 0 & 0 & 0 & 1 \\ 0 & 0 & 0 & 0 & 0 \end{pmatrix} = \boldsymbol{B}.$$

由于 $\boldsymbol{B}$ 的非零行的个数为 3, 所以 $R(\boldsymbol{B}) = 3$. 因此由定理 2.15 可得 $R(\boldsymbol{A}) = R(\boldsymbol{B}) = 3$. 于是, $\boldsymbol{A}$ 的标准形为

$$E_{4\times5}^{(3)}=\begin{pmatrix} E_3 & O \\ O & O \end{pmatrix},$$

其中 $E_3$ 表示 3 阶单位矩阵.

**例 2.36**　求 $a, b$ 使矩阵 $A$ 的秩等于 2, 其中

$$A=\begin{pmatrix} 0 & 1 & 2 & 3 \\ 1 & 4 & 7 & 10 \\ -1 & 0 & 1 & b \\ a & 2 & 3 & 4 \end{pmatrix}.$$

**解**　对 $A$ 实施初等变换将其化为行阶梯形矩阵 $B$:

$$A \to \begin{pmatrix} 1 & 2 & 0 & 3 \\ 0 & -1 & 1 & -2 \\ 0 & 0 & a-1 & 0 \\ 0 & 0 & 0 & b-2 \end{pmatrix} = B.$$

由定理 2.15 可知, $R(A)=2$ 的充分必要条件是 $R(B)=2$. 因此 $a=1, b=2$.

3. 满秩矩阵

当 $A$ 是 $n$ 阶方阵时, 由于 $A$ 的唯一的 $n$ 阶子式就是 $A$ 的行列式 $|A|$, 故由定义和定理 2.5 可得下述定理.

**定理 2.16**　$n$ 阶方阵 $A$ 可逆的充分必要条件为 $R(A)=n$.

基于此, 给出下述概念.

**定义 2.22**　对 $n$ 阶方阵 $A$, 如果 $R(A)=n$, 则称 $A$ 为满秩矩阵; 否则, 称为降秩矩阵. 对 $m\times n$ 矩阵 $A=A_{m\times n}$, 如果 $R(A)=m$, 则称 $A$ 是行满秩的; 如果 $R(A)=n$, 则称 $A$ 是列满秩的.

**例 2.37**　设 $A$ 为满秩矩阵, 证明 $A$ 的伴随矩阵 $A^*$ 也为满秩矩阵.

**证明**　因为 $A$ 是满秩矩阵, 所以 $A$ 可逆, 即 $|A|\neq 0$. 因此, 在 $AA^*=|A|E$ 的两端同时取行列式可知 $|A^*|\neq 0$, 即 $A^*$ 可逆. 故 $A^*$ 为满秩矩阵.

## 习　题　2.5

1. 设 $A$ 是 $m\times n$ 矩阵, $C$ 是 $n$ 阶可逆矩阵, 且 $R(A)=r$, $R(AC)=r_1$, 则下列结论正确的是 (　　).

(A) $n>r_1>r$ (B) $r_1>r>n$ (C) $r=r_1$ (D) $r_1=n$

2. 设 $\boldsymbol{A}=\begin{pmatrix}1&2&3&4\\2&3&4&5\\3&4&5&x\end{pmatrix}$, 且已知 $\boldsymbol{A}$ 的秩为 3, 试确定 $x$ 的取值范围.

3. 求下列矩阵的秩.

(1) $\begin{pmatrix}1&2\\3&4\\5&6\end{pmatrix}$; (2) $\begin{pmatrix}3&2&4\\2&5&1\\2&0&1\end{pmatrix}$; (3) $\begin{pmatrix}1&3&-1&-2\\1&-4&3&5\\2&-1&2&3\\3&2&1&1\end{pmatrix}$.

## 2.6 分块矩阵

当一个矩阵的行数和列数较多时, 对其进行运算和讨论通常会很繁琐. 因此, 探讨一些运算技巧就显得特别必要. 矩阵的分块就是一个十分重要的方法. 下面通过例子介绍如何对矩阵进行分块, 以及分块矩阵的基本运算和基本性质.

### 2.6.1 矩阵的分块

以 5 阶方阵 $\boldsymbol{A}=\begin{pmatrix}2&1&1&0&-1\\1&2&2&-3&0\\0&0&1&0&0\\0&0&0&1&0\\0&0&0&0&1\end{pmatrix}$ 为例, 如果在其第 2 行下面画一横线, 则 $\boldsymbol{A}$ 便可以表示为

$$\boldsymbol{A}=\left(\begin{array}{ccccc}2&1&1&0&-1\\1&2&2&-3&0\\\hline 0&0&1&0&0\\0&0&0&1&0\\0&0&0&0&1\end{array}\right).$$

把该横线上面的 $2\times5$ 矩阵记为 $\boldsymbol{A}_{11}$, 横线下面的 $3\times5$ 矩阵记为 $\boldsymbol{A}_{21}$, 则 $\boldsymbol{A}$ 就可以写成分块矩阵

$$\boldsymbol{A}=\begin{pmatrix}\boldsymbol{A}_{11}\\\boldsymbol{A}_{21}\end{pmatrix}.$$

类似地, 如果在 $\boldsymbol{A}$ 的第 2 列后面画一竖线, 则 $\boldsymbol{A}$ 可以表示为

$$\boldsymbol{A}=\left(\begin{array}{cc|ccc}2&1&1&0&-1\\1&2&2&-3&0\\0&0&1&0&0\\0&0&0&1&0\\0&0&0&0&1\end{array}\right).$$

把该竖线前面的 $5\times 2$ 矩阵记为 $\boldsymbol{B}_{11}$, 竖线后面的 $5\times 3$ 矩阵记为 $\boldsymbol{B}_{12}$, 则 $\boldsymbol{A}$ 又可以写成分块矩阵

$$\boldsymbol{A}=(\boldsymbol{B}_{11}\quad \boldsymbol{B}_{12}).$$

进一步, 如果在 $\boldsymbol{A}$ 的第 2 行下面画一横线, 同时又在 $\boldsymbol{A}$ 的第 2 列后面画一竖线, 则

$$\boldsymbol{A}=\left(\begin{array}{cc|ccc}2&1&1&0&-1\\1&2&2&-3&0\\\hline 0&0&1&0&0\\0&0&0&1&0\\0&0&0&0&1\end{array}\right)$$

就可以写成分块矩阵

$$\boldsymbol{A}=\begin{pmatrix}\boldsymbol{C}_{11}&\boldsymbol{C}_{12}\\\boldsymbol{O}&\boldsymbol{E}_3\end{pmatrix}$$

的形式, 其中

$$\boldsymbol{C}_{11}=\begin{pmatrix}2&1\\1&2\end{pmatrix},\quad \boldsymbol{C}_{12}=\begin{pmatrix}1&0&-1\\2&-3&0\end{pmatrix}.$$

当然, 利用

$$\boldsymbol{A}=\left(\begin{array}{ccc|cc}2&1&1&0&-1\\1&2&2&-3&0\\0&0&1&0&0\\\hline 0&0&0&1&0\\0&0&0&0&1\end{array}\right).$$

还可以把 $\boldsymbol{A}$ 写成分块矩阵

$$\boldsymbol{A}=\begin{pmatrix}\boldsymbol{D}_{11}&\boldsymbol{D}_{12}\\\boldsymbol{O}&\boldsymbol{E}_2\end{pmatrix},$$

其中

$$D_{11}=\begin{pmatrix}2&1&1\\1&2&2\\0&0&1\end{pmatrix},\quad D_{12}=\begin{pmatrix}0&-1\\-3&0\\0&0\end{pmatrix}.$$

一般说来, 矩阵的分块就是利用贯穿其行的若干条横线和贯穿其列的若干条竖线, 把一个行数和列数较多的"大型矩阵"写成若干个"小型矩阵"的方法, 以这些小型矩阵为元素的矩阵称为分块矩阵.

由上述讨论可以看出, 对一个大型矩阵 $\boldsymbol{A}$, 其分块方法可以是多种多样的. 在实际应用中, 究竟采取什么方法把它写成什么样的分块矩阵, 需要根据具体问题来定, 一般没有通用标准.

### 2.6.2 分块矩阵的运算

首先我们指出, 对于分块矩阵的运算, 有与通常矩阵完全类似的运算法则, 即可以把分块矩阵的元素看成和数一样进行矩阵运算. 比如, 若 $\boldsymbol{A}=(\boldsymbol{A}_{ij})$, $\boldsymbol{B}=(\boldsymbol{B}_{ij})$, 则当 $\boldsymbol{A}_{ij}$ 和 $\boldsymbol{B}_{ij}$ 均同型时, 有

$$\boldsymbol{A}+\boldsymbol{B}=(\boldsymbol{A}_{ij}+\boldsymbol{B}_{ij}).$$

这里需要强调两点: 一是必须保证相关运算有意义; 二是乘积运算要保持前后顺序.

**例 2.38** 设 $\boldsymbol{A}_i$ 均为方阵, $i=1, 2, \cdots, n$, 则形如 $\begin{pmatrix}\boldsymbol{A}_1&&&\\&\boldsymbol{A}_2&&\\&&\ddots&\\&&&\boldsymbol{A}_n\end{pmatrix}$ 的分块矩阵称为准对角矩阵, 通常记为 $\operatorname{diag}(\boldsymbol{A}_1, \boldsymbol{A}_2, \cdots, \boldsymbol{A}_n)$, 即

$$\operatorname{diag}(\boldsymbol{A}_1, \boldsymbol{A}_2, \cdots, \boldsymbol{A}_n)=\begin{pmatrix}\boldsymbol{A}_1&&&\\&\boldsymbol{A}_2&&\\&&\ddots&\\&&&\boldsymbol{A}_n\end{pmatrix}.$$

试证明: 若 $\boldsymbol{A}=\operatorname{diag}(\boldsymbol{A}_1, \boldsymbol{A}_2, \cdots, \boldsymbol{A}_n)$, 则

$$|\boldsymbol{A}|=|\boldsymbol{A}_1|\,|\boldsymbol{A}_2|\cdots|\boldsymbol{A}_n|.$$

并且, 当 $\boldsymbol{A}_i$ $(i=1, 2, \cdots, n)$ 均可逆时,

$$\boldsymbol{A}^{-1}=\operatorname{diag}\left(\boldsymbol{A}_1^{-1}, \boldsymbol{A}_2^{-1}, \cdots, \boldsymbol{A}_n^{-1}\right).$$

特别地, 当 $a_1a_2\cdots a_n\neq 0$ 时,

$$\begin{pmatrix} a_1 & & & \\ & a_2 & & \\ & & \ddots & \\ & & & a_n \end{pmatrix}^{-1}=\begin{pmatrix} a_1^{-1} & & & \\ & a_2^{-1} & & \\ & & \ddots & \\ & & & a_n^{-1} \end{pmatrix}.$$

**证明** 等式 $|\boldsymbol{A}|=|\boldsymbol{A}_1|\cdots|\boldsymbol{A}_n|$ 可以利用例 1.15 的结果由数学归纳法得到证明. 等式 $\boldsymbol{A}^{-1}=\operatorname{diag}\left(\boldsymbol{A}_1^{-1}, \boldsymbol{A}_2^{-1}, \cdots, \boldsymbol{A}_n^{-1}\right)$ 可以利用分块矩阵的乘法直接进行验算.

**例 2.39** 求矩阵 $\boldsymbol{A}=\begin{pmatrix} 2 & 0 & 0 & 0 \\ 0 & 1 & 2 & 0 \\ 0 & 1 & 3 & 0 \\ 0 & 0 & 0 & 4 \end{pmatrix}$ 的行列式和逆矩阵.

**解** 设 $\boldsymbol{A}_1=2$, $\boldsymbol{A}_2=\begin{pmatrix} 1 & 2 \\ 1 & 3 \end{pmatrix}$, $\boldsymbol{A}_3=4$, 则 $\boldsymbol{A}=\operatorname{diag}(\boldsymbol{A}_1, \boldsymbol{A}_2, \boldsymbol{A}_3)$. 故由上例结果可知

$$\det \boldsymbol{A}=|\boldsymbol{A}_1|\,|\boldsymbol{A}_2|\,|\boldsymbol{A}_3|=2\times\begin{vmatrix} 1 & 2 \\ 1 & 3 \end{vmatrix}\times 4=8.$$

又由 $\boldsymbol{A}_2^{-1}=\begin{pmatrix} 3 & -2 \\ -1 & 1 \end{pmatrix}$ 和上例结果可知

$$\boldsymbol{A}^{-1}=\operatorname{diag}\left(\boldsymbol{A}_1^{-1}, \boldsymbol{A}_2^{-1}, \boldsymbol{A}_3^{-1}\right)=\begin{pmatrix} \frac{1}{2} & 0 & 0 & 0 \\ 0 & 3 & -2 & 0 \\ 0 & -1 & 1 & 0 \\ 0 & 0 & 0 & \frac{1}{4} \end{pmatrix}.$$

**例 2.40*** 设 $\boldsymbol{A}=\begin{pmatrix} & & & \boldsymbol{A}_1 \\ & & \boldsymbol{A}_2 & \\ & \iddots & & \\ \boldsymbol{A}_n & & & \end{pmatrix}$, 其中 $\boldsymbol{A}_i$ $(i=1, 2, \cdots, n)$ 均为

可逆矩阵, 试证明 $\boldsymbol{A}$ 可逆, 且

$$\boldsymbol{A}^{-1}=\begin{pmatrix} & & & \boldsymbol{A}_n^{-1} \\ & & \boldsymbol{A}_{n-1}^{-1} & \\ & \iddots & & \\ \boldsymbol{A}_1^{-1} & & & \end{pmatrix}.$$

**证明** 利用分块矩阵的乘法直接进行验算即可证明结论.

**例 2.41*** 设分块矩阵 $\boldsymbol{A}=\begin{pmatrix} \boldsymbol{B} & \boldsymbol{O} \\ \boldsymbol{C} & \boldsymbol{D} \end{pmatrix}$, 其中 $\boldsymbol{B}$, $\boldsymbol{D}$ 分别为 $m$ 阶和 $n$ 阶可逆矩阵, 证明 $\boldsymbol{A}$ 可逆并求 $\boldsymbol{A}^{-1}$.

**证明** 由题设可知 $|\boldsymbol{B}|\neq 0$, $|\boldsymbol{D}|\neq 0$, 故 $|\boldsymbol{A}|=|\boldsymbol{B}||\boldsymbol{D}|\neq 0$. 于是 $\boldsymbol{A}$ 可逆. 现设 $\boldsymbol{A}^{-1}=\begin{pmatrix} \boldsymbol{X} & \boldsymbol{Y} \\ \boldsymbol{Z} & \boldsymbol{T} \end{pmatrix}$, 其中 $\boldsymbol{X}$, $\boldsymbol{T}$ 分别是与 $\boldsymbol{B}$, $\boldsymbol{D}$ 同阶的方阵, 则由

$$\begin{pmatrix} \boldsymbol{B} & \boldsymbol{O} \\ \boldsymbol{C} & \boldsymbol{D} \end{pmatrix}\begin{pmatrix} \boldsymbol{X} & \boldsymbol{Y} \\ \boldsymbol{Z} & \boldsymbol{T} \end{pmatrix}=\boldsymbol{A}\boldsymbol{A}^{-1}=\begin{pmatrix} \boldsymbol{E}_m & \boldsymbol{O} \\ \boldsymbol{O} & \boldsymbol{E}_n \end{pmatrix},$$

可得

$$\boldsymbol{B}\boldsymbol{X}=\boldsymbol{E}_m,\quad \boldsymbol{B}\boldsymbol{Y}=\boldsymbol{O},\quad \boldsymbol{C}\boldsymbol{X}+\boldsymbol{D}\boldsymbol{Z}=\boldsymbol{O},\quad \boldsymbol{C}\boldsymbol{Y}+\boldsymbol{D}\boldsymbol{T}=\boldsymbol{E}_n.$$

解此矩阵方程组, 可得

$$\boldsymbol{X}=\boldsymbol{B}^{-1},\quad \boldsymbol{Y}=\boldsymbol{O},\quad \boldsymbol{Z}=-\boldsymbol{D}^{-1}\boldsymbol{C}\boldsymbol{B}^{-1},\quad \boldsymbol{T}=\boldsymbol{D}^{-1}.$$

因此

$$\boldsymbol{A}^{-1}=\begin{pmatrix} \boldsymbol{B}^{-1} & \boldsymbol{O} \\ -\boldsymbol{D}^{-1}\boldsymbol{C}\boldsymbol{B}^{-1} & \boldsymbol{D}^{-1} \end{pmatrix}.$$

**例 2.42*** 设矩阵 $\boldsymbol{A}=\begin{pmatrix} 0 & 1 & 0 & \cdots & 0 \\ 0 & 0 & 2 & \cdots & 0 \\ \vdots & \vdots & \vdots & & \vdots \\ 0 & 0 & 0 & \cdots & n-1 \\ n & 0 & 0 & \cdots & 0 \end{pmatrix}$, 求 $A_{k1}+A_{k2}+\cdots+A_{kn}$, 其中 $A_{kj}\,(j=1,2,\cdots,n)$ 为 $\boldsymbol{A}$ 中第 $k$ 行第 $j$ 列元素的代数余子式, $n>1$, $1\leqslant k\leqslant n$.

**解** 将矩阵 $\boldsymbol{A}$ 写成如下分块矩阵的形式:

$$\boldsymbol{A}=\begin{pmatrix} \boldsymbol{O} & \boldsymbol{A}_1 \\ n & \boldsymbol{O} \end{pmatrix},$$

其中 $\boldsymbol{A}_1=\mathrm{diag}(1, 2, \cdots, n-1)$. 则由例 2.38 可知 $\boldsymbol{A}_1{}^{-1}=\mathrm{diag}\left(1, \frac{1}{2}, \cdots, \frac{1}{n-1}\right)$, 且由例 2.40 可知

$$\boldsymbol{A}^{-1}=\begin{pmatrix} \boldsymbol{O} & \frac{1}{n} \\ \boldsymbol{A}_1^{-1} & \boldsymbol{O} \end{pmatrix}.$$

用 $\boldsymbol{A}^*$ 表示 $\boldsymbol{A}$ 的伴随矩阵, 则由 $\boldsymbol{A}^*=|\boldsymbol{A}|\boldsymbol{A}^{-1}$ 及 $|\boldsymbol{A}|=(-1)^{n-1}n!$ 可知, $\boldsymbol{A}^*$ 的第 $k$ 列元素恰有一个为 $\dfrac{(-1)^{n-1}n!}{k}$, 其余全为零. 因此, 作为矩阵 $\boldsymbol{A}^*$ 中第 $k$ 列元素之和, $A_{k1}+A_{k2}+\cdots+A_{kn}$ 的值为

$$A_{k1}+A_{k2}+\cdots+A_{kn}=\frac{(-1)^{n-1}n!}{k}.$$

### 2.6.3 分块矩阵的初等变换 *

类似于通常矩阵的初等变换, 可以定义分块矩阵的初等变换. 分块矩阵的初等变换与乘法运算结合, 常常成为解决矩阵问题的重要手段. 分块矩阵的初等变换有三种类型:

(i) 交换分块矩阵的两行 (列);

(ii) 用一个适当阶数的可逆矩阵左 (右) 乘分块矩阵的某一行 (列) 的各子块;

(iii) 用一个适当行数和列数的矩阵左 (右) 乘分块矩阵某一行 (列) 中各子块分别加到另一行 (列) 的对应子块.

在对分块矩阵实施初等变换时, 需要注意两点: 一是所有运算必须要有意义; 二是用来对子块实施乘法运算的矩阵, 在初等行变换时只能左乘, 在初等列变换时只能右乘.

**定理 2.17** 分块矩阵的初等变换不改变矩阵的秩.

**证明** 以分块矩阵 $\boldsymbol{T}=\begin{pmatrix} \boldsymbol{A} & \boldsymbol{B} \\ \boldsymbol{C} & \boldsymbol{D} \end{pmatrix}$ 为例, 其中子块 $\boldsymbol{A}, \boldsymbol{B}$ 的行数为 $m$, 子

块 $\boldsymbol{C}, \boldsymbol{D}$ 的行数为 $n$, 则交换 $\boldsymbol{T}$ 的 1, 2 两行所得的分块矩阵为

$$\begin{pmatrix} \boldsymbol{C} & \boldsymbol{D} \\ \boldsymbol{A} & \boldsymbol{B} \end{pmatrix} = \begin{pmatrix} \boldsymbol{O} & \boldsymbol{E}_n \\ \boldsymbol{E}_m & \boldsymbol{O} \end{pmatrix} \begin{pmatrix} \boldsymbol{A} & \boldsymbol{B} \\ \boldsymbol{C} & \boldsymbol{D} \end{pmatrix} = \begin{pmatrix} \boldsymbol{O} & \boldsymbol{E}_n \\ \boldsymbol{E}_m & \boldsymbol{O} \end{pmatrix} \boldsymbol{T}.$$

由于 $m+n$ 阶方阵 $\begin{pmatrix} \boldsymbol{O} & \boldsymbol{E}_n \\ \boldsymbol{E}_m & \boldsymbol{O} \end{pmatrix}$ 可逆, 所以分块矩阵 $\begin{pmatrix} \boldsymbol{C} & \boldsymbol{D} \\ \boldsymbol{A} & \boldsymbol{B} \end{pmatrix}$, 即 $\begin{pmatrix} \boldsymbol{O} & \boldsymbol{E}_n \\ \boldsymbol{E}_m & \boldsymbol{O} \end{pmatrix} \boldsymbol{T}$ 的秩与分块矩阵 $\boldsymbol{T} = \begin{pmatrix} \boldsymbol{A} & \boldsymbol{B} \\ \boldsymbol{C} & \boldsymbol{D} \end{pmatrix}$ 的秩相同. 这说明分块矩阵的初等变换 (i) 不改变矩阵的秩. 类似地, 当 $\boldsymbol{P}$ 为 $m$ 阶可逆矩阵时, 由

$$\begin{pmatrix} \boldsymbol{PA} & \boldsymbol{PB} \\ \boldsymbol{C} & \boldsymbol{D} \end{pmatrix} = \begin{pmatrix} \boldsymbol{P} & \boldsymbol{O} \\ \boldsymbol{O} & \boldsymbol{E}_n \end{pmatrix} \begin{pmatrix} \boldsymbol{A} & \boldsymbol{B} \\ \boldsymbol{C} & \boldsymbol{D} \end{pmatrix} = \begin{pmatrix} \boldsymbol{P} & \boldsymbol{O} \\ \boldsymbol{O} & \boldsymbol{E}_n \end{pmatrix} \boldsymbol{T}$$

及 $\begin{pmatrix} \boldsymbol{P} & \boldsymbol{O} \\ \boldsymbol{O} & \boldsymbol{E}_n \end{pmatrix}$ 可逆可知, 分块矩阵 $\begin{pmatrix} \boldsymbol{PA} & \boldsymbol{PB} \\ \boldsymbol{C} & \boldsymbol{D} \end{pmatrix}$ 的秩与 $\boldsymbol{T}$ 的秩相同. 这说明分块矩阵的初等变换 (ii) 不改变矩阵的秩. 又对任何 $m \times n$ 矩阵 $\boldsymbol{Q}$, 由

$$\begin{pmatrix} \boldsymbol{A}+\boldsymbol{QC} & \boldsymbol{B}+\boldsymbol{QD} \\ \boldsymbol{C} & \boldsymbol{D} \end{pmatrix} = \begin{pmatrix} \boldsymbol{E}_m & \boldsymbol{Q} \\ \boldsymbol{O} & \boldsymbol{E}_n \end{pmatrix} \begin{pmatrix} \boldsymbol{A} & \boldsymbol{B} \\ \boldsymbol{C} & \boldsymbol{D} \end{pmatrix} = \begin{pmatrix} \boldsymbol{E}_m & \boldsymbol{Q} \\ \boldsymbol{O} & \boldsymbol{E}_n \end{pmatrix} \boldsymbol{T}$$

及 $\begin{pmatrix} \boldsymbol{E}_m & \boldsymbol{Q} \\ \boldsymbol{O} & \boldsymbol{E}_n \end{pmatrix}$ 可逆可知, 分块矩阵 $\begin{pmatrix} \boldsymbol{A}+\boldsymbol{QC} & \boldsymbol{B}+\boldsymbol{QD} \\ \boldsymbol{C} & \boldsymbol{D} \end{pmatrix}$ 的秩与 $\boldsymbol{T}$ 的秩相同. 这说明分块矩阵的初等变换 (iii) 不改变矩阵的秩. 对一般情况, 可以类似进行证明. 证毕.

利用初等行变换判断矩阵可逆和求逆矩阵的方法, 对分块矩阵也成立. 具体来说, 仍以分块矩阵 $\boldsymbol{T} = \begin{pmatrix} \boldsymbol{A} & \boldsymbol{B} \\ \boldsymbol{C} & \boldsymbol{D} \end{pmatrix}$ 为例, 其中子块 $\boldsymbol{A}, \boldsymbol{D}$ 分别为 $m$ 阶和 $n$ 阶方阵, 则可作分块矩阵

$$\boldsymbol{S} = \left(\begin{array}{cc|cc} \boldsymbol{A} & \boldsymbol{B} & \boldsymbol{E}_m & \boldsymbol{O} \\ \boldsymbol{C} & \boldsymbol{D} & \boldsymbol{O} & \boldsymbol{E}_n \end{array}\right).$$

对 $\boldsymbol{S}$ 实施分块矩阵的初等行变换, 若它能够转化为

$$\left(\begin{array}{cc|cc} \boldsymbol{E}_m & \boldsymbol{O} & \tilde{\boldsymbol{A}} & \tilde{\boldsymbol{B}} \\ \boldsymbol{O} & \boldsymbol{E}_n & \tilde{\boldsymbol{C}} & \tilde{\boldsymbol{D}} \end{array}\right),$$

则分块矩阵 $\boldsymbol{T}=\begin{pmatrix}\boldsymbol{A} & \boldsymbol{B}\\ \boldsymbol{C} & \boldsymbol{D}\end{pmatrix}$ 可逆, 且其逆矩阵为

$$\boldsymbol{T}^{-1}=\begin{pmatrix}\tilde{\boldsymbol{A}} & \tilde{\boldsymbol{B}}\\ \tilde{\boldsymbol{C}} & \tilde{\boldsymbol{D}}\end{pmatrix}.$$

否则, 分块矩阵 $\boldsymbol{T}=\begin{pmatrix}\boldsymbol{A} & \boldsymbol{B}\\ \boldsymbol{C} & \boldsymbol{D}\end{pmatrix}$ 不可逆.

**例 2.43** 设分块矩阵 $\boldsymbol{P}=\begin{pmatrix}\boldsymbol{A} & \boldsymbol{B}\\ \boldsymbol{O} & \boldsymbol{C}\end{pmatrix}$, 其中 $\boldsymbol{A}, \boldsymbol{C}$ 分别是 $m$ 阶和 $n$ 阶可逆矩阵, $\boldsymbol{B}$ 为 $m\times n$ 矩阵. 证明 $\boldsymbol{P}$ 可逆, 并求 $\boldsymbol{P}^{-1}$.

**证明** 构造分块矩阵 $\left(\begin{array}{cc|cc}\boldsymbol{A} & \boldsymbol{B} & \boldsymbol{E}_m & \boldsymbol{O}\\ \boldsymbol{O} & \boldsymbol{C} & \boldsymbol{O} & \boldsymbol{E}_n\end{array}\right)$. 注意到 $\boldsymbol{A}, \boldsymbol{C}$ 可逆, 所以, 可对其依次实施下述分块矩阵的初等行变换; 先将第 1 行左乘 $\boldsymbol{A}^{-1}$, 再将第 2 行左乘 $\boldsymbol{C}^{-1}$, 最后将第 2 行左乘 $(-\boldsymbol{A}^{-1}\boldsymbol{B})$ 加到第 1 行, 可得

$$\begin{aligned}\left(\begin{array}{cc|cc}\boldsymbol{A} & \boldsymbol{B} & \boldsymbol{E}_m & \boldsymbol{O}\\ \boldsymbol{O} & \boldsymbol{C} & \boldsymbol{O} & \boldsymbol{E}_n\end{array}\right) &\longrightarrow \left(\begin{array}{cc|cc}\boldsymbol{E}_m & \boldsymbol{A}^{-1}\boldsymbol{B} & \boldsymbol{A}^{-1} & \boldsymbol{O}\\ \boldsymbol{O} & \boldsymbol{C} & \boldsymbol{O} & \boldsymbol{E}_n\end{array}\right)\\ &\longrightarrow \left(\begin{array}{cc|cc}\boldsymbol{E}_m & \boldsymbol{A}^{-1}\boldsymbol{B} & \boldsymbol{A}^{-1} & \boldsymbol{O}\\ \boldsymbol{O} & \boldsymbol{E}_n & \boldsymbol{O} & \boldsymbol{C}^{-1}\end{array}\right)\\ &\longrightarrow \left(\begin{array}{cc|cc}\boldsymbol{E}_m & \boldsymbol{O} & \boldsymbol{A}^{-1} & -\boldsymbol{A}^{-1}\boldsymbol{B}\boldsymbol{C}^{-1}\\ \boldsymbol{O} & \boldsymbol{E}_n & \boldsymbol{O} & \boldsymbol{C}^{-1}\end{array}\right).\end{aligned}$$

因此, 矩阵 $\boldsymbol{P}$ 可逆, 且 $\boldsymbol{P}^{-1}=\begin{pmatrix}\boldsymbol{A}^{-1} & -\boldsymbol{A}^{-1}\boldsymbol{B}\boldsymbol{C}^{-1}\\ \boldsymbol{O} & \boldsymbol{C}^{-1}\end{pmatrix}$.

**例 2.44** 证明可逆上三角矩阵的逆矩阵仍然是上三角矩阵.

**证明** 对 $n$ 阶可逆矩阵 $\boldsymbol{A}_n$ 的阶数用数学归纳法. 当 $n=1$ 时结论显然成立. 设 $n=k-1$ 时结论成立. 将可逆的上三角矩阵 $\boldsymbol{A}_k$ 按如下形式分块:

$$\boldsymbol{A}_k=\begin{pmatrix}a_{11} & \boldsymbol{\alpha}^{\mathrm{T}}\\ \boldsymbol{O} & \boldsymbol{A}_{k-1}\end{pmatrix},$$

其中 $\boldsymbol{A}_{k-1}$ 为 $k-1$ 阶上三角矩阵. 由 $\boldsymbol{A}_k$ 可逆易知 $a_{11}\neq 0$, 且 $\boldsymbol{A}_{k-1}$ 可逆. 因此, 由上例可得

$$\boldsymbol{A}_k^{-1}=\begin{pmatrix}a_{11}^{-1} & -a_{11}^{-1}\boldsymbol{\alpha}^{\mathrm{T}}\boldsymbol{A}_{k-1}^{-1}\\ \boldsymbol{O} & \boldsymbol{A}_{k-1}^{-1}\end{pmatrix}.$$

又由归纳假设可知 $\boldsymbol{A}_{k-1}^{-1}$ 是上三角矩阵. 因此, $\boldsymbol{A}_k^{-1}$ 也是上三角矩阵.

**例 2.45** 设 $\boldsymbol{A}$ 为 $m\times n$ 矩阵, $\boldsymbol{B}$ 为 $n\times m$ 矩阵, 证明 $|\boldsymbol{E}_m-\boldsymbol{A}\boldsymbol{B}|=|\boldsymbol{E}_n-\boldsymbol{B}\boldsymbol{A}|$.

**证明** 构造分块矩阵 $\begin{pmatrix}\boldsymbol{E}_m & \boldsymbol{A}\\ \boldsymbol{B} & \boldsymbol{E}_n\end{pmatrix}$. 用 $-\boldsymbol{A}$ 左乘其第 2 行加到第 1 行, 可得

$$\begin{pmatrix}\boldsymbol{E}_m & \boldsymbol{A}\\ \boldsymbol{B} & \boldsymbol{E}_n\end{pmatrix}\to\begin{pmatrix}\boldsymbol{E}_m-\boldsymbol{A}\boldsymbol{B} & \boldsymbol{O}\\ \boldsymbol{B} & \boldsymbol{E}_n\end{pmatrix}.$$

用 $-\boldsymbol{A}$ 右乘其第 1 列加到第 2 列, 可得

$$\begin{pmatrix}\boldsymbol{E}_m & \boldsymbol{A}\\ \boldsymbol{B} & \boldsymbol{E}_n\end{pmatrix}\to\begin{pmatrix}\boldsymbol{E}_m & \boldsymbol{O}\\ \boldsymbol{B} & \boldsymbol{E}_n-\boldsymbol{B}\boldsymbol{A}\end{pmatrix}.$$

用矩阵等式表示上述初等变换可得

$$\begin{pmatrix}\boldsymbol{E}_m & -\boldsymbol{A}\\ \boldsymbol{O} & \boldsymbol{E}_n\end{pmatrix}\begin{pmatrix}\boldsymbol{E}_m & \boldsymbol{A}\\ \boldsymbol{B} & \boldsymbol{E}_n\end{pmatrix}=\begin{pmatrix}\boldsymbol{E}_m-\boldsymbol{A}\boldsymbol{B} & \boldsymbol{O}\\ \boldsymbol{B} & \boldsymbol{E}_n\end{pmatrix},$$

$$\begin{pmatrix}\boldsymbol{E}_m & \boldsymbol{A}\\ \boldsymbol{B} & \boldsymbol{E}_n\end{pmatrix}\begin{pmatrix}\boldsymbol{E}_m & -\boldsymbol{A}\\ \boldsymbol{O} & \boldsymbol{E}_n\end{pmatrix}=\begin{pmatrix}\boldsymbol{E}_m & \boldsymbol{O}\\ \boldsymbol{B} & \boldsymbol{E}_n-\boldsymbol{B}\boldsymbol{A}\end{pmatrix}.$$

对上述两式两边同时取行列式, 即知结论成立.

**例 2.46** 设分块矩阵 $\boldsymbol{T}=\begin{pmatrix}\boldsymbol{A} & \boldsymbol{O}\\ \boldsymbol{O} & \boldsymbol{B}\end{pmatrix}$, 其中 $\boldsymbol{A}$ 为任一 $m\times n$ 矩阵, $\boldsymbol{B}$ 为任一 $s\times t$ 矩阵, 证明 $R(\boldsymbol{T})=R(\boldsymbol{A})+R(\boldsymbol{B})$.

**证明** 假设 $R(\boldsymbol{A})=r_1$, $R(\boldsymbol{B})=r_2$, 则存在 $m$ 阶和 $s$ 阶可逆矩阵 $\boldsymbol{P}_1$ 和 $\boldsymbol{P}_2$, 以及 $n$ 阶和 $t$ 阶可逆矩阵 $\boldsymbol{Q}_1$ 和 $\boldsymbol{Q}_2$, 使得

$$\boldsymbol{P}_1\boldsymbol{A}\boldsymbol{Q}_1=\begin{pmatrix}\boldsymbol{E}_{r_1} & \boldsymbol{O}\\ \boldsymbol{O} & \boldsymbol{O}\end{pmatrix},\quad \boldsymbol{P}_2\boldsymbol{B}\boldsymbol{Q}_2=\begin{pmatrix}\boldsymbol{E}_{r_2} & \boldsymbol{O}\\ \boldsymbol{O} & \boldsymbol{O}\end{pmatrix}.$$

因此

$$\begin{pmatrix}\boldsymbol{P}_1 & \boldsymbol{O}\\ \boldsymbol{O} & \boldsymbol{P}_2\end{pmatrix}\boldsymbol{T}\begin{pmatrix}\boldsymbol{Q}_1 & \boldsymbol{O}\\ \boldsymbol{O} & \boldsymbol{Q}_2\end{pmatrix}=\begin{pmatrix}\boldsymbol{P}_1 & \boldsymbol{O}\\ \boldsymbol{O} & \boldsymbol{P}_2\end{pmatrix}\begin{pmatrix}\boldsymbol{A} & \boldsymbol{O}\\ \boldsymbol{O} & \boldsymbol{B}\end{pmatrix}\begin{pmatrix}\boldsymbol{Q}_1 & \boldsymbol{O}\\ \boldsymbol{O} & \boldsymbol{Q}_2\end{pmatrix}$$

$$= \begin{pmatrix} \boldsymbol{P}_1\boldsymbol{A}\boldsymbol{Q}_1 & \boldsymbol{O} \\ \boldsymbol{O} & \boldsymbol{P}_2\boldsymbol{B}\boldsymbol{Q}_2 \end{pmatrix} = \begin{pmatrix} \boldsymbol{E}_{r_1} & \boldsymbol{O} & \boldsymbol{O} & \boldsymbol{O} \\ \boldsymbol{O} & \boldsymbol{O} & \boldsymbol{O} & \boldsymbol{O} \\ \boldsymbol{O} & \boldsymbol{O} & \boldsymbol{E}_{r_2} & \boldsymbol{O} \\ \boldsymbol{O} & \boldsymbol{O} & \boldsymbol{O} & \boldsymbol{O} \end{pmatrix}$$

$$\longrightarrow \begin{pmatrix} \boldsymbol{E}_{r_1} & \boldsymbol{O} & \boldsymbol{O} & \boldsymbol{O} \\ \boldsymbol{O} & \boldsymbol{E}_{r_2} & \boldsymbol{O} & \boldsymbol{O} \\ \boldsymbol{O} & \boldsymbol{O} & \boldsymbol{O} & \boldsymbol{O} \\ \boldsymbol{O} & \boldsymbol{O} & \boldsymbol{O} & \boldsymbol{O} \end{pmatrix}.$$

上式最后一个矩阵的秩显然为 $r_1+r_2$. 于是, 由矩阵 $\begin{pmatrix} \boldsymbol{P}_1 & \boldsymbol{O} \\ \boldsymbol{O} & \boldsymbol{P}_2 \end{pmatrix}$ 和 $\begin{pmatrix} \boldsymbol{Q}_1 & \boldsymbol{O} \\ \boldsymbol{O} & \boldsymbol{Q}_2 \end{pmatrix}$ 可逆可知

$$R(\boldsymbol{T}) = r_1 + r_2 = R(\boldsymbol{A}) + R(\boldsymbol{B}).$$

**例 2.47**　证明:

(1) 若 $\boldsymbol{A}$ 为 $s \times m$ 矩阵, $\boldsymbol{B}$ 为 $s \times n$ 矩阵, 则 $\max(R(\boldsymbol{A}), R(\boldsymbol{B})) \leqslant R(\boldsymbol{A}, \boldsymbol{B}) \leqslant R(\boldsymbol{A}) + R(\boldsymbol{B})$;

(2) 若 $\boldsymbol{A}, \boldsymbol{B}$ 为同型矩阵, 则 $R(\boldsymbol{A}+\boldsymbol{B}) \leqslant R(\boldsymbol{A}) + R(\boldsymbol{B})$.

**证明**　(1) 因为矩阵 $\boldsymbol{A}$ 和 $\boldsymbol{B}$ 的任意非零子式一定是分块矩阵 $(\boldsymbol{A}, \boldsymbol{B})$ 的非零子式, 所以 $R(\boldsymbol{A}) \leqslant R(\boldsymbol{A}, \boldsymbol{B})$, $R(\boldsymbol{B}) \leqslant R(\boldsymbol{A}, \boldsymbol{B})$. 因此 $\max(R(\boldsymbol{A}), R(\boldsymbol{B})) \leqslant R(\boldsymbol{A}, \boldsymbol{B})$. 又对矩阵 $\begin{pmatrix} \boldsymbol{A} & \boldsymbol{O} \\ \boldsymbol{O} & \boldsymbol{B} \end{pmatrix}$ 实施分块矩阵的初等变换可得

$$\begin{pmatrix} \boldsymbol{A} & \boldsymbol{O} \\ \boldsymbol{O} & \boldsymbol{B} \end{pmatrix} \longrightarrow \begin{pmatrix} \boldsymbol{A} & \boldsymbol{B} \\ \boldsymbol{O} & \boldsymbol{B} \end{pmatrix}.$$

由于矩阵 $(\boldsymbol{A}, \boldsymbol{B})$ 是分块矩阵 $\begin{pmatrix} \boldsymbol{A} & \boldsymbol{B} \\ \boldsymbol{O} & \boldsymbol{B} \end{pmatrix}$ 的子块, 故由上式可得

$$R(\boldsymbol{A}, \boldsymbol{B}) \leqslant R\left(\begin{pmatrix} \boldsymbol{A} & \boldsymbol{B} \\ \boldsymbol{O} & \boldsymbol{B} \end{pmatrix}\right) = R\left(\begin{pmatrix} \boldsymbol{A} & \boldsymbol{O} \\ \boldsymbol{O} & \boldsymbol{B} \end{pmatrix}\right) = R(\boldsymbol{A}) + R(\boldsymbol{B}).$$

(2) 由于 $\boldsymbol{A}, \boldsymbol{B}$ 为同型矩阵, 所以对矩阵 $\begin{pmatrix} \boldsymbol{A} & \boldsymbol{O} \\ \boldsymbol{O} & \boldsymbol{B} \end{pmatrix}$ 实施分块矩阵的初等变

换可得

$$\begin{pmatrix} \boldsymbol{A} & \boldsymbol{O} \\ \boldsymbol{O} & \boldsymbol{B} \end{pmatrix} \longrightarrow \begin{pmatrix} \boldsymbol{A} & \boldsymbol{B} \\ \boldsymbol{O} & \boldsymbol{B} \end{pmatrix} \longrightarrow \begin{pmatrix} \boldsymbol{A}+\boldsymbol{B} & \boldsymbol{B} \\ \boldsymbol{B} & \boldsymbol{B} \end{pmatrix}.$$

因此

$$R(\boldsymbol{A}+\boldsymbol{B}) \leqslant R\left(\begin{pmatrix} \boldsymbol{A}+\boldsymbol{B} & \boldsymbol{B} \\ \boldsymbol{B} & \boldsymbol{B} \end{pmatrix}\right) = R\left(\begin{pmatrix} \boldsymbol{A} & \boldsymbol{O} \\ \boldsymbol{O} & \boldsymbol{B} \end{pmatrix}\right) = R(\boldsymbol{A}) + R(\boldsymbol{B}).$$

**例 2.48** 设 $\boldsymbol{A}$ 是 $m \times n$ 矩阵, $\boldsymbol{B}$ 是 $n \times s$ 矩阵, 证明 $R(\boldsymbol{A}) + R(\boldsymbol{B}) - n \leqslant R(\boldsymbol{AB}) \leqslant \min(R(\boldsymbol{A}), R(\boldsymbol{B}))$. 前者称为关于矩阵秩的Sylvester (西尔维斯特)不等式. 特别地, 若 $\boldsymbol{AB} = \boldsymbol{O}$, 则 $R(\boldsymbol{A}) + R(\boldsymbol{B}) \leqslant n$.

**证明** 对分块矩阵 $\begin{pmatrix} \boldsymbol{E}_n & \boldsymbol{O} \\ \boldsymbol{O} & \boldsymbol{AB} \end{pmatrix}$ 实施初等变换可得

$$\begin{pmatrix} \boldsymbol{E}_n & \boldsymbol{O} \\ \boldsymbol{O} & \boldsymbol{AB} \end{pmatrix} \longrightarrow \begin{pmatrix} \boldsymbol{E}_n & \boldsymbol{O} \\ \boldsymbol{A} & \boldsymbol{AB} \end{pmatrix} \longrightarrow \begin{pmatrix} \boldsymbol{E}_n & -\boldsymbol{B} \\ \boldsymbol{A} & \boldsymbol{O} \end{pmatrix} \longrightarrow \begin{pmatrix} \boldsymbol{B} & \boldsymbol{E}_n \\ \boldsymbol{O} & \boldsymbol{A} \end{pmatrix}.$$

又在矩阵 $\begin{pmatrix} \boldsymbol{B} & \boldsymbol{E}_n \\ \boldsymbol{O} & \boldsymbol{A} \end{pmatrix}$ 中, 分别取 $\boldsymbol{A}$ 和 $\boldsymbol{B}$ 的任意一个确定的非零子式所在的行和列, 很显然构成 $\begin{pmatrix} \boldsymbol{B} & \boldsymbol{E}_n \\ \boldsymbol{O} & \boldsymbol{A} \end{pmatrix}$ 的一个 $R(\boldsymbol{A}) + R(\boldsymbol{B})$ 阶上三角非零子式. 因此 $R\left(\begin{pmatrix} \boldsymbol{B} & \boldsymbol{E}_n \\ \boldsymbol{O} & \boldsymbol{A} \end{pmatrix}\right) \geqslant R(\boldsymbol{A}) + R(\boldsymbol{B})$. 故由上式可得

$$n + R(\boldsymbol{AB}) = R\left(\begin{pmatrix} \boldsymbol{E}_n & \boldsymbol{O} \\ \boldsymbol{O} & \boldsymbol{AB} \end{pmatrix}\right) = R\left(\begin{pmatrix} \boldsymbol{B} & \boldsymbol{E}_n \\ \boldsymbol{O} & \boldsymbol{A} \end{pmatrix}\right) \geqslant R(\boldsymbol{A}) + R(\boldsymbol{B}),$$

即 $R(\boldsymbol{A}) + R(\boldsymbol{B}) - n \leqslant R(\boldsymbol{AB})$. 另一方面, 由于 $m \times n$ 矩阵 $\boldsymbol{A}$ 的秩为 $R(\boldsymbol{A})$, 所以存在 $m$ 阶可逆矩阵 $\boldsymbol{P}$ 使得 $\boldsymbol{PA} = \begin{pmatrix} \boldsymbol{A}_1 \\ \boldsymbol{O} \end{pmatrix}$, 其中 $\boldsymbol{A}_1$ 是一个行数为 $R(\boldsymbol{A})$ 的行阶梯形矩阵. 因此

$$R(\boldsymbol{AB}) = R(\boldsymbol{PAB}) = R\left(\begin{pmatrix} \boldsymbol{A}_1\boldsymbol{B} \\ \boldsymbol{O} \end{pmatrix}\right) \leqslant R(\boldsymbol{A}).$$

类似地, 由于 $n\times s$ 矩阵 $\boldsymbol{B}$ 的秩为 $R(\boldsymbol{B})$, 所以存在 $s$ 阶可逆矩阵 $\boldsymbol{Q}$ 使得 $\boldsymbol{BQ}=(\boldsymbol{B}_1,\boldsymbol{O})$, 其中 $\boldsymbol{B}_1$ 是一个列数为 $R(\boldsymbol{B})$ 的矩阵. 因此

$$R(\boldsymbol{AB})=R(\boldsymbol{ABQ})=R\left((\boldsymbol{AB}_1,\boldsymbol{O})\right)\leqslant R(\boldsymbol{B}).$$

**例 2.49**　设 $\boldsymbol{A}$ 是 $m\times n$ 矩阵, $\boldsymbol{B}$ 是 $n\times s$ 矩阵, $\boldsymbol{C}$ 是 $s\times t$ 矩阵, 证明 $R(\boldsymbol{AB})+R(\boldsymbol{BC})-R(\boldsymbol{B})\leqslant R(\boldsymbol{ABC})$. 该式称为关于矩阵秩的 Frobenius (弗罗贝尼乌斯) 不等式, 它可以看作 Sylvester 不等式的推广.

**证明**　对矩阵 $\begin{pmatrix}\boldsymbol{ABC} & \boldsymbol{O}\\ \boldsymbol{O} & \boldsymbol{B}\end{pmatrix}$ 实施分块矩阵的初等变换, 先将其第 2 行左乘 $\boldsymbol{A}$ 加到第 1 行, 然后将第 2 列右乘 $-\boldsymbol{C}$ 加到第 1 列, 最后将第 2 行左乘 $-\boldsymbol{E}_n$, 并交换第 1 行和第 2 行, 可得

$$\begin{pmatrix}\boldsymbol{ABC} & \boldsymbol{O}\\ \boldsymbol{O} & \boldsymbol{B}\end{pmatrix}\longrightarrow\begin{pmatrix}\boldsymbol{ABC} & \boldsymbol{AB}\\ \boldsymbol{O} & \boldsymbol{B}\end{pmatrix}\longrightarrow\begin{pmatrix}\boldsymbol{O} & \boldsymbol{AB}\\ -\boldsymbol{BC} & \boldsymbol{B}\end{pmatrix}$$
$$\longrightarrow\begin{pmatrix}\boldsymbol{BC} & -\boldsymbol{B}\\ \boldsymbol{O} & \boldsymbol{AB}\end{pmatrix}.$$

因此

$$\begin{aligned}R(\boldsymbol{ABC})+R(\boldsymbol{B})&=R\left(\begin{pmatrix}\boldsymbol{ABC} & \boldsymbol{O}\\ \boldsymbol{O} & \boldsymbol{B}\end{pmatrix}\right)\\&=R\left(\begin{pmatrix}\boldsymbol{BC} & -\boldsymbol{B}\\ \boldsymbol{O} & \boldsymbol{AB}\end{pmatrix}\right)\\&\geqslant R(\boldsymbol{AB})+R(\boldsymbol{BC}),\end{aligned}$$

即 $R(\boldsymbol{AB})+R(\boldsymbol{BC})-R(\boldsymbol{B})\leqslant R(\boldsymbol{ABC})$.

**例 2.50**　已知 $n$ 阶方阵 $\boldsymbol{A}$ 满足 $\boldsymbol{A}^2=\boldsymbol{A}$, 证明 $R(\boldsymbol{A})+R(\boldsymbol{E}-\boldsymbol{A})=n$.

**证明**　由 $\boldsymbol{A}^2=\boldsymbol{A}$ 得 $\boldsymbol{A}(\boldsymbol{E}-\boldsymbol{A})=\boldsymbol{O}$. 因此 $R(\boldsymbol{A})+R(\boldsymbol{E}-\boldsymbol{A})\leqslant n$. 另一方面, $R(\boldsymbol{A})+R(\boldsymbol{E}-\boldsymbol{A})\geqslant R\left(\boldsymbol{A}+(\boldsymbol{E}-\boldsymbol{A})\right)=R(\boldsymbol{E})=n$. 两者结合即得结论.

**例 2.51**　设 $n\geqslant 2$, $\boldsymbol{A}$ 为 $n$ 阶方阵, $\boldsymbol{A}^*$ 为 $\boldsymbol{A}$ 的伴随矩阵, 证明

$$R(\boldsymbol{A}^*)=\begin{cases}n, & R(\boldsymbol{A})=n,\\ 1, & R(\boldsymbol{A})=n-1,\\ 0, & R(\boldsymbol{A})<n-1.\end{cases}$$

**证明** 当 $R(\boldsymbol{A})=n$ 时, 由例 2.37 可知结论成立. 当 $R(\boldsymbol{A})=n-1$ 时, $|\boldsymbol{A}|=0$. 因此, 由 $\boldsymbol{A}\boldsymbol{A}^*=|\boldsymbol{A}|\boldsymbol{E}$ 可知 $\boldsymbol{A}\boldsymbol{A}^*=\boldsymbol{O}$. 故 $R(\boldsymbol{A})+R(\boldsymbol{A}^*)\leqslant n$, 即 $R(\boldsymbol{A}^*)\leqslant 1$. 另一方面, 由 $R(\boldsymbol{A})=n-1$ 可知 $\boldsymbol{A}$ 至少存在一个 $n-1$ 阶非零子式, 所以 $R(\boldsymbol{A}^*)\geqslant 1$. 两者结合即知 $R(\boldsymbol{A}^*)=1$. 当 $R(\boldsymbol{A})<n-1$ 时, $\boldsymbol{A}$ 的所有 $n-1$ 阶子式均为 0. 故由伴随矩阵的定义可知 $\boldsymbol{A}^*=\boldsymbol{O}$. 因此 $R(\boldsymbol{A}^*)=0$.

## 习 题 2.6

1. 设 $\boldsymbol{A}=\begin{pmatrix}1&0&0&0\\0&1&0&0\\-1&2&1&0\\1&1&0&1\end{pmatrix}$, $\boldsymbol{B}=\begin{pmatrix}1&0&1&0\\-1&2&0&1\\1&0&4&1\\-1&-1&2&0\end{pmatrix}$, 试用矩阵的分块运算方法求 $\boldsymbol{AB}$.

2. 设矩阵 $\boldsymbol{A}=\begin{pmatrix}1&2&0&0&0\\2&3&0&0&0\\0&0&4&1&0\\0&0&0&1&4\\0&0&0&0&1\end{pmatrix}$, 试求 $\boldsymbol{A}^{-1}$.

# 2.7 思考与拓展 *

### 2.7.1 $n$ 阶方阵 $\boldsymbol{A}$ 可逆的等价表述

关于 $n$ 阶方阵 $\boldsymbol{A}$ 可逆, 有下述一些常见的等价表述, 其中 (1)—(5) 已经学习过, (6)—(12) 将会在后续章节陆续介绍.

(1) $\boldsymbol{A}$ 可逆;

(2) $|\boldsymbol{A}|\neq 0$;

(3) $\boldsymbol{A}$ 与单位矩阵等价;

(4) $\boldsymbol{A}$ 可分解为一系列初等矩阵的乘积;

(5) $R(\boldsymbol{A})=n$, 即 $\boldsymbol{A}$ 满秩;

(6) 方程组 $\boldsymbol{Ax}=\boldsymbol{0}$ 只有零解;

(7) 方程组 $\boldsymbol{Ax}=\boldsymbol{b}$ 有唯一解;

(8) $\boldsymbol{A}$ 的列 (或行) 向量组线性无关;

(9) $\boldsymbol{A}$ 的列 (或行) 向量构成 $n$ 维线性空间的一组基;

(10) 任意 $n$ 维向量都可以由 $\boldsymbol{A}$ 的列 (或行) 向量线性表示;

(11) $\boldsymbol{A}$ 的特征值全不为零;

(12) 矩阵 $\boldsymbol{A}\boldsymbol{A}^{\mathrm{T}}$ 正定.

### 2.7.2 转置矩阵、可逆矩阵、伴随矩阵常见性质的比较

为便于记忆和比较, 表 2.2 对转置矩阵、可逆矩阵和伴随矩阵的常见性质作一个汇总, 其中假设有关运算均有意义.

表 2.2

| 转置矩阵 | 可逆矩阵 | 伴随矩阵 |
|---|---|---|
| $\left(\boldsymbol{A}^{\mathrm{T}}\right)^{\mathrm{T}}=\boldsymbol{A}$ | $\left(\boldsymbol{A}^{-1}\right)^{-1}=\boldsymbol{A}$ | $\left(\boldsymbol{A}^{*}\right)^{*}=\lvert\boldsymbol{A}\rvert^{n-2}\boldsymbol{A}$ |
| $(\boldsymbol{A}\boldsymbol{B})^{\mathrm{T}}=\boldsymbol{B}^{\mathrm{T}}\boldsymbol{A}^{\mathrm{T}}$ | $(\boldsymbol{A}\boldsymbol{B})^{-1}=\boldsymbol{B}^{-1}\boldsymbol{A}^{-1}$ | $(\boldsymbol{A}\boldsymbol{B})^{*}=\boldsymbol{B}^{*}\boldsymbol{A}^{*}$ |
| $(k\boldsymbol{A})^{\mathrm{T}}=k\boldsymbol{A}^{\mathrm{T}}$ | $(k\boldsymbol{A})^{-1}=k^{-1}\boldsymbol{A}^{-1}$ | $(k\boldsymbol{A})^{*}=k^{n-1}\boldsymbol{A}^{*}$ |
| $R(\boldsymbol{A})=R\left(\boldsymbol{A}^{\mathrm{T}}\right)$ | $R(\boldsymbol{A})=R\left(\boldsymbol{A}^{-1}\right)$ | $R\left(\boldsymbol{A}^{*}\right)=\begin{cases}n, & R(\boldsymbol{A})=n,\\ 1, & R(\boldsymbol{A})=n-1,\\ 0, & R(\boldsymbol{A})<n-1\end{cases}$ |
| $\lvert\boldsymbol{A}^{\mathrm{T}}\rvert=\lvert\boldsymbol{A}\rvert$ | $\lvert\boldsymbol{A}^{-1}\rvert=\lvert\boldsymbol{A}\rvert^{-1}$ | $\lvert\boldsymbol{A}^{*}\rvert=\lvert\boldsymbol{A}\rvert^{n-1}$ |
| $(\boldsymbol{A}+\boldsymbol{B})^{\mathrm{T}}=\boldsymbol{A}^{\mathrm{T}}+\boldsymbol{B}^{\mathrm{T}}$ | — | — |
| $\boldsymbol{E}^{\mathrm{T}}=\boldsymbol{E}$ | $\boldsymbol{E}^{-1}=\boldsymbol{E}$ | $\boldsymbol{E}^{*}=\boldsymbol{E}$ |

### 2.7.3 矩阵发展简述

矩阵是代数学的一个主要研究对象, 是数学研究和应用的一个重要工具. “矩阵” 一词是由英国数学家 J. Sylvester 首先使用的, 他是为将数字的矩形阵列区别于行列式而发明了这个术语. 实际上, 矩阵这个课题在诞生之前就已经发展得很好了. 从行列式的大量工作中能够明显表现出来的是, 为了达到很多目的, 不管行列式的值是否与问题有关, 方阵本身都可以研究和使用. 矩阵的许多基本性质也是在行列式的发展中建立起来的. 在逻辑上, 矩阵的概念应先于行列式的概念, 然而在历史上, 次序正好相反.

英国数学家 A. Cayley(凯莱) 一般被公认为是矩阵论的创立者, 因为他首先把矩阵作为一个独立的数学概念提出来, 并首先发表了关于这个题目的一系列文章. Cayley 把研究线性变换下的不变量相结合, 首先引进矩阵以简化记号. 1858 年, 他发表了关于这一课题的第一篇论文《矩阵论的研究报告》, 系统地阐述了关于矩阵的理论. 文中他定义了矩阵的相等、矩阵的运算法则、矩阵的转置以及矩阵的逆等一系列基本概念, 指出了矩阵加法的可交换性与可结合性. 另外, Cayley 还给出了方阵的特征方程和特征值以及有关矩阵的一些基本结果.

1855 年, 法国数学家 C. Hermite (埃尔米特) 证明了其他数学家发现的一些矩阵类的特征值的特殊性质, 如现在称为 Hermite 矩阵的特征根性质等. 后来, A. Clebsch (克莱伯施)、A. Buchheim (布克海姆) 等证明了对称矩阵的特征值性质. H. Taber(泰伯) 引入矩阵的迹的概念并给出了一些有关的结论.

在矩阵论的发展史上, G. Frobenius 的贡献是不可磨灭的. 他讨论了最小多

项式问题, 引进了矩阵的秩、不变因子和初等因子、正交矩阵、矩阵的相似变换、合同矩阵等概念, 以合乎逻辑的形式整理了不变因子和初等因子的理论, 并讨论了正交矩阵与合同矩阵的一些重要性质.

1854 年, Jordan (若尔当) 研究了矩阵化为标准形的问题. 1892 年, H. Metzler (梅茨勒) 引进了矩阵的超越函数概念并将其写成矩阵的幂级数的形式. Fourier (傅里叶) 和 J. H. Poincare (庞加莱) 的著作中还讨论了无限阶矩阵问题, 这主要是适用方程发展的需要而开始的.

矩阵本身所具有的性质依赖于元素的性质, 矩阵由最初作为一种工具经过两个多世纪的发展, 现在已成为独立的一门数学分支——矩阵论. 而矩阵论又可分为矩阵方程论、矩阵分解论和广义逆矩阵论等矩阵的现代理论. 矩阵及其理论现已广泛应用于现代科技的各个领域.

# 复 习 题 2

## (A)

1. 填空题.

(1) 设 $\boldsymbol{A}$ 为 $n$ 阶反对称矩阵, 则 $\boldsymbol{A}+\boldsymbol{A}^{\mathrm{T}}=(\quad)$.

(2) 已知 $\boldsymbol{A}$ 为 3 阶方阵, 且 $|\boldsymbol{A}|=-2$, 则 $|\boldsymbol{A}^*|=(\quad)$.

(3) 已知 $\boldsymbol{A}$ 为 5 阶方阵, 且 $|\boldsymbol{A}|=\dfrac{1}{2}$, 则 $\left|(3\boldsymbol{A})^{-1}-\boldsymbol{A}^*\right|=(\quad)$.

(4) 已知 $\boldsymbol{A}=(1,2,3)^{\mathrm{T}}$, $\boldsymbol{B}=\left(1,\dfrac{1}{2},\dfrac{1}{3}\right)^{\mathrm{T}}$, $\boldsymbol{C}=\boldsymbol{A}\boldsymbol{B}^{\mathrm{T}}$, 则 $\boldsymbol{C}^n=(\quad)$.

(5) 设 $\boldsymbol{A}$ 为 $n$ 阶可逆方阵, 则 $(\boldsymbol{A}^*)^*=(\quad)$.

(6) 已知 $\boldsymbol{A}^2=\boldsymbol{O}$, 则 $(\boldsymbol{A}-\boldsymbol{E})^{-1}=(\quad)$.

(7) 设 $\boldsymbol{A}=\begin{pmatrix}1&0&1\\0&2&0\\1&0&1\end{pmatrix}$, 则 $\boldsymbol{A}^n-2\boldsymbol{A}^{n-1}=(\quad)$.

(8) 已知 $\boldsymbol{AB}-\boldsymbol{B}=\boldsymbol{A}$, 其中 $\boldsymbol{B}=\begin{pmatrix}1&-2&0\\2&1&0\\0&0&2\end{pmatrix}$, 则 $\boldsymbol{A}=(\quad)$.

(9) 设 $\boldsymbol{A},\boldsymbol{B}$ 为 $n$ 阶方阵, $\boldsymbol{C}=\begin{pmatrix}\boldsymbol{A}&\boldsymbol{O}\\\boldsymbol{O}&\boldsymbol{B}\end{pmatrix}$, 则 $\boldsymbol{C}^*=(\quad)$.

(10) 设 4 阶矩阵 $\boldsymbol{A}$ 的秩为 2, 则 $\boldsymbol{A}^*$ 的秩为 $(\quad)$.

(11) 设 $\boldsymbol{A}=\begin{pmatrix}1&0&0\\0&-2&0\\2&0&1\end{pmatrix}$, 则 $(\boldsymbol{A}^*)^{-1}=(\quad)$.

(12) 设 $\boldsymbol{A}, \boldsymbol{B}$ 为同阶可逆方阵, 则 $\begin{pmatrix} \boldsymbol{A} & \boldsymbol{O} \\ \boldsymbol{C} & \boldsymbol{B} \end{pmatrix}^{-1} = (\quad)$.

(13) 设 $\boldsymbol{A} = \begin{pmatrix} k & 1 & 1 & 1 \\ 1 & k & 1 & 1 \\ 1 & 1 & k & 1 \\ 1 & 1 & 1 & k \end{pmatrix}$, 且 $\boldsymbol{A}$ 的秩 $R(\boldsymbol{A})$ 为 3, 则 $k = (\quad)$.

(14) 已知 $n$ 阶方阵 $\boldsymbol{A}$ 满足 $\boldsymbol{A}^2 + 2\boldsymbol{A} - 3\boldsymbol{E} = \boldsymbol{O}$, 则 $\boldsymbol{A}^{-1} = (\quad)$, $(\boldsymbol{A} - 4\boldsymbol{E})^{-1} = (\quad)$.

(15) 设 $\boldsymbol{A}$ 为 $n$ 阶方阵, $\boldsymbol{A} = \begin{pmatrix} 1 & a & a & \cdots & a \\ a & 1 & a & \cdots & a \\ \vdots & \vdots & \vdots & & \vdots \\ a & a & a & \cdots & 1 \end{pmatrix}$, $n \geqslant 3$. 如果 $R(\boldsymbol{A}) = n - 1$, 则 $a$ 为 $(\quad)$.

2. 已知矩阵 $\boldsymbol{A} = \begin{pmatrix} 1 & 1 & 1 \\ 1 & 1 & -1 \\ 1 & -1 & 1 \end{pmatrix}$, $\boldsymbol{B} = \begin{pmatrix} 1 & 2 & 3 \\ -2 & -1 & 0 \\ 5 & 1 & 0 \end{pmatrix}$. 求 $3\boldsymbol{AB} - 2\boldsymbol{A}$ 与 $\boldsymbol{A}^{\mathrm{T}}\boldsymbol{B}$.

3. 求所有与 $\boldsymbol{A}$ 可交换的矩阵:

(1) $\boldsymbol{A} = \begin{pmatrix} 1 & 1 \\ 0 & 1 \end{pmatrix}$;　(2) $\boldsymbol{A} = \begin{pmatrix} 1 & 1 & 0 \\ 0 & 1 & 1 \\ 0 & 0 & 1 \end{pmatrix}$;　(3) $\boldsymbol{A} = \begin{pmatrix} 1 & 0 & 0 \\ 0 & 1 & 2 \\ 3 & 1 & 2 \end{pmatrix}$.

4. 设 $\boldsymbol{\alpha} = (1, 2)$, $\boldsymbol{\beta} = (-2, 3)$, 求 $\boldsymbol{\alpha}\boldsymbol{\beta}^{\mathrm{T}}$, $\boldsymbol{\alpha}^{\mathrm{T}}\boldsymbol{\beta}$, $(\boldsymbol{\alpha}^{\mathrm{T}}\boldsymbol{\beta})^{100}$.

5. 对任意 $m \times n$ 矩阵 $\boldsymbol{A}$, 证明 $\boldsymbol{A}\boldsymbol{A}^{\mathrm{T}}$ 为对称矩阵; 进一步, 若 $\boldsymbol{A}$ 为实矩阵, 且 $\boldsymbol{A}\boldsymbol{A}^{\mathrm{T}} = \boldsymbol{O}$, 则 $\boldsymbol{A} = \boldsymbol{O}$.

6. 设 $\boldsymbol{A}, \boldsymbol{B}$ 为 $n$ 阶对称矩阵, 证明 $\boldsymbol{AB}$ 为对称矩阵当且仅当 $\boldsymbol{A}$ 与 $\boldsymbol{B}$ 可交换.

7. 计算下列方阵的幂 ($n$ 为正整数).

(1) $\begin{pmatrix} 0 & 1 & 0 \\ 0 & 0 & 1 \\ 0 & 0 & 0 \end{pmatrix}^n$;　(2) $\begin{pmatrix} 1 & 1 & 1 & 1 \\ 0 & 1 & 1 & 1 \\ 0 & 0 & 1 & 1 \\ 0 & 0 & 0 & 1 \end{pmatrix}^3$;　(3) $\begin{pmatrix} 1 & -1 & -1 & -1 \\ -1 & 1 & -1 & -1 \\ -1 & -1 & 1 & -1 \\ -1 & -1 & -1 & 1 \end{pmatrix}^n$.

8. 设 $f(x) = x^2 - 5x + 3$, $\boldsymbol{A} = \begin{pmatrix} 2 & -1 \\ -3 & 3 \end{pmatrix}$, 求 $f(\boldsymbol{A})$.

9. 判断下列矩阵是否可逆, 若可逆, 分别用伴随矩阵法和初等变换法求出其逆矩阵:

(1) $\begin{pmatrix} 1 & 2 \\ -3 & 4 \end{pmatrix}$;　(2) $\begin{pmatrix} 1 & 1 & 1 \\ 1 & 0 & -1 \\ 3 & 2 & 3 \end{pmatrix}$;　(3) $\begin{pmatrix} 1 & -1 & 3 \\ 2 & -1 & 4 \\ -1 & 2 & -4 \end{pmatrix}$.

10. 设 $\boldsymbol{A} = \boldsymbol{PBP}^{-1}$, 证明 $f(\boldsymbol{A}) = \boldsymbol{P}f(\boldsymbol{B})\boldsymbol{P}^{-1}$, 其中 $f$ 是一个多项式.

11. 设 $\boldsymbol{P}^{-1}\boldsymbol{AP} = \begin{pmatrix} -1 & 0 \\ 0 & 2 \end{pmatrix}$, $\boldsymbol{P} = \begin{pmatrix} -1 & -4 \\ 1 & 1 \end{pmatrix}$, 求 $\boldsymbol{A}^{11}$.

12. 化下列矩阵为行阶梯形矩阵、行最简形矩阵, 并写出其等价标准形矩阵.

(1) $\begin{pmatrix}1&1&-1&2\\0&2&-4&6\\1&3&-4&2\\2&4&-5&4\end{pmatrix}$; (2) $\begin{pmatrix}-2&-3&4&4\\1&2&-1&-3\\2&2&-6&-2\end{pmatrix}$; (3) $\begin{pmatrix}1&-1&3&-4&3\\3&-3&5&-4&1\\2&-2&3&-2&0\\3&-3&4&-2&-1\end{pmatrix}$.

13. 求下列矩阵的秩.

(1) $\begin{pmatrix}1&1&2\\0&2&4\\-1&-1&-2\end{pmatrix}$; (2) $\begin{pmatrix}1&1&2&4\\-1&-2&3&5\\0&3&4&1\end{pmatrix}$; (3) $\begin{pmatrix}1&3&-1&-2\\1&-4&3&5\\2&-1&2&3\\3&2&1&1\end{pmatrix}$.

14. 已知 $\boldsymbol{A}=\begin{pmatrix}1&0&0\\1&0&1\\0&1&0\end{pmatrix}$. 当 $n\geqslant 3$ 时, 证明 $\boldsymbol{A}^n=\boldsymbol{A}^{n-2}+\boldsymbol{A}^2-\boldsymbol{E}$, 并求 $\boldsymbol{A}^{100}$.

15. 设 $\boldsymbol{A}=\begin{pmatrix}a&b\\0&c\end{pmatrix}$, 其中 $a, b, c$ 为实数, 试求 $a, b, c$ 的一切可能值, 使得 $\boldsymbol{A}^{100}=\boldsymbol{E}$.

16. 解下列矩阵方程.

(1) $\begin{pmatrix}2&1\\3&2\end{pmatrix}\boldsymbol{X}=\begin{pmatrix}1&2\\0&1\end{pmatrix}$;

(2) $\boldsymbol{X}\begin{pmatrix}1&3\\-1&2\end{pmatrix}=\begin{pmatrix}0&-5\\10&5\\-15&0\end{pmatrix}$;

(3) $\begin{pmatrix}0&1&0\\1&0&0\\0&0&1\end{pmatrix}\boldsymbol{X}\begin{pmatrix}1&0&0\\0&0&1\\0&1&0\end{pmatrix}=\begin{pmatrix}1&-4&3\\2&0&-1\\1&-2&0\end{pmatrix}$;

(4) $\boldsymbol{X}=\boldsymbol{AX}+\boldsymbol{B}$, 其中 $\boldsymbol{A}=\begin{pmatrix}0&1&0\\-1&1&1\\-1&0&-1\end{pmatrix}$, $\boldsymbol{B}=\begin{pmatrix}1&-1\\2&0\\5&-3\end{pmatrix}$;

(5) $\boldsymbol{AXA}+\boldsymbol{BXB}=\boldsymbol{AXB}+\boldsymbol{BXA}+\boldsymbol{E}$, 其中 $\boldsymbol{A}=\begin{pmatrix}1&0&0\\1&1&0\\1&1&1\end{pmatrix}$, $\boldsymbol{B}=\begin{pmatrix}0&1&1\\1&0&1\\1&1&0\end{pmatrix}$.

17. 设矩阵 $\boldsymbol{A}=\begin{pmatrix}1&-1&1&2\\3&\lambda&-1&2\\5&3&\mu&6\end{pmatrix}$ 的秩为 2, 求 $\lambda$ 与 $\mu$ 的值.

## (B)

1. 设 $\boldsymbol{A}^*$ 为 3 阶方阵 $\boldsymbol{A}$ 的伴随矩阵, 且 $|\boldsymbol{A}|=\dfrac{1}{8}$, 求 $\left|\left(\dfrac{1}{3}\boldsymbol{A}\right)^{-1}-8\boldsymbol{A}^*\right|$.

2. 设 3 阶矩阵 $\boldsymbol{A}$ 的第 1 行的 $-2$ 倍加第 3 行所得矩阵为 $\boldsymbol{A}_1$, 将 3 阶矩阵 $\boldsymbol{B}$ 的第 1 列乘以 $-2$ 得到的矩阵为 $\boldsymbol{B}_1$, 且 $\boldsymbol{A}_1\boldsymbol{B}_1=\begin{pmatrix}0&3&1\\2&5&3\\4&8&6\end{pmatrix}$, 求 $\boldsymbol{AB}$.

3. 已知 $\boldsymbol{A}^*\boldsymbol{BA}=2\boldsymbol{BA}-8\boldsymbol{E}$, $\boldsymbol{A}=\begin{pmatrix}1&2&-2\\0&-2&4\\0&0&1\end{pmatrix}$, 求 $\boldsymbol{B}$.

4. 设 $n$ 阶方阵 $\boldsymbol{A}$ 的伴随矩阵 $\boldsymbol{A}^*=\begin{pmatrix}1&0&0\\1&2&4\\0&0&2\end{pmatrix}$, 且 $|\boldsymbol{A}|>0$, $\boldsymbol{AB}+(\boldsymbol{A}^{-1})^*\boldsymbol{B}(\boldsymbol{A}^*)^*=\boldsymbol{E}$, 求 $\boldsymbol{B}$.

5. 设 $\boldsymbol{A}$ 为 $n$ 阶方阵, 且 $\boldsymbol{A}^{\mathrm{T}}\boldsymbol{A}=\boldsymbol{E}$, $|\boldsymbol{A}|<0$, 求 $|\boldsymbol{A}+\boldsymbol{E}|$.

6. 假设 $\boldsymbol{A}$, $\boldsymbol{B}$, $\boldsymbol{A}+\boldsymbol{B}$ 均可逆, 证明:

(1) $\boldsymbol{A}^{-1}+\boldsymbol{B}^{-1}$ 可逆, 且 $\left(\boldsymbol{A}^{-1}+\boldsymbol{B}^{-1}\right)^{-1}=\boldsymbol{A}(\boldsymbol{A}+\boldsymbol{B})^{-1}\boldsymbol{B}$;

(2) $(\boldsymbol{A}+\boldsymbol{B})^{-1}=\boldsymbol{A}^{-1}-\boldsymbol{A}^{-1}\left(\boldsymbol{A}^{-1}+\boldsymbol{B}^{-1}\right)^{-1}\boldsymbol{A}^{-1}$.

7. 设 $\boldsymbol{A}$ 为 $m\times n$ 矩阵, $\boldsymbol{B}$ 为 $s\times t$ 矩阵, 则

(1) $R\begin{pmatrix}\boldsymbol{A}&\boldsymbol{C}\\\boldsymbol{O}&\boldsymbol{B}\end{pmatrix}\geqslant R(\boldsymbol{A})+R(\boldsymbol{B})$;

(2) $R\begin{pmatrix}\boldsymbol{A}&\boldsymbol{O}\\\boldsymbol{O}&\boldsymbol{B}\end{pmatrix}=R(\boldsymbol{A})+R(\boldsymbol{B})$.

8. 设 $\boldsymbol{X}$, $\boldsymbol{Y}$ 均为 $n\times 1$ 矩阵, 且 $\boldsymbol{X}^{\mathrm{T}}\boldsymbol{Y}=2$, 证明矩阵 $\boldsymbol{A}=\boldsymbol{E}+\boldsymbol{XY}^{\mathrm{T}}$ 可逆, 并求 $\boldsymbol{A}^{-1}$.

9. 设 $\boldsymbol{A}$ 为 $n$ 阶方阵, 其中 $n$ 为奇数, 且 $|\boldsymbol{A}|=1$, $\boldsymbol{A}^{\mathrm{T}}=\boldsymbol{A}^{-1}$, 证明 $\boldsymbol{E}-\boldsymbol{A}$ 不可逆.

10. 已知 $\boldsymbol{A}_{m\times n}$, $\boldsymbol{B}_n$, $\boldsymbol{C}_{n\times m}$ 满足 $\boldsymbol{AB}=\boldsymbol{A}$, $\boldsymbol{BC}=\boldsymbol{O}$, $R(\boldsymbol{A})=n$. 求 $|\boldsymbol{CA}-\boldsymbol{B}|$.

11. 设 $n$ 阶可逆矩阵 $\boldsymbol{A}=(a_{ij})$ 的每行元素之和为 $|\boldsymbol{A}|$, 证明:

(1) $\sum\limits_{i,j=1}^{n}\boldsymbol{A}_{ij}=n$;

(2) $\boldsymbol{A}^{-1}$ 的每行元素之和为 $|\boldsymbol{A}|^{-1}$.

第 2 章习题参考答案

# 第 3 章　线性空间初步

线性空间 (linear space) 是一种具有加法和数乘运算的代数系统, 是线性代数的一个核心研究对象, 它对理解带有加法和数乘运算的数学系统具有基础作用. 本章主要介绍线性空间的基本概念和基础理论.

## 3.1　线性空间的概念

本节主要介绍线性空间的概念. 为了直观, 先看两个具体例子.

### 3.1.1　Euclid 线性空间 $\mathbb{R}^n$

在中学解析几何和大学高等数学课程中, 大家已经多次接触过向量 (也称矢量). 所谓一个 $n$ 维向量就是由 $n$ 个数 $a_1, a_2, \cdots, a_n$ 所构成的一个有序数组, 记为 $(a_1, a_2, \cdots, a_n)$, 或 $\begin{pmatrix} a_1 \\ a_2 \\ \vdots \\ a_n \end{pmatrix}$, 前者排成一行, 称为 $n$ 维行向量, 后者排成一列, 称为 $n$ 维列向量, 其中 $n$ 称为向量的维数, $a_i$ $(1 \leqslant i \leqslant n)$ 称为向量的第 $i$ 个 分量. 分量全为实数的向量称为实向量. 分量不全为实数的向量称为非实向量. 在没有特殊说明时, 本书所谈向量均指实向量.

很显然, 当 $n = 2$ 时, 2 维向量 $(a_1, a_2)$ 就是平面解析几何中的平面向量, 当 $n = 3$ 时, 3 维向量 $(a_1, a_2, a_3)$ 就是空间解析几何中的空间向量.

借助矩阵的语言, 向量可以看作特殊的矩阵. 一个 $n$ 维行向量就是一个 $1 \times n$ 矩阵, 一个 $n$ 维列向量就是一个 $n \times 1$ 矩阵.

所有分量都为零的向量称为 零向量, 通常记为 $\mathbf{0}$. 向量 $(-a_1, -a_2, \cdots, -a_n)$ 称为向量 $(a_1, a_2, \cdots, a_n)$ 的负向量.

向量 $(a_1, a_2, \cdots, a_m)$ 与 $(b_1, b_2, \cdots, b_n)$相等, 是指它们作为两个特殊矩阵相等. 也就是说, $(a_1, a_2, \cdots, a_m) = (b_1, b_2, \cdots, b_n)$ 是指 $m = n$ 并且对所有

$1 \leqslant i \leqslant n$ 都有 $a_i = b_i$, 即 $(a_1, a_2, \cdots, a_m)$ 与 $(b_1, b_2, \cdots, b_n)$ 维数相同且对应分量相等.

向量 $(a_1, a_2, \cdots, a_n)$ 与 $(b_1, b_2, \cdots, b_n)$ 的加法, 以及向量 $(a_1, a_2, \cdots, a_n)$ 与数 $k$ 的数乘, 是指它们作为特殊矩阵的加法和数乘. 也就是说,

$$(a_1, a_2, \cdots, a_n) + (b_1, b_2, \cdots, b_n) = (a_1 + b_1, a_2 + b_2, \cdots, a_n + b_n),$$

$$k(a_1, a_2, \cdots, a_n) = (ka_1, ka_2, \cdots, ka_n).$$

很显然, 任何向量与其负向量之和为零向量.

**定义 3.1**　$n$ 维 Euclid (欧几里得) 线性空间是指由所有 $n$ 维实向量按照上述加法和数乘运算所构成的代数系统, 通常用 $\mathbb{R}^n$ 表示.

对于行向量的情形, 当 $n = 2$ 时, 2 维 Euclid 行向量线性空间

$$\mathbb{R}^2 = \{(a_1, a_2) \mid a_1, a_2 \in \mathbb{R}\};$$

当 $n = 3$ 时, 3 维 Euclid 行向量线性空间

$$\mathbb{R}^3 = \{(a_1, a_2, a_3) \mid a_1, a_2, a_3 \in \mathbb{R}\}.$$

对于列向量的情形, 当 $n = 2$ 时, 2 维 Euclid 列向量线性空间

$$\mathbb{R}^2 = \left\{ \begin{pmatrix} a_1 \\ a_2 \end{pmatrix} \middle| \, a_1, a_2 \in \mathbb{R} \right\};$$

当 $n = 3$ 时, 3 维 Euclid 列向量线性空间

$$\mathbb{R}^3 = \left\{ \begin{pmatrix} a_1 \\ a_2 \\ a_3 \end{pmatrix} \middle| \, a_1, a_2, a_3 \in \mathbb{R} \right\}.$$

### 3.1.2　$m \times n$ 矩阵线性空间 $\mathbb{R}^{m \times n}$

由于行向量和列向量可以看作特殊的矩阵, 所以由行向量或列向量所形成的 Euclid 线性空间有一个自然的推广. 假设 $\mathbb{R}^{m \times n}$ 为所有 $m \times n$ 实矩阵所形成的集合, 在 $\mathbb{R}^{m \times n}$ 中按照矩阵的加法和数乘定义其加法和数乘运算, 则 $\mathbb{R}^{m \times n}$ 也形成一个代数系统, 这个代数系统就是 $m \times n$ 矩阵线性空间.

**定义 3.2** $m \times n$ 矩阵线性空间是指由所有 $m \times n$ 矩阵按照矩阵加法和数乘运算所构成的一个代数系统, 通常记为 $\mathbb{R}^{m\times n}$.

当 $m = 1$ 时, $1 \times n$ 矩阵线性空间 $\mathbb{R}^{1\times n}$ 就是 $n$ 维 Euclid 行向量线性空间 $\mathbb{R}^n$. 当 $n = 1$ 时, $m \times 1$ 矩阵线性空间 $\mathbb{R}^{m\times 1}$ 就是 $m$ 维 Euclid 列向量线性空间 $\mathbb{R}^m$.

### 3.1.3 线性空间的定义

抛开 Euclid 线性空间和 $m \times n$ 矩阵线性空间的具体对象, 聚焦本质属性, 数学上给出一般线性空间的下述定义.

**定义 3.3** 假设 $V$ 是一个给定的非空集合. 在 $V$ 的元素间定义一种称为加法的运算, 使得对任意的 $\boldsymbol{x}, \boldsymbol{y} \in V$, 均存在唯一的元素 $\boldsymbol{z} \in V$ 与之相对应, 记为 $\boldsymbol{x} + \boldsymbol{y}$, 即 $\boldsymbol{x} + \boldsymbol{y} = \boldsymbol{z}$, 称作 $\boldsymbol{x}$ 与 $\boldsymbol{y}$ 的和; 同时, 在实数域 $\mathbb{R}$ 和 $V$ 的元素间定义一种称为数乘的运算, 使得对任意的 $k \in \mathbb{R}$ 和 $\boldsymbol{x} \in V$, 均存在唯一的元素 $\boldsymbol{y} \in V$ 与 $k$ 和 $\boldsymbol{x}$ 相对应, 记为 $k\boldsymbol{x}$, 即 $k\boldsymbol{x} = \boldsymbol{y}$, 称作 $k$ 与 $\boldsymbol{x}$ 的数乘. 如果加法和数乘运算满足下述 8 条公理, 则称 $V$ 是实数域 $\mathbb{R}$ 上具有上述加法和数乘运算的一个线性空间, 或向量空间

(1) 对任意的 $\boldsymbol{x}, \boldsymbol{y} \in V$ 有 $\boldsymbol{x} + \boldsymbol{y} = \boldsymbol{y} + \boldsymbol{x}$, 即 $V$ 中加法满足交换律;

(2) 对任意的 $\boldsymbol{x}, \boldsymbol{y}, \boldsymbol{z} \in V$ 有 $(\boldsymbol{x} + \boldsymbol{y}) + \boldsymbol{z} = \boldsymbol{x} + (\boldsymbol{y} + \boldsymbol{z})$, 即 $V$ 中加法满足结合律;

(3) 在 $V$ 中存在一个元素, 记为 $\mathbf{0}$, 使得对任意的 $\boldsymbol{x} \in V$, 总有 $\boldsymbol{x} + \mathbf{0} = \boldsymbol{x}$, 称为 $V$ 的零元素, 或零向量;

(4) 对任意的 $\boldsymbol{x} \in V$, 总存在 $V$ 中唯一的元素 $\boldsymbol{y}$, 使得 $\boldsymbol{x} + \boldsymbol{y} = \mathbf{0}$, 这时, $\boldsymbol{y}$ 称为 $\boldsymbol{x}$ 的负元素, 记为 $-\boldsymbol{x}$;

(5) 对任意的 $\boldsymbol{x} \in V$ 均有 $1\boldsymbol{x} = \boldsymbol{x}$;

(6) 对任意的 $k, l \in \mathbb{R}$ 及 $\boldsymbol{x} \in V$ 有 $k(l\boldsymbol{x}) = (kl)\boldsymbol{x}$;

(7) 对任意的 $k, l \in \mathbb{R}$ 及 $\boldsymbol{x} \in V$ 有 $(k + l)\boldsymbol{x} = k\boldsymbol{x} + l\boldsymbol{x}$, 即数乘对于数的加法满足分配律;

(8) 对任意的 $k \in \mathbb{R}$ 及 $\boldsymbol{x}, \boldsymbol{y} \in V$ 有 $k(\boldsymbol{x} + \boldsymbol{y}) = k\boldsymbol{x} + k\boldsymbol{y}$, 即数乘对于 $V$ 中元素的加法满足分配律.

线性空间 $V$ 中的元素通常称为向量, 一般用黑体小写字母表示, 比如 $\boldsymbol{x}, \boldsymbol{y}, \boldsymbol{z}, \boldsymbol{u}, \boldsymbol{v}, \boldsymbol{w}$, 以及 $\boldsymbol{\alpha}, \boldsymbol{\beta}, \boldsymbol{\gamma}$ 等.

关于该定义, 需要说明以下几点:

(1) 因为加法和数乘是最常见的数学运算, 又因为集合 $V$ 具有很强的一般性, 所以该定义具有广泛的适用性. 数学及其应用中的众多对象都可以使用线性空间来刻画.

(2) 实数域 $\mathbb{R}$ 中的实数有时也称为纯量, 所以数乘运算有时也称为纯量运算. 泛化这种观点, 定义中的实数域 $\mathbb{R}$ 有时可以用复数域 $\mathbb{C}$ 等其他对象来代替.

(3) 线性空间 $V$ 对于其加法运算是封闭的. 这是指对任意的 $\boldsymbol{x}, \boldsymbol{y} \in V$, 有 $\boldsymbol{x}+\boldsymbol{y} \in V$.

(4) 线性空间 $V$ 对于其数乘运算是封闭的. 这是指对任意的 $k \in \mathbb{R}$, $\boldsymbol{x} \in V$, 有 $k\boldsymbol{x} \in V$.

(5) 一个给定线性空间 $V$ 的零元素是唯一的. 这是因为: 如果假设 $\mathbf{0}$ 和 $\mathbf{0}'$ 都是 $V$ 的零元素, 则在 $\boldsymbol{x}+\mathbf{0}=\boldsymbol{x}$ 中取 $\boldsymbol{x}=\mathbf{0}'$ 可得 $\mathbf{0}'+\mathbf{0}=\mathbf{0}'$, 而在 $\boldsymbol{x}+\mathbf{0}'=\boldsymbol{x}$ 中取 $\boldsymbol{x}=\mathbf{0}$ 可得 $\mathbf{0}+\mathbf{0}'=\mathbf{0}$, 两者结合即得 $\mathbf{0}'=\mathbf{0}'+\mathbf{0}=\mathbf{0}+\mathbf{0}'=\mathbf{0}$.

(6) 一个给定线性空间 $V$ 中任一元素的负元素是唯一的. 这是因为: 如果假设 $\boldsymbol{x}$ 是 $V$ 中任一元素, 且设 $\boldsymbol{x}'$ 和 $\boldsymbol{x}''$ 都是 $\boldsymbol{x}$ 的负元素, 即设 $\boldsymbol{x}+\boldsymbol{x}'=\mathbf{0}=\boldsymbol{x}+\boldsymbol{x}''$, 则 $\boldsymbol{x}''=\mathbf{0}+\boldsymbol{x}''=(\boldsymbol{x}'+\boldsymbol{x})+\boldsymbol{x}''=\boldsymbol{x}'+(\boldsymbol{x}+\boldsymbol{x}'')=\boldsymbol{x}'+\mathbf{0}=\boldsymbol{x}'$.

(7) 对任意的 $\boldsymbol{x} \in V$, 有 $0\boldsymbol{x}=\mathbf{0}$. 这是因为: $0\boldsymbol{x}=\mathbf{0}+0\boldsymbol{x}=((-\boldsymbol{x})+\boldsymbol{x})+0\boldsymbol{x}=(-\boldsymbol{x})+(\boldsymbol{x}+0\boldsymbol{x})=(-\boldsymbol{x})+(1\boldsymbol{x}+0\boldsymbol{x})=(-\boldsymbol{x})+(1+0)\boldsymbol{x}=(-\boldsymbol{x})+1\boldsymbol{x}=(-\boldsymbol{x})+\boldsymbol{x}=\mathbf{0}$.

(8) 对任意的 $k \in \mathbb{R}$, 有 $k\mathbf{0}=\mathbf{0}$. 这是因为: 当 $k=0$ 时, 该结论是上一结论的推论. 当 $k \neq 0$ 时, 对任意的 $\boldsymbol{y} \in V$, 有 $k\mathbf{0}+\boldsymbol{y}=k\mathbf{0}+(k(k^{-1}))\boldsymbol{y}=k\mathbf{0}+k(k^{-1}\boldsymbol{y})=k(\mathbf{0}+k^{-1}\boldsymbol{y})=k(k^{-1}\boldsymbol{y})=(kk^{-1})\boldsymbol{y}=1\boldsymbol{y}=\boldsymbol{y}$, 故 $k\mathbf{0}=\mathbf{0}$.

(9) 对任意的 $\boldsymbol{x} \in V$, 有 $(-1)\boldsymbol{x}=-\boldsymbol{x}$. 这是因为: $\boldsymbol{x}+(-1)\boldsymbol{x}=1\boldsymbol{x}+(-1)\boldsymbol{x}=(1+(-1))\boldsymbol{x}=0\boldsymbol{x}=\mathbf{0}$.

(10) 对任意的 $k \in \mathbb{R}$, $\boldsymbol{x} \in V$, 若 $k\boldsymbol{x}=\mathbf{0}$, 则有 $k=0$ 或 $\boldsymbol{x}=\mathbf{0}$. 这是因为: 如果 $k \neq 0$, 则 $\boldsymbol{x}=k^{-1}(k\boldsymbol{x})=k^{-1}\mathbf{0}=\mathbf{0}$.

**例 3.1** 按照定义 3.3, Euclid 线性空间 $\mathbb{R}^n$ 是一个线性空间, 其中的任一元素都是一个 $n$ 维向量, 该线性空间的零元素为 $\mathbf{0}=(0,0,\cdots,0)$, 任一元素 $\boldsymbol{v}=(a_1,a_2,\cdots,a_n)$ 的负元素 $-\boldsymbol{v}=(-a_1,-a_2,\cdots,-a_n)$.

**例 3.2** 按照定义 3.3, $m \times n$ 矩阵线性空间 $\mathbb{R}^{m\times n}$ 是一个线性空间, 其中的任一元素都是一个 $m \times n$ 矩阵, 该线性空间的零元素为零矩阵 $\boldsymbol{O}$, 任一元素 $\boldsymbol{A}$ 的负元素是其负矩阵 $-\boldsymbol{A}$.

**例 3.3** 闭区间 $[a, b]$ 上的所有连续函数, 按照函数的加法和实数与函数的乘法, 构成一个线性空间. 该线性空间通常记为 $C([a, b])$, 其中的任一元素 (向量) 都是闭区间 $[a, b]$ 上的连续函数. 该线性空间的零元素 (向量) 为零函数 0, 任一元素 (向量)$f(x)$ 的负元素 (向量) 是函数 $-f(x)$.

**例 3.4** 用 $P_n$ 表示次数不超过 $n$ 的多项式的集合. 在 $P_n$ 中按照多项式的加法和实数与多项式的乘法定义加法和数乘运算, 则 $P_n$ 构成一个线性空间.

**例 3.5** 用 $\mathbb{R}_+$ 表示全体正实数集合. 在 $\mathbb{R}_+$ 中按照"$\oplus$"和"$\otimes$"表示的办法抽象定义其中的加法和数乘运算:

$$a \oplus b = ab, \quad k \otimes a = a^k, \quad k \in \mathbb{R},\ a,\ b \in \mathbb{R}_+,$$

其中 $ab$ 和 $a^k$ 分别表示通常的实数乘法和指数运算, 则 $\mathbb{R}_+$ 构成一个线性空间.

**例 3.6** 假设 $S = \{(1, a) \,|\, a \in \mathbb{R}\}$. 如果按照通常向量的加法和数乘来定义运算, 则 $S$ 不是线性空间.

这是因为, 虽然 $(1, 2)$ 和 $(1, 3)$ 都是 $S$ 中的元素, 但是 $(1, 2) + (1, 3) = (2, 5) \notin S$. 此外, 若取 $k = 2$, 很明显 $k(1, 2) = (2, 4) \notin S$. 这说明, $S$ 对于通常向量的加法和数乘运算都不封闭. 所以, 对于按照通常向量的加法和数乘定义的运算, $S$ 不是一个线性空间.

## 习 题 3.1

1. 设 $\boldsymbol{x} = (-2, 3, -5, 4)$, $\boldsymbol{y} = (1, -1, 0, 3)$, $\boldsymbol{z} = (-3, 2, 0, 1)$, 求 $2\boldsymbol{x} - 3\boldsymbol{y} + \boldsymbol{z}$.

2. 设 $\boldsymbol{x}_1 = (2, 5, 1, 3)$, $\boldsymbol{x}_2 = (10, 1, 5, 10)$, $\boldsymbol{x}_3 = (4, 1, -1, 1)$, 试求满足 $3(\boldsymbol{x}_1 - \boldsymbol{x}) + 2(\boldsymbol{x}_2 + \boldsymbol{x}) = 5(\boldsymbol{x}_3 - \boldsymbol{x})$ 的向量 $\boldsymbol{x}$.

3. 判断向量 $\boldsymbol{\beta}$ 能否可由 $\boldsymbol{\alpha}_i$ 形成的向量组线性表示, 若能, 写出它的一种表示形式.

(1) $\boldsymbol{\beta} = (-8, -3, 7, 10)^{\mathrm{T}}$, $\boldsymbol{\alpha}_1 = (-2, 7, 1, 3)^{\mathrm{T}}$, $\boldsymbol{\alpha}_2 = (3, -5, 0, -2)^{\mathrm{T}}$, $\boldsymbol{\alpha}_3 = (-5, -6, 3, -1)^{\mathrm{T}}$;

(2) $\boldsymbol{\beta} = (2, 3, -4, 1)^{\mathrm{T}}$, $\boldsymbol{\alpha}_1 = (1, -1, 2, 2)^{\mathrm{T}}$, $\boldsymbol{\alpha}_2 = (0, 3, 1, 4)^{\mathrm{T}}$, $\boldsymbol{\alpha}_3 = (3, 0, 7, 10)^{\mathrm{T}}$, $\boldsymbol{\alpha}_4 = (1, 1, 3, 5)^{\mathrm{T}}$.

4. 按照定义证明 Euclid 空间 $\mathbb{R}^n$ 关于 $n$ 维向量的加法和数乘运算构成一个线性空间.

5. 按照定义证明 $m \times n$ 矩阵空间 $\mathbb{R}^{m \times n}$ 关于矩阵的加法和数乘运算构成一个线性空间.

6. 按照定义证明: 闭区间 $[a, b]$ 上的所有连续函数形成的集合 $C([a, b])$, 按照函数的加法和实数与函数的乘法构成一个线性空间.

7. 假设 $P$ 是关于未知元 $x$ 的所有多项式形成的集合. 证明按照多项式的加法和实数与多项式的乘法定义加法和数乘运算, $P$ 构成一个线性空间.

8. 假设 $\mathbb{C}$ 是全部复数的集合, 证明按照复数的加法和实数与复数的乘法定义加法和数乘运算, $\mathbb{C}$ 构成一个线性空间.

9. 假设 $V$ 是一个线性空间, $\boldsymbol{x}, \boldsymbol{y}, \boldsymbol{z} \in V$, 证明: 若 $\boldsymbol{x} + \boldsymbol{y} = \boldsymbol{x} + \boldsymbol{z}$, 则 $\boldsymbol{y} = \boldsymbol{z}$.

10. 假设 $S$ 是全部 2 维向量的集合, 并在 $S$ 中按照下述方式定义加法 $\oplus$ 和数乘运算:

$$(x_1, x_2) \oplus (y_1, y_2) = (x_1 + y_1, 0), \quad \alpha(x_1, x_2) = (\alpha x_1, \alpha x_2),$$

其中 $\alpha \in \mathbb{R}$, $x_1, x_2 \in \mathbb{R}$. 试说明: 按照这种方式定义加法运算 $\oplus$ 和数乘运算, $S$ 不是线性空间.

## 3.2 子 空 间

本节介绍线性空间的子空间, 同时介绍向量的线性组合和线性表示.

### 3.2.1 线性空间的子空间

先看一个例子.

**例 3.7** 在 2 维 Euclid 线性空间 $\mathbb{R}^2$ 中取一子集

$$W = \left\{ \begin{pmatrix} x_1 \\ x_2 \end{pmatrix} \middle| \, x_2 = 3x_1 \right\} \in \mathbb{R}^2,$$

则由 $\begin{pmatrix} a \\ 3a \end{pmatrix}, \begin{pmatrix} b \\ 3b \end{pmatrix} \in W$ 可得

$$\begin{pmatrix} a \\ 3a \end{pmatrix} + \begin{pmatrix} b \\ 3b \end{pmatrix} = \begin{pmatrix} a+b \\ 3(a+b) \end{pmatrix} \in W.$$

且由 $k \in \mathbb{R}$, $\begin{pmatrix} c \\ 3c \end{pmatrix} \in W$ 可得

$$k\begin{pmatrix} c \\ 3c \end{pmatrix} = \begin{pmatrix} kc \\ 3kc \end{pmatrix} \in W.$$

也就是说, $W$ 对于 $\mathbb{R}^2$ 的加法和数乘运算是封闭的. 又因为 $W$ 是 $\mathbb{R}^2$ 的子集, 所以 $W$ 明显满足定义 3.3 中的 8 个条件. 因此, $W$ 对 $\mathbb{R}^2$ 的加法和数乘运算构成一个线性空间. 这个线性空间称为线性空间 $\mathbb{R}^2$ 的一个子空间.

一般地, 有下述定义.

**定义 3.4** 设 $V$ 是一个给定的线性空间, $W$ 是 $V$ 的一个非空子集. 若 $W$ 对于 $V$ 的加法运算和数乘运算封闭, 即

(i) 当 $\boldsymbol{x}, \boldsymbol{y} \in W$ 时, $\boldsymbol{x} + \boldsymbol{y} \in W$;

(ii) 当 $k \in \mathbb{R}$, $\boldsymbol{x} \in W$ 时, $k\boldsymbol{x} \in W$,

则 $W$ 是一个线性空间, 称为线性空间 $V$ 的一个子空间.

根据定义, 任一线性空间 $V$ 的仅含零向量 $\mathbf{0}$ 的子集合是 $V$ 的子空间, 称为 $V$ 的零子空间. 另外, $V$ 本身明显也是 $V$ 的一个子空间. $V$ 的这两个子空间通常称为 $V$ 的平凡子空间. 除了平凡子空间外的 $V$ 的其他子空间统称为 $V$ 的真子空间.

**例 3.8** 设 $W=\left\{(x_1, x_2, x_3,)^{\mathrm{T}}\,\middle|\, x_1=x_2\right\}$, 证明 $W$ 是 3 维 Euclid 线性空间 $\mathbb{R}^3$ 的一个真子空间.

**证明** 首先, 由于 $\mathbf{0}=(0, 0, 0)^{\mathrm{T}}\in W$, 所以 $W$ 是非空的. 其次, 对任意的 $k\in\mathbb{R}$ 及 $(a, a, b)^{\mathrm{T}}\in W$ 和 $(c, c, d)^{\mathrm{T}}\in W$, 由于

$$(a, a, b)^{\mathrm{T}}+(c, c, d)^{\mathrm{T}}=(a+c, a+c, b+d)^{\mathrm{T}}\in W,$$

$$k(a, a, b)^{\mathrm{T}}=(ka, ka, kb)^{\mathrm{T}}\in W,$$

所以 $W$ 关于 $\mathbb{R}^3$ 的加法和数乘运算是封闭的. 故 $W$ 是 $\mathbb{R}^3$ 的一个子空间. 又由 $(1, 1, 1)^{\mathrm{T}}\in W$ 可知 $W$ 不是零子空间, 而由 $(1, 2, 3)^{\mathrm{T}}\in\mathbb{R}^3$, 但 $(1, 2, 3)^{\mathrm{T}}\notin W$ 可知 $W\neq V$. 因此, $W$ 是 $\mathbb{R}^3$ 的一个真子空间.

**例 3.9** 设 $W=\{\boldsymbol{A}=(a_{ij})\in\mathbb{R}^{2\times2}\mid a_{21}=-a_{12}\}$, 证明 $W$ 是 $2\times2$ 矩阵空间 $\mathbb{R}^{2\times2}$ 的一个真子空间.

**证明** 首先, 由于 2 阶零矩阵 $\boldsymbol{O}\in W$, 所以 $W$ 非空. 其次, 假设 $\boldsymbol{A}\in W$, $\boldsymbol{B}\in W$, 则 $\boldsymbol{A}$ 和 $\boldsymbol{B}$ 必为下述形式:

$$\boldsymbol{A}=\begin{pmatrix} a & b\\ -b & c\end{pmatrix},\ \boldsymbol{B}=\begin{pmatrix} d & e\\ -e & f\end{pmatrix}.$$

故

$$\boldsymbol{A}+\boldsymbol{B}=\begin{pmatrix} a+d & b+e\\ -(b+e) & c+f\end{pmatrix}\in W,$$

且对任意的 $k\in\mathbb{R}$, 有

$$k\boldsymbol{A}=\begin{pmatrix} ka & kb\\ -kb & kc\end{pmatrix}\in W.$$

所以 $W$ 关于矩阵的加法和数乘运算是封闭的. 因此, $W$ 是矩阵空间 $\mathbb{R}^{2\times2}$ 的一个子空间. 又由 $\begin{pmatrix} 1 & 1\\ -1 & 1\end{pmatrix}\in W$ 可知 $W$ 不是零子空间, 而由 $\begin{pmatrix} 1 & 1\\ 1 & 1\end{pmatrix}\in\mathbb{R}^{2\times2}$ 但 $\begin{pmatrix} 1 & 1\\ 1 & 1\end{pmatrix}\notin W$ 可知 $W\neq V$. 因此, $W$ 是 $\mathbb{R}^{2\times2}$ 的一个真子空间.

**例 3.10** 假设集合 $S=\left\{(x_1, x_2, x_3)^{\mathrm{T}}\in\mathbb{R}^3 \,\middle|\, x_3\geqslant 0\right\}$, 试问 $S$ 是否为 3 维 Euclid 线性空间 $\mathbb{R}^3$ 的一个子空间?

**解** 很明显, $S$ 是 $\mathbb{R}^3$ 的一个非空真子集. 但是, 由

$$(-1)(1, 2, 3)^{\mathrm{T}}=(-1, -2, -3)^{\mathrm{T}}\notin \mathrm{S}$$

可知 $S$ 对于数乘运算不封闭. 因此, $S$ 不是 $\mathbb{R}^3$ 的子空间.

### 3.2.2 线性组合、线性表示和张成空间

**定义 3.5** 设 $\boldsymbol{v}_1, \boldsymbol{v}_2, \cdots, \boldsymbol{v}_n$ 是线性空间 $V$ 中的一组向量, 则形如

$$k_1\boldsymbol{v}_1+k_2\boldsymbol{v}_2+\cdots+k_n\boldsymbol{v}_n$$

的和式称为向量 $\boldsymbol{v}_1, \boldsymbol{v}_2, \cdots, \boldsymbol{v}_n$ 关于 $k_1, k_2, \cdots, k_n$ 的线性组合, 其中 $k_1, k_2, \cdots, k_n\in\mathbb{R}$ 称为组合系数. $\boldsymbol{v}_1, \boldsymbol{v}_2, \cdots, \boldsymbol{v}_n$ 的所有线性组合形成的集合叫作 $\boldsymbol{v}_1, \boldsymbol{v}_2, \cdots, \boldsymbol{v}_n$ 的张成, 记为 $\mathrm{Span}(\boldsymbol{v}_1, \boldsymbol{v}_2, \cdots, \boldsymbol{v}_n)$, 即

$$\mathrm{Span}\,(\boldsymbol{v}_1, \boldsymbol{v}_2, \cdots, \boldsymbol{v}_n)=\{k_1\boldsymbol{v}_1+k_2\boldsymbol{v}_2+\cdots+k_n\boldsymbol{v}_n \mid k_1, k_2, \cdots, k_n\in\mathbb{R}\}.$$

对给定的向量 $\boldsymbol{v}$, 如果存在一组实数 $k_1, k_2, \cdots, k_n\in\mathbb{R}$ 使得

$$\boldsymbol{v}=k_1\boldsymbol{v}_1+k_2\boldsymbol{v}_2+\cdots+k_n\boldsymbol{v}_n,$$

则称向量 $\boldsymbol{v}$ 可由 $\boldsymbol{v}_1, \boldsymbol{v}_2, \cdots, \boldsymbol{v}_n$线性表示. 进一步, 当向量组 $\boldsymbol{w}_1, \boldsymbol{w}_2, \cdots, \boldsymbol{w}_m$ 中的每一个向量都可以由向量组 $\boldsymbol{v}_1, \boldsymbol{v}_2, \cdots, \boldsymbol{v}_n$ 线性表示时, 称向量组 $\boldsymbol{w}_1, \boldsymbol{w}_2, \cdots, \boldsymbol{w}_m$ 可以由向量组 $\boldsymbol{v}_1, \boldsymbol{v}_2, \cdots, \boldsymbol{v}_n$ 线性表示.

**例 3.11** 在 3 维 Euclid 线性空间 $\mathbb{R}^3$ 中, 令 $\boldsymbol{e}_1=(1, 0, 0)^{\mathrm{T}}$, $\boldsymbol{e}_2=(0, 1, 0)^{\mathrm{T}}$, $\boldsymbol{e}_3=(0, 0, 1)^{\mathrm{T}}$, 则任一向量 $\boldsymbol{v}=(x_1, x_2, x_3)^{\mathrm{T}}\in\mathbb{R}^3$ 都可由 $\boldsymbol{e}_1, \boldsymbol{e}_2, \boldsymbol{e}_3$ 线性表示为

$$\boldsymbol{v}=x_1\boldsymbol{e}_1+x_2\boldsymbol{e}_2+x_3\boldsymbol{e}_3.$$

因此, $\mathbb{R}^3=\mathrm{Span}\,(\boldsymbol{e}_1, \boldsymbol{e}_2, \boldsymbol{e}_3)$. 进一步, 不难验证

$$\mathrm{Span}\,(\boldsymbol{e}_1, \boldsymbol{e}_2)=\left\{(x_1, x_2, 0)^{\mathrm{T}} \,\middle|\, x_1, x_2\in\mathbb{R}\right\},$$

且该空间是 $\mathbb{R}^3$ 的一个真子空间. 类似地, $\mathrm{Span}\,(\boldsymbol{e}_1)$, $\mathrm{Span}\,(\boldsymbol{e}_2)$, $\mathrm{Span}\,(\boldsymbol{e}_3)$, $\mathrm{Span}\,(\boldsymbol{e}_1, \boldsymbol{e}_3)$, $\mathrm{Span}\,(\boldsymbol{e}_2, \boldsymbol{e}_3)$ 都是 $\mathbb{R}^3$ 的真子空间.

**例 3.12** 对任意整数 $n \geqslant 1$, 在 $n$ 维 Euclid 线性空间 $\mathbb{R}^n$ 中, 令 $\boldsymbol{e}_1 = (1, 0, \cdots, 0)^{\mathrm{T}}$, $\boldsymbol{e}_2 = (0, 1, \cdots, 0)^{\mathrm{T}}$, $\cdots$, $\boldsymbol{e}_n = (0, 0, \cdots, 1)^{\mathrm{T}}$, 则

$$\mathrm{Span}\,(\boldsymbol{e}_1, \boldsymbol{e}_2, \cdots, \boldsymbol{e}_n) = \mathbb{R}^n,$$

且 $\boldsymbol{e}_1, \boldsymbol{e}_2, \cdots, \boldsymbol{e}_n$ 中任意小于 $n$ 个向量的张成空间都是 $\mathbb{R}^n$ 的真子空间.

习惯上, $\boldsymbol{e}_1, \boldsymbol{e}_2, \cdots, \boldsymbol{e}_n$ 称为 $\mathbb{R}^n$ 的基本单位向量组.

**定理 3.1** 如果 $\boldsymbol{v}_1, \boldsymbol{v}_2, \cdots, \boldsymbol{v}_n$ 是线性空间 $V$ 中的任意一组向量, 则

$$\mathrm{Span}\,(\boldsymbol{v}_1, \boldsymbol{v}_2, \cdots, \boldsymbol{v}_n) = \left\{ \boldsymbol{v} \,\middle|\, \boldsymbol{v} = \sum_{i=1}^{n} k_i \boldsymbol{v}_i,\ k_1, k_2, \cdots, k_n \in \mathbb{R} \right\}$$

是 $V$ 的一个子空间, 它称为向量 $\boldsymbol{v}_1, \boldsymbol{v}_2, \cdots, \boldsymbol{v}_n$ 的张成子空间, 或生成子空间.

**证明** 只需证明 $\mathrm{Span}\,(\boldsymbol{v}_1, \boldsymbol{v}_2, \cdots, \boldsymbol{v}_n)$ 对于加法和数乘封闭. 假设 $\lambda \in \mathbb{R}$ 为任一实数, 向量 $\boldsymbol{v}, \boldsymbol{w} \in \mathrm{Span}\,(\boldsymbol{v}_1, \boldsymbol{v}_2, \cdots, \boldsymbol{v}_n)$, 则存在 $k_1, k_2, \cdots, k_n \in \mathbb{R}$ 及 $l_1, l_2, \cdots, l_n \in \mathbb{R}$ 使得

$$\boldsymbol{v} = \sum_{i=1}^{n} k_i \boldsymbol{v}_i, \quad \boldsymbol{w} = \sum_{i=1}^{n} l_i \boldsymbol{v}_i.$$

因此

$$\boldsymbol{v} + \boldsymbol{w} = \sum_{i=1}^{n} k_i \boldsymbol{v}_i + \sum_{i=1}^{n} l_i \boldsymbol{v}_i = \sum_{i=1}^{n} (k_i + l_i)\, \boldsymbol{v}_i \in V,$$

$$\lambda \boldsymbol{v} = \lambda \sum_{i=1}^{n} k_i \boldsymbol{v}_i = \sum_{i=1}^{n} (\lambda k_i)\, \boldsymbol{v}_i \in V.$$

证毕.

由例 3.11 和例 3.12 可知, 由 $\boldsymbol{v}_1, \boldsymbol{v}_2, \cdots, \boldsymbol{v}_n$ 张成的子空间 $\mathrm{Span}\,(\boldsymbol{v}_1, \boldsymbol{v}_2, \cdots, \boldsymbol{v}_n)$ 有时会等于 $V$, 这时, 简称 $\boldsymbol{v}_1, \boldsymbol{v}_2, \cdots, \boldsymbol{v}_n$ 张成 $V$, 或称集合 $\{\boldsymbol{v}_1, \boldsymbol{v}_2, \cdots, \boldsymbol{v}_n\}$ 是 $V$ 的一个张成集.

**定义 3.6** 线性空间 $V$ 的一个子集 $\{\boldsymbol{v}_1, \boldsymbol{v}_2, \cdots, \boldsymbol{v}_n\}$ 称为 $V$ 的一个张成集是指 $V$ 中任意一个向量都可以表示为 $\boldsymbol{v}_1, \boldsymbol{v}_2, \cdots, \boldsymbol{v}_n$ 的线性组合.

这样, $\mathbb{R}^n$ 的基本单位向量组 $\boldsymbol{e}_1, \boldsymbol{e}_2, \cdots, \boldsymbol{e}_n$ 就是 $\mathbb{R}^n$ 的一个张成集.

## 习　题　3.2

1. 说明下列集合哪些能够构成线性空间 $\mathbb{R}^2$ 的子空间, 哪些不能.

(1) $\left\{(x_1, x_2)^{\mathrm{T}} \,\middle|\, x_1+2x_2=0\right\}$;　(2) $\left\{(x_1, x_2)^{\mathrm{T}} \,\middle|\, x_1x_2=0\right\}$;

(3) $\left\{(x_1, x_2)^{\mathrm{T}} \,\middle|\, x_1-5x_2=0\right\}$;　(4) $\left\{(x_1, x_2)^{\mathrm{T}} \,\middle|\, |x_1|=|x_2|\right\}$;

(5) $\left\{(x_1, x_2)^{\mathrm{T}} \,\middle|\, x_1^2=x_2^2\right\}$.

2. 说明下列集合哪些能够构成线性空间 $\mathbb{R}^3$ 的子空间, 哪些不能.

(1) $\left\{(x_1, x_2, x_3)^{\mathrm{T}} \,\middle|\, x_1+2x_2=1\right\}$;

(2) $\left\{(x_1, x_2, x_3)^{\mathrm{T}} \,\middle|\, x_1=2x_2=x_3\right\}$;

(3) $\left\{(x_1, x_2, x_3)^{\mathrm{T}} \,\middle|\, x_1-3x_2+2x_3=0\right\}$;

(4) $\left\{(x_1, x_2, x_3)^{\mathrm{T}} \,\middle|\, x_1-3x_2+2x_3=1\right\}$;

(5) $\left\{(x_1, x_2, x_3)^{\mathrm{T}} \,\middle|\, x_3\geqslant 0\right\}$;

(6) $\left\{(x_1, x_2, x_3)^{\mathrm{T}} \,\middle|\, x_1=x_3 \text{ 或 } x_2=x_3\right\}$.

3. 说明下列集合哪些能够构成线性空间 $\mathbb{R}^{2\times 2}$ 的子空间, 哪些不能.

(1) 所有 $2\times 2$ 对角矩阵形成的集合;

(2) 所有 $2\times 2$ 三角矩阵形成的集合;

(3) 所有 $2\times 2$ 上三角矩阵形成的集合;

(4) 所有满足 $a_{12}=1$ 的 $2\times 2$ 矩阵 $\boldsymbol{A}=(a_{ij})$ 所形成的集合;

(5) 所有 $2\times 2$ 对称矩阵形成的集合;

(6) 所有 $2\times 2$ 反对称矩阵形成的集合;

(7) 所有 $2\times 2$ 可逆矩阵形成的集合.

4. 说明下列集合哪些能够构成线性空间 $C[-1, 1]$ 的子空间, 哪些不能.

(1) $C[-1, 1]$ 中所有满足 $f(-1)=f(1)$ 的连续函数形成的集合;

(2) $C[-1, 1]$ 中所有连续的奇函数形成的集合;

(3) $C[-1, 1]$ 中所有非递减的连续函数形成的集合;

(4) $C[-1, 1]$ 中所有满足 $f(-1)=f(1)=0$ 的连续函数形成的集合;

(5) $C[-1, 1]$ 中所有满足 $f(-1)=0$ 或者 $f(1)=0$ 的连续函数形成的集合.

5. 说明下列集合哪些是线性空间 $\mathbb{R}^3$ 的张成集, 并给出证明.

(1) $\left\{(2, 0, 0)^{\mathrm{T}}, (0, 2, 1)^{\mathrm{T}}, (3, 0, 1)^{\mathrm{T}}\right\}$;

(2) $\left\{(2, 1, -2)^{\mathrm{T}}, (3, 2, -2)^{\mathrm{T}}, (2, 2, 0)^{\mathrm{T}}\right\}$;

(3) $\left\{(2, 0, 0)^{\mathrm{T}}, (0, 1, 2)^{\mathrm{T}}, (1, 0, 1)^{\mathrm{T}}, (1, 2, 1)^{\mathrm{T}}\right\}$;

(4) $\left\{(2, 1, -2)^{\mathrm{T}}, (-2, -1, 2)^{\mathrm{T}}, (4, 2, -4)^{\mathrm{T}}\right\}$;

(5) $\left\{(2, 1, 3)^{\mathrm{T}}, (1, 2, 1)^{\mathrm{T}}\right\}$.

6. 在 $2\times 2$ 矩阵线性空间 $\mathbb{R}^{2\times 2}$ 中, 令

$$\boldsymbol{E}_{11}=\begin{pmatrix}1&0\\0&0\end{pmatrix},\quad \boldsymbol{E}_{12}=\begin{pmatrix}0&1\\0&0\end{pmatrix},\quad \boldsymbol{E}_{21}=\begin{pmatrix}0&0\\1&0\end{pmatrix},\quad \boldsymbol{E}_{22}=\begin{pmatrix}0&0\\0&1\end{pmatrix}.$$

证明 $\boldsymbol{E}_{11}, \boldsymbol{E}_{12}, \boldsymbol{E}_{21}, \boldsymbol{E}_{22}$ 能够张成 $\mathbb{R}^{2\times 2}$.

7. 若 $U$ 和 $V$ 都是线性空间 $W$ 的子空间, 定义

$$U+V=\{\boldsymbol{x}\,|\,\boldsymbol{x}=\boldsymbol{u}+\boldsymbol{v},\,\boldsymbol{u}\in U,\,\boldsymbol{v}\in V\},$$

证明 $U\cap V$ 和 $U+V$ 都是 $W$ 的子空间, 但 $U\cup V$ 一般不是 $W$ 的子空间.

## 3.3 向量的线性相关和线性无关

向量的线性相关和线性无关是研究线性空间结构的一个关键工具, 在线性代数中有广泛应用. 本节将介绍向量线性相关和线性无关的基本概念及其基本性质.

### 3.3.1 向量线性相关和线性无关的概念

考察 3 维 Euclid 线性空间 $\mathbb{R}^3$ 中的向量

$$\boldsymbol{\alpha}_1=\begin{pmatrix}1\\-1\\2\end{pmatrix},\quad \boldsymbol{\alpha}_2=\begin{pmatrix}-2\\3\\1\end{pmatrix},\quad \boldsymbol{\alpha}_3=\begin{pmatrix}-1\\3\\8\end{pmatrix}.$$

由直接计算可知

$$3\boldsymbol{\alpha}_1+2\boldsymbol{\alpha}_2-1\boldsymbol{\alpha}_3=\mathbf{0}. \tag{3.1}$$

由于 (3.1) 左端是 $\boldsymbol{\alpha}_1, \boldsymbol{\alpha}_2$ 和 $\boldsymbol{\alpha}_3$ 的一个系数不全为零的线性组合, 习惯上, 人们把它称为关于 $\boldsymbol{\alpha}_1, \boldsymbol{\alpha}_2$ 和 $\boldsymbol{\alpha}_3$ 的一个线性关系. 利用线性关系 (3.1) 不难得到

$$\boldsymbol{\alpha}_3=3\boldsymbol{\alpha}_1+2\boldsymbol{\alpha}_2,\quad \boldsymbol{\alpha}_2=-\frac{3}{2}\boldsymbol{\alpha}_1+\frac{1}{2}\boldsymbol{\alpha}_3,\quad \boldsymbol{\alpha}_1=-\frac{2}{3}\boldsymbol{\alpha}_2+\frac{1}{3}\boldsymbol{\alpha}_3.$$

这样, 向量组 $\boldsymbol{\alpha}_1, \boldsymbol{\alpha}_2, \boldsymbol{\alpha}_3$ 的任意一个线性组合都可以简化为其中两个向量的线性组合. 比如

$$\begin{aligned}k_1\boldsymbol{\alpha}_1+k_2\boldsymbol{\alpha}_2+k_3\boldsymbol{\alpha}_3&=k_1\boldsymbol{\alpha}_1+k_2\boldsymbol{\alpha}_2+k_3\left(3\boldsymbol{\alpha}_1+2\boldsymbol{\alpha}_2\right)\\&=\left(k_1+3k_3\right)\boldsymbol{\alpha}_1+\left(k_2+2k_3\right)\boldsymbol{\alpha}_2.\end{aligned}$$

于是, 以线性关系 (3.1) 为基础, 可以得到 $\boldsymbol{\alpha}_1, \boldsymbol{\alpha}_2, \boldsymbol{\alpha}_3$ 所张成的 $\mathbb{R}^3$ 的子空间的下述结果:

$$\mathrm{Span}\left(\boldsymbol{\alpha}_1, \boldsymbol{\alpha}_2, \boldsymbol{\alpha}_3\right)=\mathrm{Span}\left(\boldsymbol{\alpha}_1, \boldsymbol{\alpha}_2\right)=\mathrm{Span}\left(\boldsymbol{\alpha}_2, \boldsymbol{\alpha}_3\right)=\mathrm{Span}\left(\boldsymbol{\alpha}_1, \boldsymbol{\alpha}_3\right).$$

但是, 如果考察向量

$$\boldsymbol{\beta}_1=\begin{pmatrix}1\\0\\0\end{pmatrix},\quad \boldsymbol{\beta}_2=\begin{pmatrix}1\\1\\0\end{pmatrix},\quad \boldsymbol{\beta}_3=\begin{pmatrix}1\\1\\1\end{pmatrix},$$

则由 $k_1\boldsymbol{\beta}_1+k_2\boldsymbol{\beta}_2+k_3\boldsymbol{\beta}_3=\mathbf{0}$ 可以推出 $k_1=k_2=k_3=0$. 因此, 对向量组 $\boldsymbol{\beta}_1, \boldsymbol{\beta}_2, \boldsymbol{\beta}_3$, 不存在形如

$$k_1\boldsymbol{\beta}_1+k_2\boldsymbol{\beta}_2+k_3\boldsymbol{\beta}_3=\mathbf{0}$$

的系数 $k_1, k_2, k_3$ 不全为零的线性关系. 此时, $\boldsymbol{\beta}_1, \boldsymbol{\beta}_2, \boldsymbol{\beta}_3$ 中任何两个向量所张成的子空间, 都是由 $\boldsymbol{\beta}_1, \boldsymbol{\beta}_2, \boldsymbol{\beta}_3$ 所张成的空间的真子空间.

由此看到, 向量间的线性关系直接决定了由它们所张成的子空间的大小和结构. 实际上, 向量间的线性关系是线性代数中最具根本性的重要关系之一. 因此, 我们给出关于向量线性相关和线性无关的下述重要概念.

**定义 3.7** 对向量组 $\boldsymbol{\alpha}_1, \boldsymbol{\alpha}_2, \cdots, \boldsymbol{\alpha}_n$, 如果存在一组不全为零的实数 $k_1, k_2, \cdots, k_n$ 使得

$$k_1\boldsymbol{\alpha}_1+k_2\boldsymbol{\alpha}_2+\cdots+k_n\boldsymbol{\alpha}_n=\mathbf{0}, \tag{3.2}$$

则称向量组 $\boldsymbol{\alpha}_1, \boldsymbol{\alpha}_2, \cdots, \boldsymbol{\alpha}_n$ 线性相关. 反之, 如果 (3.2) 蕴含 $k_1=k_2=\cdots=k_n=0$, 则称向量组 $\boldsymbol{\alpha}_1, \boldsymbol{\alpha}_2, \cdots, \boldsymbol{\alpha}_n$ 线性无关.

换句话说, 向量组 $\boldsymbol{\alpha}_1, \boldsymbol{\alpha}_2, \cdots, \boldsymbol{\alpha}_n$ 线性相关是指, 存在 $\boldsymbol{\alpha}_1, \boldsymbol{\alpha}_2, \cdots, \boldsymbol{\alpha}_n$ 的系数不全为零的线性组合 $k_1\boldsymbol{\alpha}_1+k_2\boldsymbol{\alpha}_2+\cdots+k_n\boldsymbol{\alpha}_n=\mathbf{0}$. 向量组 $\boldsymbol{\alpha}_1, \boldsymbol{\alpha}_2, \cdots, \boldsymbol{\alpha}_n$ 线性无关是指, 不存在 $\boldsymbol{\alpha}_1, \boldsymbol{\alpha}_2, \cdots, \boldsymbol{\alpha}_n$ 的系数不全为零的线性组合使得 $k_1\boldsymbol{\alpha}_1+k_2\boldsymbol{\alpha}_2+\cdots+k_n\boldsymbol{\alpha}_n=\mathbf{0}$.

根据该定义, 上述向量组 $\boldsymbol{\alpha}_1, \boldsymbol{\alpha}_2, \boldsymbol{\alpha}_3$ 线性相关, $\boldsymbol{\beta}_1, \boldsymbol{\beta}_2, \boldsymbol{\beta}_3$ 线性无关.

**例 3.13** 证明向量组 $\boldsymbol{\alpha}_1=\begin{pmatrix}1\\1\end{pmatrix}, \boldsymbol{\alpha}_2=\begin{pmatrix}1\\2\end{pmatrix}$ 线性无关.

**证明** 假设

$$k_1\boldsymbol{\alpha}_1+k_2\boldsymbol{\alpha}_2=k_1\begin{pmatrix}1\\1\end{pmatrix}+k_2\begin{pmatrix}1\\2\end{pmatrix}=\begin{pmatrix}0\\0\end{pmatrix},$$

则

$$\begin{cases}k_1+k_2=0,\\k_1+2k_2=0.\end{cases}$$

因此, $k_1 = k_2 = 0$. 故由定义可知 $\boldsymbol{\alpha}_1 = \begin{pmatrix} 1 \\ 1 \end{pmatrix}$, $\boldsymbol{\alpha}_2 = \begin{pmatrix} 1 \\ 2 \end{pmatrix}$ 线性无关.

**例 3.14** 在 3 维 Euclid 线性空间 $\mathbb{R}^3$ 中, 证明向量组 $\boldsymbol{e}_1 = \begin{pmatrix} 1 \\ 0 \\ 0 \end{pmatrix}$, $\boldsymbol{e}_2 = \begin{pmatrix} 0 \\ 1 \\ 0 \end{pmatrix}$, $\boldsymbol{e}_3 = \begin{pmatrix} 0 \\ 0 \\ 1 \end{pmatrix}$, $\boldsymbol{\alpha} = \begin{pmatrix} 1 \\ 2 \\ 3 \end{pmatrix}$ 线性相关.

**证明** 直接计算可得

$$\boldsymbol{e}_1 + 2\boldsymbol{e}_2 + 3\boldsymbol{e}_3 - \boldsymbol{\alpha} = \boldsymbol{0}.$$

故由定义可知向量组 $\boldsymbol{e}_1, \boldsymbol{e}_2, \boldsymbol{e}_3, \boldsymbol{\alpha}$ 线性相关.

**例 3.15** 证明含有零向量 $\boldsymbol{0}$ 的向量组 $\boldsymbol{\alpha}_1, \boldsymbol{\alpha}_2, \cdots, \boldsymbol{\alpha}_n$ 一定线性相关.

**证明** 不妨设 $\boldsymbol{\alpha}_1 = \boldsymbol{0}$, 则显然有

$$1\boldsymbol{\alpha}_1 + 0\boldsymbol{\alpha}_2 + \cdots + 0\boldsymbol{\alpha}_n = \boldsymbol{0}.$$

故由定义可知向量组 $\boldsymbol{\alpha}_1 = \boldsymbol{0}, \boldsymbol{\alpha}_2, \cdots, \boldsymbol{\alpha}_n$ 线性相关.

**例 3.16** 证明: 在任意一个线性空间 $V$ 中, 由单个向量 $\boldsymbol{\alpha} \in V$ 形成的向量组线性相关的充分必要条件是 $\boldsymbol{\alpha} = \boldsymbol{0}$, 线性无关的充分必要条件是 $\boldsymbol{\alpha} \neq \boldsymbol{0}$.

**证明** 按照数乘的性质, 对任意实数 $k \in \mathbb{R}$, $k\boldsymbol{\alpha} = \boldsymbol{0}$ 的充分必要条件是 $k = 0$ 或 $\boldsymbol{\alpha} = \boldsymbol{0}$, 即当且仅当 $\boldsymbol{\alpha} = \boldsymbol{0}$ 时存在 $k \neq 0$ 使得 $k\boldsymbol{\alpha} = \boldsymbol{0}$. 因此由定义可知, $\boldsymbol{\alpha} \in V$ 线性相关的充分必要条件是 $\boldsymbol{\alpha} = \boldsymbol{0}$, 线性无关的充分必要条件是 $\boldsymbol{\alpha} \neq \boldsymbol{0}$.

**例 3.17** 设 $\boldsymbol{\alpha}_1, \boldsymbol{\alpha}_2$ 是 $\mathbb{R}^n$ 中的两个非零向量, 则向量组 $\boldsymbol{\alpha}_1, \boldsymbol{\alpha}_2$ 线性相关的充分必要条件是 $\boldsymbol{\alpha}_1$ 与 $\boldsymbol{\alpha}_2$ 成比例, 即 $\boldsymbol{\alpha}_1$ 与 $\boldsymbol{\alpha}_2$ 的对应分量成比例. 因此, $\boldsymbol{\alpha}_1, \boldsymbol{\alpha}_2$ 线性无关的充分必要条件是 $\boldsymbol{\alpha}_1$ 与 $\boldsymbol{\alpha}_2$ 不成比例.

**证明** 按照定义, 向量组 $\boldsymbol{\alpha}_1, \boldsymbol{\alpha}_2$ 线性相关的充分必要条件是存在不全为零的实数 $k_1, k_2$ 使得

$$k_1\boldsymbol{\alpha}_1 + k_2\boldsymbol{\alpha}_2 = \boldsymbol{0}.$$

不妨设 $k_1 \neq 0$, 则该式等价于 $\boldsymbol{\alpha}_1 = (-k_2/k_1)\boldsymbol{\alpha}_2$, 即 $\boldsymbol{\alpha}_1$ 与 $\boldsymbol{\alpha}_2$ 的对应分量成比例.

**例 3.18*** 已知向量组 $\boldsymbol{\alpha}_1, \boldsymbol{\alpha}_2, \boldsymbol{\alpha}_3$ 线性无关. 证明向量组 $\boldsymbol{\alpha}_1 + \boldsymbol{\alpha}_2, \boldsymbol{\alpha}_2 + \boldsymbol{\alpha}_3, \boldsymbol{\alpha}_3 + \boldsymbol{\alpha}_1$ 也线性无关.

**证明** 假设

$$k_1(\boldsymbol{\alpha}_1 + \boldsymbol{\alpha}_2) + k_2(\boldsymbol{\alpha}_2 + \boldsymbol{\alpha}_3) + k_3(\boldsymbol{\alpha}_3 + \boldsymbol{\alpha}_1) = \boldsymbol{0},$$

则整理可得

$$(k_1+k_3)\boldsymbol{\alpha}_1+(k_1+k_2)\boldsymbol{\alpha}_2+(k_2+k_3)\boldsymbol{\alpha}_3=\mathbf{0}.$$

故由 $\boldsymbol{\alpha}_1, \boldsymbol{\alpha}_2, \boldsymbol{\alpha}_3$ 线性无关可知

$$\begin{cases} k_1+k_3=0, \\ k_1+k_2=0, \\ k_2+k_3=0. \end{cases}$$

解此线性方程组可得 $k_1=k_2=k_3=0$. 所以, $\boldsymbol{\alpha}_1+\boldsymbol{\alpha}_2, \boldsymbol{\alpha}_2+\boldsymbol{\alpha}_3, \boldsymbol{\alpha}_3+\boldsymbol{\alpha}_1$ 线性无关.

**例 3.19*** 设 $n$ 阶方阵 $\boldsymbol{A}$ 和 $n$ 维 Euclid 线性空间中的列向量 $\boldsymbol{\beta}$ 满足 $\boldsymbol{A}^{m-1}\boldsymbol{\beta}\neq\mathbf{0}$, $\boldsymbol{A}^m\boldsymbol{\beta}=\mathbf{0}$, 其中 $m>1$ 为自然数, 证明向量组 $\boldsymbol{\beta}, \boldsymbol{A}\boldsymbol{\beta}, \cdots, \boldsymbol{A}^{m-1}\boldsymbol{\beta}$ 线性无关.

**证明** 假设

$$k_1\boldsymbol{\beta}+k_2\boldsymbol{A}\boldsymbol{\beta}+\cdots+k_m\boldsymbol{A}^{m-1}\boldsymbol{\beta}=\mathbf{0}.$$

在该式两端同时左乘 $\boldsymbol{A}^{m-1}$, 注意到 $\boldsymbol{A}^m\boldsymbol{\beta}=\mathbf{0}$ 可得 $k_1\boldsymbol{A}^{m-1}\boldsymbol{\beta}=\mathbf{0}$. 再注意到 $\boldsymbol{A}^{m-1}\boldsymbol{\beta}\neq\mathbf{0}$, 可得 $k_1=0$. 于是上式转化为

$$k_2\boldsymbol{A}\boldsymbol{\beta}+\cdots+k_m\boldsymbol{A}^{m-1}\boldsymbol{\beta}=\mathbf{0}.$$

对该式两端同时左乘 $\boldsymbol{A}^{m-2}$, 同理可得 $k_2=0$. 依次类推, $k_3=\cdots=k_m=0$. 因此, $\boldsymbol{\beta}, \boldsymbol{A}\boldsymbol{\beta}, \cdots, \boldsymbol{A}^{m-1}\boldsymbol{\beta}$ 线性无关.

### 3.3.2 向量组线性相关性的判定

**定理 3.2** 设 $V$ 是一个线性空间, 则向量组 $\boldsymbol{\alpha}_1, \boldsymbol{\alpha}_2, \cdots, \boldsymbol{\alpha}_n\in V$ 线性相关的充分必要条件是, 至少存在一个向量可以由其余 $n-1$ 个向量线性表示.

**证明** 根据定义, $\boldsymbol{\alpha}_1, \boldsymbol{\alpha}_2, \cdots, \boldsymbol{\alpha}_n$ 线性相关当且仅当存在不全为零的实数 $k_1, k_2, \cdots, k_n$ 使得

$$k_1\boldsymbol{\alpha}_1+k_2\boldsymbol{\alpha}_2+\cdots+k_n\boldsymbol{\alpha}_n=\mathbf{0}.$$

不妨设 $k_1\neq 0$, 则该式可改写为

$$\boldsymbol{\alpha}_1=(-k_2/k_1)\boldsymbol{\alpha}_2+\cdots+(-k_2/k_1)\boldsymbol{\alpha}_n.$$

也就是说, $\boldsymbol{\alpha}_1$ 可以由其余 $n-1$ 个向量 $\boldsymbol{\alpha}_2, \cdots, \boldsymbol{\alpha}_n$ 线性表示. 证毕.

作为逆否命题, 定理 3.2 说明, 向量组 $\boldsymbol{\alpha}_1, \boldsymbol{\alpha}_2, \cdots, \boldsymbol{\alpha}_n$ 线性无关的充分必要条件是, 其中任一向量都不能由其余 $n-1$ 个向量线性表示.

**定理 3.3** 设 $V$ 是一个线性空间, 向量组 $\boldsymbol{\alpha}_1, \boldsymbol{\alpha}_2, \cdots, \boldsymbol{\alpha}_n \in V$, 向量组 $\boldsymbol{\alpha}_{i_1}, \boldsymbol{\alpha}_{i_2}, \cdots, \boldsymbol{\alpha}_{i_m}$是从 $\boldsymbol{\alpha}_1, \boldsymbol{\alpha}_2, \cdots, \boldsymbol{\alpha}_n$ 中选取部分向量构成的一个部分向量组. 则当部分向量组 $\boldsymbol{\alpha}_{i_1}, \boldsymbol{\alpha}_{i_2}, \cdots, \boldsymbol{\alpha}_{i_m}$ 线性相关时, 向量组 $\boldsymbol{\alpha}_1, \boldsymbol{\alpha}_2, \cdots, \boldsymbol{\alpha}_n$ 整体一定线性相关; 反过来, 当整体向量组 $\boldsymbol{\alpha}_1, \boldsymbol{\alpha}_2, \cdots, \boldsymbol{\alpha}_n$ 线性无关时, 其部分向量组 $\boldsymbol{\alpha}_{i_1}, \boldsymbol{\alpha}_{i_2}, \cdots, \boldsymbol{\alpha}_{i_m}$ 线性无关.

**证明** 不妨设部分向量组 $\boldsymbol{\alpha}_{i_1}, \boldsymbol{\alpha}_{i_2}, \cdots, \boldsymbol{\alpha}_{i_m}$ 为 $\boldsymbol{\alpha}_1, \boldsymbol{\alpha}_2, \cdots, \boldsymbol{\alpha}_m$. 当 $\boldsymbol{\alpha}_1, \boldsymbol{\alpha}_2, \cdots, \boldsymbol{\alpha}_m$ 线性相关时, 由定义可知, 存在不全为零的实数 $k_1, k_2, \cdots, k_m$ 使得

$$k_1\boldsymbol{\alpha}_1 + k_2\boldsymbol{\alpha}_2 + \cdots + k_m\boldsymbol{\alpha}_m = \boldsymbol{0}.$$

因此

$$k_1\boldsymbol{\alpha}_1 + k_2\boldsymbol{\alpha}_2 + \cdots + k_m\boldsymbol{\alpha}_m + 0\boldsymbol{\alpha}_{m+1} + \cdots + 0\boldsymbol{\alpha}_n = \boldsymbol{0}.$$

由于 $k_1, k_2, \cdots, k_m$ 不全为零, 所以该式左端是向量组 $\boldsymbol{\alpha}_1, \boldsymbol{\alpha}_2, \cdots, \boldsymbol{\alpha}_n$ 的一个系数不全为零的线性组合, 故由定义可知, 向量组 $\boldsymbol{\alpha}_1, \boldsymbol{\alpha}_2, \cdots, \boldsymbol{\alpha}_n$ 整体线性相关.

反过来, 若设实数 $k_1, k_2, \cdots, k_m$ 满足

$$k_1\boldsymbol{\alpha}_1 + k_2\boldsymbol{\alpha}_2 + \cdots + k_m\boldsymbol{\alpha}_m = \boldsymbol{0},$$

则有

$$k_1\boldsymbol{\alpha}_1 + k_2\boldsymbol{\alpha}_2 + \cdots + k_m\boldsymbol{\alpha}_m + 0\boldsymbol{\alpha}_{m+1} + \cdots + 0\boldsymbol{\alpha}_n = \boldsymbol{0}.$$

故由 $\boldsymbol{\alpha}_1, \boldsymbol{\alpha}_2, \cdots, \boldsymbol{\alpha}_n$ 线性无关可知 $k_1 = k_2 = \cdots = k_m = 0$. 因此, 部分向量组 $\boldsymbol{\alpha}_1, \boldsymbol{\alpha}_2, \cdots, \boldsymbol{\alpha}_m$, 即 $\boldsymbol{\alpha}_{i_1}, \boldsymbol{\alpha}_{i_2}, \cdots, \boldsymbol{\alpha}_{i_m}$ 线性无关. 证毕.

通俗地说, 在一个线性无关的向量组中去掉一些向量形成的向量组一定线性无关, 在一个线性相关的向量组上增加一些向量形成的向量组一定线性相关.

**定理 3.4** 设 $\boldsymbol{\alpha}_1, \boldsymbol{\alpha}_2, \cdots, \boldsymbol{\alpha}_n \in \mathbb{R}^n$ 是 $n$ 个 $n$ 维列向量, 令 $\boldsymbol{A} = (\boldsymbol{\alpha}_1, \boldsymbol{\alpha}_2, \cdots, \boldsymbol{\alpha}_n)$ 为以 $\boldsymbol{\alpha}_1, \boldsymbol{\alpha}_2, \cdots, \boldsymbol{\alpha}_n$ 为列向量的 $n$ 阶方阵, 则向量组 $\boldsymbol{\alpha}_1, \boldsymbol{\alpha}_2, \cdots, \boldsymbol{\alpha}_n$ 线性相关的充分必要条件是行列式 $|\boldsymbol{A}| = 0$, 即 $\boldsymbol{\alpha}_1, \boldsymbol{\alpha}_2, \cdots, \boldsymbol{\alpha}_n$ 线性无关的充分必要条件是 $|\boldsymbol{A}| \neq 0$.

**证明*** 首先, 假设 $\boldsymbol{\alpha}_1, \boldsymbol{\alpha}_2, \cdots, \boldsymbol{\alpha}_n$ 线性相关, 则由定理 3.2 可知, 该向量组中存在一个向量 $\boldsymbol{\alpha}_{i_0}$, 它可以由其余 $n-1$ 个向量线性表示. 这就是说, 矩阵 $\boldsymbol{A}$ 的第 $i_0$ 列是其他 $n-1$ 列的线性组合. 故由行列式的性质可知 $|\boldsymbol{A}| = 0$.

反过来, 假设 $|\boldsymbol{A}| = 0$, 我们来证明 $\boldsymbol{\alpha}_1, \boldsymbol{\alpha}_2, \cdots, \boldsymbol{\alpha}_n$ 线性相关, 即证明存在不全为零的实数 $k_1, k_2, \cdots, k_n$ 使得

$$k_1\boldsymbol{\alpha}_1 + k_2\boldsymbol{\alpha}_2 + \cdots + k_n\boldsymbol{\alpha}_n = \boldsymbol{0}.$$

注意到 $\boldsymbol{A}$ 的定义并利用矩阵的分块乘法, 这等价于证明以 $\boldsymbol{Y}=(y_1, y_2, \cdots, y_n)^{\mathrm{T}}$ 为未知向量的矩阵方程

$$\boldsymbol{AY}=\boldsymbol{0}$$

存在非零解 $\boldsymbol{Y}=(k_1, k_2, \cdots, k_n)^{\mathrm{T}}$. 对矩阵 $\boldsymbol{A}$, 由定理 2.11 可知, 存在可逆矩阵 $\boldsymbol{P}$ 使得

$$\boldsymbol{PA}=\boldsymbol{H},$$

其中 $\boldsymbol{H}$ 为由 $\boldsymbol{A}$ 确定的 $n$ 阶行最简形矩阵. 由于 $\boldsymbol{P}$ 可逆, 所以矩阵方程 $\boldsymbol{AY}=\boldsymbol{0}$ 与 $\boldsymbol{PAY}=\boldsymbol{0}$, 即 $\boldsymbol{HY}=\boldsymbol{0}$ 同解. 因此, 下面只需证明 $\boldsymbol{HY}=\boldsymbol{0}$ 存在非零解. 事实上, 由 $|\boldsymbol{A}|=0$ 易知 $|\boldsymbol{H}|=|\boldsymbol{PA}|=|\boldsymbol{P}||\boldsymbol{A}|=0$. 故由定理 2.13 可知, 作为行最简形矩阵, $\boldsymbol{H}$ 一定不是单位矩阵. 因此, $\boldsymbol{H}$ 中存在不包含主元的列. 设这些不包含主元的列为 $i_1, i_2, \cdots, i_m$ $(1 \leqslant m \leqslant n)$, 则取 $y_{i_1}=y_{i_2}=\cdots=y_{i_m}=1$, 并利用 $\boldsymbol{HY}=\boldsymbol{0}$ 计算出 $\boldsymbol{Y}=(y_1, y_2, \cdots, y_n)^{\mathrm{T}}$ 中的其他未知元的值, 便得到了矩阵方程 $\boldsymbol{HY}=\boldsymbol{0}$ 的一个非零解, 这也就是矩阵方程 $\boldsymbol{AY}=\boldsymbol{0}$ 的一个非零解. 所以, $\boldsymbol{\alpha}_1, \boldsymbol{\alpha}_2, \cdots, \boldsymbol{\alpha}_n$ 线性相关. 证毕.

定理 3.4 给出了一个利用行列式来判断 $n$ 维 Euclid 线性空间 $\mathbb{R}^n$ 中的 $n$ 个向量线性相关性的方法.

**例 3.20**　证明 $n$ 维 Euclid 线性空间 $\mathbb{R}^n$ 中的基本单位向量组 $\boldsymbol{e}_1, \boldsymbol{e}_2, \cdots, \boldsymbol{e}_n$ 线性无关.

**证明**　由于

$$\det(\boldsymbol{e}_1, \boldsymbol{e}_2, \cdots, \boldsymbol{e}_n)=\det(\boldsymbol{E}_n)=1 \neq 0,$$

所以, 由定理 3.4 可知 $\boldsymbol{e}_1, \boldsymbol{e}_2, \cdots, \boldsymbol{e}_n$ 线性无关.

**例 3.21**　判断下列向量组的线性相关性.

(1) $\boldsymbol{\alpha}_1=\begin{pmatrix}1\\0\\-1\end{pmatrix}, \boldsymbol{\alpha}_2=\begin{pmatrix}2\\1\\1\end{pmatrix}, \boldsymbol{\alpha}_3=\begin{pmatrix}1\\1\\2\end{pmatrix}$;

(2) $\boldsymbol{\beta}_1=\begin{pmatrix}1\\2\\-1\\3\end{pmatrix}, \boldsymbol{\beta}_2=\begin{pmatrix}0\\4\\-1\\3\end{pmatrix}, \boldsymbol{\beta}_3=\begin{pmatrix}0\\0\\5\\4\end{pmatrix}, \boldsymbol{\beta}_4=\begin{pmatrix}0\\0\\0\\1\end{pmatrix}$.

**解**　由于

$$\det(\boldsymbol{\alpha}_1, \boldsymbol{\alpha}_2, \boldsymbol{\alpha}_3)=\begin{vmatrix}1 & 2 & 1\\0 & 1 & 1\\-1 & 1 & 2\end{vmatrix}=\begin{vmatrix}1 & 2 & 1\\0 & 1 & 1\\0 & 3 & 3\end{vmatrix}=0,$$

所以, 向量组 $\boldsymbol{\alpha}_1, \boldsymbol{\alpha}_2, \boldsymbol{\alpha}_3$ 线性相关. 由于

$$\det(\boldsymbol{\beta}_1, \boldsymbol{\beta}_2, \boldsymbol{\beta}_3, \boldsymbol{\beta}_4) = \begin{vmatrix} 1 & 0 & 0 & 0 \\ 2 & 4 & 0 & 0 \\ -1 & -1 & 5 & 0 \\ 3 & 3 & 4 & 1 \end{vmatrix} = 20 \neq 0,$$

所以, 向量组 $\boldsymbol{\beta}_1, \boldsymbol{\beta}_2, \boldsymbol{\beta}_3, \boldsymbol{\beta}_4$ 线性无关.

**例 3.22** 假设向量组 $\boldsymbol{\alpha}_1, \boldsymbol{\alpha}_2, \boldsymbol{\alpha}_3$ 线性无关, 问 $a, b, c$ 满足什么条件时向量组 $a\boldsymbol{\alpha}_1 - \boldsymbol{\alpha}_2, b\boldsymbol{\alpha}_2 - \boldsymbol{\alpha}_3, c\boldsymbol{\alpha}_3 - \boldsymbol{\alpha}_1$ 线性相关?

**解** 设

$$k_1(a\boldsymbol{\alpha}_1 - \boldsymbol{\alpha}_2) + k_2(b\boldsymbol{\alpha}_2 - \boldsymbol{\alpha}_3) + k_3(c\boldsymbol{\alpha}_3 - \boldsymbol{\alpha}_1) = \mathbf{0},$$

则整理可得

$$(ak_1 - k_3)\boldsymbol{\alpha}_1 + (bk_2 - k_1)\boldsymbol{\alpha}_2 + (ck_3 - k_2)\boldsymbol{\alpha}_3 = \mathbf{0}.$$

故由 $\boldsymbol{\alpha}_1, \boldsymbol{\alpha}_2, \boldsymbol{\alpha}_3$ 线性无关可得下述关于未知元 $k_1, k_2, k_3$ 的线性方程组:

$$\begin{cases} ak_1 - k_3 = 0, \\ -k_1 + bk_2 = 0, \\ -k_2 + ck_3 = 0. \end{cases}$$

该线性方程组有非零解当且仅当其系数行列式

$$\begin{vmatrix} a & 0 & -1 \\ -1 & b & 0 \\ 0 & -1 & c \end{vmatrix} = \begin{vmatrix} 0 & ab & -1 \\ -1 & b & 0 \\ 0 & -1 & c \end{vmatrix} = \begin{vmatrix} ab & -1 \\ -1 & c \end{vmatrix} = abc - 1 = 0.$$

因此, 当且仅当 $abc = 1$ 时向量组 $a\boldsymbol{\alpha}_1 - \boldsymbol{\alpha}_2, b\boldsymbol{\alpha}_2 - \boldsymbol{\alpha}_3, c\boldsymbol{\alpha}_3 - \boldsymbol{\alpha}_1$ 线性相关.

**定理 3.5** 设 $\boldsymbol{\alpha}_1, \boldsymbol{\alpha}_2, \cdots, \boldsymbol{\alpha}_s$ 是 $n$ 维线性空间 $\mathbb{R}^n$ 中的一组列向量, $\boldsymbol{\beta}_1, \boldsymbol{\beta}_2, \cdots, \boldsymbol{\beta}_s$ 是 $m$ 维线性空间 $\mathbb{R}^m$ 中的一组列向量, 令 $\boldsymbol{\gamma}_i = \begin{pmatrix} \boldsymbol{\alpha}_i \\ \boldsymbol{\beta}_i \end{pmatrix}$ $(i = 1, 2, \cdots, s)$. 若向量组 $\boldsymbol{\gamma}_1, \boldsymbol{\gamma}_2, \cdots, \boldsymbol{\gamma}_s$ 线性相关, 则向量组 $\boldsymbol{\alpha}_1, \boldsymbol{\alpha}_2, \cdots, \boldsymbol{\alpha}_s$ 和 $\boldsymbol{\beta}_1, \boldsymbol{\beta}_2, \cdots, \boldsymbol{\beta}_s$ 均线性相关.

**证明** 由 $\gamma_1, \gamma_2, \cdots, \gamma_s$ 线性相关可知, 存在一组不全为零的实数 $k_1, k_2, \cdots, k_s$ 使得

$$k_1\boldsymbol{\gamma}_1 + k_2\boldsymbol{\gamma}_2 + \cdots + k_s\boldsymbol{\gamma}_s = \mathbf{0}.$$

因此

$$\begin{pmatrix} k_1\boldsymbol{\alpha}_1 + k_2\boldsymbol{\alpha}_2 + \cdots + k_s\boldsymbol{\alpha}_s \\ k_1\boldsymbol{\beta}_1 + k_2\boldsymbol{\beta}_2 + \cdots + k_s\boldsymbol{\beta}_s \end{pmatrix} = k_1\begin{pmatrix} \boldsymbol{\alpha}_1 \\ \boldsymbol{\beta}_1 \end{pmatrix} + k_2\begin{pmatrix} \boldsymbol{\alpha}_2 \\ \boldsymbol{\beta}_2 \end{pmatrix} + \cdots + k_s\begin{pmatrix} \boldsymbol{\alpha}_s \\ \boldsymbol{\beta}_s \end{pmatrix} = \begin{pmatrix} \mathbf{0}_1 \\ \mathbf{0}_2 \end{pmatrix},$$

其中 $\mathbf{0}_1$ 和 $\mathbf{0}_2$ 分别为 $n$ 维和 $m$ 维零向量. 故

$$k_1\boldsymbol{\alpha}_1 + k_2\boldsymbol{\alpha}_2 + \cdots + k_s\boldsymbol{\alpha}_s = \mathbf{0}_1, \quad k_1\boldsymbol{\beta}_1 + k_2\boldsymbol{\beta}_2 + \cdots + k_s\boldsymbol{\beta}_s = \mathbf{0}_2.$$

所以向量组 $\boldsymbol{\alpha}_1, \boldsymbol{\alpha}_2, \cdots, \boldsymbol{\alpha}_s$ 和 $\boldsymbol{\beta}_1, \boldsymbol{\beta}_2, \cdots, \boldsymbol{\beta}_s$ 均线性相关. 证毕.

定理 3.5 描述了在 $n$ 维线性空间 $\mathbb{R}^n$ 中向量的相应位置, 同时增加或减少分量所得到的向量组的线性相关性与原向量组线性相关性之间的联系.

作为定理 3.5 的逆否命题, 有

**推论 1** 在定理 3.5 的记号下, 若向量组 $\boldsymbol{\alpha}_1, \boldsymbol{\alpha}_2, \cdots, \boldsymbol{\alpha}_s$ 或者 $\boldsymbol{\beta}_1, \boldsymbol{\beta}_2, \cdots, \boldsymbol{\beta}_s$ 线性无关, 则向量组 $\boldsymbol{\gamma}_1, \boldsymbol{\gamma}_2, \cdots, \boldsymbol{\gamma}_s$ 线性无关.

把定理 3.4 与定理 3.5 结合, 有

**推论 2** 任意 $n+1$ 个 $n$ 维向量形成的向量组一定线性相关. 一般地, 当 $n < m$ 时, 任意 $m$ 个 $n$ 维向量形成的向量组一定线性相关.

事实上, 假设 $\boldsymbol{\alpha}_1, \boldsymbol{\alpha}_2, \cdots, \boldsymbol{\alpha}_m \in \mathbb{R}^n$ 是任意 $m$ 个 $n$ 维列向量形成的向量组. 由于 $n < m$, 因此可作 $m$ 维列向量组

$$\boldsymbol{\gamma}_1 = \begin{pmatrix} \boldsymbol{\alpha}_1 \\ \mathbf{0} \end{pmatrix}, \boldsymbol{\gamma}_2 = \begin{pmatrix} \boldsymbol{\alpha}_2 \\ \mathbf{0} \end{pmatrix}, \cdots, \boldsymbol{\gamma}_m = \begin{pmatrix} \boldsymbol{\alpha}_m \\ \mathbf{0} \end{pmatrix}.$$

因为 $m$ 阶方阵 $(\boldsymbol{\gamma}_1, \boldsymbol{\gamma}_2, \cdots, \boldsymbol{\gamma}_m)$ 的后 $m-n$ 行均为零, 所以

$$\det(\boldsymbol{\gamma}_1, \boldsymbol{\gamma}_2, \cdots, \boldsymbol{\gamma}_m) = 0.$$

故由定理 3.4 可知, 向量组 $\boldsymbol{\gamma}_1, \boldsymbol{\gamma}_2, \cdots, \boldsymbol{\gamma}_m$ 线性相关. 进而, 由定理 3.5 可知, 向量组 $\boldsymbol{\alpha}_1, \boldsymbol{\alpha}_2, \cdots, \boldsymbol{\alpha}_m$ 线性相关.

**例 3.23** 判断向量组 $\boldsymbol{\alpha}_1 = (0, 1, 2)^{\mathrm{T}}, \boldsymbol{\alpha}_2 = (1, 1, -1)^{\mathrm{T}}, \boldsymbol{\alpha}_3 = (1, -1, 0)^{\mathrm{T}}, \boldsymbol{\alpha}_4 = (1, 1, 1)^{\mathrm{T}}$ 的线性相关性.

**解** 由于该向量组中所含向量的个数 4 大于向量组中向量的维数 3, 故由上述推论 2 可知向量组 $\boldsymbol{\alpha}_1, \boldsymbol{\alpha}_2, \boldsymbol{\alpha}_3, \boldsymbol{\alpha}_4$ 线性相关.

**定理 3.6** 设 $V$ 是任意一个线性空间, $\boldsymbol{\beta}_1, \boldsymbol{\beta}_2, \cdots, \boldsymbol{\beta}_s$ 和 $\boldsymbol{\alpha}_1, \boldsymbol{\alpha}_2, \cdots, \boldsymbol{\alpha}_r$ 是 $V$ 中任意两个向量组, 则当

(1) 向量组 $\boldsymbol{\beta}_1, \boldsymbol{\beta}_2, \cdots, \boldsymbol{\beta}_s$ 可以由向量组 $\boldsymbol{\alpha}_1, \boldsymbol{\alpha}_2, \cdots, \boldsymbol{\alpha}_r$ 线性表示;

(2) $s > r$

时, 向量组 $\boldsymbol{\beta}_1, \boldsymbol{\beta}_2, \cdots, \boldsymbol{\beta}_s$ 线性相关.

**证明** * 因为向量组 $\boldsymbol{\beta}_1, \boldsymbol{\beta}_2, \cdots, \boldsymbol{\beta}_s$ 可以由向量组 $\boldsymbol{\alpha}_1, \boldsymbol{\alpha}_2, \cdots, \boldsymbol{\alpha}_r$ 线性表示, 所以可设

$$\boldsymbol{\beta}_j = \sum_{i=1}^{r} a_{ij}\boldsymbol{\alpha}_i, \quad j = 1, 2, \cdots, s,$$

其中 $a_{ij} \in \mathbb{R}\,(1 \leqslant i \leqslant r,\ 1 \leqslant j \leqslant s)$. 对 $1 \leqslant j \leqslant s$, 令 $\boldsymbol{x}_j = (a_{1j}, a_{2j}, \cdots, a_{rj})^{\mathrm{T}}$. 则由 $s > r$ 和定理 3.5 的推论 2 可知, $r$ 维列向量组 $\boldsymbol{x}_1, \boldsymbol{x}_2, \cdots, \boldsymbol{x}_s \in \mathbb{R}^r$ 线性相关. 所以, 存在不全为零的实数 $k_1, k_2, \cdots, k_s$ 使得

$$k_1\boldsymbol{x}_1 + k_2\boldsymbol{x}_2 + \cdots + k_s\boldsymbol{x}_s = \boldsymbol{0},$$

即

$$\sum_{j=1}^{s} k_j a_{ij} = 0, \quad i = 1, 2, \cdots, r.$$

于是

$$k_1\boldsymbol{\beta}_1 + k_2\boldsymbol{\beta}_2 + \cdots + k_s\boldsymbol{\beta}_s = \sum_{j=1}^{s} k_j\boldsymbol{\beta}_j = \sum_{j=1}^{s} k_j \sum_{i=1}^{r} a_{ij}\boldsymbol{\alpha}_i = \sum_{i=1}^{r}\left(\sum_{j=1}^{s} k_j a_{ij}\right)\boldsymbol{\alpha}_i = \boldsymbol{0}.$$

因此, $\boldsymbol{\beta}_1, \boldsymbol{\beta}_2, \cdots, \boldsymbol{\beta}_s$ 线性相关. 证毕.

该定理给出了借用其他向量组来判定给定向量组线性相关性的一个方法.

**推论 1** 设向量组 $\boldsymbol{\beta}_1, \boldsymbol{\beta}_2, \cdots, \boldsymbol{\beta}_s$ 可以由向量组 $\boldsymbol{\alpha}_1, \boldsymbol{\alpha}_2, \cdots, \boldsymbol{\alpha}_r$ 线性表示, 且 $\boldsymbol{\beta}_1, \boldsymbol{\beta}_2, \cdots, \boldsymbol{\beta}_s$ 线性无关, 则 $s \leqslant r$.

这是因为: 若 $s > r$, 则由定理 3.6 可知 $\boldsymbol{\beta}_1, \boldsymbol{\beta}_2, \cdots, \boldsymbol{\beta}_s$ 将会线性相关. 这与假设矛盾.

**推论 2** 在任一线性空间 $V$ 中, 若两个线性无关的向量组可以互相线性表示, 则它们一定含有相同个数的向量.

这是推论 1 的直接推论.

**推论 3** 设 $\{\boldsymbol{v}_1, \boldsymbol{v}_2, \cdots, \boldsymbol{v}_n\}$ 是线性空间 $V$ 的一个有限张成集, 则当 $m > n$ 时, $V$ 中任意 $m$ 个向量形成的向量组一定线性相关.

下述定理把线性无关性在描述线性空间结构方面起到根本作用的原因做了一个明确的阐述.

**定理 3.7** 假设 $V$ 为任一线性空间, $\boldsymbol{v}_1, \boldsymbol{v}_2, \cdots, \boldsymbol{v}_n \in V$. 则 $\mathrm{Span}(\boldsymbol{v}_1, \boldsymbol{v}_2, \cdots, \boldsymbol{v}_n)$ 中向量 $\boldsymbol{v}$ 关于 $\boldsymbol{v}_1, \boldsymbol{v}_2, \cdots, \boldsymbol{v}_n$ 的线性表示具有唯一性的充分必要条件是 $\boldsymbol{v}_1, \boldsymbol{v}_2, \cdots, \boldsymbol{v}_n$ 线性无关.

**证明*** 对任一取定的向量 $\boldsymbol{v} \in \mathrm{Span}(\boldsymbol{v}_1, \boldsymbol{v}_2, \cdots, \boldsymbol{v}_n)$, 根据张成空间 $\mathrm{Span}(\boldsymbol{v}_1, \boldsymbol{v}_2, \cdots, \boldsymbol{v}_n)$ 的定义, 存在实数 $a_1, a_2, \cdots, a_n$ 使得 $\boldsymbol{v}$ 有如下关于 $\boldsymbol{v}_1, \boldsymbol{v}_2, \cdots, \boldsymbol{v}_n$ 的线性表示:

$$\boldsymbol{v} = a_1\boldsymbol{v}_1 + a_2\boldsymbol{v}_2 + \cdots + a_n\boldsymbol{v}_n.$$

当 $\boldsymbol{v}_1, \boldsymbol{v}_2, \cdots, \boldsymbol{v}_n$ 线性无关时, 假设 $\boldsymbol{v}$ 还有关于 $\boldsymbol{v}_1, \boldsymbol{v}_2, \cdots, \boldsymbol{v}_n$ 的线性表示:

$$\boldsymbol{v} = b_1\boldsymbol{v}_1 + b_2\boldsymbol{v}_2 + \cdots + b_n\boldsymbol{v}_n,$$

其中 $b_1, b_2, \cdots, b_n \in \mathbb{R}$. 则两式相减可得

$$(b_1 - a_1)\,\boldsymbol{v}_1 + (b_2 - a_2)\,\boldsymbol{v}_2 + \cdots + (b_n - a_n)\,\boldsymbol{v}_n = \mathbf{0}.$$

因此 $b_1 - a_1 = b_2 - a_2 = \cdots = b_n - a_n = 0$, 即 $b_1 = a_1, b_2 = a_2, \cdots, b_n = a_n$. 所以 $\boldsymbol{v}$ 表示为 $\boldsymbol{v}_1, \boldsymbol{v}_2, \cdots, \boldsymbol{v}_n$ 线性组合的表示法唯一.

反过来, 当 $\boldsymbol{v}_1, \boldsymbol{v}_2, \cdots, \boldsymbol{v}_n$ 线性相关时, 存在不全为零的实数 $c_1, c_2, \cdots, c_n$ 使得

$$c_1\boldsymbol{v}_1 + c_2\boldsymbol{v}_2 + \cdots + c_n\boldsymbol{v}_n = \mathbf{0}.$$

这与 $\boldsymbol{v} = a_1\boldsymbol{v}_1 + a_2\boldsymbol{v}_2 + \cdots + a_n\boldsymbol{v}_n$ 相加可得

$$\boldsymbol{v} = (a_1 + c_1)\,\boldsymbol{v}_1 + (a_2 + c_2)\,\boldsymbol{v}_2 + \cdots + (a_n + c_n)\,\boldsymbol{v}_n = d_1\boldsymbol{v}_1 + d_2\boldsymbol{v}_2 + \cdots + d_n\boldsymbol{v}_n,$$

其中 $d_i = a_i + c_i, i = 1, 2, \cdots, n$. 由于 $c_1, c_2, \cdots, c_n$ 不全为零, 所以至少存在一个 $1 \leqslant i \leqslant n$ 使得 $d_i \neq a_i$. 因此, $\boldsymbol{v}$ 表示为 $\boldsymbol{v}_1, \boldsymbol{v}_2, \cdots, \boldsymbol{v}_n$ 线性组合的表示法不唯一. 证毕.

**例 3.24** 在任一线性空间 $V$ 中, 若向量组 $\boldsymbol{\alpha}_1, \boldsymbol{\alpha}_2, \cdots, \boldsymbol{\alpha}_n$ 线性无关, 而 $\boldsymbol{\alpha}_1, \boldsymbol{\alpha}_2, \cdots, \boldsymbol{\alpha}_n, \boldsymbol{\beta}$ 线性相关, 则向量 $\boldsymbol{\beta}$ 可由向量组 $\boldsymbol{\alpha}_1, \boldsymbol{\alpha}_2, \cdots, \boldsymbol{\alpha}_n$ 线性表示, 且表示法唯一.

**证明** 表示法的唯一性是定理 3.7 的直接推论. 所以只需证明表示法的存在性. 由于向量组 $\boldsymbol{\alpha}_1, \boldsymbol{\alpha}_2, \cdots, \boldsymbol{\alpha}_n, \boldsymbol{\beta}$ 线性相关, 所以存在不全为零的实数 $k_1, k_2, \cdots, k_n$ 和 $k_0$ 使得

$$k_1\boldsymbol{\alpha}_1 + k_2\boldsymbol{\alpha}_2 + \cdots + k_n\boldsymbol{\alpha}_n + k_0\boldsymbol{\beta} = \mathbf{0}.$$

由此可得 $k_0 \neq 0$. 否则, 若 $k_0 = 0$, 则上式转化为

$$k_1\boldsymbol{\alpha}_1 + k_2\boldsymbol{\alpha}_2 + \cdots + k_n\boldsymbol{\alpha}_n = \mathbf{0}.$$

这样由向量组 $\boldsymbol{\alpha}_1, \boldsymbol{\alpha}_2, \cdots, \boldsymbol{\alpha}_n$ 线性无关可得 $k_1 = k_2 = \cdots = k_n = 0$. 这与 $k_1, k_2, \cdots, k_n$ 和 $k_0$ 不全为零矛盾. 于是, 由 $k_1\boldsymbol{\alpha}_1 + k_2\boldsymbol{\alpha}_2 + \cdots + k_n\boldsymbol{\alpha}_n + k_0\boldsymbol{\beta} = \mathbf{0}$ 可得

$$\boldsymbol{\beta} = (-k_1/k_0)\,\boldsymbol{\alpha}_1 + (-k_2/k_0)\,\boldsymbol{\alpha}_2 + \cdots + (-k_n/k_0)\,\boldsymbol{\alpha}_n.$$

## 习 题 3.3

1. 试确定下列 $\mathbb{R}^2$ 中向量组的线性无关性.

(1) $\begin{pmatrix}2\\1\end{pmatrix}, \begin{pmatrix}3\\2\end{pmatrix}$; (2) $\begin{pmatrix}2\\3\end{pmatrix}, \begin{pmatrix}4\\6\end{pmatrix}$; (3) $\begin{pmatrix}1\\2\end{pmatrix}, \begin{pmatrix}-1\\1\end{pmatrix}$;

(4) $\begin{pmatrix}-2\\1\end{pmatrix}, \begin{pmatrix}1\\3\end{pmatrix}, \begin{pmatrix}2\\4\end{pmatrix}$; (5) $\begin{pmatrix}-3\\5\end{pmatrix}, \begin{pmatrix}1\\-2\end{pmatrix}, \begin{pmatrix}2\\-4\end{pmatrix}$.

2. 试确定下列 $\mathbb{R}^3$ 中向量组的线性无关性.

(1) $\begin{pmatrix}1\\1\\1\end{pmatrix}, \begin{pmatrix}0\\2\\1\end{pmatrix}, \begin{pmatrix}1\\0\\1\end{pmatrix}$; (2) $\begin{pmatrix}2\\3\\1\end{pmatrix}, \begin{pmatrix}5\\2\\1\end{pmatrix}, \begin{pmatrix}1\\0\\1\end{pmatrix}, \begin{pmatrix}1\\2\\3\end{pmatrix}$;

(3) $\begin{pmatrix}2\\1\\-2\end{pmatrix}, \begin{pmatrix}3\\2\\-2\end{pmatrix}, \begin{pmatrix}2\\2\\0\end{pmatrix}$; (4) $\begin{pmatrix}1\\2\\-1\end{pmatrix}, \begin{pmatrix}-2\\2\\-1\end{pmatrix}, \begin{pmatrix}2\\4\\3\end{pmatrix}$;

(5) $\begin{pmatrix}1\\2\\3\end{pmatrix}, \begin{pmatrix}0\\2\\4\end{pmatrix}, \begin{pmatrix}3\\1\\-2\end{pmatrix}$.

3. 试确定下列 $\mathbb{R}^{2\times 2}$ 中向量组的线性无关性.

(1) $\begin{pmatrix}1&0\\2&3\end{pmatrix}, \begin{pmatrix}1&0\\0&1\end{pmatrix}$;

(2) $\begin{pmatrix}1&0\\0&2\end{pmatrix}, \begin{pmatrix}0&1\\0&0\end{pmatrix}, \begin{pmatrix}0&0\\2&0\end{pmatrix}$;

(3) $\begin{pmatrix}1&0\\0&3\end{pmatrix}, \begin{pmatrix}0&2\\0&0\end{pmatrix}, \begin{pmatrix}1&2\\0&3\end{pmatrix}$.

4. 设向量组 $\boldsymbol{\alpha}_1, \boldsymbol{\alpha}_2, \boldsymbol{\alpha}_3, \boldsymbol{\alpha}_4$ 线性无关, 试问下列哪组向量线性无关?

(1) $\boldsymbol{\alpha}_1+\boldsymbol{\alpha}_2, \boldsymbol{\alpha}_2+\boldsymbol{\alpha}_3, \boldsymbol{\alpha}_3+\boldsymbol{\alpha}_4, \boldsymbol{\alpha}_4-\boldsymbol{\alpha}_1$;

(2) $\boldsymbol{\alpha}_1+\boldsymbol{\alpha}_2, \boldsymbol{\alpha}_2+\boldsymbol{\alpha}_3, \boldsymbol{\alpha}_3-\boldsymbol{\alpha}_4, \boldsymbol{\alpha}_4-\boldsymbol{\alpha}_1$;

(3) $\boldsymbol{\alpha}_1+\boldsymbol{\alpha}_2, \boldsymbol{\alpha}_2+\boldsymbol{\alpha}_3, \boldsymbol{\alpha}_3+\boldsymbol{\alpha}_4, \boldsymbol{\alpha}_4+\boldsymbol{\alpha}_1$;

(4) $\boldsymbol{\alpha}_1-\boldsymbol{\alpha}_2, \boldsymbol{\alpha}_2-\boldsymbol{\alpha}_3, \boldsymbol{\alpha}_3-\boldsymbol{\alpha}_4, \boldsymbol{\alpha}_4-\boldsymbol{\alpha}_1$.

5. 设 $\boldsymbol{\alpha}_1=(1, k, 0), \boldsymbol{\alpha}_2=(0, 1, k), \boldsymbol{\alpha}_3=(k, 0, 1)$, 试指出实数 $k$ 的取值范围, 使向量组 $\boldsymbol{\alpha}_1, \boldsymbol{\alpha}_2, \boldsymbol{\alpha}_3$ 线性无关.

6. 设 $\boldsymbol{\alpha}_1=(k, 2, 1), \boldsymbol{\alpha}_2=(2, k, 0), \boldsymbol{\alpha}_3=(1, -1, 1)$, 试指出 $k$ 为何值时, 向量组 $\boldsymbol{\alpha}_1, \boldsymbol{\alpha}_2, \boldsymbol{\alpha}_3$ 线性无关, $k$ 为何值时, $\boldsymbol{\alpha}_1, \boldsymbol{\alpha}_2, \boldsymbol{\alpha}_3$ 线性相关. 在 $\boldsymbol{\alpha}_1, \boldsymbol{\alpha}_2, \boldsymbol{\alpha}_3$ 线性相关时, 把 $\boldsymbol{\alpha}_3$ 表示为 $\boldsymbol{\alpha}_1$ 和 $\boldsymbol{\alpha}_2$ 的线性组合.

7. 已知向量组 $\boldsymbol{\alpha}_1, \boldsymbol{\alpha}_2, \boldsymbol{\alpha}_3$ 线性无关, 且 $\boldsymbol{\beta}_1=(m-1)\boldsymbol{\alpha}_1+3\boldsymbol{\alpha}_2+\boldsymbol{\alpha}_3, \boldsymbol{\beta}_2=\boldsymbol{\alpha}_1+(m+1)\boldsymbol{\alpha}_2+\boldsymbol{\alpha}_3, \boldsymbol{\beta}_3=-\boldsymbol{\alpha}_1-(m+1)\boldsymbol{\alpha}_2+(m-1)\boldsymbol{\alpha}_3$, 试指出 $m$ 为何值时, $\boldsymbol{\beta}_1, \boldsymbol{\beta}_2, \boldsymbol{\beta}_3$ 线性相关, $m$ 为何值时, $\boldsymbol{\beta}_1, \boldsymbol{\beta}_2, \boldsymbol{\beta}_3$ 线性无关.

8. 设整数 $s \geqslant 2$, 向量组 $\boldsymbol{\alpha}_1, \boldsymbol{\alpha}_2, \cdots, \boldsymbol{\alpha}_s$ 线性无关, 且 $\boldsymbol{\beta}_1=\boldsymbol{\alpha}_1+k_1\boldsymbol{\alpha}_s, \boldsymbol{\beta}_2=\boldsymbol{\alpha}_2+k_2\boldsymbol{\alpha}_s, \cdots, \boldsymbol{\beta}_{s-1}=\boldsymbol{\alpha}_{s-1}+k_{s-1}\boldsymbol{\alpha}_s$, 其中 $k_1, k_2, \cdots, k_{s-1}$ 为实数, 试证明向量组 $\boldsymbol{\beta}_1, \boldsymbol{\beta}_2, \cdots, \boldsymbol{\beta}_{s-1}$ 线性无关.

9. 设 $\boldsymbol{\alpha}_1, \boldsymbol{\alpha}_2, \cdots, \boldsymbol{\alpha}_s$ 是 $n$ 维 Euclid 线性空间 $\mathbb{R}^n$ 中线性无关的列向量, $\boldsymbol{A}$ 是一个非奇异的 $n$ 阶方阵. 对 $i=1, 2, \cdots, s$, 令 $\boldsymbol{\beta}_i=\boldsymbol{A}\boldsymbol{\alpha}_i$. 证明向量组 $\boldsymbol{\beta}_1, \boldsymbol{\beta}_2, \cdots, \boldsymbol{\beta}_s$ 线性无关.

10. 设 $\boldsymbol{A}$ 为 3 阶方阵, $\boldsymbol{\alpha}_1, \boldsymbol{\alpha}_2, \boldsymbol{\alpha}_3$ 是 $\mathbb{R}^3$ 中的列向量, 试证明若向量组 $\boldsymbol{\beta}_1=\boldsymbol{A}\boldsymbol{\alpha}_1, \boldsymbol{\beta}_2=\boldsymbol{A}\boldsymbol{\alpha}_2, \boldsymbol{\beta}_3=\boldsymbol{A}\boldsymbol{\alpha}_3$ 线性无关, 则 $\boldsymbol{A}$ 是非奇异方阵, 且 $\boldsymbol{\alpha}_1, \boldsymbol{\alpha}_2, \boldsymbol{\alpha}_3$ 线性无关.

11. 假设线性空间 $V=\operatorname{Span}(\boldsymbol{v}_1, \boldsymbol{v}_2, \cdots, \boldsymbol{v}_n)$, 且 $\boldsymbol{v} \in V$, 证明向量组 $\boldsymbol{v}, \boldsymbol{v}_1, \cdots, \boldsymbol{v}_n$ 线性相关.

12. 假设线性空间 $V$ 中的向量组 $\boldsymbol{v}_1, \boldsymbol{v}_2, \cdots, \boldsymbol{v}_n$ 线性无关, 证明 $\boldsymbol{v}_2, \cdots, \boldsymbol{v}_n$ 不能张成 $V$.

## 3.4 向量组的秩

本节主要介绍向量组的秩及其基本性质, 这是一个从线性无关的角度来反映向量组中所含相互无关向量个数的重要概念, 是向量组本质属性的一个重要体现. 先从向量组的极大线性无关组谈起.

### 3.4.1 极大线性无关组

**定义 3.8** 如果向量组 $A: \boldsymbol{\alpha}_1, \boldsymbol{\alpha}_2, \cdots, \boldsymbol{\alpha}_n$ 的一个部分向量组 $A_1: \boldsymbol{\alpha}_{i_1}, \boldsymbol{\alpha}_{i_2}, \cdots, \boldsymbol{\alpha}_{i_r}$ 满足

(1) $A_1$ 线性无关;

(2) $A$ 中每一向量都可由 $A_1$ 线性表示,

则 $A_1$ 称为向量组 $A$ 的一个极大线性无关组.

**例 3.25** 任意一个线性无关向量组 $A$ 自身是它的一个极大线性无关组, 这也是它仅有的一个极大线性无关组.

**解** 结论的前一部分是显然的. 关于其后一部分, 若设 $A$ 还有一个极大线性无关组 $A_1 \neq A$, 则存在向量 $\boldsymbol{\alpha}$ 满足: $\boldsymbol{\alpha} \in A$, $\boldsymbol{\alpha} \notin A_1$, 且 $\boldsymbol{\alpha}$ 可以由 $A_1$ 线性表示. 这样, $\boldsymbol{\alpha}$ 和 $A_1$ 一起就形成 $A$ 中线性相关的一个向量组, 进而导致向量组 $A$ 线性相关. 这是一个矛盾.

一般地, 关于极大线性无关组的存在性, 有下述基本结论.

**定理 3.8** 含有非零向量的有限个向量形成的向量组 $A$ 一定有极大线性无关组, 并且它的任意一个线性无关部分组都可以通过添加非零向量, 扩充为 $A$ 的一个极大线性无关组.

**证明** 由于 $A$ 包含非零向量, 所以, 总可先任意取定一个非零向量 $\mathbf{0} \neq \boldsymbol{\alpha}_1 \in A$. 这时, 若 $\boldsymbol{\alpha}_1$ 与 $A$ 中任意一个其他向量 $\boldsymbol{\beta}$ 都线性相关, 则 $\boldsymbol{\beta}$ 可以由 $\boldsymbol{\alpha}_1$ 线性表示. 因而, 由定义可知 $\boldsymbol{\alpha}_1$ 就是 $A$ 的一个极大线性无关组. 若 $A$ 中存在其他与 $\boldsymbol{\alpha}_1$ 线性无关的向量, 则任取一个这种向量 $\boldsymbol{\alpha}_2$, 可得 $A$ 中线性无关的向量组

$$A_1: \ \boldsymbol{\alpha}_1, \boldsymbol{\alpha}_2.$$

这时, 若 $A$ 中任意一个向量都可由 $A_1$ 线性表示, 则 $A_1$ 就是 $A$ 的一个极大线性无关组. 否则, 若 $A$ 中存在一个向量 $\boldsymbol{\alpha}_3$ 不能由 $A_1$ 线性表示, 则可得 $A$ 中线性无关的向量组

$$A_2: \ \boldsymbol{\alpha}_1, \boldsymbol{\alpha}_2, \boldsymbol{\alpha}_3.$$

它可能是也可能不是 $A$ 的极大线性无关组. 若是, 则结论成立. 若不是, 则可在其中添加向量形成 $A$ 中新的线性无关向量组. 以此类推, 由于 $A$ 中仅含有有限个向量, 所以上述步骤必然在有限步结束. 此时便得到 $A$ 的一个极大线性无关组.

定理的后一部分显然可用同样办法证明. 证毕.

**例 3.26** 设 $A: \boldsymbol{\alpha}_1 = \begin{pmatrix} 1 \\ 1 \end{pmatrix}, \boldsymbol{\alpha}_2 = \begin{pmatrix} 0 \\ 1 \end{pmatrix}, \boldsymbol{\alpha}_3 = \begin{pmatrix} 1 \\ 0 \end{pmatrix}$ 是 $\mathbb{R}^2$ 中的列向量组, 试求 $A$ 的极大线性无关组.

**解** 因为 $A: \boldsymbol{\alpha}_1, \boldsymbol{\alpha}_2, \boldsymbol{\alpha}_3$ 是由 3 个 2 维向量形成的向量组, 所以 $A$ 线性相关. 又容易验证: 向量组 $A_1: \boldsymbol{\alpha}_1, \boldsymbol{\alpha}_2$; $A_2: \boldsymbol{\alpha}_2, \boldsymbol{\alpha}_3$; $A_3: \boldsymbol{\alpha}_3, \boldsymbol{\alpha}_1$ 均线性无关. 并且, $\boldsymbol{\alpha}_3 = \boldsymbol{\alpha}_1 - \boldsymbol{\alpha}_2$, $\boldsymbol{\alpha}_1 = \boldsymbol{\alpha}_2 + \boldsymbol{\alpha}_3$, $\boldsymbol{\alpha}_2 = \boldsymbol{\alpha}_1 - \boldsymbol{\alpha}_3$. 因此, $A$ 既可由 $A_1$, 也可由 $A_2$, 还可由 $A_3$ 线性表示. 所以, $A_1$, $A_2$ 和 $A_3$ 都是向量组 $A$ 的极大线性无关组.

该例说明, 线性相关向量组的极大线性无关组一般不是唯一的.

既然一个向量组的极大线性无关组一般不唯一, 那么一个自然的问题是: 同一个向量组的不同极大线性无关组之间有什么关系? 要回答这一问题, 需要引入下述向量

组等价的概念.

### 3.4.2 向量组的等价

**定义 3.9** 设 $V$ 为任一线性空间,

$$A:\boldsymbol{\alpha}_1,\boldsymbol{\alpha}_2,\cdots,\boldsymbol{\alpha}_s \text{ 和 } B:\boldsymbol{\beta}_1,\boldsymbol{\beta}_2,\cdots,\boldsymbol{\beta}_t$$

是 $V$ 中任意两个向量组. 若向量组 $A$ 可由向量组 $B$ 线性表示, 同时向量组 $B$ 可由向量组 $A$ 线性表示, 即向量组 $A$ 和向量组 $B$ 可以互相线性表示, 则称向量组 $A$ 与 $B$ 等价.

比如, 若向量组 $A$ 为

$$A:\boldsymbol{\alpha}_1=\begin{pmatrix}1\\0\end{pmatrix},\quad \boldsymbol{\alpha}_2=\begin{pmatrix}0\\1\end{pmatrix},$$

向量组 $B$ 为

$$B:\boldsymbol{\beta}_1=\begin{pmatrix}2\\1\end{pmatrix},\quad \boldsymbol{\beta}_2=\begin{pmatrix}5\\3\end{pmatrix},\quad \boldsymbol{\beta}_3=\begin{pmatrix}3\\7\end{pmatrix},$$

则直接计算可得

$$\boldsymbol{\beta}_1=2\boldsymbol{\alpha}_1+\boldsymbol{\alpha}_2,\quad \boldsymbol{\beta}_2=5\boldsymbol{\alpha}_1+3\boldsymbol{\alpha}_2,\quad \boldsymbol{\beta}_3=3\boldsymbol{\alpha}_1+7\boldsymbol{\alpha}_2,$$

$$\boldsymbol{\alpha}_1=3\boldsymbol{\beta}_1+(-1)\boldsymbol{\beta}_2+0\boldsymbol{\beta}_3,\quad \boldsymbol{\alpha}_2=(-5)\boldsymbol{\beta}_1+2\boldsymbol{\beta}_2+0\boldsymbol{\beta}_3.$$

因此, $A$ 和 $B$ 可以互相线性表示. 所以, 向量组 $A$ 和向量组 $B$ 等价.

向量组之间的等价具有下述重要性质.

**定理 3.9** 在任意一个线性空间 $V$ 中, 下列结论成立.

(1) 反身性: 任意一个向量组 $A$ 与其自身等价.

(2) 对称性: 若向量组 $A$ 与 $B$ 等价, 则 $B$ 与 $A$ 等价.

(3) 传递性: 若向量组 $A$ 与 $B$ 等价, $B$ 与 $C$ 等价, 则 $A$ 与 $C$ 等价.

**证明** 请读者作为练习验证.

下面回到向量组不同极大线性无关组之间关系的讨论.

**定理 3.10** 在任意一个线性空间 $V$ 中, 一个向量组 $A$ 的任一极大线性无关组 $A_1$ 都与 $A$ 自身等价. 进而, 一个向量组的所有极大线性无关组互相等价.

**证明** 首先, $A_1$ 显然可由 $A$ 线性表示. 其次, 按照极大线性无关组的定义, $A$ 可由 $A_1$ 线性表示. 因此, $A_1$ 与 $A$ 等价. 定理后一部分是等价传递性的直接推论. 证毕.

把定理 3.6 的推论 1 和该定理结合, 可得

**推论 1** 同一个向量组的所有极大线性无关组中含有相同个数的向量.

**证明** 假设 $A_1$ 和 $A_2$ 是向量组 $A$ 的任意两个极大线性无关组, 且 $A_1$ 和 $A_2$ 所含向量的个数分别是 $r_1$ 和 $r_2$, 则由 $A_1$ 可由 $A_2$ 线性表示, 以及 $A_1$ 的线性无关性可知, $r_1 \leqslant r_2$. 反之, 由 $A_2$ 可由 $A_1$ 线性表示, 以及 $A_2$ 的线性无关性可知, $r_2 \leqslant r_1$. 两者结合即得 $r_2 = r_1$. 证毕.

由此便可介绍本节的核心概念: 向量组的秩.

### 3.4.3 向量组秩的概念

**定义 3.10** 设 $A$ 是一个含有非零向量且存在极大线性无关组的向量组, 则 $A$ 的极大线性无关组中所含向量的个数称为向量组 $A$ 的秩, 记为 $R(A)$. 同时规定, 只有零向量的向量组的秩为零.

这样, 对任一含有 $n$ 个向量的向量组 $A$, 其秩 $R(A)$ 满足 $0 \leqslant R(A) \leqslant n$. 并且, 如果 $R(A) = r > 0$, 则 $A$ 中任意 $r$ 个线性无关的向量组都是它的一个极大线性无关组.

**定理 3.11** 在任意一个线性空间 $V$ 中, 一个向量组 $A$ 线性无关当且仅当 $A$ 的秩 $R(A)$ 等于 $A$ 中所含向量的个数.

**证明** 这是定义 3.10 的直接推论.

**定理 3.12** 在任意一个线性空间 $V$ 中, 若向量组 $A$ 可以由向量组 $B$ 线性表示, 则

$$R(A) \leqslant R(B).$$

**证明** 假设 $C$ 是 $A$ 的一个极大线性无关组, $D$ 是 $B$ 的一个极大线性无关组, 则 $C$ 可由 $A$ 线性表示, $B$ 可由 $D$ 线性表示. 这与 $A$ 可以由 $B$ 线性表示结合可

知, $C$ 可由 $D$ 线性表示. 故由 $C$ 的线性无关性及定理 3.6 的推论 1 可得 $R(A) = R(C) \leqslant R(D) = R(B)$. 证毕.

**定理 3.13**　在任意一个线性空间 $V$ 中, 等价的向量组必有相同的秩.

**证明**　这是向量组等价定义和定理 3.12 的直接推论.

**定理 3.14**　在任意一个线性空间 $V$ 中, 向量组 $A: \boldsymbol{\alpha}_1, \boldsymbol{\alpha}_2, \cdots, \boldsymbol{\alpha}_s$ 可以由向量组 $B: \boldsymbol{\beta}_1, \boldsymbol{\beta}_2, \cdots, \boldsymbol{\beta}_t$ 线性表示的充分必要条件为

$$R(B) = R(A, B),$$

其中 $R(A, B)$ 表示把 $A$ 和 $B$ 合起来形成的向量组 $\boldsymbol{\alpha}_1, \boldsymbol{\alpha}_2, \cdots, \boldsymbol{\alpha}_s, \boldsymbol{\beta}_1, \boldsymbol{\beta}_2, \cdots, \boldsymbol{\beta}_t$ 的秩.

**证明***　当 $R(B) = 0$ 时, 按照向量组秩的定义, $B$ 中只有零向量. 这时, 若 $A$ 可以由 $B$ 线性表示, 则 $A$ 中也只有零向量, 进而向量组 $(A, B)$ 中便只有零向量. 因此 $R(A, B) = 0$, 故 $R(B) = R(A, B)$. 反过来, 若 $R(B) = R(A, B)$, 则 $R(A, B) = 0$. 于是, 向量组 $(A, B)$ 中只有零向量, 进而 $A$ 中只有零向量. 因此, $A$ 可以由 $B$ 线性表示.

下面假设 $R(B) > 0$. 这时, 若 $A$ 可以由 $B$ 线性表示, 则向量组 $(A, B)$ 便可以由 $B$ 线性表示. 因此, $R(A, B) \leqslant R(B)$. 但另一方面, 显然有 $R(A, B) \geqslant R(B)$. 两者结合即得 $R(B) = R(A, B)$. 反过来, 若 $R(B) = R(A, B)$, 并假设 $C: \boldsymbol{\beta}_1, \boldsymbol{\beta}_2, \cdots, \boldsymbol{\beta}_{R(B)}$ 是 $B$ 的一个极大线性无关组, 则 $A$ 一定可以由 $C$ 线性表示, 进而 $A$ 可以由 $B$ 线性表示. 否则, 假设 $A$ 中存在某个向量 $\boldsymbol{\alpha}$ 不能由 $C$ 线性表示, 则向量组 $\boldsymbol{\alpha}, \boldsymbol{\beta}_1, \boldsymbol{\beta}_2, \cdots, \boldsymbol{\beta}_{R(B)}$ 必线性无关. 这样,

$$1 + R(B) = R\left(\boldsymbol{\alpha}, \boldsymbol{\beta}_1, \boldsymbol{\beta}_2, \cdots, \boldsymbol{\beta}_{R(B)}\right) \leqslant R(A, B).$$

这与 $R(B) = R(A, B)$ 矛盾. 证毕.

**推论 1**　在任意一个线性空间 $V$ 中, 向量组 $A$ 与 $B$ 等价的充分必要条件为 $R(A) = R(B) = R(A, B)$.

该推论再次说明, 等价的向量组有相同的秩. 但这一结论的逆命题不成立, 即两个秩相等的向量组未必等价.

例如, 直接验证不难发现, 尽管向量组 $A: \boldsymbol{\alpha}_1 = (1, 0, 0), \boldsymbol{\alpha}_2 = (1, 1, 0)$ 和向量组 $B: \boldsymbol{\beta}_1 = (1, 0, 1), \boldsymbol{\beta}_2 = (1, 1, 1)$ 的秩都是 2, 但 $A$ 和 $B$ 并不等价. 这是因为, $R(A, B) = R(\boldsymbol{\alpha}_1, \boldsymbol{\alpha}_2, \boldsymbol{\beta}_1, \boldsymbol{\beta}_2) = 3 \neq 2$.

### 3.4.4 向量组的秩和极大线性无关组的求法

下面介绍 $n$ 维 Euclid 线性空间 $\mathbb{R}^n$ 中向量组的秩和极大线性无关组的求法. 为叙述方便, 先给出下述概念.

**定义 3.11** 假设 $\boldsymbol{A}$ 是一个给定的 $m\times n$ 矩阵, 则 $\boldsymbol{A}$ 的 $m$ 个 $n$ 维行向量形成的向量组的秩称为 $\boldsymbol{A}$ 的行秩, $\boldsymbol{A}$ 的 $n$ 个 $m$ 维列向量形成的向量组的秩称为 $\boldsymbol{A}$ 的列秩.

下述两个定理是求 $\mathbb{R}^n$ 中向量组的秩和极大线性无关组方法的理论基础.

**定理 3.15** 初等变换既不改变矩阵的行秩, 也不改变矩阵的列秩.

**证明** 设 $\boldsymbol{A}$ 是一个给定的 $m\times n$ 矩阵, 首先考察初等行变换的情形. 假设 $\boldsymbol{P}$ 是与对 $\boldsymbol{A}$ 所实施的一次初等行变换所对应的初等矩阵, 则由定义容易看出, $\boldsymbol{A}$ 的行向量组与 $\boldsymbol{PA}$ 的行向量组等价. 故由定理 3.13 可知, $\boldsymbol{A}$ 的行秩等于对 $\boldsymbol{A}$ 实施一次初等行变换所得到的矩阵 $\boldsymbol{PA}$ 的行秩, 即初等行变换不改变矩阵的行秩. 进一步, 用 $\boldsymbol{\beta}_1,\boldsymbol{\beta}_2,\cdots,\boldsymbol{\beta}_n$ 表示 $A$ 的列向量组, 即设

$$\boldsymbol{A}=(\boldsymbol{\beta}_1,\boldsymbol{\beta}_2,\cdots,\boldsymbol{\beta}_n).$$

再设 $\boldsymbol{\beta}_{i_1},\boldsymbol{\beta}_{i_2},\cdots,\boldsymbol{\beta}_{i_t}\quad(1\leqslant i_1<i_2<\cdots<i_t\leqslant n,1\leqslant t\leqslant n)$ 是向量组 $\boldsymbol{\beta}_1,\boldsymbol{\beta}_2,\cdots,\boldsymbol{\beta}_n$ 的任意一个部分向量组, 则由 $\boldsymbol{P}$ 可逆容易看出, 对 $k_{i_1},k_{i_2},\cdots,k_{i_t}\in\mathbb{R}$,

$$k_{i_1}\boldsymbol{\beta}_{i_1}+k_{i_2}\boldsymbol{\beta}_{i_2}+\cdots+k_{i_t}\boldsymbol{\beta}_{i_t}=\boldsymbol{0}$$

当且仅当

$$k_{i_1}\left(\boldsymbol{P}\boldsymbol{\beta}_{i_1}\right)+k_{i_2}\left(\boldsymbol{P}\boldsymbol{\beta}_{i_2}\right)+\cdots+k_{i_t}\left(\boldsymbol{P}\boldsymbol{\beta}_{i_t}\right)=\boldsymbol{0}.$$

这说明 $\boldsymbol{A}$ 的列向量组的任意一个部分向量组, 与 $\boldsymbol{PA}$ 相应位置列向量形成的部分向量组, 具有完全相同的线性相关和线性无关性, 即 $\boldsymbol{\beta}_{i_1},\boldsymbol{\beta}_{i_2},\cdots,\boldsymbol{\beta}_{i_t}$ 是 $\boldsymbol{A}$ 的列向量组的一个极大线性无关组当且仅当

$$\boldsymbol{P}\boldsymbol{\beta}_{i_1},\boldsymbol{P}\boldsymbol{\beta}_{i_2},\cdots,\boldsymbol{P}\boldsymbol{\beta}_{i_t}$$

是 $\boldsymbol{PA}$ 的列向量组的一个极大线性无关组. 因此, $\boldsymbol{A}$ 的列秩等于 $\boldsymbol{PA}$ 的列秩, 即初等行变换不改变矩阵的列秩. 对于初等列变换的情形, 可以用完全类似的办法证明. 证毕.

**定理 3.16** 任一矩阵的行秩等于它的列秩, 都等于它的秩.

**证明** 设 $\boldsymbol{A}$ 是任意一个给定的 $m \times n$ 矩阵, 并设其秩 $R(\boldsymbol{A}) = r$, 其中 $0 \leqslant r \leqslant \min(m, n)$, 则经过有限次初等变换 $\boldsymbol{A}$ 可以化为其标准形矩阵

$$\boldsymbol{F} = \begin{pmatrix} \boldsymbol{E}_r & \boldsymbol{O} \\ \boldsymbol{O} & \boldsymbol{O} \end{pmatrix},$$

其中, 当 $r = 0$ 时 $\boldsymbol{E}_r = \boldsymbol{O}$, 当 $r > 0$ 时 $\boldsymbol{E}_r$ 为 $r$ 阶单位矩阵. 很明显, 矩阵 $\boldsymbol{F}$ 的行秩等于 $\boldsymbol{F}$ 的列秩, 等于 $r$. 所以, 由定理 3.15 可知,

$$\boldsymbol{A}\text{的行秩} = \boldsymbol{F}\text{的行秩} = r, \quad \boldsymbol{A}\text{的列秩} = \boldsymbol{F}\text{的列秩} = r.$$

因此, $\boldsymbol{A}$ 的行秩 $=\boldsymbol{A}$ 的列秩 $=R(\boldsymbol{A}) = r$. 证毕.

根据定理 3.15 和定理 3.16, 并注意定理 3.15 的证明过程, 对 $m$ 维 Euclid 线性空间 $\mathbb{R}^m$ 中的任一向量组 $\boldsymbol{\alpha}_1, \boldsymbol{\alpha}_2, \cdots, \boldsymbol{\alpha}_n$, 求其秩和极大线性无关组的基本步骤可以归结为:

第一步, 把 $\boldsymbol{\alpha}_1, \boldsymbol{\alpha}_2, \cdots, \boldsymbol{\alpha}_n$ 写为列向量组, 并作 $m \times n$ 矩阵 $\boldsymbol{A} = (\boldsymbol{\alpha}_1, \boldsymbol{\alpha}_2, \cdots, \boldsymbol{\alpha}_n)$.

第二步, 对 $\boldsymbol{A}$ 实施初等行变换把它化为行阶梯形矩阵.

第三步, 数出 $\boldsymbol{A}$ 的行阶梯形矩阵的非零行数, 它就是向量组 $\boldsymbol{\alpha}_1, \boldsymbol{\alpha}_2, \cdots, \boldsymbol{\alpha}_n$ 的秩.

第四步, 按照 $\boldsymbol{A}$ 的行阶梯形矩阵主元所在的列, 写出 $\boldsymbol{A}$ 中对应的列向量, 它们便构成原向量组 $\boldsymbol{\alpha}_1, \boldsymbol{\alpha}_2, \cdots, \boldsymbol{\alpha}_n$ 的一个极大线性无关组.

需要强调的是:

第一, 上述过程只允许使用初等行变换. 这是因为我们需要从行阶梯形矩阵的列向量的线性无关性, 对应地去确定 $\boldsymbol{A}$ 的列向量的线性无关性, 进而去确定向量组 $\boldsymbol{\alpha}_1, \boldsymbol{\alpha}_2, \cdots, \boldsymbol{\alpha}_n$ 的极大线性无关组. 因此, 只能使用初等行变换的限制, 是求极大线性无关组的自然要求.

第二, 由定理 3.15 的证明过程可以看出, 向量组 $\boldsymbol{\alpha}_1, \boldsymbol{\alpha}_2, \cdots, \boldsymbol{\alpha}_n$ 中的向量, 即 $\boldsymbol{A}$ 的列向量, 与 $\boldsymbol{A}$ 的行阶梯形矩阵的列向量之间, 有完全相同的线性关系.

第三, 当遇到的问题只是求向量组的秩的时候, 则既可以使用初等行变换, 又可以使用初等列变换. 这时, 所求得的矩阵 $\boldsymbol{A}$ 的秩就是向量组的秩.

**例 3.27** 求向量组 $\boldsymbol{\alpha}_1 = (1, -2, 1)^{\mathrm{T}}, \boldsymbol{\alpha}_2 = (2, -4, 2)^{\mathrm{T}}, \boldsymbol{\alpha}_3 = (1, 0, 3)^{\mathrm{T}}, \boldsymbol{\alpha}_4 = (0, -4, -4)^{\mathrm{T}}$ 的秩.

**解** 作 $3\times 4$ 矩阵 $\boldsymbol{A}=(\boldsymbol{\alpha}_1,\boldsymbol{\alpha}_2,\boldsymbol{\alpha}_3,\boldsymbol{\alpha}_4)=\begin{pmatrix}1&2&1&0\\-2&-4&0&-4\\1&2&3&-4\end{pmatrix}$. 对 $\boldsymbol{A}$ 实施下述初等行变换, 将其化为行阶梯形矩阵 $\boldsymbol{B}$:

$$\boldsymbol{A}=\begin{pmatrix}1&2&1&0\\-2&-4&0&-4\\1&2&3&-4\end{pmatrix}\to\begin{pmatrix}1&2&1&0\\0&0&2&-4\\0&0&2&-4\end{pmatrix}$$
$$\to\begin{pmatrix}1&2&1&0\\0&0&1&-2\\0&0&0&0\end{pmatrix}\to\begin{pmatrix}1&2&0&2\\0&0&1&-2\\0&0&0&0\end{pmatrix}=\boldsymbol{B}.$$

因为 $\boldsymbol{B}$ 的非零行个数为 2, 所以向量组 $\boldsymbol{\alpha}_1,\boldsymbol{\alpha}_2,\boldsymbol{\alpha}_3,\boldsymbol{\alpha}_4$ 的秩为 2.

**例 3.28** 求向量组 $\boldsymbol{\alpha}_1=(2,-1,1,3)^{\mathrm{T}}$, $\boldsymbol{\alpha}_2=(1,0,4,2)^{\mathrm{T}}$, $\boldsymbol{\alpha}_3=(-4,2,-2,1)^{\mathrm{T}}$ 的秩.

**解** 作 $4\times 3$ 矩阵 $\boldsymbol{A}=(\boldsymbol{\alpha}_1,\boldsymbol{\alpha}_2,\boldsymbol{\alpha}_3)=\begin{pmatrix}2&1&-4\\-1&0&2\\1&4&-2\\3&2&1\end{pmatrix}$. 对 $\boldsymbol{A}$ 实施下述初等行变换, 将其化为行阶梯形矩阵 $\boldsymbol{B}$:

$$\boldsymbol{A}=\begin{pmatrix}2&1&-4\\-1&0&2\\1&4&-2\\3&2&1\end{pmatrix}\to\begin{pmatrix}-1&0&2\\2&1&-4\\1&4&-2\\3&2&1\end{pmatrix}\to\begin{pmatrix}-1&0&2\\0&1&0\\0&4&0\\0&2&7\end{pmatrix}$$
$$\to\begin{pmatrix}1&0&-2\\0&1&0\\0&0&0\\0&0&7\end{pmatrix}\to\begin{pmatrix}1&0&-2\\0&1&0\\0&0&1\\0&0&0\end{pmatrix}=\boldsymbol{B}.$$

因为 $\boldsymbol{B}$ 的非零行个数为 3, 所以向量组 $\boldsymbol{\alpha}_1,\boldsymbol{\alpha}_2,\boldsymbol{\alpha}_3$ 的秩为 3.

**例 3.29**　求向量组

$$\boldsymbol{\alpha}_1=\begin{pmatrix}1\\-2\\-1\\3\end{pmatrix},\quad \boldsymbol{\alpha}_2=\begin{pmatrix}2\\1\\8\\11\end{pmatrix},\quad \boldsymbol{\alpha}_3=\begin{pmatrix}1\\-1\\1\\4\end{pmatrix},\quad \boldsymbol{\alpha}_4=\begin{pmatrix}-2\\1\\-3\\-9\end{pmatrix}\quad \boldsymbol{\alpha}_5=\begin{pmatrix}1\\-4\\-7\\1\end{pmatrix}$$

的秩及其极大线性无关组.

**解**　作 $4\times 5$ 矩阵 $\boldsymbol{A}=(\boldsymbol{\alpha}_1, \boldsymbol{\alpha}_2, \boldsymbol{\alpha}_3, \boldsymbol{\alpha}_4, \boldsymbol{\alpha}_5)$. 对 $\boldsymbol{A}$ 实施下述初等行变换将其化为行阶梯形矩阵 $\boldsymbol{B}$:

$$\boldsymbol{A}=\begin{pmatrix}1&2&1&-2&1\\-2&1&-1&1&-4\\-1&8&1&-3&-7\\3&11&4&-9&1\end{pmatrix}\to\begin{pmatrix}1&2&1&-2&1\\0&5&1&-3&-2\\0&10&2&-5&-6\\0&5&1&-3&-2\end{pmatrix}$$

$$\to\begin{pmatrix}1&2&1&-2&1\\0&5&1&-3&-2\\0&0&0&1&-2\\0&0&0&0&0\end{pmatrix}\to\begin{pmatrix}1&2&1&0&-3\\0&5&1&0&-8\\0&0&0&1&-2\\0&0&0&0&0\end{pmatrix}=\boldsymbol{B}.$$

因为 $\boldsymbol{B}$ 的非零行数为 3, 所以向量组 $\boldsymbol{\alpha}_1, \boldsymbol{\alpha}_2, \cdots, \boldsymbol{\alpha}_5$ 的秩为 3. 进一步, 用 $\boldsymbol{\beta}_1, \boldsymbol{\beta}_2, \cdots, \boldsymbol{\beta}_5$ 表示矩阵 $\boldsymbol{B}$ 的列向量组. 则容易看出, 向量组 $\boldsymbol{\beta}_1, \boldsymbol{\beta}_2, \boldsymbol{\beta}_4$; 向量组 $\boldsymbol{\beta}_1, \boldsymbol{\beta}_2, \boldsymbol{\beta}_5$; 向量组 $\boldsymbol{\beta}_1, \boldsymbol{\beta}_3, \boldsymbol{\beta}_4$ 和向量组 $\boldsymbol{\beta}_1, \boldsymbol{\beta}_3, \boldsymbol{\beta}_5$ 都是 $\boldsymbol{\beta}_1, \boldsymbol{\beta}_2, \cdots, \boldsymbol{\beta}_5$ 的极大线性无关组. 所以, 向量组 $\boldsymbol{\alpha}_1, \boldsymbol{\alpha}_2, \boldsymbol{\alpha}_4$; 向量组 $\boldsymbol{\alpha}_1, \boldsymbol{\alpha}_2, \boldsymbol{\alpha}_5$; 向量组 $\boldsymbol{\alpha}_1, \boldsymbol{\alpha}_3, \boldsymbol{\alpha}_4$; 向量组 $\boldsymbol{\alpha}_1, \boldsymbol{\alpha}_3, \boldsymbol{\alpha}_5$ 都是 $\boldsymbol{\alpha}_1, \boldsymbol{\alpha}_2, \cdots, \boldsymbol{\alpha}_5$ 极大线性无关组.

**例 3.30**　求向量组

$$\boldsymbol{\alpha}_1=\begin{pmatrix}1\\-1\\2\\4\end{pmatrix},\quad \boldsymbol{\alpha}_2=\begin{pmatrix}0\\3\\1\\2\end{pmatrix},\quad \boldsymbol{\alpha}_3=\begin{pmatrix}3\\0\\7\\14\end{pmatrix},\quad \boldsymbol{\alpha}_4=\begin{pmatrix}1\\-1\\2\\0\end{pmatrix},\quad \boldsymbol{\alpha}_5=\begin{pmatrix}2\\1\\5\\6\end{pmatrix}$$

的秩及其一个极大线性无关组, 并把其他向量表示为该极大线性无关组的线性组合.

**解**　作 $4\times 5$ 矩阵 $\boldsymbol{A}=(\boldsymbol{\alpha}_1, \boldsymbol{\alpha}_2, \boldsymbol{\alpha}_3, \boldsymbol{\alpha}_4, \boldsymbol{\alpha}_5)$. 对 $\boldsymbol{A}$ 实施下述初等行变换将其

化为行阶梯形矩阵 $\boldsymbol{B}$:

$$\boldsymbol{A}=\begin{pmatrix}1&0&3&1&2\\-1&3&0&-1&1\\2&1&7&2&5\\4&2&14&0&6\end{pmatrix}\to\begin{pmatrix}1&0&3&1&2\\0&3&3&0&3\\0&1&1&0&1\\0&2&2&-4&-2\end{pmatrix}$$

$$\to\begin{pmatrix}1&0&3&1&2\\0&1&1&0&1\\0&0&0&-4&-4\\0&0&0&0&0\end{pmatrix}\to\begin{pmatrix}1&0&3&1&2\\0&1&1&0&1\\0&0&0&1&1\\0&0&0&0&0\end{pmatrix}$$

$$\to\begin{pmatrix}1&0&3&0&1\\0&1&1&0&1\\0&0&0&1&1\\0&0&0&0&0\end{pmatrix}=\boldsymbol{B}.$$

因为 $\boldsymbol{B}$ 的非零行数为 3, 所以向量组 $\boldsymbol{\alpha}_1, \boldsymbol{\alpha}_2, \cdots, \boldsymbol{\alpha}_5$ 的秩为 3. 再用 $\boldsymbol{\beta}_1, \boldsymbol{\beta}_2, \cdots, \boldsymbol{\beta}_5$ 表示矩阵 $\boldsymbol{B}$ 的列向量组, 则容易看出, 向量组 $\boldsymbol{\beta}_1, \boldsymbol{\beta}_2, \boldsymbol{\beta}_4$ 是 $\boldsymbol{\beta}_1, \boldsymbol{\beta}_2, \cdots, \boldsymbol{\beta}_5$ 的一个极大线性无关组, 且

$$\boldsymbol{\beta}_3=3\boldsymbol{\beta}_1+\boldsymbol{\beta}_2,\quad \boldsymbol{\beta}_5=\boldsymbol{\beta}_1+\boldsymbol{\beta}_2+\boldsymbol{\beta}_4.$$

因此, 向量组 $\boldsymbol{\alpha}_1, \boldsymbol{\alpha}_2, \boldsymbol{\alpha}_4$ 是 $\boldsymbol{\alpha}_1, \boldsymbol{\alpha}_2, \cdots, \boldsymbol{\alpha}_5$ 的一个极大线性无关组, 且

$$\boldsymbol{\alpha}_3=3\boldsymbol{\alpha}_1+\boldsymbol{\alpha}_2,\quad \boldsymbol{\alpha}_5=\boldsymbol{\alpha}_1+\boldsymbol{\alpha}_2+\boldsymbol{\alpha}_4.$$

**例 3.31** 设向量组 $A$ 为 $\boldsymbol{\alpha}_1=(3,-1,1,0)^{\mathrm{T}}, \boldsymbol{\alpha}_2=(1,0,3,1)^{\mathrm{T}}, \boldsymbol{\alpha}_3=(-2,1,2,1)^{\mathrm{T}}$; 向量组 $B$ 为 $\boldsymbol{\beta}_1=(0,1,8,3)^{\mathrm{T}}, \boldsymbol{\beta}_2=(-1,1,5,2)^{\mathrm{T}}$, 试证明 $A$ 与 $B$ 等价.

**证明** 作矩阵 $(A, B)=\left(\begin{array}{ccc|cc}3&1&-2&0&-1\\-1&0&1&1&1\\1&3&2&8&5\\0&1&1&3&2\end{array}\right)$, 并对其实施下述初等行变换化为行阶梯形矩阵 $\boldsymbol{C}=(\boldsymbol{C}_1, \boldsymbol{C}_2)$:

$$(A,\ B)=\left(\begin{array}{ccc|cc}3&1&-2&0&-1\\-1&0&1&1&1\\1&3&2&8&5\\0&1&1&3&2\end{array}\right)\to\left(\begin{array}{ccc|cc}-1&0&1&1&1\\3&1&-2&0&-1\\1&3&2&8&5\\0&1&1&3&2\end{array}\right)$$

$$\to\left(\begin{array}{ccc|cc}1&0&-1&-1&-1\\0&1&1&3&2\\0&3&3&9&6\\0&1&1&3&2\end{array}\right)\to\left(\begin{array}{ccc|cc}1&0&-1&-1&-1\\0&1&1&3&2\\0&0&0&0&0\\0&0&0&0&0\end{array}\right)$$

$$=\boldsymbol{C}=(\boldsymbol{C}_1,\ \boldsymbol{C}_2),$$

其中 $\boldsymbol{C}_1=\begin{pmatrix}1&0&-1\\0&1&1\\0&0&0\\0&0&0\end{pmatrix}$, $\boldsymbol{C}_2=\begin{pmatrix}-1&-1\\3&2\\0&0\\0&0\end{pmatrix}$. 容易看出, $R(\boldsymbol{C}_1)=R(\boldsymbol{C}_2)=R(\boldsymbol{C}_1,\ \boldsymbol{C}_2)=2$. 因此 $R(A)=R(B)=R(A,\ B)=2$. 故由定理 3.14 的推论 1 可知 $A$ 与 $B$ 等价.

**例 3.32**　设向量组 $A$ 为 $\boldsymbol{\alpha}_1=(1,\ 2,\ 3)^{\mathrm{T}}$, $\boldsymbol{\alpha}_2=(1,\ 0,\ 1)^{\mathrm{T}}$; 向量组 $B$ 为 $\boldsymbol{\beta}_1=(-1,\ 2,\ t)^{\mathrm{T}}$, $\boldsymbol{\beta}_2=(4,\ 1,\ 5)^{\mathrm{T}}$, 其中 $t\in\mathbb{R}$ 为参数.

(1) 试问参数 $t$ 为何值时, 向量组 $A$ 与 $B$ 等价?

(2) 当 $A$ 与 $B$ 等价时, 写出 $A$ 与 $B$ 相互线性表示的表示式.

**解**　(1) 作矩阵 $(A,\ B)=\left(\begin{array}{cc|cc}1&1&-1&4\\2&0&2&1\\3&1&t&5\end{array}\right)$, 并对其实施下述初等行变换化为行阶梯形矩阵 $\boldsymbol{C}=(\boldsymbol{C}_1,\ \boldsymbol{C}_2)$:

$$(A,\ B)=\left(\begin{array}{cc|cc}1&1&-1&4\\2&0&2&1\\3&1&t&5\end{array}\right)\to\left(\begin{array}{cc|cc}1&1&-1&4\\0&-2&4&-7\\0&-2&t+3&-7\end{array}\right)$$

$$\to\left(\begin{array}{cc|cc}1&1&-1&4\\0&1&-2&7/2\\0&0&t-1&0\end{array}\right)\to\left(\begin{array}{cc|cc}1&0&1&1/2\\0&1&-2&7/2\\0&0&t-1&0\end{array}\right)$$

$$=\boldsymbol{C}=(\boldsymbol{C}_1,\ \boldsymbol{C}_2),$$

其中 $\boldsymbol{C}_1=(\boldsymbol{\gamma}_1,\ \boldsymbol{\gamma}_2)$, $\boldsymbol{C}_2=(\boldsymbol{\eta}_1,\ \boldsymbol{\eta}_2)$, $\boldsymbol{\gamma}_1=(1,\ 0,\ 0)^{\mathrm{T}}$, $\boldsymbol{\gamma}_2=(0,\ 1,\ 0)^{\mathrm{T}}$, $\boldsymbol{\eta}_1=$

$(1,\ -2,\ t-1)^{\mathrm{T}}$, $\boldsymbol{\eta}_2 = (1/2,\ 7/2,\ 0)^{\mathrm{T}}$. 容易看出, 当且仅当 $t=1$ 时 $R(\boldsymbol{C}_1) = R(\boldsymbol{C}_2) = R(\boldsymbol{C}_1,\ \boldsymbol{C}_2) = 2$, 从而 $R(A) = R(B) = R(A,\ B) = 2$. 此时, 由定理 3.14 的推论 1 可知 $A$ 与 $B$ 等价.

(2) 在 $t=1$, 即 $A$ 与 $B$ 等价时, 容易看出 $\boldsymbol{\eta}_1 = \boldsymbol{\gamma}_1 - 2\boldsymbol{\gamma}_2$, $\boldsymbol{\eta}_2 = \frac{1}{2}\boldsymbol{\gamma}_1 + \frac{7}{2}\boldsymbol{\gamma}_2$, 因此

$$\boldsymbol{\beta}_1 = \boldsymbol{\alpha}_1 - 2\boldsymbol{\alpha}_2, \quad \boldsymbol{\beta}_2 = \frac{1}{2}\boldsymbol{\alpha}_1 + \frac{7}{2}\boldsymbol{\alpha}_2.$$

进一步, 在该式中把 $\boldsymbol{\alpha}_1$ 和 $\boldsymbol{\alpha}_2$ 作为未知元求解, 可得

$$\boldsymbol{\alpha}_1 = \frac{7}{9}\boldsymbol{\beta}_1 + \frac{4}{9}\boldsymbol{\beta}_2, \quad \boldsymbol{\alpha}_2 = -\frac{1}{9}\boldsymbol{\beta}_1 + \frac{2}{9}\boldsymbol{\beta}_2.$$

### 习 题 3.4

1. 求向量组 $\boldsymbol{\alpha}_1 = (1,\ 0,\ 1,\ 0,\ 1)$, $\boldsymbol{\alpha}_2 = (0,\ 1,\ 1,\ 0,\ 1)$, $\boldsymbol{\alpha}_3 = (1,\ 1,\ 0,\ 0,\ 1)$, $\boldsymbol{\alpha}_4 = (-3,\ -2,\ 3,\ 0,\ -1)$ 的秩及一个极大线性无关组, 并将剩余向量用此极大线性无关组线性表示.

2. 求向量组 $\boldsymbol{\alpha}_1 = (1,\ 1,\ 2,\ 3)$, $\boldsymbol{\alpha}_2 = (1,\ -1,\ 1,\ 1)$, $\boldsymbol{\alpha}_3 = (1,\ 3,\ 3,\ 5)$, $\boldsymbol{\alpha}_4 = (4,\ -2,\ 5,\ 6)$, $\boldsymbol{\alpha}_5 = (-3,\ -1,\ -5,\ -7)$ 的秩及一个极大线性无关组, 并将剩余向量用此极大线性无关组线性表示.

3. 设向量组 $A$ 为 $\boldsymbol{\alpha}_1 = (1,\ -1,\ k)^{\mathrm{T}}$, $\boldsymbol{\alpha}_2 = (-2,\ 2k,\ -2)^{\mathrm{T}}$, $\boldsymbol{\alpha}_3 = (3k,\ -3,\ 3)^{\mathrm{T}}$. 求参数 $k$ 的值使得 (1) $R(A) = 1$; (2) $R(A) = 2$; (3) $R(A) = 3$.

4. 设向量组 $A$ 为 $\boldsymbol{\alpha}_1 = (1,\ 0,\ 2)^{\mathrm{T}}$, $\boldsymbol{\alpha}_2 = (1,\ 1,\ 3)^{\mathrm{T}}$, $\boldsymbol{\alpha}_3 = (1,\ -1,\ k+2)^{\mathrm{T}}$, 向量组 $B$ 为 $\boldsymbol{\beta}_1 = (1,\ 2,\ k+3)^{\mathrm{T}}$, $\boldsymbol{\beta}_2 = (2,\ 1,\ k+6)^{\mathrm{T}}$, $\boldsymbol{\beta}_3 = (2,\ 1,\ k+4)^{\mathrm{T}}$, 问参数 $k$ 为何值时, 向量组 $A$ 与 $B$ 等价.

5. 若向量组 $\boldsymbol{\alpha}_1,\ \boldsymbol{\alpha}_2,\ \cdots,\ \boldsymbol{\alpha}_s$ 可以由向量组 $\boldsymbol{\beta}_1,\ \boldsymbol{\beta}_2,\ \cdots,\ \boldsymbol{\beta}_t$ 线性表示, 证明 $R(\boldsymbol{\alpha}_1,\ \boldsymbol{\alpha}_2,\ \cdots,\ \boldsymbol{\alpha}_s) \leqslant R(\boldsymbol{\beta}_1,\ \boldsymbol{\beta}_2,\ \cdots,\ \boldsymbol{\beta}_t)$.

## 3.5 线性空间的基和维数

线性空间的基是按照向量的线性组合构建起线性空间的基本单元, 线性空间的维数是一个能够刻画线性空间大小, 并能够用来从代数结构的本质上区分不同类型线性空间的根本性指标. 本节主要介绍基和维数的基本概念与基本性质.

### 3.5.1 线性空间的基

**定义 3.12** 假设 $V$ 是一个线性空间, 则 $\boldsymbol{v}_1, \boldsymbol{v}_2,\ \cdots,\ \boldsymbol{v}_n$ 称为 $V$ 的一个基是指

(i) $\boldsymbol{v}_1, \boldsymbol{v}_2, \cdots, \boldsymbol{v}_n$ 线性无关;

(ii) $V = \mathrm{Span}\,(\boldsymbol{v}_1, \boldsymbol{v}_2, \cdots, \boldsymbol{v}_n)$.

简单来说, 线性空间 $V$ 的一个基就是 $V$ 的一个极小的有限张成子集.

**例 3.33**　在 3 维 Euclid 线性空间 $\mathbb{R}^3$ 中, 基本单位向量组 $\boldsymbol{e}_1, \boldsymbol{e}_2, \boldsymbol{e}_3$ 是它的一个基. 除此之外, $\mathbb{R}^3$ 中还有很多其他的基. 比如, 向量组

$$A = \left\{ \begin{pmatrix} 1 \\ 1 \\ 1 \end{pmatrix}, \begin{pmatrix} 0 \\ 2 \\ 1 \end{pmatrix}, \begin{pmatrix} 2 \\ 0 \\ 3 \end{pmatrix} \right\}$$

和

$$B = \left\{ \begin{pmatrix} 0 \\ 2 \\ 1 \end{pmatrix}, \begin{pmatrix} 1 \\ 1 \\ 0 \end{pmatrix}, \begin{pmatrix} 1 \\ 0 \\ 2 \end{pmatrix} \right\}$$

也都是线性空间 $\mathbb{R}^3$ 的基.

**解**　首先, 由于 $\boldsymbol{e}_1, \boldsymbol{e}_2, \boldsymbol{e}_3$ 线性无关且 $\mathbb{R}^3 = \mathrm{Span}\,(\boldsymbol{e}_1, \boldsymbol{e}_2, \boldsymbol{e}_3)$, 所以基本单位向量组是 $\mathbb{R}^3$ 的一个基.

其次, 由于

$$\begin{vmatrix} 1 & 0 & 2 \\ 1 & 2 & 0 \\ 1 & 1 & 3 \end{vmatrix} = \begin{vmatrix} 1 & 0 & 2 \\ 0 & 2 & -2 \\ 0 & 1 & 1 \end{vmatrix} = \begin{vmatrix} 1 & 0 & 2 \\ 0 & 2 & -2 \\ 0 & 0 & 2 \end{vmatrix} = 4 \neq 0,$$

所以, 向量组 $A$ 线性无关. 并且, 对任意的 $\begin{pmatrix} a \\ b \\ c \end{pmatrix} \in \mathbb{R}^3$, 取

$$\begin{pmatrix} k_1 \\ k_2 \\ k_3 \end{pmatrix} = \begin{pmatrix} 1 & 0 & 2 \\ 1 & 2 & 0 \\ 1 & 1 & 3 \end{pmatrix}^{-1} \begin{pmatrix} a \\ b \\ c \end{pmatrix}$$

可得

$$\begin{pmatrix} a \\ b \\ c \end{pmatrix} = \begin{pmatrix} 1 & 0 & 2 \\ 1 & 2 & 0 \\ 1 & 1 & 3 \end{pmatrix} \begin{pmatrix} k_1 \\ k_2 \\ k_3 \end{pmatrix} = k_1 \begin{pmatrix} 1 \\ 1 \\ 1 \end{pmatrix} + k_2 \begin{pmatrix} 0 \\ 2 \\ 1 \end{pmatrix} + k_3 \begin{pmatrix} 2 \\ 0 \\ 3 \end{pmatrix}.$$

所以 $\mathbb{R}^3 = \mathrm{Span}(A)$. 因此, 向量组 $A$ 是 $\mathbb{R}^3$ 的一个基.

类似地, 由于

$$\begin{vmatrix} 0 & 1 & 1 \\ 2 & 1 & 0 \\ 1 & 0 & 2 \end{vmatrix} = -\begin{vmatrix} 1 & 0 & 1 \\ 1 & 2 & 0 \\ 0 & 1 & 2 \end{vmatrix} = -\begin{vmatrix} 1 & 0 & 1 \\ 0 & 2 & -1 \\ 0 & 1 & 2 \end{vmatrix} = -\begin{vmatrix} 1 & 0 & 1 \\ 0 & 2 & -1 \\ 0 & 0 & 5/2 \end{vmatrix} = -5 \neq 0,$$

所以, 向量组 $B$ 线性无关. 并且, 对任意的 $\begin{pmatrix} a \\ b \\ c \end{pmatrix} \in \mathbb{R}^3$, 取

$$\begin{pmatrix} k_1 \\ k_2 \\ k_3 \end{pmatrix} = \begin{pmatrix} 0 & 1 & 1 \\ 2 & 1 & 0 \\ 1 & 0 & 2 \end{pmatrix}^{-1} \begin{pmatrix} a \\ b \\ c \end{pmatrix}$$

可得

$$\begin{pmatrix} a \\ b \\ c \end{pmatrix} = \begin{pmatrix} 0 & 1 & 1 \\ 2 & 1 & 0 \\ 1 & 0 & 2 \end{pmatrix} \begin{pmatrix} k_1 \\ k_2 \\ k_3 \end{pmatrix} = k_1 \begin{pmatrix} 0 \\ 2 \\ 1 \end{pmatrix} + k_2 \begin{pmatrix} 1 \\ 1 \\ 0 \end{pmatrix} + k_3 \begin{pmatrix} 1 \\ 0 \\ 2 \end{pmatrix}.$$

所以 $\mathbb{R}^3 = \mathrm{Span}(B)$. 因此, 向量组 $B$ 是 $\mathbb{R}^3$ 的一个基.

**例 3.34** 在 $2\times 2$ 矩阵线性空间 $\mathbb{R}^{2\times 2}$ 中, 设 $\boldsymbol{e}_{11} = \begin{pmatrix} 1 & 0 \\ 0 & 0 \end{pmatrix}$, $\boldsymbol{e}_{12} = \begin{pmatrix} 0 & 1 \\ 0 & 0 \end{pmatrix}$, $\boldsymbol{e}_{21} = \begin{pmatrix} 0 & 0 \\ 1 & 0 \end{pmatrix}$, $\boldsymbol{e}_{22} = \begin{pmatrix} 0 & 0 \\ 0 & 1 \end{pmatrix}$, 则集合

$$\{\boldsymbol{e}_{11}, \boldsymbol{e}_{12}, \boldsymbol{e}_{21}, \boldsymbol{e}_{22}\}$$

是它的一个基.

**解** 首先, 若

$$k_1\boldsymbol{e}_{11} + k_2\boldsymbol{e}_{12} + k_3\boldsymbol{e}_{21} + k_4\boldsymbol{e}_{22} = \boldsymbol{O},$$

则

$$\begin{pmatrix} k_1 & k_2 \\ k_3 & k_4 \end{pmatrix} = \begin{pmatrix} 0 & 0 \\ 0 & 0 \end{pmatrix}.$$

所以 $k_1 = k_2 = k_3 = k_4 = 0$. 因此, $\boldsymbol{e}_{11}, \boldsymbol{e}_{12}, \boldsymbol{e}_{21}, \boldsymbol{e}_{22}$ 线性无关.

其次, 对任意的 $\boldsymbol{A}=\begin{pmatrix} a_{11} & a_{12} \\ a_{21} & a_{22} \end{pmatrix}\in\mathbb{R}^{2\times 2}$, 有

$$\boldsymbol{A}=a_{11}\boldsymbol{e}_{11}+a_{12}\boldsymbol{e}_{12}+a_{21}\boldsymbol{e}_{21}+a_{22}\boldsymbol{e}_{22}.$$

因此, $\mathbb{R}^{2\times 2}=\mathrm{Span}\,(\boldsymbol{e}_{11},\boldsymbol{e}_{12},\boldsymbol{e}_{21},\boldsymbol{e}_{22})$. 所以 $\{\boldsymbol{e}_{11},\boldsymbol{e}_{12},\boldsymbol{e}_{21},\boldsymbol{e}_{22}\}$ 是 $\mathbb{R}^{2\times 2}$ 的一个基.

**定理 3.17**　如果向量组 $\boldsymbol{u}_1,\boldsymbol{u}_2,\cdots,\boldsymbol{u}_m$ 和 $\boldsymbol{v}_1,\boldsymbol{v}_2,\cdots,\boldsymbol{v}_n$ 都是线性空间 $V$ 的基, 则 $m=n$.

该定理说明, 线性空间的不同基中所含向量的个数相等.

**证明**　因为 $\boldsymbol{u}_1,\boldsymbol{u}_2,\cdots,\boldsymbol{u}_m$ 和 $\boldsymbol{v}_1,\boldsymbol{v}_2,\cdots,\boldsymbol{v}_n$ 都是 $V$ 的基, 所以 $\boldsymbol{u}_1,\boldsymbol{u}_2,\cdots,\boldsymbol{u}_m$ 及 $\boldsymbol{v}_1,\boldsymbol{v}_2,\cdots,\boldsymbol{v}_n$ 均线性无关. 并且, 由

$$\mathrm{Span}\,(\boldsymbol{u}_1,\boldsymbol{u}_2,\cdots,\boldsymbol{u}_m)=(\boldsymbol{v}_1,\boldsymbol{v}_2,\cdots,\boldsymbol{v}_n)=V$$

可知向量组 $\boldsymbol{u}_1,\boldsymbol{u}_2,\cdots,\boldsymbol{u}_m$ 和 $\boldsymbol{v}_1,\boldsymbol{v}_2,\cdots,\boldsymbol{v}_n$ 可以互相线性表示. 因此, 由定理 3.6 的推论 2 可得 $m=n$. 证毕.

### 3.5.2　线性空间的维数

**定义 3.13**　假设 $V$ 是任意一个线性空间. 若 $V=\{\boldsymbol{0}\}$, 则 $V$ 的维数定义为零. 若 $V\neq\{\boldsymbol{0}\}$, 且 $V$ 中存在包含有限个向量的一个基, 则 $V$ 的维数, 记为 $\dim(V)$, 定义为它的任意一个基中所含向量的个数, 此时称 $V$ 是有限维的; 否则, 称 $V$ 是无限维的.

简单来说, 线性空间 $V$ 的维数就是 $V$ 的任意一个基中所含向量的个数.

**例 3.35**　在线性空间 $\mathbb{R}^n$ 中, 由于基本单位向量组 $\boldsymbol{e}_1,\boldsymbol{e}_2,\cdots,\boldsymbol{e}_n$ 是它的一个基, 因此, $\mathbb{R}^n$ 是有限维的, 其维数为 $n$. 这印证了之前把 $\mathbb{R}^n$ 叫作 $n$ 维 Euclid 线性空间的合理性. 需要强调的是, $\mathbb{R}^n$ 是一个最经典、最基础的 $n$ 维线性空间, 应用十分广泛, 其中的元素均为 $n$ 维向量.

但要注意, 元素全是 $n$ 维向量的线性空间一般仅是 $\mathbb{R}^n$ 的子空间, 它通常不一定等于 $\mathbb{R}^n$. 因此, 其维数一般也不等于 $n$. 比如, 由 $\mathbb{R}^3$ 中线性无关的两个向量 $\boldsymbol{e}_1=(1,0,0)$, $\boldsymbol{e}_2=(0,1,0)$ 所张成的线性空间为

$$V=\mathrm{Span}\,\{\boldsymbol{e}_1,\boldsymbol{e}_2\}=\{\alpha\boldsymbol{e}_1+\beta\boldsymbol{e}_2\mid\alpha,\beta\in\mathbb{R}\}\subset\mathbb{R}^3.$$

该子空间中的元素均为 $\mathbb{R}^3$ 中的 3 维向量. 但 $V \neq \mathbb{R}^3$, 其维数 $\dim(V) = 2 \neq 3$.

**例 3.36**　对线性空间 $V = \mathbb{R}^{2\times 2}$, 由于 $\boldsymbol{e}_{11} = \begin{pmatrix} 1 & 0 \\ 0 & 0 \end{pmatrix}$, $\boldsymbol{e}_{12} = \begin{pmatrix} 0 & 1 \\ 0 & 0 \end{pmatrix}$, $\boldsymbol{e}_{21} = \begin{pmatrix} 0 & 0 \\ 1 & 0 \end{pmatrix}$, $\boldsymbol{e}_{22} = \begin{pmatrix} 0 & 0 \\ 0 & 1 \end{pmatrix}$ 是 $V$ 的一个基, 所以 $\dim(V) = 4$.

**例 3.37**　证明 $V = \left\{\boldsymbol{v} \,\middle|\, \boldsymbol{v} = (x_1, x_2, x_3)^{\mathrm{T}} \in \mathbb{R}^3,\ x_1 + x_2 + x_3 = 0\right\}$ 是线性空间, 并求它的一组基和维数.

**解**　显然 $\mathbf{0} = (0, 0, 0)^{\mathrm{T}} \in V$, 因此 $V$ 非空. 并且, 对任意的 $k \in \mathbb{R}$, 以及 $\boldsymbol{v} = (x_1, x_2, x_3)^{\mathrm{T}} \in V$, $\boldsymbol{w} = (y_1, y_2, y_3)^{\mathrm{T}} \in V$, 由于 $x_1 + x_2 + x_3 = 0$, $y_1 + y_2 + y_3 = 0$, 所以 $kx_1 + kx_2 + kx_3 = 0$, $(x_1 + y_1) + (x_2 + y_2) + (x_3 + y_3) = 0$. 因此 $k\boldsymbol{v} = (kx_1, kx_2, kx_3)^{\mathrm{T}} \in \mathbb{R}^3$, $\boldsymbol{v} + \boldsymbol{w} = (x_1 + y_1, x_2 + y_2, x_3 + y_3) \in \mathbb{R}^3$. 所以 $V \subset \mathbb{R}^3$ 是一个线性空间.

对任意的 $\boldsymbol{v} = (a, b, c)^{\mathrm{T}} \in V$, 由于 $a + b + c = 0$, 所以

$$\boldsymbol{v} = (-b - c, b, c)^{\mathrm{T}} = b(-1, 1, 0)^{\mathrm{T}} + c(-1, 0, 1)^{\mathrm{T}}.$$

令 $\boldsymbol{v}_1 = (-1, 1, 0)^{\mathrm{T}}$, $\boldsymbol{v}_2 = (-1, 0, 1)^{\mathrm{T}}$. 容易验证, $\boldsymbol{v}_1 \in V$, $\boldsymbol{v}_2 \in V$, 并且 $\boldsymbol{v}_1$, $\boldsymbol{v}_2$ 线性无关. 所以 $\boldsymbol{v}_1$, $\boldsymbol{v}_2$ 是 $V$ 的一组基. 进而 $\dim(V) = 2$.

从几何上看, $V$ 就是 3 维 Euclid 空间中经过原点的平面 $x_1 + x_2 + x_3 = 0$.

**例 3.38***　设 $P_5$ 是由所有次数小于 5 的一元实系数多项式构成的, 证明 $P_5$ 是一个线性空间, 并求 $P_5$ 的一个基和其维数.

**解**　很显然 $P_5$ 是非空的. 又若 $k \in \mathbb{R}$, 且 $f(x)$, $g(x) \in P_5$ 是任意两个次数小于 5 的一元实系数多项式, 则 $kf(x)$ 和 $f(x) + g(x)$ 显然也都是次数小于 5 的一元实系数多项式. 因此, $P_5$ 是一个线性空间.

进一步, 多项式 $1, x, x^2, x^3, x^4 \in P_5$ 明显线性无关, 且任意多项式 $f(x) \in P_5$ 都可以表示成为

$$f(x) = a_0 \cdot 1 + a_1 x + a_2 x^2 + a_3 x^3 + a_4 x^4,$$

其中 $a_0, a_1, a_2, a_3, a_4 \in \mathbb{R}$. 因此, $1, x, x^2, x^3, x^4$ 是 $P_5$ 的一个基, 并且 $\dim(P_5) = 5$.

**定理 3.18**　假设 $V$ 是一个维数为 $n \geqslant 1$ 的线性空间, 则 $V$ 中任意 $n$ 个向量 $\boldsymbol{v}_1, \boldsymbol{v}_2, \cdots, \boldsymbol{v}_n$ 线性无关的充分必要条件为 $\boldsymbol{v}_1, \boldsymbol{v}_2, \cdots, \boldsymbol{v}_n$ 能够张成 $V$, 即 $V = \mathrm{Span}(\boldsymbol{v}_1, \boldsymbol{v}_2, \cdots, \boldsymbol{v}_n)$.

**证明*** 由于 $\dim(V) = n$, 所以由定义 3.12 和定义 3.13 可知, $V$ 中存在一个基 $\boldsymbol{u}_1, \boldsymbol{u}_2, \cdots, \boldsymbol{u}_n \in V$ 使得

$$V = \mathrm{Span}\,(\boldsymbol{u}_1, \boldsymbol{u}_2, \cdots, \boldsymbol{u}_n).$$

当 $\boldsymbol{v}_1, \boldsymbol{v}_2, \cdots, \boldsymbol{v}_n \in V$ 线性无关时, 设 $\boldsymbol{v}$ 为 $V$ 中任一向量, 则因为向量组 $\boldsymbol{v}_1, \boldsymbol{v}_2, \cdots, \boldsymbol{v}_n, \boldsymbol{v}$ 能够由 $\boldsymbol{u}_1, \boldsymbol{u}_2, \cdots, \boldsymbol{u}_n$ 线性表示, 所以由定理 3.6 可知 $\boldsymbol{v}_1, \boldsymbol{v}_2, \cdots, \boldsymbol{v}_n, \boldsymbol{v}$ 线性相关. 进而由例 3.24 可知 $\boldsymbol{v}$ 可由 $\boldsymbol{v}_1, \boldsymbol{v}_2, \cdots, \boldsymbol{v}_n$ 线性表示, 即 $\boldsymbol{v} \in \mathrm{Span}\,(\boldsymbol{v}_1, \boldsymbol{v}_2, \cdots, \boldsymbol{v}_n)$. 这样, $V \subset \mathrm{Span}\,(\boldsymbol{v}_1, \boldsymbol{v}_2, \cdots, \boldsymbol{v}_n)$. 另一方面, 显然有 $\mathrm{Span}\,(\boldsymbol{v}_1, \boldsymbol{v}_2, \cdots, \boldsymbol{v}_n) \subset V$. 故 $V = \mathrm{Span}\,(\boldsymbol{v}_1, \boldsymbol{v}_2, \cdots, \boldsymbol{v}_n)$.

反过来, 若 $V = \mathrm{Span}\,(\boldsymbol{v}_1, \boldsymbol{v}_2, \cdots, \boldsymbol{v}_n)$, 则向量组 $\boldsymbol{u}_1, \boldsymbol{u}_2, \cdots, \boldsymbol{u}_n$ 可由 $\boldsymbol{v}_1, \boldsymbol{v}_2, \cdots, \boldsymbol{v}_n$ 线性表示. 这时, 假如 $\boldsymbol{v}_1, \boldsymbol{v}_2, \cdots, \boldsymbol{v}_n$ 线性相关, 则由定理 3.2 可知, $\boldsymbol{v}_1, \boldsymbol{v}_2, \cdots, \boldsymbol{v}_n$ 中某一向量一定可由其他 $n-1$ 个向量线性表示. 从而, $\boldsymbol{u}_1, \boldsymbol{u}_2, \cdots, \boldsymbol{u}_n$ 可由这 $n-1$ 个向量线性表示. 这样, 由定理 3.6 可知 $\boldsymbol{u}_1, \boldsymbol{u}_2, \cdots, \boldsymbol{u}_n$ 线性相关. 这与 $\boldsymbol{u}_1, \boldsymbol{u}_2, \cdots, \boldsymbol{u}_n$ 是 $V$ 的基矛盾. 因此, $\boldsymbol{v}_1, \boldsymbol{v}_2, \cdots, \boldsymbol{v}_n$ 线性无关. 证毕.

**推论 1** 在任意一个维数为 $n \geqslant 1$ 的线性空间 $V$ 中, 任意 $n$ 个线性无关的向量 $\boldsymbol{v}_1, \boldsymbol{v}_2, \cdots, \boldsymbol{v}_n$ 都是 $V$ 的一个基.

**证明** 这是定理 3.18 和定义 3.12 的直接推论.

**定理 3.19** 假设 $V$ 是一个维数为 $n \geqslant 1$ 的线性空间, $\boldsymbol{A}$ 是一个 $n$ 阶方阵, $\boldsymbol{\alpha}_1, \boldsymbol{\alpha}_2, \cdots, \boldsymbol{\alpha}_n$ 是 $V$ 的一个基, 且向量组 $\boldsymbol{\beta}_1, \boldsymbol{\beta}_2, \cdots, \boldsymbol{\beta}_n$ 由等式

$$(\boldsymbol{\beta}_1, \boldsymbol{\beta}_2, \cdots, \boldsymbol{\beta}_n) = (\boldsymbol{\alpha}_1, \boldsymbol{\alpha}_2, \cdots, \boldsymbol{\alpha}_n)\,\boldsymbol{A}$$

确定, 则 $\boldsymbol{\beta}_1, \boldsymbol{\beta}_2, \cdots, \boldsymbol{\beta}_n$ 是 $V$ 的一个基当且仅当矩阵 $\boldsymbol{A}$ 可逆.

这里及之后, 我们把 $(\boldsymbol{\beta}_1, \boldsymbol{\beta}_2, \cdots, \boldsymbol{\beta}_n)$ 以及 $(\boldsymbol{\alpha}_1, \boldsymbol{\alpha}_2, \cdots, \boldsymbol{\alpha}_n)$ 理解为元素都是向量的 $1 \times n$ 矩阵, 其加法、数乘和与通常矩阵的乘法, 按照通常矩阵进行.

**证明*** 按照上述约定和向量组 $\boldsymbol{\beta}_1, \boldsymbol{\beta}_2, \cdots, \boldsymbol{\beta}_n$ 的定义, 对任意实数 $k_1, k_2, \cdots, k_n$, 有

$$k_1\boldsymbol{\beta}_1 + k_2\boldsymbol{\beta}_2 + \cdots + k_n\boldsymbol{\beta}_n = (\boldsymbol{\beta}_1, \boldsymbol{\beta}_2, \cdots, \boldsymbol{\beta}_n)\,\boldsymbol{k} = (\boldsymbol{\alpha}_1, \boldsymbol{\alpha}_2, \cdots, \boldsymbol{\alpha}_n)\,(\boldsymbol{A}\boldsymbol{k}),$$

其中 $\boldsymbol{k} = \begin{pmatrix} k_1 \\ k_2 \\ \vdots \\ k_n \end{pmatrix}$. 故 $k_1\boldsymbol{\beta}_1 + k_2\boldsymbol{\beta}_2 + \cdots + k_n\boldsymbol{\beta}_n = \boldsymbol{0}$ 当且仅当 $(\boldsymbol{\alpha}_1, \boldsymbol{\alpha}_2, \cdots, \boldsymbol{\alpha}_n)\cdot$

$(\boldsymbol{Ak})=\mathbf{0}$. 而由 $\boldsymbol{\alpha}_1, \boldsymbol{\alpha}_2, \cdots, \boldsymbol{\alpha}_n$ 线性无关可知, $(\boldsymbol{\alpha}_1, \boldsymbol{\alpha}_2, \cdots, \boldsymbol{\alpha}_n)(\boldsymbol{Ak})=\mathbf{0}$ 当且仅当 $\boldsymbol{Ak}=\boldsymbol{A}\begin{pmatrix}k_1\\k_2\\\vdots\\k_n\end{pmatrix}=\begin{pmatrix}0\\0\\\vdots\\0\end{pmatrix}$. 因此, 当且仅当 $\boldsymbol{A}$ 可逆时 $k_1\boldsymbol{\beta}_1+k_2\boldsymbol{\beta}_2+\cdots+k_n\boldsymbol{\beta}_n=\mathbf{0}$ 蕴含 $k_1=k_2=\cdots=k_n=0$, 即 $\boldsymbol{\beta}_1, \boldsymbol{\beta}_2, \cdots, \boldsymbol{\beta}_n$ 线性无关, 换句话说, $\boldsymbol{\beta}_1, \boldsymbol{\beta}_2, \cdots, \boldsymbol{\beta}_n$ 是 $V$ 的一个基. 证毕.

**定理 3.20** 假设 $V$ 是一个维数为 $n \geqslant 1$ 的线性空间, 则

(1) $V$ 不会有元素个数小于 $n$ 的张成集;

(2) 任意一个元素个数小于 $n$ 的线性无关向量组都可以扩充成 $V$ 的一个基;

(3) 任意一个元素个数大于 $n$ 的张成集都可以压缩成 $V$ 的一个基.

**证明** * (1) 由 $\dim(V)=n$ 可知, $V$ 中存在一个基 $\boldsymbol{u}_1, \boldsymbol{u}_2, \cdots, \boldsymbol{u}_n \in V$ 使得

$$V=\operatorname{Span}(\boldsymbol{u}_1, \boldsymbol{u}_2, \cdots, \boldsymbol{u}_n).$$

因此, 若设 $V$ 中存在小于 $n$ 个元素的张成集 $\{\boldsymbol{v}_1, \boldsymbol{v}_2, \cdots, \boldsymbol{v}_m\}$, 其中 $m<n$, 则 $\boldsymbol{u}_1, \boldsymbol{u}_2, \cdots, \boldsymbol{u}_n$ 可由 $\boldsymbol{v}_1, \boldsymbol{v}_2, \cdots, \boldsymbol{v}_m$ 线性表示. 于是, 由定理 3.6 可知 $\boldsymbol{u}_1, \boldsymbol{u}_2, \cdots, \boldsymbol{u}_n$ 线性相关. 这是一个矛盾.

(2) 假设 $\boldsymbol{v}_1, \boldsymbol{v}_2, \cdots, \boldsymbol{v}_m$ 是 $V$ 中一个线性无关的向量组, 其中 $m<n$. 则由 (1) 可知向量组 $\operatorname{Span}(\boldsymbol{v}_1, \boldsymbol{v}_2, \cdots, \boldsymbol{v}_m)$ 是 $V$ 的一个真子集. 因此, 存在向量 $\boldsymbol{v}_{m+1} \in V$ 但 $\boldsymbol{v}_{m+1} \notin \operatorname{Span}(\boldsymbol{v}_1, \boldsymbol{v}_2, \cdots, \boldsymbol{v}_m)$. 这样, 向量组 $\boldsymbol{v}_1, \boldsymbol{v}_2, \cdots, \boldsymbol{v}_m, \boldsymbol{v}_{m+1}$ 便线性无关. 否则, 若存在不全为零的实数 $k_1, \cdots, k_m, k_{m+1}$ 使得

$$k_1\boldsymbol{v}_1+\cdots+k_m\boldsymbol{v}_m+k_{m+1}\boldsymbol{v}_{m+1}=\mathbf{0},$$

则当 $k_{m+1}\neq 0$ 时, $\boldsymbol{v}_{m+1}$ 可由 $\boldsymbol{v}_1, \boldsymbol{v}_2, \cdots, \boldsymbol{v}_m$ 线性表示. 这与 $\boldsymbol{v}_{m+1} \notin \operatorname{Span}(\boldsymbol{v}_1, \boldsymbol{v}_2, \cdots, \boldsymbol{v}_m)$ 矛盾. 当 $k_{m+1}=0$ 时, 上式转化为 $k_1\boldsymbol{v}_1+k_2\boldsymbol{v}_2+\cdots+k_m\boldsymbol{v}_m=\mathbf{0}$. 这与 $\boldsymbol{v}_1, \boldsymbol{v}_2, \cdots, \boldsymbol{v}_m$ 线性无关矛盾. 类似地, 如果 $m+1<n$, 则可用同样的方法把 $\boldsymbol{v}_1, \boldsymbol{v}_2, \cdots, \boldsymbol{v}_m, \boldsymbol{v}_{m+1}$ 扩充成由 $m+2$ 个向量组成的一个线性无关向量组. 重复上述过程即可得到一个含有 $n$ 个线性无关向量的向量组 $\boldsymbol{v}_1, \boldsymbol{v}_2, \cdots, \boldsymbol{v}_m, \boldsymbol{v}_{m+1}, \boldsymbol{v}_{m+2}, \cdots, \boldsymbol{v}_n$, 它就是由 $\boldsymbol{v}_1, \boldsymbol{v}_2, \cdots, \boldsymbol{v}_m$ 扩充成的 $V$ 的一个基.

(3) 假设 $\boldsymbol{v}_1, \boldsymbol{v}_2, \cdots, \boldsymbol{v}_s$ 是 $V$ 的一个元素个数大于 $n$ 的张成集, 其中 $s>n$. 则因该向量组可由 $\boldsymbol{u}_1, \boldsymbol{u}_2, \cdots, \boldsymbol{u}_n$ 线性表示, 故由定理 3.6 知它线性相关. 因此, 其中某一向量, 不妨设为 $\boldsymbol{v}_s$, 可以由剩余 $s-1$ 个向量线性表示. 这样, 在 $\boldsymbol{v}_1, \boldsymbol{v}_2, \cdots, \boldsymbol{v}_s$ 中去掉 $\boldsymbol{v}_s$ 所得到的向量组 $\boldsymbol{v}_1, \boldsymbol{v}_2, \cdots, \boldsymbol{v}_{s-1}$ 仍然张成 $V$. 这时, 如果 $s-1>n$, 则可继续上述过程, 直至得到一个恰含有 $n$ 个向量的张成集 $\{\boldsymbol{v}_1, \boldsymbol{v}_2, \cdots, \boldsymbol{v}_n\}$, 该集合便是由 $\boldsymbol{v}_1, \boldsymbol{v}_2, \cdots, \boldsymbol{v}_s$ 经压缩而成的 $V$ 的一个基. 证毕.

### 3.5.3 有序集和向量的坐标

通常, 一个集合中的元素是无序的. 比如, 由 1 和 2 所组成的集合 $\{1,\,2\}$ 与由 2 和 1 所组成的集合 $\{2,\,1\}$ 是一样的, 即

$$\{1,\,2\} = \{2,\,1\}.$$

但有时仅仅考虑元素本身而不考虑它们的顺序是不够的. 比如, 由 1 和 2 所形成的向量 $(1,\,2)$ 与由 2 和 1 所形成的向量 $(2,\,1)$ 就是不一样的, 即

$$(1,\,2) \neq (2,\,1).$$

这说明有时既需要考虑元素的集合, 又需要同时考虑元素的顺序. 像这样把元素顺序考虑在内的集合就是所谓的有序集. 为区别无序集的记号, 有序集通常用圆括号界定. 比如, 由 $x,\,y,\,z,\,\cdots$ 所形成的有序集记为

$$(x,\,y,\,z,\,\cdots),$$

由 $y,\,x,\,z,\,\cdots$ 所形成的有序集记为

$$(y,\,x,\,z,\,\cdots).$$

两者一般不同. 由此, $n$ 维行向量可以看作以实数为元素的一类特殊有序集.

**定义 3.14**　假设 $\boldsymbol{v}_1,\,\boldsymbol{v}_2,\,\cdots,\,\boldsymbol{v}_n$ 是 $n$ 维线性空间 $V$ 的一个基, 则按照 $\boldsymbol{v}_1,\,\boldsymbol{v}_2,\,\cdots,\,\boldsymbol{v}_n$ 的顺序所形成的有序集

$$(\boldsymbol{v}_1,\,\boldsymbol{v}_2,\,\cdots,\,\boldsymbol{v}_n)$$

称为 $V$ 的一个有序基.

为叙述简洁和方便, 此后本书在谈到线性空间的基时均指其有序基. 这样, 线性空间 $V$ 的基 $(\boldsymbol{v}_1,\,\boldsymbol{v}_2,\,\cdots,\,\boldsymbol{v}_n)$ 和 $(\boldsymbol{v}_2,\,\boldsymbol{v}_1,\,\cdots,\,\boldsymbol{v}_n)$ 就理解为是不同的.

假设 $V$ 是一个线性空间, $\boldsymbol{v}_1,\,\boldsymbol{v}_2,\,\cdots,\,\boldsymbol{v}_n$ 是 $V$ 的一个有序基, 则任意一个向量 $\boldsymbol{v} \in V$ 都可唯一线性表示为

$$\boldsymbol{v} = (\boldsymbol{v}_1,\,\boldsymbol{v}_2,\,\cdots,\,\boldsymbol{v}_n)\begin{pmatrix} a_1 \\ a_2 \\ \vdots \\ a_n \end{pmatrix} = a_1\boldsymbol{v}_1 + a_2\boldsymbol{v}_2 + \cdots + a_n\boldsymbol{v}_n.$$

因此, $(a_1,\,a_2,\,\cdots,\,a_n) \in \mathbb{R}^n$ 与向量 $\boldsymbol{v} \in V$ 一一对应. 基于此, 有下述定义.

**定义 3.15** 假设 $\boldsymbol{v}_1, \boldsymbol{v}_2, \cdots, \boldsymbol{v}_n$ 是 $n$ 维线性空间 $V$ 的一个有序基, 则对任意的 $\boldsymbol{v} \in V$, 使得

$$\boldsymbol{v} = a_1\boldsymbol{v}_1 + a_2\boldsymbol{v}_2 + \cdots + a_n\boldsymbol{v}_n$$

成立的唯一的有序数组 $(a_1, a_2, \cdots, a_n) \in \mathbb{R}^n$ 称为向量 $\boldsymbol{v}$ 在有序基 $(\boldsymbol{v}_1, \boldsymbol{v}_2, \cdots, \boldsymbol{v}_n)$ 下的坐标.

根据该定义, 在任一 $n$ 维线性空间 $V$ 中取定一组基后, $V$ 中元素在这组基下就与有序数组 $(a_1, a_2, \cdots, a_n)$ 一一对应, 即与 $n$ 维向量 $(a_1, a_2, \cdots, a_n)^{\mathrm{T}} \in \mathbb{R}^n$ 一一对应. 事实上, 这种对应也是把一般线性空间中的元素称为向量的一个原因.

## 习 题 3.5

1. 已知 $\boldsymbol{v}_1 = (2, 1)^{\mathrm{T}}, \boldsymbol{v}_2 = (4, 3)^{\mathrm{T}}, \boldsymbol{v}_3 = (7, -3)^{\mathrm{T}} \in \mathbb{R}^2$.

(a) 证明 $\boldsymbol{v}_1, \boldsymbol{v}_2$ 是 2 维 Euclid 线性空间 $\mathbb{R}^2$ 的一个基;

(b) 说明向量组 $\boldsymbol{v}_1, \boldsymbol{v}_2, \boldsymbol{v}_3$ 线性相关;

(c) 求线性空间 $\mathrm{Span}(\boldsymbol{v}_1, \boldsymbol{v}_2, \boldsymbol{v}_3)$ 的维数.

2. 已知 $\boldsymbol{v}_1 = (3, 2, 4)^{\mathrm{T}}, \boldsymbol{v}_2 = (-3, 2, 4)^{\mathrm{T}}, \boldsymbol{v}_3 = (-6, 4, -8)^{\mathrm{T}} \in \mathbb{R}^3$, 求线性空间 $\mathrm{Span}(\boldsymbol{v}_1, \boldsymbol{v}_2, \boldsymbol{v}_3)$ 的维数.

3. 已知 $\boldsymbol{v}_1 = (2, 1, 3)^{\mathrm{T}}, \boldsymbol{v}_2 = (3, -1, 4)^{\mathrm{T}}, \boldsymbol{v}_3 = (2, 6, 4)^{\mathrm{T}} \in \mathbb{R}^3$.

(a) 证明向量组 $\boldsymbol{v}_1, \boldsymbol{v}_2, \boldsymbol{v}_3$ 线性相关;

(b) 证明向量组 $\boldsymbol{v}_1, \boldsymbol{v}_2$ 线性无关;

(c) 求线性空间 $\mathrm{Span}(\boldsymbol{v}_1, \boldsymbol{v}_2, \boldsymbol{v}_3)$ 的维数;

(d) 给出线性空间 $\mathrm{Span}(\boldsymbol{v}_1, \boldsymbol{v}_2, \boldsymbol{v}_3)$ 的几何解释.

4. 设 $V = \left\{(x_1, x_2, x_3) \,\middle|\, (x_1, x_2, x_3) \in \mathbb{R}^3,\ x_1 + x_2 + x_3 = 0, x_1 + x_2 - 2x_3 = 0\right\}$, 证明 $V$ 是线性空间 $\mathbb{R}^3$ 的一个子空间, 求其一组基和维数, 给出该线性空间的几何解释.

5. 设 $\boldsymbol{\alpha}_1 = (1, 1, 3, 1)^{\mathrm{T}}, \boldsymbol{\alpha}_2 = (-1, 1, -1, 3)^{\mathrm{T}}, \boldsymbol{\alpha}_3 = (5, -2, 8, -9)^{\mathrm{T}}, \boldsymbol{\alpha}_4 = (-1, 3, 1, 7)^{\mathrm{T}}$, 求线性空间 $V = \mathrm{Span}(\boldsymbol{\alpha}_1, \boldsymbol{\alpha}_2, \boldsymbol{\alpha}_3, \boldsymbol{\alpha}_4)$ 的一组基和其维数.

6. 假设 $V$ 是由 $\mathbb{R}^4$ 中形如

$$(a+b, a-b+2c, b, c)^{\mathrm{T}}$$

的向量形成的子集, 其中 $a, b, c \in \mathbb{R}$, 证明 $V$ 是线性空间 $\mathbb{R}^4$ 的一个子空间, 并求 $V$ 的一组基和其维数.

7. 已知 $\boldsymbol{v}_1 = (1, 1, 1)^{\mathrm{T}}, \boldsymbol{v}_2 = (3, -1, 4)^{\mathrm{T}} \in \mathbb{R}^3$.

(a) 试问向量组 $\boldsymbol{v}_1, \boldsymbol{v}_2$ 能否张成 $\mathbb{R}^3$? 为什么?

(b) 若 $\boldsymbol{v}_3$ 是 $\mathbb{R}^3$ 中另一向量, 且方阵 $\boldsymbol{X} = (\boldsymbol{v}_1, \boldsymbol{v}_2, \boldsymbol{v}_3)$, 试问 $\boldsymbol{X}$ 满足什么条件向量组 $\boldsymbol{v}_1, \boldsymbol{v}_2, \boldsymbol{v}_3$ 才能形成 $\mathbb{R}^3$ 的一个基?

(c) 求出一个能够把 $\boldsymbol{v}_1, \boldsymbol{v}_2$ 扩充成 $\mathbb{R}^3$ 的一个基的向量 $\boldsymbol{v}_3$.

8. 已知 $\boldsymbol{v}_1 = (1, 2, 2)^{\mathrm{T}}$, $\boldsymbol{v}_2 = (2, 5, 4)^{\mathrm{T}}$, $\boldsymbol{v}_3 = (1, 3, 2)^{\mathrm{T}}$, $\boldsymbol{v}_4 = (2, 7, 4)^{\mathrm{T}}$, $\boldsymbol{v}_5 = (1, 1, 0)^{\mathrm{T}} \in \mathbb{R}^3$.

(a) 证明 $\mathrm{Span}\,(\boldsymbol{v}_1, \boldsymbol{v}_2, \boldsymbol{v}_3, \boldsymbol{v}_4, \boldsymbol{v}_5) = \mathbb{R}^3$;

(b) 将集合 $\{\boldsymbol{v}_1, \boldsymbol{v}_2, \boldsymbol{v}_3, \boldsymbol{v}_4, \boldsymbol{v}_5\}$ 压缩为 $\mathbb{R}^3$ 的一个基.

9. 假设 $U$ 和 $V$ 都是 $n$ 维 Euclid 线性空间 $\mathbb{R}^n$ 的子空间, 且 $U \cap V = \{\mathbf{0}\}$, 证明 $U+V$ 也是 $\mathbb{R}^n$ 的子空间, 且

$$\dim(U+V) = \dim(U) + \dim(V),$$

其中 $U+V = \{u+v \mid u \in U, v \in V\}$.

## 3.6 线性空间的基变换和坐标变换

在一个 $n\,(\geqslant 1)$ 维线性空间 $V$ 中, 任意 $n$ 个线性无关的向量都是 $V$ 的一个基. 对不同的基, 同一个向量的坐标一般是不同的. 因此, 可以通过基的选择使同一个向量的坐标尽可能简单. 这在很多实际问题的处理中十分有用. 本节就来讨论同一个线性空间中不同基之间的关系, 以及同一个向量在不同基下坐标之间的关系.

### 3.6.1 基变换

设 $n \geqslant 1$, $\boldsymbol{\alpha}_1, \boldsymbol{\alpha}_2, \cdots, \boldsymbol{\alpha}_n$ 和 $\boldsymbol{\beta}_1, \boldsymbol{\beta}_2, \cdots, \boldsymbol{\beta}_n$ 是 $n$ 维线性空间 $V$ 的两个基. 则根据定义, 这两个基可以互相线性表示, 即存在 $n$ 阶方阵 $\boldsymbol{A} = (a_{ij})$ 和 $\boldsymbol{B} = (b_{ij})$ 使得

$$\begin{cases} \boldsymbol{\beta}_1 = a_{11}\boldsymbol{\alpha}_1 + a_{21}\boldsymbol{\alpha}_2 + \cdots + a_{n1}\boldsymbol{\alpha}_n, \\ \boldsymbol{\beta}_2 = a_{12}\boldsymbol{\alpha}_1 + a_{22}\boldsymbol{\alpha}_2 + \cdots + a_{n2}\boldsymbol{\alpha}_n, \\ \qquad \cdots\cdots \\ \boldsymbol{\beta}_n = a_{1n}\boldsymbol{\alpha}_1 + a_{2n}\boldsymbol{\alpha}_2 + \cdots + a_{nn}\boldsymbol{\alpha}_n, \end{cases}$$

$$\begin{cases} \boldsymbol{\alpha}_1 = b_{11}\boldsymbol{\beta}_1 + b_{21}\boldsymbol{\beta}_2 + \cdots + b_{n1}\boldsymbol{\beta}_n, \\ \boldsymbol{\alpha}_2 = b_{12}\boldsymbol{\beta}_1 + b_{22}\boldsymbol{\beta}_2 + \cdots + b_{n2}\boldsymbol{\beta}_n, \\ \qquad \cdots\cdots \\ \boldsymbol{\alpha}_n = b_{1n}\boldsymbol{\beta}_1 + b_{2n}\boldsymbol{\beta}_2 + \cdots + b_{nn}\boldsymbol{\beta}_n, \end{cases}$$

即有

$$(\boldsymbol{\beta}_1, \boldsymbol{\beta}_2, \cdots, \boldsymbol{\beta}_n) = (\boldsymbol{\alpha}_1, \boldsymbol{\alpha}_2, \cdots, \boldsymbol{\alpha}_n)\,\boldsymbol{A}$$

和

$$(\boldsymbol{\alpha}_1, \boldsymbol{\alpha}_2, \cdots, \boldsymbol{\alpha}_n) = (\boldsymbol{\beta}_1, \boldsymbol{\beta}_2, \cdots, \boldsymbol{\beta}_n)\,\boldsymbol{B}.$$

**定义 3.16** 在上述记号之下, 等式

$$(\boldsymbol{\beta}_1, \boldsymbol{\beta}_2, \cdots, \boldsymbol{\beta}_n) = (\boldsymbol{\alpha}_1, \boldsymbol{\alpha}_2, \cdots, \boldsymbol{\alpha}_n)\boldsymbol{A}$$

称为由 $\boldsymbol{\alpha}_1, \boldsymbol{\alpha}_2, \cdots, \boldsymbol{\alpha}_n$ 到 $\boldsymbol{\beta}_1, \boldsymbol{\beta}_2, \cdots, \boldsymbol{\beta}_n$ 的基变换, 矩阵 $\boldsymbol{A}$ 称为由基 $\boldsymbol{\alpha}_1, \boldsymbol{\alpha}_2, \cdots, \boldsymbol{\alpha}_n$ 到基 $\boldsymbol{\beta}_1, \boldsymbol{\beta}_2, \cdots, \boldsymbol{\beta}_n$ 的过渡矩阵.

按照定义, $\boldsymbol{B}$ 是由基 $\boldsymbol{\beta}_1, \boldsymbol{\beta}_2, \cdots, \boldsymbol{\beta}_n$ 到基 $\boldsymbol{\alpha}_1, \boldsymbol{\alpha}_2, \cdots, \boldsymbol{\alpha}_n$ 的过渡矩阵.

容易看出, $n$ 维线性空间 $V$ 的任意一个基 $\boldsymbol{\alpha}_1, \boldsymbol{\alpha}_2, \cdots, \boldsymbol{\alpha}_n$ 到其自身的过渡矩阵是 $n$ 阶单位矩阵 $\boldsymbol{E}_n$. 这是因为 $(\boldsymbol{\alpha}_1, \boldsymbol{\alpha}_2, \cdots, \boldsymbol{\alpha}_n) = (\boldsymbol{\alpha}_1, \boldsymbol{\alpha}_2, \cdots, \boldsymbol{\alpha}_n)\boldsymbol{E}_n$.

**例 3.39** 在 2 维 Euclid 线性空间 $\mathbb{R}^2$ 中, 基本单位向量组 $\boldsymbol{e}_1 = (1, 0), \boldsymbol{e}_2 = (0, 1)$ 是它的一个基, 向量组 $\boldsymbol{v}_1 = (1, 2), \boldsymbol{v}_2 = (2, 3)$ 也是它的一个基. 由于

$$\begin{cases} \boldsymbol{v}_1 = \boldsymbol{e}_1 + 2\boldsymbol{e}_2, \\ \boldsymbol{v}_2 = 2\boldsymbol{e}_1 + 3\boldsymbol{e}_2, \end{cases}$$

即

$$(\boldsymbol{v}_1, \boldsymbol{v}_2) = (\boldsymbol{e}_1, \boldsymbol{e}_2)\begin{pmatrix} 1 & 2 \\ 2 & 3 \end{pmatrix}.$$

因此, 2 阶方阵 $\boldsymbol{A} = \begin{pmatrix} 1 & 2 \\ 2 & 3 \end{pmatrix}$ 是由 $\boldsymbol{e}_1, \boldsymbol{e}_2$ 到 $\boldsymbol{v}_1, \boldsymbol{v}_2$ 的过渡矩阵. 由于

$$\begin{cases} \boldsymbol{e}_1 = -3\boldsymbol{v}_1 + 2\boldsymbol{v}_2, \\ \boldsymbol{e}_2 = 2\boldsymbol{v}_1 - \boldsymbol{v}_2, \end{cases}$$

即

$$(\boldsymbol{e}_1, \boldsymbol{e}_2) = (\boldsymbol{v}_1, \boldsymbol{v}_2)\begin{pmatrix} -3 & 2 \\ 2 & -1 \end{pmatrix}.$$

因此, 2 阶方阵 $\boldsymbol{B} = \begin{pmatrix} -3 & 2 \\ 2 & -1 \end{pmatrix}$ 是由 $\boldsymbol{v}_1, \boldsymbol{v}_2$ 到 $\boldsymbol{e}_1, \boldsymbol{e}_2$ 的过渡矩阵.

**例 3.40** 在 3 维 Euclid 线性空间 $\mathbb{R}^3$ 中, 向量组 $\boldsymbol{e}_1 = (1, 0, 0), \boldsymbol{e}_2 = (0, 1, 0), \boldsymbol{e}_3 = (0, 0, 1)$ 是它的一个基, 向量组 $\boldsymbol{v}_1 = \boldsymbol{e}_2, \boldsymbol{v}_2 = \boldsymbol{e}_3, \boldsymbol{v}_3 = \boldsymbol{e}_1$ 是它

的另外一个基. 由于

$$\begin{cases} \boldsymbol{v}_1 = 0\boldsymbol{e}_1 + 1\boldsymbol{e}_2 + 0\boldsymbol{e}_3, \\ \boldsymbol{v}_2 = 0\boldsymbol{e}_1 + 0\boldsymbol{e}_2 + 1\boldsymbol{e}_3, \\ \boldsymbol{v}_3 = 1\boldsymbol{e}_1 + 0\boldsymbol{e}_2 + 0\boldsymbol{e}_3, \end{cases}$$

即

$$(\boldsymbol{v}_1, \boldsymbol{v}_2, \boldsymbol{v}_3) = (\boldsymbol{e}_1, \boldsymbol{e}_2, \boldsymbol{e}_3) \begin{pmatrix} 0 & 0 & 1 \\ 1 & 0 & 0 \\ 0 & 1 & 0 \end{pmatrix}.$$

因此, 3 阶方阵 $\boldsymbol{A} = \begin{pmatrix} 0 & 0 & 1 \\ 1 & 0 & 0 \\ 0 & 1 & 0 \end{pmatrix}$ 是由 $\boldsymbol{e}_1, \boldsymbol{e}_2, \boldsymbol{e}_3$ 到 $\boldsymbol{v}_1, \boldsymbol{v}_2, \boldsymbol{v}_3$ 的过渡矩阵. 由于

$$\begin{cases} \boldsymbol{e}_1 = 0\boldsymbol{v}_1 + 0\boldsymbol{v}_2 + 1\boldsymbol{v}_3, \\ \boldsymbol{e}_2 = 1\boldsymbol{v}_1 + 0\boldsymbol{v}_2 + 0\boldsymbol{v}_3, \\ \boldsymbol{e}_3 = 0\boldsymbol{v}_1 + 1\boldsymbol{v}_2 + 0\boldsymbol{v}_3, \end{cases}$$

即

$$(\boldsymbol{e}_1, \boldsymbol{e}_2, \boldsymbol{e}_3) = (\boldsymbol{v}_1, \boldsymbol{v}_2, \boldsymbol{v}_3) \begin{pmatrix} 0 & 1 & 0 \\ 0 & 0 & 1 \\ 1 & 0 & 0 \end{pmatrix}.$$

因此, 3 阶方阵 $\boldsymbol{B} = \begin{pmatrix} 0 & 1 & 0 \\ 0 & 0 & 1 \\ 1 & 0 & 0 \end{pmatrix}$ 是由 $\boldsymbol{v}_1, \boldsymbol{v}_2, \boldsymbol{v}_3$ 到 $\boldsymbol{e}_1, \boldsymbol{e}_2, \boldsymbol{e}_3$ 的过渡矩阵.

**定理 3.21** 设 $n \geqslant 1$, $\boldsymbol{\alpha}_1, \boldsymbol{\alpha}_2, \cdots, \boldsymbol{\alpha}_n$ 和 $\boldsymbol{\beta}_1, \boldsymbol{\beta}_2, \cdots, \boldsymbol{\beta}_n$ 是 $n$ 维线性空间 $V$ 的两个基, 则由 $\boldsymbol{\alpha}_1, \boldsymbol{\alpha}_2, \cdots, \boldsymbol{\alpha}_n$ 到 $\boldsymbol{\beta}_1, \boldsymbol{\beta}_2, \cdots, \boldsymbol{\beta}_n$ 的过渡矩阵 $\boldsymbol{A}$ 可逆, 且 $\boldsymbol{A}^{-1}$ 是由 $\boldsymbol{\beta}_1, \boldsymbol{\beta}_2, \cdots, \boldsymbol{\beta}_n$ 到 $\boldsymbol{\alpha}_1, \boldsymbol{\alpha}_2, \cdots, \boldsymbol{\alpha}_n$ 的过渡矩阵.

**证明*** 由于 $\boldsymbol{A}$ 是由 $\boldsymbol{\alpha}_1, \boldsymbol{\alpha}_2, \cdots, \boldsymbol{\alpha}_n$ 到 $\boldsymbol{\beta}_1, \boldsymbol{\beta}_2, \cdots, \boldsymbol{\beta}_n$ 的过渡矩阵, 所以

$$(\boldsymbol{\beta}_1, \boldsymbol{\beta}_2, \cdots, \boldsymbol{\beta}_n) = (\boldsymbol{\alpha}_1, \boldsymbol{\alpha}_2, \cdots, \boldsymbol{\alpha}_n)\boldsymbol{A}.$$

假设 $\boldsymbol{B}$ 是由 $\boldsymbol{\beta}_1, \boldsymbol{\beta}_2, \cdots, \boldsymbol{\beta}_n$ 到 $\boldsymbol{\alpha}_1, \boldsymbol{\alpha}_2, \cdots, \boldsymbol{\alpha}_n$ 的过渡矩阵, 则

$$(\boldsymbol{\alpha}_1, \boldsymbol{\alpha}_2, \cdots, \boldsymbol{\alpha}_n) = (\boldsymbol{\beta}_1, \boldsymbol{\beta}_2, \cdots, \boldsymbol{\beta}_n)\boldsymbol{B}.$$

将前者代入后者, 可得

$$(\boldsymbol{\alpha}_1, \boldsymbol{\alpha}_2, \cdots, \boldsymbol{\alpha}_n) = (\boldsymbol{\beta}_1, \boldsymbol{\beta}_2, \cdots, \boldsymbol{\beta}_n)\boldsymbol{B} = (\boldsymbol{\alpha}_1, \boldsymbol{\alpha}_2, \cdots, \boldsymbol{\alpha}_n)(\boldsymbol{AB}).$$

这说明 $\boldsymbol{AB}$ 是由 $\boldsymbol{\alpha}_1, \boldsymbol{\alpha}_2, \cdots, \boldsymbol{\alpha}_n$ 到其自身的过渡矩阵. 因此 $\boldsymbol{AB} = \boldsymbol{E}$. 故 $\boldsymbol{A}$ 可逆, 且 $\boldsymbol{B} = \boldsymbol{A}^{-1}$. 于是, $\boldsymbol{A}^{-1}$ 是由 $\boldsymbol{\beta}_1, \boldsymbol{\beta}_2, \cdots, \boldsymbol{\beta}_n$ 到 $\boldsymbol{\alpha}_1, \boldsymbol{\alpha}_2, \cdots, \boldsymbol{\alpha}_n$ 的过渡矩阵. 证毕.

### 3.6.2 坐标变换

假设在 $n$ 维线性空间 $V$ 中由基 $\boldsymbol{\alpha}_1, \boldsymbol{\alpha}_2, \cdots, \boldsymbol{\alpha}_n$ 到 $\boldsymbol{\beta}_1, \boldsymbol{\beta}_2, \cdots, \boldsymbol{\beta}_n$ 的过渡矩阵为 $\boldsymbol{A}$, 即

$$(\boldsymbol{\beta}_1, \boldsymbol{\beta}_2, \cdots, \boldsymbol{\beta}_n) = (\boldsymbol{\alpha}_1, \boldsymbol{\alpha}_2, \cdots, \boldsymbol{\alpha}_n)\boldsymbol{A}.$$

设 $\boldsymbol{\gamma}$ 是 $V$ 中任一向量, 它在这两组基下的坐标分别为 $\boldsymbol{x} = (x_1, x_2, \cdots, x_n)^{\mathrm{T}}$ 和 $\boldsymbol{y} = (y_1, y_2, \cdots, y_n)^{\mathrm{T}}$, 即

$$\boldsymbol{\gamma} = (\boldsymbol{\alpha}_1, \boldsymbol{\alpha}_2, \cdots, \boldsymbol{\alpha}_n)\boldsymbol{x} = (\boldsymbol{\beta}_1, \boldsymbol{\beta}_2, \cdots, \boldsymbol{\beta}_n)\boldsymbol{y}.$$

两式结合可得

$$\boldsymbol{\gamma} = (\boldsymbol{\alpha}_1, \boldsymbol{\alpha}_2, \cdots, \boldsymbol{\alpha}_n)\boldsymbol{x} = (\boldsymbol{\beta}_1, \boldsymbol{\beta}_2, \cdots, \boldsymbol{\beta}_n)\boldsymbol{y} = (\boldsymbol{\alpha}_1, \boldsymbol{\alpha}_2, \cdots, \boldsymbol{\alpha}_n)\boldsymbol{Ay}.$$

这说明 $\boldsymbol{x}$ 和 $\boldsymbol{Ay}$ 都是向量 $\boldsymbol{\gamma}$ 在 $\boldsymbol{\alpha}_1, \boldsymbol{\alpha}_2, \cdots, \boldsymbol{\alpha}_n$ 下的坐标. 故由同一向量在同一个基下坐标的唯一性可得

$$\boldsymbol{x} = \boldsymbol{Ay} \quad \text{或} \quad \boldsymbol{y} = \boldsymbol{A}^{-1}\boldsymbol{x}.$$

**定义 3.17** 在上述记号之下,

$$\boldsymbol{x} = \boldsymbol{Ay} \text{ 和 } \boldsymbol{y} = \boldsymbol{A}^{-1}\boldsymbol{x}$$

称为与基变换 $(\boldsymbol{\beta}_1, \boldsymbol{\beta}_2, \cdots, \boldsymbol{\beta}_n) = (\boldsymbol{\alpha}_1, \boldsymbol{\alpha}_2, \cdots, \boldsymbol{\alpha}_n)\boldsymbol{A}$ 相对应的向量的坐标变换公式.

**例 3.41** 已知

$$\boldsymbol{\alpha}_1 = \begin{pmatrix} 1 \\ 2 \\ 1 \end{pmatrix}, \quad \boldsymbol{\alpha}_2 = \begin{pmatrix} 2 \\ 3 \\ 3 \end{pmatrix}, \quad \boldsymbol{\alpha}_3 = \begin{pmatrix} 3 \\ 7 \\ 1 \end{pmatrix}$$

和

$$\boldsymbol{\beta}_1 = \begin{pmatrix} 3 \\ 1 \\ 4 \end{pmatrix}, \quad \boldsymbol{\beta}_2 = \begin{pmatrix} 5 \\ 2 \\ 1 \end{pmatrix}, \quad \boldsymbol{\beta}_3 = \begin{pmatrix} 1 \\ 1 \\ -6 \end{pmatrix}$$

是 $\mathbb{R}^3$ 中的两个向量组.

(1) 证明 $\boldsymbol{\alpha}_1, \boldsymbol{\alpha}_2, \boldsymbol{\alpha}_3$ 和 $\boldsymbol{\beta}_1, \boldsymbol{\beta}_2, \boldsymbol{\beta}_3$ 都是 $\mathbb{R}^3$ 的基;

(2) 求由 $\boldsymbol{\alpha}_1, \boldsymbol{\alpha}_2, \boldsymbol{\alpha}_3$ 到 $\boldsymbol{\beta}_1, \boldsymbol{\beta}_2, \boldsymbol{\beta}_3$ 的过渡矩阵;

(3) 设一向量 $\boldsymbol{\gamma}$ 在 $\boldsymbol{\beta}_1, \boldsymbol{\beta}_2, \boldsymbol{\beta}_3$ 下的坐标为 $(1, -1, 0)^{\mathrm{T}}$, 试求 $\boldsymbol{\gamma}$ 在 $\boldsymbol{\alpha}_1, \boldsymbol{\alpha}_2, \boldsymbol{\alpha}_3$ 下的坐标.

**解** (1) 由于

$$\det(\boldsymbol{\alpha}_1, \boldsymbol{\alpha}_2, \boldsymbol{\alpha}_3) = \begin{vmatrix} 1 & 2 & 3 \\ 2 & 3 & 7 \\ 1 & 3 & 1 \end{vmatrix} = \begin{vmatrix} 1 & 2 & 3 \\ 0 & -1 & 1 \\ 0 & 1 & -2 \end{vmatrix}$$

$$= \begin{vmatrix} 1 & 2 & 3 \\ 0 & -1 & 1 \\ 0 & 0 & -1 \end{vmatrix} = 1 \neq 0,$$

所以, $\boldsymbol{\alpha}_1, \boldsymbol{\alpha}_2, \boldsymbol{\alpha}_3$ 线性无关, 故它是 $\mathbb{R}^3$ 的一个基. 由于

$$\det(\boldsymbol{\beta}_1, \boldsymbol{\beta}_2, \boldsymbol{\beta}_3) = \begin{vmatrix} 3 & 5 & 1 \\ 1 & 2 & 1 \\ 4 & 1 & -6 \end{vmatrix} = -\begin{vmatrix} 1 & 2 & 1 \\ 3 & 5 & 1 \\ 4 & 1 & -6 \end{vmatrix}$$

$$= -\begin{vmatrix} 1 & 2 & 1 \\ 0 & -1 & -2 \\ 0 & -7 & -10 \end{vmatrix} = -\begin{vmatrix} 1 & 2 & 1 \\ 0 & -1 & -2 \\ 0 & 0 & 4 \end{vmatrix} = 4 \neq 0,$$

所以, $\boldsymbol{\beta}_1, \boldsymbol{\beta}_2, \boldsymbol{\beta}_3$ 线性无关, 故它也是 $\mathbb{R}^3$ 的一个基.

(2) 假设由 $\boldsymbol{\alpha}_1, \boldsymbol{\alpha}_2, \boldsymbol{\alpha}_3$ 到 $\boldsymbol{\beta}_1, \boldsymbol{\beta}_2, \boldsymbol{\beta}_3$ 的过渡矩阵为 $\boldsymbol{A}$, 即

$$(\boldsymbol{\beta}_1, \boldsymbol{\beta}_2, \boldsymbol{\beta}_3) = (\boldsymbol{\alpha}_1, \boldsymbol{\alpha}_2, \boldsymbol{\alpha}_3)\boldsymbol{A},$$

则

$$\begin{pmatrix} 3 & 5 & 1 \\ 1 & 2 & 1 \\ 4 & 1 & -6 \end{pmatrix} = \begin{pmatrix} 1 & 2 & 3 \\ 2 & 3 & 7 \\ 1 & 3 & 1 \end{pmatrix} \boldsymbol{A}.$$

故

$$A = \begin{pmatrix} 1 & 2 & 3 \\ 2 & 3 & 7 \\ 1 & 3 & 1 \end{pmatrix}^{-1} \begin{pmatrix} 3 & 5 & 1 \\ 1 & 2 & 1 \\ 4 & 1 & -6 \end{pmatrix}.$$

又对矩阵 $\left(\begin{array}{ccc|ccc} 1 & 2 & 3 & 1 & 0 & 0 \\ 2 & 3 & 7 & 0 & 1 & 0 \\ 1 & 3 & 1 & 0 & 0 & 1 \end{array}\right)$ 实施初等行变换, 可得

$$\left(\begin{array}{ccc|ccc} 1 & 2 & 3 & 1 & 0 & 0 \\ 2 & 3 & 7 & 0 & 1 & 0 \\ 1 & 3 & 1 & 0 & 0 & 1 \end{array}\right) \to \left(\begin{array}{ccc|ccc} 1 & 2 & 3 & 1 & 0 & 0 \\ 0 & -1 & 1 & -2 & 1 & 0 \\ 0 & 1 & -2 & -1 & 0 & 1 \end{array}\right)$$

$$\to \left(\begin{array}{ccc|ccc} 1 & 2 & 3 & 1 & 0 & 0 \\ 0 & 1 & -1 & 2 & -1 & 0 \\ 0 & 0 & -1 & -3 & 1 & 1 \end{array}\right) \to \left(\begin{array}{ccc|ccc} 1 & 2 & 3 & 1 & 0 & 0 \\ 0 & 1 & -1 & 2 & -1 & 0 \\ 0 & 0 & 1 & 3 & -1 & -1 \end{array}\right)$$

$$\to \left(\begin{array}{ccc|ccc} 1 & 2 & 0 & -8 & 3 & 3 \\ 0 & 1 & 0 & 5 & -2 & -1 \\ 0 & 0 & 1 & 3 & -1 & -1 \end{array}\right) \to \left(\begin{array}{ccc|ccc} 1 & 0 & 0 & -18 & 7 & 5 \\ 0 & 1 & 0 & 5 & -2 & -1 \\ 0 & 0 & 1 & 3 & -1 & -1 \end{array}\right).$$

因此

$$\begin{pmatrix} 1 & 2 & 3 \\ 2 & 3 & 7 \\ 1 & 3 & 1 \end{pmatrix}^{-1} = \begin{pmatrix} -18 & 7 & 5 \\ 5 & -2 & -1 \\ 3 & -1 & -1 \end{pmatrix}.$$

于是

$$A = \begin{pmatrix} -18 & 7 & 5 \\ 5 & -2 & -1 \\ 3 & -1 & -1 \end{pmatrix} \begin{pmatrix} 3 & 5 & 1 \\ 1 & 2 & 1 \\ 4 & 1 & -6 \end{pmatrix} = \begin{pmatrix} -27 & -71 & -41 \\ 9 & 20 & 9 \\ 4 & 12 & 8 \end{pmatrix}.$$

(3) 因为 $\gamma$ 在 $\beta_1, \beta_2, \beta_3$ 下的坐标为 $(1, -1, 0)^{\mathrm{T}}$, 所以根据向量的坐标变换公式可知 $\gamma$ 在 $\alpha_1, \alpha_2, \alpha_3$ 下的坐标为

$$\begin{pmatrix} x_1 \\ x_2 \\ x_3 \end{pmatrix} = A \begin{pmatrix} 1 \\ -1 \\ 0 \end{pmatrix} = \begin{pmatrix} -27 & -71 & -41 \\ 9 & 20 & 9 \\ 4 & 12 & 8 \end{pmatrix} \begin{pmatrix} 1 \\ -1 \\ 0 \end{pmatrix} = \begin{pmatrix} 44 \\ -11 \\ -8 \end{pmatrix}.$$

**例 3.42***　设

$$V=\left\{\begin{pmatrix} a & b \\ 0 & c \end{pmatrix}\in\mathbb{R}^{2\times 2}\;\middle|\; a,\, b,\, c\in\mathbb{R}\right\}.$$

(1) 证明 $V$ 是一个线性空间.

(2) 证明向量组 $\boldsymbol{e}_{11}=\begin{pmatrix} 1 & 0 \\ 0 & 0 \end{pmatrix}$, $\boldsymbol{e}_{12}=\begin{pmatrix} 0 & 1 \\ 0 & 0 \end{pmatrix}$, $\boldsymbol{e}_{22}=\begin{pmatrix} 0 & 0 \\ 0 & 1 \end{pmatrix}$ 是 $V$ 的一个基.

(3) 证明 $\boldsymbol{\alpha}_1=\begin{pmatrix} 1 & 1 \\ 0 & 0 \end{pmatrix}$, $\boldsymbol{\alpha}_2=\begin{pmatrix} 1 & 0 \\ 0 & 1 \end{pmatrix}$, $\boldsymbol{\alpha}_3=\begin{pmatrix} 0 & 1 \\ 0 & 1 \end{pmatrix}$ 也是 $V$ 的一个基, 并求由 $\boldsymbol{e}_{11}, \boldsymbol{e}_{12}, \boldsymbol{e}_{22}$ 到 $\boldsymbol{\alpha}_1, \boldsymbol{\alpha}_2, \boldsymbol{\alpha}_3$ 的过渡矩阵.

(4) 求 $\boldsymbol{\alpha}=\begin{pmatrix} 2 & -1 \\ 0 & -3 \end{pmatrix}$ 在基 $\boldsymbol{\alpha}_1, \boldsymbol{\alpha}_2, \boldsymbol{\alpha}_3$ 下的坐标.

**解**　(1) 因为 $V$ 是线性空间 $\mathbb{R}^{2\times 2}$ 的子集, 且 $V$ 对矩阵的加法和数乘运算封闭, 所以 $V$ 是线性空间 $\mathbb{R}^{2\times 2}$ 的一个子空间.

(2) 易见 $\boldsymbol{e}_{11}, \boldsymbol{e}_{12}, \boldsymbol{e}_{22}$ 线性无关, 且 $\mathrm{Span}\,(\boldsymbol{e}_{11}, \boldsymbol{e}_{12}, \boldsymbol{e}_{22})=V$. 所以 $\boldsymbol{e}_{11}, \boldsymbol{e}_{12}, \boldsymbol{e}_{22}$ 是 $V$ 的一个基. 因此, $\dim(V)=3$.

(3) 容易看出, $\boldsymbol{\alpha}_1=\boldsymbol{e}_{11}+\boldsymbol{e}_{12}$, $\boldsymbol{\alpha}_2=\boldsymbol{e}_{11}+\boldsymbol{e}_{22}$, $\boldsymbol{\alpha}_3=\boldsymbol{e}_{12}+\boldsymbol{e}_{22}$. 于是

$$(\boldsymbol{\alpha}_1, \boldsymbol{\alpha}_2, \boldsymbol{\alpha}_3)=(\boldsymbol{e}_{11}, \boldsymbol{e}_{12}, \boldsymbol{e}_{22})\,\boldsymbol{A},$$

其中 $\boldsymbol{A}=\begin{pmatrix} 1 & 1 & 0 \\ 1 & 0 & 1 \\ 0 & 1 & 1 \end{pmatrix}$. 由于

$$\det(\boldsymbol{A})=\begin{vmatrix} 1 & 1 & 0 \\ 1 & 0 & 1 \\ 0 & 1 & 1 \end{vmatrix}=\begin{vmatrix} 1 & 1 & 0 \\ 0 & -1 & 1 \\ 0 & 1 & 1 \end{vmatrix}=\begin{vmatrix} 1 & 1 & 0 \\ 0 & -1 & 1 \\ 0 & 0 & 2 \end{vmatrix}=-2\neq 0,$$

所以 $\boldsymbol{A}$ 可逆. 故由定理 3.19 可知 $\boldsymbol{\alpha}_1, \boldsymbol{\alpha}_2, \boldsymbol{\alpha}_3$ 也是 $V$ 的一个基. 并且, 由 $\boldsymbol{e}_{11}, \boldsymbol{e}_{12}, \boldsymbol{e}_{22}$ 到 $\boldsymbol{\alpha}_1, \boldsymbol{\alpha}_2, \boldsymbol{\alpha}_3$ 的过渡矩阵为 $\boldsymbol{A}$.

(4) 由于

$$\boldsymbol{\alpha}=2\boldsymbol{e}_{11}-\boldsymbol{e}_{12}-3\boldsymbol{e}_{22}=(\boldsymbol{e}_{11}, \boldsymbol{e}_{12}, \boldsymbol{e}_{22})\begin{pmatrix} 2 \\ -1 \\ -3 \end{pmatrix},$$

所以, $\boldsymbol{\alpha}$ 在基 $\boldsymbol{e}_{11}, \boldsymbol{e}_{12}, \boldsymbol{e}_{22}$ 下的坐标为 $\begin{pmatrix} x_1 \\ x_2 \\ x_3 \end{pmatrix} = \begin{pmatrix} 2 \\ -1 \\ -3 \end{pmatrix}$. 因此根据向量的坐标变换公式可知, $\boldsymbol{\alpha}$ 在 $\boldsymbol{\alpha}_1, \boldsymbol{\alpha}_2, \boldsymbol{\alpha}_3$ 下的坐标为

$$\begin{pmatrix} y_1 \\ y_2 \\ y_3 \end{pmatrix} = \boldsymbol{A}^{-1} \begin{pmatrix} 2 \\ -1 \\ -3 \end{pmatrix} = \begin{pmatrix} 1 & 1 & 0 \\ 1 & 0 & 1 \\ 0 & 1 & 1 \end{pmatrix}^{-1} \begin{pmatrix} 2 \\ -1 \\ -3 \end{pmatrix}.$$

又对矩阵 $\left(\begin{array}{ccc|ccc} 1 & 1 & 0 & 1 & 0 & 0 \\ 1 & 0 & 1 & 0 & 1 & 0 \\ 0 & 1 & 1 & 0 & 0 & 1 \end{array}\right)$ 实施初等行变换, 可得

$$\left(\begin{array}{ccc|ccc} 1 & 1 & 0 & 1 & 0 & 0 \\ 1 & 0 & 1 & 0 & 1 & 0 \\ 0 & 1 & 1 & 0 & 0 & 1 \end{array}\right) \to \left(\begin{array}{ccc|ccc} 1 & 1 & 0 & 1 & 0 & 0 \\ 0 & -1 & 1 & -1 & 1 & 0 \\ 0 & 1 & 1 & 0 & 0 & 1 \end{array}\right)$$

$$\to \left(\begin{array}{ccc|ccc} 1 & 1 & 0 & 1 & 0 & 0 \\ 0 & -1 & 1 & -1 & 1 & 0 \\ 0 & 0 & 2 & -1 & 1 & 1 \end{array}\right) \to \left(\begin{array}{ccc|ccc} 1 & 1 & 0 & 1 & 0 & 0 \\ 0 & 1 & -1 & 1 & -1 & 0 \\ 0 & 0 & 1 & -1/2 & 1/2 & 1/2 \end{array}\right)$$

$$\to \left(\begin{array}{ccc|ccc} 1 & 1 & 0 & 1 & 0 & 0 \\ 0 & 1 & 0 & 1/2 & -1/2 & 1/2 \\ 0 & 0 & 1 & -1/2 & 1/2 & 1/2 \end{array}\right) \to \left(\begin{array}{ccc|ccc} 1 & 0 & 0 & 1/2 & 1/2 & -1/2 \\ 0 & 1 & 0 & 1/2 & -1/2 & 1/2 \\ 0 & 0 & 1 & -1/2 & 1/2 & 1/2 \end{array}\right).$$

因此

$$\begin{pmatrix} 1 & 1 & 0 \\ 1 & 0 & 1 \\ 0 & 1 & 1 \end{pmatrix}^{-1} = \begin{pmatrix} 1/2 & 1/2 & -1/2 \\ 1/2 & -1/2 & 1/2 \\ -1/2 & 1/2 & 1/2 \end{pmatrix}.$$

于是

$$\begin{pmatrix} y_1 \\ y_2 \\ y_3 \end{pmatrix} = \begin{pmatrix} 1/2 & 1/2 & -1/2 \\ 1/2 & -1/2 & 1/2 \\ -1/2 & 1/2 & 1/2 \end{pmatrix} \begin{pmatrix} 2 \\ -1 \\ -3 \end{pmatrix} = \begin{pmatrix} 2 \\ 0 \\ -3 \end{pmatrix}.$$

## 习 题 3.6

1. 对下列各个向量组 $\boldsymbol{u}_1, \boldsymbol{u}_2$, 求出由 $\boldsymbol{e}_1, \boldsymbol{e}_2$ 到 $\boldsymbol{u}_1, \boldsymbol{u}_2$, 以及由 $\boldsymbol{u}_1, \boldsymbol{u}_2$ 到 $\boldsymbol{e}_1, \boldsymbol{e}_2$ 的过渡矩阵.

(1) $\boldsymbol{u}_1 = (1, 1)^{\mathrm{T}}, \boldsymbol{u}_2 = (-1, 1)^{\mathrm{T}}$;

(2) $\boldsymbol{u}_1 = (1, 2)^{\mathrm{T}}, \boldsymbol{u}_2 = (-2, 5)^{\mathrm{T}}$;

(3) $\boldsymbol{u}_1 = (0, 1)^{\mathrm{T}}, \boldsymbol{u}_2 = (1, 0)^{\mathrm{T}}$.

2. 对下列各个向量组 $\boldsymbol{u}_1, \boldsymbol{u}_2$, 求出由 $\boldsymbol{v}_1 = (2, 3)^{\mathrm{T}}, \boldsymbol{v}_2 = (-3, 4)^{\mathrm{T}}$ 到 $\boldsymbol{u}_1, \boldsymbol{u}_2$, 以及由 $\boldsymbol{u}_1, \boldsymbol{u}_2$ 到 $\boldsymbol{v}_1, \boldsymbol{v}_2$ 的过渡矩阵.

(1) $\boldsymbol{u}_1 = (1, 1)^{\mathrm{T}}, \boldsymbol{u}_2 = (-1, 1)^{\mathrm{T}}$;

(2) $\boldsymbol{u}_1 = (1, 2)^{\mathrm{T}}, \boldsymbol{u}_2 = (-2, 5)^{\mathrm{T}}$;

(3) $\boldsymbol{u}_1 = (0, 1)^{\mathrm{T}}, \boldsymbol{u}_2 = (1, 0)^{\mathrm{T}}$.

3. 设 $\boldsymbol{u}_1 = (1, 1, 1)^{\mathrm{T}}, \boldsymbol{u}_2 = (1, 2, 2)^{\mathrm{T}}, \boldsymbol{u}_3 = (2, 3, 4)^{\mathrm{T}}$.

(1) 求出由 $\boldsymbol{e}_1, \boldsymbol{e}_2, \boldsymbol{e}_3$ 到 $\boldsymbol{u}_1, \boldsymbol{u}_2, \boldsymbol{u}_3$, 以及由 $\boldsymbol{u}_1, \boldsymbol{u}_2, \boldsymbol{u}_3$ 到 $\boldsymbol{e}_1, \boldsymbol{e}_2, \boldsymbol{e}_3$ 的过渡矩阵.

(2) 求出下列向量在有序基 $\boldsymbol{u}_1, \boldsymbol{u}_2, \boldsymbol{u}_3$ 下的坐标:

(i) $\boldsymbol{x}_1 = (3, 2, 5)^{\mathrm{T}}$;　(ii) $\boldsymbol{x}_2 = (-1, 3, 2)^{\mathrm{T}}$;　(iii) $\boldsymbol{x}_3 = (2, -3, 4)^{\mathrm{T}}$.

4. 设 $\boldsymbol{u}_1 = (1, 2, 3)^{\mathrm{T}}, \boldsymbol{u}_2 = (2, 2, 4)^{\mathrm{T}}, \boldsymbol{u}_3 = (3, 1, 3)^{\mathrm{T}}, \boldsymbol{v}_1 = (0, 2, 0)^{\mathrm{T}}, \boldsymbol{v}_2 = (2, -1, 1)^{\mathrm{T}}, \boldsymbol{v}_3 = (0, 3, -2)^{\mathrm{T}}$.

(1) 求由 $\boldsymbol{u}_1, \boldsymbol{u}_2, \boldsymbol{u}_3$ 到 $\boldsymbol{v}_1, \boldsymbol{v}_2, \boldsymbol{v}_3$, 以及由 $\boldsymbol{v}_1, \boldsymbol{v}_2, \boldsymbol{v}_3$ 到 $\boldsymbol{u}_1, \boldsymbol{u}_2, \boldsymbol{u}_3$ 的过渡矩阵;

(2) 设向量 $\boldsymbol{\gamma}$ 在 $\boldsymbol{v}_1, \boldsymbol{v}_2, \boldsymbol{v}_3$ 下的坐标为 $(-1, 1, 2)^{\mathrm{T}}$, 求 $\boldsymbol{\gamma}$ 在 $\boldsymbol{u}_1, \boldsymbol{u}_2, \boldsymbol{u}_3$ 下的坐标.

5. 假设 $\boldsymbol{u}_1, \boldsymbol{u}_2, \cdots, \boldsymbol{u}_n$ 和 $\boldsymbol{v}_1, \boldsymbol{v}_2, \cdots, \boldsymbol{v}_n$ 是 $\mathbb{R}^n$ 的两个基, 令 $U$ 和 $V$ 分别为矩阵

$$\boldsymbol{U} = (\boldsymbol{u}_1, \boldsymbol{u}_2, \cdots, \boldsymbol{u}_n), \quad \boldsymbol{V} = (\boldsymbol{v}_1, \boldsymbol{v}_2, \cdots, \boldsymbol{v}_n).$$

则当把分块矩阵 $(\boldsymbol{U}|\boldsymbol{V})$ 化为行最简形矩阵 $(\boldsymbol{E}_n|\boldsymbol{A})$ 时, $\boldsymbol{A}$ 就是由 $\boldsymbol{u}_1, \boldsymbol{u}_2, \cdots, \boldsymbol{u}_n$ 到 $\boldsymbol{v}_1, \boldsymbol{v}_2, \cdots, \boldsymbol{v}_n$ 的过渡矩阵.

## 3.7　思考与拓展*

$\mathbb{R}^n$ 中向量间线性关系的确定及其应用是一个重要内容. 作为强调, 再次明确一下寻找 $\mathbb{R}^n$ 中向量间线性关系的基本步骤.

第一步, 以给定向量组 $\boldsymbol{\alpha}_1, \boldsymbol{\alpha}_2, \cdots, \boldsymbol{\alpha}_n$ 的向量为列, 构造矩阵 $\boldsymbol{A} = (\boldsymbol{\alpha}_1, \boldsymbol{\alpha}_2, \cdots, \boldsymbol{\alpha}_n)$.

第二步, 对 $\boldsymbol{A}$ 实施初等行变换, 将其化为行最简形矩阵.

第三步, 写出行最简形矩阵主元所在列的列向量, 它们形成行最简形矩阵列向量组的一个极大线性无关组.

第四步, 写出行最简形矩阵非主元所在列的列向量与主元所在列的列向量之间的线性关系.

第五步, 按照行最简形矩阵列向量之间的线性关系写出 $\boldsymbol{\alpha}_1, \boldsymbol{\alpha}_2, \cdots, \boldsymbol{\alpha}_n$ 之间的线性关系.

例如, 假设由列向量组 $\boldsymbol{\alpha}_1, \boldsymbol{\alpha}_2, \boldsymbol{\alpha}_3, \boldsymbol{\alpha}_4, \boldsymbol{\alpha}_5 \in \mathbb{R}^4$ 所形成的矩阵 $\boldsymbol{A} = (\boldsymbol{\alpha}_1,$

$\boldsymbol{\alpha}_2, \boldsymbol{\alpha}_3, \boldsymbol{\alpha}_4, \boldsymbol{\alpha}_5)$ 经初等行变换化成的行最简形矩阵为

$$\boldsymbol{U} = \begin{pmatrix} 1 & 0 & -1 & 0 & 2 \\ 0 & 1 & 2 & 0 & 1 \\ 0 & 0 & 0 & 1 & -2 \\ 0 & 0 & 0 & 0 & 0 \end{pmatrix}.$$

记 $\boldsymbol{\beta}_1, \boldsymbol{\beta}_2, \boldsymbol{\beta}_3, \boldsymbol{\beta}_4, \boldsymbol{\beta}_5$ 为 $\boldsymbol{U}$ 的第 1 到第 5 个列向量. 则因 $\boldsymbol{U}$ 的主元在其 1,2,4 列, 故 $\boldsymbol{\beta}_1, \boldsymbol{\beta}_2, \boldsymbol{\beta}_4$ 是 $\boldsymbol{U}$ 的列向量组的一个极大线性无关组. 因此, 相应的 $\boldsymbol{\alpha}_1, \boldsymbol{\alpha}_2, \boldsymbol{\alpha}_4$ 是 $\boldsymbol{\alpha}_1, \boldsymbol{\alpha}_2, \boldsymbol{\alpha}_3, \boldsymbol{\alpha}_4, \boldsymbol{\alpha}_5$ 的一个极大线性无关组. 又由 $\boldsymbol{\beta}_1, \boldsymbol{\beta}_2, \boldsymbol{\beta}_3, \boldsymbol{\beta}_4, \boldsymbol{\beta}_5$ 的定义容易看出它们之间的下述线性关系:

$$\boldsymbol{\beta}_3 = -\boldsymbol{\beta}_1 + 2\boldsymbol{\beta}_2, \quad \boldsymbol{\beta}_5 = 2\boldsymbol{\beta}_1 + \boldsymbol{\beta}_2 - 2\boldsymbol{\beta}_3.$$

所以向量组 $\boldsymbol{\alpha}_1, \boldsymbol{\alpha}_2, \boldsymbol{\alpha}_3, \boldsymbol{\alpha}_4, \boldsymbol{\alpha}_5 \in \mathbb{R}^4$ 之间有如下相应的线性关系:

$$\boldsymbol{\alpha}_3 = -\boldsymbol{\alpha}_1 + 2\boldsymbol{\alpha}_2, \quad \boldsymbol{\alpha}_5 = 2\boldsymbol{\alpha}_1 + \boldsymbol{\alpha}_2 - 2\boldsymbol{\alpha}_3.$$

**例 3.43** 设某公司使用 3 种原料配制 3 种包含不同原料的混合涂料. 具体配料见下表:

| | 涂料A | 涂料B | 涂料C |
|---|---|---|---|
| 原料1 | 1 | 1 | 3 |
| 原料2 | 1 | 2 | 4 |
| 原料3 | 1 | 2 | 4 |

试问能否撇开原料, 直接利用其中较少种类的涂料配制出所有种类的涂料? 若能, 试给出消费者最少需要购买的涂料的种类.

**解** 分别以 $\boldsymbol{\alpha}_1, \boldsymbol{\alpha}_2, \boldsymbol{\alpha}_3$ 表示涂料 A、涂料 B 和涂料 C 的原料成分向量, 即设 $\boldsymbol{\alpha}_1 = \begin{pmatrix} 1 \\ 1 \\ 1 \end{pmatrix}$, $\boldsymbol{\alpha}_2 = \begin{pmatrix} 1 \\ 2 \\ 2 \end{pmatrix}$, $\boldsymbol{\alpha}_3 = \begin{pmatrix} 3 \\ 4 \\ 4 \end{pmatrix}$. 令 $\boldsymbol{A} = (\boldsymbol{\alpha}_1, \boldsymbol{\alpha}_2, \boldsymbol{\alpha}_3) = \begin{pmatrix} 1 & 1 & 3 \\ 1 & 2 & 4 \\ 1 & 2 & 4 \end{pmatrix}$. 对 $\boldsymbol{A}$ 实施初等行变换将其化为行最简形矩阵可得

$$\boldsymbol{A} = \begin{pmatrix} 1 & 1 & 3 \\ 1 & 2 & 4 \\ 1 & 2 & 4 \end{pmatrix} \to \begin{pmatrix} 1 & 1 & 3 \\ 0 & 1 & 1 \\ 0 & 0 & 0 \end{pmatrix} \to \begin{pmatrix} 1 & 0 & 2 \\ 0 & 1 & 1 \\ 0 & 0 & 0 \end{pmatrix}.$$

由此可知, $\boldsymbol{\alpha}_1, \boldsymbol{\alpha}_2$ 是向量组 $\boldsymbol{\alpha}_1, \boldsymbol{\alpha}_2, \boldsymbol{\alpha}_3$ 的一个极大线性无关组, 且 $\boldsymbol{\alpha}_3 = 2\boldsymbol{\alpha}_1 + \boldsymbol{\alpha}_2$. 因此, 只要利用 2 份涂料 A 和 1 份涂料 B 就可配制出 1 份涂料 C. 当然, 除此之外还有其他配制方法, 请读者自行考虑.

# 复习题 3

## (A)

1. 填空题.

(1) 设 $\boldsymbol{\alpha}=(3, 5, 1, 1)$, $\boldsymbol{\beta}=(-1, 2, 3, 5)$, 且 $2\boldsymbol{\alpha}+\boldsymbol{\xi}-4\boldsymbol{\beta}=\mathbf{0}$, 则 $\boldsymbol{\xi}=(\quad)$.

(2) 设向量组 $\boldsymbol{\alpha}_1=\begin{pmatrix}1\\2\\3\end{pmatrix}$, $\boldsymbol{\alpha}_2=\begin{pmatrix}1\\1\\0\end{pmatrix}$, $\boldsymbol{\alpha}_3=\begin{pmatrix}1\\a\\1\end{pmatrix}$ 的秩为 2, 则 $a=(\quad)$.

(3) 设向量组 $\boldsymbol{\alpha}_1=(a, 0, b)$, $\boldsymbol{\alpha}_2=(2, 4, 4)$, $\boldsymbol{\alpha}_3=(1, 3, 2)$ 线性相关, 则参数 $a, b$ 满足的条件为 ( ).

(4) 设向量组 $\boldsymbol{\alpha}_1, \boldsymbol{\alpha}_2, \boldsymbol{\alpha}_3$ 与 $\boldsymbol{\beta}_1, \boldsymbol{\beta}_2$ 之间具有关系 $\boldsymbol{\alpha}_1=\boldsymbol{\beta}_1+\boldsymbol{\beta}_2$, $\boldsymbol{\alpha}_2=2\boldsymbol{\beta}_1-\boldsymbol{\beta}_2$, $\boldsymbol{\alpha}_3=2\boldsymbol{\beta}_1+5\boldsymbol{\beta}_2$, 则向量组 $\boldsymbol{\alpha}_1, \boldsymbol{\alpha}_2, \boldsymbol{\alpha}_3$ 一定线性 ( ) 关.

(5) 矩阵 $\boldsymbol{A}=\begin{pmatrix}0&1&0&4\\2&0&0&5\\0&0&3&6\\0&0&0&0\end{pmatrix}$ 的列向量组有极大线性无关组 ( ).

(6) 实线性空间 $V=\{(x, y, z)\,|\,x+y-z=0\}$ 有一组基是 ( ).

(7) 线性空间 $\mathbb{R}^2$ 从基 $\boldsymbol{\alpha}_1=\begin{pmatrix}2\\3\end{pmatrix}$, $\boldsymbol{\alpha}_2=\begin{pmatrix}1\\3\end{pmatrix}$ 到基 $\boldsymbol{\beta}_1=\begin{pmatrix}2\\1\end{pmatrix}$, $\boldsymbol{\beta}_2=\begin{pmatrix}1\\2\end{pmatrix}$ 的过渡矩阵是 ( ).

(8) 线性空间 $\mathbb{R}^2$ 中向量 $\boldsymbol{\alpha}=\begin{pmatrix}1\\3\end{pmatrix}$ 在 $\mathbb{R}^2$ 中基 $\boldsymbol{\alpha}_1=\begin{pmatrix}2\\1\end{pmatrix}$, $\boldsymbol{\alpha}_2=\begin{pmatrix}2\\3\end{pmatrix}$ 下的坐标为 ( ).

2. 判定下列向量组的线性相关性.

(1) $\begin{pmatrix}-1\\3\\1\end{pmatrix}, \begin{pmatrix}2\\1\\0\end{pmatrix}, \begin{pmatrix}1\\4\\1\end{pmatrix}$;

(2) $\begin{pmatrix}1\\1\\1\\0\end{pmatrix}, \begin{pmatrix}0\\3\\1\\3\end{pmatrix}, \begin{pmatrix}0\\1\\1\\-1\end{pmatrix}$.

3. 判断下列命题或说法是否正确? 若正确, 证明之; 若不正确, 举出反例.

(1) 若向量组 $\boldsymbol{\alpha}_1, \boldsymbol{\alpha}_2, \cdots, \boldsymbol{\alpha}_n$ 线性相关, 则 $\boldsymbol{\alpha}_1$ 一定可以由 $\boldsymbol{\alpha}_2, \boldsymbol{\alpha}_3, \cdots, \boldsymbol{\alpha}_n$ 线性表示.

(2) 若有不全为零的数 $a_1, a_2, \cdots, a_n$ 使

$$a_1\boldsymbol{\alpha}_1+a_2\boldsymbol{\alpha}_2+\cdots+a_n\boldsymbol{\alpha}_n+a_1\boldsymbol{\beta}_1+a_2\boldsymbol{\beta}_2+\cdots+a_n\boldsymbol{\beta}_n=\mathbf{0}$$

成立, 则向量组 $\boldsymbol{\alpha}_1, \boldsymbol{\alpha}_2, \cdots, \boldsymbol{\alpha}_n$ 和 $\boldsymbol{\beta}_1, \boldsymbol{\beta}_2, \cdots, \boldsymbol{\beta}_s$ 都线性相关.

(3) 若只有当 $a_1, a_2, \cdots, a_n$ 全为零时等式

$$a_1\boldsymbol{\alpha}_1 + a_2\boldsymbol{\alpha}_2 + \cdots + a_n\boldsymbol{\alpha}_n + a_1\boldsymbol{\beta}_1 + a_2\boldsymbol{\beta}_2 + \cdots + a_n\boldsymbol{\beta}_n = \mathbf{0}$$

才能成立, 则向量组 $\boldsymbol{\alpha}_1, \boldsymbol{\alpha}_2, \cdots, \boldsymbol{\alpha}_n$ 和 $\boldsymbol{\beta}_1, \boldsymbol{\beta}_2, \cdots, \boldsymbol{\beta}_n$ 都线性无关.

(4) 若向量组 $\boldsymbol{\alpha}_1, \boldsymbol{\alpha}_2, \cdots, \boldsymbol{\alpha}_n$ 和 $\boldsymbol{\beta}_1, \boldsymbol{\beta}_2, \cdots, \boldsymbol{\beta}_n$ 都线性相关, 则有不全为零的数 $a_1, a_2, \cdots, a_n$ 使

$$a_1\boldsymbol{\alpha}_1 + a_2\boldsymbol{\alpha}_2 + \cdots + a_n\boldsymbol{\alpha}_n = \mathbf{0}, \quad a_1\boldsymbol{\beta}_1 + a_2\boldsymbol{\beta}_2 + \cdots + a_n\boldsymbol{\beta}_n = \mathbf{0}$$

同时成立.

(5) 向量组 $\boldsymbol{\alpha}_1, \boldsymbol{\alpha}_2, \cdots, \boldsymbol{\alpha}_n$ $(n > 2)$ 线性无关的充分必要条件是其中任意两个向量线性无关.

(6) 向量组 $\boldsymbol{\alpha}_1, \boldsymbol{\alpha}_2, \cdots, \boldsymbol{\alpha}_n$ $(n > 2)$ 线性相关的充分必要条件是其中有 $n-1$ 个向量线性相关.

4. 设 $\boldsymbol{\alpha}_1, \boldsymbol{\alpha}_2$ 线性无关, $\boldsymbol{\alpha}_1 + \boldsymbol{\beta}, \boldsymbol{\alpha}_2 + \boldsymbol{\beta}$ 线性相关. 证明向量 $\boldsymbol{\beta}$ 可以用 $\boldsymbol{\alpha}_1, \boldsymbol{\alpha}_2$ 线性表示.

5. 设 $\boldsymbol{\alpha}_1, \boldsymbol{\alpha}_2$ 线性相关, $\boldsymbol{\beta}_1, \boldsymbol{\beta}_2$ 线性相关, 问 $\boldsymbol{\alpha}_1 + \boldsymbol{\beta}_1, \boldsymbol{\alpha}_2 + \boldsymbol{\beta}_2$ 是否一定线性相关? 试举例说明.

6. 设 $\boldsymbol{\alpha}_1, \boldsymbol{\alpha}_2, \cdots, \boldsymbol{\alpha}_s$ 均为 $n$ 维向量, 且

$$\boldsymbol{\beta}_1 = \boldsymbol{\alpha}_1, \boldsymbol{\beta}_2 = \boldsymbol{\alpha}_1 + \boldsymbol{\alpha}_2, \cdots, \boldsymbol{\beta}_s = \boldsymbol{\alpha}_1 + \boldsymbol{\alpha}_2 + \cdots + \boldsymbol{\alpha}_s,$$

证明 $\boldsymbol{\alpha}_1, \boldsymbol{\alpha}_2, \cdots, \boldsymbol{\alpha}_s$ 线性无关的充分必要条件是 $\boldsymbol{\beta}_1, \boldsymbol{\beta}_2, \cdots, \boldsymbol{\beta}_s$ 线性无关.

7. 设 $\boldsymbol{\alpha}_1, \boldsymbol{\alpha}_2, \boldsymbol{\alpha}_3$ 线性无关, $\boldsymbol{\beta}_1 = a\boldsymbol{\alpha}_1 + b\boldsymbol{\alpha}_2, \boldsymbol{\beta}_2 = a\boldsymbol{\alpha}_2 + b\boldsymbol{\alpha}_3, \boldsymbol{\beta}_3 = a\boldsymbol{\alpha}_3 + b\boldsymbol{\alpha}_1$, 试问 $a, b$ 满足什么条件才能使 $\boldsymbol{\beta}_1, \boldsymbol{\beta}_2, \boldsymbol{\beta}_3$ 线性无关.

8. 设 $\boldsymbol{\alpha}_1, \boldsymbol{\alpha}_2, \cdots, \boldsymbol{\alpha}_n$ 为 $n$ 维向量, 证明: 如果 $n$ 维基本单位向量均可由 $\boldsymbol{\alpha}_1, \boldsymbol{\alpha}_2, \cdots, \boldsymbol{\alpha}_n$ 线性表示, 则 $\boldsymbol{\alpha}_1, \boldsymbol{\alpha}_2, \cdots, \boldsymbol{\alpha}_n$ 一定线性无关.

9. 求下列向量组的秩, 并求其一个极大线性无关组.

(1) $\boldsymbol{\alpha}_1 = \begin{pmatrix} 1 \\ 2 \\ -1 \\ 4 \end{pmatrix}, \boldsymbol{\alpha}_2 = \begin{pmatrix} 9 \\ 1 \\ -1 \\ 4 \end{pmatrix}, \boldsymbol{\alpha}_3 = \begin{pmatrix} -2 \\ -4 \\ 2 \\ 8 \end{pmatrix}$;

(2) $\boldsymbol{\alpha}_1 = (1, 2, 1, 3), \boldsymbol{\alpha}_2 = (4, -1, -5, -6), \boldsymbol{\alpha}_3 = (1, -3, -4, -7)$.

10. 利用初等变换求下列矩阵列向量组的一个极大线性无关组, 并把其余列向量用求得的极大线性无关组线性表示.

(1) $\begin{pmatrix} 1 & 1 & 2 & 2 & 1 \\ 0 & 2 & 1 & 5 & -1 \\ 2 & 0 & 3 & -1 & 3 \\ 1 & 1 & 0 & 4 & -1 \end{pmatrix}$; (2) $\begin{pmatrix} 1 & 2 & 1 & 0 & 1 \\ 1 & 2 & 2 & 1 & 0 \\ 2 & 4 & 3 & 1 & 1 \\ 1 & 2 & 2 & 1 & 1 \end{pmatrix}$.

11. 设向量组 $\begin{pmatrix} a \\ 3 \\ 1 \end{pmatrix}, \begin{pmatrix} 2 \\ b \\ 3 \end{pmatrix}, \begin{pmatrix} 1 \\ 2 \\ 1 \end{pmatrix}, \begin{pmatrix} 2 \\ 3 \\ 12 \end{pmatrix}$ 的秩为 2, 求 $a, b$.

12. 设

$$\begin{cases} \boldsymbol{\beta}_1 = \boldsymbol{\alpha}_2 + \boldsymbol{\alpha}_3 + \cdots + \boldsymbol{\alpha}_n, \\ \boldsymbol{\beta}_2 = \boldsymbol{\alpha}_1 + \boldsymbol{\alpha}_3 + \cdots + \boldsymbol{\alpha}_n, \\ \qquad\cdots\cdots \\ \boldsymbol{\beta}_n = \boldsymbol{\alpha}_1 + \boldsymbol{\alpha}_2 + \cdots + \boldsymbol{\alpha}_{n-1}. \end{cases}$$

证明向量组 $\boldsymbol{\beta}_1, \boldsymbol{\beta}_2, \cdots, \boldsymbol{\beta}_n$ 与 $\boldsymbol{\alpha}_1, \boldsymbol{\alpha}_2, \cdots, \boldsymbol{\alpha}_n$ 等价.

13. 判断 $\mathbb{R}^3$ 的下列子集是否构成 $\mathbb{R}^3$ 的子空间. 如果构成子空间, 求其维数和一组基.

(1) $V = \{(x, y, z) \mid 2x + 3y - 4z = 1\}$;

(2) $V = \{(x, y, z) \mid x - 2y + 3z = 0\}$;

(3) $V = \{(x, y, z) \mid x = 2y = 3z\}$.

14. 证明 $\boldsymbol{\alpha}_1 = \begin{pmatrix} 1 \\ 2 \\ 1 \end{pmatrix}, \boldsymbol{\alpha}_2 = \begin{pmatrix} 2 \\ 3 \\ 1 \end{pmatrix}, \boldsymbol{\alpha}_3 = \begin{pmatrix} 1 \\ 0 \\ 1 \end{pmatrix}$ 是 $\mathbb{R}^3$ 的基, 并求从 $\boldsymbol{e}_1, \boldsymbol{e}_2, \boldsymbol{e}_3$ 到 $\boldsymbol{\alpha}_1, \boldsymbol{\alpha}_2, \boldsymbol{\alpha}_3$ 的过渡矩阵和向量 $\boldsymbol{\eta} = \begin{pmatrix} 1 \\ 2 \\ 3 \end{pmatrix}$ 在这两组基下的坐标.

## (B)

1. 判断下列论断正确与否, 正确的给出证明, 不正确的给出说明.

(1) Euclid 线性空间 $\mathbb{R}^2$ 是 $\mathbb{R}^3$ 的一个子空间;

(2) 在 Euclid 线性空间 $\mathbb{R}^3$ 中存在两个子空间 $V_1$ 和 $V_2$ 满足 $V_1 \cap V_2 = \{\mathbf{0}\}$;

(3) 如果 $V_1$ 和 $V_2$ 都是线性空间 $V$ 的子空间, 那么 $V_1 \cup V_2$ 也是 $V$ 的子空间;

(4) 如果 $V_1$ 和 $V_2$ 都是线性空间 $V$ 的子空间, 那么 $V_1 \cap V_2$ 也是 $V$ 的子空间;

(5) 如果 $\boldsymbol{v}_1, \boldsymbol{v}_2, \cdots, \boldsymbol{v}_n$ 张成 $\mathbb{R}^n$, 那么 $\boldsymbol{v}_1, \boldsymbol{v}_2, \cdots, \boldsymbol{v}_n$ 线性无关;

(6) 如果 $\boldsymbol{v}_1, \boldsymbol{v}_2, \cdots, \boldsymbol{v}_n$ 张成线性空间 $V$, 那么 $\boldsymbol{v}_1, \boldsymbol{v}_2, \cdots, \boldsymbol{v}_n$ 线性无关;

(7) 若 $\operatorname{Span}(\boldsymbol{v}_1, \boldsymbol{v}_2, \cdots, \boldsymbol{v}_n) = \operatorname{Span}(\boldsymbol{v}_1, \boldsymbol{v}_2, \cdots, \boldsymbol{v}_{n-1})$, 则 $\boldsymbol{v}_1, \boldsymbol{v}_2, \cdots, \boldsymbol{v}_n$ 线性相关;

(8) 设 $\boldsymbol{v}_1, \boldsymbol{v}_2, \cdots, \boldsymbol{v}_k$ 是 $n$ 维线性空间 $V$ 中线性无关的向量, 那么若 $k < n$ 且 $\boldsymbol{v}_{k+1} \notin \operatorname{Span}(\boldsymbol{v}_1, \boldsymbol{v}_2, \cdots, \boldsymbol{v}_k)$, 则 $\boldsymbol{v}_1, \boldsymbol{v}_2, \cdots, \boldsymbol{v}_k, \boldsymbol{v}_{k+1}$ 线性无关;

(9) 设 $\{\boldsymbol{u}_1, \boldsymbol{u}_2\}, \{\boldsymbol{v}_1, \boldsymbol{v}_2\}, \{\boldsymbol{w}_1, \boldsymbol{w}_2\}$ 都是 $\mathbb{R}^2$ 的基, 若 $\boldsymbol{X}$ 是从 $\{\boldsymbol{u}_1, \boldsymbol{u}_2\}$ 到 $\{\boldsymbol{v}_1, \boldsymbol{v}_2\}$ 的过渡矩阵, $\boldsymbol{Y}$ 是从 $\{\boldsymbol{v}_1, \boldsymbol{v}_2\}$ 到 $\{\boldsymbol{w}_1, \boldsymbol{w}_2\}$ 的过渡矩阵, 则 $\boldsymbol{XY}$ 是从 $\{\boldsymbol{u}_1, \boldsymbol{u}_2\}$ 到 $\{\boldsymbol{w}_1, \boldsymbol{w}_2\}$ 的过渡矩阵;

(10) 若 $\boldsymbol{A}$ 和 $\boldsymbol{B}$ 都是 $n$ 阶方阵且 $R(\boldsymbol{A}) = R(\boldsymbol{B})$, 则 $R\left(\boldsymbol{A}^2\right) = R\left(\boldsymbol{B}^2\right)$.

2. 假设 $V$ 是所有 $2 \times 2$ 实对称矩阵的集合, 证明 $V$ 是线性空间 $\mathbb{R}^{2\times 2}$ 的一个子空间并给出它的一个基.

3. 已知向量 $\boldsymbol{\alpha}_1 = \begin{pmatrix} 1 \\ 2 \\ 2 \end{pmatrix}, \boldsymbol{\alpha}_2 = \begin{pmatrix} 1 \\ 3 \\ 3 \end{pmatrix}, \boldsymbol{\alpha}_3 = \begin{pmatrix} 1 \\ 5 \\ 5 \end{pmatrix}, \boldsymbol{\alpha}_4 = \begin{pmatrix} 1 \\ 2 \\ 3 \end{pmatrix}$.

(1) 讨论向量组 $\boldsymbol{\alpha}_1, \boldsymbol{\alpha}_2, \boldsymbol{\alpha}_3, \boldsymbol{\alpha}_4$ 的线性相关性;

(2) 向量组 $\boldsymbol{\alpha}_1, \boldsymbol{\alpha}_2$ 能否张成 $\mathbb{R}^3$? 为什么?

(3) 向量组 $\boldsymbol{\alpha}_1, \boldsymbol{\alpha}_2, \boldsymbol{\alpha}_3$ 能否张成 $\mathbb{R}^3$? 是否线性无关? 是否形成 $\mathbb{R}^3$ 的一个基? 为什么?

(4) 向量组 $\boldsymbol{\alpha}_1, \boldsymbol{\alpha}_2, \boldsymbol{\alpha}_4$ 能否张成 $\mathbb{R}^3$? 是否线性无关? 是否形成 $\mathbb{R}^3$ 的一个基? 为什么?

4. 设 $\boldsymbol{A}$ 为 4 阶非奇异方阵, $\boldsymbol{\alpha}_1, \boldsymbol{\alpha}_2, \boldsymbol{\alpha}_3$ 是 $\mathbb{R}^4$ 的一组线性无关向量, 试证明: 若 $\boldsymbol{\beta}_1 = \boldsymbol{A}\boldsymbol{\alpha}_1, \boldsymbol{\beta}_2 = \boldsymbol{A}\boldsymbol{\alpha}_2, \boldsymbol{\beta}_3 = \boldsymbol{A}\boldsymbol{\alpha}_3$, 则 $\boldsymbol{\beta}_1, \boldsymbol{\beta}_2, \boldsymbol{\beta}_3$ 线性无关.

5. 假设 $\boldsymbol{A}$ 是一个 $6 \times 5$ 矩阵, 其列向量为 $\boldsymbol{\alpha}_1, \boldsymbol{\alpha}_2, \boldsymbol{\alpha}_3, \boldsymbol{\alpha}_4, \boldsymbol{\alpha}_5$. 若 $\boldsymbol{\alpha}_1, \boldsymbol{\alpha}_2, \boldsymbol{\alpha}_3$ 线性无关, 且 $\boldsymbol{\alpha}_4 = \boldsymbol{\alpha}_1 + 3\boldsymbol{\alpha}_2 + \boldsymbol{\alpha}_3$, $\boldsymbol{\alpha}_5 = 2\boldsymbol{\alpha}_1 - \boldsymbol{\alpha}_3$, 试求齐次线性方程组 $\boldsymbol{A}\boldsymbol{x} = \boldsymbol{0}$ 的解空间的维数, 并确定 $\boldsymbol{A}$ 的行最简形矩阵.

6. 假设 $\{\boldsymbol{\alpha}_1, \boldsymbol{\alpha}_2\}$ 和 $\{\boldsymbol{\beta}_1, \boldsymbol{\beta}_2\}$ 均为 $\mathbb{R}^2$ 的有序基, 其中 $\boldsymbol{\alpha}_1 = \begin{pmatrix} 1 \\ 3 \end{pmatrix}, \boldsymbol{\alpha}_2 = \begin{pmatrix} 2 \\ 7 \end{pmatrix}, \boldsymbol{\beta}_1 = \begin{pmatrix} 5 \\ 2 \end{pmatrix}$, $\boldsymbol{\beta}_2 = \begin{pmatrix} 4 \\ 9 \end{pmatrix}$.

(1) 试求从 $\{\boldsymbol{e}_1, \boldsymbol{e}_2\}$ 到 $\{\boldsymbol{\alpha}_1, \boldsymbol{\alpha}_2\}$ 的过渡矩阵, 并利用该过渡矩阵求 $\boldsymbol{v} = \begin{pmatrix} 1 \\ 1 \end{pmatrix}$ 在 $\{\boldsymbol{\alpha}_1, \boldsymbol{\alpha}_2\}$ 下的坐标;

(2) 试求从 $\{\boldsymbol{\beta}_1, \boldsymbol{\beta}_2\}$ 到 $\{\boldsymbol{\alpha}_1, \boldsymbol{\alpha}_2\}$ 的过渡矩阵, 并利用该过渡矩阵求 $\boldsymbol{v} = 2\boldsymbol{\beta}_1 + 3\boldsymbol{\beta}_2$ 在 $\{\boldsymbol{\alpha}_1, \boldsymbol{\alpha}_2\}$ 下的坐标.

第 3 章习题参考答案

# 第 4 章　线性方程组

线性方程组 (system of linear equations) 是数学及其应用中最重要的内容之一. 本章的主要目的是系统介绍线性方程组的基本理论, 其核心是线性方程组的可解性、解的结构以及求解.

## 4.1　基本概念和术语

前面已经多次遇到过线性方程组, 为了完整和规范, 下面对线性方程组的基本概念和术语作一个简单梳理.

### 4.1.1　线性方程组的表示

一个线性方程是指关于未知元 $x_1, x_2, \cdots, x_n$ 的下述一次方程:

$$a_1x_1 + a_2x_2 + \cdots + a_nx_n = b,$$

其中 $n \geqslant 1$ 是一个整数, $a_1, a_2, \cdots, a_n \in \mathbb{R}$ 分别叫作未知元 $x_1, x_2, \cdots, x_n$ 的系数, $b \in \mathbb{R}$ 叫作方程的常数项. 因为该方程中未知元的个数为 $n$, 所以该方程通常也称为一个 $n$ 元线性方程. 多个 $n$ 元线性方程的联立称为一个 $n$ 元线性方程组, 简称线性方程组.

含有 $n$ 个未知元 $x_1, x_2, \cdots, x_n$ 的 $m$ 个 $n$ 元线性方程的联立所形成的线性方程组, 通常表示为

$$\begin{cases} a_{11}x_1 + a_{12}x_2 + \cdots + a_{1n}x_n = b_1, \\ a_{21}x_1 + a_{22}x_2 + \cdots + a_{2n}x_n = b_2, \\ \quad\cdots\cdots \\ a_{m1}x_1 + a_{m2}x_2 + \cdots + a_{mn}x_n = b_m, \end{cases} \tag{4.1}$$

其中 $a_{ij}$ $(i = 1, 2, \cdots, m; j = 1, 2, \cdots, n)$ 叫作未知元的系数, $b_j$ $(j = 1, 2, \cdots, m)$ 叫作方程组的常数项.

比如,

$$2x_1 + 3x_2 - 4x_3 = 5$$

就是一个关于未知元 $x_1$, $x_2$, $x_3$ 的三元线性方程, 也就是中学所说的关于未知元 $x_1$, $x_2$, $x_3$ 的一个三元一次方程. 该方程与关于 $x_1$, $x_2$, $x_3$ 的 3 元线性方程

$$6x_1 + 7x_2 + 0x_3 = 8$$

联立, 可得关于未知元 $x_1$, $x_2$, $x_3$ 的 3 元线性方程组

$$\begin{cases} 2x_1 + 3x_2 - 4x_3 = 5, \\ 6x_1 + 7x_2 = 8. \end{cases}$$

使用矩阵记号, 该方程组可以表示为

$$\boldsymbol{A}\boldsymbol{x} = \boldsymbol{b},$$

其中

$$\boldsymbol{A} = \begin{pmatrix} 2 & 3 & -4 \\ 6 & 7 & 0 \end{pmatrix}, \quad \boldsymbol{x} = \begin{pmatrix} x_1 \\ x_2 \\ x_3 \end{pmatrix}, \quad \boldsymbol{b} = \begin{pmatrix} 5 \\ 8 \end{pmatrix}.$$

使用 $\mathbb{R}^2$ 中向量的记号, 上述方程组可以表示为

$$x_1\boldsymbol{\alpha}_1 + x_2\boldsymbol{\alpha}_2 + x_3\boldsymbol{\alpha}_3 = \boldsymbol{b},$$

其中

$$\boldsymbol{\alpha}_1 = \begin{pmatrix} 2 \\ 6 \end{pmatrix}, \ \boldsymbol{\alpha}_2 = \begin{pmatrix} 3 \\ 7 \end{pmatrix}, \ \boldsymbol{\alpha}_3 = \begin{pmatrix} -4 \\ 0 \end{pmatrix}, \ \boldsymbol{b} = \begin{pmatrix} 5 \\ 8 \end{pmatrix}.$$

一般地, 如果记 $\boldsymbol{A} = (a_{ij})_{m\times n}$ 为 (4.1) 的系数矩阵, $\boldsymbol{x} = (x_1, x_2, \cdots, x_n)^{\mathrm{T}}$, 则线性方程组 (4.1) 可以用矩阵形式表示为

$$\boldsymbol{A}\boldsymbol{x} = \boldsymbol{b}, \tag{4.2}$$

其中 $\boldsymbol{b} = (b_1, b_2, \cdots, b_m)^{\mathrm{T}}$. 如果再记 $\boldsymbol{A}$ 的列向量为

$$\boldsymbol{\alpha}_1 = (a_{11}, a_{21}, \cdots, a_{m1})^{\mathrm{T}}, \cdots, \boldsymbol{\alpha}_n = (a_{1n}, a_{2n}, \cdots, a_{mn})^{\mathrm{T}},$$

则方程组 (4.1) 可以用向量形式表示为

$$x_1\boldsymbol{\alpha}_1 + x_2\boldsymbol{\alpha}_2 + \cdots + x_n\boldsymbol{\alpha}_n = \boldsymbol{b}. \tag{4.3}$$

这里需要注意, 向量 $\boldsymbol{\alpha}_1, \boldsymbol{\alpha}_2, \cdots, \boldsymbol{\alpha}_n$ 和 $\boldsymbol{b}$ 的维数为 $m$, 这是矩阵 $\boldsymbol{A}$ 的行数, 它们属于 $\mathbb{R}^m$; 向量 $\boldsymbol{x}$ 的维数为 $n$, 等于矩阵 $\boldsymbol{A}$ 的列数, 它属于 $\mathbb{R}^n$.

当 $\boldsymbol{b}=(0, 0, \cdots, 0)^{\mathrm{T}} \in \mathbb{R}^m$ 时, (4.1)—(4.3) 称为齐次线性方程组. 当 $\boldsymbol{b} \neq (0, 0, \cdots, 0)^{\mathrm{T}} \in \mathbb{R}^m$ 时, (4.1)—(4.3) 称为非齐次线性方程组. 这种名称的合理性表现在: 若把 (4.1) 改写成

$$\begin{cases} a_{11}x_1 + a_{12}x_2 + \cdots + a_{1n}x_n - b_1 = 0, \\ a_{21}x_1 + a_{22}x_2 + \cdots + a_{2n}x_n - b_2 = 0, \\ \qquad \cdots\cdots \\ a_{m1}x_1 + a_{m2}x_2 + \cdots + a_{mn}x_n - b_m = 0, \end{cases}$$

则当 $\boldsymbol{b}=(0, 0, \cdots, 0)^{\mathrm{T}}$ 时, 该方程组中每一个方程的左端都是未知元 $x_1, x_2, \cdots, x_n$ 的一次齐次多项式. 而当 $\boldsymbol{b} \neq (0, 0, \cdots, 0)^{\mathrm{T}}$ 时, 该方程组中存在某个方程其左端是未知元 $x_1, x_2, \cdots, x_n$ 的一个非齐次多项式.

分块矩阵 $(\boldsymbol{A}, \boldsymbol{b})$ 是方程组 (4.1) 的增广矩阵. 它与线性方程组 (4.1) 之间具有一一对应关系.

### 4.1.2 线性方程组的解与可解性

线性方程组的一个解是指满足线性方程组的未知元的一组取值. 以 (4.1) 为例, 它的一个解是指由 $n$ 个确定的数 $k_1, k_2, \cdots, k_n$ 所组成的有序数组 $(k_1, k_2, \cdots, k_n)$ 使得当 $x_1, x_2, \cdots, x_n$ 分别用 $k_1, k_2, \cdots, k_n$ 代入后, (4.1) 中的 $m$ 个线性方程都成为恒等式. 用 (4.2) 来说, 它的一个解就是满足 (4.2) 的 $n$ 维向量 $\boldsymbol{x}$ 的一个确定的取法 $\boldsymbol{x}=(k_1, k_2, \cdots, k_n)^{\mathrm{T}}$. 用 (4.3) 来说, 它的一个解就是未知元 $x_1, x_2, \cdots, x_n$ 的一组确定的取值 $x_1=k_1, x_2=k_2, \cdots, x_n=k_n$ 使得 (4.3) 成为恒等式. 一个线性方程组的解的全体称为它的解集合. 两个具有相同解集合的线性方程组称为同解方程组.

**例 4.1** 对含有两个未知元 $x_1, x_2$ 的线性方程组

$$\begin{cases} x_1 + x_2 = 2, \\ x_1 - x_2 = 0, \end{cases}$$

利用 Gauss 消元法容易得知它有一个解 $x_1=1, x_2=1$.

像这种有解的线性方程组称为相容线性方程组.

**例 4.2** 对含有未知元 $x_1, x_2$ 的线性方程组

$$\begin{cases} x_1 + x_2 = 2, \\ 2x_1 + 2x_2 = 3, \end{cases}$$

满足其中第一个方程的未知元 $x_1, x_2$ 两者之和为 2, 满足其中第二个方程的未知元 $x_1, x_2$ 两者之和为 $3/2 = 1.5$. 因此不可能有同时满足两个方程的未知元 $x_1, x_2$ 的取值, 即该方程组无解.

像这种无解的线性方程组称为不相容线性方程组.

**例 4.3** 对含有 3 个未知元 $x_1, x_2, x_3$ 的线性方程组

$$\begin{cases} x_1 + x_2 + x_3 = 2, \\ x_1 - x_3 = 0, \end{cases}$$

令 $x_2 = 2t, t \in \mathbb{R}$, 然后利用 Gauss 消元法求关于未知元 $x_1, x_3$ 的线性方程组

$$\begin{cases} x_1 + x_3 = 2 - 2t, \\ x_1 - x_3 = 0, \end{cases}$$

可得 $x_1 = x_3 = 1 - t$. 因此, 原方程组有无穷多个解, 且其任一解都可表示成为 $x_1 = 1 - t, x_2 = 2t, x_3 = 1 - t$, 其中 $t$ 是任意常数.

像这种包含有任意常数, 并且能够表示出线性方程组全部解的解, 称为线性方程组的通解, 或一般解.

由上述三个例子可以看到, 一个线性方程组的解可能会有三种情况: 无解, 有唯一一个解, 有无穷多个解. 讨论一个一般线性方程组的可解性, 就是要讨论它何时有解, 何时无解. 在有解时, 是只有一个解, 还是有多于一个解. 在多于一个解时, 究竟有多少个解, 不同解之间的关系如何.

求解一个线性方程组的过程, 就是利用同解变换, 逐步把线性方程组的所有未知元都完全描述出来的过程. 读者在中学学习的 Gauss 消元法就是求解线性方程组的一个基本方法.

采用矩阵语言, 求解线性方程组 (4.1) 就是求解以 $\boldsymbol{x} = (x_1, x_2, \cdots, x_n)^{\mathrm{T}}$ 为未知向量的矩阵方程 (4.2). 按照 (4.3) 采用向量语言, 求解线性方程组 (4.1) 就是求把 $m$ 维向量 $\boldsymbol{b}$ 表示成 $m$ 维向量组 $\boldsymbol{\alpha}_1, \boldsymbol{\alpha}_2, \cdots, \boldsymbol{\alpha}_n$ 的线性组合的组合系数. 或者反过来说, 把一个 $m$ 维向量 $\boldsymbol{b}$ 表示成 $m$ 维向量组 $\boldsymbol{\alpha}_1, \boldsymbol{\alpha}_2, \cdots, \boldsymbol{\alpha}_n$ 的线性组合的问题 (4.3), 实际上就是解线性方程组的问题 (4.1). 因此, 从本质上看, $\mathbb{R}^m$ 中向量间的线性关系问题其实就是线性方程组的求解问题.

对于齐次线性方程组, 它一定有零解 $\boldsymbol{x}=\mathbf{0}$. 这时要考虑的是, 它何时只有零解? 何时有非零解?

**定理 4.1**　设 $\boldsymbol{A}$ 为 $n$ 阶方阵, $\boldsymbol{x}=(x_1, x_2, \cdots, x_n)^{\mathrm{T}}$, 则齐次线性方程组 $\boldsymbol{Ax}=\mathbf{0}$ 有非零解的充分必要条件是其系数矩阵的行列式 $|\boldsymbol{A}|=0$.

**证明**　假设方阵 $\boldsymbol{A}$ 的 $n$ 个列向量分别为 $\boldsymbol{\alpha}_1, \boldsymbol{\alpha}_2, \cdots, \boldsymbol{\alpha}_n$, 即设

$$\boldsymbol{A}=(\boldsymbol{\alpha}_1, \boldsymbol{\alpha}_2, \cdots, \boldsymbol{\alpha}_n).$$

则 $\boldsymbol{Ax}=\mathbf{0}$ 有非零解的充分必要条件是向量组 $\boldsymbol{\alpha}_1, \boldsymbol{\alpha}_2, \cdots, \boldsymbol{\alpha}_n$ 线性相关. 故由定理 3.4 可知本定理成立. 证毕.

**推论 1**　设 $\boldsymbol{A}$ 为 $m\times n$ 矩阵, $\boldsymbol{x}=(x_1, x_2, \cdots, x_n)^{\mathrm{T}}$, 则当 $m<n$ 时齐次线性方程组 $\boldsymbol{Ax}=\mathbf{0}$ 一定有非零解.

**证明**　由于 $m<n$, 所以可以构造 $n$ 阶方阵

$$\tilde{\boldsymbol{A}}=\begin{pmatrix}\boldsymbol{A}\\ \boldsymbol{O}\end{pmatrix}.$$

很明显, 方程组 $\tilde{\boldsymbol{A}}\boldsymbol{x}=\mathbf{0}$ 与 $\boldsymbol{Ax}=\mathbf{0}$ 同解. 而根据定义显然有 $\left|\tilde{\boldsymbol{A}}\right|=0$. 所以由定理 4.1 可知, $\tilde{\boldsymbol{A}}\boldsymbol{x}=\mathbf{0}$ 有非零解. 进而, $\boldsymbol{Ax}=\mathbf{0}$ 有非零解. 证毕.

**例 4.4**　齐次线性方程组 $\begin{cases}x_1+x_2+x_3=0,\\ x_1-x_2=0\end{cases}$ 一定有非零解. 这是因为该齐次线性方程组中方程的个数为 2, 未知元的个数为 3. 因此由 $2<3$ 可知该方程组一定有非零解. 容易验证, $x_1=1, x_2=1, x_3=-2$ 就是它的一个非零解.

## 习　题　4.1

1. 写出下列线性方程组的系数矩阵和增广矩阵.

(a) $\begin{cases}x_1+x_2=4,\\ x_1-x_2=2;\end{cases}$　　(b) $\begin{cases}x_1+2x_2=4,\\ -2x_1-4x_2=3;\end{cases}$

(c) $\begin{cases}2x_1-3x_2=-5,\\ x_1-x_2=2;\end{cases}$　　(d) $\begin{cases}2x_1+3x_2=4,\\ -3x_1+4x_2=5,\\ -2x_1+3x_2=3.\end{cases}$

2. 写出与下述增广矩阵相对应的线性方程组的一般形式、矩阵形式和向量形式.

(a) $\left(\begin{array}{cc|c} 3 & 2 & 7 \\ 2 & 4 & 9 \end{array}\right)$; (b) $\left(\begin{array}{ccc|c} 5 & -2 & -3 & 6 \\ 4 & -3 & -4 & 7 \end{array}\right)$;

(c) $\left(\begin{array}{ccc|c} 3 & -2 & -6 & -3 \\ 2 & -3 & -4 & 6 \\ 5 & -2 & 6 & -3 \end{array}\right)$; (d) $\left(\begin{array}{cccc|c} 3 & -3 & -2 & -1 & 7 \\ 3 & -2 & -5 & 6 & 5 \\ 2 & -1 & -4 & -3 & 8 \\ 5 & -2 & -3 & 2 & -7 \end{array}\right)$.

3. 求下列线性方程组的解并指出它们的相容性.

(a) $\begin{cases} x_1 - 2x_2 = 4, \\ 3x_1 + x_2 = 2; \end{cases}$ (b) $\begin{cases} 2x_1 + x_2 = 7, \\ 4x_1 - 3x_2 = 7; \end{cases}$

(c) $\begin{cases} x_1 + 2x_2 - 3x_3 = 1, \\ 2x_1 - x_2 + x_3 = 3, \\ -x_1 + 2x_2 + 3x_3 = 7; \end{cases}$ (d) $\begin{cases} 2x_1 + x_2 + 3x_3 = 2, \\ 4x_1 + 3x_2 + 5x_3 = 3, \\ 6x_1 + 5x_2 + 4x_3 = -7. \end{cases}$

## 4.2 齐次线性方程组解的结构与求解

本节目的是介绍齐次线性方程组解的结构及其求解.

### 4.2.1 齐次线性方程组解的结构

假设 $\boldsymbol{A}$ 是任意一个 $m \times n$ 矩阵, $\boldsymbol{x} = (x_1, x_2, \cdots, x_n)^{\mathrm{T}}$. 为叙述方便, 以后把齐次线性方程组

$$\boldsymbol{A}\boldsymbol{x} = \boldsymbol{0} \tag{4.4}$$

的解的集合记为 $S_0(\boldsymbol{A})$, 简记为 $S_0$. 很显然

$$S_0 \subset \mathbb{R}^n,$$

即 $S_0$ 是 $n$ 维 Euclid 线性空间 $\mathbb{R}^n$ 的一个子集, 基于此, 线性方程组的解也称为它的解向量. 另一方面, 由 (4.4) 的零解 $\boldsymbol{x} = \boldsymbol{0} \in S_0$ 可知 $S_0$ 非空.

下述定理说明, 齐次线性方程组 (4.4) 的解向量 $\boldsymbol{x}_1, \boldsymbol{x}_2$ 的线性组合还是 (4.4) 的解.

**定理 4.2** 设 $\boldsymbol{A}$ 是任意一个 $m \times n$ 矩阵, $\boldsymbol{x}_1, \boldsymbol{x}_2 \in S_0$, $k \in \mathbb{R}$, 则 $\boldsymbol{x}_1 + \boldsymbol{x}_2$, $k\boldsymbol{x}_1 \in S_0$.

**证明** 因为 $\boldsymbol{x}_1, \boldsymbol{x}_2 \in S_0$, 所以 $\boldsymbol{A}\boldsymbol{x}_1 = \boldsymbol{0}$, $\boldsymbol{A}\boldsymbol{x}_2 = \boldsymbol{0}$. 因此

$$\boldsymbol{A}(\boldsymbol{x}_1 + \boldsymbol{x}_2) = \boldsymbol{A}\boldsymbol{x}_1 + \boldsymbol{A}\boldsymbol{x}_2 = \boldsymbol{0} + \boldsymbol{0} = \boldsymbol{0},\ \boldsymbol{A}(k\boldsymbol{x}_1) = k(\boldsymbol{A}\boldsymbol{x}_1) = k\boldsymbol{0} = \boldsymbol{0}.$$

所以 $\boldsymbol{x}_1 + \boldsymbol{x}_2$, $k\boldsymbol{x}_1 \in S_0$. 证毕.

**推论 1**　含有 $n$ 个未知元 $x_1, x_2, \cdots, x_n$ 的齐次线性方程组 (4.4) 的解集合 $S_0$ 是 $n$ 维线性空间 $\mathbb{R}^n$ 的一个子空间.

据此可以给出如下定义.

**定义 4.1**　齐次线性方程组 (4.4) 的解集合 $S_0$ 称为该线性方程组的解空间. 解空间 $S_0$ 的一个基 $\boldsymbol{x}_1, \boldsymbol{x}_2, \cdots, \boldsymbol{x}_t$ 称为齐次线性方程组 (4.4) 的一个基础解系. $S_0$ 作为子空间的维数 $t$ 称为解空间的维数.

这样, 齐次线性方程组解的结构和求解问题就可以完全归结为确定其基础解系的问题. 当 $t=0$ 时, $S_0=\{\mathbf{0}\}$. 这时, (4.4) 只有零解. 当 $t>0$ 时, (4.4) 的任一解 $\boldsymbol{x}$ 都可以表示为其某个基础解系 $\boldsymbol{x}_1, \boldsymbol{x}_2, \cdots, \boldsymbol{x}_t$ 的线性组合 $\boldsymbol{x}=k_1\boldsymbol{x}_1+k_2\boldsymbol{x}_2+\cdots+k_t\boldsymbol{x}_t$, 其中 $k_1, k_2, \cdots, k_t$ 为任意实数. 当然, 因为一个线性空间的基一般不是唯一的, 所以, 解空间的基础解系一般也不是唯一的. 但只要求出一个基础解系, 就可得到齐次线性方程组的全部解并知道解的结构. 下面集中讨论齐次线性方程组 (4.4) 存在非零解的判断以及基础解系的求法.

### 4.2.2　齐次线性方程组的求解

1. 主要结果

**定理 4.3**　设 $m\times n$ 矩阵 $\boldsymbol{A}$ 的秩 $R(\boldsymbol{A})=r$, 则含有 $n$ 个未知元的齐次线性方程组

$$\boldsymbol{A}\boldsymbol{x}=\mathbf{0}$$

的解空间 $S_0=S_0(\boldsymbol{A})$ 的维数为 $n-r$, 即有

$$\dim(S_0)=\dim(S_0(\boldsymbol{A}))=n-r.$$

**证明**　对方程组 $\boldsymbol{A}\boldsymbol{x}=\mathbf{0}$ 的系数矩阵 $\boldsymbol{A}$ 作初等行变换, 将它化为行最简形矩阵 $\boldsymbol{U}$. 不失一般性, 必要时通过适当调整未知元的顺序, 可设

$$\boldsymbol{U}=\begin{pmatrix}\boldsymbol{E}_r & \boldsymbol{C}\\ \boldsymbol{O} & \boldsymbol{O}\end{pmatrix}=\begin{pmatrix}1 & \cdots & 0 & c_{1,r+1} & \cdots & c_{1n}\\ \vdots & & \vdots & \vdots & & \vdots\\ 0 & \cdots & 1 & c_{r,r+1} & \cdots & c_{rn}\\ 0 & \cdots & 0 & 0 & \cdots & 0\\ \vdots & & \vdots & \vdots & & \vdots\\ 0 & \cdots & 0 & 0 & \cdots & 0\end{pmatrix},$$

其中 $\boldsymbol{E}_r$ 为 $r$ 阶单位矩阵, $\boldsymbol{C}=(c_{ij})$ 为 $r\times(n-r)$ 矩阵. 显然, 以 $\boldsymbol{U}$ 为系数矩阵的线性方程组 $\boldsymbol{Ux}=\mathbf{0}$ 可写为

$$\begin{cases} x_1=-c_{1,\,r+1}x_{r+1}-\cdots-c_{1n}x_n, \\ x_2=-c_{2,\,r+1}x_{r+1}-\cdots-c_{2n}x_n, \\ \qquad\cdots\cdots \\ x_r=-c_{r,\,r+1}x_{r+1}-\cdots-c_{rn}x_n. \end{cases}$$

所以其任一解 $\boldsymbol{x}=(x_1,\,x_2,\,\cdots,\,x_n)^{\mathrm{T}}$ 都可表示为

$$\boldsymbol{x}=\begin{pmatrix} x_1 \\ \vdots \\ x_n \end{pmatrix}=\begin{pmatrix} -c_{1,\,r+1}x_{r+1}-\cdots-c_{1n}x_n \\ \vdots \\ -c_{r,\,r+1}x_{r+1}-\cdots-c_{rn}x_n \\ x_{r+1} \\ \vdots \\ x_n \end{pmatrix}$$

$$=x_{r+1}\begin{pmatrix} -c_{1,\,r+1} \\ \vdots \\ -c_{r,r+1} \\ 1 \\ 0 \\ \vdots \\ 0 \end{pmatrix}+x_{r+2}\begin{pmatrix} -c_{1,\,r+2} \\ \vdots \\ -c_{r,\,r+2} \\ 0 \\ 1 \\ \vdots \\ 0 \end{pmatrix}+\cdots+x_n\begin{pmatrix} -c_{1n} \\ \vdots \\ -c_{rn} \\ 0 \\ 0 \\ \vdots \\ 1 \end{pmatrix}.$$

令

$$\boldsymbol{\eta}_1=\begin{pmatrix} -c_{1,\,r+1} \\ \vdots \\ -c_{r,\,r+1} \\ 1 \\ 0 \\ \vdots \\ 0 \end{pmatrix},\ \cdots,\ \boldsymbol{\eta}_{n-r}=\begin{pmatrix} -c_{1n} \\ \vdots \\ -c_{rn} \\ 0 \\ 0 \\ \vdots \\ 1 \end{pmatrix},$$

则由定理 3.5 可知 $\boldsymbol{\eta}_1, \cdots, \boldsymbol{\eta}_{n-r}$ 线性无关. 于是, $\boldsymbol{\eta}_1, \cdots, \boldsymbol{\eta}_{n-r}$ 形成方程组 $\boldsymbol{Ux} = \mathbf{0}$ 的一个基础解系. 故由 $\boldsymbol{Ax} = \mathbf{0}$ 和 $\boldsymbol{Ux} = \mathbf{0}$ 同解可知, $\boldsymbol{\eta}_1, \cdots, \boldsymbol{\eta}_{n-r}$ 也是 $\boldsymbol{Ax} = \mathbf{0}$ 的一个基础解系. 所以, $\dim(S_0) = \dim(S_0(\boldsymbol{A})) = n - r$. 证毕.

**推论 1** 设 $m \times n$ 矩阵 $\boldsymbol{A}$ 的秩 $R(\boldsymbol{A}) = r$, 则当 $r = n$ 时, 齐次线性方程组 $\boldsymbol{Ax} = \mathbf{0}$ 只有零解. 当 $r < n$ 时, 齐次线性方程组 $\boldsymbol{Ax} = \mathbf{0}$ 存在非零解. 此时, 解空间 $S_0(\boldsymbol{A})$ 的任意一个基均构成 $\boldsymbol{Ax} = \mathbf{0}$ 的一个基础解系, 它由 $\boldsymbol{Ax} = \mathbf{0}$ 的 $n - r$ 个线性无关的解向量组成.

定理 4.3 证明过程中出现的方程组 $\boldsymbol{Ux} = \mathbf{0}$ 通常称为原方程组 $\boldsymbol{Ax} = \mathbf{0}$ 的保留方程组. 并且, 由于 $R(\boldsymbol{U}) = R(\boldsymbol{A}) = r$, 所以 $\boldsymbol{U}$ 中一定存在 $r$ 阶非零子式. 通常, 与 $\boldsymbol{U}$ 中任意一个 $r$ 阶非零子式以外的列所对应的 $n - r$ 个未知元, 称为方程组 $\boldsymbol{Ax} = 0$ 的一组自由元. 又由于行最简形矩阵 $\boldsymbol{U}$ 的 $r$ 阶非零子式一般不唯一, 所以 $\boldsymbol{Ax} = 0$ 自由元的选择一般也不唯一.

**推论 2** 设 $m \times n$ 矩阵 $\boldsymbol{A}$ 的秩 $R(\boldsymbol{A}) = r$, 则齐次线性方程组 $\boldsymbol{Ax} = \mathbf{0}$ 的保留方程组中所含方程的个数等于 $\boldsymbol{A}$ 的秩 $r$, 其自由元的个数等于解空间的维数 $n - r$.

2. *求解步骤*

定理 4.3 的证明实际上也给出了求齐次线性方程组 $\boldsymbol{Ax} = \mathbf{0}$ 解空间的维数和其基础解系的基本步骤. 归纳如下.

第一步, 实施初等行变换把 $\boldsymbol{A}$ 化为行最简形矩阵 $\boldsymbol{U}$.

第二步, 数出行最简形矩阵 $\boldsymbol{U}$ 的非零行数, 设其为 $r$, 则 $n-r$ 就是 $\boldsymbol{Ax} = \mathbf{0}$ 的解空间 $S_0(\boldsymbol{A}) \subset \mathbb{R}^n$ 的维数.

第三步, 在 $x_1, x_2, \cdots, x_n$ 中任意选取一组自由元 $x_{i_1}, x_{i_2}, \cdots, x_{i_{n-r}}$. 其中, 与 $\boldsymbol{U}$ 中不含主元的 $n - r$ 个列相对应的 $n - r$ 个未知元可作为一组自由元.

第四步, 根据 $\boldsymbol{Ux} = \mathbf{0}$ 把其他 $r$ 个未知元都写成所取自由元 $x_{i_1}, x_{i_2}, \cdots, x_{i_{n-r}}$ 的线性组合, 进而把 $\boldsymbol{Ax} = \mathbf{0}$ 的解向量 $(x_1, x_2, \cdots, x_n)^{\mathrm{T}}$ 写成 $n - r$ 个线性无关解向量 $\boldsymbol{\eta}_1, \cdots, \boldsymbol{\eta}_{n-r}$ 的线性组合. 这里, $\boldsymbol{\eta}_1, \boldsymbol{\eta}_2, \cdots, \boldsymbol{\eta}_{n-r}$ 分别是把 $(x_{i_1}, x_{i_2}, \cdots, x_{i_{n-r}})$ 依次取为 $(1, 0, \cdots, 0), \cdots, (0, 0, \cdots, 1)$, 并计算出 $x_1, \cdots, x_n$ 中其他 $r$ 个未知元的值而得到的. 它们是 $\boldsymbol{Ax} = \mathbf{0}$ 的 $n - r$ 个线性无关的解向量, 构成 $\boldsymbol{Ax} = \mathbf{0}$ 的一个基础解系.

**例 4.5** 求齐次线性方程组 $\begin{cases} 3x_1+5x_2+6x_3-4x_4=0, \\ x_1+2x_2+4x_3-3x_4=0, \\ 4x_1+5x_2-2x_3+3x_4=0, \\ 3x_1+8x_2+24x_3-19x_4=0 \end{cases}$ 的解空间的维数及其一个基础解系, 写出该线性方程组的通解.

**解** 该方程组的系数矩阵为

$$\boldsymbol{A}=\begin{pmatrix} 3 & 5 & 6 & -4 \\ 1 & 2 & 4 & -3 \\ 4 & 5 & -2 & 3 \\ 3 & 8 & 24 & -19 \end{pmatrix}.$$

利用下述初等行变换把 $\boldsymbol{A}$ 化为行最简形矩阵 $\boldsymbol{U}$:

$$\begin{aligned} \boldsymbol{A}=\begin{pmatrix} 3 & 5 & 6 & -4 \\ 1 & 2 & 4 & -3 \\ 4 & 5 & -2 & 3 \\ 3 & 8 & 24 & -19 \end{pmatrix} &\to \begin{pmatrix} 1 & 2 & 4 & -3 \\ 3 & 5 & 6 & -4 \\ 4 & 5 & -2 & 3 \\ 3 & 8 & 24 & -19 \end{pmatrix} \\ \to \begin{pmatrix} 1 & 2 & 4 & -3 \\ 0 & -1 & -6 & 5 \\ 0 & -3 & -18 & 15 \\ 0 & 2 & 12 & -10 \end{pmatrix} &\to \begin{pmatrix} 1 & 2 & 4 & -3 \\ 0 & 1 & 6 & -5 \\ 0 & 0 & 0 & 0 \\ 0 & 0 & 0 & 0 \end{pmatrix} \\ \to \begin{pmatrix} 1 & 0 & -8 & 7 \\ 0 & 1 & 6 & -5 \\ 0 & 0 & 0 & 0 \\ 0 & 0 & 0 & 0 \end{pmatrix} &= \boldsymbol{U}. \end{aligned}$$

所以, $R(\boldsymbol{A})=R(\boldsymbol{U})=2$. 因此原线性方程组解空间的维数为 $4-2=2$. 由于 $\boldsymbol{U}$ 的第 3, 4 两列不含主元, 故可选取 $x_3$, $x_4$ 为自由元. 进而, 由保留方程组得到

$$\begin{cases} x_1=8x_3-7x_4, \\ x_2=-6x_3+5x_4. \end{cases}$$

于是, 原线性方程组的解 $\boldsymbol{x}=\begin{pmatrix}x_1\\x_2\\x_3\\x_4\end{pmatrix}$ 可表示为

$$\boldsymbol{x}=\begin{pmatrix}x_1\\x_2\\x_3\\x_4\end{pmatrix}=\begin{pmatrix}8x_3-7x_4\\-6x_3+5x_4\\x_3\\x_4\end{pmatrix}=x_3\begin{pmatrix}8\\-6\\1\\0\end{pmatrix}+x_4\begin{pmatrix}-7\\5\\0\\1\end{pmatrix}.$$

分别取 $(x_3, x_4)$ 等于 $(1, 0)$ 及 $(0, 1)$ 可得原线性方程组的两个线性无关的解:

$$\boldsymbol{\eta}_1=\begin{pmatrix}8\\-6\\1\\0\end{pmatrix},\quad \boldsymbol{\eta}_2=\begin{pmatrix}-7\\5\\0\\1\end{pmatrix}.$$

因此, 原线性方程组的通解为 $\boldsymbol{x}=k_1\boldsymbol{\eta}_1+k_2\boldsymbol{\eta}_2$, 其中 $k_1, k_2$ 为任意常数.

**例 4.6**　求齐次线性方程组 $\boldsymbol{Ax}=\boldsymbol{0}$ 的解空间的维数及其一个基础解系和通解, 其中

$$\boldsymbol{A}=\begin{pmatrix}1&2&1&1&1\\2&4&3&1&1\\-1&-2&1&3&-3\\0&0&2&4&-2\end{pmatrix},\quad \boldsymbol{x}=\begin{pmatrix}x_1\\x_2\\x_3\\x_4\\x_5\end{pmatrix}.$$

**解**　对矩阵 $\boldsymbol{A}$ 作下述初等行变换将其化为行最简形矩阵 $\boldsymbol{U}$:

$$\boldsymbol{A}=\begin{pmatrix}1&2&1&1&1\\2&4&3&1&1\\-1&-2&1&3&-3\\0&0&2&4&-2\end{pmatrix}\to\begin{pmatrix}1&2&1&1&1\\0&0&1&-1&-1\\0&0&2&4&-2\\0&0&2&4&-2\end{pmatrix}$$

$$\to\begin{pmatrix}1&2&1&1&1\\0&0&1&-1&-1\\0&0&0&6&0\\0&0&0&0&0\end{pmatrix}\to\begin{pmatrix}1&2&0&0&2\\0&0&1&0&-1\\0&0&0&1&0\\0&0&0&0&0\end{pmatrix}=\boldsymbol{U}.$$

所以, $R(\boldsymbol{A}) = R(\boldsymbol{U}) = 3$. 因此原线性方程组 $\boldsymbol{Ax} = \boldsymbol{0}$ 的解空间的维数为 $5-3=2$. 由于 $\boldsymbol{U}$ 的第 2, 5 两列不含主元, 故可选取 $x_2$, $x_5$ 为自由元. 于是, 由保留方程组可得

$$\begin{cases} x_1 = -2x_2 - 2x_5, \\ x_3 = x_5, \\ x_4 = 0. \end{cases}$$

这样, 原线性方程组的解 $\boldsymbol{x} = \begin{pmatrix} x_1 \\ x_2 \\ x_3 \\ x_4 \\ x_5 \end{pmatrix}$ 可表示为

$$\boldsymbol{x} = \begin{pmatrix} x_1 \\ x_2 \\ x_3 \\ x_4 \\ x_5 \end{pmatrix} = \begin{pmatrix} -2x_2 - 2x_5 \\ x_2 \\ x_5 \\ 0 \\ x_5 \end{pmatrix} = x_2 \begin{pmatrix} -2 \\ 1 \\ 0 \\ 0 \\ 0 \end{pmatrix} + x_5 \begin{pmatrix} -2 \\ 0 \\ 1 \\ 0 \\ 1 \end{pmatrix}.$$

分别取 $(x_2, x_5)$ 等于 $(1, 0)$ 及 $(0, 1)$ 可得原线性方程组的一个基础解系:

$$\boldsymbol{\eta}_1 = \begin{pmatrix} -2 \\ 1 \\ 0 \\ 0 \\ 0 \end{pmatrix}, \quad \boldsymbol{\eta}_2 = \begin{pmatrix} -2 \\ 0 \\ 1 \\ 0 \\ 1 \end{pmatrix}.$$

并且, 原线性方程组的通解为 $\boldsymbol{x} = k_1\boldsymbol{\eta}_1 + k_2\boldsymbol{\eta}_2$, 其中 $k_1$, $k_2$ 为任意常数.

**例 4.7*** 对齐次线性方程组

$$\begin{cases} (1+\lambda)\,x_1 + x_2 + x_3 = 0, \\ x_1 + (1+\lambda)\,x_2 + x_3 = 0, \\ x_1 + x_2 + (1+\lambda)\,x_3 = 0, \end{cases}$$

问 $\lambda$ 为何值时它只有零解, $\lambda$ 为何值时它有非零解? 在有非零解时求其基础解系.

**解** 用 $\boldsymbol{A}$ 表示方程组的系数矩阵, 并用初等行变换把它化为行阶梯形矩阵 $\boldsymbol{U}$, 可得

$$\boldsymbol{A}=\begin{pmatrix}1+\lambda & 1 & 1\\ 1 & 1+\lambda & 1\\ 1 & 1 & 1+\lambda\end{pmatrix}\to\begin{pmatrix}1 & 1 & 1+\lambda\\ 1 & 1+\lambda & 1\\ 1+\lambda & 1 & 1\end{pmatrix}$$

$$\to\begin{pmatrix}1 & 1 & 1+\lambda\\ 0 & \lambda & -\lambda\\ 0 & -\lambda & -2\lambda-\lambda^2\end{pmatrix}\to\begin{pmatrix}1 & 1 & 1+\lambda\\ 0 & \lambda & -\lambda\\ 0 & 0 & -3\lambda-\lambda^2\end{pmatrix}=\boldsymbol{U}.$$

因此, 当 $\lambda$ 和 $-3\lambda-\lambda^2$ 均不为零, 即当 $\lambda\neq 0$ 且 $\lambda\neq -3$ 时, $R(\boldsymbol{A})=R(\boldsymbol{U})=3$. 此时, 原齐次线性方程组只有零解. 当 $\lambda=0$ 或者 $\lambda=-3$ 时, $R(\boldsymbol{A})=R(\boldsymbol{U})<3$. 此时, 原齐次线性方程组有非零解.

当 $\lambda=0$ 时, $\boldsymbol{U}$ 转化为 $\begin{pmatrix}1 & 1 & 1\\ 0 & 0 & 0\\ 0 & 0 & 0\end{pmatrix}$. 这时, 原线性方程组的保留方程组为

$$x_1+x_2+x_3=0.$$

其自由元的个数为 $3-R(\boldsymbol{U})=3-1=2$. 取 $x_1$ 和 $x_2$ 为自由元, 然后分别取 $(x_1,\,x_2)=(1,\,0)$, $(0,\,1)$ 可得原线性方程组的一个基础解系:

$$\boldsymbol{\eta}_1=\begin{pmatrix}1\\ 0\\ -1\end{pmatrix},\quad \boldsymbol{\eta}_2=\begin{pmatrix}0\\ 1\\ -1\end{pmatrix}.$$

当 $\lambda=-3$ 时, $\boldsymbol{U}$ 可进一步经过初等行变换化为下述行最简形矩阵

$$\boldsymbol{U}=\begin{pmatrix}1 & 1 & -2\\ 0 & -3 & 3\\ 0 & 0 & 0\end{pmatrix}\to\begin{pmatrix}1 & 1 & -2\\ 0 & 1 & -1\\ 0 & 0 & 0\end{pmatrix}\to\begin{pmatrix}1 & 0 & -1\\ 0 & 1 & -1\\ 0 & 0 & 0\end{pmatrix}.$$

这时, 原线性方程组的保留方程组为

$$\begin{cases}x_1-x_3=0,\\ x_2-x_3=0.\end{cases}$$

其自由元的个数为 $3-R(\boldsymbol{U})=3-2=1$. 取 $x_3$ 为自由元, 然后令 $x_3=1$ 可得 $x_1=1$, $x_2=1$. 由此可得原线性方程组的一个基础解系:

$$\boldsymbol{\eta}=\begin{pmatrix}1\\1\\1\end{pmatrix}.$$

3. 一些应用

**例 4.8*** 设矩阵 $\boldsymbol{A}_{m\times n}$, $\boldsymbol{B}_{n\times p}$ 满足 $\boldsymbol{AB}=\boldsymbol{O}$, 证明 $R(\boldsymbol{A})+R(\boldsymbol{B})\leqslant n$.

**证明** 设 $\boldsymbol{B}=(\boldsymbol{\beta}_1, \boldsymbol{\beta}_2, \cdots, \boldsymbol{\beta}_p)$, 其中 $\boldsymbol{\beta}_1, \boldsymbol{\beta}_2, \cdots, \boldsymbol{\beta}_p\in\mathbb{R}^n$ 分别是 $\boldsymbol{B}$ 的 1 至 $p$ 列所形成的 $p$ 个 $n$ 维列向量. 则由 $\boldsymbol{AB}=\boldsymbol{O}$ 可得 $\boldsymbol{A\beta}_j=\boldsymbol{0}$ $(j=1, 2, \cdots, p)$, 即矩阵 $\boldsymbol{B}$ 的列向量 $\boldsymbol{\beta}_j$ 均是方程组 $\boldsymbol{Ax}=\boldsymbol{0}$ 的解. 因此

$$R\left(\boldsymbol{\beta}_1, \boldsymbol{\beta}_2, \cdots, \boldsymbol{\beta}_p\right)\leqslant \dim\left(S_0\right),$$

其中 $\dim(S_0)$ 表示 $\boldsymbol{Ax}=\boldsymbol{0}$ 的解空间 $S_0$ 的维数. 由定理 4.3 可知

$$\dim\left(S_0\right)=n-R(\boldsymbol{A}).$$

所以

$$R(\boldsymbol{B})=R\left(\boldsymbol{\beta}_1, \boldsymbol{\beta}_2, \cdots, \boldsymbol{\beta}_p\right)\leqslant \dim\left(S_0\right)=n-R(\boldsymbol{A}).$$

故结论成立.

**例 4.9*** 乙烯 ($C_2H_2$) 燃烧生成二氧化碳 ($CO_2$) 和水 ($H_2O$), 其化学反应式为

$$C_2H_2+O_2\to CO_2+H_2O.$$

试利用方程组知识配平该化学反应式.

**解** 设上述化学反应式的配平式子为

$$x_1C_2H_2+x_2O_2=x_3CO_2+x_4H_2O,$$

其中 $x_1, x_2, x_3, x_4$ 为待定整数. 用 $a_1, a_2, a_3$ 分别表示碳 (C)、氢 (H)、氧 (O) 三种元素在上述分子式中的原子数目, 并使用 3 维列向量记号 $(a_1, a_2, a_3)^{\mathrm{T}}$, 则由上述配平的化学反应式可得

$$x_1\begin{pmatrix}2\\2\\0\end{pmatrix}+x_2\begin{pmatrix}0\\0\\2\end{pmatrix}=x_3\begin{pmatrix}1\\0\\2\end{pmatrix}+x_4\begin{pmatrix}0\\2\\1\end{pmatrix},$$

即

$$x_1\begin{pmatrix}2\\2\\0\end{pmatrix}+x_2\begin{pmatrix}0\\0\\2\end{pmatrix}-x_3\begin{pmatrix}1\\0\\2\end{pmatrix}-x_4\begin{pmatrix}0\\2\\1\end{pmatrix}=\begin{pmatrix}0\\0\\0\end{pmatrix}.$$

这是一个未知元为 $x_1$, $x_2$, $x_3$, $x_4$ 的齐次线性方程组, 其系数矩阵为

$$\boldsymbol{A}=\begin{pmatrix}2&0&-1&0\\2&0&0&-2\\0&2&-2&-1\end{pmatrix}.$$

对 $\boldsymbol{A}$ 实施初等行变换可得

$$\boldsymbol{A}=\begin{pmatrix}2&0&-1&0\\2&0&0&-2\\0&2&-2&-1\end{pmatrix}\to\begin{pmatrix}2&0&-1&0\\0&0&1&-2\\0&2&-2&-1\end{pmatrix}$$

$$\to\begin{pmatrix}2&0&-1&0\\0&2&-2&-1\\0&0&1&-2\end{pmatrix}\to\begin{pmatrix}2&0&0&-2\\0&2&0&-5\\0&0&1&-2\end{pmatrix}.$$

因此, $R(\boldsymbol{A})=3$. 所以, 上述线性方程组自由元的个数为 $4-R(\boldsymbol{A})=1$. 取 $x_4$ 为自由元, 然后令 $x_4=2$ 可得 $x_1=x_4=2$, $x_2=\dfrac{5}{2}x_4=5$, $x_3=2x_4=4$. 由此可得配平的化学反应方程式为

$$2C_2H_2+5O_2=4CO_2+2H_2O.$$

**例 4.10**$^*$ 设 $\alpha$, $\beta$, $\gamma$ 为任意实数, $a$, $b$, $c$ 不全为零, 且

$$a=b\cos\gamma+c\cos\beta,\quad b=c\cos\alpha+a\cos\gamma,\quad c=a\cos\beta+b\cos\alpha.$$

证明 $\cos^2\alpha+\cos^2\beta+\cos^2\gamma+2\cos\alpha\cos\beta\cos\gamma=1$.

**证明** 由题设可得

$$\begin{cases}-a+b\cos\gamma+c\cos\beta=0,\\a\cos\gamma-b+c\cos\alpha=0,\\a\cos\beta+b\cos\alpha-c=0.\end{cases}$$

将该式视为关于 $a, b, c$ 的齐次线性方程组, 则由 $a, b, c$ 不全为零可知此方程组有非零解. 于是

$$\begin{vmatrix} -1 & \cos\gamma & \cos\beta \\ \cos\gamma & -1 & \cos\alpha \\ \cos\beta & \cos\alpha & -1 \end{vmatrix} = 0.$$

又

$$\begin{aligned}\begin{vmatrix} -1 & \cos\gamma & \cos\beta \\ \cos\gamma & -1 & \cos\alpha \\ \cos\beta & \cos\alpha & -1 \end{vmatrix} &= \begin{vmatrix} -1 & \cos\gamma & \cos\beta \\ 0 & \cos^2\gamma - 1 & \cos\beta\cos\gamma + \cos\alpha \\ 0 & \cos\beta\cos\gamma + \cos\alpha & \cos^2\beta - 1 \end{vmatrix} \\ &= (\cos\beta\cos\gamma + \cos\alpha)^2 - \left(\cos^2\beta - 1\right)\left(\cos^2\gamma - 1\right) \\ &= \cos^2\alpha + \cos^2\beta + \cos^2\gamma + 2\cos\alpha\cos\beta\cos\gamma - 1.\end{aligned}$$

两式结合即得结果.

此外, 如果齐次线性方程组 $\boldsymbol{Ax} = \boldsymbol{0}$ 和 $\boldsymbol{Bx} = \boldsymbol{0}$ 同解, 则它们的解向量 $\boldsymbol{x}$ 具有相同的维数, 且解空间 $S_0(\boldsymbol{A}) = S_0(\boldsymbol{B})$. 故由定理 4.3 可知 $R(\boldsymbol{A}) = R(\boldsymbol{B})$. 这一结论提供了一个证明矩阵秩相等的方法.

**例 4.11*** 设 $\boldsymbol{A}$ 为任一实矩阵, 证明 $R\left(\boldsymbol{AA}^{\mathrm{T}}\right) = R\left(\boldsymbol{A}^{\mathrm{T}}\boldsymbol{A}\right) = R(\boldsymbol{A})$.

**证明** 首先, 如果 $\boldsymbol{Ax} = \boldsymbol{0}$, 则 $\left(\boldsymbol{A}^{\mathrm{T}}\boldsymbol{A}\right)\boldsymbol{x} = \boldsymbol{A}^{\mathrm{T}}(\boldsymbol{Ax}) = \boldsymbol{A}^{\mathrm{T}}(\boldsymbol{0}) = \boldsymbol{0}$. 反过来, 如果 $\left(\boldsymbol{A}^{\mathrm{T}}\boldsymbol{A}\right)\boldsymbol{x} = \boldsymbol{0}$, 则 $(\boldsymbol{Ax})^{\mathrm{T}}(\boldsymbol{Ax}) = \boldsymbol{x}^{\mathrm{T}}\left(\boldsymbol{A}^{\mathrm{T}}\boldsymbol{A}\right)\boldsymbol{x} = 0$, 故 $\boldsymbol{Ax} = \boldsymbol{0}$. 所以, 方程组 $\boldsymbol{Ax} = \boldsymbol{0}$ 与 $\left(\boldsymbol{A}^{\mathrm{T}}\boldsymbol{A}\right)\boldsymbol{x} = \boldsymbol{0}$ 同解. 因此, $R\left(\boldsymbol{A}^{\mathrm{T}}\boldsymbol{A}\right) = R(\boldsymbol{A})$. 在该式中取 $\boldsymbol{A} = \boldsymbol{A}^{\mathrm{T}}$ 可得 $R\left(\boldsymbol{AA}^{\mathrm{T}}\right) = R\left(\boldsymbol{A}^{\mathrm{T}}\right)$. 于是由 $R\left(\boldsymbol{A}^{\mathrm{T}}\right) = R(\boldsymbol{A})$ 可得

$$R\left(\boldsymbol{AA}^{\mathrm{T}}\right) = R\left(\boldsymbol{A}^{\mathrm{T}}\boldsymbol{A}\right) = R(\boldsymbol{A}).$$

但上述结论反过来不成立, 即由 $R(\boldsymbol{A}) = R(\boldsymbol{B})$ 不能保证 $\boldsymbol{Ax} = \boldsymbol{0}$ 和 $\boldsymbol{Bx} = \boldsymbol{0}$ 同解. 比如, 若

$$\boldsymbol{A} = \begin{pmatrix} 1 & 0 \\ 0 & 0 \end{pmatrix}, \quad \boldsymbol{B} = \begin{pmatrix} 0 & 0 \\ 0 & 1 \end{pmatrix},$$

则明显 $R(\boldsymbol{A}) = R(\boldsymbol{B}) = 1$. 但是, $\boldsymbol{Ax} = \boldsymbol{0}$ 的解空间为 $\left\{\begin{pmatrix} 0 \\ c \end{pmatrix} \middle| \, c \in \mathbb{R}\right\}$, $\boldsymbol{Bx} = \boldsymbol{0}$ 的解空间为 $\left\{\begin{pmatrix} c \\ 0 \end{pmatrix} \middle| \, c \in \mathbb{R}\right\}$, 两者显然不同.

### 4.2.3 基础解系的初等变换求法

下面介绍齐次线性方程组 $\boldsymbol{A}\boldsymbol{x}=\boldsymbol{0}$ 基础解系的初等变换求法, 其中 $\boldsymbol{A}$ 为 $m\times n$ 矩阵. 对 $\boldsymbol{A}\boldsymbol{x}=\boldsymbol{0}$ 作转置可知它与方程组 $\boldsymbol{x}^{\mathrm{T}}\boldsymbol{A}^{\mathrm{T}}=\boldsymbol{0}^{\mathrm{T}}$ 同解. 现设 $R\left(\boldsymbol{A}^{\mathrm{T}}\right)=R(\boldsymbol{A})=r$, 则 $\boldsymbol{A}^{\mathrm{T}}$ 可以通过初等行变换化为行阶梯形矩阵

$$\begin{pmatrix}\boldsymbol{D}_{r\times m}\\ \boldsymbol{O}\end{pmatrix},$$

其中 $\boldsymbol{D}_{r\times m}$ 为行满秩的. 假设 $\boldsymbol{P}$ 是与这些初等行变换持续作用所对应的 $n$ 阶可逆矩阵, 则

$$\boldsymbol{P}\boldsymbol{A}^{\mathrm{T}}=\begin{pmatrix}\boldsymbol{D}_{r\times m}\\ \boldsymbol{O}\end{pmatrix}.$$

再设 $\boldsymbol{P}=\begin{pmatrix}\boldsymbol{P}_{r\times n}\\ \boldsymbol{P}_{(n-r)\times n}\end{pmatrix}$ 是对 $\boldsymbol{P}$ 按照前 $r$ 行和后 $n-r$ 行进行分块所形成的分块矩阵, 则由上式可得

$$\boldsymbol{P}_{(n-r)\times n}\boldsymbol{A}^{\mathrm{T}}=\boldsymbol{O}.$$

该式说明, $\boldsymbol{P}$ 的后 $n-r$ 行均是方程组 $\boldsymbol{x}^{\mathrm{T}}\boldsymbol{A}^{\mathrm{T}}=\boldsymbol{0}^{\mathrm{T}}$ 的解向量. 因此它们的转置均是 $\boldsymbol{A}\boldsymbol{x}=\boldsymbol{0}$ 的解向量. 而由 $\boldsymbol{P}$ 可逆知道, 这 $n-r$ 个解向量线性无关, 所以它们构成 $\boldsymbol{A}\boldsymbol{x}=\boldsymbol{0}$ 的一个基础解系. 这样, 为了得到齐次线性方程组 $\boldsymbol{A}\boldsymbol{x}=\boldsymbol{0}$ 一个基础解系, 只需给出上述可逆矩阵 $\boldsymbol{P}$ 就可以了. 为此, 构造 $n\times(m+n)$ 矩阵

$$\boldsymbol{C}=\left(\begin{array}{c|c}\boldsymbol{A}^{\mathrm{T}} & \boldsymbol{E}_n\end{array}\right).$$

则

$$\boldsymbol{P}\boldsymbol{C}=\boldsymbol{P}\left(\begin{array}{c|c}\boldsymbol{A}^{\mathrm{T}} & \boldsymbol{E}_n\end{array}\right)=\left(\begin{array}{c|c}\boldsymbol{P}\boldsymbol{A}^{\mathrm{T}} & \boldsymbol{P}\end{array}\right)=\begin{pmatrix}\boldsymbol{D}_{r\times m} & \boldsymbol{P}_{r\times n}\\ \boldsymbol{O} & \boldsymbol{P}_{(n-r)\times n}\end{pmatrix}.$$

使用初等行变换的语言, 该式说明, 在运用初等行变换把 $\boldsymbol{C}=\left(\begin{array}{c|c}\boldsymbol{A}^{\mathrm{T}} & \boldsymbol{E}_n\end{array}\right)$ 中关于 $\boldsymbol{A}^{\mathrm{T}}$ 的部分转化为行阶梯形矩阵的时候, 其中的单位矩阵 $\boldsymbol{E}_n$ 就转化成了可逆矩阵 $\boldsymbol{P}$. 由此, 便可得到齐次线性方程组 $\boldsymbol{A}\boldsymbol{x}=\boldsymbol{0}$ 基础解系的下述初等变换求法.

第一步, 构造 $n\times(m+n)$ 矩阵 $\boldsymbol{C}=\left(\begin{array}{c|c}\boldsymbol{A}^{\mathrm{T}} & \boldsymbol{E}_n\end{array}\right)$;

第二步, 对 $\boldsymbol{C}$ 实施初等行变换把它化成 $\begin{pmatrix}\boldsymbol{D}_{r\times m} & \boldsymbol{P}_{r\times n}\\ \boldsymbol{O} & \boldsymbol{P}_{(n-r)\times n}\end{pmatrix}$, 其中该分块矩阵的第一列 $\begin{pmatrix}\boldsymbol{D}_{r\times m}\\ \boldsymbol{O}\end{pmatrix}$ 是矩阵 $\boldsymbol{A}^{\mathrm{T}}$ 的一个行阶梯形矩阵;

第三步, 写出 $\boldsymbol{P}$ 的后 $n-r$ 行的转置所形成的列向量组, 它就是 $\boldsymbol{Ax}=\boldsymbol{0}$ 的一个基础解系.

**例 4.12** 求线性方程组 $\begin{cases} x_1-x_2+5x_3-x_4=0, \\ x_1+x_2-2x_3+3x_4=0, \\ 3x_1-x_2+8x_3+x_4=0, \\ x_1+3x_2-9x_3+7x_4=0 \end{cases}$ 的一个基础解系.

**解** 该方程组的系数矩阵为 $\boldsymbol{A}=\begin{pmatrix} 1 & -1 & 5 & -1 \\ 1 & 1 & -2 & 3 \\ 3 & -1 & 8 & 1 \\ 1 & 3 & -9 & 7 \end{pmatrix}$. 构造 $4\times(4+4)$ 矩阵 $\boldsymbol{C}=\left(\begin{array}{c|c} \boldsymbol{A}^{\mathrm{T}} & \boldsymbol{E}_4 \end{array}\right)$, 并对其实施初等行变换可得

$$\boldsymbol{C}=\left(\begin{array}{c|c} \boldsymbol{A}^{\mathrm{T}} & \boldsymbol{E}_4 \end{array}\right)=\left(\begin{array}{cccc|cccc} 1 & 1 & 3 & 1 & 1 & 0 & 0 & 0 \\ -1 & 1 & -1 & 3 & 0 & 1 & 0 & 0 \\ 5 & -2 & 8 & -9 & 0 & 0 & 1 & 0 \\ -1 & 3 & 1 & 7 & 0 & 0 & 0 & 1 \end{array}\right)$$

$$\to\left(\begin{array}{cccc|cccc} 1 & 1 & 3 & 1 & 1 & 0 & 0 & 0 \\ 0 & 2 & 2 & 4 & 1 & 1 & 0 & 0 \\ 0 & -7 & -7 & -14 & -5 & 0 & 1 & 0 \\ 0 & 4 & 4 & 8 & 1 & 0 & 0 & 1 \end{array}\right)$$

$$\to\left(\begin{array}{cccc|cccc} 1 & 1 & 3 & 1 & 1 & 0 & 0 & 0 \\ 0 & 2 & 2 & 4 & 1 & 1 & 0 & 0 \\ 0 & 0 & 0 & 0 & -\frac{3}{2} & \frac{7}{2} & 1 & 0 \\ 0 & 0 & 0 & 0 & -1 & -2 & 0 & 1 \end{array}\right).$$

因此, $\boldsymbol{\alpha}_1=\begin{pmatrix} -\frac{3}{2} \\ \frac{7}{2} \\ 1 \\ 0 \end{pmatrix}$, $\boldsymbol{\alpha}_2=\begin{pmatrix} -1 \\ -2 \\ 0 \\ 1 \end{pmatrix}$ 构成原线性方程组的一个基础解系.

## 习 题 4.2

1. 求下列齐次线性方程组的基础解系.

(a) $\begin{cases} -2x_1 - 3x_2 + 3x_3 + x_4 = 0, \\ x_1 - 4x_2 + 2x_3 + 3x_4 = 0, \\ -3x_1 + 2x_2 + 5x_3 - 2x_4 = 0; \end{cases}$

(b) $\begin{cases} -x_1 - 2x_2 + 3x_3 + x_4 = 0, \\ 2x_1 - 3x_2 + x_3 + 5x_4 = 0, \\ -2x_1 + x_2 + 2x_3 - 5x_4 = 0; \end{cases}$

(c) $\begin{cases} -2x_1 - 3x_2 + 2x_3 + x_4 - 2x_5 = 0, \\ x_1 - 2x_2 + 4x_3 + 3x_4 - x_5 = 0. \end{cases}$

2. 求下列齐次线性方程组的基础解系.

(a) $\begin{cases} x_1 + x_2 - 3x_4 - x_5 = 0, \\ x_1 - x_2 + 2x_3 - 5x_4 = 0, \\ 2x_1 + 4x_2 - 2x_3 + 3x_4 - 7x_5 = 0; \end{cases}$

(b) $\begin{cases} x_1 - 2x_2 + x_3 + x_4 - x_5 = 0, \\ 2x_1 + 3x_2 - 2x_3 - x_4 - x_5 = 0, \\ x_1 + 4x_2 - x_3 - x_4 - 5x_5 = 0; \end{cases}$

(c) $\begin{cases} x_1 - 2x_2 + x_3 - x_4 + x_5 = 0, \\ 2x_1 + x_2 - x_3 + x_4 - 3x_5 = 0, \\ 3x_1 - 2x_2 - x_3 + 3x_4 - 2x_5 = 0, \\ 2x_1 - 5x_2 - x_3 - 2x_4 + 3x_5 = 0. \end{cases}$

3. 证明: 若 $\boldsymbol{\eta}_1, \boldsymbol{\eta}_2, \boldsymbol{\eta}_3, \boldsymbol{\eta}_4$ 是方程组 $\boldsymbol{Ax} = \boldsymbol{0}$ 的基础解系, 则任意与 $\boldsymbol{\eta}_1, \boldsymbol{\eta}_2, \boldsymbol{\eta}_3, \boldsymbol{\eta}_4$ 等价的线性无关向量组都是 $\boldsymbol{Ax} = \boldsymbol{0}$ 的基础解系.

## 4.3 非齐次线性方程组解的结构与求解

本节讨论非齐次线性方程组的可解性、解的结构及其求解.

### 4.3.1 非齐次线性方程组的可解性

假设 $\boldsymbol{A}$ 是任意一个 $m \times n$ 矩阵, $\boldsymbol{x} = (x_1, x_2, \cdots, x_n)^{\mathrm{T}}$. 为叙述方便, 类似齐次线性方程组的情形, 把非齐次线性方程组

$$\boldsymbol{Ax} = \boldsymbol{b} \tag{4.5}$$

的解的集合记为 $S_b(\boldsymbol{A})$, 简记为 $S_b$, 其中 $\boldsymbol{b} \in \mathbb{R}^m$. 很显然

$$S_b \subset \mathbb{R}^n,$$

即 $S_b$ 是 $n$ 维 Euclid 线性空间 $\mathbb{R}^n$ 的一个子集. 对非齐次线性方程组 (4.5), 一个基本的问题是其解集合 $S_b$ 何时为空, 何时非空? 即 (4.5) 何时无解, 何时有解?

**定理 4.4** 对非齐次线性方程组 $\boldsymbol{Ax}=\boldsymbol{b}$, 下列命题等价:
(1) $\boldsymbol{Ax}=\boldsymbol{b}$ 有解;
(2) $\boldsymbol{b}$ 可以由系数矩阵 $\boldsymbol{A}$ 的列向量组线性表示;
(3) $\boldsymbol{Ax}=\boldsymbol{b}$ 的系数矩阵的秩等于其增广矩阵的秩, 即 $R(\boldsymbol{A})=R(\boldsymbol{A},\boldsymbol{b})$.

**证明** 假设 $\boldsymbol{x}=(x_1,x_2,\cdots,x_n)^{\mathrm{T}}$, 且 $\boldsymbol{\alpha}_1,\boldsymbol{\alpha}_2,\cdots,\boldsymbol{\alpha}_n\in\mathbb{R}^m$ 是系数矩阵 $\boldsymbol{A}$ 的第 1 至第 $n$ 个列向量, 则由 $\boldsymbol{Ax}=\boldsymbol{b}$ 的向量表示形式

$$x_1\boldsymbol{\alpha}_1+x_2\boldsymbol{\alpha}_2+\cdots+x_n\boldsymbol{\alpha}_n=\boldsymbol{b}$$

可知 (1) 与 (2) 等价. 又由定理 3.14 可知 (2) 与 (3) 等价. 证毕.

**定理 4.5** 设 $\boldsymbol{A}$ 为 $m\times n$ 矩阵, $\boldsymbol{b}\in\mathbb{R}^m$, 则
(1) $\boldsymbol{Ax}=\boldsymbol{b}$ 无解当且仅当 $R(\boldsymbol{A})\neq R(\boldsymbol{A},\boldsymbol{b})$;
(2) $\boldsymbol{Ax}=\boldsymbol{b}$ 有唯一解当且仅当 $R(\boldsymbol{A})=R(\boldsymbol{A},\boldsymbol{b})=n$;
(3) $\boldsymbol{Ax}=\boldsymbol{b}$ 有无穷多解当且仅当 $R(\boldsymbol{A})=R(\boldsymbol{A},\boldsymbol{b})<n$.

**证明** 结论 (1) 是定理 4.4 的直接推论. 为证明结论 (2) 和 (3), 可以先设 $R(\boldsymbol{A})=R(\boldsymbol{A},\boldsymbol{b})$. 记 $r=R(\boldsymbol{A})=R(\boldsymbol{A},\boldsymbol{b})$, 则 $r\leqslant n$. 当 $r=0$ 时, 结论显然成立. 当 $r\neq 0$ 时, $\boldsymbol{Ax}=\boldsymbol{b}$ 的增广矩阵 $(\boldsymbol{A},\boldsymbol{b})$ 可以通过初等行变换化为行阶梯形矩阵

$$\begin{pmatrix}\boldsymbol{U}&\boldsymbol{b}'\\\boldsymbol{O}&\boldsymbol{0}\end{pmatrix},$$

其中 $\boldsymbol{U}$ 是一个行满秩的 $r\times n$ 矩阵, $\boldsymbol{b}'$ 是一个 $r$ 维列向量. 这样, $\boldsymbol{Ax}=\boldsymbol{b}$ 就化为与其同解的方程组

$$\boldsymbol{Ux}=\boldsymbol{b}'.$$

当 $r=n$ 时, 由 Cramer 法则可知该方程组有唯一解, 进而 $\boldsymbol{Ax}=\boldsymbol{b}$ 有唯一解. 当 $r<n$ 时, 在 $\boldsymbol{U}$ 中任取一个 $r$ 阶非零子式 $\boldsymbol{U}'$, 并把 $\boldsymbol{U}$ 中不在 $\boldsymbol{U}'$ 内的 $n-r$ 个列所对应的项移到方程组右边, 可把 $\boldsymbol{Ux}=\boldsymbol{b}'$ 改写为

$$\boldsymbol{U}'\boldsymbol{x}=\boldsymbol{b}'',$$

其中 $\boldsymbol{b}''$ 是移项后方程组右边各项按照顺序所形成的 $r$ 维列向量, 它含有 $n-r$ 个自由元. 对这些自由元的任一选取, 由 Cramer 法则均可得到 $\boldsymbol{U}'\boldsymbol{x}=\boldsymbol{b}''$ 的一个解.

因此, $\boldsymbol{U}'\boldsymbol{x} = \boldsymbol{b}''$, 即 $\boldsymbol{U}\boldsymbol{x} = \boldsymbol{b}'$ 有无穷多解, 进而 $\boldsymbol{A}\boldsymbol{x} = \boldsymbol{b}$ 有无穷多解. 反过来, 若 $\boldsymbol{A}\boldsymbol{x} = \boldsymbol{b}$ 有唯一解, 则必有 $r = n$. 否则, 若 $r < n$, 则由已经证明的结论可知 $\boldsymbol{A}\boldsymbol{x} = \boldsymbol{b}$ 将会有无穷多解. 类似地, 若 $\boldsymbol{A}\boldsymbol{x} = \boldsymbol{b}$ 有无穷多解, 则必有 $r < n$. 证毕.

**例 4.13** 讨论下列线性方程组的可解性.

(1) $\boldsymbol{A}\boldsymbol{x} = \boldsymbol{b}$, 其中 $\boldsymbol{A} = \begin{pmatrix} 1 & 1 & 1 \\ -1 & 2 & -2 \\ -2 & 4 & -4 \end{pmatrix}$, $\boldsymbol{b} = \begin{pmatrix} 3 \\ -1 \\ 2 \end{pmatrix}$;

(2) $\boldsymbol{A}\boldsymbol{x} = \boldsymbol{b}$, 其中 $\boldsymbol{A} = \begin{pmatrix} 1 & 1 & 1 \\ -1 & 2 & -2 \\ -1 & 2 & 3 \end{pmatrix}$, $\boldsymbol{b} = \begin{pmatrix} 2 \\ -2 \\ 1 \end{pmatrix}$;

(3) $\boldsymbol{A}\boldsymbol{x} = \boldsymbol{b}$, 其中 $\boldsymbol{A} = \begin{pmatrix} 1 & 1 & 1 \\ -1 & 2 & -2 \\ 2 & -4 & 4 \end{pmatrix}$, $\boldsymbol{b} = \begin{pmatrix} 3 \\ -1 \\ 2 \end{pmatrix}$.

**解** (1) 对增广矩阵 $(\boldsymbol{A}, \boldsymbol{b})$ 实施初等行变换可得

$$(\boldsymbol{A}, \boldsymbol{b}) = \left(\begin{array}{ccc|c} 1 & 1 & 1 & 3 \\ -1 & 2 & -2 & -1 \\ -2 & 4 & -4 & 2 \end{array}\right) \to \left(\begin{array}{ccc|c} 1 & 1 & 1 & 3 \\ 0 & 3 & -1 & 2 \\ 0 & 0 & 0 & 4 \end{array}\right).$$

因此, $R(\boldsymbol{A}) = 2$, $R(\boldsymbol{A}, \boldsymbol{b}) = 3$, 两者不等. 故 $\boldsymbol{A}\boldsymbol{x} = \boldsymbol{b}$ 无解.

(2) 对增广矩阵 $(\boldsymbol{A}, \boldsymbol{b})$ 实施初等行变换可得

$$(\boldsymbol{A}, \boldsymbol{b}) = \left(\begin{array}{ccc|c} 1 & 1 & 1 & 2 \\ -1 & 2 & -2 & -2 \\ -1 & 2 & 3 & 1 \end{array}\right) \to \left(\begin{array}{ccc|c} 1 & 1 & 1 & 2 \\ 0 & 3 & -1 & 0 \\ 0 & 3 & 4 & 3 \end{array}\right) \to \left(\begin{array}{ccc|c} 1 & 1 & 1 & 2 \\ 0 & 3 & -1 & 0 \\ 0 & 0 & 5 & 3 \end{array}\right).$$

因此, $R(\boldsymbol{A}) = R(\boldsymbol{A}, \boldsymbol{b}) = 3$. 故 $\boldsymbol{A}\boldsymbol{x} = \boldsymbol{b}$ 有唯一解.

(3) 对增广矩阵 $(\boldsymbol{A}, \boldsymbol{b})$ 实施初等行变换可得

$$(\boldsymbol{A}, \boldsymbol{b}) = \left(\begin{array}{ccc|c} 1 & 1 & 1 & 3 \\ -1 & 2 & -2 & -1 \\ 2 & -4 & 4 & 2 \end{array}\right) \to \left(\begin{array}{ccc|c} 1 & 1 & 1 & 3 \\ 0 & 3 & -1 & 2 \\ 0 & 0 & 0 & 0 \end{array}\right).$$

因此, $R(\boldsymbol{A}) = R(\boldsymbol{A}, \boldsymbol{b}) = 2 < 3$. 故 $\boldsymbol{A}\boldsymbol{x} = \boldsymbol{b}$ 有无穷多解.

### 4.3.2 非齐次线性方程组解的结构

下面讨论 (4.5) 有解时, 其解与解之间的关系, 即非齐次线性方程组解的结构. 这可由下面两个定理来刻画.

**定理 4.6** 若方程组 $\boldsymbol{Ax}=\boldsymbol{b}$ 可解, 且 $\boldsymbol{x}_1, \boldsymbol{x}_2 \in S_b, \boldsymbol{x}_0 \in S_0$, 则

$$\boldsymbol{x}_1-\boldsymbol{x}_2 \in S_0, \quad \boldsymbol{x}_1+\boldsymbol{x}_0 \in S_b,$$

其中 $S_b$ 是 $\boldsymbol{Ax}=\boldsymbol{b}$ 的解集合, $S_0$ 是 $\boldsymbol{Ax}=\boldsymbol{b}$ 所对应的齐次线性方程组 $\boldsymbol{Ax}=\mathbf{0}$ 的解空间.

**证明** 因为 $\boldsymbol{x}_1, \boldsymbol{x}_2 \in S_b, \boldsymbol{x}_0 \in S_0$, 所以 $\boldsymbol{Ax}_1=\boldsymbol{b}, \boldsymbol{Ax}_2=\boldsymbol{b}, \boldsymbol{Ax}_0=\mathbf{0}$. 因此 $\boldsymbol{A}(\boldsymbol{x}_1-\boldsymbol{x}_2)=\boldsymbol{Ax}_1-\boldsymbol{Ax}_2=\boldsymbol{b}-\boldsymbol{b}=\mathbf{0}$, $\boldsymbol{A}(\boldsymbol{x}_1+\boldsymbol{x}_0)=\boldsymbol{Ax}_1+\boldsymbol{Ax}_0=\boldsymbol{b}+\mathbf{0}=\boldsymbol{b}$. 故 $\boldsymbol{x}_1-\boldsymbol{x}_2 \in S_0$, $\boldsymbol{x}_1+\boldsymbol{x}_0 \in S_b$. 证毕.

用语言描述, 定理 4.6 是说, 方程组 $\boldsymbol{Ax}=\boldsymbol{b}$ 两个解向量的差是它所对应的齐次线性方程组 $\boldsymbol{Ax}=\mathbf{0}$ 的一个解向量; 方程组 $\boldsymbol{Ax}=\boldsymbol{b}$ 的一个解向量与它所对应的齐次线性方程组 $\boldsymbol{Ax}=\mathbf{0}$ 的任意一个解向量的和仍是该方程组的一个解向量.

**定理 4.7** 若方程组 $\boldsymbol{Ax}=\boldsymbol{b}$ 可解, 则其通解可表示为

$$\boldsymbol{x}=\boldsymbol{x}^*+\bar{\boldsymbol{x}},$$

其中 $\boldsymbol{x}^*$ 是 $\boldsymbol{Ax}=\boldsymbol{b}$ 的一个特解, $\bar{\boldsymbol{x}}$ 是 $\boldsymbol{Ax}=\boldsymbol{b}$ 所对应的齐次线性方程组 $\boldsymbol{Ax}=\mathbf{0}$ 的通解.

**证明** 该定理是定理 4.6 的直接推论.

### 4.3.3 非齐次线性方程组的求解

下面介绍非齐次线性方程组的求解方法. 假设 $\boldsymbol{A}$ 为 $m\times n$ 矩阵, $\boldsymbol{b}\in\mathbb{R}^m$, 则由定理 4.7 可知, 方程组 $\boldsymbol{Ax}=\boldsymbol{b}$ 的求解可以转化为求其一个特解以及与其对应的齐次线性方程组 $\boldsymbol{Ax}=\mathbf{0}$ 的通解. 再设 $\boldsymbol{Ux}=\boldsymbol{b}'$ 是 $\boldsymbol{Ax}=\boldsymbol{b}$ 的保留方程组, 则只需求出 $\boldsymbol{Ux}=\boldsymbol{b}'$ 的一个特解以及与其对应的齐次线性方程组 $\boldsymbol{Ux}=\mathbf{0}$ 的通解就可以了. 取定方程组 $\boldsymbol{Ux}=\mathbf{0}$ 的一组自由元. 则保留方程组 $\boldsymbol{Ux}=\boldsymbol{b}'$ 的特解可以通过把选定的自由元均取为零并计算出非自由元的值而获得; 方程组 $\boldsymbol{Ux}=\mathbf{0}$ 的通解可以根据选定的自由元, 按照齐次线性方程组通解的求法给出. 由此, 可以给出非齐次线性方程组 $\boldsymbol{Ax}=\boldsymbol{b}$ 求解的下述步骤.

第一步, 使用初等行变换把 $\boldsymbol{Ax}=\boldsymbol{b}$ 的增广矩阵 $(\boldsymbol{A}, \boldsymbol{b})$ 化为行阶梯形矩阵 $(\boldsymbol{U}, \boldsymbol{b}')$, 其中 $\boldsymbol{U}$ 是与 $\boldsymbol{A}$ 相对应的行阶梯形矩阵.

第二步, 利用行阶梯形矩阵 $(\boldsymbol{U}, \boldsymbol{b}')$ 检查 $R(\boldsymbol{A}, \boldsymbol{b})$ 是否等于 $R(\boldsymbol{A})$. 当 $R(\boldsymbol{A}, \boldsymbol{b})\neq R(\boldsymbol{A})$ 时, 方程组 $\boldsymbol{Ax}=\boldsymbol{b}$ 无解; 当 $R(\boldsymbol{A}, \boldsymbol{b})=R(\boldsymbol{A})$ 时, $\boldsymbol{Ax}=\boldsymbol{b}$ 有解.

第三步, 在 $\boldsymbol{Ax}=\boldsymbol{b}$ 有解时, 继续使用初等行变换把 $(\boldsymbol{U},\boldsymbol{b}')$ 化为行最简形矩阵 $(\boldsymbol{U}',\boldsymbol{b}'')$, 并在保留方程组 $\boldsymbol{U}'\boldsymbol{x}=\boldsymbol{b}''$ 中任意取定一组自由元.

第四步, 令所选取的自由元均为零, 并由 $\boldsymbol{U}'\boldsymbol{x}=\boldsymbol{b}''$ 求出所有非自由元的值, 便可得到 $\boldsymbol{Ax}=\boldsymbol{b}$ 的一个特解.

第五步, 对所选取的自由元, 按照齐次线性方程组通解的求法给出 $\boldsymbol{U}'\boldsymbol{x}=\boldsymbol{0}$ 的通解. 然后, 按照定理 4.7 写出 $\boldsymbol{Ax}=\boldsymbol{b}$ 的通解.

**例 4.14** 求线性方程组 $\boldsymbol{Ax}=\boldsymbol{b}$ 的通解, 其中 $\boldsymbol{A}=\begin{pmatrix}1&1&1&0&0\\1&1&-1&-1&-2\\2&2&0&-1&-2\\5&5&-3&-4&-8\end{pmatrix}$,

$$\boldsymbol{b}=\begin{pmatrix}0\\1\\1\\4\end{pmatrix},\ \boldsymbol{x}=\begin{pmatrix}x_1\\x_2\\\vdots\\x_5\end{pmatrix}.$$

**解** 利用初等行变换化 $\boldsymbol{Ax}=\boldsymbol{b}$ 的增广矩阵 $(\boldsymbol{A},\boldsymbol{b})$ 为行阶梯形矩阵可得

$$(\boldsymbol{A},\boldsymbol{b})=\left(\begin{array}{ccccc|c}1&1&1&0&0&0\\1&1&-1&-1&-2&1\\2&2&0&-1&-2&1\\5&5&-3&-4&-8&4\end{array}\right)\to\left(\begin{array}{ccccc|c}1&1&1&0&0&0\\0&0&-2&-1&-2&1\\0&0&-2&-1&-2&1\\0&0&-8&-4&-8&4\end{array}\right)$$

$$\to\left(\begin{array}{ccccc|c}1&1&1&0&0&0\\0&0&-2&-1&-2&1\\0&0&0&0&0&0\\0&0&0&0&0&0\end{array}\right)=(\boldsymbol{U},\boldsymbol{b}'),$$

其中 $\boldsymbol{U}=\begin{pmatrix}1&1&1&0&0\\0&0&-2&-1&-2\\0&0&0&0&0\\0&0&0&0&0\end{pmatrix}$, $\boldsymbol{b}'=\begin{pmatrix}0\\1\\0\\0\end{pmatrix}$. 因此, $R(\boldsymbol{A},\boldsymbol{b})=R(\boldsymbol{A})=2$. 进而由未知元的个数为 5 可知, 方程组 $\boldsymbol{Ax}=\boldsymbol{b}$ 有无穷多解.

继续使用初等行变换化 $(\boldsymbol{U}, \boldsymbol{b}')$ 为行最简形矩阵可得

$$
(\boldsymbol{U}, \boldsymbol{b}') = \left(\begin{array}{ccccc|c} 1 & 1 & 1 & 0 & 0 & 0 \\ 0 & 0 & -2 & -1 & -2 & 1 \\ 0 & 0 & 0 & 0 & 0 & 0 \\ 0 & 0 & 0 & 0 & 0 & 0 \end{array}\right) \to \left(\begin{array}{ccccc|c} 1 & 1 & 1 & 0 & 0 & 0 \\ 0 & 0 & 1 & \frac{1}{2} & 1 & -\frac{1}{2} \\ 0 & 0 & 0 & 0 & 0 & 0 \\ 0 & 0 & 0 & 0 & 0 & 0 \end{array}\right)
$$

$$
\to \left(\begin{array}{ccccc|c} 1 & 1 & 0 & -\frac{1}{2} & -1 & \frac{1}{2} \\ 0 & 0 & 1 & \frac{1}{2} & 1 & -\frac{1}{2} \\ 0 & 0 & 0 & 0 & 0 & 0 \\ 0 & 0 & 0 & 0 & 0 & 0 \end{array}\right) = (\boldsymbol{U}', \boldsymbol{b}''),
$$

其中 $\boldsymbol{U}' = \begin{pmatrix} 1 & 1 & 0 & -\frac{1}{2} & -1 \\ 0 & 0 & 1 & \frac{1}{2} & 1 \\ 0 & 0 & 0 & 0 & 0 \\ 0 & 0 & 0 & 0 & 0 \end{pmatrix}$, $\boldsymbol{b}'' = \begin{pmatrix} \frac{1}{2} \\ -\frac{1}{2} \\ 0 \\ 0 \end{pmatrix}$. 取 $x_2, x_4, x_5$ 为自由元, 则使用 $\boldsymbol{U}'\boldsymbol{x} = \boldsymbol{b}''$ 可以把原方程组的保留方程组写为

$$
\begin{cases} x_1 = -x_2 + \dfrac{1}{2}x_4 + x_5 + \dfrac{1}{2}, \\ x_3 = -\dfrac{1}{2}x_4 - x_5 - \dfrac{1}{2}. \end{cases}
$$

在该保留方程组中取 $x_2 = x_4 = x_5 = 0$ 可得 $x_1 = \frac{1}{2}, x_3 = -\frac{1}{2}$, 从而得到方程组 $\boldsymbol{A}\boldsymbol{x} = \boldsymbol{b}$ 的一个特解

$$
\boldsymbol{\eta}_0 = \begin{pmatrix} \frac{1}{2} \\ 0 \\ -\frac{1}{2} \\ 0 \\ 0 \end{pmatrix}.
$$

又在齐次线性方程组 $\boldsymbol{U}'\boldsymbol{x} = \boldsymbol{0}$ 中分别取 $(x_2, x_4, x_5) = (1, 0, 0), (0, 1, 0), (0, 0, 1)$,

可以得到它的一个基础解系:

$$\boldsymbol{\eta}_1=\begin{pmatrix}-1\\1\\0\\0\\0\end{pmatrix},\quad \boldsymbol{\eta}_2=\begin{pmatrix}\frac{1}{2}\\0\\-\frac{1}{2}\\1\\0\end{pmatrix},\quad \boldsymbol{\eta}_3=\begin{pmatrix}1\\0\\-1\\0\\1\end{pmatrix}.$$

因此, 原方程组的通解为

$$\boldsymbol{x}=k_1\begin{pmatrix}-1\\1\\0\\0\\0\end{pmatrix}+k_2\begin{pmatrix}\frac{1}{2}\\0\\-\frac{1}{2}\\1\\0\end{pmatrix}+k_3\begin{pmatrix}1\\0\\-1\\0\\1\end{pmatrix}+\begin{pmatrix}\frac{1}{2}\\0\\-\frac{1}{2}\\0\\0\end{pmatrix},$$

其中 $k_1, k_2, k_3$ 为任意常数.

**例 4.15**　试讨论线性方程组 $\begin{cases}px_1+x_2+x_3=4,\\x_1+tx_2+x_3=3,\\x_1+2tx_2+x_3=4\end{cases}$ 的可解情况, 并在有解时求其通解.

**解**　对方程组的增广矩阵 $(\boldsymbol{A}, \boldsymbol{b})$ 作初等行变换可得

$$(\boldsymbol{A},\boldsymbol{b})\to\left(\begin{array}{ccc|c}1&t&1&3\\1&2t&1&4\\p&1&1&4\end{array}\right)\to\left(\begin{array}{ccc|c}1&t&1&3\\0&t&0&1\\0&1-pt&1-p&4-3p\end{array}\right)$$

$$\to\left(\begin{array}{ccc|c}1&t&1&3\\0&t&0&1\\0&1&1-p&4-2p\end{array}\right)\to\left(\begin{array}{ccc|c}1&t&1&3\\0&1&1-p&4-2p\\0&t&0&1\end{array}\right)$$

$$\to\left(\begin{array}{ccc|c}1&t&1&3\\0&1&1-p&4-2p\\0&0&(p-1)t&1-4t+2pt\end{array}\right).$$

(1) 当 $(p-1)t\neq 0$ 时, $R(\boldsymbol{A})=R(\boldsymbol{A},\boldsymbol{b})=3$. 因此原方程组有唯一解. 这时, 由上述阶梯形矩阵对应的最后一个方程解出 $x_3$, 然后依次回代可得

$$x_1=\frac{2t-1}{(p-1)t},\quad x_2=\frac{1}{t},\quad x_3=\frac{1-4t+2pt}{(p-1)t}.$$

(2) 当 $t=0$ 时, $R(\boldsymbol{A})=2$, $R(\boldsymbol{A},\boldsymbol{b})=3$. 故由 $R(\boldsymbol{A})\neq R(\boldsymbol{A},\boldsymbol{b})$ 可知原方程组无解.

(3) 当 $p=1$ 且 $1-4t+2pt\neq 0$, 即 $p=1$ 且 $1-2t\neq 0$ 时, $2=R(\boldsymbol{A})\neq R(\boldsymbol{A},\boldsymbol{b})=3$. 因此原方程组也无解.

(4) 当 $p=1$ 且 $1-4t+2pt=0$, 即 $p=1$ 且 $1-2t=0$ 时, $R(\boldsymbol{A})=R(\boldsymbol{A},\boldsymbol{b})=2<3$. 因此原方程组有无穷多解. 此时, 可继续使用行初等变换把 $(\boldsymbol{A},\boldsymbol{b})$ 化为行最简形矩阵 $(\boldsymbol{U},\boldsymbol{b}')$:

$$(\boldsymbol{A},\boldsymbol{b})\to\left(\begin{array}{ccc|c}1&0&1&2\\0&1&0&2\\0&0&0&0\end{array}\right)=(\boldsymbol{U},\boldsymbol{b}'),$$

其中 $\boldsymbol{U}=\begin{pmatrix}1&0&1\\0&1&0\\0&0&0\end{pmatrix}$, $\boldsymbol{b}'=\begin{pmatrix}2\\2\\0\end{pmatrix}$. 取 $x_3$ 为自由元. 令其为零, 由 $\boldsymbol{Ux}=\boldsymbol{b}'$ 可得原方程组的一个特解 $\boldsymbol{\eta}_0=\begin{pmatrix}2\\2\\0\end{pmatrix}$. 令 $x_3=1$, 可得齐次方程组 $\boldsymbol{Ux}=\boldsymbol{0}$ 的一个基础解系: $\boldsymbol{\eta}_1=\begin{pmatrix}-1\\0\\1\end{pmatrix}$. 于是, 原方程组的通解为

$$\boldsymbol{x}=k\boldsymbol{\eta}_1+\boldsymbol{\eta}_0=k\begin{pmatrix}-1\\0\\1\end{pmatrix}+\begin{pmatrix}2\\2\\0\end{pmatrix},$$

其中 $k$ 为任意常数.

**例 4.16*** 设 $\boldsymbol{A}=\begin{pmatrix}2&1&1&2\\0&1&3&1\\1&a&c&1\end{pmatrix}$, $\boldsymbol{b}=\begin{pmatrix}0\\1\\0\end{pmatrix}$, 且 $\boldsymbol{\eta}=\begin{pmatrix}1\\-1\\1\\-1\end{pmatrix}$ 是方程组 $\boldsymbol{Ax}=\boldsymbol{b}$ 的一个解, 试求 $\boldsymbol{Ax}=\boldsymbol{b}$ 的通解, 其中 $a$ 和 $c$ 为参数.

**解** 将 $\boldsymbol{x}=\boldsymbol{\eta}$ 代入方程组 $\boldsymbol{Ax}=\boldsymbol{b}$ 可得 $1-a+c-1=0$. 因此 $a=c$. 对方程组 $\boldsymbol{Ax}=\boldsymbol{b}$ 的增广矩阵 $(\boldsymbol{A},\boldsymbol{b})$ 作初等行变换可得

$$(\boldsymbol{A},\ \boldsymbol{b}) \to \left(\begin{array}{cccc|c} 2 & 1 & 1 & 2 & 0 \\ 0 & 1 & 3 & 1 & 1 \\ 1 & a & a & 1 & 0 \end{array}\right) \to \left(\begin{array}{cccc|c} 2 & 1 & 1 & 2 & 0 \\ 0 & 1 & 3 & 1 & 1 \\ 0 & a-\dfrac{1}{2} & a-\dfrac{1}{2} & 0 & 0 \end{array}\right)$$

$$\to \left(\begin{array}{cccc|c} 2 & 1 & 1 & 2 & 0 \\ 0 & 1 & 3 & 1 & 1 \\ 0 & 0 & -2\left(a-\dfrac{1}{2}\right) & -\left(a-\dfrac{1}{2}\right) & -\left(a-\dfrac{1}{2}\right) \end{array}\right).$$

所以, 当 $c = a = \dfrac{1}{2}$ 时, $R(\boldsymbol{A},\ \boldsymbol{b}) = R(\boldsymbol{A}) = 2$. 这时, $(\boldsymbol{A},\ \boldsymbol{b})$ 可化为下述行最简形矩阵为 $(\boldsymbol{U},\ \boldsymbol{b}')$:

$$\left(\begin{array}{cccc|c} 2 & 0 & -2 & 1 & -1 \\ 0 & 1 & 3 & 1 & 1 \\ 0 & 0 & 0 & 0 & 0 \end{array}\right) \to \left(\begin{array}{cccc|c} 1 & 0 & -1 & \dfrac{1}{2} & -\dfrac{1}{2} \\ 0 & 1 & 3 & 1 & 1 \\ 0 & 0 & 0 & 0 & 0 \end{array}\right) = (\boldsymbol{U},\ \boldsymbol{b}'),$$

其中 $\boldsymbol{U} = \begin{pmatrix} 1 & 0 & -1 & \dfrac{1}{2} \\ 0 & 1 & 3 & 1 \\ 0 & 0 & 0 & 0 \end{pmatrix}$, $\boldsymbol{b}' = \begin{pmatrix} -\dfrac{1}{2} \\ 1 \\ 0 \end{pmatrix}$. 取 $x_3,\ x_4$ 为自由元, 并在与 $\boldsymbol{Ux} = \boldsymbol{b}'$ 对应的齐次线性方程组 $\boldsymbol{Ux} = \boldsymbol{0}$ 中分别取 $(x_3,\ x_4) = (1,\ 0),\ (0,\ 1)$, 可以得到 $\boldsymbol{Ux} = \boldsymbol{0}$ 的一个基础解系:

$$\boldsymbol{\eta}_1 = \begin{pmatrix} 1 \\ -3 \\ 1 \\ 0 \end{pmatrix}, \quad \boldsymbol{\eta}_2 = \begin{pmatrix} -\dfrac{1}{2} \\ -1 \\ 0 \\ 1 \end{pmatrix}.$$

于是, 当 $c = a = \dfrac{1}{2}$ 时, 原方程组的通解为

$$\boldsymbol{x} = k_1\boldsymbol{\eta}_1 + k_2\boldsymbol{\eta}_2 + \boldsymbol{\eta} = k_1\begin{pmatrix} 1 \\ -3 \\ 1 \\ 0 \end{pmatrix} + k_2\begin{pmatrix} -\dfrac{1}{2} \\ -1 \\ 0 \\ 1 \end{pmatrix} + \begin{pmatrix} 1 \\ -1 \\ 1 \\ -1 \end{pmatrix},$$

其中 $k_1,\ k_2$ 为任意常数.

当 $c = a \neq \dfrac{1}{2}$ 时, $R(\boldsymbol{A},\ \boldsymbol{b}) = R(\boldsymbol{A}) = 3$. 这时, $(\boldsymbol{A},\ \boldsymbol{b})$ 可化为下述行最简形矩阵为 $(\boldsymbol{U}',\ \boldsymbol{b}'')$:

$$\left(\begin{array}{cccc|c} 2 & 0 & -2 & 1 & -1 \\ 0 & 1 & 3 & 1 & 1 \\ 0 & 0 & 1 & \frac{1}{2} & \frac{1}{2} \end{array}\right) \to \left(\begin{array}{cccc|c} 1 & 0 & 0 & 1 & 0 \\ 0 & 1 & 0 & -\frac{1}{2} & -\frac{1}{2} \\ 0 & 0 & 1 & \frac{1}{2} & \frac{1}{2} \end{array}\right) = (\boldsymbol{U}', \boldsymbol{b}''),$$

其中 $\boldsymbol{U}' = \begin{pmatrix} 1 & 0 & 0 & 1 \\ 0 & 1 & 0 & -\frac{1}{2} \\ 0 & 0 & 1 & \frac{1}{2} \end{pmatrix}$, $\boldsymbol{b}'' = \begin{pmatrix} 0 \\ -\frac{1}{2} \\ \frac{1}{2} \end{pmatrix}$. 取 $x_4$ 为自由元, 并在与 $\boldsymbol{U}'\boldsymbol{x} = \boldsymbol{b}''$ 对应的齐次线性方程组 $\boldsymbol{U}'\boldsymbol{x} = \boldsymbol{0}$ 中取 $x_4 = 1$ 可以得到 $\boldsymbol{U}'\boldsymbol{x} = \boldsymbol{0}$ 的一个基础解系:

$$\boldsymbol{\eta}_3 = \begin{pmatrix} -1 \\ \frac{1}{2} \\ -\frac{1}{2} \\ 1 \end{pmatrix}.$$

于是, 当 $c = a \neq \dfrac{1}{2}$ 时, 原方程组的通解为

$$\boldsymbol{x} = k_3\boldsymbol{\eta}_3 + \boldsymbol{\eta} = k_3 \begin{pmatrix} -1 \\ \frac{1}{2} \\ -\frac{1}{2} \\ 1 \end{pmatrix} + \begin{pmatrix} 1 \\ -1 \\ 1 \\ -1 \end{pmatrix},$$

其中 $k_3$ 为任意常数.

**例 4.17** 设

$$\boldsymbol{\alpha}_1 = \begin{pmatrix} 1 \\ 0 \\ 2 \\ 3 \end{pmatrix}, \quad \boldsymbol{\alpha}_2 = \begin{pmatrix} 1 \\ 1 \\ 3 \\ 5 \end{pmatrix}, \quad \boldsymbol{\alpha}_3 = \begin{pmatrix} 1 \\ -1 \\ a+2 \\ 1 \end{pmatrix},$$

$$\boldsymbol{\alpha}_4 = \begin{pmatrix} 1 \\ 2 \\ 4 \\ a+8 \end{pmatrix}, \quad \boldsymbol{\beta} = \begin{pmatrix} 1 \\ 1 \\ b+3 \\ 5 \end{pmatrix}.$$

试讨论向量 $\boldsymbol{\beta}$ 可由向量组 $\boldsymbol{\alpha}_1, \boldsymbol{\alpha}_2, \boldsymbol{\alpha}_3, \boldsymbol{\alpha}_4$ 线性表示的不同情况, 其中 $a, b$ 为参数.

**解**　设 $\boldsymbol{\beta} = x_1\boldsymbol{\alpha}_1 + x_2\boldsymbol{\alpha}_2 + x_3\boldsymbol{\alpha}_3 + x_4\boldsymbol{\alpha}_4$, 则得非齐次线性方程组

$$\boldsymbol{A}\boldsymbol{x} = \boldsymbol{\beta},$$

其中 $\boldsymbol{A} = (\boldsymbol{\alpha}_1, \boldsymbol{\alpha}_2, \boldsymbol{\alpha}_3, \boldsymbol{\alpha}_4)$, $\boldsymbol{x} = (x_1, x_2, x_3, x_4)^{\mathrm{T}}$. 对增广矩阵 $(\boldsymbol{A}, \boldsymbol{\beta})$ 利用初等行变换化简可得

$$(\boldsymbol{A}, \boldsymbol{\beta}) = \left(\begin{array}{cccc|c} 1 & 1 & 1 & 1 & 1 \\ 0 & 1 & -1 & 2 & 1 \\ 2 & 3 & a+2 & 4 & b+3 \\ 3 & 5 & 1 & a+8 & 5 \end{array}\right) \to \left(\begin{array}{cccc|c} 1 & 1 & 1 & 1 & 1 \\ 0 & 1 & -1 & 2 & 1 \\ 0 & 1 & a & 2 & b+1 \\ 0 & 2 & -2 & a+5 & 2 \end{array}\right)$$

$$\to \left(\begin{array}{cccc|c} 1 & 1 & 1 & 1 & 1 \\ 0 & 1 & -1 & 2 & 1 \\ 0 & 0 & a+1 & 0 & b \\ 0 & 0 & 0 & a+1 & 0 \end{array}\right) \to \left(\begin{array}{cccc|c} 1 & 0 & 2 & -1 & 0 \\ 0 & 1 & -1 & 2 & 1 \\ 0 & 0 & a+1 & 0 & b \\ 0 & 0 & 0 & a+1 & 0 \end{array}\right).$$

(1) 当 $a = -1, b \neq 0$ 时, $R(\boldsymbol{A}) = 2$, $R(\boldsymbol{A}, \boldsymbol{\beta}) = 3$. 故由 $R(\boldsymbol{A}) \neq R(\boldsymbol{A}, \boldsymbol{\beta})$ 可知方程组 $\boldsymbol{A}\boldsymbol{x} = \boldsymbol{\beta}$ 无解. 因此, $\boldsymbol{\beta}$ 不能由 $\boldsymbol{\alpha}_1, \boldsymbol{\alpha}_2, \boldsymbol{\alpha}_3, \boldsymbol{\alpha}_4$ 线性表示.

(2) 当 $a \neq -1$ 时, $R(\boldsymbol{A}) = R(\boldsymbol{A}, \boldsymbol{\beta}) = 4$. 此时方程组 $\boldsymbol{A}\boldsymbol{x} = \boldsymbol{\beta}$ 有唯一解

$$x_1 = -\frac{2b}{a+1}, \quad x_2 = \frac{a+b+1}{a+1}, \quad x_3 = \frac{b}{a+1}, \quad x_4 = 0.$$

因此, $\boldsymbol{\beta}$ 能由 $\boldsymbol{\alpha}_1, \boldsymbol{\alpha}_2, \boldsymbol{\alpha}_3, \boldsymbol{\alpha}_4$ 唯一线性表示为

$$\boldsymbol{\beta} = -\frac{2b}{a+1}\boldsymbol{\alpha}_1 + \frac{a+b+1}{a+1}\boldsymbol{\alpha}_2 + \frac{b}{a+1}\boldsymbol{\alpha}_3.$$

(3) 当 $a = -1, b = 0$ 时, $R(\boldsymbol{A}) = R(\boldsymbol{A}, \boldsymbol{\beta}) = 2 < 4$. 此时方程组 $\boldsymbol{A}\boldsymbol{x} = \boldsymbol{\beta}$ 有无穷多解. 故 $\boldsymbol{\beta}$ 可由 $\boldsymbol{\alpha}_1, \boldsymbol{\alpha}_2, \boldsymbol{\alpha}_3, \boldsymbol{\alpha}_4$ 线性表示, 但表示式不唯一.

**例 4.18** *(百鸡问题)　百鸡问题是一个古老的数学问题. 鸡翁一, 值钱五; 鸡母一, 值钱三; 鸡雏三, 值钱一. 百钱买百鸡, 问鸡翁、鸡母、鸡雏各几何?

**解**　设鸡翁、鸡母、鸡雏数量分别为 $x_1, x_2, x_3$(均为非负整数), 则由问题假设可得线性方程组

$$\begin{cases} x_1 + x_2 + x_3 = 100, \\ 5x_1 + 3x_2 + \dfrac{1}{3}x_3 = 100. \end{cases}$$

把 $x_3$ 取为自由元, 该方程组可改写为

$$\begin{cases} x_1 = -100 + \dfrac{4}{3}x_3, \\ x_2 = 200 - \dfrac{7}{3}x_3. \end{cases}$$

故由 $0 \leqslant x_1, x_2 \leqslant 100$ 可得

$$0 \leqslant -100 + \frac{4}{3}x_3 \leqslant 100, \quad 0 \leqslant 200 - \frac{7}{3}x_3 \leqslant 100.$$

解该不等式组可得

$$75 \leqslant x_3 \leqslant \frac{600}{7} < 86.$$

又由 $x_1$ 和 $x_2$ 均为整数可知, $x_3$ 必须被 3 整除. 所以 $x_3$ 的可能取值为 $x_3 = 75, 78, 81, 84$. 于是可得 $x_1, x_2, x_3$ 的下述 4 组结果:

$$\begin{cases} x_1 = 0, \\ x_2 = 25, \\ x_3 = 75; \end{cases} \quad \begin{cases} x_1 = 4, \\ x_2 = 18, \\ x_3 = 78; \end{cases} \quad \begin{cases} x_1 = 8, \\ x_2 = 11, \\ x_3 = 81; \end{cases} \quad \begin{cases} x_1 = 12, \\ x_2 = 4, \\ x_3 = 84. \end{cases}$$

## 习 题 4.3

1. 判断下列命题的正确性并说明原因.

(a) 若 $\boldsymbol{A}$ 为 $m \times n$ 矩阵, 且 $R(\boldsymbol{A}) = n$, 则方程组 $\boldsymbol{Ax} = \boldsymbol{b}$ 必有唯一解.

(b) 若 $\boldsymbol{A}$ 为 $m \times n$ 矩阵, 且 $R(\boldsymbol{A}) = m$, 则方程组 $\boldsymbol{Ax} = \boldsymbol{b}$ 必有解.

(c) 若 $\boldsymbol{A}$ 为 $m \times n$ 矩阵, 则当 $m < n$ 时方程组 $\boldsymbol{Ax} = \boldsymbol{b}$ 必有无穷多解.

(d) 若 $\boldsymbol{A}$ 为 $m \times n$ 矩阵, 则方程组 $\left(\boldsymbol{A}^{\mathrm{T}}\boldsymbol{A}\right)\boldsymbol{x} = \boldsymbol{A}^{\mathrm{T}}\boldsymbol{b}$ 必有解.

(e) 若方程组 $\boldsymbol{Ax} = \boldsymbol{0}$ 只有零解, 则方程组 $\boldsymbol{Ax} = \boldsymbol{b}$ 必有唯一解.

(f) 若 $\boldsymbol{A}$ 为 $m \times n$ 矩阵, $\boldsymbol{B}$ 为 $n \times m$ 矩阵, 则齐次线性方程组 $(\boldsymbol{AB})\boldsymbol{x} = \boldsymbol{0}$ 必有无穷多解.

2. 求下列方程组的基础解系和通解.

$$(1) \begin{cases} x_1 + 5x_2 - x_3 - x_4 = 1, \\ x_1 - 2x_2 + x_3 + 3x_4 = 2, \\ 3x_1 + 8x_2 - x_3 + x_4 = -1; \end{cases}$$

$$(2) \begin{cases} x_1 + x_2 + 2x_3 - x_4 = -1, \\ 2x_1 + x_2 + x_3 - x_4 = 3, \\ 2x_1 + 2x_2 + x_3 + 2x_4 = -2. \end{cases}$$

3. 求下列方程组的基础解系和通解.

(1) $\begin{cases} x_1+x_2+x_3=0, \\ x_1+x_2-x_3-x_4-2x_5=1, \\ 2x_1+2x_2-x_4-2x_5=1, \\ 5x_1+5x_2-3x_3-4x_4-8x_5=4; \end{cases}$

(2) $\begin{cases} x_1+x_2+x_3+4x_4-3x_5=1, \\ x_1-x_2+3x_3-2x_4-x_5=3, \\ 2x_1+x_2+3x_3+5x_4-5x_5=3, \\ 3x_1+x_2+5x_3+6x_4-7x_5=5. \end{cases}$

4. 讨论方程组 $\begin{cases} ax_1+x_2+x_3=1, \\ x_1+ax_2+x_3=1, \\ x_1+2ax_2+x_3=1 \end{cases}$ 的可解性, 并在有解时求出其通解.

5. 已知 4 阶方阵 $\boldsymbol{A}$ 的秩为 3, 且方程组 $\boldsymbol{Ax}=\boldsymbol{b}$ 有三个满足 $\boldsymbol{\xi}_1=(1, 1, 1, 1)^{\mathrm{T}}$, $\boldsymbol{\xi}_2+\boldsymbol{\xi}_3=(1, -2, 4, 8)^{\mathrm{T}}$ 的解 $\boldsymbol{\xi}_1, \boldsymbol{\xi}_2, \boldsymbol{\xi}_3$. 试求方程组 $\boldsymbol{Ax}=\boldsymbol{b}$ 的通解.

# 4.4　思考与拓展 *

## 4.4.1　关于线性方程组可解性的主要结果

1. 齐次线性方程组的可解性

一般齐次线性方程组 $\boldsymbol{Ax}=\boldsymbol{0}$ 有非零解的充分必要条件是 $R(\boldsymbol{A})<n$, 只有零解的充分必要条件是 $R(\boldsymbol{A})=n$, 其中 $n$ 是方程组未知元的个数.

2. 非齐次线性方程组的可解性

一般非齐次线性方程组 $\boldsymbol{Ax}=\boldsymbol{b}$ 有唯一解的充分必要条件是 $R(\boldsymbol{A})=R(\boldsymbol{A}, \boldsymbol{b})=n$, 有无穷多解的充分必要条件是 $R(\boldsymbol{A})=R(\boldsymbol{A}, \boldsymbol{b})<n$, 无解的充分必要条件是 $R(\boldsymbol{A})\neq R(\boldsymbol{A}, \boldsymbol{b})$. 这里 $n$ 也是方程组未知元的个数.

3. 非齐次线性方程组与齐次线性方程组可解性的关系

如果一个非齐次线性方程组 $\boldsymbol{Ax}=\boldsymbol{b}$ 有唯一解, 则它所对应的齐次线性方程组 $\boldsymbol{Ax}=\boldsymbol{0}$ 只有零解; 如果非齐次线性方程组 $\boldsymbol{Ax}=\boldsymbol{b}$ 有无穷多解, 则它所对应的齐次线性方程组 $\boldsymbol{Ax}=\boldsymbol{0}$ 有非零解.

但要注意, 一般非齐次线性方程组 $\boldsymbol{Ax}=\boldsymbol{b}$ 所对应的齐次线性方程组 $\boldsymbol{Ax}=\boldsymbol{0}$ 解数的信息, 并不蕴含方程组 $\boldsymbol{Ax}=\boldsymbol{b}$ 可解性的任何信息.

## 4.4.2　关于线性方程组可解性的几何意义

在空间解析几何中, 一个 3 元线性方程 $ax+by+cz+d=0$ 在几何上表现为一个平面. 由 $m$ 个 3 元线性方程联立组成的线性方程组的一个解, 在几何上表现为空间的一个点. 因此, 一个 3 元线性方程组有解, 在几何上表现为这个线性方程组中的所有 3 元线性方程所表示的平面有公共点. 具体来说, 如果方程组的解唯一, 则对应的平面交于一点; 如果方程组的解无穷多, 并且通解中只含有一个任意常数时, 这些平面交于一条直线; 如果方程组的解无穷多, 并且通解中含有两个任意常数时, 这些平面交于同一张平面; 如果方程组无解, 那么这些平面没有交点.

考虑方程组

$$S:\begin{cases}\pi_1: a_1x+b_1y+c_1z=d_1,\\ \pi_2: a_2x+b_2y+c_2z=d_2,\\ \pi_3: a_3x+b_3y+c_3z=d_3.\end{cases}$$

记 $\boldsymbol{\beta}_i=(a_i, b_i, c_i)$, $\boldsymbol{\gamma}_i=(\boldsymbol{\beta}_i, d_i)$ $(i=1, 2, 3)$,

$$\boldsymbol{\alpha}_1=\begin{pmatrix}a_1\\a_2\\a_3\end{pmatrix},\quad \boldsymbol{\alpha}_2=\begin{pmatrix}b_1\\b_2\\b_3\end{pmatrix},\quad \boldsymbol{\alpha}_3=\begin{pmatrix}c_1\\c_2\\c_3\end{pmatrix},\quad \boldsymbol{\alpha}_4=\begin{pmatrix}d_1\\d_2\\d_3\end{pmatrix}.$$

我们知道, $\boldsymbol{\beta}_1, \boldsymbol{\beta}_2, \boldsymbol{\beta}_3$ 分别是平面 $\pi_1, \pi_2, \pi_3$ 的法向量.

**情形 1** $R(\boldsymbol{\alpha}_1, \boldsymbol{\alpha}_2, \boldsymbol{\alpha}_3)=R(\boldsymbol{\alpha}_1, \boldsymbol{\alpha}_2, \boldsymbol{\alpha}_3, \boldsymbol{\alpha}_4)=3$. 这时, 方程组 $S$ 有唯一解. 其几何意义是三张平面 $\pi_1, \pi_2, \pi_3$ 在空间交于一点.

**情形 2** $R(\boldsymbol{\alpha}_1, \boldsymbol{\alpha}_2, \boldsymbol{\alpha}_3)=R(\boldsymbol{\beta}_1, \boldsymbol{\beta}_2, \boldsymbol{\beta}_3)=2$. 这时会有两种情况.

(a) $R(\boldsymbol{\alpha}_1, \boldsymbol{\alpha}_2, \boldsymbol{\alpha}_3, \boldsymbol{\alpha}_4)=2$. 这时, 方程组 $S$ 有无穷多解, 且 $S$ 的通解中只含有一个任意常数. 因此, 其几何意义是三张平面 $\pi_1, \pi_2, \pi_3$ 在空间交于一条直线. 此时, 从几何上看还有两种可能: 一是当 $R(\boldsymbol{\gamma}_1, \boldsymbol{\gamma}_2, \boldsymbol{\gamma}_3)=2$, 并且 $\boldsymbol{\gamma}_1, \boldsymbol{\gamma}_2, \boldsymbol{\gamma}_3$ 中存在有两个向量线性相关时, 则 $\pi_1, \pi_2, \pi_3$ 中存在两张平面重合, 第 3 张平面与之相交. 二是当 $R(\boldsymbol{\gamma}_1, \boldsymbol{\gamma}_2, \boldsymbol{\gamma}_3)=2$, 并且 $\boldsymbol{\gamma}_1, \boldsymbol{\gamma}_2, \boldsymbol{\gamma}_3$ 中任意两个向量均线性无关时, 则三张平面 $\pi_1, \pi_2, \pi_3$ 交于一条直线, 但它们中任意两个均不重合.

(b) $R(\boldsymbol{\alpha}_1, \boldsymbol{\alpha}_2, \boldsymbol{\alpha}_3, \boldsymbol{\alpha}_4)=3$. 这时, 方程组 $S$ 无解, 其几何意义是平面 $\pi_1, \pi_2, \pi_3$ 没有公共交点. 此时, 从几何上看也还有两种可能: 一是当 $\boldsymbol{\beta}_1, \boldsymbol{\beta}_2, \boldsymbol{\beta}_3$ 中存在有两个向量线性相关时, 则 $\pi_1, \pi_2, \pi_3$ 中有两张平面平行, 第 3 张平面与之相交. 二是当 $\boldsymbol{\beta}_1, \boldsymbol{\beta}_2, \boldsymbol{\beta}_3$ 中任意两个向量都线性无关时, 则平面 $\pi_1, \pi_2, \pi_3$ 两两相交, 中间围成一个三棱柱.

**情形 3** $R(\boldsymbol{\alpha}_1, \boldsymbol{\alpha}_2, \boldsymbol{\alpha}_3)=R(\boldsymbol{\beta}_1, \boldsymbol{\beta}_2, \boldsymbol{\beta}_3)=1$. 这时, 平面 $\pi_1, \pi_2, \pi_3$ 相互平行. 再具体一点, 也会有两种情况.

(a) $R(\boldsymbol{\alpha}_1, \boldsymbol{\alpha}_2, \boldsymbol{\alpha}_3, \boldsymbol{\alpha}_4)=1$. 此时, 方程组有无穷多解, 这在几何上表现为 $\pi_1, \pi_2, \pi_3$ 实际上是同一个平面.

(b) $R(\boldsymbol{\alpha}_1, \boldsymbol{\alpha}_2, \boldsymbol{\alpha}_3, \boldsymbol{\alpha}_4)=2$. 此时, 方程组无解. 从几何上看, 这还有两种可能: 一是当 $\boldsymbol{\gamma}_1, \boldsymbol{\gamma}_2, \boldsymbol{\gamma}_3$ 中存在有两个向量线性相关时, $\pi_1, \pi_2, \pi_3$ 中有两张平面重合, 第

3 张平面与它们平行. 二是当 $\boldsymbol{\gamma}_1, \boldsymbol{\gamma}_2, \boldsymbol{\gamma}_3$ 中任意两个向量都线性无关时, 三张平面 $\pi_1, \pi_2, \pi_3$ 相互平行, 但没有任何两个重合.

### 4.4.3 关于线性方程组反问题的概念

给出一个由 $s$ 个线性无关的 $n$ 维列向量 $\boldsymbol{\alpha}_1, \boldsymbol{\alpha}_2, \cdots, \boldsymbol{\alpha}_s\ (s<n)$ 组成的向量组, 求以该向量组为基础解系的齐次线性方程组 $\boldsymbol{Ax}=\boldsymbol{0}$ 的问题称为关于线性方程组的反问题. 这里 $\boldsymbol{A}$ 为 $m\times n$ 矩阵.

### 4.4.4 线性方程组发展简述

线性方程组在中国古代数学著作《九章算术》方程章中, 已有比较完整的论述. 其中所载方法实质上相当于现在对方程组的增广矩阵施行初等行变换, 从而消去未知元的 Gauss 消元法. 在西方, 线性方程组的系统研究是在 17 世纪后期由德国数学家 G. W. Leibniz 开创的. 他曾研究了含 2 个未知元的线性方程所组成的方程组. 英国数学家 C. Maclaurin (麦克劳林) 在 18 世纪上半叶研究了具有 2, 3, 4 个未知元的线性方程组, 得到了现在称为 G. Cramer 法则的结果. 瑞士数学家 Cramer 是在 Maclaurin 之后不久才发表这个法则的. 18 世纪下半叶, 法国数学家 E. Bezout 对线性方程组理论进行了一系列研究, 证明了 $n$ 元齐次线性方程组有非零解的条件是其系数行列式等于零.

19 世纪, 英国数学家 H. Smith (史密斯) 和 C. L. Dodgson (道奇森) 继续研究线性方程组理论. 前者引进了方程组的增广矩阵和非增广矩阵的概念, 后者证明了 $n$ 个未知元 $m$ 个方程的方程组相容的充要条件是系数矩阵和增广矩阵的秩相同, 这正是线性方程组现代理论中的重要结果之一.

大量的科学技术问题, 最终往往归结为解线性方程组问题. 但对于十分复杂的问题, 精确的求解往往是困难的. 因此在线性方程组解的结构等理论性工作取得令人满意进展的同时, 线性方程组的数值解法也得到快速发展. 现在, 线性方程组的数值解法在计算数学中占有重要地位.

## 复 习 题 4

**(A)**

1. 求下列齐次线性方程组的通解和基础解系.

(1) $\begin{cases} x_1-8x_2+10x_3+2x_4=0, \\ 2x_1+4x_2+5x_3-x_4=0, \\ 3x_1+8x_2+6x_3-2x_4=0; \end{cases}$　(2) $\begin{cases} 2x_1-3x_2-2x_3+x_4=0, \\ 3x_1+5x_2+4x_3-2x_4=0, \\ 8x_1+7x_2+6x_3-3x_4=0. \end{cases}$

2. 求下列非齐次线性方程组的通解.

(1) $\begin{cases} x_1+x_2=5, \\ 2x_1+x_2+x_3+2x_4=1, \\ 5x_1+3x_2+2x_3+2x_4=3; \end{cases}$ (2) $\begin{cases} x_1-5x_2+2x_3-3x_4=11, \\ 5x_1+3x_2+6x_3-x_4=-1, \\ 2x_1+4x_2+2x_3+x_4=-6. \end{cases}$

3. 讨论下列方程组何时有唯一解、有无穷多解？何时无解？有解时，求其通解.

(1) $\begin{cases} ax_1+x_2+x_3=1, \\ x_1+bx_2+x_3=1, \\ x_1+x_2+cx_3=1; \end{cases}$ (2) $\begin{cases} \lambda x_1+x_2+x_3=1, \\ x_1+\lambda x_2+x_3=\lambda, \\ x_1+x_2+\lambda x_3=\lambda^2. \end{cases}$

4. 已知线性方程组 $\begin{pmatrix} 1 & 1 & \lambda \\ 1 & \lambda & 1 \\ 1 & 1 & 2\lambda \end{pmatrix}\boldsymbol{x}=\begin{pmatrix} 1 \\ 1 \\ -2 \end{pmatrix}$ 有无穷多解. 试求参数 $\lambda$ 的值，并求方程组的通解.

5. 设 $\boldsymbol{\eta}_1, \boldsymbol{\eta}_2, \cdots, \boldsymbol{\eta}_t$ 是线性方程组 $\boldsymbol{Ax}=\boldsymbol{0}$ 的一组线性无关的解，且 $\boldsymbol{\xi}$ 不是 $\boldsymbol{Ax}=\boldsymbol{0}$ 的解，证明 $\boldsymbol{\xi}, \boldsymbol{\xi}+\boldsymbol{\eta}_1, \boldsymbol{\xi}+\boldsymbol{\eta}_2, \cdots, \boldsymbol{\xi}+\boldsymbol{\eta}_t$ 线性无关.

6. 设 $\boldsymbol{\eta}_1, \boldsymbol{\eta}_2, \boldsymbol{\eta}_3$ 是线性方程组 $\boldsymbol{Ax}=\boldsymbol{0}$ 的一个基础解系，证明向量组 $\boldsymbol{\eta}_1+\boldsymbol{\eta}_2, \boldsymbol{\eta}_2+\boldsymbol{\eta}_3, \boldsymbol{\eta}_3+\boldsymbol{\eta}_1$ 也是方程组 $\boldsymbol{Ax}=\boldsymbol{0}$ 的基础解系.

7. 设 $\boldsymbol{A}$ 为 $n$ 阶矩阵，$\boldsymbol{b}$ 是 $n$ 维列向量，$\boldsymbol{\eta}_1, \boldsymbol{\eta}_2$ 是线性方程组 $\boldsymbol{Ax}=\boldsymbol{b}$ 的解，$\boldsymbol{\eta}$ 是 $\boldsymbol{Ax}=\boldsymbol{0}$ 的解.

(1) 若 $\boldsymbol{\eta}_1 \neq \boldsymbol{\eta}_2$，证明 $\boldsymbol{\eta}_1, \boldsymbol{\eta}_2$ 线性无关;

(2) 若 $R(\boldsymbol{A})=n-1$，证明 $\boldsymbol{\eta}, \boldsymbol{\eta}_1, \boldsymbol{\eta}_2$ 线性相关.

8. 设向量 $\boldsymbol{\alpha}_1=\begin{pmatrix} a \\ 2 \\ 10 \end{pmatrix}, \boldsymbol{\alpha}_2=\begin{pmatrix} -2 \\ 1 \\ 5 \end{pmatrix}, \boldsymbol{\alpha}_3=\begin{pmatrix} -1 \\ 2 \\ 4 \end{pmatrix}, \boldsymbol{\beta}=\begin{pmatrix} 1 \\ b \\ c \end{pmatrix}$. 问参数 $a, b, c$ 满足什么条件时，$\boldsymbol{\beta}$ 能用 $\boldsymbol{\alpha}_1, \boldsymbol{\alpha}_2, \boldsymbol{\alpha}_3$ 唯一线性表示？$\boldsymbol{\beta}$ 不能由 $\boldsymbol{\alpha}_1, \boldsymbol{\alpha}_2, \boldsymbol{\alpha}_3$ 线性表示？$\boldsymbol{\beta}$ 可以由 $\boldsymbol{\alpha}_1, \boldsymbol{\alpha}_2, \boldsymbol{\alpha}_3$ 线性表示，但表示式不唯一？

9. 求矩阵 $\boldsymbol{A}=\begin{pmatrix} 1 & 2 & 1 & 0 & -1 \\ 2 & -2 & 3 & 1 & 4 \\ 3 & 0 & 4 & 1 & 3 \\ 1 & -4 & 3 & 1 & 5 \end{pmatrix}$ 的行向量组成的子空间和列向量组成的子空间以及线性方程组 $\boldsymbol{Ax}=\boldsymbol{0}$ 的解空间的基与维数.

10. 假设 $\boldsymbol{A}$ 是一个秩为 4 的 $4\times 7$ 矩阵，试求:

(1) 矩阵 $\boldsymbol{A}$ 的列向量空间的维数;

(2) 齐次线性方程组 $\boldsymbol{Ax}=\boldsymbol{0}$ 解空间的维数;

(3) 线性方程组 $\boldsymbol{Ax}=\boldsymbol{b}$ 解的个数，其中 $\boldsymbol{b}$ 是 $\boldsymbol{A}$ 的列向量空间中的非零向量.

## (B)

1. 已知 $n$ 阶矩阵 $\boldsymbol{A}$ 满足 $R(\boldsymbol{A})=n-r$，且 $\boldsymbol{\alpha}_1, \boldsymbol{\alpha}_2, \cdots, \boldsymbol{\alpha}_{r+1}$ 是线性方程组 $\boldsymbol{Ax}=\boldsymbol{b}$ 线性无关的解. 证明 $\boldsymbol{Ax}=\boldsymbol{b}$ 的任意解可由 $\boldsymbol{\alpha}_1, \boldsymbol{\alpha}_2, \cdots, \boldsymbol{\alpha}_{r+1}$ 线性表示.

2. 设 $n$ 阶非零矩阵 $\boldsymbol{A}, \boldsymbol{B}$ 满足 $\boldsymbol{AB} = \boldsymbol{O}$, $\boldsymbol{A}^* \neq \boldsymbol{O}$. 若 $\boldsymbol{\alpha}_1, \boldsymbol{\alpha}_2, \cdots, \boldsymbol{\alpha}_k$ 是线性方程组 $\boldsymbol{Bx} = \boldsymbol{0}$ 的一个基础解系, $\boldsymbol{\alpha}$ 是任意 $n$ 维向量. 证明 $\boldsymbol{B\alpha}$ 可以由 $\boldsymbol{\alpha}_1, \boldsymbol{\alpha}_2, \cdots, \boldsymbol{\alpha}_k, \boldsymbol{\alpha}$ 线性表示, 并问何时表示式唯一.

3. 已知 3 阶矩阵 $\boldsymbol{A}$ 与 3 维列向量 $\boldsymbol{x}$ 满足 $\boldsymbol{A}^3\boldsymbol{x} = 3\boldsymbol{Ax} - \boldsymbol{A}^2\boldsymbol{x}$, 且向量组 $\boldsymbol{x}, \boldsymbol{Ax}, \boldsymbol{A}^2\boldsymbol{x}$ 线性无关.

(1) 记 $\boldsymbol{P} = \left(\boldsymbol{x}, \boldsymbol{Ax}, \boldsymbol{A}^2\boldsymbol{x}\right)$, 求 3 阶矩阵 $\boldsymbol{B}$ 使 $\boldsymbol{AP} = \boldsymbol{PB}$;

(2) 求 $|\boldsymbol{A}|$.

4. 求一个齐次线性方程组, 使其一个基础解系为 $\boldsymbol{\xi}_1 = (0, 1, 2, 3)^{\mathrm{T}}$, $\boldsymbol{\xi}_2 = (3, 2, 1, 0)^{\mathrm{T}}$.

5. 证明线性方程组 $\boldsymbol{Ax} = \boldsymbol{b}$ 有解的充分必要条件是线性方程组

$$\begin{pmatrix} \boldsymbol{A}^{\mathrm{T}} \\ \boldsymbol{b}^{\mathrm{T}} \end{pmatrix} \boldsymbol{y} = \begin{pmatrix} \boldsymbol{0} \\ 1 \end{pmatrix}$$

无解.

6. 求直角坐标系中三条直线 $a_ix + b_iy + c_i = 0\ (i = 1, 2, 3)$ 相交于一点的充分必要条件.

7. 已知 $n$ 阶矩阵 $\boldsymbol{A}$ 满足 $\boldsymbol{Ax}_1 = \boldsymbol{x}_1$, $\boldsymbol{Ax}_2 = \boldsymbol{x}_1 + \boldsymbol{x}_2$, $\boldsymbol{Ax}_3 = \boldsymbol{x}_2 + \boldsymbol{x}_3$, $\boldsymbol{x}_1 \neq \boldsymbol{0}$. 证明 $\boldsymbol{x}_1, \boldsymbol{x}_2, \boldsymbol{x}_3$ 线性无关.

8. 已知方程组 $\begin{cases} x_1 + 2x_3 = 1, \\ 2x_1 + ax_2 + 5x_3 = 0, \\ 4x_1 + cx_3 = b \end{cases}$ 的通解为 $k\boldsymbol{\alpha} + \boldsymbol{\eta}$, $k$ 为任意常数. 求参数 $a, b, c$.

9. 设 $n$ 阶矩阵 $\boldsymbol{A}, \boldsymbol{B}$ 满足 $R(\boldsymbol{A}) + R(\boldsymbol{B}) < n$. 证明线性方程组 $\boldsymbol{Ax} = \boldsymbol{0}$ 与 $\boldsymbol{Bx} = \boldsymbol{0}$ 一定有非零公共解.

10. 设 $\boldsymbol{A}, \boldsymbol{B}$ 为 $n$ 阶矩阵, 线性方程组 $\boldsymbol{Ax} = \boldsymbol{0}$ 与 $\boldsymbol{Bx} = \boldsymbol{0}$ 分别有 $l$ 和 $m$ 个线性无关的解向量.

(1) 证明 $\boldsymbol{ABx} = \boldsymbol{0}$ 至少有 $\max(l, m)$ 个线性无关的解向量;

(2) 如果 $l + m > n$, 则方程组 $(\boldsymbol{A} + \boldsymbol{B})\boldsymbol{x} = \boldsymbol{0}$ 必有非零解.

11. 已知 3 阶矩阵 $\boldsymbol{A} = (a_{ij})$ 满足 $a_{ij} = A_{ij}$, $a_{33} = -1$, $|\boldsymbol{A}| = 1$. 求线性方程组 $\boldsymbol{Ax} = (0, 0, 1)^{\mathrm{T}}$ 的解.

12. 设 $\boldsymbol{\alpha}_i\ (i = 1, 2, 3, 4)$ 是 4 维列向量, $\boldsymbol{\alpha}_1, \boldsymbol{\alpha}_2, \boldsymbol{\alpha}_3$ 线性无关,

$$\boldsymbol{\alpha}_4 = \boldsymbol{\alpha}_1 + \boldsymbol{\alpha}_2 + 2\boldsymbol{\alpha}_3, \quad \boldsymbol{B} = (\boldsymbol{\alpha}_1 - \boldsymbol{\alpha}_2, \boldsymbol{\alpha}_2 + \boldsymbol{\alpha}_3, -\boldsymbol{\alpha}_1 + a\boldsymbol{\alpha}_2 + \boldsymbol{\alpha}_3),$$

且方程组 $\boldsymbol{Bx} = \boldsymbol{\alpha}_4$ 有无穷多解.

(1) 求 $a$;

(2) 求解方程组 $\boldsymbol{Bx} = \boldsymbol{\alpha}_4$.

13. 设矩阵 $\boldsymbol{A}_{m\times n}, \boldsymbol{B}_{n\times p}, \boldsymbol{C}_{p\times s}$ 满足 $R(\boldsymbol{A}) = n$, $R(\boldsymbol{C}) = p$, $\boldsymbol{ABC} = \boldsymbol{O}$. 证明 $\boldsymbol{B} = \boldsymbol{O}$.

第 4 章习题参考答案

# 第 5 章 矩阵的特征值、特征向量与对角化

矩阵的特征值和特征向量 (eigenvalues and eigenvectors of matrix) 在理论研究和实际应用上都很重要. 工程技术领域的许多问题都会涉及矩阵的特征值和特征向量. 矩阵的对角化与特征值和特征向量有紧密联系, 是矩阵理论和应用的核心内容. 本章介绍矩阵特征值和特征向量的基础理论, 讨论矩阵在相似意义下的对角化. 如无特殊说明, 本章所谈矩阵均为方阵.

## 5.1 矩阵的特征值与特征向量

### 5.1.1 问题的提出

假设某地 A, B, C 三区的人口流动情况可用矩阵

$$\boldsymbol{P}=\begin{pmatrix}0.7 & 0.1 & 0.3\\ 0.2 & 0.8 & 0.3\\ 0.1 & 0.1 & 0.4\end{pmatrix}$$

表示, 其中第 1 列表示: 在 1 年中 A 区人口中有 70%留在 A 区, 20%迁往 B 区, 10%迁往 C 区; 第 2 列和第 3 列分别表示 B 区和 C 区人口 1 年中的迁移情况. 用 $\boldsymbol{x}_n=(x_{1n}, x_{2n}, x_{3n})^{\mathrm{T}}$ 表示该地第 $n$ 年的人口分布情况, 其中 $x_{1n}, x_{2n}, x_{3n}$ 分别表示第 $n$ 年 A, B, C 三区人口占该地总人口的比例. 若设最初的人口分布向量为 $\boldsymbol{x}_0=(0.5, 0.45, 0.05)^{\mathrm{T}}$, 则 $n$ 年后该地的人口分布向量就是

$$\boldsymbol{x}_n=\boldsymbol{P}^n\boldsymbol{x}_0.$$

由人口分布向量 $\boldsymbol{x}_n$ 所形成的序列 $\boldsymbol{x}_0, \boldsymbol{x}_1, \cdots, \boldsymbol{x}_n, \cdots$ 构成一个所谓的 Markov (马尔可夫) 链, 其中矩阵 $\boldsymbol{P}$ 称为转移矩阵.

很显然, 要了解 Markov 链 $\boldsymbol{x}_n$ 的信息, 需要了解转移矩阵 $\boldsymbol{P}$ 的方幂. 这就引出了矩阵方幂的快速计算问题. 尽管从理论上说该问题可以通过矩阵的乘法运算直接解决, 但是当 $n$ 比较大时这实际上是很难做到的. 因此, 需要寻找真正具有可操作性的办法.

从数学理论的角度考虑, 如果能找到一个可逆矩阵 $\boldsymbol{Q}$ 和另一形式较为简单的矩阵 $\boldsymbol{D}$, 比如对角矩阵, 使得 $\boldsymbol{P}=\boldsymbol{Q}\boldsymbol{D}\boldsymbol{Q}^{-1}$, 则利用

$$\boldsymbol{P}^n = \boldsymbol{Q}\boldsymbol{D}^n\boldsymbol{Q}^{-1},$$

就可以把 $\boldsymbol{P}^n$ 的计算问题转化为 $\boldsymbol{D}^n$ 的计算问题. 后者显然能够大大简化计算复杂度. 为了实现这一转化, 需要讨论矩阵的特征值和特征向量.

### 5.1.2 特征值与特征向量的概念

**定义 5.1** 对 $n$ 阶方阵 $\boldsymbol{A} = (a_{ij})$, 如果存在数 $\lambda \in \mathbb{C}$ 和非零向量 $\boldsymbol{\alpha}$, 使得

$$\boldsymbol{A}\boldsymbol{\alpha} = \lambda\boldsymbol{\alpha}, \tag{5.1}$$

则称 $\lambda$ 是矩阵 $\boldsymbol{A}$ 的一个特征值, $\boldsymbol{\alpha}$ 是对应于 (或属于) 特征值 $\lambda$ 的一个特征向量. 有时, 也称 $\lambda$ 为对应于特征向量 $\boldsymbol{\alpha}$ 的特征值. 这里, $\mathbb{C}$ 表示全体复数形成的集合.

**例 5.1** 设 $\boldsymbol{A} = \begin{pmatrix} 1 & 1 \\ 0 & 2 \end{pmatrix}$, $\boldsymbol{\alpha}_1 = \begin{pmatrix} 1 \\ 0 \end{pmatrix}$, $\boldsymbol{\alpha}_2 = \begin{pmatrix} 1 \\ 1 \end{pmatrix}$, 则容易验证

$$\boldsymbol{A}\boldsymbol{\alpha}_1 = 1 \cdot \boldsymbol{\alpha}_1, \quad \boldsymbol{A}\boldsymbol{\alpha}_2 = 2 \cdot \boldsymbol{\alpha}_2.$$

因此, 实数 1 和 2 都是 $\boldsymbol{A}$ 的特征值, $\boldsymbol{\alpha}_1 = \begin{pmatrix} 1 \\ 0 \end{pmatrix}$ 和 $\boldsymbol{\alpha}_2 = \begin{pmatrix} 1 \\ 1 \end{pmatrix}$ 分别是 $\boldsymbol{A}$ 的对应于其特征值 1 和 2 的特征向量.

根据定义, 容易得出以下几个简单论断.

(1) 特征值和特征向量是对方阵而言的. 换句话说, 对不是方阵的一般矩阵是没有特征值和特征向量这种概念的.

(2) 特征向量 $\boldsymbol{\alpha}$ 一定是非零向量. 换句话说, 虽然零向量 $\boldsymbol{\alpha} = \boldsymbol{0}$ 满足 (5.1), 但是我们不把它叫作方阵 $\boldsymbol{A}$ 的特征向量. 这是因为, $\boldsymbol{\alpha} = \boldsymbol{0}$ 满足 (5.1) 是一个平凡结果, 该结果不能反映出方阵 $\boldsymbol{A} = (a_{ij})$ 的任何信息.

(3) 若 $\boldsymbol{\alpha}$ 是矩阵 $\boldsymbol{A}$ 的对应于特征值 $\lambda$ 的特征向量, 则对任何实数 $k \neq 0$, 向量 $k\boldsymbol{\alpha}$ 都是矩阵 $\boldsymbol{A}$ 的对应于特征值 $\lambda$ 的特征向量. 这是因为 $\boldsymbol{A}\boldsymbol{\alpha} = \lambda\boldsymbol{\alpha}$ 明显蕴含 $\boldsymbol{A}(k\boldsymbol{\alpha}) = \lambda(k\boldsymbol{\alpha})$. 该结论说明, 对应于特征值 $\lambda$ 的特征向量不是唯一的.

(4) 如果 $\boldsymbol{\alpha}_1, \boldsymbol{\alpha}_2, \cdots, \boldsymbol{\alpha}_s$ 都是矩阵 $\boldsymbol{A}$ 的对应于特征值 $\lambda$ 的特征向量, 则它们的任意非零线性组合 $k_1\boldsymbol{\alpha}_1 + k_2\boldsymbol{\alpha}_2 + \cdots + k_s\boldsymbol{\alpha}_s \neq \boldsymbol{0}$ 也是 $\boldsymbol{A}$ 的对应于特征值 $\lambda$ 的特征向量. 这是因为

$$\boldsymbol{A}(k_1\boldsymbol{\alpha}_1 + k_2\boldsymbol{\alpha}_2 + \cdots + k_s\boldsymbol{\alpha}_s) = k_1(\boldsymbol{A}\boldsymbol{\alpha}_1) + k_2(\boldsymbol{A}\boldsymbol{\alpha}_2) + \cdots + k_s(\boldsymbol{A}\boldsymbol{\alpha}_s)$$

$$= k_1 (\lambda \boldsymbol{\alpha}_1) + k_2 (\lambda \boldsymbol{\alpha}_2) + \cdots + k_s (\lambda \boldsymbol{\alpha}_s)$$
$$= \lambda (k_1 \boldsymbol{\alpha}_1 + k_2 \boldsymbol{\alpha}_2 + \cdots + k_s \boldsymbol{\alpha}_s).$$

但要注意, 对应于同一个矩阵 $\boldsymbol{A}$ 的不同特征值的特征向量的线性组合一般不再是 $\boldsymbol{A}$ 的特征向量. 比如, 在例 5.1 中 $\boldsymbol{\alpha}_1 + \boldsymbol{\alpha}_2 = \begin{pmatrix} 2 \\ 1 \end{pmatrix}$ 就不是 $\boldsymbol{A}$ 的特征向量.

### 5.1.3 特征多项式、特征方程及特征值和特征向量的计算

如果 $\lambda$ 是矩阵 $\boldsymbol{A}$ 的特征值, 则由 (5.1) 可知, 以 $\boldsymbol{x}$ 为未知向量的线性方程组

$$(\lambda \boldsymbol{E} - \boldsymbol{A})\boldsymbol{x} = \boldsymbol{0} \tag{5.2}$$

一定有非零解. 这样便有 $|\lambda \boldsymbol{E} - \boldsymbol{A}| = 0$. 正是这一虽然简单但却十分重要的观察, 使得我们可以通过求解关于 $\lambda$ 的代数方程

$$|\lambda \boldsymbol{E} - \boldsymbol{A}| = 0$$

来求矩阵 $\boldsymbol{A}$ 的特征值. 进而, 通过求线性方程组 (5.2) 的基础解系得到对应于特征值 $\lambda$ 的特征向量.

对给定的矩阵 $\boldsymbol{A}$, 由行列式的概念可知 $|\lambda \boldsymbol{E} - \boldsymbol{A}|$ 是一个关于 $\lambda$ 的多项式, 通常记为 $f(\lambda)$. 基于

$$f(\lambda) = |\lambda \boldsymbol{E} - \boldsymbol{A}|$$

对特征值和特征向量计算的重要性, 该多项式称为矩阵 $\boldsymbol{A}$ 的特征多项式, 同时, 关于 $\lambda$ 的代数方程

$$f(\lambda) = |\lambda \boldsymbol{E} - \boldsymbol{A}| = 0 \tag{5.3}$$

称为矩阵 $\boldsymbol{A}$ 的特征方程.

对 $n$ 阶方阵 $\boldsymbol{A}$, 其特征多项式 $f(\lambda) = |\lambda \boldsymbol{E} - \boldsymbol{A}|$ 是关于 $\lambda$ 的一个 $n$ 次多项式. 所以, 由代数学基本定理可知, 特征方程 $f(\lambda) = 0$ 在复数域 $\mathbb{C}$ 中恰有 $n$ 个根, 它们就是 $n$ 阶方阵 $\boldsymbol{A}$ 的全部 $n$ 个特征值, 其中重根按照其重数计入根的个数. 基于此, 特征方程 $f(\lambda) = 0$ 的根的重数也称为特征值的重数.

依据上述讨论, 可以得到关于 $n$ 阶方阵 $\boldsymbol{A}$ 特征值和特征向量计算的下述步骤:

第一步, 通过计算含有参数 $\lambda$ 的 $n$ 阶行列式 $|\lambda \boldsymbol{E} - \boldsymbol{A}|$ 写出 $\boldsymbol{A}$ 的特征多项式 $f(\lambda) = |\lambda \boldsymbol{E} - \boldsymbol{A}|$.

第二步, 通过求解 $\boldsymbol{A}$ 的特征方程 $f(\lambda) = 0$ 得到 $\boldsymbol{A}$ 的全部 $n$ 个特征值.

第三步, 对 $\boldsymbol{A}$ 的所有不同的特征值 $\lambda_1, \lambda_2, \cdots, \lambda_m$ $(1 \leqslant m \leqslant n)$, 分别

求关于 $\boldsymbol{x}$ 的 $n$ 元线性方程组

$$(\lambda_i \boldsymbol{E}-\boldsymbol{A})\boldsymbol{x}=\boldsymbol{0}$$

的非零解, 得到 $\boldsymbol{A}$ 的全部特征向量.

**例 5.2**　求矩阵 $\boldsymbol{A}=\begin{pmatrix}1 & 1\\ -1 & 3\end{pmatrix}$ 的特征值.

**解**　矩阵 $\boldsymbol{A}$ 的特征多项式

$$f(\lambda)=|\lambda\boldsymbol{E}-\boldsymbol{A}|=\begin{vmatrix}\lambda-1 & -1\\ 1 & \lambda-3\end{vmatrix}=(\lambda-1)(\lambda-3)+1=(\lambda-2)^2.$$

求解特征方程 $f(\lambda)=0$ 可知, $\boldsymbol{A}$ 有 2 个相等的特征值: $\lambda_1=\lambda_2=2$.

**例 5.3**　求矩阵 $\boldsymbol{A}=\begin{pmatrix}2 & -1\\ 1 & 2\end{pmatrix}$ 的特征值.

**解**　矩阵 $\boldsymbol{A}$ 的特征多项式

$$f(\lambda)=|\lambda\boldsymbol{E}-\boldsymbol{A}|=\begin{vmatrix}\lambda-2 & 1\\ -1 & \lambda-2\end{vmatrix}=\lambda^2-4\lambda+5.$$

使用二次求根公式求解特征方程 $f(\lambda)=0$ 可得 $\boldsymbol{A}$ 的 2 个特征值: $\lambda_1=2+\mathrm{i}$, $\lambda_2=2-\mathrm{i}$.

该例说明, 实矩阵的特征值可能是复数.

**例 5.4**　求下列矩阵的特征值和特征向量.

$$\boldsymbol{A}=\begin{pmatrix}k & 0 & 0\\ 0 & k & 0\\ 0 & 0 & k\end{pmatrix},\quad \boldsymbol{B}=\begin{pmatrix}k & 1 & 0\\ 0 & k & 0\\ 0 & 0 & k\end{pmatrix},\quad \boldsymbol{C}=\begin{pmatrix}k & 1 & 0\\ 0 & k & 1\\ 0 & 0 & k\end{pmatrix},$$

其中 $k$ 为常数.

**解**　容易看出,

$$|\lambda\boldsymbol{E}-\boldsymbol{A}|=|\lambda\boldsymbol{E}-\boldsymbol{B}|=|\lambda\boldsymbol{E}-\boldsymbol{C}|=(\lambda-k)^3.$$

故矩阵 $\boldsymbol{A}$, $\boldsymbol{B}$, $\boldsymbol{C}$ 均有 3 个相等的特征值 $\lambda_1=\lambda_2=\lambda_3=k$, 即它们均有唯一的 3 重特征值 $\lambda=k$.

(1) 对 3 元线性方程组 $(k\boldsymbol{E}-\boldsymbol{A})\boldsymbol{x}=\boldsymbol{0}$, 由于 $k\boldsymbol{E}-\boldsymbol{A}=\boldsymbol{O}$, 所以

$$\boldsymbol{\alpha}_1=(1,0,0)^{\mathrm{T}},\quad \boldsymbol{\alpha}_2=(0,1,0)^{\mathrm{T}},\quad \boldsymbol{\alpha}_3=(0,0,1)^{\mathrm{T}}$$

是它的一个基础解系. 由此可知, 矩阵 $\boldsymbol{A}$ 的对应于特征值 $k$ 的特征向量为

$$k_1\boldsymbol{\alpha}_1+k_2\boldsymbol{\alpha}_2+k_3\boldsymbol{\alpha}_3,$$

其中 $k_1, k_2, k_3$ 是不全为零的常数.

(2) 对 3 元线性方程组 $(k\boldsymbol{E}-\boldsymbol{B})\boldsymbol{x}=\boldsymbol{0}$, 由于 $k\boldsymbol{E}-\boldsymbol{B}=\begin{pmatrix}0&-1&0\\0&0&0\\0&0&0\end{pmatrix}$, 所以

$$\boldsymbol{\eta}_1=(1,0,0)^{\mathrm{T}},\quad \boldsymbol{\eta}_2=(0,0,1)^{\mathrm{T}}$$

是它的一个基础解系. 因此矩阵 $\boldsymbol{B}$ 的对应于特征值 $k$ 的特征向量为

$$k_1\boldsymbol{\eta}_1+k_2\boldsymbol{\eta}_2,$$

其中 $k_1, k_2$ 是不全为零的任意常数.

(3) 对 3 元线性方程组 $(k\boldsymbol{E}-\boldsymbol{C})\boldsymbol{x}=\boldsymbol{0}$, 由于 $k\boldsymbol{E}-\boldsymbol{C}=\begin{pmatrix}0&-1&0\\0&0&-1\\0&0&0\end{pmatrix}$,

所以

$$\boldsymbol{\gamma}_1=(1,0,0)^{\mathrm{T}}$$

是它的一个基础解系. 因此矩阵 $\boldsymbol{C}$ 的对应于特征值 $k$ 的特征向量为 $k_1\boldsymbol{\gamma}_1$, 其中 $k_1$ 是不为零的任意常数.

该例说明, 同样重数的特征值所对应的线性无关特征向量的个数可能是不同的. 关于特征值的重数与其所对应的线性无关特征向量的个数之间的关系, 有下述一般结论.

**定理 5.1** 对任一方阵 $\boldsymbol{A}$, 属于 $\boldsymbol{A}$ 的一个特征值的线性无关特征向量的个数不超过该特征值的重数.

通常, 一个方阵 $\boldsymbol{A}$ 的特征值 $\lambda$ 的重数也称为它的代数重数, 而属于特征值 $\lambda$ 的线性无关特征向量的个数称为 $\lambda$ 的几何重数. 因此, 定理 5.1 也可简单表述为:

**定理 5.1′** 一个方阵 $\boldsymbol{A}$ 的任一特征值的几何重数不超过其代数重数.

**例 5.5** 求矩阵 $\boldsymbol{A}=\begin{pmatrix}0&1&1\\1&0&1\\1&1&0\end{pmatrix}$ 的特征值和特征向量.

**解**　矩阵 $\boldsymbol{A}$ 的特征多项式为

$$f(\lambda)=|\lambda\boldsymbol{E}-\boldsymbol{A}|=\begin{vmatrix}\lambda & -1 & -1\\ -1 & \lambda & -1\\ -1 & -1 & \lambda\end{vmatrix}=\begin{vmatrix}\lambda-2 & \lambda-2 & \lambda-2\\ -1 & \lambda & -1\\ -1 & -1 & \lambda\end{vmatrix}$$

$$=(\lambda-2)\begin{vmatrix}1 & 1 & 1\\ -1 & \lambda & -1\\ -1 & -1 & \lambda\end{vmatrix}=(\lambda-2)\begin{vmatrix}1 & 1 & 1\\ 0 & \lambda+1 & 0\\ 0 & 0 & \lambda+1\end{vmatrix}$$

$$=(\lambda-2)(\lambda+1)^2.$$

因此 $\boldsymbol{A}$ 的全部特征值为 $\lambda_1=2, \lambda_2=\lambda_3=-1$.

对于 $\lambda_1=2$, 解齐次线性方程组 $(\lambda_1\boldsymbol{E}-\boldsymbol{A})\boldsymbol{x}=\boldsymbol{0}$, 得其一个基础解系: $\begin{pmatrix}1\\1\\1\end{pmatrix}$. 因此, 对应于特征值 $\lambda_1$ 的特征向量为 $k_1\begin{pmatrix}1\\1\\1\end{pmatrix}$, 其中 $k_1$ 为任意非零实数.

对于 2 重特征值 $\lambda_2=\lambda_3=-1$, 解齐次线性方程组 $(\lambda_2\boldsymbol{E}-\boldsymbol{A})\boldsymbol{x}=\boldsymbol{0}$, 得其一个基础解系: $\begin{pmatrix}-1\\1\\0\end{pmatrix}, \begin{pmatrix}-1\\0\\1\end{pmatrix}$. 因此, 与 $\lambda_2=\lambda_3=-1$ 对应的特征向量为

$$k_2\begin{pmatrix}-1\\1\\0\end{pmatrix}+k_3\begin{pmatrix}-1\\0\\1\end{pmatrix},$$

其中 $k_2, k_3$ 是不全为零的任意实数.

**例 5.6**　求矩阵 $\boldsymbol{A}=\begin{pmatrix}-1 & 1 & 0\\ -4 & 3 & 0\\ 1 & 0 & 2\end{pmatrix}$ 的特征值和特征向量.

**解**　矩阵 $\boldsymbol{A}$ 的特征多项式为

$$f(\lambda)=|\lambda\boldsymbol{E}-\boldsymbol{A}|=\begin{vmatrix}\lambda+1 & -1 & 0\\ 4 & \lambda-3 & 0\\ -1 & 0 & \lambda-2\end{vmatrix}=(\lambda-2)(\lambda-1)^2.$$

因此 $\boldsymbol{A}$ 的全部特征值为 $\lambda_1=2, \lambda_2=\lambda_3=1$.

对于 $\lambda_1 = 2$, 解齐次线性方程组 $(\lambda_1\boldsymbol{E}-\boldsymbol{A})\boldsymbol{x}=\boldsymbol{0}$, 得其一个基础解系: $\begin{pmatrix}0\\0\\1\end{pmatrix}$. 因此, 对应于特征值 $\lambda_1$ 的特征向量为 $k_1\begin{pmatrix}0\\0\\1\end{pmatrix}$, 其中 $k_1$ 为任意非零常数.

对于 2 重特征值 $\lambda_2=\lambda_3=1$, 解齐次线性方程组 $(\lambda_2\boldsymbol{E}-\boldsymbol{A})\boldsymbol{x}=\boldsymbol{0}$, 得其一个基础解系: $\begin{pmatrix}1\\2\\-1\end{pmatrix}$. 因此, 与 $\lambda_2=\lambda_3=1$ 对应的特征向量为 $k_2\begin{pmatrix}1\\2\\-1\end{pmatrix}$, 其中 $k_2$ 为任意非零常数.

**例 5.7** 设矩阵 $\boldsymbol{A}$ 满足 $\boldsymbol{A}^2=\boldsymbol{E}$, 且 $\boldsymbol{A}$ 的特征值均为 1, 证明 $\boldsymbol{A}=\boldsymbol{E}$.

**证明** 首先, 由 $\boldsymbol{A}^2=\boldsymbol{E}$ 可得 $(\boldsymbol{E}+\boldsymbol{A})(\boldsymbol{E}-\boldsymbol{A})=\boldsymbol{O}$. 其次, 由于 $\boldsymbol{A}$ 的特征值均为 1, 所以 $-1$ 不是 $\boldsymbol{A}$ 的特征值. 因此, $|(-1)\boldsymbol{E}-\boldsymbol{A}|\neq 0$, 即 $|\boldsymbol{E}+\boldsymbol{A}|\neq 0$. 于是, 由 $\boldsymbol{E}+\boldsymbol{A}$ 可逆及 $(\boldsymbol{E}+\boldsymbol{A})(\boldsymbol{E}-\boldsymbol{A})=\boldsymbol{O}$ 可得 $\boldsymbol{E}-\boldsymbol{A}=\boldsymbol{O}$, 即 $\boldsymbol{A}=\boldsymbol{E}$.

**例 5.8** 设 $\boldsymbol{A}$ 为 $n$ 阶矩阵, 如果存在正整数 $k$ 使得 $\boldsymbol{A}^k=\boldsymbol{O}$, 则称 $\boldsymbol{A}$ 为幂零矩阵. 试证明幂零矩阵 $\boldsymbol{A}$ 的特征值全为零.

**证明** 假设 $\lambda$ 为 $\boldsymbol{A}$ 的任一特征值, $\boldsymbol{\alpha}$ 是 $\boldsymbol{A}$ 的属于特征值 $\lambda$ 的特征向量, 则 $\boldsymbol{A}\boldsymbol{\alpha}=\lambda\boldsymbol{\alpha}$. 在该式两边同时左乘 $\boldsymbol{A}^{k-1}$, 并反复应用 $\boldsymbol{A}\boldsymbol{\alpha}=\lambda\boldsymbol{\alpha}$ 可得 $\boldsymbol{A}^k\boldsymbol{\alpha}=\lambda^k\boldsymbol{\alpha}$. 故由 $\boldsymbol{A}^k=\boldsymbol{O}$ 可得 $\lambda^k\boldsymbol{\alpha}=\boldsymbol{0}$. 进而由 $\boldsymbol{\alpha}\neq\boldsymbol{0}$ 可得 $\lambda^k=0$. 因此 $\lambda=0$.

### 5.1.4 特征子空间

对于 $n$ 阶矩阵 $\boldsymbol{A}$, 由于属于其同一个特征值 $\lambda$ 的线性无关的特征向量的非零线性组合还是属于 $\lambda$ 的特征向量, 所以, 它们与 $n$ 维零向量一起构成 $n$ 维 Euclid 线性空间 $\mathbb{R}^n$ 一个子空间, 称为矩阵 $\boldsymbol{A}$ 的对应于特征值 $\lambda$ 的特征子空间, 记为 $V_\lambda$. 很显然, $V_\lambda$ 是齐次线性方程组 $(\lambda\boldsymbol{E}-\boldsymbol{A})\boldsymbol{x}=\boldsymbol{0}$ 的解空间, 即

$$V_\lambda=\{\boldsymbol{x}\mid\boldsymbol{x}\in\mathbb{R}^n,(\lambda\boldsymbol{E}-\boldsymbol{A})\boldsymbol{x}=\boldsymbol{0}\}.$$

因此

$$\dim(V_\lambda)=n-R(\lambda\boldsymbol{E}-\boldsymbol{A}).$$

该数值就是对应于 $\lambda$ 的线性无关特征向量的最大个数, 即 $\lambda$ 的几何重数. 故由定理 5.1 可知

$$\dim(V_\lambda)\leqslant \text{特征值 } \lambda \text{ 的代数重数}.$$

**例 5.9**　设 $\boldsymbol{\alpha}=\begin{pmatrix}1\\1\\1\end{pmatrix}$ 是矩阵 $\boldsymbol{A}=\begin{pmatrix}a&1&1\\2&0&1\\-1&2&2\end{pmatrix}$ 的对应于特征值 $\lambda$ 的特征值向量, 试求 $a$ 和 $\lambda$ 的值, 并求特征子空间 $V_\lambda$ 及其维数.

**解**　由特征值和特征值向量的定义可得 $(\boldsymbol{A}-\lambda\boldsymbol{E})\boldsymbol{\alpha}=\boldsymbol{0}$, 即

$$\begin{pmatrix}a-\lambda&1&1\\2&-\lambda&1\\-1&2&2-\lambda\end{pmatrix}\begin{pmatrix}1\\1\\1\end{pmatrix}=\boldsymbol{0}.$$

解此关于 $a$ 和 $\lambda$ 的线性方程组可得 $a=1, \lambda=3$.

解线性方程组 $(3\boldsymbol{E}-\boldsymbol{A})\boldsymbol{x}=\boldsymbol{0}$, 即

$$\begin{pmatrix}2&-1&-1\\-2&3&-1\\1&-2&1\end{pmatrix}\boldsymbol{x}=\boldsymbol{0}$$

可得其基础解系: $\begin{pmatrix}1\\1\\1\end{pmatrix}$. 因此

$$V_\lambda=\left\{k\begin{pmatrix}1\\1\\1\end{pmatrix}\middle|\ k\in\mathbb{R}\right\},\ \dim V_\lambda=1.$$

**例 5.10**　设矩阵 $\boldsymbol{A}=\begin{pmatrix}1&-3&3\\3&a&3\\6&-6&b\end{pmatrix}$ 有特征值 $\lambda_1=-2, \lambda_2=4$, 试求 $a, b$ 的值, 并求对应于特征值 $\lambda_1, \lambda_2$ 的特征子空间 $V_{\lambda_1}, V_{\lambda_2}$, 以及它们的维数.

**解**　依题意可得

$$|-2\boldsymbol{E}-\boldsymbol{A}|=-3(a+5)(b-4)=0,\quad |4\boldsymbol{E}-\boldsymbol{A}|=3[(a-7)(b+2)+72]=0.$$

解之可得 $a=-5, b=4$.

解线性方程组 $(\lambda_1\boldsymbol{E}-\boldsymbol{A})\,\boldsymbol{x}=\boldsymbol{0}$, 即

$$\begin{pmatrix}-3&3&-3\\-3&3&-3\\-6&6&-6\end{pmatrix}\boldsymbol{x}=\boldsymbol{0}$$

可得其基础解系: $\begin{pmatrix}1\\1\\0\end{pmatrix}, \begin{pmatrix}-1\\0\\1\end{pmatrix}$. 因此

$$V_{\lambda_1}=\left\{k_1\begin{pmatrix}1\\1\\0\end{pmatrix}+k_2\begin{pmatrix}-1\\0\\1\end{pmatrix}\middle|\, k_1,\,k_2\in\mathbb{R}\right\},\quad \dim V_{\lambda_1}=2.$$

解线性方程组 $(\lambda_2\boldsymbol{E}-\boldsymbol{A})\boldsymbol{x}=\boldsymbol{0}$, 即

$$\begin{pmatrix}3&3&-3\\-3&9&-3\\-6&6&0\end{pmatrix}\boldsymbol{x}=\boldsymbol{0}$$

可得其基础解系: $\begin{pmatrix}1\\1\\2\end{pmatrix}$. 因此

$$V_{\lambda_2}=\left\{k_3\begin{pmatrix}1\\1\\2\end{pmatrix}\middle|\, k_3\in\mathbb{R}\right\},\ \dim V_{\lambda_2}=1.$$

**例 5.11*** 设 $\boldsymbol{A}$ 为 3 阶矩阵, $\boldsymbol{\alpha}_1, \boldsymbol{\alpha}_2, \boldsymbol{\alpha}_3$ 是线性无关的列向量, 且

$$\boldsymbol{A\alpha}_1=\boldsymbol{\alpha}_2+\boldsymbol{\alpha}_3,\quad \boldsymbol{A\alpha}_2=\boldsymbol{\alpha}_1+\boldsymbol{\alpha}_3,\quad \boldsymbol{A\alpha}_3=\boldsymbol{\alpha}_1+\boldsymbol{\alpha}_2.$$

求 $\boldsymbol{A}$ 的全部特征值和相应的特征子空间及其维数.

**解** 由题设经简单计算可得

$$\begin{aligned}&\boldsymbol{A}(\boldsymbol{\alpha}_1+\boldsymbol{\alpha}_2+\boldsymbol{\alpha}_3)=2(\boldsymbol{\alpha}_1+\boldsymbol{\alpha}_2+\boldsymbol{\alpha}_3),\\&\boldsymbol{A}(\boldsymbol{\alpha}_2-\boldsymbol{\alpha}_1)=(-1)(\boldsymbol{\alpha}_2-\boldsymbol{\alpha}_1),\\&\boldsymbol{A}(\boldsymbol{\alpha}_3-\boldsymbol{\alpha}_1)=(-1)(\boldsymbol{\alpha}_3-\boldsymbol{\alpha}_1).\end{aligned}$$

进一步, 由 $\boldsymbol{\alpha}_1, \boldsymbol{\alpha}_2, \boldsymbol{\alpha}_3$ 线性无关可知 $\boldsymbol{\alpha}_1+\boldsymbol{\alpha}_2+\boldsymbol{\alpha}_3\neq\boldsymbol{0}$, $\boldsymbol{\alpha}_2-\boldsymbol{\alpha}_1\neq\boldsymbol{0}$, $\boldsymbol{\alpha}_3-\boldsymbol{\alpha}_1\neq\boldsymbol{0}$. 所以, 由定义可知 2 和 $-1$ 都是 $\boldsymbol{A}$ 的特征值. 假设这两个特征值的重数分别为 $n_1$ 和 $n_2$, 则显然有 $n_1\geqslant 1$, 且由 $\boldsymbol{A}$ 的阶数为 3 可知

$$n_1+n_2\leqslant 3.$$

又因为 $\boldsymbol{\alpha}_1, \boldsymbol{\alpha}_2, \boldsymbol{\alpha}_3$ 线性无关, 所以 $\boldsymbol{\alpha}_2-\boldsymbol{\alpha}_1, \boldsymbol{\alpha}_3-\boldsymbol{\alpha}_1$ 线性无关. 这样 $\boldsymbol{\alpha}_2-\boldsymbol{\alpha}_1, \boldsymbol{\alpha}_3-\boldsymbol{\alpha}_1$ 便形成了属于 $\boldsymbol{A}$ 的特征值 $-1$ 的两个线性无关的特征向量. 因此由定理 5.1 可知 $n_2 \geqslant 2$. 这与 $n_1 \geqslant 1$ 和 $n_1+n_2 \leqslant 3$ 结合可得

$$n_1=1, \quad n_2=2.$$

于是, $\boldsymbol{A}$ 的全部特征值为 $\lambda_1=2, \lambda_2=\lambda_3=-1$. 并且, 由 $\boldsymbol{A}(\boldsymbol{\alpha}_1+\boldsymbol{\alpha}_2+\boldsymbol{\alpha}_3)=2(\boldsymbol{\alpha}_1+\boldsymbol{\alpha}_2+\boldsymbol{\alpha}_3)$ 可知, 对应于特征值 $\lambda_1=2$ 的特征子空间

$$V_{\lambda_1}=\{k_1(\boldsymbol{\alpha}_1+\boldsymbol{\alpha}_2+\boldsymbol{\alpha}_3) \mid k_1 \in \mathbb{R}\},$$

其维数 $\dim V_{\lambda_1}=1$. 而由 $\boldsymbol{A}(\boldsymbol{\alpha}_i-\boldsymbol{\alpha}_1)=(-1)(\boldsymbol{\alpha}_i-\boldsymbol{\alpha}_1)\ (i=2, 3)$ 可知, 对应于特征值 $\lambda_2=\lambda_3=-1$ 的特征子空间

$$V_{\lambda_2}=V_{\lambda_3}=\{k_2(\boldsymbol{\alpha}_2-\boldsymbol{\alpha}_1)+k_3(\boldsymbol{\alpha}_3-\boldsymbol{\alpha}_1) \mid k_2, k_3 \in \mathbb{R}\},$$

其维数 $\dim V_{\lambda_2}=\dim V_{\lambda_3}=2$.

### 5.1.5 特征值与特征向量的性质

**定理 5.2** 对任意 $n$ 阶矩阵 $\boldsymbol{A}$, $\boldsymbol{A}^{\mathrm{T}}$ 和 $\boldsymbol{A}$ 有相同的特征值.

**证明** 由于 $|\lambda\boldsymbol{E}-\boldsymbol{A}|=\left|(\lambda\boldsymbol{E}-\boldsymbol{A})^{\mathrm{T}}\right|=\left|\lambda\boldsymbol{E}-\boldsymbol{A}^{\mathrm{T}}\right|$, 所以 $\boldsymbol{A}^{\mathrm{T}}$ 与 $\boldsymbol{A}$ 有相同的特征多项式, 因此它们有相同的特征值.

但要注意, $\boldsymbol{A}^{\mathrm{T}}$ 和 $\boldsymbol{A}$ 的特征向量一般是不同的. 比如, 容易验证 $\boldsymbol{\alpha}_1=\begin{pmatrix}1\\0\end{pmatrix}$ 和 $\boldsymbol{\alpha}_2=\begin{pmatrix}1\\1\end{pmatrix}$ 均是 $\boldsymbol{A}=\begin{pmatrix}1&1\\0&2\end{pmatrix}$ 的特征向量, 但它们都不是 $\boldsymbol{A}^{\mathrm{T}}=\begin{pmatrix}1&0\\1&2\end{pmatrix}$ 的特征向量.

**例 5.12*** 设 $\boldsymbol{A}$ 为 $n$ 阶矩阵且 $\boldsymbol{A}^{\mathrm{T}}\boldsymbol{A}=\boldsymbol{E}$, 则若 $\lambda$ 是 $\boldsymbol{A}$ 的特征值, $\lambda^{-1}$ 也是 $\boldsymbol{A}$ 的特征值.

**证明** 设 $\boldsymbol{\alpha}$ 是 $\boldsymbol{A}$ 的属于特征值 $\lambda$ 的一个特征向量, 则 $\boldsymbol{A\alpha}=\lambda\boldsymbol{\alpha}$. 该式两端同时左乘 $\boldsymbol{A}^{\mathrm{T}}$ 可得 $(\boldsymbol{A}^{\mathrm{T}}\boldsymbol{A})\boldsymbol{\alpha}=\lambda\boldsymbol{A}^{\mathrm{T}}\boldsymbol{\alpha}$. 故由 $\boldsymbol{A}^{\mathrm{T}}\boldsymbol{A}=\boldsymbol{E}$ 可得 $\lambda\boldsymbol{A}^{\mathrm{T}}\boldsymbol{\alpha}=\boldsymbol{\alpha}$. 再, 由 $\boldsymbol{A}^{\mathrm{T}}\boldsymbol{A}=\boldsymbol{E}$ 可知 $\boldsymbol{A}$ 可逆. 从而 $\lambda \neq 0$. 于是由 $\lambda\boldsymbol{A}^{\mathrm{T}}\boldsymbol{\alpha}=\boldsymbol{\alpha}$ 可得 $\boldsymbol{A}^{\mathrm{T}}\boldsymbol{\alpha}=\lambda^{-1}\boldsymbol{\alpha}$. 因此 $\lambda^{-1}$ 为 $\boldsymbol{A}^{\mathrm{T}}$ 的特征值. 又 $\boldsymbol{A}$ 与 $\boldsymbol{A}^{\mathrm{T}}$ 有相同的特征值, 所以 $\lambda^{-1}$ 也是 $\boldsymbol{A}$ 的特征值.

**定理 5.3** 设 $\lambda_1, \lambda_2, \cdots, \lambda_n$ 是 $n$ 阶矩阵 $\boldsymbol{A}=(a_{ij})$ 的全部 $n$ 个特征值, 则

$$\operatorname{tr}(\boldsymbol{A})=\lambda_1+\lambda_2+\cdots+\lambda_n,$$

$$\det(\boldsymbol{A})=\lambda_1\lambda_2\cdots\lambda_n,$$

其中 $\operatorname{tr}(\boldsymbol{A})=a_{11}+a_{22}+\cdots+a_{nn}$ 称为矩阵 $\boldsymbol{A}$ 的迹.

**证明** 假设 $f(\lambda)=|\lambda\boldsymbol{E}-\boldsymbol{A}|$ 是 $\boldsymbol{A}$ 的特征多项式, 则 $f(\lambda)$ 是关于 $\lambda$ 的首项系数为 1 的多项式. 故由 $\lambda_1,\lambda_2,\cdots,\lambda_n$ 是 $\boldsymbol{A}$ 的特征值可知

$$f(\lambda)=|\lambda\boldsymbol{E}-\boldsymbol{A}|=(\lambda-\lambda_1)(\lambda-\lambda_2)\cdots(\lambda-\lambda_n).$$

在该式中取 $\lambda=0$ 可得 $\det(-\boldsymbol{A})=(-1)^n\lambda_1\lambda_2\cdots\lambda_n$, 即

$$\det(\boldsymbol{A})=\lambda_1\lambda_2\cdots\lambda_n.$$

又根据 Laplace 定理对行列式 $|\lambda\boldsymbol{E}-\boldsymbol{A}|$ 按照其最后一行展开, 并使用数学归纳法可知, 多项式 $f(\lambda)=|\lambda\boldsymbol{E}-\boldsymbol{A}|$ 中 $\lambda^{n-1}$ 的系数为 $-(a_{11}+a_{22}+\cdots+a_{nn})=-\operatorname{tr}(\boldsymbol{A})$. 而由 $(\lambda-\lambda_1)(\lambda-\lambda_2)\cdots(\lambda-\lambda_n)$ 可知, 该系数还等于 $-(\lambda_1+\lambda_2+\cdots+\lambda_n)$. 比较两者可得

$$\operatorname{tr}(\boldsymbol{A})=\lambda_1+\lambda_2+\cdots+\lambda_n.$$

证毕.

该定理说明, 任一方阵的全部特征值之和等于其主对角线上的元素之和, 任一方阵全部特征值的乘积等于其行列式的值.

特别地, 矩阵 $\boldsymbol{A}$ 可逆的充分必要条件是 $\boldsymbol{A}$ 没有零特征值.

**例 5.13** 设 $\lambda_1=12$ 是矩阵 $\boldsymbol{A}=\begin{pmatrix}7&4&-1\\4&7&-1\\-4&b&4\end{pmatrix}$ 的一个特征值, 求常数 $b$ 及矩阵 $\boldsymbol{A}$ 的其他特征值.

**解** 由于 $\lambda_1=12$ 是矩阵 $\boldsymbol{A}$ 的一个特征值, 所以

$$|\lambda_1\boldsymbol{E}-\boldsymbol{A}|=\begin{vmatrix}5&-4&1\\-4&5&1\\4&-b&8\end{vmatrix}=-\begin{vmatrix}5&-4&1\\4&-b&8\\-4&5&1\end{vmatrix}=-\begin{vmatrix}9&-9&0\\36&-b-40&0\\-4&5&1\end{vmatrix}$$

$$=9\begin{vmatrix}36&-b-40&0\\1&-1&0\\-4&5&1\end{vmatrix}=9\begin{vmatrix}-b-4&0&0\\1&-1&0\\-4&5&1\end{vmatrix}=9(b+4)=0.$$

因此, $b=-4$. 设 $\lambda_2,\lambda_3$ 是矩阵 $\boldsymbol{A}$ 的其他两个特征值, 则由定理 5.3 可得

$$\lambda_1+\lambda_2+\lambda_3=\operatorname{tr}(\boldsymbol{A})=7+7+4=18,$$

$$\lambda_1\lambda_2\lambda_3=|\boldsymbol{A}|=\begin{vmatrix}7&4&-1\\4&7&-1\\-4&-4&4\end{vmatrix}=108.$$

将 $\lambda_1=12$ 代入上述两式可以解得 $\lambda_2=\lambda_3=3$.

**例 5.14*** 设 $\boldsymbol{A}$ 为 $n$ 阶反对称矩阵, $\boldsymbol{B}$ 为 $n$ 阶对角矩阵, 其对角元 $d_j>0$ $(j=1,2,\cdots,n)$, 证明 $\boldsymbol{A}+\boldsymbol{B}$ 可逆.

**证明** 用反证法. 假设 $\boldsymbol{A}+\boldsymbol{B}$ 不可逆, 则 $\lambda=0$ 是矩阵 $\boldsymbol{A}+\boldsymbol{B}$ 的特征值. 设 $\boldsymbol{\xi}=(x_1,x_2,\cdots,x_n)^{\mathrm{T}}\in\mathbb{R}^n$ 是属于该特征值的一个特征向量, 则 $(\boldsymbol{A}+\boldsymbol{B})\boldsymbol{\xi}=\boldsymbol{0}$, 即

$$\boldsymbol{B\xi}=-\boldsymbol{A\xi}.$$

在该式两边同时左乘 $\boldsymbol{\xi}^{\mathrm{T}}$, 则由 $-\boldsymbol{A}=\boldsymbol{A}^{\mathrm{T}}$ 可得

$$\boldsymbol{\xi}^{\mathrm{T}}\boldsymbol{B\xi}=-\boldsymbol{\xi}^{\mathrm{T}}\boldsymbol{A\xi}=\boldsymbol{\xi}^{\mathrm{T}}\boldsymbol{A}^{\mathrm{T}}\boldsymbol{\xi}=(\boldsymbol{A\xi})^{\mathrm{T}}\boldsymbol{\xi}=(-\boldsymbol{B\xi})^{\mathrm{T}}\boldsymbol{\xi}=-\boldsymbol{\xi}^{\mathrm{T}}\boldsymbol{B}^{\mathrm{T}}\boldsymbol{\xi}=-\boldsymbol{\xi}^{\mathrm{T}}\boldsymbol{B\xi}.$$

于是, $\boldsymbol{\xi}^{\mathrm{T}}\boldsymbol{B\xi}=\sum\limits_{j=1}^{n}d_jx_j^2=0$. 这明显与 $d_j>0$ $(j=1,2,\cdots,n)$ 矛盾.

**定理 5.4** 设 $\lambda$ 为 $n$ 阶矩阵 $\boldsymbol{A}$ 的一个特征值, $\boldsymbol{\alpha}$ 是属于特征值 $\lambda$ 的一个特征向量, $\varphi(t)=a_0+a_1t+\cdots+a_mt^m$ 是任意一个多项式, 则

(1) $\varphi(\boldsymbol{A})\boldsymbol{\alpha}=\varphi(\lambda)\boldsymbol{\alpha}$, 其中 $\varphi(\boldsymbol{A})$ 定义为

$$\varphi(\boldsymbol{A})=a_0\boldsymbol{E}+a_1\boldsymbol{A}+\cdots+a_m\boldsymbol{A}^m,$$

称为方阵 $\boldsymbol{A}$ 的多项式;

(2) 当 $\lambda\neq0$ 时, $\boldsymbol{A}^*\boldsymbol{\alpha}=|\boldsymbol{A}|\lambda^{-1}\boldsymbol{\alpha}$;

(3) 当矩阵 $\boldsymbol{A}$ 可逆时, $\boldsymbol{A}^{-1}\boldsymbol{\alpha}=\lambda^{-1}\boldsymbol{\alpha}$.

该定理指明了 $\boldsymbol{A}$ 的特征值与 $\boldsymbol{A}$ 的多项式的特征值, $\boldsymbol{A}^*$ 的特征值, $\boldsymbol{A}^{-1}$ 的特征值之间的相互关系. 同时, 如果 $\boldsymbol{\alpha}$ 是 $\boldsymbol{A}$ 的特征向量, 那么 $\boldsymbol{\alpha}$ 也是 $\varphi(\boldsymbol{A})$ 的特征向量; 并且, 在相应的特征值非零或矩阵 $\boldsymbol{A}$ 可逆时, $\boldsymbol{\alpha}$ 也是 $\boldsymbol{A}^*$, $\boldsymbol{A}^{-1}$ 的特征向量.

**证明** (1) 依题意, $\boldsymbol{\alpha}\neq0$, 且 $\boldsymbol{A\alpha}=\lambda\boldsymbol{\alpha}$. 从而 $\boldsymbol{A}^2\boldsymbol{\alpha}=\boldsymbol{A}(\boldsymbol{A\alpha})=\boldsymbol{A}(\lambda\boldsymbol{\alpha})=\lambda(\boldsymbol{A\alpha})=\lambda^2\boldsymbol{\alpha}$. 进而

$$\boldsymbol{A}^i\boldsymbol{\alpha}=\lambda^i\boldsymbol{\alpha},\quad i=2,3,\cdots.$$

于是

$$\begin{aligned}\varphi(\boldsymbol{A})\boldsymbol{\alpha}&=(a_0\boldsymbol{E}+a_1\boldsymbol{A}+\cdots+a_m\boldsymbol{A}^m)\boldsymbol{\alpha}\\&=a_0\boldsymbol{\alpha}+a_1\boldsymbol{A\alpha}+\cdots+a_m\boldsymbol{A}^m\boldsymbol{\alpha}\end{aligned}$$

$$
\begin{aligned}
&= a_0\boldsymbol{\alpha} + a_1\lambda\boldsymbol{\alpha} + \cdots + a_m\lambda^m\boldsymbol{\alpha} \\
&= \varphi(\lambda)\boldsymbol{\alpha}.
\end{aligned}
$$

(2) 在 $\boldsymbol{A}^*\boldsymbol{A} = |\boldsymbol{A}|\boldsymbol{E}$ 两边同时右乘向量 $\boldsymbol{\alpha}$ 可得 $\boldsymbol{A}^*\boldsymbol{A}\boldsymbol{\alpha} = |\boldsymbol{A}|\boldsymbol{\alpha}$, 即 $\lambda\boldsymbol{A}^*\boldsymbol{\alpha} = |\boldsymbol{A}|\boldsymbol{\alpha}$. 故当 $\lambda \neq 0$ 时, $\boldsymbol{A}^*\boldsymbol{\alpha} = |\boldsymbol{A}|\lambda^{-1}\boldsymbol{\alpha}$.

(3) 当 $\boldsymbol{A}$ 可逆时, 由定理 5.3 可知 $\lambda \neq 0$. 故在 $\boldsymbol{A}\boldsymbol{\alpha} = \lambda\boldsymbol{\alpha}$ 两边同时左乘 $\boldsymbol{A}^{-1}$, 再同除以 $\lambda$ 可得 $\boldsymbol{A}^{-1}\boldsymbol{\alpha} = \lambda^{-1}\boldsymbol{\alpha}$. 证毕.

**例 5.15** 设 $\varphi(t) = t^2 + 5t + 4$, 求 $\varphi(\boldsymbol{A})$, $\boldsymbol{A}^*$ 和 $\boldsymbol{A}^{-1}$ 的特征值, 其中 $\boldsymbol{A} = \begin{pmatrix} 2 & 0 \\ 3 & 1 \end{pmatrix}$.

**解** (1) 容易看出, 矩阵 $\boldsymbol{A}$ 的特征值为 $\lambda_1 = 2$ 和 $\lambda_2 = 1$. 故由定理 5.4 可知 $\varphi(\lambda_1) = \varphi(2) = 18$, $\varphi(\lambda_2) = \varphi(1) = 10$ 都是 $\varphi(\boldsymbol{A})$ 的特征值, 它们就是 $\varphi(\boldsymbol{A})$ 的全部特征值.

(2) $\boldsymbol{A}^*$ 的特征值为 $|\boldsymbol{A}|\lambda_1^{-1} = 2 \times 2^{-1} = 1$, $|\boldsymbol{A}|\lambda_2^{-1} = 2 \times 1^{-1} = 2$.

(3) $\boldsymbol{A}^{-1}$ 的特征值为 $\lambda_1^{-1} = 2^{-1} = \dfrac{1}{2}$, $\lambda_2^{-1} = 1^{-1} = 1$.

**例 5.16** 设 $n$ 阶矩阵 $\boldsymbol{A}$ 的特征值为 $0, 1, \cdots, n-1$, 求 $\boldsymbol{A} + 2\boldsymbol{E}$ 的特征值并计算行列式 $|\boldsymbol{A} + 2\boldsymbol{E}|$.

**解** 因为 $0, 1, \cdots, n-1$ 是 $\boldsymbol{A}$ 的 $n$ 个特征值, 所以由定理 5.4 可知 $0+2 = 2, 1+2 = 3, \cdots, (n-1)+2 = n+1$ 是 $\boldsymbol{A} + 2\boldsymbol{E}$ 的 $n$ 个特征值. 从而, 由定理 5.3 可得

$$
|\boldsymbol{A} + 2\boldsymbol{E}| = 2 \times 3 \times \cdots \times (n+1) = (n+1)!.
$$

**例 5.17*** 设 3 阶矩阵 $\boldsymbol{A} = (a_{ij})$ 满足

$$
|3\boldsymbol{E} + \boldsymbol{A}| = 0, \quad |2\boldsymbol{E} + \boldsymbol{A}| = 0, \quad |\boldsymbol{E} - 2\boldsymbol{A}| = 0,
$$

试求 $\boldsymbol{A}_{11} + \boldsymbol{A}_{22} + \boldsymbol{A}_{33}$, 其中 $\boldsymbol{A}_{ii}$ 是 $a_{ii}$ 的代数余子式, $i = 1, 2, 3$.

**解** 依题设, 矩阵 $\boldsymbol{A}$ 的特征值为 $\lambda_1 = -3$, $\lambda_2 = -2$, $\lambda_3 = \dfrac{1}{2}$. 故由定理 5.3 可知 $|\boldsymbol{A}| = \lambda_1\lambda_2\lambda_3 = 3$. 注意到 $\boldsymbol{A}_{11} + \boldsymbol{A}_{22} + \boldsymbol{A}_{33}$ 是 $\boldsymbol{A}$ 的伴随矩阵 $\boldsymbol{A}^*$ 的迹 $\mathrm{tr}(\boldsymbol{A}^*)$. 因此, 由定理 5.3, 只需求出 $\boldsymbol{A}^*$ 的特征值即可. 而由定理 5.4, $\boldsymbol{A}^*$ 的特征值 $\lambda_{\boldsymbol{A}^*} = |\boldsymbol{A}|{\lambda_{\boldsymbol{A}}}^{-1}$, 其中 $\lambda_{\boldsymbol{A}}$ 是 $\boldsymbol{A}$ 的特征值. 所以, $\boldsymbol{A}^*$ 的特征值为

$$
3 \times (-3)^{-1} = -1, \quad 3 \times (-2)^{-1} = -\frac{3}{2}, \quad 3 \times \left(\frac{1}{2}\right)^{-1} = 6.
$$

因此

$$\boldsymbol{A}_{11}+\boldsymbol{A}_{22}+\boldsymbol{A}_{33}=-1-\frac{3}{2}+6=\frac{7}{2}.$$

作为定理 5.4 的一种特殊情况, 当 $\varphi(t)=f(t)=|t\boldsymbol{E}-\boldsymbol{A}|$ 是矩阵 $\boldsymbol{A}$ 的特征多项式时, 从 $\boldsymbol{A}$ 的任意一个特征值 $\lambda$ 出发可以得到 $\varphi(\boldsymbol{A})=f(\boldsymbol{A})$ 的特征值 $\varphi(\lambda)=f(\lambda)=0$. 换句话说, 矩阵 $\varphi(\boldsymbol{A})=f(\boldsymbol{A})$ 一定有零特征值, 因此, $\varphi(\boldsymbol{A})=f(\boldsymbol{A})$ 必为奇异矩阵. 事实上, 有下述更加深刻的结论.

**定理 5.5*** (Hamilton(哈密顿)-Caylay(凯莱) 定理)　设 $f(\lambda)$ 是 $n$ 阶矩阵 $\boldsymbol{A}$ 的特征多项式, 则 $f(\boldsymbol{A})$ 是零矩阵.

利用 Hamilton-Caylay 定理可以给出高次矩阵多项式和逆矩阵的一些简单计算方法.

**例 5.18***　设 $\boldsymbol{A}=\begin{pmatrix}1&-1\\2&3\end{pmatrix}$, 且 $f(\lambda)=|\lambda\boldsymbol{E}-\boldsymbol{A}|$ 是 $\boldsymbol{A}$ 的特征多项式, 试求 $f(\boldsymbol{A})$, 并计算 $3\boldsymbol{A}^3-2\boldsymbol{A}^2+5\boldsymbol{A}-4\boldsymbol{E}$ 和 $\boldsymbol{A}$ 的逆矩阵 $\boldsymbol{A}^{-1}$.

**解**　$\boldsymbol{A}$ 的特征多项式为 $f(\lambda)=|\lambda\boldsymbol{E}-\boldsymbol{A}|=\begin{vmatrix}\lambda-1&1\\-2&\lambda-3\end{vmatrix}=\lambda^2-4\lambda+5.$

因此

$$\begin{aligned}f(\boldsymbol{A})=\boldsymbol{A}^2-4\boldsymbol{A}+5\boldsymbol{E}&=\begin{pmatrix}-1&-4\\8&7\end{pmatrix}-\begin{pmatrix}4&-4\\8&12\end{pmatrix}+\begin{pmatrix}5&0\\0&5\end{pmatrix}\\&=\begin{pmatrix}0&0\\0&0\end{pmatrix}.\end{aligned}$$

进一步,

$$\begin{aligned}&3\boldsymbol{A}^3-2\boldsymbol{A}^2+5\boldsymbol{A}-4\boldsymbol{E}\\=&3\boldsymbol{A}(\boldsymbol{A}^2-4\boldsymbol{A}+5\boldsymbol{E})+10(\boldsymbol{A}^2-4\boldsymbol{A}+5\boldsymbol{E})+30\boldsymbol{A}-54\boldsymbol{E}\\=&3\boldsymbol{A}\boldsymbol{f}(\boldsymbol{A})+10f(\boldsymbol{A})+30\boldsymbol{A}-54\boldsymbol{E}\\=&30\boldsymbol{A}-54\boldsymbol{E}\\=&\begin{pmatrix}-24&-30\\60&36\end{pmatrix}.\end{aligned}$$

再由 $\boldsymbol{A}^2-4\boldsymbol{A}+5\boldsymbol{E}=0$ 可得 $\boldsymbol{A}(4\boldsymbol{E}-\boldsymbol{A})=5\boldsymbol{E}$. 因此

$$\boldsymbol{A}^{-1}=\frac{1}{5}(4\boldsymbol{E}-\boldsymbol{A})=\frac{1}{5}\begin{pmatrix}3 & 1\\ -2 & 1\end{pmatrix}=\begin{pmatrix}\frac{3}{5} & \frac{1}{5}\\ -\frac{2}{5} & \frac{1}{5}\end{pmatrix}.$$

下述定理说明, 属于不同特征值的特征向量线性无关.

**定理 5.6** 设 $\lambda_1\neq\lambda_2$ 是 $\boldsymbol{A}$ 的两个互不相同的特征值, $\boldsymbol{\alpha}_1, \boldsymbol{\alpha}_2, \cdots, \boldsymbol{\alpha}_s$ 和 $\boldsymbol{\beta}_1, \boldsymbol{\beta}_2, \cdots, \boldsymbol{\beta}_t$ 分别是属于 $\lambda_1$ 和 $\lambda_2$ 的线性无关的特征向量, 则 $\boldsymbol{\alpha}_1, \boldsymbol{\alpha}_2, \cdots, \boldsymbol{\alpha}_s, \boldsymbol{\beta}_1, \boldsymbol{\beta}_2, \cdots, \boldsymbol{\beta}_t$ 线性无关.

**证明** 假设

$$k_1\boldsymbol{\alpha}_1+\cdots+k_s\boldsymbol{\alpha}_s+l_1\boldsymbol{\beta}_1+\cdots+l_t\boldsymbol{\beta}_t=\mathbf{0},$$

其中 $k_1, k_2, \cdots, k_s, l_1, l_2, \cdots, l_t\in\mathbb{R}$. 该式两边同时左乘 $\boldsymbol{A}$, 并注意 $\boldsymbol{A}\boldsymbol{\alpha}_i=\lambda_1\boldsymbol{\alpha}_i$ $(1\leqslant i\leqslant s)$, $\boldsymbol{A}\boldsymbol{\beta}_j=\lambda_2\boldsymbol{\beta}_j$ $(1\leqslant j\leqslant t)$ 可得

$$\lambda_1\left(k_1\boldsymbol{\alpha}_1+k_2\boldsymbol{\alpha}_2+\cdots+k_s\boldsymbol{\alpha}_s\right)+\lambda_2\left(l_1\boldsymbol{\beta}_1+l_2\boldsymbol{\beta}_2+\cdots+l_t\boldsymbol{\beta}_t\right)=\mathbf{0}.$$

利用上式将 $l_1\boldsymbol{\beta}_1+\cdots+l_t\boldsymbol{\beta}_t=-\left(k_1\boldsymbol{\alpha}_1+\cdots+k_s\boldsymbol{\alpha}_s\right)$ 代入该式可得

$$\left(\lambda_1-\lambda_2\right)\left(k_1\boldsymbol{\alpha}_1+\cdots+k_s\boldsymbol{\alpha}_s\right)=\mathbf{0}.$$

故由 $\lambda_1\neq\lambda_2$ 可得

$$k_1\boldsymbol{\alpha}_1+\cdots+k_s\boldsymbol{\alpha}_s=\mathbf{0}.$$

进而由 $\boldsymbol{\alpha}_1, \boldsymbol{\alpha}_2, \cdots, \boldsymbol{\alpha}_s$ 的线性无关性可知

$$k_1=k_2=\cdots=k_s=0.$$

从而由 $k_1\boldsymbol{\alpha}_1+k_2\boldsymbol{\alpha}_2+\cdots+k_s\boldsymbol{\alpha}_s+l_1\boldsymbol{\beta}_1+l_2\boldsymbol{\beta}_2+\cdots+l_t\boldsymbol{\beta}_t=\mathbf{0}$ 可得

$$l_1\boldsymbol{\beta}_1+l_2\boldsymbol{\beta}_2+\cdots+l_t\boldsymbol{\beta}_t=\mathbf{0}.$$

于是由 $\boldsymbol{\beta}_1, \boldsymbol{\beta}_2, \cdots, \boldsymbol{\beta}_t$ 的线性无关性可知

$$l_1=l_2=\cdots=l_t=0.$$

所以, $\boldsymbol{\alpha}_1, \boldsymbol{\alpha}_2, \cdots, \boldsymbol{\alpha}_s, \boldsymbol{\beta}_1, \boldsymbol{\beta}_2, \cdots, \boldsymbol{\beta}_t$ 线性无关. 证毕.

作为定理 5.6 的推论, 内容如下.

**推论 1** 如果 $n$ 阶矩阵 $\boldsymbol{A}$ 有 $n$ 个互不相同的特征值, 那么 $\boldsymbol{A}$ 有 $n$ 个线性无关的特征向量.

**例 5.19*** 设 $n>1$, 试求 $n$ 阶矩阵 $\boldsymbol{A}=\begin{pmatrix} n & 1 & \cdots & 1 \\ 1 & n & \cdots & 1 \\ \vdots & \vdots & & \vdots \\ 1 & 1 & \cdots & n \end{pmatrix}$ 的特征值.

**解** 设 $\boldsymbol{\alpha}=(1,1,\cdots,1)^{\mathrm{T}}$ 为一 $n$ 维列向量, 记 $\boldsymbol{B}=\boldsymbol{\alpha}\boldsymbol{\alpha}^{\mathrm{T}}$. 则容易看到

$$\boldsymbol{B}^2=n\boldsymbol{B},\quad \boldsymbol{A}=(n-1)\boldsymbol{E}+\boldsymbol{B}.$$

设 $\lambda_{\boldsymbol{B}}$ 为 $\boldsymbol{B}$ 的任一特征值, 则由定理 5.4 可知 $\lambda_{\boldsymbol{B}}^2-n\lambda_{\boldsymbol{B}}$ 是 $\boldsymbol{B}^2-n\boldsymbol{B}=\boldsymbol{O}$ 的特征值. 故由零矩阵的特征值全为零可知 $\lambda_{\boldsymbol{B}}^2-n\lambda_{\boldsymbol{B}}=0$, 即 $\lambda_{\boldsymbol{B}}^2=n\lambda_{\boldsymbol{B}}$. 由此可见 $\boldsymbol{B}$ 的可能的两个特征值为 $\lambda_{\boldsymbol{B}}=n$ 和 $\lambda_{\boldsymbol{B}}=0$. 又注意到 $\mathrm{tr}(\boldsymbol{B})=n$, 故由定理 5.3 可知 $\lambda_{\boldsymbol{B}}=n$ 必为 $\boldsymbol{B}$ 的一个 1 重特征值, $\lambda_{\boldsymbol{B}}=0$ 必为 $\boldsymbol{B}$ 的一个 $n-1$ 重特征值. 因此, $\boldsymbol{B}$ 的特征多项式为

$$|x\boldsymbol{E}-\boldsymbol{B}|=(x-n)x^{n-1}.$$

在该式中令 $x=\lambda-(n-1)$ 并注意到 $\boldsymbol{A}=(n-1)\boldsymbol{E}+\boldsymbol{B}$ 可得

$$\begin{aligned}|\lambda\boldsymbol{E}-\boldsymbol{A}|&=|\lambda\boldsymbol{E}-(n-1)\boldsymbol{E}-\boldsymbol{B}|=|x\boldsymbol{E}-\boldsymbol{B}|=(x-n)x^{n-1}\\&=(\lambda-(2n-1))(\lambda-(n-1))^{n-1}.\end{aligned}$$

这就是 $\boldsymbol{A}$ 的特征多项式. 因此, $\boldsymbol{A}$ 的特征值为: 1 重特征值 $\lambda_{\boldsymbol{A}}=2n-1$ 和 $n-1$ 重特征值 $\lambda_{\boldsymbol{A}}=n-1$.

## 习　题　5.1

1. 求下列矩阵的特征值、特征向量和特征子空间.

(1) $\begin{pmatrix} 0 & -1 \\ 1 & 0 \end{pmatrix}$;　(2) $\begin{pmatrix} 1 & 2 & 3 \\ 2 & 1 & 3 \\ 3 & 3 & 6 \end{pmatrix}$;　(3) $\begin{pmatrix} 1 & -2 & 2 \\ -2 & -2 & 4 \\ 2 & 4 & -2 \end{pmatrix}$;

(4) $\begin{pmatrix} 1 & 2 & 3 \\ 2 & 4 & 6 \\ 3 & 6 & 9 \end{pmatrix}$;　(5) $\begin{pmatrix} 1 & 2 & 2 \\ -1 & 4 & 2 \\ 1 & -2 & 0 \end{pmatrix}$;　(6) $\begin{pmatrix} 1 & -1 & -1 & -1 \\ -1 & 1 & -1 & -1 \\ -1 & -1 & 1 & -1 \\ -1 & -1 & -1 & 1 \end{pmatrix}$.

2. 证明上三角矩阵的特征值恰好是该矩阵主对角线上的元素.

3. 对 $n$ 阶方阵 $\boldsymbol{A}$, 证明 $\boldsymbol{A}$ 为奇异矩阵的充分必要条件是 $\lambda=0$ 为 $\boldsymbol{A}$ 的特征值.

4. 设 $\boldsymbol{A}$ 和 $\boldsymbol{B}$ 均为 $n$ 阶方阵, 且 1 不是 $\boldsymbol{A}$ 的特征值, 证明矩阵方程

$$\boldsymbol{AX}+\boldsymbol{B}=\boldsymbol{X}$$

必有唯一解.

5. 如果 $n$ 阶方阵 $\boldsymbol{A}$ 满足 $\boldsymbol{A}^2=\boldsymbol{A}$, 则 $\boldsymbol{A}$ 称为幂等的. 证明幂等矩阵的特征值必为 0 或 1.

6. 证明: 当参数 $\theta$ 不是 $\pi$ 的倍数时矩阵 $\begin{pmatrix} \cos\theta & -\sin\theta \\ \sin\theta & \cos\theta \end{pmatrix}$ 一定存在复数特征值. 试给出该结果的几何解释.

7. 设 $\boldsymbol{A}$ 为 2 阶方阵且 $\mathrm{tr}(\boldsymbol{A})=8$, $\det(\boldsymbol{A})=12$, 试求 $\boldsymbol{A}$ 的特征值.

8. 假设 $\lambda$ 是 $n$ 阶方阵 $\boldsymbol{A}$ 的特征值且矩阵 $\boldsymbol{A}-\lambda\boldsymbol{E}$ 的秩为 $k$, 试问属于 $\lambda$ 的特征子空间的维数是多少? 解释你的结论.

9. 设向量 $\boldsymbol{\alpha}=(a_1, a_2, \cdots, a_n)^{\mathrm{T}}$, $\boldsymbol{\beta}=(b_1, b_2, \cdots, b_n)^{\mathrm{T}}$ 满足 $\boldsymbol{\alpha}^{\mathrm{T}}\boldsymbol{\beta}=0$ 且 $a_1b_1\neq 0$, 记 $n$ 阶方阵 $\boldsymbol{A}=\boldsymbol{\alpha}\boldsymbol{\beta}^{\mathrm{T}}$. 求:

(1) $\boldsymbol{A}^2$;　(2) 矩阵 $\boldsymbol{A}$ 的特征值和特征向量.

10. 设 $\boldsymbol{\alpha}=\begin{pmatrix} 1 \\ k \\ 1 \end{pmatrix}$ 是 $\boldsymbol{A}=\begin{pmatrix} 2 & 1 & 1 \\ 1 & 2 & 1 \\ 1 & 1 & 2 \end{pmatrix}$ 的逆矩阵 $\boldsymbol{A}^{-1}$ 的特征向量, 求参数 $k$.

11. 设 $\boldsymbol{A}$ 为 $n$ 阶方阵, $\lambda_1, \lambda_2$ 是 $\boldsymbol{A}$ 的两个不同特征值, $\boldsymbol{\alpha}_1, \boldsymbol{\alpha}_2$ 分别为 $\boldsymbol{A}$ 的属于 $\lambda_1, \lambda_2$ 的特征向量, 证明: $\boldsymbol{\alpha}_1+\boldsymbol{\alpha}_2$ 不是 $\boldsymbol{A}$ 的特征向量.

12. 设 3 阶方阵 $\boldsymbol{A}, \boldsymbol{B}$ 满足 $\boldsymbol{E}+\boldsymbol{B}=\boldsymbol{A}\boldsymbol{B}$, 且 $\boldsymbol{A}$ 的特征值为 3, $-3$, 0, 试求 $\boldsymbol{B}$ 的特征值.

13. 设 $\boldsymbol{A}, \boldsymbol{B}$ 均为 $n$ 阶非零矩阵且满足 $\boldsymbol{A}^2+\boldsymbol{A}=\boldsymbol{O}$, $\boldsymbol{B}^2+\boldsymbol{B}=\boldsymbol{O}$, $\boldsymbol{A}\boldsymbol{B}=\boldsymbol{B}\boldsymbol{A}=\boldsymbol{O}$. 证明:

(1) $\lambda=-1$ 是 $\boldsymbol{A}$ 和 $\boldsymbol{B}$ 的特征值;

(2) 若 $\boldsymbol{\alpha}_1$ 和 $\boldsymbol{\alpha}_2$ 分别是 $\boldsymbol{A}$ 和 $\boldsymbol{B}$ 属于 $\lambda=-1$ 的特征向量, 则 $\boldsymbol{\alpha}_1, \boldsymbol{\alpha}_2$ 线性无关.

14. 设 $\lambda=0$ 是矩阵 $\boldsymbol{A}=\begin{pmatrix} 1 & 0 & 1 \\ 0 & 2 & 0 \\ 1 & 0 & a \end{pmatrix}$ 的特征值, 试求 $a$ 的值, 并求 $\boldsymbol{A}$ 的其他特征值及相应的特征子空间.

15. 设矩阵 $\boldsymbol{A}=\begin{pmatrix} 2 & 1 & 1 \\ 1 & 2 & 1 \\ 1 & 1 & a \end{pmatrix}$ 可逆, $\boldsymbol{A}^*$ 是 $\boldsymbol{A}$ 的伴随矩阵, $\boldsymbol{\alpha}=\begin{pmatrix} 1 \\ b \\ 1 \end{pmatrix}$ 是 $\boldsymbol{A}^*$ 的属于特征值 $\lambda$ 的一个特征向量, 试求 $a$, $b$ 和 $\lambda$ 的值, 并求 $\boldsymbol{A}$ 的特征值和特征子空间.

## 5.2　相似矩阵与矩阵的相似对角化

### 5.2.1　相似矩阵

作为特征值理论的一个重要应用, 本节讨论矩阵的相似对角化问题. 为此, 先给出相似矩阵的概念.

**定义 5.2**　设 $\boldsymbol{A}, \boldsymbol{B}$ 为 $n$ 阶矩阵, 如果存在 $n$ 阶可逆矩阵 $\boldsymbol{P}$ 使得

$$\boldsymbol{P}^{-1}\boldsymbol{A}\boldsymbol{P}=\boldsymbol{B},$$

则称矩阵 $\boldsymbol{A}$ 与 $\boldsymbol{B}$ 相似, 记为 $\boldsymbol{A}\sim\boldsymbol{B}$. 若一个矩阵 $\boldsymbol{A}$ 能够与一个对角矩阵相似, 则称 $\boldsymbol{A}$ 能够相似对角化.

例如, 由于

$$\begin{pmatrix}2&1\\3&2\end{pmatrix}\begin{pmatrix}1&-2\\-3&4\end{pmatrix}\begin{pmatrix}2&1\\3&2\end{pmatrix}^{-1}=\begin{pmatrix}-2&1\\-12&7\end{pmatrix},$$

所以矩阵 $\begin{pmatrix}1&-2\\-3&4\end{pmatrix}$ 与 $\begin{pmatrix}-2&1\\-12&7\end{pmatrix}$ 相似.

根据定义, 容易验证矩阵的相似关系满足下述基本性质:

(1) 反身性, 即 $\boldsymbol{A}\sim\boldsymbol{A}$;

(2) 对称性, 即若 $\boldsymbol{A}\sim\boldsymbol{B}$, 则 $\boldsymbol{B}\sim\boldsymbol{A}$;

(3) 传递性, 即若 $\boldsymbol{A}\sim\boldsymbol{B}$, $\boldsymbol{B}\sim\boldsymbol{C}$, 则 $\boldsymbol{A}\sim\boldsymbol{C}$.

因此, 相似关系是矩阵之间的一个等价关系.

**定理 5.7** 如果 $n$ 阶矩阵 $\boldsymbol{A}$ 与 $\boldsymbol{B}$ 相似, 那么

(1) $|\lambda\boldsymbol{E}-\boldsymbol{B}|=|\lambda\boldsymbol{E}-\boldsymbol{A}|$, 即相似矩阵有相同的特征多项式;

(2) $R(\boldsymbol{B})=R(\boldsymbol{A})$, 即相似矩阵有相同的秩;

(3) $|\boldsymbol{B}|=|\boldsymbol{A}|$, 即相似矩阵的行列式相等;

(4) $\mathrm{tr}(\boldsymbol{B})=\mathrm{tr}(\boldsymbol{A})$, 即相似矩阵具有相同的迹;

(5) 对任一多项式 $f(x)$, 矩阵 $f(\boldsymbol{B})$ 与 $f(\boldsymbol{A})$ 相似, 即相似矩阵的多项式也相似.

**证明** (1) 设 $\boldsymbol{B}=\boldsymbol{P}^{-1}\boldsymbol{A}\boldsymbol{P}$, 其中 $\boldsymbol{P}$ 为可逆矩阵. 则 $|\lambda\boldsymbol{E}-\boldsymbol{B}|=|\lambda\boldsymbol{E}-\boldsymbol{P}^{-1}\boldsymbol{A}\boldsymbol{P}|=|\boldsymbol{P}^{-1}(\lambda\boldsymbol{E}-\boldsymbol{A})\boldsymbol{P}|=|\lambda\boldsymbol{E}-\boldsymbol{A}|$.

(2) 由于可逆矩阵必为初等矩阵的乘积, 因此 $R(\boldsymbol{B})=R(\boldsymbol{P}^{-1}\boldsymbol{A}\boldsymbol{P})=R(\boldsymbol{A})$.

(3) 作为行列式性质的简单应用, 有 $|\boldsymbol{B}|=|\boldsymbol{P}^{-1}\boldsymbol{A}\boldsymbol{P}|=|\boldsymbol{P}^{-1}||\boldsymbol{A}||\boldsymbol{P}|=|\boldsymbol{A}|$.

(4) 由于 $\mathrm{tr}(\boldsymbol{A})$ 等于矩阵 $\boldsymbol{A}$ 的特征值之和, $\mathrm{tr}(\boldsymbol{B})$ 等于矩阵 $\boldsymbol{B}$ 的特征值之和, 而 $\boldsymbol{A}$, $\boldsymbol{B}$ 具有相同的特征值, $\mathrm{tr}(\boldsymbol{B})=\mathrm{tr}(\boldsymbol{A})$.

(5) 假设 $f(x)=a_0+a_1x+\cdots+a_mx^m$, 则由 $\boldsymbol{B}^k=\boldsymbol{P}^{-1}\boldsymbol{A}^k\boldsymbol{P}$, $k=1,2,\cdots$, 可得

$$\begin{aligned}f(\boldsymbol{B})&=a_0\boldsymbol{E}+a_1\boldsymbol{P}^{-1}\boldsymbol{A}\boldsymbol{P}+a_2\boldsymbol{P}^{-1}\boldsymbol{A}^2\boldsymbol{P}+\cdots+a_m\boldsymbol{P}^{-1}\boldsymbol{A}^m\boldsymbol{P}\\&=\boldsymbol{P}^{-1}\left(a_0\boldsymbol{E}+a_1\boldsymbol{A}+\cdots+a_m\boldsymbol{A}^m\right)\boldsymbol{P}=\boldsymbol{P}^{-1}f(\boldsymbol{A})\boldsymbol{P}.\end{aligned}$$

故 $f(\boldsymbol{B})$ 与 $f(\boldsymbol{A})$ 相似. 证毕.

需要说明的是, 定理 5.7 中所有命题的逆命题都未必成立. 请读者自行举出反例, 并讨论各个逆命题成立的条件.

**例 5.20** 设矩阵 $\boldsymbol{A}=\begin{pmatrix}2&0&0\\0&\lambda&2\\0&2&3\end{pmatrix}$ 与 $\boldsymbol{B}=\begin{pmatrix}1&0&0\\0&2&0\\0&0&\mu\end{pmatrix}$ 相似, 试求 $\lambda$ 和 $\mu$ 的值.

**解** 由于相似矩阵有相同的迹, 所以

$$2+\lambda+3=\operatorname{tr}(\boldsymbol{A})=\operatorname{tr}(\boldsymbol{B})=1+2+\mu.$$

由于相似矩阵有相同的行列式, 而 $|\boldsymbol{A}|=2(3\lambda-4)$, $|\boldsymbol{B}|=2\mu$, 所以

$$2(3\lambda-4)=2\mu.$$

综合上述两式求解可得 $\lambda=3$, $\mu=5$.

### 5.2.2 矩阵的相似对角化

一般来说, 矩阵的乘积运算是比较繁琐的, 但对角矩阵的乘积运算却比较简单. 比如, 当正整数 $k\in\mathbb{N}$ 和 $n\in\mathbb{N}$ 都比较大时, 要直接计算一个一般 $n$ 阶矩阵 $\boldsymbol{A}$ 的 $k$ 次幂 $\boldsymbol{A}^k$ 是很难想象的. 但是, 对于对角矩阵 $\boldsymbol{\Lambda}=\operatorname{diag}(\lambda_1, \lambda_2, \cdots, \lambda_n)$, 却很明显有

$$\boldsymbol{\Lambda}^k=\operatorname{diag}\left(\lambda_1^k, \lambda_2^k, \cdots, \lambda_n^k\right).$$

因此, 如果矩阵 $\boldsymbol{A}$ 和 $\boldsymbol{\Lambda}$ 相似, 即存在可逆矩阵 $\boldsymbol{P}$ 使得 $\boldsymbol{A}=\boldsymbol{P}^{-1}\boldsymbol{\Lambda}\boldsymbol{P}$, 则有

$$\begin{aligned}\boldsymbol{A}^k&=\left(\boldsymbol{P}^{-1}\boldsymbol{\Lambda}\boldsymbol{P}\right)\left(\boldsymbol{P}^{-1}\boldsymbol{\Lambda}\boldsymbol{P}\right)\cdots\left(\boldsymbol{P}^{-1}\boldsymbol{\Lambda}\boldsymbol{P}\right)=\boldsymbol{P}^{-1}\boldsymbol{\Lambda}^k\boldsymbol{P}\\&=\boldsymbol{P}^{-1}\operatorname{diag}\left(\lambda_1^k, \lambda_2^k, \cdots, \lambda_n^k\right)\boldsymbol{P}.\end{aligned}$$

这样, $\boldsymbol{A}$ 的 $k$ 次幂 $\boldsymbol{A}^k$ 的计算问题就转化成了乘积矩阵 $\boldsymbol{P}^{-1}\operatorname{diag}(\lambda_1^k, \lambda_2^k, \cdots, \lambda_n^k)\boldsymbol{P}$ 的计算问题. 由此可见, 讨论矩阵在相似意义下的对角化问题是十分有意义的.

接下来的问题是, 是否任意一个 $n$ 阶矩阵 $\boldsymbol{A}$ 都能够相似对角化? 如否, 怎样判断一个 $n$ 阶矩阵 $\boldsymbol{A}$ 可以相似对角化? 进一步, 把一个矩阵 $\boldsymbol{A}$ 相似对角化的方法是什么?

下述定理对这些问题给出了一个完整的回答.

**定理 5.8** $n$ 阶方阵 $\boldsymbol{A}$ 相似于对角矩阵的充分必要条件是 $\boldsymbol{A}$ 有 $n$ 个线性无关的特征向量.

**证明***　一方面, 假设 $\boldsymbol{A}$ 有 $n$ 个线性无关的特征向量 $\boldsymbol{\alpha}_1, \boldsymbol{\alpha}_2, \cdots, \boldsymbol{\alpha}_n$, 且设它们分别属于 $\boldsymbol{A}$ 的特征值 $\lambda_1, \lambda_2, \cdots, \lambda_n$. 令

$$\boldsymbol{P} = (\boldsymbol{\alpha}_1, \boldsymbol{\alpha}_2, \cdots, \boldsymbol{\alpha}_n), \quad \boldsymbol{\Lambda} = \operatorname{diag}(\lambda_1, \lambda_2, \cdots, \lambda_n).$$

则由 $\boldsymbol{A}\boldsymbol{\alpha}_i = \lambda_i\boldsymbol{\alpha}_i\ (i = 1, 2, \cdots, n)$ 可得

$$\begin{aligned}\boldsymbol{AP} &= \boldsymbol{A}(\boldsymbol{\alpha}_1, \boldsymbol{\alpha}_2, \cdots, \boldsymbol{\alpha}_n) = (\boldsymbol{A}\boldsymbol{\alpha}_1, \boldsymbol{A}\boldsymbol{\alpha}_2, \cdots, \boldsymbol{A}\boldsymbol{\alpha}_n)\\ &= (\lambda_1\boldsymbol{\alpha}_1, \lambda_2\boldsymbol{\alpha}_2, \cdots, \lambda_n\boldsymbol{\alpha}_n) = (\boldsymbol{\alpha}_1, \boldsymbol{\alpha}_2, \cdots, \boldsymbol{\alpha}_n)\boldsymbol{\Lambda} = \boldsymbol{P\Lambda},\end{aligned}$$

即 $\boldsymbol{P}^{-1}\boldsymbol{AP} = \boldsymbol{\Lambda}$. 故 $\boldsymbol{A}$ 与对角矩阵 $\boldsymbol{\Lambda}$ 相似.

另一方面, 假设矩阵 $\boldsymbol{A}$ 相似于对角矩阵 $\boldsymbol{\Lambda} =\operatorname{diag}\left(\tilde{\lambda}_1, \tilde{\lambda}_2, \cdots, \tilde{\lambda}_n\right)$, 即存在可逆矩阵 $\boldsymbol{P}$ 使得 $\boldsymbol{P}^{-1}\boldsymbol{AP} = \boldsymbol{\Lambda}$, 亦即 $\boldsymbol{AP} = \boldsymbol{P\Lambda}$. 设 $\boldsymbol{P} = (\boldsymbol{\beta}_1, \boldsymbol{\beta}_2, \cdots, \boldsymbol{\beta}_n)$, 则由 $\boldsymbol{AP} = \boldsymbol{P\Lambda}$ 可得

$$\boldsymbol{A}\boldsymbol{\beta}_i = \tilde{\lambda}_i\boldsymbol{\beta}_i \quad (i = 1, 2, \cdots, n).$$

所以, $\boldsymbol{\beta}_1, \boldsymbol{\beta}_2, \cdots, \boldsymbol{\beta}_n$ 分别是 $\boldsymbol{A}$ 的对应于特征值 $\tilde{\lambda}_1, \tilde{\lambda}_2, \cdots, \tilde{\lambda}_n$ 的 $n$ 个特征向量. 又由于 $\boldsymbol{P}$ 可逆, 所以 $\boldsymbol{\beta}_1, \boldsymbol{\beta}_2, \cdots, \boldsymbol{\beta}_n$ 线性无关. 因此, $\boldsymbol{\beta}_1, \boldsymbol{\beta}_2, \cdots, \boldsymbol{\beta}_n$ 便是 $\boldsymbol{A}$ 的对应于特征值 $\tilde{\lambda}_1, \tilde{\lambda}_2, \cdots, \tilde{\lambda}_n$ 的 $n$ 个线性无关的特征向量. 证毕.

关于该定理需要说明以下几点:

(1) 并不是所有 $n$ 阶方阵都能够相似于对角矩阵. 判断一个 $n$ 阶方阵 $\boldsymbol{A}$ 是否能够相似对角化的依据, 是 $\boldsymbol{A}$ 的线性无关特征向量的个数是否为 $n$. 比如, 若 $\boldsymbol{A} = \begin{pmatrix}1 & 1\\ 0 & 1\end{pmatrix}$, 则 $\boldsymbol{A}$ 仅有唯一的 2 重特征值 $\lambda = 1$, 它所对应的特征子空间 $V_\lambda = \{\boldsymbol{x} \mid \boldsymbol{x} \in \mathbb{R}^2, (\lambda\boldsymbol{E} - \boldsymbol{A})\boldsymbol{x} = \boldsymbol{0}\} = \left\{k(1, 0)^{\mathrm{T}} \,\middle|\, k \in \mathbb{R}\right\}$, 其维数 $\dim V_\lambda = 1$. 所以, $\boldsymbol{A}$ 的线性无关特征向量的个数是 $1 < 2$. 因此, $\boldsymbol{A}$ 不可能相似于对角矩阵.

(2) 当 $n$ 阶方阵 $\boldsymbol{A}$ 存在 $n$ 个线性无关的特征向量 $\boldsymbol{\alpha}_1, \boldsymbol{\alpha}_2, \cdots, \boldsymbol{\alpha}_n$ 时, 那么, 以它们为列所形成的 $n$ 阶可逆矩阵

$$\boldsymbol{P} = (\boldsymbol{\alpha}_1, \boldsymbol{\alpha}_2, \cdots, \boldsymbol{\alpha}_n)$$

能够将 $\boldsymbol{A}$ 对角化, 即当 $\boldsymbol{P} = (\boldsymbol{\alpha}_1, \boldsymbol{\alpha}_2, \cdots, \boldsymbol{\alpha}_n)$ 时便有

$$\boldsymbol{P}^{-1}\boldsymbol{AP} = \boldsymbol{\Lambda}.$$

这里, $\boldsymbol{\Lambda} = \operatorname{diag}(\lambda_1, \lambda_2, \cdots, \lambda_n)$, 其中 $\lambda_1, \lambda_2, \cdots, \lambda_n$ 分别是与 $\boldsymbol{\alpha}_1, \boldsymbol{\alpha}_2, \cdots, \boldsymbol{\alpha}_n$ 所对应的特征值.

(3) 由于 $n$ 阶方阵 $\boldsymbol{A}$ 的线性无关特征向量 $\boldsymbol{\alpha}_1, \boldsymbol{\alpha}_2, \cdots, \boldsymbol{\alpha}_n$ 的选择一般不是唯一的, 因此, 上述可逆矩阵 $\boldsymbol{P}$ 的选择一般也不是唯一的. 但是, 由于 $\boldsymbol{A}$ 的特征值 $\lambda_1, \lambda_2, \cdots, \lambda_n$ 在不考虑顺序时是由 $\boldsymbol{A}$ 唯一确定的, 所以, 上述对角矩阵 $\boldsymbol{\Lambda}=\operatorname{diag}(\lambda_1, \lambda_2, \cdots, \lambda_n)$ 在不考虑其主对角线上元素的顺序时, 也是由 $\boldsymbol{A}$ 唯一确定的. 其中, $\lambda_1, \lambda_2, \cdots, \lambda_n$ 的顺序完全由分别属于它们的线性无关特征向量 $\boldsymbol{\alpha}_1, \boldsymbol{\alpha}_2, \cdots, \boldsymbol{\alpha}_n$ 的顺序来确定. 换句话说, 在等式

$$\boldsymbol{P}^{-1}\boldsymbol{A}\boldsymbol{P}=\boldsymbol{\Lambda}$$

中, 对角矩阵 $\boldsymbol{\Lambda}=\operatorname{diag}(\lambda_1, \lambda_2, \cdots, \lambda_n)$ 的主对角线上元素的排列顺序, 也就是 $\boldsymbol{A}$ 的全部特征值的排列顺序, 随着可逆矩阵 $\boldsymbol{P}=(\boldsymbol{\alpha}_1, \boldsymbol{\alpha}_2, \cdots, \boldsymbol{\alpha}_n)$ 列向量排列顺序的变化而变化.

(4) 作为一个特例, 把定理 5.6 的推论与该定理的结论相结合, 可以看出: 若 $n$ 阶矩阵 $\boldsymbol{A}$ 有 $n$ 个互不相同的特征值, 则 $\boldsymbol{A}$ 一定可以对角化.

**例 5.21** 已知矩阵 $\boldsymbol{A}=\begin{pmatrix} 1 & 4 & 2 \\ 0 & -3 & 4 \\ 0 & 4 & 3 \end{pmatrix}$, 求 $\boldsymbol{A}^{100}$.

**解** 由于

$$|\lambda \boldsymbol{E}-\boldsymbol{A}|=\begin{vmatrix} \lambda-1 & -4 & -2 \\ 0 & \lambda+3 & -4 \\ 0 & -4 & \lambda-3 \end{vmatrix}=(\lambda-1)(\lambda-5)(\lambda+5),$$

所以, $\boldsymbol{A}$ 有 3 个互不相同的特征值: $\lambda_1=1, \lambda_2=5, \lambda_3=-5$. 故由上述定理可知 $\boldsymbol{A}$ 能够对角化. 分别求解方程组 $(\lambda_i \boldsymbol{E}-\boldsymbol{A})\boldsymbol{x}=\boldsymbol{0}$ $(i=1, 2, 3)$, 可得相应的特征向量:

$$\boldsymbol{\alpha}_1=(1, 0, 0)^{\mathrm{T}}, \quad \boldsymbol{\alpha}_2=(2, 1, 2)^{\mathrm{T}}, \quad \boldsymbol{\alpha}_3=(1, -2, 1)^{\mathrm{T}}.$$

令

$$\boldsymbol{P}=(\boldsymbol{\alpha}_1, \boldsymbol{\alpha}_2, \boldsymbol{\alpha}_3)=\begin{pmatrix} 1 & 2 & 1 \\ 0 & 1 & -2 \\ 0 & 2 & 1 \end{pmatrix}.$$

则 $\boldsymbol{P}$ 是可逆矩阵, 且

$$\boldsymbol{P}^{-1}=\begin{pmatrix} 1 & 0 & -1 \\ 0 & \dfrac{1}{5} & \dfrac{2}{5} \\ 0 & -\dfrac{2}{5} & \dfrac{1}{5} \end{pmatrix}, \quad \boldsymbol{P}^{-1}\boldsymbol{A}\boldsymbol{P}=\begin{pmatrix} 1 & & \\ & 5 & \\ & & -5 \end{pmatrix}.$$

因此

$$A = P\begin{pmatrix} 1 & & \\ & 5 & \\ & & -5 \end{pmatrix}P^{-1}.$$

故

$$\begin{aligned} A^{100} &= P\begin{pmatrix} 1 & & \\ & 5 & \\ & & -5 \end{pmatrix}^{100} P^{-1} = P\begin{pmatrix} 1 & & \\ & 5^{100} & \\ & & 5^{100} \end{pmatrix}P^{-1} \\ &= \begin{pmatrix} 1 & 2 & 1 \\ 0 & 1 & -2 \\ 0 & 2 & 1 \end{pmatrix}\begin{pmatrix} 1 & & \\ & 5^{100} & \\ & & 5^{100} \end{pmatrix}\begin{pmatrix} 1 & 0 & -1 \\ 0 & \frac{1}{5} & \frac{2}{5} \\ 0 & -\frac{2}{5} & \frac{1}{5} \end{pmatrix} \\ &= \begin{pmatrix} 1 & 0 & 5^{100}-1 \\ 0 & 5^{100} & 0 \\ 0 & 0 & 5^{100} \end{pmatrix}. \end{aligned}$$

**例 5.22*** 回到 5.1 节提出的问题. 假设

$$\boldsymbol{x}_0 = (0.5, 0.45, 0.05)^{\mathrm{T}}, \quad P = \begin{pmatrix} 0.7 & 0.1 & 0.3 \\ 0.2 & 0.8 & 0.3 \\ 0.1 & 0.1 & 0.4 \end{pmatrix}.$$

我们来求 Markov 链 $\boldsymbol{x}_0, \boldsymbol{x}_1, \cdots, \boldsymbol{x}_n, \cdots$ 中的一般项 $\boldsymbol{x}_n = P^n\boldsymbol{x}_0$.

**解** 由于

$$\begin{aligned} |\lambda E - P| &= \begin{vmatrix} \lambda-0.7 & -0.1 & -0.3 \\ -0.2 & \lambda-0.8 & -0.3 \\ -0.1 & -0.1 & \lambda-0.4 \end{vmatrix} = \begin{vmatrix} \lambda-1 & \lambda-1 & \lambda-1 \\ -0.2 & \lambda-0.8 & -0.3 \\ -0.1 & -0.1 & \lambda-0.4 \end{vmatrix} \\ &= (\lambda-1)\begin{vmatrix} 1 & 1 & 1 \\ -0.2 & \lambda-0.8 & -0.3 \\ -0.1 & -0.1 & \lambda-0.4 \end{vmatrix} \\ &= (\lambda-1)\begin{vmatrix} 1 & 1 & 1 \\ 0 & \lambda-0.6 & -0.1 \\ 0 & 0 & \lambda-0.3 \end{vmatrix} \end{aligned}$$

$$= (\lambda-1)(\lambda-0.6)(\lambda-0.3),$$

所以, $\boldsymbol{P}$ 有 3 个互不相同的特征值: $\lambda_1 = 1, \lambda_2 = 0.6, \lambda_3 = 0.3$. 故 $\boldsymbol{P}$ 可以对角化. 再分别求解齐次线性方程组 $(\lambda_i \boldsymbol{E} - \boldsymbol{P})\boldsymbol{x} = \boldsymbol{0}$ $(i = 1, 2, 3)$, 可得相应的特征向量:

$$\boldsymbol{\alpha}_1 = (9, 15, 4)^{\mathrm{T}}, \quad \boldsymbol{\alpha}_2 = (1, -1, 0)^{\mathrm{T}}, \quad \boldsymbol{\alpha}_3 = (2, 1, -3)^{\mathrm{T}}.$$

令

$$\boldsymbol{Q} = (\boldsymbol{\alpha}_1, \boldsymbol{\alpha}_2, \boldsymbol{\alpha}_3) = \begin{pmatrix} 9 & 1 & 2 \\ 15 & -1 & 1 \\ 4 & 0 & -3 \end{pmatrix}.$$

则 $\boldsymbol{Q}$ 是可逆矩阵, 且

$$\boldsymbol{Q}^{-1} = \frac{1}{84}\begin{pmatrix} 3 & 3 & 3 \\ 49 & -35 & 21 \\ 4 & 4 & -24 \end{pmatrix}, \quad \boldsymbol{Q}^{-1}\boldsymbol{P}\boldsymbol{Q} = \begin{pmatrix} 1 & & \\ & 0.6 & \\ & & 0.3 \end{pmatrix}.$$

因此

$$\boldsymbol{P} = \boldsymbol{Q}\begin{pmatrix} 1 & & \\ & 0.6 & \\ & & 0.3 \end{pmatrix}\boldsymbol{Q}^{-1}.$$

故

$$\boldsymbol{P}^n = \boldsymbol{Q}\begin{pmatrix} 1 & & \\ & 0.6^n & \\ & & 0.3^n \end{pmatrix}\boldsymbol{Q}^{-1}.$$

所以

$$\boldsymbol{x}_n = \boldsymbol{P}^n\boldsymbol{x}_0 = \boldsymbol{Q}\mathrm{diag}\,(1, 0.6^n, 0.3^n)\,\boldsymbol{Q}^{-1}\boldsymbol{x}_0.$$

除了上面特征值互不相同的特殊情况, 一般说来, 要判断一个 $n$ 阶方阵 $\boldsymbol{A}$ 是否存在 $n$ 个线性无关的特征向量, 进而判断 $\boldsymbol{A}$ 是否可以对角化, 并不是一件特别容易的事. 下面定理给出了一个从代数角度看更加令人满意地便于操作的判别方法.

**定理 5.9** 设 $\lambda_1, \lambda_2, \cdots, \lambda_m$ 是 $n$ 阶方阵 $\boldsymbol{A}$ 的全部互不相同的特征值, 它们的重数分别为 $k_1, k_2, \cdots, k_m$, 其中 $1 \leqslant m \leqslant n$, $k_1 + k_2 + \cdots + k_m = n$. 则 $\boldsymbol{A}$ 可对角化的充分必要条件是对任意的 $1 \leqslant i \leqslant m$ 均有 $R(\lambda_i \boldsymbol{E} - \boldsymbol{A}) = n - k_i$, 其中 $R(\lambda_i \boldsymbol{E} - \boldsymbol{A})$ 表示矩阵 $\lambda_i \boldsymbol{E} - \boldsymbol{A}$ 的秩.

该定理把一个矩阵 $\boldsymbol{A}$ 是否可以对角化的问题转化成了其特征多项式的分解以及矩阵 $\lambda_i\boldsymbol{E}-\boldsymbol{A}$ 的秩的计算问题, 其中 $i=1, 2, \cdots, m$.

**证明*** 对 $i=1, 2, \cdots, m$, 令 $r_i=n-R(\lambda_i\boldsymbol{E}-\boldsymbol{A})$, 则 $r_i$ 就是 $\lambda_i$ 所对应的特征子空间 $V_{\lambda_i}$ 的维数, 即特征值 $\lambda_i$ 的几何重数, 也就是属于特征值 $\lambda_i$ 的线性无关特征向量的个数. 因此, 由定理 5.1 可知

$$r_i=n-R(\lambda_i\boldsymbol{E}-\boldsymbol{A})\leqslant k_i,\quad i=1, 2, \cdots, m.$$

若对任意的 $1\leqslant i\leqslant m$ 均有 $R(\lambda_i\boldsymbol{E}-\boldsymbol{A})=n-k_i$, 即 $n-R(\lambda_i\boldsymbol{E}-\boldsymbol{A})=k_i$, 则

$$\sum_{i=1}^{m}r_i=\sum_{i=1}^{m}(n-R(\lambda_i\boldsymbol{E}-\boldsymbol{A}))=\sum_{i=1}^{m}k_i=n.$$

于是, 由定理 5.6 可知 $\boldsymbol{A}$ 有 $n$ 个线性无关的特征向量, 进而由定理 5.8 可知 $\boldsymbol{A}$ 能够相似对角化. 反之, 若存在 $1\leqslant i_0\leqslant m$ 使得 $R(\lambda_{i_0}\boldsymbol{E}-\boldsymbol{A})\neq n-k_{i_0}$, 即 $n-R(\lambda_{i_0}\boldsymbol{E}-\boldsymbol{A})\neq k_{i_0}$, 则 $r_{i_0}=n-R(\lambda_{i_0}\boldsymbol{E}-\boldsymbol{A})<k_{i_0}$. 这与 $r_i\leqslant k_i$ $(i=1, 2, \cdots, m)$ 结合可得

$$\sum_{i=1}^{m}r_i<\sum_{i=1}^{m}k_i=n.$$

因此, $\boldsymbol{A}$ 的线性无关特征向量的个数小于 $n$, 故由定理 5.8 可知 $\boldsymbol{A}$ 不能相似对角化. 证毕.

**例 5.23** 设矩阵 $\boldsymbol{A}=\begin{pmatrix}1 & 2 & -3\\ -1 & 4 & -3\\ 1 & a & 5\end{pmatrix}$ 的特征方程有一个 2 重根, 求 $a$ 的值, 并讨论 $\boldsymbol{A}$ 是否可以对角化.

**解** 矩阵 $\boldsymbol{A}$ 的特征多项式

$$f(\lambda)=|\lambda\boldsymbol{E}-\boldsymbol{A}|=\begin{vmatrix}\lambda-1 & -2 & 3\\ 1 & \lambda-4 & 3\\ -1 & -a & \lambda-5\end{vmatrix}$$

$$=\begin{vmatrix}\lambda-2 & 2-\lambda & 0\\ 1 & \lambda-4 & 3\\ -1 & -a & \lambda-5\end{vmatrix}=\begin{vmatrix}\lambda-2 & 0 & 0\\ 1 & \lambda-3 & 3\\ -1 & -a-1 & \lambda-5\end{vmatrix}$$

$$=(\lambda-2)(\lambda^2-8\lambda+18+3a).$$

若 $\lambda=2$ 是 $f(\lambda)=0$ 的 2 重根, 则由 $2^2-16+18+3a=0$ 可得 $a=-2$. 因此, $\boldsymbol{A}$ 的特征值为 2, 2, 6. 由于 $R(2\boldsymbol{E}-\boldsymbol{A})=1$, 所以方程组 $(2\boldsymbol{E}-\boldsymbol{A})\boldsymbol{x}=\boldsymbol{0}$ 解空间维数为 2. 也就是说对应于 2 重特征值 2 恰有两个线性无关的特征向量, 从而 $\boldsymbol{A}$ 有 3 个线性无关的特征向量. 故 $\boldsymbol{A}$ 可对角化.

若 $\lambda=2$ 不是 $f(\lambda)=0$ 的 2 重根, 则 $\lambda^2-8\lambda+18+3a$ 为一完全平方数. 从而由 $(-8)^2-4(18+3a)=0$ 可得 $a=-\dfrac{2}{3}$. 于是, $\boldsymbol{A}$ 的特征值为 2, 4, 4. 由于 $R(4\boldsymbol{E}-\boldsymbol{A})=2$, 所以方程组 $(4\boldsymbol{E}-\boldsymbol{A})\boldsymbol{x}=\boldsymbol{0}$ 解空间的维数为 1, 也就是说对应于 2 重特征值 4 仅有 1 个线性无关的特征向量. 所以当 $a=-\dfrac{2}{3}$ 时, $\boldsymbol{A}$ 不能对角化.

**例 5.24** 已知矩阵 $\boldsymbol{A}=\begin{pmatrix}2&0&0\\0&0&1\\0&1&x\end{pmatrix}$ 与 $\boldsymbol{B}=\begin{pmatrix}2&&\\&y&\\&&-1\end{pmatrix}$ 相似.

(1) 求 $x, y$;

(2) 求可逆矩阵 $\boldsymbol{P}$ 使 $\boldsymbol{P}^{-1}\boldsymbol{A}\boldsymbol{P}=\boldsymbol{B}$.

**解** (1) 因为 $\boldsymbol{A}$ 与 $\boldsymbol{B}$ 相似, 所以, $\operatorname{tr}(\boldsymbol{A})=\operatorname{tr}(\boldsymbol{B})$, $|\boldsymbol{A}|=|\boldsymbol{B}|$, 即有

$$\begin{cases}2+x=2+y+(-1),\\-2=-2y.\end{cases}$$

解之得 $x=0, y=1$.

(2) 由于 $\boldsymbol{B}$ 为对角矩阵, 因此 $\lambda_{\boldsymbol{A}}=\lambda_{\boldsymbol{B}}=2, 1, -1$. 依次求由这些特征值所形成的线性方程组 $(\lambda_{\boldsymbol{A}}\boldsymbol{E}-\boldsymbol{A})\boldsymbol{x}=\boldsymbol{0}$ 的解, 可得 $\boldsymbol{A}$ 的对应于这些特征值的特征向量:

$$\boldsymbol{\alpha}_1=\begin{pmatrix}1\\0\\0\end{pmatrix},\quad \boldsymbol{\alpha}_2=\begin{pmatrix}0\\1\\1\end{pmatrix},\quad \boldsymbol{\alpha}_3=\begin{pmatrix}0\\1\\-1\end{pmatrix}.$$

令 $\boldsymbol{P}=(\boldsymbol{\alpha}_1, \boldsymbol{\alpha}_2, \boldsymbol{\alpha}_3)$, 则 $\boldsymbol{P}^{-1}\boldsymbol{A}\boldsymbol{P}=\boldsymbol{B}$.

**例 5.25*** 设 $n$ 阶矩阵 $\boldsymbol{A}$ 满足 $\boldsymbol{A}^2=\boldsymbol{E}$, 证明: $\boldsymbol{A}$ 相似于矩阵 $\boldsymbol{\Lambda}=\begin{pmatrix}\boldsymbol{E}_{n-r}&\\&-\boldsymbol{E}_r\end{pmatrix}$, 其中 $r$ 为矩阵 $\boldsymbol{E}-\boldsymbol{A}$ 的秩.

**证明** 假设 $\lambda_{\boldsymbol{A}}$ 是 $\boldsymbol{A}$ 的任一特征值, 则 $\lambda_{\boldsymbol{A}}^2$ 是 $\boldsymbol{A}^2=\boldsymbol{E}$ 的特征值. 因此, $\lambda_{\boldsymbol{A}}^2=1$, 即 $\lambda_{\boldsymbol{A}}=\pm1$. 又由 $\boldsymbol{A}^2=\boldsymbol{E}$ 可得 $(\boldsymbol{E}-\boldsymbol{A})(\boldsymbol{E}+\boldsymbol{A})=\boldsymbol{O}$. 从而

$$R(\boldsymbol{E}-\boldsymbol{A})+R(\boldsymbol{E}+\boldsymbol{A})\leqslant n.$$

同时, 由分块矩阵的初等变换 $(\boldsymbol{E}-\boldsymbol{A}, \boldsymbol{E}+\boldsymbol{A}) \to (2\boldsymbol{E}, \boldsymbol{E}+\boldsymbol{A})$ 可知矩阵 $(\boldsymbol{E}-\boldsymbol{A}, \boldsymbol{E}+\boldsymbol{A})$ 的秩等于 $n$. 因此

$$R(\boldsymbol{E}-\boldsymbol{A})+R(\boldsymbol{E}+\boldsymbol{A}) \geqslant R(\boldsymbol{E}-\boldsymbol{A}, \boldsymbol{E}+\boldsymbol{A})=n.$$

综合上述两式可得

$$R(\boldsymbol{E}-\boldsymbol{A})+R(\boldsymbol{E}+\boldsymbol{A})=n.$$

考虑特征值 $\lambda_{\boldsymbol{A}}=1$. 由于 $R(\boldsymbol{E}-\boldsymbol{A})=r$, 因此方程组 $(\lambda_{\boldsymbol{A}}\boldsymbol{E}-\boldsymbol{A})\boldsymbol{x}=\boldsymbol{0}$, 即方程组 $(\boldsymbol{E}-\boldsymbol{A})\boldsymbol{x}=\boldsymbol{0}$ 的解空间的维数为 $n-r$. 所以, 对应于特征值 $\lambda_{\boldsymbol{A}}=1$ 的线性无关特征向量的个数为 $n-r$.

再考虑特征值 $\lambda_{\boldsymbol{A}}=-1$. 由 $R(\boldsymbol{E}+\boldsymbol{A})=n-R(\boldsymbol{E}-\boldsymbol{A})=n-r$ 可知, 方程组 $(\lambda_{\boldsymbol{A}}\boldsymbol{E}-\boldsymbol{A})\boldsymbol{x}=\boldsymbol{0}$, 即方程组 $(\boldsymbol{E}-\boldsymbol{A})\boldsymbol{x}=\boldsymbol{0}$ 的解空间的维数为 $n-(n-r)=r$. 所以, 对应于特征值 $\lambda_{\boldsymbol{A}}=-1$ 的线性无关特征向量的个数为 $r$.

综上, 矩阵 $\boldsymbol{A}$ 有 $(n-r)+r=n$ 个线性无关的特征向量, 其中有 $n-r$ 个属于特征值 $\lambda_{\boldsymbol{A}}=1$, 有 $r$ 个属于特征值 $\lambda_{\boldsymbol{A}}=-1$. 因此, $\boldsymbol{A}$ 相似于对角矩阵

$$\begin{pmatrix} \boldsymbol{E}_{n-r} & \\ & -\boldsymbol{E}_r \end{pmatrix}.$$

作为本节结束, 我们指出, 一般 $n$ 阶矩阵不相似于对角矩阵的一个典型例子, 是被称为Jordan 块的下述矩阵:

$$\boldsymbol{J_0}=\begin{pmatrix} \lambda_0 & 1 & & \\ & \lambda_0 & \ddots & \\ & & \ddots & 1 \\ & & & \lambda_0 \end{pmatrix},$$

其中 $\lambda_0$ 为常数. 当 $\boldsymbol{J_0}$ 的阶数 $n$ 大于 1 时, 它不可能相似于对角矩阵. 这是因为, 由 Jordan 块的定义易见, $\boldsymbol{J_0}$ 有唯一的 $k_0=n$ 重特征值 $\lambda=\lambda_0$, 且

$$R(\lambda_0\boldsymbol{E}-\boldsymbol{J_0})=n-1.$$

因此, 当 $n>1$ 时, 有

$$R(\lambda_0\boldsymbol{E}-\boldsymbol{J_0})>n-k_0.$$

故由定理 5.9 可知, $\boldsymbol{J_0}$ 不可能相似于对角矩阵.

但是, 下述定理告诉我们, Jordan 块在矩阵的相似对角化理论中具有根本作用.

**定理 5.10*** 任一 $n$ 阶矩阵 $\boldsymbol{A}$ 一定相似于一个形如 $\boldsymbol{J}=\begin{pmatrix}\boldsymbol{J}_1 & & \\ & \ddots & \\ & & \boldsymbol{J}_s\end{pmatrix}$ 的矩阵, 其中 $\boldsymbol{J}_i$ 是一个阶数为 $k_i$ 的 Jordan 块, $k_1+k_2+\cdots+k_s=n$.

以 $\boldsymbol{J}_i\ (i=1,\cdots,s)$ 为对角元的准对角矩阵 $\boldsymbol{J}=\begin{pmatrix}\boldsymbol{J}_1 & & \\ & \ddots & \\ & & \boldsymbol{J}_s\end{pmatrix}$ 称为 Jordan 矩阵.

## 习 题 5.2

1. 在习题 5.1 第 1 题中, 哪些矩阵能够与对角矩阵相似? 对于能够与对角矩阵相似的矩阵, 求出可逆矩阵 $\boldsymbol{P}$ 和对角矩阵 $\boldsymbol{\Lambda}$, 使得 $\boldsymbol{P}^{-1}\boldsymbol{A}\boldsymbol{P}=\boldsymbol{\Lambda}$.

2. 判断下列矩阵能否与对角矩阵相似, 并说明理由.

(1) $\boldsymbol{A}=\begin{pmatrix}1 & 2 & 2\\ 2 & 1 & -2\\ -2 & -2 & 1\end{pmatrix}$; (2) $\boldsymbol{B}=\begin{pmatrix}3 & -1 & -2\\ 2 & 0 & -2\\ 2 & -1 & -1\end{pmatrix}$;

(3) $\boldsymbol{C}=\begin{pmatrix}3 & 1 & 0\\ -4 & -1 & 0\\ 4 & -8 & -2\end{pmatrix}$.

3. 设 $\boldsymbol{A}=\begin{pmatrix}-4 & -6 & 0\\ 3 & 5 & 0\\ -3 & -3 & 2\end{pmatrix}$, 求 $\boldsymbol{A}^{10}$.

4. 设 $\boldsymbol{A}$ 为 $n$ 阶非零矩阵, 证明: 若有正整数 $k$ 使得 $\boldsymbol{A}^k=\boldsymbol{O}$, 则 $\boldsymbol{A}$ 不能与对角矩阵相似.

5. 设矩阵 $\boldsymbol{A}=\begin{pmatrix}0 & 0 & 1\\ x & 1 & y\\ 1 & 0 & 0\end{pmatrix}$ 有 3 个线性无关的特征向量, 求 $x$ 和 $y$ 应满足的条件.

6. 设 $\boldsymbol{A}=\begin{pmatrix}3 & 2 & -2\\ -k & -1 & k\\ 4 & 2 & -3\end{pmatrix}$, 问 $k$ 取何值时, 矩阵 $\boldsymbol{A}$ 相似于对角矩阵? 并求可逆矩阵 $\boldsymbol{P}$ 和对角矩阵 $\boldsymbol{\Lambda}$, 使得 $\boldsymbol{P}^{-1}\boldsymbol{A}\boldsymbol{P}=\boldsymbol{\Lambda}$.

7. 判断下列两个 $n$ 阶矩阵 $\boldsymbol{A}$, $\boldsymbol{B}$ 是否相似, 并说明理由.

$$\boldsymbol{A}=\begin{pmatrix}1 & 1 & \cdots & 1\\ 1 & 1 & \cdots & 1\\ \vdots & \vdots & & \vdots\\ 1 & 1 & \cdots & 1\end{pmatrix},\quad \boldsymbol{B}=\begin{pmatrix}n & 0 & \cdots & 0\\ 1 & 0 & \cdots & 0\\ \vdots & \vdots & & \vdots\\ 1 & 0 & \cdots & 0\end{pmatrix}.$$

8. 设 $\boldsymbol{\alpha} = (a_1, a_2, \cdots, a_n)^{\mathrm{T}}$, $\boldsymbol{\beta} = (b_1, b_2, \cdots, b_n)^{\mathrm{T}}$ 均是非零向量, 记 $\boldsymbol{A} = \boldsymbol{\alpha}\boldsymbol{\beta}^{\mathrm{T}}$, 讨论是否存在可逆矩阵 $\boldsymbol{P}$ 使得 $\boldsymbol{P}^{-1}\boldsymbol{A}\boldsymbol{P} = \boldsymbol{\Lambda}$, 其中 $\boldsymbol{\Lambda}$ 是对角矩阵.

9. 已知矩阵 $\boldsymbol{A} = \begin{pmatrix} 2 & a & 2 \\ 5 & b & 3 \\ -1 & 1 & -1 \end{pmatrix}$ 有特征值 1, −1, 求 $a$, $b$, 并问 $\boldsymbol{A}$ 能否对角化? 说明理由.

10. 设 3 阶方阵 $\boldsymbol{A}$ 的 3 个特征值为 $\lambda_1 = 1$, $\lambda_2 = 2$, $\lambda_3 = 3$, 它们所对应的特征向量分别为 $\boldsymbol{\alpha}_1 = (1, 1, 1)^{\mathrm{T}}$, $\boldsymbol{\alpha}_2 = (1, -2, 1)^{\mathrm{T}}$, $\boldsymbol{\alpha}_3 = (1, 0, -1)^{\mathrm{T}}$. 设 $\boldsymbol{\alpha} = (1, 2, 3)^{\mathrm{T}}$.

(1) 用 $\boldsymbol{\alpha}_1, \boldsymbol{\alpha}_2, \boldsymbol{\alpha}_3$ 表示 $\boldsymbol{\alpha}$; (2) 求 $\boldsymbol{A}^n\boldsymbol{\alpha}$, 其中 $n \geqslant 1$; (3) 求 $\boldsymbol{A}$.

11. 下列矩阵 $\boldsymbol{A}$, $\boldsymbol{B}$ 是否相似? 若相似, 求可逆矩阵 $\boldsymbol{P}$, 使得 $\boldsymbol{P}^{-1}\boldsymbol{A}\boldsymbol{P} = \boldsymbol{B}$.

(1) $\boldsymbol{A} = \begin{pmatrix} 2 & 0 & 0 \\ 0 & 3 & 5 \\ 0 & 1 & 2 \end{pmatrix}$, $\boldsymbol{B} = \begin{pmatrix} 3 & 1 & 0 \\ 7 & 3 & 0 \\ 0 & 0 & 1 \end{pmatrix}$;

(2) $\boldsymbol{A} = \begin{pmatrix} 2 & 0 & 0 \\ 0 & 0 & 1 \\ 0 & 1 & 0 \end{pmatrix}$, $\boldsymbol{B} = \begin{pmatrix} 1 & 0 & 0 \\ 0 & -1 & 0 \\ 0 & -6 & 2 \end{pmatrix}$.

12. 设 $\boldsymbol{A}$ 为 3 阶方阵, $\boldsymbol{\alpha}_1, \boldsymbol{\alpha}_2$ 为 $\boldsymbol{A}$ 的分别属于特征值 −1, 1 的特征向量, 向量 $\boldsymbol{\alpha}_3$ 满足 $\boldsymbol{A}\boldsymbol{\alpha}_3 = \boldsymbol{\alpha}_2 + \boldsymbol{\alpha}_3$.

(1) 证明 $\boldsymbol{\alpha}_1, \boldsymbol{\alpha}_2, \boldsymbol{\alpha}_3$ 线性无关; (2) 令 $\boldsymbol{P} = (\boldsymbol{\alpha}_1, \boldsymbol{\alpha}_2, \boldsymbol{\alpha}_3)$, 求 $\boldsymbol{P}^{-1}\boldsymbol{A}\boldsymbol{P}$.

13. 设 3 阶方阵 $\boldsymbol{A}$ 与 3 维列向量 $\boldsymbol{X}$ 满足 $\boldsymbol{A}^3\boldsymbol{X} = 3\boldsymbol{A}\boldsymbol{X} - \boldsymbol{A}^2\boldsymbol{X}$, 且向量组 $\boldsymbol{X}, \boldsymbol{A}\boldsymbol{X}, \boldsymbol{A}^2\boldsymbol{X}$ 线性无关.

(1) 令 $\boldsymbol{P} = \left(\boldsymbol{X}, \boldsymbol{A}\boldsymbol{X}, \boldsymbol{A}^2\boldsymbol{X}\right)$, 求 3 阶矩阵 $\boldsymbol{B}$ 使得 $\boldsymbol{A}\boldsymbol{P} = \boldsymbol{P}\boldsymbol{B}$; (2) 求 $|\boldsymbol{A}|$.

14. 设 $\boldsymbol{A}$ 为 2 阶矩阵, $\boldsymbol{P} = (\boldsymbol{\alpha}, \boldsymbol{A}\boldsymbol{\alpha})$, 其中 $\boldsymbol{\alpha}$ 是非零向量且不是 $\boldsymbol{A}$ 的特征向量.

(1) 证明 $\boldsymbol{P}$ 为可逆矩阵;

(2) 若 $\boldsymbol{A}^2\boldsymbol{\alpha} + \boldsymbol{A}\boldsymbol{\alpha} - 6\boldsymbol{\alpha} = \boldsymbol{0}$, 求 $\boldsymbol{P}^{-1}\boldsymbol{A}\boldsymbol{P}$, 并判断 $\boldsymbol{A}$ 是否相似于对角矩阵.

15. 设矩阵 $\boldsymbol{A}$ 与 $\boldsymbol{B}$ 相似, 且 $\boldsymbol{A} = \begin{pmatrix} 1 & -1 & 1 \\ 2 & 4 & -2 \\ -3 & -3 & x \end{pmatrix}$, $\boldsymbol{B} = \begin{pmatrix} 2 & 0 & 0 \\ 0 & 2 & 0 \\ 0 & 0 & y \end{pmatrix}$.

(1) 求 $x$, $y$;

(2) 求可逆矩阵 $\boldsymbol{P}$ 使 $\boldsymbol{P}^{-1}\boldsymbol{A}\boldsymbol{P} = \boldsymbol{B}$.

16. 设矩阵 $\boldsymbol{A}$ 与 $\boldsymbol{B}$ 相似, 且 $\boldsymbol{A} = \begin{pmatrix} -2 & -2 & 1 \\ 2 & x & -2 \\ 0 & 0 & -2 \end{pmatrix}$, $\boldsymbol{B} = \begin{pmatrix} 2 & 1 & 0 \\ 0 & -1 & 0 \\ 0 & 0 & y \end{pmatrix}$.

(1) 求 $x$, $y$;

(2) 求可逆矩阵 $\boldsymbol{P}$ 使 $\boldsymbol{P}^{-1}\boldsymbol{A}\boldsymbol{P} = \boldsymbol{B}$.

17. 设 $n$ 阶矩阵 $\boldsymbol{A}=\begin{pmatrix}1 & b & \cdots & b\\ b & 1 & \cdots & b\\ \vdots & \vdots & & \vdots\\ b & b & \cdots & 1\end{pmatrix}$.

(1) 求 $\boldsymbol{A}$ 的特征值与特征向量;

(2) 求可逆矩阵 $\boldsymbol{P}$ 使 $\boldsymbol{P}^{-1}\boldsymbol{AP}$ 为对角矩阵.

18. 设矩阵 $\boldsymbol{A}=\begin{pmatrix}3 & 2 & 2\\ 2 & 3 & 2\\ 2 & 2 & 3\end{pmatrix}$, $\boldsymbol{P}=\begin{pmatrix}0 & 1 & 0\\ 1 & 0 & 1\\ 0 & 0 & 1\end{pmatrix}$, $\boldsymbol{B}=\boldsymbol{P}^{-1}\boldsymbol{A}^*\boldsymbol{P}$, 求 $\boldsymbol{B}+2\boldsymbol{E}$ 的特征值与特征向量, 其中 $\boldsymbol{A}^*$ 为 $\boldsymbol{A}$ 的伴随矩阵, $\boldsymbol{E}$ 为 3 阶单位矩阵.

19. 设实对称矩阵 $\boldsymbol{A}=\begin{pmatrix}a & 1 & 1\\ 1 & a & -1\\ 1 & -1 & a\end{pmatrix}$, 求可逆矩阵 $\boldsymbol{P}$ 使 $\boldsymbol{P}^{-1}\boldsymbol{AP}$ 为对角矩阵, 并计算 $|3\boldsymbol{A}+2\boldsymbol{E}|$ 的值.

## 5.3 内积空间与正交矩阵

作为讨论实对称矩阵相似于对角矩阵的准备, 本节在线性空间中引入内积运算, 讨论线性空间中向量的内积、长度、夹角等概念及其基本性质. 同时, 介绍正交矩阵的概念及其性质.

### 5.3.1 内积空间

**定义 5.3** 设 $V$ 是一个实线性空间. 若对 $V$ 中任意一对向量 $\boldsymbol{\alpha}, \boldsymbol{\beta}$, 总存在唯一的实数与之对应, 通常记为 $(\boldsymbol{\alpha}, \boldsymbol{\beta})$, 满足

(1) $(\boldsymbol{\alpha}, \boldsymbol{\beta})=(\boldsymbol{\beta}, \boldsymbol{\alpha})$;

(2) $(k\boldsymbol{\alpha}, \boldsymbol{\beta})=k(\boldsymbol{\alpha}, \boldsymbol{\beta}), k\in\mathbb{R}$;

(3) $(\boldsymbol{\alpha}+\boldsymbol{\beta}, \boldsymbol{\gamma})=(\boldsymbol{\alpha}, \boldsymbol{\gamma})+(\boldsymbol{\beta}, \boldsymbol{\gamma}), \boldsymbol{\gamma}\in V$;

(4) $(\boldsymbol{\alpha}, \boldsymbol{\alpha})\geqslant 0$, 且 $(\boldsymbol{\alpha}, \boldsymbol{\alpha})=0$ 当且仅当 $\boldsymbol{\alpha}=\boldsymbol{0}$,

则称 $(\boldsymbol{\alpha}, \boldsymbol{\beta})$ 为向量 $\boldsymbol{\alpha}, \boldsymbol{\beta}$ 的内积. 定义了内积运算的实线性空间 $V$ 称为内积空间.

**例 5.26** 在 Euclid 线性空间 $\mathbb{R}^n$ 中, 定义 $\boldsymbol{\alpha}=(a_1, a_2, \cdots, a_n)$ 与 $\boldsymbol{\beta}=(b_1, b_2, \cdots, b_n)$ 的内积

$$(\boldsymbol{\alpha}, \boldsymbol{\beta})=a_1b_1+a_2b_2+\cdots+a_nb_n=\boldsymbol{\alpha}\boldsymbol{\beta}^{\mathrm{T}}.$$

则容易验证 $\mathbb{R}^n$ 形成一个内积空间. 该内积空间习惯上也称为Euclid 空间或欧氏空间.

**例 5.27** 在实连续函数的线性空间 $C([a,\, b])$ 中, 定义 $f(x)$ 与 $g(x)$ 的内积

$$(f,\, g) = \int_a^b f(x)g(x)\mathrm{d}x.$$

则容易验证 $C([a,\, b])$ 形成一个内积空间.

**定义 5.4** 设 $V$ 是一个内积空间. 对任意向量 $\boldsymbol{\alpha} \in V$, 其长度, 也称为模, 记为 $\|\boldsymbol{\alpha}\|$, 定义为

$$\|\boldsymbol{\alpha}\| = \sqrt{(\boldsymbol{\alpha},\, \boldsymbol{\alpha})}.$$

$\|\boldsymbol{\alpha} - \boldsymbol{\beta}\|$ 称为向量 $\boldsymbol{\alpha}$ 与 $\boldsymbol{\beta}$ 之间的距离. 长度为 1 的向量称为单位向量. 对非零向量 $\boldsymbol{\alpha}$, 向量 $\dfrac{\boldsymbol{\alpha}}{\|\boldsymbol{\alpha}\|}$ 称为 $\boldsymbol{\alpha}$ 的单位化向量. 由非零向量 $\boldsymbol{\alpha}$ 给出单位向量 $\dfrac{\boldsymbol{\alpha}}{\|\boldsymbol{\alpha}\|}$ 的过程称为对 $\boldsymbol{\alpha}$ 的单位化.

关于向量的长度, 有下述基本性质.

(1) 非负性 : $\|\boldsymbol{\alpha}\| \geqslant 0$, 且 $\|\boldsymbol{\alpha}\| = 0$ 当且仅当 $\boldsymbol{\alpha} = \mathbf{0}$.

(2) 齐次性 : $\|k\boldsymbol{\alpha}\| = |k|\|\boldsymbol{\alpha}\|,\ k \in \mathbb{R}$.

(3) Cauchy-Schwarz (柯西–施瓦茨) 不等式 : $|(\boldsymbol{\alpha},\, \boldsymbol{\beta})| \leqslant \|\boldsymbol{\alpha}\|\|\boldsymbol{\beta}\|$, 其中等号成立的充分必要条件是 $\boldsymbol{\alpha}$ 和 $\boldsymbol{\beta}$ 线性相关.

事实上, 非负性和齐次性是定义的直接推论. 对于常用的 Cauchy-Schwarz 不等式, 若 $\boldsymbol{\alpha}, \boldsymbol{\beta}$ 线性无关, 则对任意实数 $t$, 都有 $t\boldsymbol{\alpha} + \boldsymbol{\beta} \neq \mathbf{0}$. 因此

$$(t\boldsymbol{\alpha} + \boldsymbol{\beta},\, t\boldsymbol{\alpha} + \boldsymbol{\beta}) = (\boldsymbol{\alpha},\, \boldsymbol{\alpha})t^2 + 2(\boldsymbol{\alpha},\, \boldsymbol{\beta})t + (\boldsymbol{\beta},\, \boldsymbol{\beta}) > 0.$$

所以, 该式左边关于 $t$ 的二次函数的判别式一定小于零, 即有

$$(2(\boldsymbol{\alpha},\, \boldsymbol{\beta}))^2 - 4(\boldsymbol{\alpha},\, \boldsymbol{\alpha})(\boldsymbol{\beta}, \boldsymbol{\beta}) < 0.$$

故

$$|(\boldsymbol{\alpha},\, \boldsymbol{\beta})| < \|\boldsymbol{\alpha}\|\|\boldsymbol{\beta}\|.$$

当 $\boldsymbol{\alpha}, \boldsymbol{\beta}$ 线性相关时, 不妨设 $\boldsymbol{\beta} = k\boldsymbol{\alpha} \neq \mathbf{0}$, 则有

$$(\boldsymbol{\alpha},\, \boldsymbol{\beta})^2 = (\boldsymbol{\alpha},\, k\boldsymbol{\alpha})^2 = k^2(\boldsymbol{\alpha},\, \boldsymbol{\alpha})^2 = (\boldsymbol{\alpha},\, \boldsymbol{\alpha})(k\boldsymbol{\alpha},\, k\boldsymbol{\alpha}) = \|\boldsymbol{\alpha}\|^2\|\boldsymbol{\beta}\|^2.$$

**例 5.28** 在 $\mathbb{R}^n$ 中, 向量 $\boldsymbol{\alpha} = (a_1, a_2, \cdots, a_n)$, $\boldsymbol{\beta} = (b_1, b_2, \cdots, b_n)$ 的 Cauchy-Schwarz 不等式表示为

$$|a_1b_1 + a_2b_2 + \cdots + a_nb_n| \leqslant \sqrt{a_1^2 + a_2^2 + \cdots + a_n^2}\sqrt{b_1^2 + b_2^2 + \cdots + b_n^2}.$$

**例 5.29** 在 $C([a,\, b])$ 中, Cauchy-Schwarz 不等式表现为

$$\left|\int_a^b f(x)g(x)\mathrm{d}x\right| \leqslant \sqrt{\int_a^b f^2(x)\mathrm{d}x}\sqrt{\int_a^b g^2(x)\mathrm{d}x}.$$

**定义 5.5** 对内积空间 $V$ 中任意两个向量 $\boldsymbol{\alpha},\, \boldsymbol{\beta}$, 如果 $(\boldsymbol{\alpha},\, \boldsymbol{\beta}) = 0$, 则称它们正交, 记为 $\boldsymbol{\alpha} \perp \boldsymbol{\beta}$. 进一步, 如果 $\boldsymbol{\alpha},\, \boldsymbol{\beta}$ 非零, 其夹角 $\theta$ 定义为

$$\theta = \arccos \frac{(\boldsymbol{\alpha},\, \boldsymbol{\beta})}{\|\boldsymbol{\alpha}\|\|\boldsymbol{\beta}\|}.$$

可以看出, 零向量与任何向量正交. 一个齐次线性方程组 $\boldsymbol{A}\boldsymbol{x} = \boldsymbol{0}$ 的解向量与 $\boldsymbol{A}$ 的每一个行向量正交.

### 5.3.2 正交向量组和正交矩阵

1. 正交向量组

**定义 5.6** 内积空间中一组两两正交的非零向量称为一个正交向量组.

正交向量组的一个基本性质由下述定理给出.

**定理 5.11** 内积空间中的正交向量组一定线性无关.

**证明** 设 $\boldsymbol{\alpha}_1, \boldsymbol{\alpha}_2, \cdots, \boldsymbol{\alpha}_m$ 是一个正交向量组, 若

$$k_1\boldsymbol{\alpha}_1 + k_2\boldsymbol{\alpha}_2 + \cdots + k_m\boldsymbol{\alpha}_m = \boldsymbol{0},$$

其中 $k_1, k_2, \cdots, k_m$ 为实数, 则该式两边同时与 $\boldsymbol{\alpha}_j$ 作内积运算, 得

$$k_j\,(\boldsymbol{\alpha}_j,\, \boldsymbol{\alpha}_j) = 0.$$

而由 $\boldsymbol{\alpha}_j \neq \boldsymbol{0}$ 可知 $(\boldsymbol{\alpha}_j,\, \boldsymbol{\alpha}_j) \neq 0$, 因此, 由上式可得 $k_j = 0\ (j = 1, 2, \cdots, m)$. 故 $\boldsymbol{\alpha}_1, \boldsymbol{\alpha}_2, \cdots, \boldsymbol{\alpha}_m$ 线性无关. 证毕.

但要注意, 线性无关的向量组一般未必是正交的. 比如, 虽然 $\boldsymbol{\alpha}_1 = (1,\, 0)^{\mathrm{T}}$ 与 $\boldsymbol{\alpha}_2 = (1,\, 1)^{\mathrm{T}}$ 线性无关, 但是 $(\boldsymbol{\alpha}_1,\, \boldsymbol{\alpha}_2) = 1 \neq 0$. 因此, $\boldsymbol{\alpha}_1$ 与 $\boldsymbol{\alpha}_2$ 不正交.

**例 5.30** 已知 $\boldsymbol{\alpha}_1 = (1,\, 1,\, 1)$, $\boldsymbol{\alpha}_2 = (-1,\, 0,\, 1)$, 求一非零 3 维向量 $\boldsymbol{\alpha}_3$, 使得 $\boldsymbol{\alpha}_1, \boldsymbol{\alpha}_2, \boldsymbol{\alpha}_3$ 两两正交.

**解**　首先, 由 $(\boldsymbol{\alpha}_1, \boldsymbol{\alpha}_2) = 0$ 可知 $\boldsymbol{\alpha}_1 = (1, 1, 1)$ 与 $\boldsymbol{\alpha}_2 = (-1, 0, 1)$ 正交. 现设 $\boldsymbol{\alpha}_3 = (x_1, x_2, x_3)$, 则有

$$\begin{cases} (\boldsymbol{\alpha}_1, \boldsymbol{\alpha}_3) = x_1 + x_2 + x_3 = 0, \\ (\boldsymbol{\alpha}_2, \boldsymbol{\alpha}_3) = -x_1 + x_3 = 0. \end{cases}$$

该方程组有一基础解系: $(1, -2, 1)^{\mathrm{T}}$. 故可取 $\boldsymbol{\alpha}_3 = (1, -2, 1)$.

由于基对线性空间极其重要, 因此对内积空间给出如下概念.

**定义 5.7**　如果 $\boldsymbol{\alpha}_1, \boldsymbol{\alpha}_2, \cdots, \boldsymbol{\alpha}_n$ 是 $n$ 维内积空间 $V$ 的一个基, 且它们两两正交, 则称 $\boldsymbol{\alpha}_1, \boldsymbol{\alpha}_2, \cdots, \boldsymbol{\alpha}_n$ 为 $V$ 的一个正交基. 如果正交基 $\boldsymbol{\alpha}_1, \boldsymbol{\alpha}_2, \cdots, \boldsymbol{\alpha}_n$ 中的每个向量都是单位向量, 则这个正交基称为 $V$ 的一个标准正交基.

下述重要定理断言, 有限维内积空间的标准正交基一定存在.

**定理 5.12**　设 $\boldsymbol{\alpha}_1, \boldsymbol{\alpha}_2, \cdots, \boldsymbol{\alpha}_n$ 是 $n$ 维内积空间 $V$ 的任意一个基, 则由公式

$$\begin{cases} \boldsymbol{\gamma}_1 = \boldsymbol{\alpha}_1, \\ \boldsymbol{\gamma}_j = \boldsymbol{\alpha}_j - \dfrac{(\boldsymbol{\gamma}_1, \boldsymbol{\alpha}_j)}{(\boldsymbol{\gamma}_1, \boldsymbol{\gamma}_1)}\boldsymbol{\gamma}_1 - \dfrac{(\boldsymbol{\gamma}_2, \boldsymbol{\alpha}_j)}{(\boldsymbol{\gamma}_2, \boldsymbol{\gamma}_2)}\boldsymbol{\gamma}_2 - \cdots - \dfrac{(\boldsymbol{\gamma}_{j-1}, \boldsymbol{\alpha}_j)}{(\boldsymbol{\gamma}_{j-1}, \boldsymbol{\gamma}_{j-1})}\boldsymbol{\gamma}_{j-1}, \\ \qquad j = 2, 3, \cdots, n \end{cases} \tag{5.4}$$

可得 $V$ 的一个正交基 $\boldsymbol{\gamma}_1, \boldsymbol{\gamma}_2, \cdots, \boldsymbol{\gamma}_n$, 该过程通常称为对基 $\boldsymbol{\alpha}_1, \boldsymbol{\alpha}_2, \cdots, \boldsymbol{\alpha}_n$ 的正交化; 再由公式

$$\boldsymbol{\varepsilon}_j = \frac{\boldsymbol{\gamma}_j}{\|\boldsymbol{\gamma}_j\|}, \quad j = 1, 2, \cdots, n \tag{5.5}$$

可得 $V$ 的一个标准正交基 $\boldsymbol{\varepsilon}_1, \boldsymbol{\varepsilon}_2, \cdots, \boldsymbol{\varepsilon}_n$, 该过程通常称为对基 $\boldsymbol{\gamma}_1, \boldsymbol{\gamma}_2, \cdots, \boldsymbol{\gamma}_n$ 的单位化.

该定理由 $V$ 的任意一个基 $\boldsymbol{\alpha}_1, \boldsymbol{\alpha}_2, \cdots, \boldsymbol{\alpha}_n$ 得到 $V$ 的一个标准正交基 $\boldsymbol{\varepsilon}_1, \boldsymbol{\varepsilon}_2, \cdots, \boldsymbol{\varepsilon}_n$ 的方法称为 Gram-Schmidt(格拉姆–施密特)标准正交化方法.

**证明***　显然只需证明 $\boldsymbol{\gamma}_1, \boldsymbol{\gamma}_2, \cdots, \boldsymbol{\gamma}_n$ 两两正交. 首先, $\boldsymbol{\gamma}_1$ 和 $\boldsymbol{\gamma}_2$ 正交. 这是因为: 由 $\boldsymbol{\gamma}_2 = \boldsymbol{\alpha}_2 - \dfrac{(\boldsymbol{\gamma}_1, \boldsymbol{\alpha}_2)}{(\boldsymbol{\gamma}_1, \boldsymbol{\gamma}_1)}\boldsymbol{\gamma}_1$ 可得

$$(\boldsymbol{\gamma}_1, \boldsymbol{\gamma}_2) = (\boldsymbol{\gamma}_1, \boldsymbol{\alpha}_2) - \frac{(\boldsymbol{\gamma}_1, \boldsymbol{\alpha}_2)}{(\boldsymbol{\gamma}_1, \boldsymbol{\gamma}_1)}(\boldsymbol{\gamma}_1, \boldsymbol{\gamma}_1) = (\boldsymbol{\gamma}_1, \boldsymbol{\alpha}_2) - (\boldsymbol{\gamma}_1, \boldsymbol{\alpha}_2) = 0.$$

其次, 对任意的 $2 \leqslant j \leqslant n-1$, 若 $\gamma_1, \gamma_2, \cdots, \gamma_j$ 两两正交, 则由 $\gamma_{j+1} = \alpha_{j+1} - \dfrac{(\gamma_1, \alpha_{j+1})}{(\gamma_1, \gamma_1)}\gamma_1 - \dfrac{(\gamma_2, \alpha_{j+1})}{(\gamma_2, \gamma_2)}\gamma_2 - \cdots - \dfrac{(\gamma_j, \alpha_{j+1})}{(\gamma_j, \gamma_j)}\gamma_j$ 可知, 对任意的 $1 \leqslant i \leqslant j$ 有

$$(\gamma_i, \gamma_{j+1}) = (\gamma_i, \alpha_{j+1}) - \frac{(\gamma_i, \alpha_{j+1})}{(\gamma_i, \gamma_i)}(\gamma_i, \gamma_i) = 0.$$

所以, $\gamma_1, \gamma_2, \cdots, \gamma_{j+1}$ 两两正交. 以此类推, $\gamma_1, \gamma_2, \cdots, \gamma_n$ 两两正交. 证毕.

需要指出, 由 Gram-Schmidt 标准正交化方法所得到的标准正交基 $\varepsilon_1, \varepsilon_2, \cdots, \varepsilon_n$ 与基 $\alpha_1, \alpha_2, \cdots, \alpha_n$ 明显是等价的.

但要注意, 类似于向量空间的基不唯一, 一个内积空间的标准正交基也不唯一. 例如, 容易验证, $\alpha_1 = (1, 0, 0)$, $\alpha_2 = (0, 1, 0)$, $\alpha_3 = (0, 0, 1)$ 与 $\beta_1 = \frac{1}{\sqrt{3}}(1, 1, 1)$, $\beta_2 = \frac{1}{\sqrt{2}}(-1, 0, 1)$, $\beta_3 = \frac{1}{\sqrt{6}}(1, -2, 1)$ 都是 3 维内积空间 $\mathbb{R}^3$ 的标准正交基.

**例 5.31** 将 $\mathbb{R}^3$ 中一组基 $\alpha_1 = \begin{pmatrix} 1 \\ 1 \\ 0 \end{pmatrix}, \alpha_2 = \begin{pmatrix} 1 \\ 0 \\ 1 \end{pmatrix}, \alpha_3 = \begin{pmatrix} -1 \\ 0 \\ 0 \end{pmatrix}$ 化为标准正交基.

**解** (1) 正交化: 由公式 (5.4) 经简单计算可得

$$\gamma_1 = \begin{pmatrix} 1 \\ 1 \\ 0 \end{pmatrix}, \quad \gamma_2 = \begin{pmatrix} \frac{1}{2} \\ -\frac{1}{2} \\ 1 \end{pmatrix}, \quad \gamma_3 = \begin{pmatrix} -\frac{1}{3} \\ \frac{1}{3} \\ \frac{1}{3} \end{pmatrix}.$$

(2) 单位化: 由公式 (5.5) 经简单计算可得

$$\varepsilon_1 = \begin{pmatrix} \frac{\sqrt{2}}{2} \\ \frac{\sqrt{2}}{2} \\ 0 \end{pmatrix}, \quad \varepsilon_2 = \begin{pmatrix} \frac{\sqrt{6}}{6} \\ -\frac{\sqrt{6}}{6} \\ \frac{\sqrt{6}}{3} \end{pmatrix}, \quad \varepsilon_3 = \begin{pmatrix} -\frac{\sqrt{3}}{3} \\ \frac{\sqrt{3}}{3} \\ \frac{\sqrt{3}}{3} \end{pmatrix}.$$

由定理 5.12 可知, 这就是 $\mathbb{R}^3$ 的一个标准正交基.

2. 正交矩阵

**定义 5.8** 若 $n$ 阶实矩阵 $\boldsymbol{A}$ 满足 $\boldsymbol{A}\boldsymbol{A}^{\mathrm{T}}=\boldsymbol{E}$, 则称 $\boldsymbol{A}$ 为正交矩阵.

**例 5.32** 证明 $\boldsymbol{A}=\begin{pmatrix}\cos\theta & -\sin\theta\\ \sin\theta & \cos\theta\end{pmatrix}$ 是一个正交矩阵, 其中 $\theta\in\mathbb{R}$.

**证明** 直接计算可得

$$\boldsymbol{A}\boldsymbol{A}^{\mathrm{T}}=\begin{pmatrix}\cos\theta & -\sin\theta\\ \sin\theta & \cos\theta\end{pmatrix}\begin{pmatrix}\cos\theta & \sin\theta\\ -\sin\theta & \cos\theta\end{pmatrix}=\boldsymbol{E}.$$

故由定义可知 $\boldsymbol{A}=\begin{pmatrix}\cos\theta & -\sin\theta\\ \sin\theta & \cos\theta\end{pmatrix}$ 为正交矩阵.

**例 5.33** 证明 $\boldsymbol{A}=\begin{pmatrix}1 & 0 & 0\\ 0 & \dfrac{1}{\sqrt{2}} & \dfrac{1}{\sqrt{2}}\\ 0 & \dfrac{1}{\sqrt{2}} & -\dfrac{1}{\sqrt{2}}\end{pmatrix}$ 是一个正交矩阵.

**证明** 直接计算可得

$$\boldsymbol{A}\boldsymbol{A}^{\mathrm{T}}=\begin{pmatrix}1 & 0 & 0\\ 0 & \dfrac{1}{\sqrt{2}} & \dfrac{1}{\sqrt{2}}\\ 0 & \dfrac{1}{\sqrt{2}} & -\dfrac{1}{\sqrt{2}}\end{pmatrix}\begin{pmatrix}1 & 0 & 0\\ 0 & \dfrac{1}{\sqrt{2}} & \dfrac{1}{\sqrt{2}}\\ 0 & \dfrac{1}{\sqrt{2}} & -\dfrac{1}{\sqrt{2}}\end{pmatrix}=\boldsymbol{E}.$$

故由定义可知 $\boldsymbol{A}=\begin{pmatrix}1 & 0 & 0\\ 0 & \dfrac{1}{\sqrt{2}} & \dfrac{1}{\sqrt{2}}\\ 0 & \dfrac{1}{\sqrt{2}} & -\dfrac{1}{\sqrt{2}}\end{pmatrix}$ 为正交矩阵.

正交矩阵具有下述基本性质.

(1) 对任一正交矩阵 $\boldsymbol{A}$, 有 $|\boldsymbol{A}|^2=1$.

这是因为: 由 $\boldsymbol{A}\boldsymbol{A}^{\mathrm{T}}=\boldsymbol{E}$ 可得 $\left|\boldsymbol{A}^{\mathrm{T}}\boldsymbol{A}\right|=|\boldsymbol{E}|=1$, 所以 $|\boldsymbol{A}|^2=1$.

(2) 任一正交矩阵 $\boldsymbol{A}$ 都可逆, 且 $\boldsymbol{A}^{-1}=\boldsymbol{A}^{\mathrm{T}}$.

这可由定义直接得到.

(3) $\boldsymbol{A}$ 为正交矩阵的充分必要条件是 $\boldsymbol{A}^{\mathrm{T}}\boldsymbol{A}=\boldsymbol{E}$.

这是因为: $\boldsymbol{AA}^{\mathrm{T}}=\boldsymbol{E}$ 当且仅当 $\boldsymbol{A}^{-1}\boldsymbol{AA}^{\mathrm{T}}\boldsymbol{A}=\boldsymbol{E}$, 即 $\boldsymbol{A}^{\mathrm{T}}\boldsymbol{A}=\boldsymbol{E}$.

(4) $n$ 阶方阵 $\boldsymbol{A}$ 是正交矩阵的充分必要条件为 $\boldsymbol{A}$ 的行 (或列) 向量组是 $\mathbb{R}^n$ 中两两正交的单位向量组.

关于行的结论是 $\boldsymbol{AA}^{\mathrm{T}}=\boldsymbol{E}$ 的直接推论, 关于列的结论是 $\boldsymbol{A}^{\mathrm{T}}\boldsymbol{A}=\boldsymbol{E}$ 的直接推论.

(5) 若 $\boldsymbol{A}, \boldsymbol{B}$ 是正交矩阵, 则 $\boldsymbol{AB}$ 也是正交矩阵.

这是因为 $(\boldsymbol{AB})^{\mathrm{T}}(\boldsymbol{AB})=\boldsymbol{B}^{\mathrm{T}}\boldsymbol{A}^{\mathrm{T}}\boldsymbol{AB}=\boldsymbol{B}^{\mathrm{T}}(\boldsymbol{A}^{\mathrm{T}}\boldsymbol{A})\boldsymbol{B}=\boldsymbol{B}^{\mathrm{T}}\boldsymbol{B}=\boldsymbol{E}$.

(6) 设 $\boldsymbol{Q}$ 为任一 $n$ 阶正交矩阵, 则对内积空间 $\mathbb{R}^n$ 中的任意两个向量 $\boldsymbol{x}, \boldsymbol{y}\in\mathbb{R}^n$ 有

$$(\boldsymbol{Qx}, \boldsymbol{Qy})=(\boldsymbol{x}, \boldsymbol{y}).$$

这是因为 $(\boldsymbol{Qx}, \boldsymbol{Qy})=(\boldsymbol{Qx})^{\mathrm{T}}(\boldsymbol{Qy})=\boldsymbol{x}^{\mathrm{T}}\left(\boldsymbol{Q}^{\mathrm{T}}\boldsymbol{Q}\right)\boldsymbol{y}=\boldsymbol{x}^{\mathrm{T}}\boldsymbol{y}=(\boldsymbol{x}, \boldsymbol{y})$.

该性质说明, 在内积空间 $\mathbb{R}^n$ 中, 任意 $n$ 阶正交矩阵的左乘运算既不改变向量的长度, 也不改变向量之间的夹角.

**例 5.34** 设 $\boldsymbol{A}, \boldsymbol{B}$ 都是正交矩阵, 且 $|\boldsymbol{A}|+|\boldsymbol{B}|=0$, 求 $|\boldsymbol{A}+\boldsymbol{B}|$.

**解** 由于 $\boldsymbol{A}, \boldsymbol{B}$ 都是正交矩阵, 故 $\boldsymbol{AA}^{\mathrm{T}}=\boldsymbol{E}, \boldsymbol{B}^{\mathrm{T}}\boldsymbol{B}=\boldsymbol{E}, |\boldsymbol{A}|^2=1$, 又由 $|\boldsymbol{A}|+|\boldsymbol{B}|=0$ 可得 $|\boldsymbol{B}|=-|\boldsymbol{A}|$. 所以

$$\begin{aligned}|\boldsymbol{A}+\boldsymbol{B}|&=\left|\boldsymbol{AB}^{\mathrm{T}}\boldsymbol{B}+\boldsymbol{AA}^{\mathrm{T}}\boldsymbol{B}\right|=\left|\boldsymbol{A}(\boldsymbol{B}^{\mathrm{T}}+\boldsymbol{A}^{\mathrm{T}})\boldsymbol{B}\right|\\&=|\boldsymbol{A}|\left|(\boldsymbol{A}+\boldsymbol{B})^{\mathrm{T}}\right||\boldsymbol{B}|=-|\boldsymbol{A}|^2|\boldsymbol{A}+\boldsymbol{B}|=-|\boldsymbol{A}+\boldsymbol{B}|,\end{aligned}$$

因此, $|\boldsymbol{A}+\boldsymbol{B}|=0$.

## 习 题 5.3

1. 已知向量组 $\boldsymbol{\alpha}_1=(1, 1, 1), \boldsymbol{\alpha}_2=(1, 2, 3), \boldsymbol{\alpha}_3=(1, 6, 3)$ 线性无关, 求与该向量组等价的正交向量组 $\boldsymbol{\beta}_1, \boldsymbol{\beta}_2, \boldsymbol{\beta}_3$.

2. 设 $\boldsymbol{\alpha}_1=(1, 1, 1)$, 试在 $\mathbb{R}^3$ 中求向量 $\boldsymbol{\alpha}_2, \boldsymbol{\alpha}_3$ 使得 $\boldsymbol{\alpha}_1, \boldsymbol{\alpha}_2, \boldsymbol{\alpha}_3$ 为正交向量组.

3. 设 $\boldsymbol{\alpha}$ 为 $n$ 维列向量, 且 $\boldsymbol{\alpha}^{\mathrm{T}}\boldsymbol{\alpha}=1, \boldsymbol{H}=\boldsymbol{E}-2\boldsymbol{\alpha\alpha}^{\mathrm{T}}$, 证明: $\boldsymbol{H}$ 是对称的正交矩阵.

4. 设 $\boldsymbol{A}=(\boldsymbol{\alpha}_1, \boldsymbol{\alpha}_2, \boldsymbol{\alpha}_3)$ 为正交矩阵, 证明: $\boldsymbol{B}=(\boldsymbol{\beta}_1, \boldsymbol{\beta}_2, \boldsymbol{\beta}_3)$ 也是正交矩阵, 其中 $\boldsymbol{\beta}_1=\dfrac{1}{3}(2\boldsymbol{\alpha}_1+2\boldsymbol{\alpha}_2-\boldsymbol{\alpha}_3), \boldsymbol{\beta}_2=\dfrac{1}{3}(2\boldsymbol{\alpha}_1-\boldsymbol{\alpha}_2+2\boldsymbol{\alpha}_3), \boldsymbol{\beta}_3=\dfrac{1}{3}(\boldsymbol{\alpha}_1-2\boldsymbol{\alpha}_2-2\boldsymbol{\alpha}_3)$.

5. 设向量 $\boldsymbol{\alpha}=(1, 0, -2), \boldsymbol{\beta}=(-4, 2, 3)$, 且 $\boldsymbol{\gamma}$ 与 $\boldsymbol{\alpha}$ 正交, $\boldsymbol{\beta}=\lambda\boldsymbol{\alpha}+\boldsymbol{\gamma}$, 试求 $\lambda$ 和 $\boldsymbol{\gamma}$.

6. 设 $n$ 阶实对称矩阵 $\boldsymbol{A}$ 满足 $\boldsymbol{A}^2\boldsymbol{x}=\boldsymbol{0}$, 其中 $\boldsymbol{x}\in\mathbb{R}^n$, 证明: $\boldsymbol{Ax}=\boldsymbol{0}$.

7. 如果 $\boldsymbol{A}$ 满足 $\boldsymbol{A}^2+6\boldsymbol{A}+8\boldsymbol{E}=\boldsymbol{O}$, 且 $\boldsymbol{A}^{\mathrm{T}}=\boldsymbol{A}$, 证明: $\boldsymbol{A}+3\boldsymbol{E}$ 为正交矩阵.

8. 设 $\boldsymbol{A}$ 为正交矩阵, 证明: 如果 $\boldsymbol{A}$ 有实特征值, 则它的实特征值只能是 1 或 $-1$.

9. 判断下列矩阵是否为正交矩阵, 请给出理由.

(1) $\boldsymbol{A}=\begin{pmatrix}1 & -1/2 & 1/3\\ -1/2 & 1 & 1/2\\ 1/3 & 1/2 & -1\end{pmatrix}$; (2) $\boldsymbol{B}=\begin{pmatrix}1/9 & -8/9 & -4/9\\ -8/9 & 1/9 & -4/9\\ -4/9 & -4/9 & 7/9\end{pmatrix}$;

(3) $\boldsymbol{C}=\dfrac{\sqrt{2}}{2}\begin{pmatrix}1 & 0 & 1 & 0\\ 1 & 0 & -1 & 0\\ 0 & 1 & 0 & 1\\ 0 & -1 & 0 & 1\end{pmatrix}$; (4) $\boldsymbol{D}=\begin{pmatrix}a & b & c & d\\ -b & a & -d & c\\ -c & d & a & -b\\ -d & -c & b & a\end{pmatrix}$.

10. 已知 $\boldsymbol{\alpha}_1=(1/9,\ -8/9,\ -4/9)^{\mathrm{T}}$, $\boldsymbol{\alpha}_2=(-8/9,\ 1/9,\ -4/9)^{\mathrm{T}}$ 是两个正交的单位向量, 试求列向量 $\boldsymbol{\alpha}_3$ 使得以 $\boldsymbol{\alpha}_1, \boldsymbol{\alpha}_2, \boldsymbol{\alpha}_3$ 为列向量组成的矩阵 $\boldsymbol{Q}$ 是正交矩阵.

11. 问 $a, b, c$ 为何值时, 矩阵 $\boldsymbol{A}=\begin{pmatrix}1/\sqrt{2} & a & 0\\ 0 & 0 & 1\\ b & c & 0\end{pmatrix}$ 为正交矩阵?

12. 设 $\boldsymbol{A}, \boldsymbol{B}, \boldsymbol{A}+\boldsymbol{B}$ 都是 $n$ 阶正交矩阵, 证明: $(\boldsymbol{A}+\boldsymbol{B})^{-1}=\boldsymbol{A}^{-1}+\boldsymbol{B}^{-1}$.

## 5.4 实对称矩阵

本节介绍一类一定能够相似于对角矩阵的特殊矩阵——实对称矩阵.

### 5.4.1 实对称矩阵的特征值和特征向量

先介绍关于实对称矩阵特征值和特征向量的两个基本结论.

**定理 5.13** $n$ 阶实对称矩阵 $\boldsymbol{A}$ 的特征值都是实数.

**证明** * 设 $\lambda\in\mathbb{C}$ 是 $\boldsymbol{A}$ 的任一特征值, $\boldsymbol{\alpha}\in\mathbb{C}^n$ 是属于特征值 $\lambda$ 的特征向量, 则

$$\boldsymbol{A}\boldsymbol{\alpha}=\lambda\boldsymbol{\alpha}.$$

在上式两端同时取共轭, 可得

$$\bar{\boldsymbol{A}}\bar{\boldsymbol{\alpha}}=\bar{\lambda}\bar{\boldsymbol{\alpha}}.$$

这里, 对任意矩阵 $\boldsymbol{A}=(a_{ij})$, $\bar{\boldsymbol{A}}$ 定义为 $\bar{\boldsymbol{A}}=(\overline{a_{ij}})$. 由于 $\bar{\boldsymbol{A}}=\boldsymbol{A}$, $\boldsymbol{A}^{\mathrm{T}}=\boldsymbol{A}$, 所以

$$\bar{\boldsymbol{\alpha}}^{\mathrm{T}}(\boldsymbol{A}\boldsymbol{\alpha})=\left(\bar{\boldsymbol{\alpha}}^{\mathrm{T}}\bar{\boldsymbol{A}}^{\mathrm{T}}\right)\boldsymbol{\alpha}=\left(\bar{\boldsymbol{A}}\bar{\boldsymbol{\alpha}}\right)^{\mathrm{T}}\boldsymbol{\alpha}=\bar{\lambda}\bar{\boldsymbol{\alpha}}^{\mathrm{T}}\boldsymbol{\alpha}.$$

又

$$\bar{\boldsymbol{\alpha}}^{\mathrm{T}}(\boldsymbol{A}\boldsymbol{\alpha})=\bar{\boldsymbol{\alpha}}^{\mathrm{T}}\lambda\boldsymbol{\alpha}=\lambda\bar{\boldsymbol{\alpha}}^{\mathrm{T}}\boldsymbol{\alpha}.$$

故

$$(\lambda-\bar{\lambda})\bar{\boldsymbol{\alpha}}^{\mathrm{T}}\boldsymbol{\alpha}=0.$$

而由 $\boldsymbol{\alpha}\neq\mathbf{0}$ 容易验证 $\bar{\boldsymbol{\alpha}}^{\mathrm{T}}\boldsymbol{\alpha}>0$. 所以由上式可得 $\lambda=\bar{\lambda}$. 因此 $\lambda$ 是实数. 证毕.

**定理 5.14** 实对称矩阵 $\boldsymbol{A}$ 的对应于不同特征值的特征向量正交.

**证明** 设 $\lambda_1, \lambda_2$ 是 $\boldsymbol{A}$ 的两个不同的特征值, $\boldsymbol{\alpha}_1$ 和 $\boldsymbol{\alpha}_2$ 分别是属于 $\lambda_1$ 和 $\lambda_2$ 的特征向量, 即

$$\boldsymbol{A}\boldsymbol{\alpha}_1 = \lambda_1\boldsymbol{\alpha}_1, \quad \boldsymbol{A}\boldsymbol{\alpha}_2 = \lambda_2\boldsymbol{\alpha}_2.$$

因此

$$\lambda_1\boldsymbol{\alpha}_2^{\mathrm{T}}\boldsymbol{\alpha}_1 = \boldsymbol{\alpha}_2^{\mathrm{T}}(\lambda_1\boldsymbol{\alpha}_1) = \boldsymbol{\alpha}_2^{\mathrm{T}}(\boldsymbol{A}\boldsymbol{\alpha}_1) = (\boldsymbol{A}\boldsymbol{\alpha}_2)^{\mathrm{T}}\boldsymbol{\alpha}_1 = \lambda_2\boldsymbol{\alpha}_2^{\mathrm{T}}\boldsymbol{\alpha}_1.$$

故 $(\lambda_1 - \lambda_2)\boldsymbol{\alpha}_2^{\mathrm{T}}\boldsymbol{\alpha}_1 = 0$. 于是, 由 $\lambda_1 \neq \lambda_2$ 可知 $\boldsymbol{\alpha}_2^{\mathrm{T}}\boldsymbol{\alpha}_1 = 0$, 即 $\boldsymbol{\alpha}_1$ 和 $\boldsymbol{\alpha}_2$ 正交. 证毕.

该定理说明, 对于实对称矩阵而言, 属于不同特征值的特征向量不仅具有线性无关性, 而且具有正交性.

### 5.4.2 实对称矩阵的相似对角化

下述定理告诉我们, 实对称矩阵一定能够相似对角化.

**定理 5.15** 设 $\boldsymbol{A}$ 为 $n$ 阶实对称矩阵, 则一定存在 $n$ 阶正交矩阵 $\boldsymbol{Q}$, 使得

$$\boldsymbol{Q}^{-1}\boldsymbol{A}\boldsymbol{Q} = \boldsymbol{Q}^{\mathrm{T}}\boldsymbol{A}\boldsymbol{Q} = \boldsymbol{\Lambda} = \mathrm{diag}(\lambda_1, \lambda_2, \cdots, \lambda_n),$$

其中 $\lambda_1, \lambda_2, \cdots, \lambda_n$ 为矩阵 $\boldsymbol{A}$ 的 $n$ 个特征值.

**证明*** 对实对称矩阵的阶数 $n$ 采用数学归纳法. 当 $n = 1$ 时, 结论显然成立. 当 $n > 1$ 时, 假设结论对任意 $n-1$ 阶实对称矩阵都成立, 我们来考察 $n$ 阶实对称矩阵 $\boldsymbol{A}$. 设 $\lambda_1$ 是 $\boldsymbol{A}$ 的任意一个特征值, $\boldsymbol{\xi}_1$ 是对应于 $\lambda_1$ 的一个长度为 1 的特征向量, 则由 Gram-Schmidt 标准正交化方法可知, 在内积空间 $\mathbb{R}^n$ 中一定能够找到 $n-1$ 个单位向量 $\boldsymbol{\alpha}_2, \boldsymbol{\alpha}_3, \cdots, \boldsymbol{\alpha}_n$ 使得 $\boldsymbol{\xi}_1, \boldsymbol{\alpha}_2, \boldsymbol{\alpha}_3, \cdots, \boldsymbol{\alpha}_n$ 是一个标准正交向量组. 从而, 以它们为列所构成的矩阵 $\boldsymbol{Q}_1 = (\boldsymbol{\xi}_1, \boldsymbol{\alpha}_2, \boldsymbol{\alpha}_3, \cdots, \boldsymbol{\alpha}_n)$ 是一个正交矩阵. 并且, 由 $\boldsymbol{A}\boldsymbol{\xi}_1 = \lambda_1\boldsymbol{\xi}_1$, $\|\boldsymbol{\xi}_1\| = 1$, $(\boldsymbol{\xi}_1, \boldsymbol{\alpha}_i) = 0\ (i = 2, \cdots, n)$, 以及 $\boldsymbol{A}$ 的对称性, 经简单计算可得

$$\boldsymbol{Q}_1^{-1}\boldsymbol{A}\boldsymbol{Q}_1 = \boldsymbol{Q}_1^{\mathrm{T}}\boldsymbol{A}\boldsymbol{Q}_1 = \begin{pmatrix} \boldsymbol{\xi}_1^{\mathrm{T}} \\ \boldsymbol{\alpha}_2^{\mathrm{T}} \\ \vdots \\ \boldsymbol{\alpha}_n^{\mathrm{T}} \end{pmatrix} \boldsymbol{A}(\boldsymbol{\xi}_1, \boldsymbol{\alpha}_2, \cdots, \boldsymbol{\alpha}_n)$$

$$= \begin{pmatrix} \boldsymbol{\xi}_1^{\mathrm{T}} \\ \boldsymbol{\alpha}_2^{\mathrm{T}} \\ \vdots \\ \boldsymbol{\alpha}_n^{\mathrm{T}} \end{pmatrix} (\lambda_1 \boldsymbol{\xi}_1, \boldsymbol{A}\boldsymbol{\alpha}_2, \cdots, \boldsymbol{A}\boldsymbol{\alpha}_n)$$

$$= \begin{pmatrix} \lambda_1 & 0 & \cdots & 0 \\ 0 & \boldsymbol{\alpha}_2^{\mathrm{T}} \boldsymbol{A}\boldsymbol{\alpha}_2 & \cdots & \boldsymbol{\alpha}_2^{\mathrm{T}} \boldsymbol{A}\boldsymbol{\alpha}_n \\ \vdots & \vdots & & \vdots \\ 0 & \boldsymbol{\alpha}_n^{\mathrm{T}} \boldsymbol{A}\boldsymbol{\alpha}_2 & \cdots & \boldsymbol{\alpha}_n^{\mathrm{T}} \boldsymbol{A}\boldsymbol{\alpha}_n \end{pmatrix}.$$

记

$$\boldsymbol{B} = (b_{ij}) = \begin{pmatrix} \boldsymbol{\alpha}_2^{\mathrm{T}} \boldsymbol{A}\boldsymbol{\alpha}_2 & \cdots & \boldsymbol{\alpha}_2^{\mathrm{T}} \boldsymbol{A}\boldsymbol{\alpha}_n \\ \vdots & & \vdots \\ \boldsymbol{\alpha}_n^{\mathrm{T}} \boldsymbol{A}\boldsymbol{\alpha}_2 & \cdots & \boldsymbol{\alpha}_n^{\mathrm{T}} \boldsymbol{A}\boldsymbol{\alpha}_n \end{pmatrix},$$

则由 $\boldsymbol{A}^{\mathrm{T}} = \boldsymbol{A}$ 可知, 对 $i, j = 1, 2, \cdots, n-1$, 有

$$b_{ij} = \boldsymbol{\alpha}_{i+1}^{\mathrm{T}} \boldsymbol{A}\boldsymbol{\alpha}_{j+1} = \left(\boldsymbol{\alpha}_{i+1}^{\mathrm{T}} \boldsymbol{A}\boldsymbol{\alpha}_{j+1}\right)^{\mathrm{T}} = \boldsymbol{\alpha}_{j+1}^{\mathrm{T}} \boldsymbol{A}\boldsymbol{\alpha}_{i+1} = b_{ji}.$$

因此, $\boldsymbol{B}$ 是一个 $n-1$ 阶实对称矩阵. 故由归纳假设可知, 存在一个 $n-1$ 阶正交矩阵 $\boldsymbol{P}$, 使得

$$\boldsymbol{P}^{-1}\boldsymbol{B}\boldsymbol{P} = \boldsymbol{P}^{\mathrm{T}}\boldsymbol{B}\boldsymbol{P} = \operatorname{diag}(\lambda_2, \cdots, \lambda_n).$$

令 $\boldsymbol{Q}_2 = \begin{pmatrix} 1 & \\ & \boldsymbol{P} \end{pmatrix}$, 则由 $\boldsymbol{P}$ 的正交性可知 $\boldsymbol{Q}_2$ 是一个 $n$ 阶正交矩阵. 再令 $\boldsymbol{Q} = \boldsymbol{Q}_1\boldsymbol{Q}_2$, 则 $\boldsymbol{Q}$ 也是正交矩阵, 且满足

$$\begin{aligned} \boldsymbol{Q}^{-1}\boldsymbol{A}\boldsymbol{Q} &= (\boldsymbol{Q}_1\boldsymbol{Q}_2)^{-1} \boldsymbol{A} (\boldsymbol{Q}_1\boldsymbol{Q}_2) = \boldsymbol{Q}_2^{-1} \left(\boldsymbol{Q}_1^{-1}\boldsymbol{A}\boldsymbol{Q}_1\right) \boldsymbol{Q}_2 \\ &= \begin{pmatrix} 1 & \\ & \boldsymbol{P}^{-1} \end{pmatrix} \begin{pmatrix} \lambda_1 & \\ & \boldsymbol{B} \end{pmatrix} \begin{pmatrix} 1 & \\ & \boldsymbol{P} \end{pmatrix} = \boldsymbol{\Lambda}, \end{aligned}$$

其中 $\boldsymbol{\Lambda} = \operatorname{diag}(\lambda_1, \lambda_2, \cdots, \lambda_n)$. 最后, 由 $\boldsymbol{A}$ 和 $\boldsymbol{\Lambda}$ 相似可知, $\lambda_1, \lambda_2, \cdots, \lambda_n$ 就是 $\boldsymbol{A}$ 的全部 $n$ 个特征值. 证毕.

作为定理 5.15 的推论, 有

**推论 1**　实对称矩阵的任一特征值的几何重数均等于其代数重数.

**推论 2** 任一 $n$ 阶实对称矩阵 $\boldsymbol{A}$ 均有形如

$$\boldsymbol{A}=\boldsymbol{Q}\boldsymbol{\Lambda}\boldsymbol{Q}^{-1}$$

的分解, 其中 $\boldsymbol{Q}$ 是 $n$ 阶正交矩阵, $\boldsymbol{\Lambda}=\operatorname{diag}(\lambda_1, \lambda_2, \cdots, \lambda_n)$. 这里, $\lambda_1, \lambda_2, \cdots, \lambda_n$ 是 $\boldsymbol{A}$ 的 $n$ 个特征值.

对于上述分解式中正交矩阵 $\boldsymbol{Q}$ 的求法, 可以按照下述步骤进行:

第一步, 求出实对称矩阵 $\boldsymbol{A}$ 的所有互不相同的特征值 $\lambda_1, \lambda_2, \cdots, \lambda_m$, 其中 $1 \leqslant m \leqslant n$;

第二步, 对每个 $\lambda_i$, 求出齐次线性方程组 $(\lambda_i\boldsymbol{E}-\boldsymbol{A})\boldsymbol{x}=\boldsymbol{0}$ 的基础解系, 并将其正交化;

第三步, 将所有正交化后的基础解系放在一起, 并将其标准化, 从而得到一个含有 $n$ 个向量的标准正交向量组 $\boldsymbol{\eta}_1, \boldsymbol{\eta}_2, \cdots, \boldsymbol{\eta}_n$;

第四步, 以 $\boldsymbol{\eta}_1, \boldsymbol{\eta}_2, \cdots, \boldsymbol{\eta}_n$ 为列向量构造矩阵 $\boldsymbol{Q}=(\boldsymbol{\eta}_1, \boldsymbol{\eta}_2, \cdots, \boldsymbol{\eta}_n)$, 则 $\boldsymbol{Q}$ 就是所求的正交矩阵. 这时, 对角矩阵 $\boldsymbol{\Lambda}=\operatorname{diag}(\lambda_1, \lambda_2, \cdots, \lambda_n)$ 主对角线上的元素 $\lambda_1, \lambda_2, \cdots, \lambda_n$ 是 $\boldsymbol{A}$ 的分别与 $\boldsymbol{\eta}_1, \boldsymbol{\eta}_2, \cdots, \boldsymbol{\eta}_n$ 相对应的特征值.

**例 5.35** 设 $\boldsymbol{A}=\begin{pmatrix} 1 & 2 & 2 \\ 2 & 1 & 2 \\ 2 & 2 & 1 \end{pmatrix}$, 试求正交矩阵 $\boldsymbol{Q}$ 使得 $\boldsymbol{Q}^{-1}\boldsymbol{A}\boldsymbol{Q}$ 为对角阵.

**解** 首先, 由

$$|\lambda\boldsymbol{E}-\boldsymbol{A}|=\begin{vmatrix} \lambda-1 & -2 & -2 \\ -2 & \lambda-1 & -2 \\ -2 & -2 & \lambda-1 \end{vmatrix}=\begin{vmatrix} \lambda-5 & -2 & -2 \\ \lambda-5 & \lambda-1 & -2 \\ \lambda-5 & -2 & \lambda-1 \end{vmatrix}$$

$$=\begin{vmatrix} \lambda-5 & -2 & -2 \\ 0 & \lambda+1 & 0 \\ 0 & 0 & \lambda+1 \end{vmatrix}=(\lambda-5)(\lambda+1)(\lambda+1)$$

可知 $\boldsymbol{A}$ 的特征值为 $\lambda_1=\lambda_2=-1$, $\lambda_3=5$. 对于 $\lambda_1=\lambda_2=-1$, 解线性方程组 $(\lambda_1\boldsymbol{E}-\boldsymbol{A})\boldsymbol{x}=\boldsymbol{0}$, 即

$$\begin{pmatrix} -2 & -2 & -2 \\ -2 & -2 & -2 \\ -2 & -2 & -2 \end{pmatrix}\begin{pmatrix} x_1 \\ x_2 \\ x_3 \end{pmatrix}=\begin{pmatrix} 0 \\ 0 \\ 0 \end{pmatrix}$$

可得属于特征值 $-1$ 的两个线性无关的特征向量:

$$\boldsymbol{\xi}_1 = (-1,\ 1,\ 0)^{\mathrm{T}},\quad \boldsymbol{\xi}_2 = (-1,\ 0,\ 1)^{\mathrm{T}}.$$

对于 $\lambda_3 = 5$, 解线性方程组 $(\lambda_3 \boldsymbol{E} - \boldsymbol{A})\boldsymbol{x} = \boldsymbol{0}$, 即

$$\begin{pmatrix} 4 & -2 & -2 \\ -2 & 4 & -2 \\ -2 & -2 & 4 \end{pmatrix}\begin{pmatrix} x_1 \\ x_2 \\ x_3 \end{pmatrix} = \begin{pmatrix} 0 \\ 0 \\ 0 \end{pmatrix}$$

可得属于特征值 5 的特征向量: $\boldsymbol{\xi}_3 = (1,\ 1,\ 1)^{\mathrm{T}}$. 由于对应于不同特征值的特征向量正交, 因此只需将 $\boldsymbol{\xi}_1, \boldsymbol{\xi}_2$ 正交化, 得到

$$\boldsymbol{\beta}_1 = \boldsymbol{\xi}_1,\ \boldsymbol{\beta}_2 = \boldsymbol{\xi}_2 - \frac{(\boldsymbol{\xi}_2, \boldsymbol{\beta}_1)}{(\boldsymbol{\beta}_1, \boldsymbol{\beta}_1)}\boldsymbol{\beta}_1 = \frac{1}{2}(-1,\ -1,\ 2)^{\mathrm{T}},$$

进而得到正交向量组 $\boldsymbol{\beta}_1, \boldsymbol{\beta}_2, \boldsymbol{\xi}_3$. 对其单位化, 得

$$\boldsymbol{\eta}_1 = \frac{1}{\sqrt{2}}(-1,\ 1,\ 0)^{\mathrm{T}},\quad \boldsymbol{\eta}_2 = \frac{1}{\sqrt{6}}(-1,\ -1,\ 2)^{\mathrm{T}},\quad \boldsymbol{\eta}_3 = \frac{1}{\sqrt{3}}(1,\ 1,\ 1)^{\mathrm{T}}.$$

令 $\boldsymbol{Q} = (\boldsymbol{\eta}_1, \boldsymbol{\eta}_2, \boldsymbol{\eta}_3)$, 则 $\boldsymbol{Q}$ 为正交矩阵, 且 $\boldsymbol{Q}^{-1}\boldsymbol{A}\boldsymbol{Q} = \mathrm{diag}(-1,\ -1,\ 5)$.

下述例子表明, 对于实对称矩阵来说, 特征值相同是可以保证相似性的.

**例 5.36**　设 $\boldsymbol{A}, \boldsymbol{B}$ 都是 $n$ 阶实对称矩阵, 证明: $\boldsymbol{A}$ 与 $\boldsymbol{B}$ 相似的充分必要条件是 $\boldsymbol{A}$ 与 $\boldsymbol{B}$ 有相同的特征值.

**证明**　必要性是已知的. 因此, 只需证明充分性. 设 $\boldsymbol{A}$ 与 $\boldsymbol{B}$ 有相同的特征值 $\lambda_1, \lambda_2, \cdots, \lambda_n$, 则由于 $\boldsymbol{A}, \boldsymbol{B}$ 都是 $n$ 阶实对称矩阵, 所以存在可逆矩阵 $\boldsymbol{P}, \boldsymbol{Q}$, 使得

$$\boldsymbol{P}^{-1}\boldsymbol{A}\boldsymbol{P} = \boldsymbol{\Lambda} = \boldsymbol{Q}^{-1}\boldsymbol{B}\boldsymbol{Q},$$

其中 $\boldsymbol{\Lambda} = \mathrm{diag}(\lambda_1, \lambda_2, \cdots, \lambda_n)$. 故 $\boldsymbol{A}$ 与 $\boldsymbol{B}$ 相似.

**例 5.37*** 　设 3 阶实对称矩阵 $\boldsymbol{A}$ 的特征值为 $\lambda_1 = -1, \lambda_2 = \lambda_3 = 1$, 且对应于 $\lambda_1$ 的特征向量为 $\boldsymbol{\xi}_1 = (0,\ 1,\ 1)^{\mathrm{T}}$.

求: (1) 矩阵 $\boldsymbol{A}$; (2) $\boldsymbol{B} = \boldsymbol{A}^3 - 5\boldsymbol{A}^2$ 的相似对角矩阵; (3) $|\boldsymbol{A}^* - 5\boldsymbol{E}|$.

**解**　由于 1 是 $\boldsymbol{A}$ 的一个 2 重特征值, 所以由定理 5.15 的推论 1 可知, $\boldsymbol{A}$ 的属于特征值 $\lambda_2 = 1$ 的特征子空间 $V_{\lambda_2}$ 的维数

$$\dim(V_{\lambda_2}) = 2.$$

又由于 $\lambda_1 \neq \lambda_2$, 所以 $V_{\lambda_2}$ 中的任一向量 $\boldsymbol{\xi} = (x_1, x_2, x_3)^{\mathrm{T}}$ 必与 $\boldsymbol{\xi}_1 = (0, 1, 1)^{\mathrm{T}}$ 正交. 因此

$$V_{\lambda_2} \subset \left\{ (x_1, x_2, x_3)^{\mathrm{T}} \in \mathbb{R}^3 \,\middle|\, x_2 + x_3 = (0, 1, 1)(x_1, x_2, x_3)^{\mathrm{T}} = 0 \right\}.$$

上式右端显然形成 $\mathbb{R}^3$ 的一个子空间, 其维数为 2. 故

$$V_{\lambda_2} = \left\{ (x_1, x_2, x_3)^{\mathrm{T}} \in \mathbb{R}^3 \,\middle|\, x_2 + x_3 = (0, 1, 1)(x_1, x_2, x_3)^{\mathrm{T}} = 0 \right\}.$$

于是, 求解线性方程 $x_2 + x_3 = 0$ 可得属于特征值 $\lambda_2 = \lambda_3 = 1$ 的两个线性无关的特征向量 $\boldsymbol{\xi}_2 = (1, 0, 0)^{\mathrm{T}}$, $\boldsymbol{\xi}_3 = (0, 1, -1)^{\mathrm{T}}$. 对于这样的选取, $\boldsymbol{\xi}_2$, $\boldsymbol{\xi}_3$ 显然正交. 所以, 它们与 $\boldsymbol{\xi}_1$ 就形成了 $\boldsymbol{A}$ 的一个正交特征向量组:

$$\boldsymbol{\xi}_1, \boldsymbol{\xi}_2, \boldsymbol{\xi}_3.$$

将其单位化, 可得 $\boldsymbol{A}$ 的下述标准正交特征向量组:

$$\boldsymbol{\eta}_1 = \frac{1}{\sqrt{2}}(0, 1, 1)^{\mathrm{T}}, \quad \boldsymbol{\eta}_2 = (1, 0, 0)^{\mathrm{T}}, \quad \boldsymbol{\eta}_3 = \frac{1}{\sqrt{2}}(0, 1, -1)^{\mathrm{T}},$$

且与它们所对应的特征值分别为 $\lambda_1 = -1$, $\lambda_2 = \lambda_3 = 1$. 因此, 令 $\boldsymbol{Q} = (\boldsymbol{\eta}_1, \boldsymbol{\eta}_2, \boldsymbol{\eta}_3)$, 则 $\boldsymbol{Q}$ 为正交矩阵, 且由定理 5.15 的推论 2 可知

$$\begin{aligned}
\boldsymbol{A} &= \boldsymbol{Q}\begin{pmatrix} -1 & 0 & 0 \\ 0 & 1 & 0 \\ 0 & 0 & 1 \end{pmatrix}\boldsymbol{Q}^{-1} = \boldsymbol{Q}\begin{pmatrix} -1 & 0 & 0 \\ 0 & 1 & 0 \\ 0 & 0 & 1 \end{pmatrix}\boldsymbol{Q}^{\mathrm{T}} \\
&= \begin{pmatrix} 0 & 1 & 0 \\ \frac{1}{\sqrt{2}} & 0 & \frac{1}{\sqrt{2}} \\ \frac{1}{\sqrt{2}} & 0 & -\frac{1}{\sqrt{2}} \end{pmatrix}\begin{pmatrix} -1 & 0 & 0 \\ 0 & 1 & 0 \\ 0 & 0 & 1 \end{pmatrix}\begin{pmatrix} 0 & \frac{1}{\sqrt{2}} & \frac{1}{\sqrt{2}} \\ 1 & 0 & 0 \\ 0 & \frac{1}{\sqrt{2}} & -\frac{1}{\sqrt{2}} \end{pmatrix} \\
&= \begin{pmatrix} 1 & 0 & 0 \\ 0 & 0 & -1 \\ 0 & -1 & 0 \end{pmatrix}.
\end{aligned}$$

(2) 由于

$$\boldsymbol{B} = \boldsymbol{A}^3 - 5\boldsymbol{A}^2$$

$$
\begin{aligned}
&= \boldsymbol{Q}\begin{pmatrix} -1 & 0 & 0 \\ 0 & 1 & 0 \\ 0 & 0 & 1 \end{pmatrix}^3 \boldsymbol{Q}^{-1} - 5\boldsymbol{Q}\begin{pmatrix} -1 & 0 & 0 \\ 0 & 1 & 0 \\ 0 & 0 & 1 \end{pmatrix}^2 \boldsymbol{Q}^{-1} \\
&= \boldsymbol{Q}\left(\begin{pmatrix} -1 & 0 & 0 \\ 0 & 1 & 0 \\ 0 & 0 & 1 \end{pmatrix} - 5\begin{pmatrix} 1 & 0 & 0 \\ 0 & 1 & 0 \\ 0 & 0 & 1 \end{pmatrix}\right)\boldsymbol{Q}^{-1} \\
&= \boldsymbol{Q}\begin{pmatrix} -6 & 0 & 0 \\ 0 & -4 & 0 \\ 0 & 0 & -4 \end{pmatrix}\boldsymbol{Q}^{-1}.
\end{aligned}
$$

因此, $\begin{pmatrix} -6 & 0 & 0 \\ 0 & -4 & 0 \\ 0 & 0 & -4 \end{pmatrix}$ 就是 $\boldsymbol{B}$ 的一个相似对角矩阵, 其中 $-6, -4, -4$ 为 $\boldsymbol{B}$ 的特征值.

(3) 由于 $|\boldsymbol{A}| = \lambda_1\lambda_2\lambda_3 = -1$, 所以 $\boldsymbol{A}^*$ 的特征值为 $\dfrac{|\boldsymbol{A}|}{\lambda_1} = 1$, $\dfrac{|\boldsymbol{A}|}{\lambda_2} = -1$, $\dfrac{|\boldsymbol{A}|}{\lambda_3} = -1$. 故 $\boldsymbol{A}^* - 5\boldsymbol{E}$ 的特征值为 $1-5=-4$, $-1-5=-6$, $-1-5=-6$. 因此, $|\boldsymbol{A}^* - 5\boldsymbol{E}| = (-4)\times(-6)\times(-6) = -144$.

**例 5.38$^*$** 设 $n$ 阶实对称矩阵 $\boldsymbol{A}$ 有两个不同的特征值: $\lambda_1 = a$, $\lambda_2 = \lambda_3 = \cdots = \lambda_n = b$, $a \neq b$. 设 $\boldsymbol{\eta}_1$ 为对应于 $\lambda_1 = a$ 的单位特征向量, 则

$$\boldsymbol{A} = (a-b)\boldsymbol{\eta}_1\boldsymbol{\eta}_1^{\mathrm{T}} + b\boldsymbol{E}.$$

**解** 因为 $\boldsymbol{A}$ 为 $n$ 阶实对称矩阵, 所以对应于特征值 $b$ 有 $n-1$ 个线性无关的特征向量. 因此, 使用 Gram-Schmidt 标准正交化方法, 可以得到属于特征值 $b$ 的 $n-1$ 个标准正交特征向量 $\boldsymbol{\eta}_2, \cdots, \boldsymbol{\eta}_n$. 令 $\boldsymbol{Q} = (\boldsymbol{\eta}_1, \boldsymbol{\eta}_2, \cdots, \boldsymbol{\eta}_n)$, 则由 $a \neq b$ 可知 $\boldsymbol{Q}$ 为正交矩阵, 且 $\boldsymbol{Q}^{-1}\boldsymbol{A}\boldsymbol{Q} = \mathrm{diag}(a, b, \cdots, b)$, 即 $\boldsymbol{A} = \boldsymbol{Q}\mathrm{diag}(a, b, \cdots, b)\boldsymbol{Q}^{-1}$. 故

$$
\begin{aligned}
\boldsymbol{A} - b\boldsymbol{E} &= \boldsymbol{Q}\mathrm{diag}(a, b, \cdots, b)\boldsymbol{Q}^{-1} + \boldsymbol{Q}(-bE)\boldsymbol{Q}^{-1} \\
&= \boldsymbol{Q}\mathrm{diag}(a-b, 0, \cdots, 0)\boldsymbol{Q}^{-1} \\
&= \boldsymbol{Q}\mathrm{diag}(a-b, 0, \cdots, 0)\boldsymbol{Q}^{\mathrm{T}} \\
&= (\boldsymbol{\eta}_1, \boldsymbol{\eta}_2, \cdots, \boldsymbol{\eta}_n)\begin{pmatrix} a-b & & & \\ & 0 & & \\ & & \ddots & \\ & & & 0 \end{pmatrix}\begin{pmatrix} \boldsymbol{\eta}_1^{\mathrm{T}} \\ \boldsymbol{\eta}_2^{\mathrm{T}} \\ \vdots \\ \boldsymbol{\eta}_n^{\mathrm{T}} \end{pmatrix}
\end{aligned}
$$

$$= ((a-b)\boldsymbol{\eta}_1, \mathbf{0}, \cdots, \mathbf{0})\begin{pmatrix} \boldsymbol{\eta}_1^{\mathrm{T}} \\ \boldsymbol{\eta}_2^{\mathrm{T}} \\ \vdots \\ \boldsymbol{\eta}_n^{\mathrm{T}} \end{pmatrix}$$

$$= (a-b)\boldsymbol{\eta}_1\boldsymbol{\eta}_1^{\mathrm{T}}.$$

所以

$$\boldsymbol{A} = (a-b)\boldsymbol{\eta}_1\boldsymbol{\eta}_1^{\mathrm{T}} + b\boldsymbol{E}.$$

## 习 题 5.4

1. 对下述实对称矩阵 $\boldsymbol{A}$, 求正交矩阵 $\boldsymbol{P}$ 及对角矩阵 $\boldsymbol{\varLambda}$ 使得 $\boldsymbol{P}^{-1}\boldsymbol{AP} = \boldsymbol{\varLambda}$.

(1) $\boldsymbol{A} = \begin{pmatrix} 2 & 2 & -2 \\ 2 & 5 & -4 \\ -2 & -4 & 5 \end{pmatrix}$; (2) $\boldsymbol{A} = \begin{pmatrix} 1 & -2 & 2 \\ -2 & 4 & -4 \\ 2 & -4 & 4 \end{pmatrix}$;

(3) $\boldsymbol{A} = \begin{pmatrix} -1 & 2 & 2 \\ 2 & -1 & -2 \\ 2 & -2 & -1 \end{pmatrix}$.

2. 设 3 阶矩阵 $\boldsymbol{A}$ 的 3 个特征值为 $\lambda_1 = 2, \lambda_2 = -2, \lambda_3 = 1$, 它们所对应的特征向量依次为 $\boldsymbol{p}_1 = (0, 1, 1)^{\mathrm{T}}, \boldsymbol{p}_2 = (1, 1, 1)^{\mathrm{T}}, \boldsymbol{p}_3 = (1, 1, 0)^{\mathrm{T}}$. 求 $\boldsymbol{A}$.

3. 设 $\boldsymbol{A} = \begin{pmatrix} 2 & 1 & 2 \\ 1 & 2 & 2 \\ 2 & 2 & 1 \end{pmatrix}$, 求 $\boldsymbol{A}^{10} - 6\boldsymbol{A}^9 + 5\boldsymbol{A}^8$.

4. 设 3 阶实对称矩阵 $\boldsymbol{A}$ 的特征值为 6, 3, 3, 且与特征值 6 对应的特征向量 $\boldsymbol{p}_1 = (1, 1, 1)^{\mathrm{T}}$, 求 $\boldsymbol{A}$.

5. 设 $\boldsymbol{A} = \begin{pmatrix} 0 & 0 & 1 \\ x & 1 & y \\ 1 & 0 & 0 \end{pmatrix}$ 有 3 个线性无关的特征向量, 求 $x$ 与 $y$ 应满足的条件.

6. 设矩阵 $\boldsymbol{A} = \begin{pmatrix} 1 & -2 & -4 \\ -2 & x & -2 \\ -4 & -2 & 1 \end{pmatrix}$ 与 $\boldsymbol{\varLambda} = \begin{pmatrix} 5 & 0 & 0 \\ 0 & -4 & 0 \\ 0 & 0 & y \end{pmatrix}$ 相似, 求 $x, y$, 并求正交矩阵 $\boldsymbol{P}$ 使得 $\boldsymbol{P}^{-1}\boldsymbol{AP} = \boldsymbol{\varLambda}$.

7. 设 $\boldsymbol{\alpha}, \boldsymbol{\beta}$ 是 3 维单位正交列向量组, $\boldsymbol{A} = \boldsymbol{\alpha}\boldsymbol{\beta}^{\mathrm{T}} + \boldsymbol{\beta}\boldsymbol{\alpha}^{\mathrm{T}}$, 证明:

(1) $\boldsymbol{A}$ 能够相似对角化;

(2) 从 $\boldsymbol{\alpha}, \boldsymbol{\beta}$ 出发构造一个正交矩阵 $\boldsymbol{C}$, 使得 $\boldsymbol{C}^{\mathrm{T}}\boldsymbol{AC}$ 为对角矩阵, 并求此对角矩阵.

8. 设 $\boldsymbol{A}, \boldsymbol{B}$ 都是 $n$ 阶实对称矩阵, 若存在正交矩阵 $\boldsymbol{T}$ 使得 $\boldsymbol{T}^{-1}\boldsymbol{AT}, \boldsymbol{T}^{-1}\boldsymbol{BT}$ 都是对角矩阵, 则 $\boldsymbol{AB}$ 是实对称矩阵.

9. 证明: 对称的正交矩阵 $\boldsymbol{A}$ 的特征值必为 1 或 $-1$.

10. 设 $\boldsymbol{A}$ 为实对称矩阵, 若 $\boldsymbol{A}^2=\boldsymbol{O}$, 则 $\boldsymbol{A}=\boldsymbol{O}$.

11. 已知 $\boldsymbol{A}=\begin{pmatrix}13&14&4\\14&24&18\\4&18&29\end{pmatrix}$, 求满足 $\boldsymbol{X}^2=\boldsymbol{A}$ 的实对称矩阵 $\boldsymbol{X}$.

12. 设 $\boldsymbol{A}$ 是 $n$ 阶实对称矩阵, 且 $\boldsymbol{\alpha}_1, \boldsymbol{\alpha}_2, \cdots, \boldsymbol{\alpha}_n$ 是 $\boldsymbol{A}$ 的 $n$ 个单位正交特征向量, 与它们所对应的特征值分别为 $\lambda_1, \lambda_2, \cdots, \lambda_n$, 证明:

$$\boldsymbol{A}=\lambda_1\boldsymbol{\alpha}_1\boldsymbol{\alpha}_1^{\mathrm{T}}+\lambda_2\boldsymbol{\alpha}_2\boldsymbol{\alpha}_2^{\mathrm{T}}+\cdots+\lambda_n\boldsymbol{\alpha}_n\boldsymbol{\alpha}_n^{\mathrm{T}}.$$

13. 设 $n$ 阶实对称矩阵 $\boldsymbol{A}$ 是幂等矩阵, 即 $\boldsymbol{A}^2=\boldsymbol{A}$, 且 $R(\boldsymbol{A})=r$, 试求:

(1) 与矩阵 $\boldsymbol{A}$ 相似的对角矩阵; (2) $|6\boldsymbol{E}-\boldsymbol{A}|$.

14. 设 $n$ 阶实对称矩阵 $\boldsymbol{A}\neq\boldsymbol{O}$, 且其特征值全为非负数, 证明: $\boldsymbol{A}+\boldsymbol{E}$ 的行列式 $|\boldsymbol{A}+\boldsymbol{E}|>1$.

15. 设 $\boldsymbol{A}$ 为 3 阶实对称矩阵, $R(\boldsymbol{A})=2$, 且 $\boldsymbol{A}\begin{pmatrix}1&1\\0&0\\-1&1\end{pmatrix}=\begin{pmatrix}-1&1\\0&0\\1&1\end{pmatrix}$,

(1) 求 $\boldsymbol{A}$ 的特征值与特征向量; (2) 求矩阵 $\boldsymbol{A}$.

16. 设 $\boldsymbol{A}=\begin{pmatrix}0&-1&4\\-1&3&a\\4&a&0\end{pmatrix}$, 且存在正交矩阵 $\boldsymbol{Q}$ 使得 $\boldsymbol{Q}^{\mathrm{T}}\boldsymbol{A}\boldsymbol{Q}$ 为对角矩阵. 若 $\boldsymbol{Q}$ 的第一列为 $\dfrac{1}{\sqrt{6}}(1, 2, 1)^{\mathrm{T}}$, 求 $a$, $\boldsymbol{Q}$.

17. 设 3 阶实对称矩阵 $\boldsymbol{A}$ 的各行元素之和都为 3, 且向量 $\boldsymbol{\alpha}_1=(-1, 2, -1)^{\mathrm{T}}$, $\boldsymbol{\alpha}_2=(0, -1, 1)^{\mathrm{T}}$ 是线性方程组 $\boldsymbol{A}\boldsymbol{x}=\boldsymbol{0}$ 的两个解.

(1) 求 $\boldsymbol{A}$ 的特征值与特征向量;

(2) 求正交矩阵 $\boldsymbol{Q}$ 和对角矩阵 $\boldsymbol{\Lambda}$ 使得 $\boldsymbol{Q}^{\mathrm{T}}\boldsymbol{A}\boldsymbol{Q}=\boldsymbol{\Lambda}$, 并求出矩阵 $\boldsymbol{A}$.

18. 设 3 阶实对称矩阵 $\boldsymbol{A}$ 的秩等于 2, 且 $\lambda_1=\lambda_2=6$ 是 $\boldsymbol{A}$ 的 2 个特征值, $\boldsymbol{\alpha}_1=(1, 1, 0)^{\mathrm{T}}$, $\boldsymbol{\alpha}_2=(1, 1, 1)^{\mathrm{T}}$ 都是 $\boldsymbol{A}$ 的属于特征值 6 的特征向量, 试求:

(1) $\boldsymbol{A}$ 的另一特征值与对应的特征向量;

(2) 矩阵 $\boldsymbol{A}$.

19. 设 $\boldsymbol{A}, \boldsymbol{B}$ 为同阶方阵.

(1) 若 $\boldsymbol{A}, \boldsymbol{B}$ 相似, 证明: $\boldsymbol{A}, \boldsymbol{B}$ 的特征多项式相等;

(2) 举一个 2 阶方阵的例子说明 (1) 的逆命题不成立;

(3) 当 $\boldsymbol{A}, \boldsymbol{B}$ 均为实对称矩阵时, 证明 (1) 的逆命题成立.

## 5.5 应用举例*

本节通过几个例子来介绍矩阵相似对角化的实际应用.

**例 5.39** 假设某区域每年有比例为 $p$ 的农村居民移居城镇, 同时有比例为 $q$ 的城镇居民移居农村. 设该区域总人口保持不变, 且上述人口迁移的规律也保持不变. 把 $n$ 年后农村人口和城镇人口占总人口的比例分别记为 $x_n$, $y_n$.

(1) 求关系式 $\begin{pmatrix} x_n \\ y_n \end{pmatrix} = \boldsymbol{A} \begin{pmatrix} x_{n-1} \\ y_{n-1} \end{pmatrix}$ 中的矩阵 $\boldsymbol{A}$;

(2) 设目前农村人口和城镇人口比例各半, 即 $x_0 = y_0 = 0.5$, 求 $x_n, y_n$.

**解** (1) 由题设可知

$$\begin{cases} x_n = (1-p)x_{n-1} + qy_{n-1}, \\ y_n = px_{n-1} + (1-q)y_{n-1}. \end{cases}$$

因此, $\boldsymbol{A} = \begin{pmatrix} 1-p & q \\ p & 1-q \end{pmatrix}$.

(2) 反复利用 (1) 中的关系式可得

$$\begin{pmatrix} x_n \\ y_n \end{pmatrix} = \boldsymbol{A} \begin{pmatrix} x_{n-1} \\ y_{n-1} \end{pmatrix} = \cdots = \frac{1}{2}\boldsymbol{A}^n \begin{pmatrix} 1 \\ 1 \end{pmatrix}.$$

因此下面只需计算 $\boldsymbol{A}^n$. 直接计算可知, $\boldsymbol{A}$ 的特征值为 $\lambda_1 = 1, \lambda_2 = 1-p-q$, 相应的特征向量分别是

$$\boldsymbol{\xi}_1 = \begin{pmatrix} q \\ p \end{pmatrix}, \quad \boldsymbol{\xi}_2 = \begin{pmatrix} -1 \\ 1 \end{pmatrix}.$$

令 $\boldsymbol{P} = (\boldsymbol{\xi}_1, \boldsymbol{\xi}_2)$, 则 $\boldsymbol{P}$ 可逆, 且

$$\boldsymbol{A} = \boldsymbol{P} \begin{pmatrix} 1 & 0 \\ 0 & 1-p-q \end{pmatrix} \boldsymbol{P}^{-1}.$$

因此

$$\begin{aligned} \boldsymbol{A}^n &= \boldsymbol{P} \begin{pmatrix} 1 & 0 \\ 0 & (1-p-q)^n \end{pmatrix} \boldsymbol{P}^{-1} \\ &= \frac{1}{p+q} \begin{pmatrix} q + p(1-p-q)^n & q - q(1-p-q)^n \\ p - p(1-p-q)^n & p + q(1-p-q)^n \end{pmatrix}. \end{aligned}$$

一个有趣的结果是, 如果 $p+q<1$, 则 $\lim\limits_{n\to\infty}(1-p-q)^n = 0$. 因此

$$\lim_{n\to\infty} \begin{pmatrix} x_n \\ y_n \end{pmatrix} = \begin{pmatrix} \dfrac{q}{p+q} \\ \dfrac{p}{p+q} \end{pmatrix}.$$

故长远来看, 最终有比例为 $\dfrac{q}{p+q}$ 的居民居住在农村, 有比例为 $\dfrac{p}{p+q}$ 的居民居住在城镇.

**例 5.40** 中世纪意大利数学家 Fibonacci 曾提出这样一个有趣的问题: 假设每对新生兔子都在出生一个月后开始繁殖, 每个月产生 1 对后代, 并且假设兔子只有繁殖, 没有死亡, 那么从第一对兔子出生算起第 $n$ 个月时会有多少对兔子?

**解** 从第一对新生兔子出生的月份算起, 第 1 个月只有 1 对兔子. 第 2 个月它们在繁殖期, 所以依然只有这 1 对兔子. 第 3 个月初, 它们生了 1 对兔子, 这时共有 2 对兔子. 第 4 个月初, 它们又生了 1 对兔子, 而在 3 月初生下的兔子还未繁殖, 故此时共有 3 对兔子. 如此继续, 便可得到下述代表某月兔子对数的数列:

$$1, 1, 2, 3, 5, 8, 13, 21, 34, 55, \cdots.$$

该数列称为 Fibonacci 数列. 用 $x_n$ 表示第 $n$ 个月兔子的对数, 则根据问题假设, 有

$$x_1 = x_2 = 1, \quad x_n = x_{n-1} + x_{n-2} \quad (n \geqslant 3).$$

这是一个关于 $x_n$ 的递归公式, 它可用矩阵等式表示为

$$\begin{cases} x_1 = x_2 = 1, \\ \begin{pmatrix} x_n \\ x_{n+1} \end{pmatrix} = \begin{pmatrix} x_n \\ x_n + x_{n-1} \end{pmatrix} = \begin{pmatrix} 0 & 1 \\ 1 & 1 \end{pmatrix} \begin{pmatrix} x_{n-1} \\ x_n \end{pmatrix}, \ n \geqslant 2. \end{cases}$$

记 $\boldsymbol{A} = \begin{pmatrix} 0 & 1 \\ 1 & 1 \end{pmatrix}$, 则当 $n \geqslant 2$ 时,

$$\begin{pmatrix} x_n \\ x_{n+1} \end{pmatrix} = \boldsymbol{A} \begin{pmatrix} x_{n-1} \\ x_n \end{pmatrix} = \cdots = \boldsymbol{A}^{n-1} \begin{pmatrix} x_1 \\ x_2 \end{pmatrix} = \boldsymbol{A}^{n-1} \begin{pmatrix} 1 \\ 1 \end{pmatrix}.$$

这样, 为了得到 $x_n$ 的计算公式, 只需计算 $\boldsymbol{A}^{n-1}$. 直接计算可知矩阵 $\boldsymbol{A}$ 的特征值为 $\lambda_1 = \dfrac{1+\sqrt{5}}{2}$, $\lambda_2 = \dfrac{1-\sqrt{5}}{2}$, 相应的特征向量分别为

$$\boldsymbol{\xi}_1 = \begin{pmatrix} 1 \\ \lambda_1 \end{pmatrix}, \quad \boldsymbol{\xi}_2 = \begin{pmatrix} 1 \\ \lambda_2 \end{pmatrix}.$$

令 $\boldsymbol{P} = (\boldsymbol{\xi}_1, \boldsymbol{\xi}_2)$, 则 $\boldsymbol{A} = \boldsymbol{P} \begin{pmatrix} \lambda_1 & 0 \\ 0 & \lambda_2 \end{pmatrix} \boldsymbol{P}^{-1}$. 因此

$$\begin{pmatrix} x_n \\ x_{n+1} \end{pmatrix} = \boldsymbol{P} \begin{pmatrix} \lambda_1^{n-1} & 0 \\ 0 & \lambda_2^{n-1} \end{pmatrix} \boldsymbol{P}^{-1} \begin{pmatrix} 1 \\ 1 \end{pmatrix} = \frac{1}{\lambda_1 - \lambda_2} \begin{pmatrix} \lambda_1^n - \lambda_2^n \\ \lambda_1^{n+1} - \lambda_2^{n+1} \end{pmatrix}.$$

故

$$x_n = \frac{1}{\sqrt{5}} (\lambda_1^n - \lambda_2^n) = \frac{1}{\sqrt{5}} \left( \left( \frac{1+\sqrt{5}}{2} \right)^n - \left( \frac{1-\sqrt{5}}{2} \right)^n \right).$$

这就是 Fibonacci 数列的 Binet(比内) 通项公式.

**例 5.41** 求解线性常微分方程组 $\begin{cases} \dfrac{\mathrm{d}x_1}{\mathrm{d}t} = 7x_1 + 4x_2 - x_3, \\ \dfrac{\mathrm{d}x_2}{\mathrm{d}t} = 4x_1 + 7x_2 - x_3, \\ \dfrac{\mathrm{d}x_3}{\mathrm{d}t} = 4x_1 - 4x_2 + 4x_3. \end{cases}$

**解** 记 $\boldsymbol{A} = \begin{pmatrix} 7 & 4 & -1 \\ 4 & 7 & -1 \\ 4 & -4 & 4 \end{pmatrix}$, $\boldsymbol{x} = \begin{pmatrix} x_1 \\ x_2 \\ x_3 \end{pmatrix}$. 则题中的线性常微分方程组可转化为

$$\frac{\mathrm{d}\boldsymbol{x}}{\mathrm{d}t} = \boldsymbol{A}\boldsymbol{x}.$$

直接计算可得矩阵 $\boldsymbol{A}$ 的特征值以及相应特征向量为

$$\lambda_1 = 3, \quad \lambda_2 = 4, \quad \lambda_3 = 11; \ \boldsymbol{\alpha}_1 = \begin{pmatrix} 0 \\ 1 \\ 4 \end{pmatrix}, \quad \boldsymbol{\alpha}_2 = \begin{pmatrix} 1 \\ 1 \\ 7 \end{pmatrix}, \quad \boldsymbol{\alpha}_3 = \begin{pmatrix} 1 \\ 1 \\ 0 \end{pmatrix}.$$

令 $\boldsymbol{P} = (\boldsymbol{\alpha}_1, \boldsymbol{\alpha}_2, \boldsymbol{\alpha}_3)$, $\boldsymbol{\Lambda} = \mathrm{diag}(3, 4, 11)$, $\boldsymbol{x} = \boldsymbol{P}\boldsymbol{y}$, 其中 $\boldsymbol{y} = \begin{pmatrix} y_1 \\ y_2 \\ y_3 \end{pmatrix}$. 则上述方程组又可化为

$$\frac{\mathrm{d}\boldsymbol{y}}{\mathrm{d}t} = \boldsymbol{\Lambda}\boldsymbol{y}.$$

求解该方程组, 得 $y_1 = c_1\mathrm{e}^{3t}$, $y_2 = c_2\mathrm{e}^{4t}$, $y_3 = c_3\mathrm{e}^{11t}$, 其中 $c_1, c_2, c_3$ 为任意常数. 故由 $\boldsymbol{x} = \boldsymbol{P}\boldsymbol{y}$ 可得原方程组的解:

$$\begin{cases} x_1 = y_2 + y_3 = c_2\mathrm{e}^{4t} + c_3\mathrm{e}^{11t}, \\ x_2 = y_1 + y_2 + y_3 = c_1\mathrm{e}^{3t} + c_2\mathrm{e}^{4t} + c_3\mathrm{e}^{11t}, \\ x_3 = 4y_1 + 7y_2 = 4c_1\mathrm{e}^{3t} + 7c_2\mathrm{e}^{4t}. \end{cases}$$

# 5.6　思考与拓展*

## 5.6.1　关于特征值和特征向量的几个概念性问题

(1) 特征向量 $\boldsymbol{x}$ 一定是非零向量. 尽管对任意矩阵 $\boldsymbol{A}$ 和任意常数 $a$, 都有 $\boldsymbol{A0}=a\boldsymbol{0}$, 但 $\boldsymbol{0}$ 不叫作 $\boldsymbol{A}$ 的特征向量.

(2) 特征向量和特征值是密切关联的. 从定义上看, 特征向量一定是属于某个特征值的特征向量, 一个特征向量只能属于一个特征值. 但是, 反过来, 一个特征值可以有不同的特征向量.

(3) 特征值与特征向量有几何上的意义. 比如, 设 $\boldsymbol{A}$ 是 2 阶实矩阵, $\boldsymbol{\alpha}$ 是 $\boldsymbol{A}$ 的属于其实特征值 $\lambda$ 的一个特征向量, 则 $\boldsymbol{\alpha}$ 就是在 $\boldsymbol{A}$“作用”下与自己“共线”的一个非零向量, 其中特征值 $\lambda$ 可以理解为 $\boldsymbol{A\alpha}$ 将 $\boldsymbol{\alpha}$“放大”的倍数.

(4) 有时, 对特征值和特征向量的讨论需要注意数域的变化. 尽管一般是在实数域上讨论问题, 但在讨论矩阵的特征值与矩阵的行列式、矩阵的迹的关系, 以及考虑矩阵的 Jordan 标准形时, 可能需要使用复数域. 这是因为, 相关问题要涉及矩阵的全部特征值, 这些特征值作为一个实矩阵的特征多项式的根, 未必都是实数.

(5) 一个特征值 $\lambda$ 的所有特征向量所构成的集合 $S$ 不含零向量, 它与属于 $\lambda$ 的特征子空间 $V_\lambda$ 之间的关系是 $V_\lambda = S\bigcup\{\boldsymbol{0}\}$. 特征子空间 $V_\lambda$ 作为一个线性空间, 其维数称为特征值 $\lambda$ 的几何重数, 该数值不超过 $\lambda$ 作为特征多项式的根的重数, 即 $\lambda$ 的代数重数.

(6) 尽管属于一个特征值 $\lambda$ 的线性无关特征向量的个数, 即几何重数, 一般说来不一定等于 $\lambda$ 的代数重数, 但是, 对于实对称矩阵来说, 二者相等, 即当 $\lambda$ 是实对称矩阵 $\boldsymbol{A}$ 的特征值时, 则 $\dim(V_\lambda)$ 等于 $\lambda$ 的代数重数.

(7) 设实对称矩阵 $\boldsymbol{A}$ 的对应于特征值 $\lambda$ 的线性无关特征向量为 $\boldsymbol{\alpha}_1, \boldsymbol{\alpha}_2, \cdots, \boldsymbol{\alpha}_s$, 则将其单位正交化后得到向量 $\boldsymbol{\xi}_1, \boldsymbol{\xi}_2, \cdots, \boldsymbol{\xi}_s$ 仍是 $\boldsymbol{A}$ 的对应于特征值 $\lambda$ 的线性无关特征向量.

## 5.6.2　关于相似对角化的几个基本问题

(1) 如果矩阵 $\boldsymbol{A}$ 相似于对角矩阵 $\boldsymbol{\Lambda}$, 则对角矩阵 $\boldsymbol{\Lambda}$ 对角线上的元素一定为 $\boldsymbol{A}$ 的特征值. 但当 $\boldsymbol{A}$ 相似于非对角矩阵时, 非对角矩阵对角线上元素未必是矩阵 $\boldsymbol{A}$ 的特征值.

(2) 任意 $n$ 阶矩阵 $\boldsymbol{A}$ 一定相似于一个 Jordan 矩阵, 该 Jordan 矩阵对角线上的元素一定是矩阵 $\boldsymbol{A}$ 在复数域 $\mathbb{C}$ 上的全部特征值. 并不是所有方阵都可以相似对角化, 对于 $n$ 阶矩阵 $\boldsymbol{A}$ 来说, 当且仅当具有 $n$ 个线性无关的特征向量时 $\boldsymbol{A}$ 才可以对角化.

(3) 实对称矩阵一定可以相似对角化. 而且, 它和一般可对角化矩阵的不同之处是: 把实对称矩阵对角化的可逆矩阵 $\boldsymbol{P}$ 可以是正交矩阵. 这一结论在应用时会带来很多方便.

(4) 作为判断一个 $n$ 阶矩阵 $\boldsymbol{A}$ 是否可以对角化的依据, 是看等式

$$\dim(V_{\lambda_1})+\dim(V_{\lambda_2})+\cdots+\dim(V_{\lambda_m})=n \quad (m\leqslant n)$$

是否成立, 其中 $\lambda_1, \lambda_2, \cdots, \lambda_m$ 是 $\boldsymbol{A}$ 的互不相同的特征值. 当该等式成立时, $\boldsymbol{A}$ 可以对角化; 当该等式不成立时, $\boldsymbol{A}$ 不能对角化. 关于该等式的验证, 有时可以通过矩阵 $\boldsymbol{A}$ 所满足的条件来进行.

例如, 若矩阵 $\boldsymbol{A}$ 满足 $\boldsymbol{A}^2-5\boldsymbol{A}+6\boldsymbol{E}=\boldsymbol{O}$, 则 $(\boldsymbol{A}-2\boldsymbol{E})(\boldsymbol{A}-3\boldsymbol{E})=\boldsymbol{O}$. 因此

$$R(\boldsymbol{A}-2\boldsymbol{E})+R(\boldsymbol{A}-3\boldsymbol{E})=n.$$

又若 $\lambda$ 是 $\boldsymbol{A}$ 的特征值, 则 $\lambda^2-5\lambda+6$ 是矩阵 $\boldsymbol{A}^2-5\boldsymbol{A}+6\boldsymbol{E}=\boldsymbol{O}$ 的特征值, 即 $\lambda^2-5\lambda+6=0$. 所以, $\boldsymbol{A}$ 的特征值为 $\lambda_1=2, \lambda_2=3$. 记 $R(\boldsymbol{A}-\lambda_1\boldsymbol{E})=R(\boldsymbol{A}-2\boldsymbol{E})=r$, 则 $R(\boldsymbol{A}-\lambda_2\boldsymbol{E})=R(\boldsymbol{A}-3\boldsymbol{E})=n-r$. 于是, 通过考察齐次线性方程组 $(\boldsymbol{A}-\lambda_1\boldsymbol{E})\boldsymbol{x}=\boldsymbol{0}$ 和 $(\boldsymbol{A}-\lambda_2\boldsymbol{E})\boldsymbol{x}=\boldsymbol{0}$ 的解空间可知

$$\dim(V_{\lambda_1})=n-R(\boldsymbol{A}-\lambda_1\boldsymbol{E})=n-r,$$

$$\dim(V_{\lambda_2})=n-R(\boldsymbol{A}-\lambda_2\boldsymbol{E})=n-(n-r)=r.$$

因此, $\dim(V_{\lambda_1})+\dim(V_{\lambda_2})=(n-r)+r=n$. 所以矩阵 $\boldsymbol{A}$ 可以对角化.

# 复 习 题 5

## (A)

1. 填空题.

(1) 已知 3 阶方阵 $\boldsymbol{A}$ 的特征值为 1, −1, 2, 则 $3\boldsymbol{A}^2-2\boldsymbol{A}-2\boldsymbol{E}$ 的特征值为 (　　).

(2) 已知 3 阶方阵 $\boldsymbol{A}$ 的特征值为 1, 2, 3, 则 $|\boldsymbol{A}^3-5\boldsymbol{A}^2+7\boldsymbol{A}|=$ (　　).

(3) 若 $\boldsymbol{A}$ 与 $\boldsymbol{\Lambda}=\begin{pmatrix}1&&\\&-2&\\&&0\end{pmatrix}$ 相似, 则 $\boldsymbol{A}$ 的特征值为 (　　), $|\boldsymbol{A}|$=(　　), $R(\boldsymbol{A})$=(　　), $\mathrm{tr}(\boldsymbol{A})=$ (　　).

(4) 若向量 $\boldsymbol{\alpha}=(1, s)$ 与 $\boldsymbol{\beta}=(t, 2)$ 正交, 则 $s, t$ 满足 (　　).

(5) 若 $\boldsymbol{A}=\begin{pmatrix}a&b\\c&a+2\end{pmatrix}$ 是正交矩阵, 则 $a, b, c$ 满足 (　　).

(6) 设 $\boldsymbol{A}$ 是 3 阶实对称矩阵, 若 $\boldsymbol{A}^2=\boldsymbol{A}$, 且 $R(\boldsymbol{A})=2$, 则 $\boldsymbol{A}$ 的特征值是 (　　).

(7) 若 $\boldsymbol{A}$ 是 3 阶方阵, 且 $\boldsymbol{A}$ 的每行元素之和都是 5, 则 $\boldsymbol{A}$ 必有特征向量 (　　), 且对应的特征值为 (　　).

2. 不计算特征多项式直接求 $\boldsymbol{A}=\begin{pmatrix}1&2&3\\1&2&3\\1&2&3\end{pmatrix}$ 的一个特征值.

3. 求下列矩阵的特征值和特征向量:

(1) $\begin{pmatrix}3&1\\1&3\end{pmatrix}$;　　(2) $\begin{pmatrix}1&0&0\\2&3&0\\4&5&6\end{pmatrix}$;

(3) $\begin{pmatrix}-1&1&0\\-4&3&0\\1&0&2\end{pmatrix}$;　(4) $\begin{pmatrix}-2&1&1\\0&2&0\\-4&1&3\end{pmatrix}$.

4. 设向量 $\boldsymbol{\alpha}=(a_1, a_2, \cdots, a_n)^{\mathrm{T}}$, $\boldsymbol{\beta}=(b_1, b_2, \cdots, b_n)^{\mathrm{T}}$ 满足 $\boldsymbol{\alpha}^{\mathrm{T}}\boldsymbol{\beta}=0$, 且 $a_1b_1\neq 0$, 记 $\boldsymbol{A}=\boldsymbol{\alpha}\boldsymbol{\beta}^{\mathrm{T}}$. 求

(1) $\boldsymbol{A}^2$;

(2) 矩阵 $\boldsymbol{A}$ 的特征值和特征向量.

5. 设 $\boldsymbol{A}$ 为 3 阶矩阵, $\boldsymbol{\alpha}_1, \boldsymbol{\alpha}_2, \boldsymbol{\alpha}_3$ 是线性无关的 3 维列向量, 且满足

$$\boldsymbol{A}\boldsymbol{\alpha}_1=\boldsymbol{\alpha}_1+\boldsymbol{\alpha}_2+\boldsymbol{\alpha}_3,\quad \boldsymbol{A}\boldsymbol{\alpha}_2=2\boldsymbol{\alpha}_2+\boldsymbol{\alpha}_3,\quad \boldsymbol{A}\boldsymbol{\alpha}_3=2\boldsymbol{\alpha}_2+3\boldsymbol{\alpha}_3.$$

求：(1) 矩阵 $\boldsymbol{B}$ 使得 $\boldsymbol{A}(\boldsymbol{\alpha}_1, \boldsymbol{\alpha}_2, \boldsymbol{\alpha}_3)=(\boldsymbol{\alpha}_1, \boldsymbol{\alpha}_2, \boldsymbol{\alpha}_3)\boldsymbol{B}$;

(2) 矩阵 $\boldsymbol{A}$ 的特征值;

(3) 可逆矩阵 $\boldsymbol{P}$, 使得 $\boldsymbol{P}^{-1}\boldsymbol{A}\boldsymbol{P}$ 为对角矩阵.

6. 设 $n$ 阶矩阵 $\boldsymbol{A}=\begin{pmatrix}a&b&\cdots&b\\b&a&\cdots&b\\\vdots&\vdots&\ddots&\vdots\\b&b&\cdots&a\end{pmatrix}$, 其中 $a\neq b$, $b\neq 0$.

(1) 求 $\boldsymbol{A}$ 的特征值和特征向量;

(2) 求可逆矩阵 $\boldsymbol{P}$, 使得 $\boldsymbol{P}^{-1}\boldsymbol{A}\boldsymbol{P}$ 为对角阵.

7. 设矩阵 $\boldsymbol{A}=\begin{pmatrix}2&0&1\\3&1&x\\4&0&5\end{pmatrix}$ 可相似对角化. 求 $x$.

8. 设数列 $\{u_n\}$, $\{v_n\}$ 满足

$$\begin{cases}u_n=2u_{n-1}-3v_{n-1},\\ v_n=\dfrac{1}{2}u_{n-1}-\dfrac{1}{2}v_{n-1},\end{cases}$$

且 $u_0=1$, $v_0=0$. 求 $\{u_n\}$ 的通项 $u_n$ 及 $\lim\limits_{n\to\infty}u_n$.

9. 用 Gram-Schmidt 标准正交化方法求与下列向量组等价的标准正交向量组:

(1) $\boldsymbol{\alpha}_1=\begin{pmatrix}1\\1\\1\end{pmatrix}, \boldsymbol{\alpha}_2=\begin{pmatrix}0\\1\\-1\end{pmatrix}, \boldsymbol{\alpha}_3=\begin{pmatrix}1\\2\\1\end{pmatrix}$;

(2) $\boldsymbol{\alpha}_1=\begin{pmatrix}1\\0\\1\\-1\end{pmatrix}, \boldsymbol{\alpha}_2=\begin{pmatrix}1\\-1\\1\\-1\end{pmatrix}, \boldsymbol{\alpha}_3=\begin{pmatrix}1\\1\\1\\0\end{pmatrix}$.

10. 验证矩阵 $\boldsymbol{A}=\begin{pmatrix}\frac{1}{2} & \frac{1}{\sqrt{2}} & \frac{1}{2} & 0\\ -\frac{1}{2} & \frac{1}{\sqrt{2}} & -\frac{1}{2} & 0\\ \frac{1}{2} & 0 & -\frac{1}{2} & \frac{1}{\sqrt{2}}\\ -\frac{1}{2} & 0 & \frac{1}{2} & \frac{1}{\sqrt{2}}\end{pmatrix}$ 是正交矩阵.

11. 设 $\boldsymbol{\alpha}$ 是 $n$ 维列向量, 且其长度为 1. 证明矩阵 $\boldsymbol{H}=\boldsymbol{E}-2\boldsymbol{\alpha}\boldsymbol{\alpha}^{\mathrm{T}}$ 是正交矩阵.

12. 若 $\boldsymbol{A}, \boldsymbol{B}$ 是 $n$ 阶正交矩阵, 则 $\boldsymbol{A}^{\mathrm{T}}=\boldsymbol{A}^{-1}$, $\boldsymbol{AB}$ 都是正交矩阵, 且 $|\boldsymbol{A}|=\pm 1$. 进一步, 若 $|\boldsymbol{A}|=-1$, 则 $|\boldsymbol{E}+\boldsymbol{A}|=0$.

13. 设矩阵 $\boldsymbol{A}=\begin{pmatrix}1 & -2 & -4\\ -2 & x & -2\\ -4 & -2 & 1\end{pmatrix}$ 与 $\boldsymbol{\Lambda}=\begin{pmatrix}5 & & \\ & -4 & \\ & & y\end{pmatrix}$ 相似.

(1) 求 $x, y$;

(2) 求一个正交矩阵 $\boldsymbol{P}$, 使得 $\boldsymbol{P}^{-1}\boldsymbol{AP}=\boldsymbol{\Lambda}$.

14. 设 3 阶矩阵 $\boldsymbol{A}$ 满足 $\boldsymbol{A}\boldsymbol{\alpha}_i=i\boldsymbol{\alpha}_i\ (i=1, 2, 3)$, 其中列向量

$$\boldsymbol{\alpha}_1=(1, 2, 2)^{\mathrm{T}}, \quad \boldsymbol{\alpha}_2=(2, -2, 1)^{\mathrm{T}}, \quad \boldsymbol{\alpha}_3=(-2, -1, 2)^{\mathrm{T}}.$$

试求矩阵 $\boldsymbol{A}$.

15. 设 3 阶实对称矩阵 $\boldsymbol{A}$ 的特征值为 $\lambda_1=1, \lambda_2=-1, \lambda_3=0$, 对应于 $\lambda_1, \lambda_2$ 的特征向量依次为 $\boldsymbol{p}_1=\begin{pmatrix}1\\2\\2\end{pmatrix}, \boldsymbol{p}_2=\begin{pmatrix}2\\1\\-2\end{pmatrix}$. 求 $\boldsymbol{A}$.

16. 设矩阵 $\boldsymbol{A}=\begin{pmatrix}3 & 2 & 2\\ 2 & 3 & 2\\ 2 & 2 & 3\end{pmatrix}$, $\boldsymbol{P}=\begin{pmatrix}0 & 1 & 0\\ 1 & 0 & 1\\ 0 & 0 & 1\end{pmatrix}$, $\boldsymbol{B}=\boldsymbol{P}^{-1}\boldsymbol{A}^*\boldsymbol{P}$. 求 $\boldsymbol{B}+2\boldsymbol{E}$ 的特征值与特征向量.

## (B)

1. 设 $\boldsymbol{A}$ 为 3 阶实对称矩阵, $\boldsymbol{A}$ 的秩为 2, 且

$$\boldsymbol{A}\begin{pmatrix}1 & 1\\ 0 & 0\\ -1 & 1\end{pmatrix}=\begin{pmatrix}-1 & 1\\ 0 & 0\\ 1 & 1\end{pmatrix}.$$

求 $\boldsymbol{A}$ 的特征值与特征向量及矩阵 $\boldsymbol{A}$.

2. 设 3 阶实对称矩阵 $\boldsymbol{A}$ 的特征值 $\lambda_1=1,\lambda_2=2,\lambda_3=-2$, $\boldsymbol{\alpha}_1=(1,-1,1)^{\mathrm{T}}$ 是 $\boldsymbol{A}$ 的属于 $\lambda_1=1$ 的一个特征向量, 记 $\boldsymbol{B}=\boldsymbol{A}^5-4\boldsymbol{A}^3+\boldsymbol{E}$, 其中 $\boldsymbol{E}$ 为 3 阶单位阵.

(1) 验证 $\boldsymbol{\alpha}_1$ 是矩阵 $\boldsymbol{B}$ 的特征向量, 并求 $\boldsymbol{B}$ 的全部特征值和特征向量;

(2) 求矩阵 $\boldsymbol{B}$.

3. 已知 $\boldsymbol{p}=\begin{pmatrix}1\\ 1\\ -1\end{pmatrix}$ 是矩阵 $\boldsymbol{A}=\begin{pmatrix}2 & -1 & 2\\ 5 & a & 3\\ -1 & b & -2\end{pmatrix}$ 的一个特征向量.

(1) 求参数 $a, b$ 的值及特征向量 $\boldsymbol{p}$ 所属的特征值;

(2) 讨论 $\boldsymbol{A}$ 是否能够相似对角化? 并说明理由.

4. 某实验性生产线每年一月份进行熟练工与非熟练工的人数统计, 然后将 $\dfrac{1}{6}$ 熟练工支援其他部门, 其缺额由招收新的非熟练工补齐. 假设新、老非熟练工经过培训及实践至年终考核有 $\dfrac{2}{5}$ 成为熟练工, 并设第 $n$ 年一月份统计的熟练工和非熟练工所占百分比分别为 $x_n$ 和 $y_n$, 记成向量 $\begin{pmatrix}x_n\\ y_n\end{pmatrix}$.

(1) 求 $\begin{pmatrix}x_{n+1}\\ y_{n+1}\end{pmatrix}$ 与 $\begin{pmatrix}x_n\\ y_n\end{pmatrix}$ 的关系式, 并写成形如 $\begin{pmatrix}x_{n+1}\\ y_{n+1}\end{pmatrix}=\boldsymbol{A}\begin{pmatrix}x_n\\ y_n\end{pmatrix}$ 的矩阵形式;

(2) 验证 $\boldsymbol{\eta}_1=\begin{pmatrix}4\\ 1\end{pmatrix}$, $\boldsymbol{\eta}_2=\begin{pmatrix}-1\\ 1\end{pmatrix}$ 是 $\boldsymbol{A}$ 的两个线性无关的特征向量, 并求出相应的特征值;

(3) 当 $\begin{pmatrix}x_1\\ y_1\end{pmatrix}=\begin{pmatrix}\frac{1}{2}\\ \frac{1}{2}\end{pmatrix}$ 时, 求 $\begin{pmatrix}x_{n+1}\\ y_{n+1}\end{pmatrix}$.

5. 设 3 阶实对称矩阵 $\boldsymbol{A}$ 的各行元素之和均为 3, 向量 $\boldsymbol{\alpha}_1=(-1,2,-1)^{\mathrm{T}}$, $\boldsymbol{\alpha}_2=(0,-1,1)^{\mathrm{T}}$ 是线性方程组 $\boldsymbol{A}\boldsymbol{x}=\boldsymbol{0}$ 的两个解.

(1) 求 $\boldsymbol{A}$ 的特征值和特征向量;

(2) 正交阵 $\boldsymbol{Q}$ 和对角阵 $\boldsymbol{\Lambda}$, 使得 $\boldsymbol{Q}^{\mathrm{T}}\boldsymbol{A}\boldsymbol{Q}=\boldsymbol{\Lambda}$.

6. 设 $\boldsymbol{A}, \boldsymbol{B}$ 是 $n$ 阶正交矩阵, 且 $|\boldsymbol{A}\boldsymbol{B}|=-1$, 证明: $|\boldsymbol{A}+\boldsymbol{B}|=0$.

7. 设 $\boldsymbol{A}, \boldsymbol{B}$ 均为 $n$ 阶方阵, 证明: $\boldsymbol{A}\boldsymbol{B}$ 与 $\boldsymbol{B}\boldsymbol{A}$ 有相同的特征值.

8. 已知 $\boldsymbol{A}_n$ 的每行元素绝对值的和小于 1. 证明: $A$ 的特征值 $\lambda_{\boldsymbol{A}}$ 满足 $|\lambda_{\boldsymbol{A}}| < 1$.

9. 设 $n$ 阶实对称矩阵 $\boldsymbol{A}$ 的特征值非负, 证明存在特征值为非负的实对称矩阵 $\boldsymbol{B}$ 使 $\boldsymbol{A} = \boldsymbol{B}^2$.

10. 设 $\boldsymbol{A}$ 为 $n$ 阶矩阵, 如果有正整数 $m$ 使得 $(\boldsymbol{A}+\boldsymbol{E})^m = \boldsymbol{O}$, 证明: 矩阵 $\boldsymbol{A}$ 可逆.

11. 设 $n$ 阶矩阵 $\boldsymbol{A}$ 和 $\boldsymbol{B}$ 满足 $\boldsymbol{AB} = \boldsymbol{A}+\boldsymbol{B}$. 证明:

(1) $\boldsymbol{A}, \boldsymbol{B}$ 乘法可交换;　　(2) $\boldsymbol{A}$ 与 $\boldsymbol{B}$ 有完全相同的特征向量.

12. 设 $\boldsymbol{A}, \boldsymbol{B}$ 为 $n$ 阶矩阵, 且 $R(\boldsymbol{A}) + R(\boldsymbol{B}) < n$, 证明 $\boldsymbol{A}, \boldsymbol{B}$ 有公共的特征向量.

13. 设 $n$ 阶矩阵 $\boldsymbol{A}, \boldsymbol{B}$ 可交换, $\boldsymbol{A}$ 有 $n$ 个互异特征值. 证明:

(1) $\boldsymbol{A}$ 与 $\boldsymbol{B}$ 有相同的特征向量;

(2) $\boldsymbol{B}$ 相似于对角矩阵.

14. 已知矩阵 $\boldsymbol{A} = \begin{pmatrix} 1 & -2 & 3 \\ a_{21} & a_{22} & a_{23} \\ a_{31} & a_{32} & a_{33} \end{pmatrix}$ 有特征向量 $\boldsymbol{\alpha}_1 = (1, 2, 1)^{\mathrm{T}}$, $\boldsymbol{\alpha}_2 = (-1, 1, 1)^{\mathrm{T}}$, $\boldsymbol{\alpha}_3 = (-1, 2, 2)^{\mathrm{T}}$. 求线性方程组

$$\begin{cases} x_1 - 2x_2 + 3x_3 = -1, \\ a_{21}x_1 + a_{22}x_2 + a_{23}x_3 = 2, \\ a_{31}x_1 + a_{32}x_2 + a_{33}x_3 = 2 \end{cases}$$

的通解.

15. 设 $\boldsymbol{\alpha}, \boldsymbol{\beta}$ 为 3 维单位正交列向量, $\boldsymbol{A} = \boldsymbol{\alpha}\boldsymbol{\beta}^{\mathrm{T}} + \boldsymbol{\beta}\boldsymbol{\alpha}^{\mathrm{T}}$. 证明:

(1) $|\boldsymbol{A}| = 0$;

(2) $\boldsymbol{\alpha}+\boldsymbol{\beta}$, $\boldsymbol{\alpha}-\boldsymbol{\beta}$ 是 $\boldsymbol{A}$ 的特征向量;

(3) $\boldsymbol{A}$ 与对角矩阵 $\boldsymbol{\Lambda}$ 相似, 并求 $\boldsymbol{\Lambda}$.

16. 设 3 阶矩阵 $\boldsymbol{A}$ 的特征值 $\lambda_i$ $(i = 1, 2, 3)$ 互异, 且 $\boldsymbol{\alpha}_i$ $(i = 1, 2, 3)$ 分别为属于它们的特征向量, $\boldsymbol{\beta} = \boldsymbol{\alpha}_1 + \boldsymbol{\alpha}_2 + \boldsymbol{\alpha}_3$.

(1) 证明 $\boldsymbol{\beta}$ 不是 $\boldsymbol{A}$ 的特征向量;

(2) 证明 $\boldsymbol{\beta}, \boldsymbol{A\beta}, \boldsymbol{A}^2\boldsymbol{\beta}$ 线性无关;

(3) 若 $\boldsymbol{A\beta} = \boldsymbol{A}^3\boldsymbol{\beta}$, 计算 $|2\boldsymbol{A} + 3\boldsymbol{E}|$.

17. 设 $\boldsymbol{A}$ 为 3 阶方阵, 且 $\boldsymbol{\alpha}_1 = \begin{pmatrix} 1 \\ 1 \\ 0 \end{pmatrix}$, $\boldsymbol{\alpha}_2 = \begin{pmatrix} 5 \\ 3 \\ 2 \end{pmatrix}$, $\boldsymbol{\alpha}_3 = \begin{pmatrix} 1 \\ 3 \\ -1 \end{pmatrix}$, $\boldsymbol{\alpha}_4 = \begin{pmatrix} -2 \\ 2 \\ -3 \end{pmatrix}$ 满足 $\boldsymbol{A\alpha}_1 = \boldsymbol{\alpha}_2$, $\boldsymbol{A\alpha}_2 = \boldsymbol{\alpha}_3$, $\boldsymbol{A\alpha}_3 = \boldsymbol{\alpha}_4$, 试求 $\boldsymbol{A\alpha}_4$.

18. 设 2 阶矩阵 $\boldsymbol{A} = (a_{ij})$ 满足 $a_{ij} > 0$, $\sum\limits_{j=1}^{2} a_{ij} = 1$ $(i = 1, 2)$, 试求 $\lim\limits_{n\to\infty} \boldsymbol{A}^n$.

第 5 章习题参考答案

# 第 6 章　二　次　型

二次型 (quadratic form) 源于二次曲线和二次曲面方程的化简, 是体现代数和几何有机联系的典型例子, 在力学、物理学以及数学的其他分支有广泛应用. 本章主要介绍二次型的概念及其化简、矩阵的合同及其性质、惯性定理、正定二次型和正定矩阵, 从中可以感受矩阵理论在研究二次代数方程中的核心作用.

## 6.1　二次型的概念

### 6.1.1　二次型的定义

在平面解析几何中我们知道, 以直角坐标系的原点为中心的有心二次曲线的一般方程是

$$f(x, y)=ax^2+2bxy+cy^2=d. \tag{6.1}$$

该式中的表达式 $f(x, y)=ax^2+2bxy+cy^2$ 是一个具有 2 个变元 $x, y$ 的二次齐次多项式, 因此称为一个 2 元二次型. 在空间解析几何中, 我们遇到过形如 $ax^2+by^2+cz^2+2dxy+2exz+2fyz$ 的具有 3 个变元 $x, y, z$ 的二次齐次多项式, 它们称为 3 元二次型. 一般地, 可以考虑具有 $n$ 个变元 $x_1, x_2, \cdots, x_n$ 的二次齐次多项式. 这就是下面关于 $n$ 元二次型的概念.

**定义 6.1**　一个具有 $n$ 个变元 $x_1, x_2, \cdots, x_n$ 的二次齐次多项式

$$\begin{aligned} f\left(x_1, x_2, \cdots, x_n\right)=&a_{11}x_1^2+2a_{12}x_1x_2+\cdots+2a_{1n}x_1x_n\\ &+a_{22}x_2^2+\cdots+2a_{2n}x_2x_n+\cdots\\ &+a_{nn}x_n^2 \end{aligned} \tag{6.2}$$

称为一个 $n$ 元二次型, 简称二次型.

记 $\boldsymbol{x}=(x_1, x_2, \cdots, x_n)^{\mathrm{T}}$, 则 (6.2) 中的二次型 $f\left(x_1, x_2, \cdots, x_n\right)$ 可以改写为

$$f(\boldsymbol{x})=f\left(x_1, x_2, \cdots, x_n\right)$$

$$\begin{aligned}
&= a_{11}x_1^2 + a_{12}x_1x_2 + a_{13}x_1x_3 + \cdots + a_{1n}x_1x_n \\
&\quad + a_{21}x_2x_1 + a_{22}x_2^2 + a_{23}x_2x_3 + \cdots + a_{2n}x_2x_n \\
&\quad + \cdots \\
&\quad + a_{n1}x_nx_1 + a_{n2}x_nx_2 + a_{n3}x_nx_3 + \cdots + a_{nn}x_n^2 \\
&= \boldsymbol{x}^{\mathrm{T}}\boldsymbol{A}\boldsymbol{x},
\end{aligned}$$

其中 $\boldsymbol{A} = (a_{ij})_{n\times n}$, $a_{ij} = a_{ji}\ (i, j = 1, 2, \cdots, n)$, $\boldsymbol{x}^{\mathrm{T}}\boldsymbol{A}\boldsymbol{x}$ 称为二次型 $f(\boldsymbol{x})$ 的矩阵表示.

需要指出, 按照等式 $f(\boldsymbol{x}) = \boldsymbol{x}^{\mathrm{T}}\boldsymbol{A}\boldsymbol{x}$, 给定一个 $n$ 元二次型 $f(\boldsymbol{x})$, 都有一个 $n$ 阶实对称矩阵 $\boldsymbol{A} = (a_{ij})$ 与之对应, 并且, 该矩阵还是由 $f(\boldsymbol{x})$ 唯一确定的. 这是因为: 若再设 $f(\boldsymbol{x}) = \boldsymbol{x}^{\mathrm{T}}\boldsymbol{B}\boldsymbol{x}$, 其中 $\boldsymbol{B} = (b_{ij})_{n\times n}$ 也是一个 $n$ 阶实对称矩阵, 则对任意的 $\boldsymbol{x} \in \mathbb{R}^n$, 均有 $\boldsymbol{x}^{\mathrm{T}}\boldsymbol{A}\boldsymbol{x} = \boldsymbol{x}^{\mathrm{T}}\boldsymbol{B}\boldsymbol{x}$. 把该式两边均用 (6.2) 的形式表示, 经移项整理可得

$$\begin{aligned}
&(a_{11} - b_{11})\,x_1^2 + 2\,(a_{12} - b_{12})\,x_1x_2 + \cdots + 2\,(a_{1n} - b_{1n})\,x_1x_n \\
&+ (a_{22} - b_{22})\,x_2^2 + \cdots + 2\,(a_{2n} - b_{2n})\,x_2x_n \\
&+ \cdots + (a_{nn} - b_{nn})\,x_n^2 = 0.
\end{aligned}$$

因此, $a_{ij} = b_{ij}\ (1 \leqslant i \leqslant j \leqslant n)$. 这与 $\boldsymbol{A}$ 和 $\boldsymbol{B}$ 均为对称矩阵结合可得 $\boldsymbol{A} = \boldsymbol{B}$.

反过来, 任给一个 $n$ 阶实对称矩阵 $\boldsymbol{A} = (a_{ij})$, 由 $f(\boldsymbol{x}) = \boldsymbol{x}^{\mathrm{T}}\boldsymbol{A}\boldsymbol{x}$ 显然可以唯一确定一个 $n$ 元二次型 $f(\boldsymbol{x})$. 这样, $n$ 元二次型便通过 $f(\boldsymbol{x}) = \boldsymbol{x}^{\mathrm{T}}\boldsymbol{A}\boldsymbol{x}$ 与 $n$ 阶实对称矩阵 $\boldsymbol{A} = (a_{ij})$ 一一对应. 据此, 通常把 $n$ 阶实对称矩阵 $\boldsymbol{A} = (a_{ij})$ 称为 $n$ 元二次型 $f(\boldsymbol{x}) = \boldsymbol{x}^{\mathrm{T}}\boldsymbol{A}\boldsymbol{x}$ 的矩阵, 把矩阵 $\boldsymbol{A} = (a_{ij})$ 的秩称为二次型 $f(\boldsymbol{x}) = \boldsymbol{x}^{\mathrm{T}}\boldsymbol{A}\boldsymbol{x}$ 的秩, 而 $n$ 元二次型 $f(\boldsymbol{x}) = \boldsymbol{x}^{\mathrm{T}}\boldsymbol{A}\boldsymbol{x}$ 称为 $n$ 阶实对称矩阵 $\boldsymbol{A} = (a_{ij})$ 所对应的二次型. 二次型 $f(\boldsymbol{x}) = \boldsymbol{x}^{\mathrm{T}}\boldsymbol{A}\boldsymbol{x}$ 的秩通常记为 $R(f)$. 因此, 对二次型 $f(\boldsymbol{x}) = \boldsymbol{x}^{\mathrm{T}}\boldsymbol{A}\boldsymbol{x}$ 来说,

$$R(f) = R(\boldsymbol{A}).$$

**例 6.1** 实对称矩阵 $\boldsymbol{A} = \begin{pmatrix} 1 & -1 \\ -1 & 2 \end{pmatrix}$ 所对应的二次型为

$$f(x_1, x_2) = (x_1, x_2)\begin{pmatrix} 1 & -1 \\ -1 & 2 \end{pmatrix}\begin{pmatrix} x_1 \\ x_2 \end{pmatrix} = x_1^2 + 2x_2^2 - 2x_1x_2.$$

对该二次型, $R(f)=R(\boldsymbol{A})=2$.

**例 6.2** 二次型 $f(x_1, x_2, x_3)=x_1^2+4x_2^2+x_3^2-4x_1x_2-4x_1x_3-4x_2x_3$ 的矩阵为

$$\boldsymbol{A}=\begin{pmatrix} 1 & -2 & -2 \\ -2 & 4 & -2 \\ -2 & -2 & 1 \end{pmatrix}.$$

由于 $|\boldsymbol{A}|=-36$, 故 $\boldsymbol{A}$ 的秩为 3. 所以二次型 $f(x_1, x_2, x_3)$ 的秩 $R(f)=R(\boldsymbol{A})=3$.

**例 6.3** 求二次型 $f(\boldsymbol{x})=(x_1+x_2)^2+(x_2-x_3)^2+(x_3+x_1)^2$ 的秩.

**解** 直接计算可知题设二次型

$$f(\boldsymbol{x})=f(x_1, x_2, x_3)=2x_1^2+2x_2^2+2x_3^2+2x_1x_2+2x_1x_3-2x_2x_3.$$

该二次型的矩阵为

$$\boldsymbol{A}=\begin{pmatrix} 2 & 1 & 1 \\ 1 & 2 & -1 \\ 1 & -1 & 2 \end{pmatrix}.$$

由于 $R(\boldsymbol{A})=2$, 所以 $R(f)=R(\boldsymbol{A})=2$.

如果放开关于矩阵对称性的要求, 那么对任一矩阵 $\boldsymbol{A}$, 虽然通过 $f(\boldsymbol{x})=\boldsymbol{x}^{\mathrm{T}}\boldsymbol{A}\boldsymbol{x}$ 仍然可以得到唯一一个二次型 $f(\boldsymbol{x})$. 但是, 反过来, 给定一个二次型 $f(\boldsymbol{x})$, 将会有无限多个矩阵 $\boldsymbol{A}$ 满足 $f(\boldsymbol{x})=\boldsymbol{x}^{\mathrm{T}}\boldsymbol{A}\boldsymbol{x}$. 比如, 对二次型 $f(x_1, x_2)=x_1^2+2x_2^2-3x_1x_2$, 只要矩阵 $\begin{pmatrix} 1 & b \\ c & 2 \end{pmatrix}$ 满足 $b+c=-3$, 便有

$$f(x_1, x_2)=(x_1, x_2)\begin{pmatrix} 1 & b \\ c & 2 \end{pmatrix}\begin{pmatrix} x_1 \\ x_2 \end{pmatrix}.$$

因此, 二次型 $f(\boldsymbol{x})$ 和矩阵 $\boldsymbol{A}$ 之间便不存在一一对应关系了. 事实上, 这正是上面要求矩阵 $\boldsymbol{A}$ 对称的一个原因.

如果对任意的 $1\leqslant i, j\leqslant n$ 均有 $a_{ij}\in\mathbb{R}$, 则定义 6.1 中的二次型 $f(\boldsymbol{x})$ 称为实二次型, 这时, $f(\boldsymbol{x})$ 的矩阵 $\boldsymbol{A}$ 是实对称矩阵; 反之, 如果存在 $1\leqslant i, j\leqslant n$ 使得 $a_{ij}\in\mathbb{C}$ 但 $a_{ij}\notin\mathbb{R}$, 则称二次型 $f(\boldsymbol{x})$ 为复二次型, 此时, $f(\boldsymbol{x})$ 的矩阵 $\boldsymbol{A}$ 是复对称矩阵. 在本书中, 除非特别指明, 所有二次型均指实二次型.

从几何上看, 给定一个 2 元二次型 $f(\boldsymbol{x})$, 则 $f(\boldsymbol{x})=d$ 表示一条二次曲线; 给定一个 3 元二次型 $f(\boldsymbol{x})$, 则 $f(\boldsymbol{x})=d$ 表示一个二次曲面, 其中 $d\in\mathbb{R}$ 为任一实数.

### 6.1.2 标准形

尽管 (6.1) 中的有心二次曲线并不复杂, 但要很快看出它究竟代表的是椭圆还是双曲线一般并不容易. 而由解析几何我们知道, 通过选择适当的旋转坐标变换

$$\begin{pmatrix} x \\ y \end{pmatrix} = \begin{pmatrix} \cos\theta & -\sin\theta \\ \sin\theta & \cos\theta \end{pmatrix} \begin{pmatrix} u \\ v \end{pmatrix},$$

可以将 (6.1) 化为只含变元 $u$, $v$ 的平方项 $u^2$, $v^2$, 但不含交叉项 $uv$ 的下述形式:

$$a'u^2 + b'v^2 = d, \tag{6.3}$$

其中 $\theta$ 表示 $xOy$ 坐标系绕原点沿逆时针方向旋转的角度, 即 $uOv$ 坐标系是由 $xOy$ 坐标系绕原点沿逆时针方向旋转角度 $\theta$ 所得到的. 由此, 通过观察 $a'b'$ 的符号可以很快识别 (6.3), 即 (6.1) 所代表的曲线的类型. 像 (6.3) 左端这样只含变元平方项而不含变元交叉项的二次型就是下面将要介绍的标准形. 作为化 (6.1) 为 (6.3) 的具体展示, 先看下述例子.

**例 6.4** 已知二次型 $f(x, y) = x^2 + 4xy + y^2$, 问方程 $f(x, y) = 1$ 表示何种曲线?

**解** 令 $\theta = \pi/4$, 作旋转坐标变换

$$\begin{cases} x = \dfrac{1}{\sqrt{2}}(u - v), \\ y = \dfrac{1}{\sqrt{2}}(u + v), \end{cases}$$

则 $f(x, y) = 3u^2 - v^2$. 这样, 方程 $f(x, y) = 1$ 就转化成 $3u^2 - v^2 = 1$. 因此 $f(x, y) = 1$ 表示双曲线.

一般地, 关于 $n$ 元二次型有下述定义.

**定义 6.2** 只含平方项而不含交叉项的二次型

$$f(\boldsymbol{x}) = a_1x_1^2 + a_2x_2^2 + \cdots + a_nx_n^2,$$

称为标准二次型, 简称标准形.

二次型理论的核心内容就是讨论怎样把一个一般二次型转化为标准形. 首先, 由定义容易看出下述简单但重要的结论.

**定理 6.1**　$n$ 元二次型 $f(\boldsymbol{x}) = \boldsymbol{x}^{\mathrm{T}}\boldsymbol{A}\boldsymbol{x}$ 为标准形的充分必要条件是 $\boldsymbol{A}$ 为对角矩阵.

为了讨论一般二次型向标准形的转化, 需要下述概念.

**定义 6.3**　设 $\boldsymbol{P} = (p_{ij})$ 为任一 $n$ 阶矩阵, 则

$$\boldsymbol{x} = \boldsymbol{P}\boldsymbol{y}$$

称为从变元 $x_1, x_2, \cdots, x_n$ 到变元 $y_1, y_2, \cdots, y_n$ 的一个线性变换, 其中 $\boldsymbol{x} = (x_1, x_2, \cdots, x_n)^{\mathrm{T}}, \boldsymbol{y} = (y_1, y_2, \cdots, y_n)^{\mathrm{T}}$. 当 $\boldsymbol{P}$ 可逆时, 该线性变换称为可逆线性变换.

对任意一个 $n$ 元二次型 $f(\boldsymbol{x}) = \boldsymbol{x}^{\mathrm{T}}\boldsymbol{A}\boldsymbol{x}$, 以及任意一个线性变换 $\boldsymbol{x} = \boldsymbol{P}\boldsymbol{y}$, 将后者代入前者可得

$$f(\boldsymbol{x}) = (\boldsymbol{P}\boldsymbol{y})^{\mathrm{T}}\boldsymbol{A}(\boldsymbol{P}\boldsymbol{y}) = \boldsymbol{y}^{\mathrm{T}}\left(\boldsymbol{P}^{\mathrm{T}}\boldsymbol{A}\boldsymbol{P}\right)\boldsymbol{y} = \boldsymbol{y}^{\mathrm{T}}\boldsymbol{B}\boldsymbol{y},$$

其中 $\boldsymbol{B} = \boldsymbol{P}^{\mathrm{T}}\boldsymbol{A}\boldsymbol{P}$. 并且, 由于 $\boldsymbol{A}$ 为实对称矩阵, 所以 $\boldsymbol{B}^{\mathrm{T}} = \left(\boldsymbol{P}^{\mathrm{T}}\boldsymbol{A}\boldsymbol{P}\right)^{\mathrm{T}} = \boldsymbol{P}^{\mathrm{T}}\boldsymbol{A}^{\mathrm{T}}\boldsymbol{P} = \boldsymbol{P}^{\mathrm{T}}\boldsymbol{A}\boldsymbol{P} = \boldsymbol{B}$, 即 $\boldsymbol{B}$ 也为实对称矩阵. 这样, $\boldsymbol{y}^{\mathrm{T}}\boldsymbol{B}\boldsymbol{y}$ 就成为以 $y_1, y_2, \cdots, y_n$ 为变元且与实对称矩阵 $\boldsymbol{B}$ 相对应的一个二次型. 记该二次型为 $g(\boldsymbol{y})$, 则当 $\boldsymbol{P}$ 可逆时还有

$$R(g) = R(\boldsymbol{B}) = R\left(\boldsymbol{P}^{\mathrm{T}}\boldsymbol{A}\boldsymbol{P}\right) = R(\boldsymbol{A}) = R(f).$$

因此, 有下述关于二次型的一个基本结论.

**定理 6.2**　可逆线性变换把二次型转化为二次型, 并且不改变二次型的秩.

下面将集中讨论在可逆线性变换下二次型的变化情况. 这样做的原因是, 虽然任意一个由 $n$ 阶矩阵 $\boldsymbol{P}$ 所形成的线性变换 $\boldsymbol{x} = \boldsymbol{P}\boldsymbol{y}$ 都可以把一个 $n$ 元次型转化为新的二次型, 但是, 当 $\boldsymbol{P}$ 不可逆时, 转化后的二次型与原二次型一般不会再有共同的性质. 比如, 对于 $\boldsymbol{P} = \boldsymbol{O}$ 的极端特殊情况, 它将把任意一个二次型 $f(\boldsymbol{x}) = \boldsymbol{x}^{\mathrm{T}}A\boldsymbol{x}$ 都转化成二次型 $g(\boldsymbol{y}) = \boldsymbol{y}^{\mathrm{T}}\left(\boldsymbol{P}^{\mathrm{T}}\boldsymbol{A}\boldsymbol{P}\right)\boldsymbol{y} = 0$. 这时, 后者不能反映出前者的任何信息.

当 $\boldsymbol{P}$ 可逆时, 注意到 $f(\boldsymbol{x}) = \boldsymbol{x}^{\mathrm{T}}\boldsymbol{A}\boldsymbol{x}$ 的矩阵 $\boldsymbol{A}$ 与 $g(\boldsymbol{y}) = \boldsymbol{y}^{\mathrm{T}}\left(\boldsymbol{P}^{\mathrm{T}}\boldsymbol{A}\boldsymbol{P}\right)\boldsymbol{y}$ 的矩阵 $\boldsymbol{P}^{\mathrm{T}}\boldsymbol{A}\boldsymbol{P}$ 之间的关系, 给出下述概念.

**定义 6.4** 对于 $n$ 阶矩阵 $\boldsymbol{A}, \boldsymbol{B}$, 如果存在可逆矩阵 $\boldsymbol{P}$, 使得 $\boldsymbol{P}^{\mathrm{T}}\boldsymbol{A}\boldsymbol{P} = \boldsymbol{B}$, 那么称矩阵 $\boldsymbol{A}$ 与 $\boldsymbol{B}$ 是合同的.

矩阵的合同关系是一个等价关系.

反身性 : 任何 $n$ 阶矩阵 $\boldsymbol{A}$ 都与其自身合同;

对称性 : 若 $\boldsymbol{A}$ 与 $\boldsymbol{B}$ 合同, 则 $\boldsymbol{B}$ 与 $\boldsymbol{A}$ 合同;

传递性 : 若 $\boldsymbol{A}$ 与 $\boldsymbol{B}$ 合同, $\boldsymbol{B}$ 与 $\boldsymbol{C}$ 合同,

则 $\boldsymbol{A}$ 与 $\boldsymbol{C}$ 合同.

这样, 把一个二次型 $f(\boldsymbol{x}) = \boldsymbol{x}^{\mathrm{T}}\boldsymbol{A}\boldsymbol{x}$ 化为标准形的问题, 实际上就是讨论可否找到, 以及如何寻找可逆矩阵 $\boldsymbol{P}$, 使得 $\boldsymbol{P}^{\mathrm{T}}\boldsymbol{A}\boldsymbol{P} = \boldsymbol{\Lambda}$ 成为对角矩阵的问题, 即矩阵 $\boldsymbol{A}$ 在合同意义下的对角化问题. 注意到二次型 $f(\boldsymbol{x}) = \boldsymbol{x}^{\mathrm{T}}\boldsymbol{A}\boldsymbol{x}$ 所对应的矩阵 $\boldsymbol{A}$ 一定是实对称矩阵, 所以由第 5 章关于实对称矩阵可以通过正交矩阵相似对角化的结论可知, 上述可逆矩阵 $\boldsymbol{P}$ 一定存在, 即矩阵 $\boldsymbol{A}$ 一定能够合同对角化. 同时, 注意到左乘和右乘可逆矩阵不改变矩阵的秩, 所以, 与矩阵 $\boldsymbol{A}$ 合同的任一对角矩阵 $\boldsymbol{\Lambda}$ 都与 $\boldsymbol{A}$ 有相同的秩. 换句话说, $\boldsymbol{\Lambda}$ 主对角线上非零元素的个数一定等于 $\boldsymbol{A}$ 的秩, 即二次型 $f(\boldsymbol{x}) = \boldsymbol{x}^{\mathrm{T}}\boldsymbol{A}\boldsymbol{x}$ 的秩. 因此, 有下述关于二次型的一个具有根本性的结论.

**定理 6.3** 任意一个二次型 $f(\boldsymbol{x}) = \boldsymbol{x}^{\mathrm{T}}\boldsymbol{A}\boldsymbol{x}$ 一定可以通过可逆线性变换化为标准形, 并且, 标准形中所含非零平方项的个数一定等于矩阵 $\boldsymbol{A}$ 的秩, 也就是 $f(\boldsymbol{x}) = \boldsymbol{x}^{\mathrm{T}}\boldsymbol{A}\boldsymbol{x}$ 的秩, 它不随可逆线性变换选择的变化而变化.

**例 6.5** 试利用可逆线性变换把二次型 $f(x_1, x_2) = x_1^2 + 4x_2^2 - 4x_1x_2$ 化为标准形.

**解** 显然, $f(x_1, x_2) = (x_1 - 2x_2)^2$. 因此, 令

$$\begin{cases} y_1 = x_1 - 2x_2, \\ y_2 = x_2 \end{cases}$$

就有 $f(x_1, x_2) = y_1^2$. 也就是说, 利用可逆线性变换

$$\begin{pmatrix} y_1 \\ y_2 \end{pmatrix} = \begin{pmatrix} 1 & -2 \\ 0 & 1 \end{pmatrix} \begin{pmatrix} x_1 \\ x_2 \end{pmatrix}$$

就可把二次型 $f(x_1, x_2) = x_1^2 + 4x_2^2 - 4x_1x_2$ 化成标准形 $g(y_1, y_2) = y_1^2$.

但需要指出, 一个二次型的标准形一般并不是唯一的.

**例 6.6** 写出二次型 $f(x_1, x_2) = x_1^2 - x_2^2$ 和 $g(y_1, y_2) = -4y_1^2 + y_2^2$ 所对应的矩阵, 并证明 $f(x_1, x_2) = x_1^2 - x_2^2$ 能够通过可逆线性变换化为 $g(y_1, y_2) = -4y_1^2 + y_2^2$.

**解** 按照定义, $f(x_1, x_2)$ 所对应的矩阵是 $\boldsymbol{A} = \begin{pmatrix} 1 & 0 \\ 0 & -1 \end{pmatrix}$, $g(y_1, y_2)$ 所对应的矩阵是 $\boldsymbol{B} = \begin{pmatrix} -4 & 0 \\ 0 & 1 \end{pmatrix}$. 作可逆线性变换

$$\begin{cases} x_1 = y_2, \\ x_2 = 2y_1, \end{cases} \quad \text{即} \quad \begin{pmatrix} x_1 \\ x_2 \end{pmatrix} = \begin{pmatrix} 0 & 1 \\ 2 & 0 \end{pmatrix} \begin{pmatrix} y_1 \\ y_2 \end{pmatrix},$$

则二次型 $f(x_1, x_2) = x_1^2 - x_2^2$ 就转化成了 $g(y_1, y_2) = -4y_1^2 + y_2^2$. 换句话说, $x_1^2 - x_2^2$ 和 $-4y_1^2 + y_2^2$ 都可以作为二次型 $f(x_1, x_2)$ 的标准形, 二者所对应的矩阵 $\boldsymbol{A}$ 和 $\boldsymbol{B}$ 之间的关系是

$$\boldsymbol{B} = \boldsymbol{P}^{\mathrm{T}} \boldsymbol{A} \boldsymbol{P},$$

即 $\boldsymbol{A}$ 与 $\boldsymbol{B}$ 合同, 其中 $\boldsymbol{P} = \begin{pmatrix} 0 & 1 \\ 2 & 0 \end{pmatrix}$.

### 习 题 6.1

1. 求下列二次型的矩阵并计算它们的秩.

(1) $3x^2 - 5xy + y^2$; (2) $2x^2 + 3y^2 + z^2 + 2xy - 2xz + 3yz$.

2. 写出下列二次型的代数表达式并计算它们的秩.

(1) $f(\boldsymbol{x}) = \boldsymbol{x}^{\mathrm{T}} \begin{pmatrix} 1 & 2 & 3 \\ 4 & 5 & 6 \\ 7 & 8 & 9 \end{pmatrix} \boldsymbol{x}$; (2) $f(\boldsymbol{x}) = \boldsymbol{x}^{\mathrm{T}} \begin{pmatrix} 1 & 1 & 2 \\ 1 & 1 & 1 \\ 0 & 1 & 1 \end{pmatrix} \boldsymbol{x}$.

3. 已知二次型 $f(x_1, x_2, x_3) = 5x_1^2 + 5x_2^2 + cx_3^2 - 2x_1x_2 + 6x_1x_3 - 6x_2x_3$ 的秩为 2, 求 $c$ 的值.

## 6.2 化二次型为标准形

本节主要讨论怎样寻找可逆线性变换把一个二次型 $f(\boldsymbol{x}) = \boldsymbol{x}^{\mathrm{T}} \boldsymbol{A} \boldsymbol{x}$ 化为标准形的问题, 即怎样给出可逆矩阵 $\boldsymbol{P}$, 使得 $\boldsymbol{P}^{\mathrm{T}} \boldsymbol{A} \boldsymbol{P} = \boldsymbol{\Lambda}$ 成为对角矩阵的问题.

### 6.2.1 配方法

下面通过具体例子说明怎样利用配方法来给出可逆线性变换, 把一个二次型 $f(\boldsymbol{x})$ 化为标准形. 分两种情况讨论.

1. 第一种类型: 二次型中含有平方项

**例 6.7** 化二次型 $f(\boldsymbol{x})=x_1^2+2x_1x_2+2x_2^2-2x_2x_3-3x_3^2$ 为标准形.

**解** 这是一个含有平方项的二次型. 先将其中含有 $x_1$ 的项 $x_1^2+2x_1x_2$ 集中在一起, 并对其配方, 可得

$$x_1^2+2x_1x_2=x_1^2+2x_1x_2+x_2^2-x_2^2=(x_1+x_2)^2-x_2^2.$$

因此

$$f(\boldsymbol{x})=(x_1+x_2)^2-x_2^2+2x_2^2-2x_2x_3-3x_3^2=(x_1+x_2)^2+g(x_2,x_3),$$

其中 $g(x_2,x_3)=x_2^2-2x_2x_3-3x_3^2$. 再将 $g(x_2,x_3)$ 中含有 $x_2$ 的项 $x_2^2-2x_2x_3$ 集中在一起, 并对其配方, 可得

$$x_2^2-2x_2x_3=x_2^2-2x_2x_3+x_3^2-x_3^2=(x_2-x_3)^2-x_3^2.$$

因此

$$g(x_2,x_3)=(x_2-x_3)^2-x_3^2-3x_3^2=(x_2-x_3)^2-4x_3^2.$$

于是

$$f(\boldsymbol{x})=(x_1+x_2)^2+(x_2-x_3)^2-4x_3^2.$$

所以, 令 $\begin{cases} y_1=x_1+x_2, \\ y_2=x_2-x_3, \\ y_3=x_3, \end{cases}$ 即作可逆线性变换

$$\begin{pmatrix} y_1 \\ y_2 \\ y_3 \end{pmatrix}=\begin{pmatrix} 1 & 1 & 0 \\ 0 & 1 & -1 \\ 0 & 0 & 1 \end{pmatrix}\begin{pmatrix} x_1 \\ x_2 \\ x_3 \end{pmatrix},$$

也就是

$$\begin{pmatrix} x_1 \\ x_2 \\ x_3 \end{pmatrix}=\begin{pmatrix} 1 & -1 & -1 \\ 0 & 1 & 1 \\ 0 & 0 & 1 \end{pmatrix}\begin{pmatrix} y_1 \\ y_2 \\ y_3 \end{pmatrix},$$

可得 $f(\boldsymbol{x})$ 的标准形

$$f(\boldsymbol{x})=y_1^2+y_2^2-4y_3^2.$$

此外, 如果令 $\begin{cases} z_1 = x_1 + x_2, \\ z_2 = x_2 - x_3, \\ z_3 = 2x_3, \end{cases}$ 则在可逆变换 $\boldsymbol{x} = \boldsymbol{Q}^{-1}\boldsymbol{z}$ 之下, 二次型 $f(\boldsymbol{x})$ 又可化为

$$f(\boldsymbol{x}) = f\left(\boldsymbol{Q}^{-1}\boldsymbol{z}\right) = z_1^2 + z_2^2 - z_3^2,$$

其中 $\boldsymbol{Q} = \begin{pmatrix} 1 & 1 & 0 \\ 0 & 1 & -1 \\ 0 & 0 & 2 \end{pmatrix}$.

**例 6.8** 化二次型 $f(\boldsymbol{x}) = x_1^2 - 3x_2^2 - 2x_1x_2 + 2x_1x_3 - 6x_2x_3$ 为标准形.

**解** 这同样是一个含有平方项的二次型. 利用配方法, 可以得到

$$\begin{aligned} f(\boldsymbol{x}) &= x_1^2 - 2x_1(x_2 - x_3) + (x_2 - x_3)^2 - (x_2 - x_3)^2 - 3x_2^2 - 6x_2x_3 \\ &= (x_1 - x_2 + x_3)^2 - 4x_2^2 - 4x_2x_3 - x_3^2 \\ &= (x_1 - x_2 + x_3)^2 - (2x_2 + x_3)^2. \end{aligned}$$

引入可逆变换 $\begin{cases} y_1 = x_1 - x_2 + x_3, \\ y_2 = 2x_2 + x_3, \\ y_3 = x_3, \end{cases}$ 即 $\boldsymbol{x} = \boldsymbol{Q}^{-1}\boldsymbol{y}$, 则二次型 $f(\boldsymbol{x})$ 就可化为

$$f(\boldsymbol{x}) = f\left(\boldsymbol{Q}^{-1}\boldsymbol{y}\right) = y_1^2 - y_2^2,$$

其中 $\boldsymbol{Q} = \begin{pmatrix} 1 & -1 & 1 \\ 0 & 2 & 1 \\ 0 & 0 & 1 \end{pmatrix}$.

2. 第二种类型: 二次型中没有平方项

这时, 需要先作一个可逆的线性变换把二次型化为含有平方项的情形, 然后再按照第一种类型中的方法进行配方, 得到标准形.

**例 6.9** 化二次型 $f(\boldsymbol{x}) = x_1x_2 + x_1x_3 - 3x_2x_3$ 为标准形.

**解** 注意到 $f(\boldsymbol{x})$ 的表达式中含有 $x_1$ 和 $x_2$ 的乘积项 $x_1x_2$, 因此, 先作可逆线性变换

$$\begin{cases} x_1 = y_1 + y_2, \\ x_2 = y_1 - y_2, \\ x_3 = y_3, \end{cases} \quad \text{即} \quad \begin{pmatrix} x_1 \\ x_2 \\ x_3 \end{pmatrix} = \begin{pmatrix} 1 & 1 & 0 \\ 1 & -1 & 0 \\ 0 & 0 & 1 \end{pmatrix} \begin{pmatrix} y_1 \\ y_2 \\ y_3 \end{pmatrix}.$$

这样, $f(\boldsymbol{x})$ 就化为下述含有平方项的二次型

$$f(\boldsymbol{x}) = y_1^2 - 2y_1y_3 - y_2^2 + 4y_2y_3.$$

对该二次型采用第一种类型中的配方法, 可得

$$f(\boldsymbol{x}) = y_1^2 - 2y_1y_3 + y_3^2 - y_3^2 - y_2^2 + 4y_2y_3 = (y_1 - y_3)^2 - (y_2 - 2y_3)^2 + 3y_3^2.$$

由此, 作可逆线性变换

$$\begin{cases} z_1 = y_1 - y_3, \\ z_2 = y_2 - 2y_3, \\ z_3 = y_3, \end{cases} \quad \text{即} \quad \begin{pmatrix} z_1 \\ z_2 \\ z_3 \end{pmatrix} = \begin{pmatrix} 1 & 0 & -1 \\ 0 & 1 & -2 \\ 0 & 0 & 1 \end{pmatrix} \begin{pmatrix} y_1 \\ y_2 \\ y_3 \end{pmatrix}$$

可得

$$f(\boldsymbol{x}) = z_1^2 - z_2^2 + 3z_3^2.$$

综上, 利用可逆线性变换

$$\begin{aligned} \begin{pmatrix} x_1 \\ x_2 \\ x_3 \end{pmatrix} &= \begin{pmatrix} 1 & 1 & 0 \\ 1 & -1 & 0 \\ 0 & 0 & 1 \end{pmatrix} \begin{pmatrix} y_1 \\ y_2 \\ y_3 \end{pmatrix} \\ &= \begin{pmatrix} 1 & 1 & 0 \\ 1 & -1 & 0 \\ 0 & 0 & 1 \end{pmatrix} \begin{pmatrix} 1 & 0 & -1 \\ 0 & 1 & -2 \\ 0 & 0 & 1 \end{pmatrix}^{-1} \begin{pmatrix} z_1 \\ z_2 \\ z_3 \end{pmatrix} \\ &= \begin{pmatrix} 1 & 1 & 0 \\ 1 & -1 & 0 \\ 0 & 0 & 1 \end{pmatrix} \begin{pmatrix} 1 & 0 & 1 \\ 0 & 1 & 2 \\ 0 & 0 & 1 \end{pmatrix} \begin{pmatrix} z_1 \\ z_2 \\ z_3 \end{pmatrix} \\ &= \begin{pmatrix} 1 & 1 & 3 \\ 1 & -1 & -1 \\ 0 & 0 & 1 \end{pmatrix} \begin{pmatrix} z_1 \\ z_2 \\ z_3 \end{pmatrix}, \end{aligned}$$

就可将二次型 $f(\boldsymbol{x}) = x_1x_2 + x_1x_3 - 3x_2x_3$ 化为标准形

$$f(\boldsymbol{x}) = z_1^2 - z_2^2 + 3z_3^2.$$

### 6.2.2 正交变换法和主轴定理

尽管配方法能够给出可逆线性变换 $\boldsymbol{x}=\boldsymbol{P}\boldsymbol{y}$ 成功将任意一个二次型 $f(\boldsymbol{x})$ 化为标准形 $g(\boldsymbol{y})=f(\boldsymbol{P}\boldsymbol{y})$, 但是, 从几何上看, 由于 $\|\boldsymbol{x}\|^2=\boldsymbol{x}^{\mathrm{T}}\boldsymbol{x}=\boldsymbol{y}^{\mathrm{T}}\boldsymbol{P}^{\mathrm{T}}\boldsymbol{P}\boldsymbol{y}$ 一般未必等于 $\|\boldsymbol{y}\|^2=\boldsymbol{y}^{\mathrm{T}}\boldsymbol{y}$, 所以, 点与点之间的距离以及向量与向量之间的夹角经过可逆线性变换后都有可能会发生变化. 因此, 对给定的常数 $c$, 方程 $g(\boldsymbol{y})=c$ 和 $f(\boldsymbol{x})=c$ 所表示的几何图形的形状一般会发生变化.

下面要介绍的正交变换法将克服这一缺陷. 它所给出的正交变换既能够把二次型 $f(\boldsymbol{x})$ 化为标准形, 又能够保持 $f(\boldsymbol{x})=c$ 的几何形状不发生变化.

我们知道, 对于给定的实对称矩阵 $\boldsymbol{A}$, 一定可以给出正交矩阵 $\boldsymbol{Q}$ 和对角矩阵 $\boldsymbol{\Lambda}$, 使得

$$\boldsymbol{Q}^{\mathrm{T}}\boldsymbol{A}\boldsymbol{Q}=\boldsymbol{Q}^{-1}\boldsymbol{A}\boldsymbol{Q}=\boldsymbol{\Lambda}.$$

因此, 对二次型 $f(\boldsymbol{x})=\boldsymbol{x}^{\mathrm{T}}\boldsymbol{A}\boldsymbol{x}$, 利用正交矩阵 $\boldsymbol{Q}$ 作可逆线性变换 $\boldsymbol{x}=\boldsymbol{Q}\boldsymbol{y}$ 可得

$$f(\boldsymbol{x})=\boldsymbol{x}^{\mathrm{T}}\boldsymbol{A}\boldsymbol{x}=(\boldsymbol{Q}\boldsymbol{y})^{\mathrm{T}}\boldsymbol{A}(\boldsymbol{Q}\boldsymbol{y})=\boldsymbol{y}^{\mathrm{T}}\left(\boldsymbol{Q}^{\mathrm{T}}\boldsymbol{A}\boldsymbol{Q}\right)\boldsymbol{y}=\boldsymbol{y}^{\mathrm{T}}\boldsymbol{\Lambda}\boldsymbol{y}.$$

这样, 就得到了另外一种能够给出可逆线性变换的方法, 把 $f(\boldsymbol{x})$ 化为标准形 $g(\boldsymbol{y})=f(\boldsymbol{Q}\boldsymbol{y})=\boldsymbol{y}^{\mathrm{T}}\boldsymbol{\Lambda}\boldsymbol{y}$. 同时, 由于 $\boldsymbol{Q}$ 是正交矩阵, 所以 $\boldsymbol{Q}^{\mathrm{T}}\boldsymbol{Q}=\boldsymbol{E}$. 因此, 在 $\boldsymbol{x}=\boldsymbol{Q}\boldsymbol{y}$ 之下, $\|\boldsymbol{x}\|=\|\boldsymbol{y}\|$, 进而保持几何形状.

通常, 由正交矩阵 $\boldsymbol{Q}$ 所形成的可逆线性变换 $\boldsymbol{x}=\boldsymbol{Q}\boldsymbol{y}$ 称为正交变换. 由此, 可得下述作为正交变换法理论基础的重要结论.

**定理 6.4** (主轴定理) 任意一个二次型 $f(\boldsymbol{x})=\boldsymbol{x}^{\mathrm{T}}\boldsymbol{A}\boldsymbol{x}$ 都可经正交变换 $\boldsymbol{x}=\boldsymbol{Q}\boldsymbol{y}$ 化为标准形

$$f(\boldsymbol{x})=f(\boldsymbol{Q}\boldsymbol{y})=\lambda_1y_1^2+\lambda_2y_2^2+\cdots+\lambda_ny_n^2,$$

其中 $\lambda_1,\lambda_2,\cdots,\lambda_n$ 是实对称矩阵 $\boldsymbol{A}$ 的特征值, $\boldsymbol{Q}$ 是满足 $\boldsymbol{Q}^{\mathrm{T}}\boldsymbol{A}\boldsymbol{Q}=\boldsymbol{Q}^{-1}\boldsymbol{A}\boldsymbol{Q}=\boldsymbol{\Lambda}=\operatorname{diag}(\lambda_1,\lambda_2,\cdots,\lambda_n)$ 的任一正交矩阵.

需要说明的是, 用正交变换化二次型 $f(\boldsymbol{x})=\boldsymbol{x}^{\mathrm{T}}A\boldsymbol{x}$ 为标准形的主要任务就是求出正交矩阵 $\boldsymbol{Q}$. 这一问题在第 5 章已经得到完整解决.

此外, 由于用正交变换得到的标准形中平方项的系数恰好是矩阵 $\boldsymbol{A}$ 的全部特征值, 因此, 若不计特征值排序, 则这样的标准形是唯一的.

**例 6.10** 设二次型 $f(\boldsymbol{x})=x_1^2+x_2^2+x_3^2+4x_1x_2+4x_1x_3+4x_2x_3$, 试用正交变换化该二次型为标准形.

**解** 二次型 $f(\boldsymbol{x})$ 所对应的矩阵为 $\boldsymbol{A}=\begin{pmatrix}1&2&2\\2&1&2\\2&2&1\end{pmatrix}$. 故由例 5.35 可知, 令

$$\boldsymbol{Q}=\frac{1}{\sqrt{6}}\begin{pmatrix}-\sqrt{3}&-1&\sqrt{2}\\\sqrt{3}&-1&\sqrt{2}\\0&2&\sqrt{2}\end{pmatrix},$$

则 $\boldsymbol{Q}$ 为正交矩阵, 且 $\boldsymbol{Q}^{\mathrm{T}}\boldsymbol{A}\boldsymbol{Q}=\boldsymbol{Q}^{-1}\boldsymbol{A}\boldsymbol{Q}=\begin{pmatrix}-1&&\\&-1&\\&&5\end{pmatrix}$. 于是, 正交变换 $\boldsymbol{x}=\boldsymbol{Q}\boldsymbol{y}$ 便可把 $f(\boldsymbol{x})$ 化为下述标准形:

$$f(\boldsymbol{Q}\boldsymbol{y})=(\boldsymbol{Q}\boldsymbol{y})^{\mathrm{T}}\boldsymbol{A}(\boldsymbol{Q}\boldsymbol{y})=\boldsymbol{y}^{\mathrm{T}}\left(\boldsymbol{Q}^{\mathrm{T}}\boldsymbol{A}\boldsymbol{Q}\right)\boldsymbol{y}=-y_1^2-y_2^2+5y_3^2.$$

**例 6.11** 设二次型 $f(\boldsymbol{x})=x_1^2+ax_2^2+x_3^2+2bx_1x_2+2x_1x_3+2x_2x_3$ 经正交变换 $\boldsymbol{x}=\boldsymbol{Q}\boldsymbol{y}$ 化为标准形 $y_2^2+4y_3^2$, 求 $a$, $b$ 的值和正交矩阵 $\boldsymbol{Q}$.

**解** 依题设, 二次型 $f(\boldsymbol{x})$ 的矩阵为 $\boldsymbol{A}=\begin{pmatrix}1&b&1\\b&a&1\\1&1&1\end{pmatrix}$, 而标准形 $y_2^2+4y_3^2$ 的矩阵为 $\boldsymbol{\Lambda}=\begin{pmatrix}0&&\\&1&\\&&4\end{pmatrix}$. 因此, $\boldsymbol{Q}^{\mathrm{T}}\boldsymbol{A}\boldsymbol{Q}=\boldsymbol{\Lambda}$, 即 $\boldsymbol{A}$ 与 $\boldsymbol{\Lambda}$ 相似. 所以, $|\boldsymbol{A}|=|\boldsymbol{\Lambda}|$, $\mathrm{tr}(\boldsymbol{A})=\mathrm{tr}(\boldsymbol{\Lambda})$. 由此可得 $a=3$, $b=1$. 将此代入矩阵 $\boldsymbol{A}$, 可得 $\boldsymbol{A}$ 的特征值为 $\lambda_1=0$, $\lambda_2=1$, $\lambda_3=4$, 它们所对应的标准正交特征向量依次为

$$\boldsymbol{\xi}_1=\frac{1}{\sqrt{2}}\begin{pmatrix}1\\0\\-1\end{pmatrix},\quad \boldsymbol{\xi}_2=\frac{1}{\sqrt{3}}\begin{pmatrix}1\\-1\\1\end{pmatrix},\quad \boldsymbol{\xi}_3=\frac{1}{\sqrt{6}}\begin{pmatrix}1\\2\\1\end{pmatrix}.$$

于是, 所求的正交矩阵 $\boldsymbol{Q}=(\boldsymbol{\xi}_1,\boldsymbol{\xi}_2,\boldsymbol{\xi}_3)$.

**例 6.12** 已知二次型 $f(\boldsymbol{x})=(1-a)x_1^2+(1-a)x_2^2+2x_3^2+2(1+a)x_1x_2$ 的秩为 2.

(1) 求 $a$ 的值;

(2) 求把二次型 $f(\boldsymbol{x})$ 化为标准形的正交变换 $\boldsymbol{x}=\boldsymbol{Q}\boldsymbol{y}$;

(3) 求方程 $f(\boldsymbol{x})=0$ 的解.

**解**　(1) 依题设, 二次型 $f(\boldsymbol{x})$ 的矩阵为 $\boldsymbol{A}=\begin{pmatrix}1-a & 1+a & 0\\ 1+a & 1-a & 0\\ 0 & 0 & 2\end{pmatrix}$. 故由 $R(\boldsymbol{A})=R(f)=2$ 可求得 $a=0$.

(2) 将 $a=0$ 代入 $\boldsymbol{A}$, 直接计算可得 $|\lambda\boldsymbol{E}-\boldsymbol{A}|=\lambda(\lambda-2)^2$. 所以, $\boldsymbol{A}$ 的特征值为 $\lambda_1=\lambda_2=2$, $\lambda_3=0$. 将 $\lambda=2$ 和 $\lambda=0$ 分别代入齐次线性方程组 $(\boldsymbol{A}-\lambda\boldsymbol{E})\boldsymbol{x}=\boldsymbol{0}$ 并求解, 可得相应的特征向量:

$$\boldsymbol{\alpha}_1=(1,\,1,\,0)^{\mathrm{T}},\quad \boldsymbol{\alpha}_2=(0,\,0,\,1)^{\mathrm{T}},\quad \boldsymbol{\alpha}_3=(1,\,-1,\,0)^{\mathrm{T}}.$$

很明显, 这 3 个向量两两正交. 因此, 将其单位化可得相应的标准正交向量组:

$$\boldsymbol{\eta}_1=\frac{1}{\sqrt{2}}(1,\,1,\,0)^{\mathrm{T}},\quad \boldsymbol{\eta}_2=(0,\,0,\,1)^{\mathrm{T}},\quad \boldsymbol{\eta}_3=\frac{1}{\sqrt{2}}(1,\,-1,\,0)^{\mathrm{T}}.$$

令 $\boldsymbol{Q}=(\boldsymbol{\eta}_1,\boldsymbol{\eta}_2,\boldsymbol{\eta}_3)$, 则经正交变换 $\boldsymbol{x}=\boldsymbol{Q}\boldsymbol{y}$ 二次型 $f(\boldsymbol{x})$ 便可化为标准形

$$f(\boldsymbol{Q}\boldsymbol{y})=2y_1^2+2y_2^2.$$

(3) 由方程

$$f(\boldsymbol{x})=f(\boldsymbol{Q}\boldsymbol{y})=2y_1^2+2y_2^2=(x_1+x_2)^2+2x_3^2=0,$$

可得 $x_1+x_2=0$, $x_3=0$. 因此, $(x_1,\,x_2,\,x_3)^{\mathrm{T}}=k(1,\,-1,\,0)^{\mathrm{T}}$, 其中 $k$ 为任意常数.

**例 6.13**　设二次型 $f(x_1,\,x_2,\,x_3)=\boldsymbol{x}^{\mathrm{T}}\boldsymbol{A}\boldsymbol{x}=x_1^2+x_2^2+8x_3^2+4x_1x_3+4x_2x_3$.

(1) 求一可逆线性变换把二次型 $f(\boldsymbol{x})$ 化为标准形;

(2) 讨论 $f(x_1,\,x_2,\,x_3)=1$ 所表示的几何图形.

**解**　(1) 用配方法可得

$$\begin{aligned}f(\boldsymbol{x})&=x_1^2+x_2^2+8x_3^2+4x_1x_3+4x_2x_3\\&=x_1^2+4x_1x_3+4x_3^2-4x_3^2+x_2^2+8x_3^2+4x_2x_3\\&=(x_1+2x_3)^2+x_2^2+4x_3^2+4x_2x_3\\&=(x_1+2x_3)^2+(x_2+2x_3)^2.\end{aligned}$$

因此, 作可逆线性变换 $\begin{cases}y_1=x_1+2x_3,\\ y_2=x_2+2x_3,\\ y_3=x_3,\end{cases}$ 即 $\boldsymbol{y}=\begin{pmatrix}1&0&2\\0&1&2\\0&0&1\end{pmatrix}\boldsymbol{x}$, 也就是 $\boldsymbol{x}=$

$\boldsymbol{Py}$ 便可把二次型 $f(\boldsymbol{x})$ 化为标准形 $f(\boldsymbol{Py})=y_1^2+y_2^2$, 其中

$$\boldsymbol{P}=\begin{pmatrix}1&0&2\\0&1&2\\0&0&1\end{pmatrix}^{-1}=\begin{pmatrix}1&0&-2\\0&1&-2\\0&0&1\end{pmatrix}.$$

(2) 要了解 $f(x_1,x_2,x_3)=1$ 所表示的几何图形, 需要知道经过正交变换二次型 $f(x_1,x_2,x_3)=\boldsymbol{x}^{\mathrm{T}}\boldsymbol{Ax}=x_1^2+x_2^2+8x_3^2+4x_1x_3+4x_2x_3$ 的标准形. 注意到 $f(x_1,x_2,x_3)$ 所对应的矩阵为 $\boldsymbol{A}=\begin{pmatrix}1&0&2\\0&1&2\\2&2&8\end{pmatrix}$, 且 $\boldsymbol{A}$ 的特征多项式

$$\begin{aligned}|\lambda\boldsymbol{E}-\boldsymbol{A}|&=\begin{vmatrix}\lambda-1&0&-2\\0&\lambda-1&-2\\-2&-2&\lambda-8\end{vmatrix}=\begin{vmatrix}\lambda-1&1-\lambda&0\\0&\lambda-1&-2\\-2&-2&\lambda-8\end{vmatrix}\\&=(\lambda-1)\begin{vmatrix}1&-1&0\\0&\lambda-1&-2\\-2&-2&\lambda-8\end{vmatrix}=(\lambda-1)\begin{vmatrix}1&0&0\\0&\lambda-1&-2\\-2&-4&\lambda-8\end{vmatrix}\\&=(\lambda-1)\left((\lambda-1)(\lambda-8)-8\right)=\lambda(\lambda-1)(\lambda-9),\end{aligned}$$

故 $\boldsymbol{A}$ 的特征值为 1, 9, 0. 因此, $f(\boldsymbol{x})$ 一定可以经过某一正交变换 $\boldsymbol{x}=\boldsymbol{Qz}$ 化为

$$f(\boldsymbol{x})=f(\boldsymbol{Qz})=z_1^2+9z_2^2+0z_3^2=z_1^2+9z_2^2.$$

因此, $f(x_1,x_2,x_3)=1$ 所表示的几何图形就是 $z_1^2+9z_2^2=1$ 所表示的椭圆柱面.

## 习 题 6.2

1. 用配方法化下列二次型为标准形, 并给出所作的可逆线性变换.

(1) $f(x_1,x_2,x_3)=2x_1^2+x_2^2-4x_1x_2-4x_2x_3$;

(2) $f(x_1,x_2,x_3)=x_1x_2+2x_1x_3-x_2x_3$;

(3) $f(x_1,x_2,x_3)=(x_1-x_2)^2+(x_2-x_3)^2+(x_3-x_1)^2$;

(4) $f(x_1,x_2,x_3)=x_1^2+2x_2^2+5x_3^2+2x_1x_2+2x_1x_3+6x_2x_3$.

2. 用正交变换法化下列二次型为标准形, 并给出所作的正交变换.

(1) $f(x_1,x_2,x_3)=2x_1^2+3x_2^2+3x_3^2+4x_2x_3$;

(2) $f(x_1,x_2,x_3)=x_1^2+4x_2^2+4x_3^2-4x_1x_2+4x_1x_3-8x_2x_3$;

(3) $f(x_1,x_2,x_3)=4x_2^2-3x_3^2+4x_1x_2-4x_1x_3+8x_2x_3$.

3. 设 $\lambda = 3$ 是矩阵 $\boldsymbol{A} = \begin{pmatrix} 0 & 1 & 0 & 0 \\ 1 & 0 & 0 & 0 \\ 0 & 0 & y & 1 \\ 0 & 0 & 1 & 2 \end{pmatrix}$ 的一个特征值.

(1) 求参数 $y$;

(2) 求一可逆矩阵 $\boldsymbol{P}$, 使得 $(\boldsymbol{AP})^{\mathrm{T}}(\boldsymbol{AP})$ 为对角矩阵.

4. 设二次型 $f(x, y, z) = 5x^2 - 2xy + 6xz + 5y^2 - 6yz + cz^2$ 的秩为 2, 求参数 $c$, 并指出 $f(x, y, z) = 1$ 表示何种曲面?

5. 已知二次型 $f(x_1, x_2, x_3) = a(x_1^2 + x_2^2 + x_3^2) + 4x_1x_2 + 4x_1x_3 + 4x_2x_3$ 经正交变换 $\boldsymbol{x} = \boldsymbol{Qy}$ 化为标准形 $f(\boldsymbol{Qy}) = 6y_1^2$, 求 $a$ 的值.

6. 设二次型 $f(x_1, x_2, x_3) = x_1^2 + x_2^2 + x_3^2 + 2ax_1x_2 + 2x_1x_3 + 2bx_2x_3$ 经正交变换 $\boldsymbol{x} = \boldsymbol{Qy}$ 化为标准形 $f(\boldsymbol{Qy}) = y_1^2 + 2y_3^2$, 且 $\boldsymbol{x} = (x_1, x_2, x_3)^{\mathrm{T}}$, $\boldsymbol{y} = (y_1, y_2, y_3)^{\mathrm{T}}$, 求常数 $a, b$ 的值.

7. 已知二次型 $f(x_1, x_2, x_3) = 2x_1^2 + 3x_2^2 + 3x_3^2 + 2ax_2x_3$ $(a > 0)$ 经正交变换 $\boldsymbol{x} = \boldsymbol{Qy}$ 化为标准形 $f(\boldsymbol{Qy}) = y_1^2 + 2y_2^2 + 5y_3^2$, 求常数 $a$ 的值及正交矩阵 $\boldsymbol{Q}$.

8. 二次型 $f(x_1, x_2, x_3) = x_1^2 - 2x_2^2 + bx_3^2 - 4x_1x_2 + 4x_1x_3 + 2ax_2x_3$ $(a > 0)$ 经正交变换 $\boldsymbol{x} = \boldsymbol{Qy}$ 化为标准形 $f(\boldsymbol{Qy}) = 2y_1^2 + 2y_2^2 - 7y_3^2$, 且 $\boldsymbol{x} = (x_1, x_2, x_3)^{\mathrm{T}}$, $\boldsymbol{y} = (y_1, y_2, y_3)^{\mathrm{T}}$, 求常数 $a, b$ 的值及正交矩阵 $\boldsymbol{Q}$.

9. 已知二次曲面的方程 $x^2 + ay^2 + z^2 + 2bxy + 2xz + 2yz = 4$ 经正交变换 $(x, y, z)^{\mathrm{T}} = \boldsymbol{Q}(\mu, \nu, \eta)^{\mathrm{T}}$ 化为椭圆柱面方程 $\nu^2 + 4\eta^2 = 4$, 求常数 $a, b$ 的值及正交矩阵 $\boldsymbol{Q}$.

10. 设二次型 $f(x_1, x_2, x_3) = 2(a_1x_1 + a_2x_2 + a_3x_3)^2 + (b_1x_1 + b_2x_2 + b_3x_3)^2$, 记 $\boldsymbol{\alpha} = (a_1, a_2, a_3)^{\mathrm{T}}$, $\boldsymbol{\beta} = (b_1, b_2, b_3)^{\mathrm{T}}$.

(1) 证明: 二次型 $f$ 对应的矩阵为 $2\boldsymbol{\alpha}^{\mathrm{T}}\boldsymbol{\alpha} + \boldsymbol{\beta}^{\mathrm{T}}\boldsymbol{\beta}$;

(2) 若 $\boldsymbol{\alpha}, \boldsymbol{\beta}$ 正交且均为单位向量, 证明 $f$ 在正交变换下化为标准形 $f = 2y_1^2 + y_2^2$.

11. 设 3 阶矩阵 $\boldsymbol{A} = \begin{pmatrix} 1 & 0 & 1 \\ 0 & 1 & 1 \\ -1 & 0 & a \end{pmatrix}$, 且 $R(\boldsymbol{A}^{\mathrm{T}}\boldsymbol{A}) = 2$, 设 $f = \boldsymbol{x}^{\mathrm{T}}\boldsymbol{A}^{\mathrm{T}}\boldsymbol{Ax}$.

(1) 求 $a$ 的值;

(2) 求二次型 $f$ 对应的矩阵, 用正交变换将 $f$ 化为标准形, 并给出所用的正交变换.

## 6.3 惯性定理与正定二次型

本节将会看到, 不仅二次型的标准形中非零平方项的个数是关于可逆线性变换的不变量, 而且其中正项和负项的个数也都是关于可逆线性变换的不变量. 这就是关于二次型的惯性定理. 同时, 作为一种极其重要的特殊情况, 本节还要介绍关于正定二次型的一些基本知识.

### 6.3.1 惯性定理

假设两个不同的可逆线性变换 $\boldsymbol{x} = \boldsymbol{By}$ 和 $\boldsymbol{x} = \boldsymbol{Cz}$, 分别把 $f(\boldsymbol{x})$ 化为标准形

$$f(\boldsymbol{x}) = f(\boldsymbol{By}) = d_1y_1^2 + \cdots + d_py_p^2 - d_{p+1}y_{p+1}^2 - \cdots - d_ry_r^2$$

和

$$f(\boldsymbol{x}) = f(\boldsymbol{C}\boldsymbol{z}) = e_1 z_1^2 + \cdots + e_q z_q^2 - e_{q+1} z_{q+1}^2 - \cdots - e_r z_r^2,$$

其中 $r = R(f)$, 而 $d_1, d_2, \cdots, d_r; e_1, e_2, \cdots, e_r$ 都是正数. 于是在线性变换 $\boldsymbol{z} = \boldsymbol{C}^{-1}\boldsymbol{B}\boldsymbol{y}$ 下, 有

$$d_1 y_1^2 + \cdots + d_p y_p^2 - d_{p+1} y_{p+1}^2 - \cdots - d_r y_r^2 = e_1 z_1^2 + \cdots + e_q z_q^2 - e_{q+1} z_{q+1}^2 - \cdots - e_r z_r^2. \tag{6.4}$$

记 $\boldsymbol{T} = \boldsymbol{C}^{-1}\boldsymbol{B} = (t_{ij})$. 先用反证法证明 $p \leqslant q$. 否则, 如果 $p > q$, 考虑齐次线性方程组

$$\begin{cases} t_{11} y_1 + t_{12} y_2 + \cdots + t_{1n} y_n = 0, \\ \qquad\qquad \cdots\cdots \\ t_{q1} y_1 + t_{q2} y_2 + \cdots + t_{qn} y_n = 0, \\ y_{p+1} = 0, \\ \qquad\qquad \cdots\cdots \\ y_n = 0. \end{cases}$$

由于该方程组中方程的个数为 $q + n - p$, 它小于未知元的个数 $n$, 故该方程组存在非零解 $(y_1, y_2, \cdots, y_n)$. 对该非零解, 由 $\boldsymbol{z} = \boldsymbol{T}\boldsymbol{y}$ 可知

$$\begin{cases} z_1 = t_{11} y_1 + t_{12} y_2 + \cdots + t_{1n} y_n = 0, \\ \qquad\qquad \cdots\cdots \\ z_q = t_{q1} y_1 + t_{q2} y_2 + \cdots + t_{qn} y_n = 0. \end{cases}$$

故由 (6.4) 及 $y_{p+1} = \cdots = y_n = 0$ 可得

$$d_1 y_1^2 + \cdots + d_p y_p^2 = -e_{q+1} z_{q+1}^2 - \cdots - e_r z_r^2,$$

即

$$d_1 y_1^2 + \cdots + d_p y_p^2 + e_{q+1} z_{q+1}^2 + \cdots + e_r z_r^2 = 0.$$

注意到 $d_1, d_2, \cdots, d_p, e_{q+1}, e_{q+2}, \cdots, e_r$ 都是正数, 且由 $y_{p+1} = y_{p+2} = \cdots = y_n = 0$ 可知 $y_1, y_2, \cdots, y_p$ 不全为零, 所以, 上式是一个矛盾. 因此, $p \leqslant q$. 同理可证 $q \leqslant p$. 于是, $p = q$. 故有下述定理.

**定理 6.5** (惯性定理) 设二次型 $f(\boldsymbol{x}) = \boldsymbol{x}^{\mathrm{T}}\boldsymbol{A}\boldsymbol{x}$ 的秩为 $R(f) = R(\boldsymbol{A}) = r$, 则在 $f(\boldsymbol{x})$ 的任一标准形

$$f(\boldsymbol{x}) = d_1 y_1^2 + d_2 y_2^2 + \cdots + d_r y_r^2, \quad d_1 d_2 \cdots d_r \neq 0$$

中, 系数 $d_1, d_2, \cdots, d_r$ 中正数个数 $p$ 和负数个数 $q=r-p$ 都是由 $f(\boldsymbol{x})$ 唯一确定的, 它们不随可逆线性变换的变化而变化. 换句话说, $p$ 和 $q$ 都是可逆线性变换下的不变量.

通常, 上述 $p$ 和 $q$ 分别称为 $f(\boldsymbol{x})$ 的正惯性指数和负惯性指数, $p-q$ 称为 $f(\boldsymbol{x})$ 的符号差. 并且, 一个实对称矩阵 $\boldsymbol{A}$ 所对应的二次型 $f(\boldsymbol{x})=\boldsymbol{x}^{\mathrm{T}}\boldsymbol{A}\boldsymbol{x}$ 的正惯性指数、负惯性指数和符号差也分别称为 $\boldsymbol{A}$ 的正惯性指数、负惯性指数和符号差.

需要指出, 二次型 $f(\boldsymbol{x})=\boldsymbol{x}^{\mathrm{T}}\boldsymbol{A}\boldsymbol{x}$ 的正惯性指数 $p$ 等于 $\boldsymbol{A}$ 的正特征值的个数, 负惯性指数 $q$ 等于 $\boldsymbol{A}$ 的负特征值的个数, 其秩等于 $\boldsymbol{A}$ 的非零特征值的个数.

**例 6.14** 求二次型 $f(\boldsymbol{x})=x_1x_2+x_1x_3-3x_2x_3$ 的秩、正惯性指数和负惯性指数.

**解** 由例 6.9 可知, $z_1^2-z_2^2+3z_3^2$ 是 $f(\boldsymbol{x})$ 的一个标准形. 因此, $f(\boldsymbol{x})$ 的秩 $R(f)=3$, $f(\boldsymbol{x})$ 的正惯性指数 $p=2$, 负惯性指数 $q=1$.

基于惯性定理, 对任意一个秩为 $r$, 正惯性指数为 $p$ 的二次型 $f(\boldsymbol{x})=\boldsymbol{x}^{\mathrm{T}}\boldsymbol{A}\boldsymbol{x}$, 经过适当的变元调整, 将正项集中在前面, 负项集中在后面, 其标准形总可表示成如下形式:

$$f(\boldsymbol{x})=d_1y_1^2+\cdots+d_py_p^2-d_{p+1}y_{p+1}^2-\cdots-d_ry_r^2,\quad d_j>0\quad (j=1,2,\cdots,r).$$

再作可逆线性变换

$$\begin{cases} y_1=\dfrac{1}{\sqrt{d_1}}z_1, \\ y_2=\dfrac{1}{\sqrt{d_2}}z_2, \\ \cdots\cdots \\ y_r=\dfrac{1}{\sqrt{d_r}}z_r, \\ y_{r+1}=z_{r+1}, \\ \cdots\cdots \\ y_n=z_n, \end{cases}$$

则 $f(\boldsymbol{x})$ 可进一步化为

$$f(\boldsymbol{x})=z_1^2+\cdots+z_p^2-z_{p+1}^2-\cdots-z_r^2. \tag{6.5}$$

故惯性定理有下述推论.

**推论 1** 任意一个秩为 $r$, 正惯性指数为 $p$ 的二次型 $f(\boldsymbol{x})$ 都有一个形如 (6.5) 的标准形, 并且, 在不计变元记号的情况下该标准形是唯一的.

通常, 形如 (6.5) 的标准形称为 $f(\boldsymbol{x})$ 的规范形.

根据二次型与实对称矩阵之间的关系, 利用推论 1 可得下述两个重要结论.

**推论 2** 设 $\boldsymbol{A}$ 为 $n$ 阶实对称矩阵, 则存在可逆矩阵 $\boldsymbol{P}$, 使得

$$\boldsymbol{P}^{\mathrm{T}}\boldsymbol{A}\boldsymbol{P}=\begin{pmatrix}\boldsymbol{E}_p & & \\ & -\boldsymbol{E}_q & \\ & & 0\end{pmatrix},$$

其中 $p+q=r=R(\boldsymbol{A})$.

但要指出, 这里的 $\boldsymbol{P}$ 不一定再是正交矩阵.

**推论 3** 设 $\boldsymbol{A}, \boldsymbol{B}$ 均为 $n$ 阶实对称矩阵, 则 $\boldsymbol{A}$ 与 $\boldsymbol{B}$ 合同的充分必要条件是它们的秩以及正惯性指数分别相等.

**例 6.15** 设二次型 $f(\boldsymbol{x})=x_1^2+ax_2^2+x_3^2+2x_1x_2-2x_2x_3-2ax_1x_3$ 的正负惯性指数均为 1, 求参数 $a$ 的值并指出 $f(\boldsymbol{x})=1$ 所表示曲面的类型.

**解** 依题意, 二次型的矩阵 $\boldsymbol{A}=\begin{pmatrix}1 & 1 & -a\\ 1 & a & -1\\ -a & -1 & 1\end{pmatrix}$ 的秩等于 $2<3$. 因此

$$|\boldsymbol{A}|=\begin{vmatrix}1 & 1 & -a\\ 1 & a & -1\\ -a & -1 & 1\end{vmatrix}=-(a-1)^2(a+2)=0.$$

由此可得 $a=1$ 或 $a=-2$.

当 $a=1$ 时, $R(\boldsymbol{A})=1$, 不合题意. 故 $a=-2$. 此时, 可求得 $\boldsymbol{A}$ 的特征值为 $\lambda_1=3$, $\lambda_2=-3$, $\lambda_3=0$. 于是存在正交变换 $\boldsymbol{x}=\boldsymbol{P}\boldsymbol{y}$ 可以将 $f(\boldsymbol{x})$ 化为 $3y_1^2-3y_2^2$. 因此, 方程 $f(\boldsymbol{x})=1$ 表示双曲柱面 $3y_1^2-3y_2^2=1$.

**例 6.16*** 设矩阵 $\boldsymbol{A}$ 是 $n$ 阶实对称可逆矩阵, 其特征值为 $\lambda_1, \lambda_2, \cdots, \lambda_n$, 求二次型

$$f(\boldsymbol{x})=\boldsymbol{x}^{\mathrm{T}}\boldsymbol{B}\boldsymbol{x}$$

的标准形与正惯性指数, 其中 $\boldsymbol{B}=\begin{pmatrix}\boldsymbol{O} & \boldsymbol{\Lambda}\\ \boldsymbol{\Lambda} & \boldsymbol{O}\end{pmatrix}$.

**解**　由于矩阵 $\boldsymbol{A}$ 可逆实对称, 因此 $\lambda_j \neq 0\ (j=1, 2, \cdots, n)$, 且存在正交矩阵 $\boldsymbol{Q}$ 使得

$$\boldsymbol{Q}^{-1}\boldsymbol{A}\boldsymbol{Q}=\boldsymbol{\Lambda}=\operatorname{diag}(\lambda_1, \lambda_2, \cdots, \lambda_n).$$

于是

$$\begin{pmatrix}\boldsymbol{O} & \boldsymbol{Q}\\ \boldsymbol{Q} & \boldsymbol{O}\end{pmatrix}^{-1}\boldsymbol{B}\begin{pmatrix}\boldsymbol{O} & \boldsymbol{Q}\\ \boldsymbol{Q} & \boldsymbol{O}\end{pmatrix}=\begin{pmatrix}\boldsymbol{O} & \boldsymbol{\Lambda}\\ \boldsymbol{\Lambda} & \boldsymbol{O}\end{pmatrix}.$$

所以, 矩阵 $\boldsymbol{B}$ 和 $\begin{pmatrix}\boldsymbol{O} & \boldsymbol{\Lambda}\\ \boldsymbol{\Lambda} & \boldsymbol{O}\end{pmatrix}$ 有相同的特征值. 又矩阵 $\begin{pmatrix}\boldsymbol{O} & \boldsymbol{\Lambda}\\ \boldsymbol{\Lambda} & \boldsymbol{O}\end{pmatrix}$ 的特征值多项式为

$$\begin{aligned}\left|\lambda\boldsymbol{E}_{2n}-\begin{pmatrix}\boldsymbol{O} & \boldsymbol{\Lambda}\\ \boldsymbol{\Lambda} & \boldsymbol{O}\end{pmatrix}\right| &= \begin{vmatrix}\lambda\boldsymbol{E}_n & -\boldsymbol{\Lambda}\\ -\boldsymbol{\Lambda} & \lambda\boldsymbol{E}_n\end{vmatrix}=\begin{vmatrix}\lambda\boldsymbol{E}_n-\boldsymbol{\Lambda} & \lambda\boldsymbol{E}_n-\boldsymbol{\Lambda}\\ -\boldsymbol{\Lambda} & \lambda\boldsymbol{E}_n\end{vmatrix}\\ &= \begin{vmatrix}\lambda\boldsymbol{E}_n-\boldsymbol{\Lambda} & \boldsymbol{O}\\ -\boldsymbol{\Lambda} & \lambda\boldsymbol{E}_n+\boldsymbol{\Lambda}\end{vmatrix}=|\lambda\boldsymbol{E}_n-\boldsymbol{\Lambda}|\,|\lambda\boldsymbol{E}_n+\boldsymbol{\Lambda}|.\end{aligned}$$

因此, 矩阵 $\boldsymbol{B}$ 的特征值为 $\lambda_1, \lambda_2, \cdots, \lambda_n; -\lambda_1, -\lambda_2, \cdots, -\lambda_n$. 于是, 二次型 $f(\boldsymbol{x})=\boldsymbol{x}^{\mathrm{T}}\boldsymbol{B}\boldsymbol{x}$ 的标准形为

$$f(\boldsymbol{x})=\lambda_1y_1^2+\lambda_2y_2^2+\cdots+\lambda_ny_n^2-\lambda_1y_{n+1}^2-\lambda_2y_{n+2}^2-\cdots-\lambda_ny_{2n}^2,$$

其正惯性指数 $p=n$.

**例 6.17**　设 $n$ 阶实对称矩阵 $\boldsymbol{A}$ 满足 $|\boldsymbol{A}|<0$, 证明: 存在非零向量 $\boldsymbol{x}_0$ 使得二次型 $f(\boldsymbol{x})=\boldsymbol{x}^{\mathrm{T}}\boldsymbol{A}\boldsymbol{x}$ 满足 $f(\boldsymbol{x}_0)<0$.

**证明**　假设 $\boldsymbol{A}$ 的秩为 $r$, 其正负惯性指数分别为 $p$ 和 $q$, 则由 $|\boldsymbol{A}|<0$ 可知 $q>0$, $r=n$. 因此, 存在可逆变换 $\boldsymbol{x}=\boldsymbol{P}\boldsymbol{y}$ 将 $f(\boldsymbol{x})$ 化为下述规范形

$$f(\boldsymbol{x})=f(\boldsymbol{Q}\boldsymbol{y})=y_1^2+y_2^2+\cdots+y_p^2-y_{p+1}^2-\cdots-y_n^2.$$

令 $\boldsymbol{y}_0^{\mathrm{T}}=(0, 0, \cdots, 0, 1)$, $\boldsymbol{x}_0=\boldsymbol{P}\boldsymbol{y}_0$, 则 $\boldsymbol{x}_0\neq 0$, 且 $f(\boldsymbol{x}_0)=-1<0$.

### 6.3.2　正定二次型

下面将要介绍的正定二次型是实二次型中一类比较特殊但却十分重要的二次型.

**定义 6.5** 设 $f(\boldsymbol{x})=\boldsymbol{x}^{\mathrm{T}}\boldsymbol{A}\boldsymbol{x}$ 是一个二次型, 若对任意非零实向量 $\boldsymbol{x}=(x_1,x_2,\cdots,x_n)^{\mathrm{T}}$, 都有

$$f(\boldsymbol{x})=\boldsymbol{x}^{\mathrm{T}}\boldsymbol{A}\boldsymbol{x}>0 \quad (\text{或}<0),$$

则称 $f(\boldsymbol{x})$ 是正定二次型 (或负定二次型). 相应的矩阵 $\boldsymbol{A}$ 称为正定矩阵 (或负定矩阵).

例如, 3 元二次型 $f(\boldsymbol{x})=x_1^2+x_2^2+x_3^2$ 是一个正定二次型, 3 元二次型 $f(\boldsymbol{x})=-x_1^2-x_2^2-x_3^2$ 是一个负定二次型.

但需要指出, 二次型并非只有正定和负定两类. 比如, 二次型 $f(\boldsymbol{x})=x_1^2+x_2^2-x_3^2$ 就既不是正定二次型, 也不是负定二次型.

**例 6.18** 设 $\boldsymbol{A}$, $\boldsymbol{B}$ 都是 $n$ 阶正定矩阵, 证明: $\boldsymbol{A}+\boldsymbol{B}$ 也为 $n$ 阶正定矩阵.

**证明** 任给非零列向量 $\boldsymbol{x}$, 由定义可知, $\boldsymbol{x}^{\mathrm{T}}\boldsymbol{A}\boldsymbol{x}>0$, $\boldsymbol{x}^{\mathrm{T}}\boldsymbol{B}\boldsymbol{x}>0$, 从而 $\boldsymbol{x}^{\mathrm{T}}(\boldsymbol{A}+\boldsymbol{B})\boldsymbol{x}=\boldsymbol{x}^{\mathrm{T}}\boldsymbol{A}\boldsymbol{x}+\boldsymbol{x}^{\mathrm{T}}\boldsymbol{B}\boldsymbol{x}>0$. 故 $\boldsymbol{A}+\boldsymbol{B}$ 为 $n$ 阶正定矩阵.

事实上, 读者不难验证, 若 $\boldsymbol{A}$ 为 $n$ 阶正定矩阵, 则 $\boldsymbol{A}^{\mathrm{T}}$, $\boldsymbol{A}^{-1}$, $\boldsymbol{A}^*$ 均为 $n$ 阶正定矩阵.

根据定义 6.5, 容易得到如下结论.

**定理 6.6** 二次型

$$f(\boldsymbol{x})=d_1x_1^2+d_2x_2^2+\cdots+d_nx_n^2$$

正定的充分必要条件是 $d_j>0\ (j=1,2,\cdots,n)$.

用矩阵语言来描述, 该定理是说, 对角矩阵正定的充分必要条件是其对角元素全为正数.

**定理 6.7** 设矩阵 $\boldsymbol{A}$ 与 $\boldsymbol{B}$ 合同, 则 $\boldsymbol{A}$ 和 $\boldsymbol{B}$ 具有相同的正定性.

**证明** 因为 $\boldsymbol{A}$ 与 $\boldsymbol{B}$ 合同, 故存在可逆矩阵 $\boldsymbol{P}$, 使得 $\boldsymbol{P}^{\mathrm{T}}\boldsymbol{A}\boldsymbol{P}=\boldsymbol{B}$. 令 $\boldsymbol{x}=\boldsymbol{P}\boldsymbol{y}$, 则 $\boldsymbol{y}\neq\boldsymbol{0}$ 当且仅当 $\boldsymbol{x}\neq\boldsymbol{0}$. 进而, 由

$$\boldsymbol{y}^{\mathrm{T}}\boldsymbol{B}\boldsymbol{y}=\boldsymbol{y}^{\mathrm{T}}\boldsymbol{P}^{\mathrm{T}}\boldsymbol{A}\boldsymbol{P}\boldsymbol{y}=(\boldsymbol{P}\boldsymbol{y})^{\mathrm{T}}\boldsymbol{A}(\boldsymbol{P}\boldsymbol{y})=\boldsymbol{x}^{\mathrm{T}}\boldsymbol{A}\boldsymbol{x}$$

可知, $\boldsymbol{A}$ 和 $\boldsymbol{B}$ 具有相同的正定性. 证毕.

转换成二次型的语言, 定理 6.7 可以描述为:

**定理 6.8** 可逆线性变换不改变二次型的正定性.

有了定理 6.8, 一般二次型正定性的判断问题就转换成了该二次型标准形正定性的判断问题, 后者可由定理 6.6 得到解决.

下述定理给出了判断正定性的更多选择.

**定理 6.9** 设 $\boldsymbol{A}$ 为 $n$ 阶实对称矩阵, 则下述命题等价:

(1) $\boldsymbol{A}$ 是正定矩阵;

(2) $f(\boldsymbol{x})=\boldsymbol{x}^{\mathrm{T}}\boldsymbol{A}\boldsymbol{x}$ 是正定二次型;

(3) 二次型 $f(\boldsymbol{x})=\boldsymbol{x}^{\mathrm{T}}\boldsymbol{A}\boldsymbol{x}$ 的正惯性指数 $p=n$;

(4) $\boldsymbol{A}$ 的特征值全为正数;

(5) $\boldsymbol{A}$ 与单位矩阵 $\boldsymbol{E}$ 合同;

(6) 存在可逆矩阵 $\boldsymbol{P}$, 使得 $\boldsymbol{A}=\boldsymbol{P}^{\mathrm{T}}\boldsymbol{P}$.

作为该定理的推论, 有

**推论 1** 若实对称矩阵 $\boldsymbol{A}$ 正定, 则 $|\boldsymbol{A}|>0$.

但要特别注意, 该推论的逆命题不成立, 即仅仅由 $|\boldsymbol{A}|>0$ 并不能得到 $\boldsymbol{A}$ 正定. 比如, 若实对称矩阵 $\boldsymbol{A}=\begin{pmatrix}-1 & 0\\ 0 & -2\end{pmatrix}$, 则 $|\boldsymbol{A}|=2>0$, 但 $\boldsymbol{A}$ 显然不是正定的.

那么, 有没有一些条件与 $|\boldsymbol{A}|>0$ 合在一起能够保证 $\boldsymbol{A}$ 的正定性呢? 英国著名数学家 Sylvester 的下述定理对此给出了一个十分完美的回答.

**定理 6.10** (Sylvester 定理) 设 $\boldsymbol{A}=(a_{ij})_n$ 为 $n$ 阶实对称矩阵, 则二次型 $f(\boldsymbol{x})=\boldsymbol{x}^{\mathrm{T}}\boldsymbol{A}\boldsymbol{x}$ 正定的充分必要条件是下述 $n$ 个行列式

$$D_1=|a_{11}|,\ D_2=\begin{vmatrix}a_{11} & a_{12}\\ a_{21} & a_{22}\end{vmatrix},\ \cdots,\ D_n=|\boldsymbol{A}| \tag{6.6}$$

均大于零.

通常, 对 $k=1, 2, \cdots, n$, 由 (6.6) 定义的 $k$ 阶行列式

$$D_k=\begin{vmatrix}a_{11} & a_{12} & \cdots & a_{1k}\\ a_{21} & a_{22} & \cdots & a_{2k}\\ \vdots & \vdots & & \vdots\\ a_{k1} & a_{k2} & \cdots & a_{kk}\end{vmatrix}$$

称为矩阵 $\boldsymbol{A}$ 的 $k$ 阶顺序主子式. 更一般地, 由处在 $\boldsymbol{A}$ 的相同行和列上的 $k^2$ 个元素所形成的行列式称为 $\boldsymbol{A}$ 的 $k$ 阶主子式. 这样, Sylvester 定理告诉我们,

$\boldsymbol{A}$ 正定的充分必要条件是 $\boldsymbol{A}$ 的各阶顺序主子式均大于零. 实际上, 当 $\boldsymbol{A}$ 正定时, $\boldsymbol{A}$ 的所有主子式都大于零.

对于负定二次型 $f(\boldsymbol{x})$ 的判别, 利用定理 6.9 和定理 6.10, 有以下结论.

**定理 6.11** 对于二次型 $f(\boldsymbol{x})=\boldsymbol{x}^{\mathrm{T}}\boldsymbol{A}\boldsymbol{x}$, 下列命题等价:

(1) $f(\boldsymbol{x})=\boldsymbol{x}^{\mathrm{T}}\boldsymbol{A}\boldsymbol{x}$ 是负定二次型;

(2) $\boldsymbol{A}$ 为负定矩阵;

(3) $f(\boldsymbol{x})$ 的负惯性指数 $q=n$;

(4) $\boldsymbol{A}$ 的特征值全为负数;

(5) $\boldsymbol{A}$ 的奇数阶顺序主子式全为负数, 偶数阶顺序主子式全为正数;

(6) $\boldsymbol{A}$ 与 $-\boldsymbol{E}$ 合同.

**例 6.19** 判断二次型 $f(\boldsymbol{x})=3x_1^2-4x_1x_2+2x_2^2-4x_2x_3+7x_3^2$ 是否为定二次型?

**解法一** 二次型 $f(\boldsymbol{x})$ 的矩阵为 $\boldsymbol{A}=\begin{pmatrix}3&-2&0\\-2&2&-2\\0&-2&7\end{pmatrix}$, 它的各阶顺序主子式为

$$D_1=3>0,\quad D_2=2>0,\quad D_3=|\boldsymbol{A}|=2>0.$$

故由 Sylvester 定理可知 $f(\boldsymbol{x})$ 正定.

**解法二** 利用配方法可得

$$f(\boldsymbol{x})=3\left(x_1-\frac{2}{3}x_2\right)^2+\frac{2}{3}(x_2-3x_3)^2+x_3^2.$$

由此可知 $f(\boldsymbol{x})$ 的正惯性指数 $p=3$, 因此 $f(\boldsymbol{x})$ 正定.

**例 6.20*** 判断二次型 $f(\boldsymbol{x})=\sum\limits_{i=1}^{n}x_i^2+\sum\limits_{1\leqslant i<j\leqslant n}x_ix_j$ 的正定性.

**解** 二次型 $f(\boldsymbol{x})$ 的矩阵为 $\boldsymbol{A}=\dfrac{1}{2}\begin{pmatrix}2&1&\cdots&1\\1&2&\cdots&1\\\vdots&\vdots&&\vdots\\1&1&\cdots&2\end{pmatrix}$, 它的各阶顺序主子式为

$$D_k=\frac{1}{2^k}\begin{vmatrix}2&1&\cdots&1\\1&2&\cdots&1\\\vdots&\vdots&&\vdots\\1&1&\cdots&2\end{vmatrix}=\frac{k+1}{2^k}>0,\quad k=1,2,\cdots,n.$$

故由 Sylvester 定理可知 $f(\boldsymbol{x})$ 正定.

**例 6.21**$^*$　问 $a$ 为何值时二次型 $f(\boldsymbol{x})=x_1^2+x_2^2+5x_3^2+2ax_1x_2-2x_1x_3+4x_2x_3$ 是正定二次型?

**解**　二次型 $f(\boldsymbol{x})$ 的矩阵为 $\boldsymbol{A}=\begin{pmatrix}1 & a & -1\\ a & 1 & 2\\ -1 & 2 & 5\end{pmatrix}$. 计算 $\boldsymbol{A}$ 的各阶顺序主子式可得

$$D_1=1,\quad D_2=1-a^2,\quad D_3=|\boldsymbol{A}|=-a(5a+4).$$

故由 Sylvester 定理可知 $f(\boldsymbol{x})$ 正定当且仅当

$$\begin{cases}1-a^2>0,\\ -a(5a+4)>0.\end{cases}$$

解之可得, 当且仅当 $-\dfrac{4}{5}<a<0$ 时 $f(\boldsymbol{x})$ 正定.

**例 6.22**$^*$　设 $\boldsymbol{A}$ 为 3 阶实对称矩阵, 且满足 $\boldsymbol{A}^4-4\boldsymbol{A}^3+7\boldsymbol{A}^2-16\boldsymbol{A}+12\boldsymbol{E}=\boldsymbol{O}$, 证明 $\boldsymbol{A}$ 正定.

**证明**　设 $\lambda$ 是矩阵 $\boldsymbol{A}$ 的任一特征值, 则 $\lambda$ 满足

$$\lambda^4-4\lambda^3+7\lambda^2-16\lambda+12=0.$$

该代数方程的解为

$$\lambda_1=1,\quad \lambda_2=3,\quad \lambda_3=2\mathrm{i},\quad \lambda_4=-2\mathrm{i}.$$

由于实对称矩阵的特征值都是实数, 所以 $\boldsymbol{A}$ 的特征值必为 1 或者 3, 从而 $\boldsymbol{A}$ 的特征值均大于零. 故 $\boldsymbol{A}$ 正定.

**例 6.23**$^*$　设 $n$ 阶实对称矩阵 $\boldsymbol{A}$ 正定, 证明 $|\boldsymbol{A}+\boldsymbol{E}|>1$.

**证明**　由于 $\boldsymbol{A}$ 正定, 所以 $\boldsymbol{A}$ 的所有特征值 $\lambda_i>0\ (i=1,2,\cdots,n)$. 因此, $\boldsymbol{A}+\boldsymbol{E}$ 的特征值 $\lambda_{\boldsymbol{A}+\boldsymbol{E}}$ 满足 $\lambda_{\boldsymbol{A}+\boldsymbol{E}}>1$. 于是由矩阵的行列式与其特征值之间的关系可得 $|\boldsymbol{A}+\boldsymbol{E}|>1$.

**例 6.24**$^*$　设 $\boldsymbol{B}$ 为 $m\times n$ 实矩阵, 证明: 方程组 $\boldsymbol{Bx}=\boldsymbol{0}$ 只有零解的充分必要条件是 $\boldsymbol{B}^{\mathrm{T}}\boldsymbol{B}$ 为正定矩阵.

**证明**　很明显, $\boldsymbol{Bx}=\boldsymbol{0}$ 当且仅当 $(\boldsymbol{Bx})^{\mathrm{T}}(\boldsymbol{Bx})=\boldsymbol{x}^{\mathrm{T}}\left(\boldsymbol{B}^{\mathrm{T}}\boldsymbol{B}\right)\boldsymbol{x}=\boldsymbol{0}$. 当 $\boldsymbol{B}^{\mathrm{T}}\boldsymbol{B}$ 正定时, 由于 $\boldsymbol{x}^{\mathrm{T}}\left(\boldsymbol{B}^{\mathrm{T}}\boldsymbol{B}\right)\boldsymbol{x}=\boldsymbol{0}$ 只有零解, 因此, $\boldsymbol{Bx}=\boldsymbol{0}$ 只有零解.

反过来, 若 $\boldsymbol{Bx}=\boldsymbol{0}$ 只有零解, 则 $\boldsymbol{x}^{\mathrm{T}}\left(\boldsymbol{B}^{\mathrm{T}}\boldsymbol{B}\right)\boldsymbol{x}=\boldsymbol{0}$ 只有零解. 换句话说, 当 $\boldsymbol{x}\neq\boldsymbol{0}$ 时必有 $\boldsymbol{x}^{\mathrm{T}}\left(\boldsymbol{B}^{\mathrm{T}}\boldsymbol{B}\right)\boldsymbol{x}\neq\boldsymbol{0}$. 又对任意的 $\boldsymbol{x}$ 显然有 $\boldsymbol{x}^{\mathrm{T}}\left(\boldsymbol{B}^{\mathrm{T}}\boldsymbol{B}\right)\boldsymbol{x}=$

$(\boldsymbol{B}\boldsymbol{x})^{\mathrm{T}}(\boldsymbol{B}\boldsymbol{x}) \geqslant 0$. 因此, 对任意的 $\boldsymbol{x} \neq \boldsymbol{0}$, 均有 $\boldsymbol{x}^{\mathrm{T}}\left(\boldsymbol{B}^{\mathrm{T}}\boldsymbol{B}\right)\boldsymbol{x} > 0$. 故由定义可知 $\boldsymbol{B}^{\mathrm{T}}\boldsymbol{B}$ 正定.

## 习 题 6.3

1. 已知二次型 $f(x_1, x_2, x_3) = x_1^2 + x_2^2 + x_3^2 - 2x_1x_2 - 2x_1x_3 + 2ax_2x_3$ 经正交变换 $\boldsymbol{x} = \boldsymbol{Q}\boldsymbol{y}$ 化为标准形 $f = 2y_1^2 + by_2^2 + 2y_3^2$.

(1) 求常数 $a, b$ 的值;

(2) 若 $\boldsymbol{x}^{\mathrm{T}}\boldsymbol{x} = 3$, 证明 $f$ 的值不超过 6;

(3) 求 $f$ 的规范形及正、负惯性指数和符号差.

2. 已知二次型 $f(x_1, x_2, x_3) = ax_1^2 + ax_2^2 + (a-1)x_3^2 + 2x_1x_3 - 2x_2x_3$.

(1) 求二次型 $f$ 的矩阵的所有特征值;

(2) 若二次型 $f$ 的规范形为 $f = y_1^2 + y_2^2$, 求 $a$ 的值.

3. 判别下列二次型是否正定.

(1) $f(x_1, x_2, x_3) = 3x_1^2 + x_2^2 + 6x_1x_2 + 6x_1x_3 + 2x_2x_3$;

(2) $f(x_1, x_2, x_3) = tx_1^2 + tx_2^2 + 2x_1x_2 - 2x_2x_3 + x_3^2$;

(3) $f(x_1, x_2, x_3, x_4) = (x_1 + x_3 - x_4)^2 + (x_2 + x_3 - x_4)^2 + (x_3 + 2x_4)^2$.

4. 设 $n$ 阶实矩阵 $\boldsymbol{A}$ 满足 $\boldsymbol{A}^2 - 4\boldsymbol{A} + 3\boldsymbol{E} = \boldsymbol{O}$, 证明: 矩阵 $(\boldsymbol{A} - 2\boldsymbol{E})^{\mathrm{T}}(\boldsymbol{A} - 2\boldsymbol{E})$ 正定.

5. 证明: $n$ 阶实矩阵 $\boldsymbol{A}$ 正定的充分必要条件是存在 $n$ 个线性无关的列向量 $\boldsymbol{\alpha}_1, \cdots, \boldsymbol{\alpha}_n$ 使得 $\boldsymbol{A} = \boldsymbol{\alpha}_1\boldsymbol{\alpha}_1^{\mathrm{T}} + \boldsymbol{\alpha}_2\boldsymbol{\alpha}_2^{\mathrm{T}} + \cdots + \boldsymbol{\alpha}_n\boldsymbol{\alpha}_n^{\mathrm{T}}$.

6. 设 $\boldsymbol{A}$ 为 $m$ 阶正定矩阵, $\boldsymbol{B}$ 为 $m \times n$ 实矩阵, 证明: $\boldsymbol{B}^{\mathrm{T}}\boldsymbol{A}\boldsymbol{B}$ 为正定矩阵的充分必要条件是 $R(\boldsymbol{B}) = n$.

7. 设 $\boldsymbol{A}, \boldsymbol{B}$ 均为 $n$ 阶实对称矩阵, 且 $\boldsymbol{A}$ 的特征值均大于 $a$, $\boldsymbol{B}$ 的特征值均大于 $b$, 证明: $\boldsymbol{A} + \boldsymbol{B}$ 的特征值均大于 $a + b$.

8. 设 $f(x_1, x_2, \cdots, x_n) = \boldsymbol{x}^{\mathrm{T}}\boldsymbol{A}\boldsymbol{x}$ 为一实二次型, $\lambda_1, \lambda_2, \cdots, \lambda_n$ 是 $\boldsymbol{A}$ 的特征值, 且 $\lambda_1 \leqslant \lambda_2 \leqslant \cdots \leqslant \lambda_n$. 证明: 对任一 $n$ 维实向量 $\boldsymbol{x}$, 有

$$\lambda_1\boldsymbol{x}^{\mathrm{T}}\boldsymbol{x} \leqslant \boldsymbol{x}^{\mathrm{T}}\boldsymbol{A}\boldsymbol{x} \leqslant \lambda_n\boldsymbol{x}^{\mathrm{T}}\boldsymbol{x}.$$

9. 设 $\boldsymbol{A}$ 为 $n$ 阶实对称矩阵, 证明: 若 $\boldsymbol{A}$ 既是正定矩阵又是正交矩阵, 则 $\boldsymbol{A} = \boldsymbol{E}$.

10. 设 $\boldsymbol{\alpha}_1, \boldsymbol{\alpha}_2, \cdots, \boldsymbol{\alpha}_n, \boldsymbol{\beta}$ 均为 $n$ 维列向量, $\boldsymbol{A}$ 是 $n$ 阶正定矩阵, 并且

(1) $\boldsymbol{\alpha}_j \neq 0\ (j = 1, 2, \cdots, n)$;

(2) $\boldsymbol{\alpha}_i^{\mathrm{T}}\boldsymbol{A}\boldsymbol{\alpha}_j\ (i \neq j, i, j = 1, 2, \cdots, n)$;

(3) $\boldsymbol{\beta}$ 与每一个向量 $\boldsymbol{\alpha}_j\ (j = 1, 2, \cdots, n)$ 都正交.

证明: 向量 $\boldsymbol{\beta} = \boldsymbol{0}$.

11. 设二次型 $f(x_1, x_2, x_3) = x_1^2 - x_2^2 + 2ax_1x_3 + 4x_2x_3$ 的负惯性指数是 1, 那么 $a$ 的取值范围是多少?

12. 已知二次型 $f(x_1, x_2, x_3) = \boldsymbol{x}^{\mathrm{T}}\boldsymbol{A}\boldsymbol{x}$ 在正交变换 $\boldsymbol{x} = \boldsymbol{Q}\boldsymbol{y}$ 下的标准形为 $f = y_1^2 + y_2^2$, 且 $\boldsymbol{Q}$ 的第 3 列为 $\dfrac{1}{\sqrt{2}}(1, 0, 1)^{\mathrm{T}}$.

(1) 求矩阵 $\boldsymbol{A}$; (2) 证明 $\boldsymbol{A} + \boldsymbol{E}$ 为正定矩阵, 其中 $\boldsymbol{E}$ 为 3 阶单位矩阵.

## 6.4　双线性函数简介 *

本节简单介绍双线性函数的概念, 从而给出实对称矩阵的另一应用. 同时, 作为基础并为了逻辑上的完整, 也简单介绍线性函数的概念.

### 6.4.1　线性函数

**定义 6.6**　线性空间 $\mathbb{R}^n$ 到 $\mathbb{R}$ 的一个映射 $f$ 称为 $\mathbb{R}^n$ 上的一个线性函数, 如果 $f$ 满足

(1) 对任意的 $\boldsymbol{\alpha}, \boldsymbol{\beta} \in \mathbb{R}^n$ 均有 $f(\boldsymbol{\alpha}+\boldsymbol{\beta})=f(\boldsymbol{\alpha})+f(\boldsymbol{\beta})$;

(2) 对任意的 $\boldsymbol{\alpha} \in \mathbb{R}^n$, $k \in \mathbb{R}$ 均有 $f(k\boldsymbol{\alpha})=kf(\boldsymbol{\alpha})$.

从定义不难推出 $\mathbb{R}^n$ 上的线性函数 $f$ 具有下列基本性质:

(1) $f(\mathbf{0})=0$, $f(-\boldsymbol{\alpha})=-f(\boldsymbol{\alpha})$;

(2) 设 $\boldsymbol{\beta}=k_1\boldsymbol{\alpha}_1+k_2\boldsymbol{\alpha}_2+\cdots+k_s\boldsymbol{\alpha}_s$, 则

$$f(\boldsymbol{\beta})=k_1 f\left(\boldsymbol{\alpha}_1\right)+k_2 f\left(\boldsymbol{\alpha}_2\right)+\cdots+k_s f\left(\boldsymbol{\alpha}_s\right).$$

**例 6.25**　设 $a_1, a_2, \cdots, a_n$ 是 $n$ 个实数, $\boldsymbol{x}=(x_1, x_2, \cdots, x_n)^{\mathrm{T}} \in \mathbb{R}^n$, 则函数

$$f(\boldsymbol{x})=a_1x_1+a_2x_2+\cdots+a_nx_n$$

是 $\mathbb{R}^n$ 上的一个线性函数. 当 $a_1=a_2=\cdots=a_n=0$ 时, $f(\boldsymbol{x})=0$, 这时称 $f$ 为 $\mathbb{R}^n$ 上的零函数.

实际上, $\mathbb{R}^n$ 上的任意一个线性函数都可以表示成例 6.25 中线性函数的形式. 这是因为设 $\boldsymbol{\varepsilon}_1, \boldsymbol{\varepsilon}_2, \cdots, \boldsymbol{\varepsilon}_n$ 为 $\mathbb{R}^n$ 的自然基, 则对任意的 $\boldsymbol{x}=(x_1, x_2, \cdots, x_n) \in \mathbb{R}^n$, 有

$$\boldsymbol{x}=x_1\boldsymbol{\varepsilon}_1+x_2\boldsymbol{\varepsilon}_2+\cdots+x_n\boldsymbol{\varepsilon}_n.$$

设 $f$ 为 $\mathbb{R}^n$ 上的一个线性函数, 则

$$f(\boldsymbol{x})=x_1f(\boldsymbol{\varepsilon}_1)+x_2f(\boldsymbol{\varepsilon}_2)+\cdots+x_nf(\boldsymbol{\varepsilon}_n).$$

令 $a_i=f\left(\boldsymbol{\varepsilon}_i\right)$, $i=1, 2, \cdots, n$, 则有

$$f(\boldsymbol{x})=a_1x_1+a_2x_2+\cdots+a_nx_n.$$

### 6.4.2　双线性函数

**定义 6.7**　线性空间 $\mathbb{R}^n$ 上的一个二元函数 $f(\boldsymbol{\alpha}, \boldsymbol{\beta})$ 称为 $\mathbb{R}^n$ 上的双线性函数, 如果对于 $\mathbb{R}^n$ 中的任意向量 $\boldsymbol{\alpha}, \boldsymbol{\beta}, \boldsymbol{\alpha}_1, \boldsymbol{\alpha}_2, \boldsymbol{\beta}_1, \boldsymbol{\beta}_2$ 和任意实数 $k_1, k_2$, 都有

(1) $f\left(k_1\boldsymbol{\alpha}_1+k_2\boldsymbol{\alpha}_2, \boldsymbol{\beta}\right)=k_1 f\left(\boldsymbol{\alpha}_1, \boldsymbol{\beta}\right)+k_2 f\left(\boldsymbol{\alpha}_2, \boldsymbol{\beta}\right)$;

(2) $f(\boldsymbol{\alpha}, k_1\boldsymbol{\beta}_1 + k_2\boldsymbol{\beta}_2) = k_1 f(\boldsymbol{\alpha}, \boldsymbol{\beta}_1) + k_2 f(\boldsymbol{\alpha}, \boldsymbol{\beta}_2)$.

可以验证, Euclid 内积空间上的内积运算构成一个双线性函数. 但反过来, 一般双线性函数未必具有内积运算的所有性质.

**例 6.26** 设 $\boldsymbol{A}$ 为实数域 $\mathbb{R}$ 上的一个 $n$ 阶方阵, $\boldsymbol{x}, \boldsymbol{y} \in \mathbb{R}^n$, 则

$$f(\boldsymbol{x}, \boldsymbol{y}) = \boldsymbol{x}^{\mathrm{T}} \boldsymbol{A} \boldsymbol{y} \tag{6.7}$$

是 $\mathbb{R}^n$ 上的一个双线性函数. 但当 $\boldsymbol{x} \neq \boldsymbol{0}$ 时, $f(\boldsymbol{x}, \boldsymbol{x}) = \boldsymbol{x}^{\mathrm{T}} \boldsymbol{A} \boldsymbol{x}$ 未必大于零, 因此, 它不是一个内积运算.

如果再设 $\boldsymbol{x}^{\mathrm{T}} = (x_1, x_2, \cdots, x_n)$, $\boldsymbol{y}^{\mathrm{T}} = (y_1, y_2, \cdots, y_n)$, 并设

$$\boldsymbol{A} = \begin{pmatrix} a_{11} & a_{12} & \cdots & a_{1n} \\ a_{21} & a_{22} & \cdots & a_{2n} \\ \vdots & \vdots & & \vdots \\ a_{n1} & a_{n2} & \cdots & a_{nn} \end{pmatrix},$$

则有

$$f(\boldsymbol{x}, \boldsymbol{y}) = \sum_{i=1}^{n} \sum_{j=1}^{n} a_{ij} x_i y_j. \tag{6.8}$$

需要指出, (6.7) 和 (6.8) 实际上是 $\mathbb{R}^n$ 上的双线性函数 $f(\boldsymbol{x}, \boldsymbol{y})$ 的一般形式.

事实上, 设 $\boldsymbol{\varepsilon}_1, \boldsymbol{\varepsilon}_2, \cdots, \boldsymbol{\varepsilon}_n$ 为 $\mathbb{R}^n$ 的自然基, 则对任意的 $\boldsymbol{x} = (x_1, x_2, \cdots, x_n)$, $\boldsymbol{y} = (y_1, y_2, \cdots, y_n) \in \mathbb{R}^n$, 有

$$\boldsymbol{x} = x_1\boldsymbol{\varepsilon}_1 + x_2\boldsymbol{\varepsilon}_2 + \cdots + x_n\boldsymbol{\varepsilon}_n, \quad \boldsymbol{y} = y_1\boldsymbol{\varepsilon}_1 + y_2\boldsymbol{\varepsilon}_2 + \cdots + y_n\boldsymbol{\varepsilon}_n.$$

于是

$$f(\boldsymbol{x}, \boldsymbol{y}) = f\left(\sum_{i=1}^{n} x_i\boldsymbol{\varepsilon}_i, \sum_{j=1}^{n} y_j\boldsymbol{\varepsilon}_j\right) = \sum_{i=1}^{n} \sum_{j=1}^{n} f(\boldsymbol{\varepsilon}_i, \boldsymbol{\varepsilon}_j) x_i y_j. \tag{6.9}$$

令 $a_{ij} = f(\boldsymbol{\varepsilon}_i, \boldsymbol{\varepsilon}_j)$, $i, j = 1, 2, \cdots, n$, 并令

$$\boldsymbol{A} = \begin{pmatrix} a_{11} & a_{12} & \cdots & a_{1n} \\ a_{21} & a_{22} & \cdots & a_{2n} \\ \vdots & \vdots & & \vdots \\ a_{n1} & a_{n2} & \cdots & a_{nn} \end{pmatrix},$$

则 (6.9) 就成为 (6.8) 及 (6.7) 的形式.

不难验证, 当 $f(\boldsymbol{x}, \boldsymbol{y})$ 为 $\mathbb{R}^n$ 上的双线性函数时, 则

$$f(\boldsymbol{x}, \boldsymbol{x})=\sum_{i=1}^{n}\sum_{j=1}^{n}a_{ij}x_ix_j=\boldsymbol{x}^{\mathrm{T}}\boldsymbol{A}\boldsymbol{x}$$

为一个二次型. 并且, 当 $\boldsymbol{A}=(a_{ij})$ 是对称矩阵时, 二次型 $f$ 的矩阵就是 $\boldsymbol{A}$. 当 $\boldsymbol{A}$ 不是对称矩阵时, 二次型 $f$ 的矩阵为 $\dfrac{\boldsymbol{A}+\boldsymbol{A}^{\mathrm{T}}}{2}$. 进一步, 当 $\boldsymbol{A}$ 为正定矩阵时, $f(\boldsymbol{x}, \boldsymbol{y})=\boldsymbol{x}^{\mathrm{T}}\boldsymbol{A}\boldsymbol{y}$ 形成线性空间 $\mathbb{R}^n$ 的一个内积运算, $\mathbb{R}^n$ 关于这个内积运算形成一个 Euclid 内积空间.

## 6.5 思考与拓展 *

### 6.5.1 关于二次型 $f(\boldsymbol{x})$ 在可逆线性变换下的不变量问题

对于二次型 $f(\boldsymbol{x})$, 在可逆线性变换 $\boldsymbol{x}=\boldsymbol{P}\boldsymbol{y}$ 之下, 它的不变量包括二次型的秩 $r=R(f)$, 正惯性指数 $p$ 和负惯性指数 $q$. 在二次型中, 秩 $r$ 和正惯性指数 $p$ 是两个重要的不变量. 秩 $r$ 表示二次型通过可逆线性变换化成的标准形中非零平方项的个数, 它就是对应矩阵 $\boldsymbol{A}$ 的非零特征值的个数. 正惯性指数 $p$ 表示在这些非零项中正项的个数, 对应矩阵 $\boldsymbol{A}$ 的正特征值的个数. 二次型的标准形不是唯一的, 但其中非零平方项的个数和正项的个数 (或负项的个数) 是唯一确定的. 由此, 二次型的规范形是唯一的. 作为特殊情况, 二次型的正定性也是一个不变量.

### 6.5.2 关于矩阵等价、相似、合同的关系问题

(1) 矩阵的等价、相似、合同关系都是等价关系. 等价、相似、合同矩阵具有相同的秩, 但它们的逆命题都不成立. 矩阵相似、合同要求矩阵是同型方阵, 但矩阵等价可以是任意的同型矩阵.

(2) 相似及合同矩阵一定是等价矩阵, 但等价矩阵未必相似或合同. 相似矩阵未必合同, 合同矩阵也未必相似. 但确实存在既相似又合同的矩阵. 一个重要例子就是, 任何实对称矩阵都既相似又合同于对角矩阵.

(3) 相似矩阵常用来考虑具有相同的秩、迹、行列式、特征值等问题; 合同矩阵常用来考虑具有相同的秩、正惯性指数等问题.

### 6.5.3 二次型在二次曲线化简和分类中的应用

按照秩和正负惯性指数分类, 关于 $x, y$ 的 2 元二次型的标准形 $f(x, y)$ 必为下列情形之一:

(i) 当 $p=2$ 或 $q=2$ 时, $f(x, y)=\pm(ax^2+by^2)$;

(ii) 当 $R(f)=2, p=1$ 时, $f(x, y)=ax^2-by^2$;

(iii) 当 $R(f)=1$ 时, $f(x, y)=\pm ax^2$.

这里, $R(f)$ 是二次型 $f(x, y)$ 的秩, $p$ 和 $q$ 分别是 $f(x, y)$ 的正惯性指数和负惯性指数, 参数 $a>0, b>0$. 因此, 在 $\mathbb{R}^2$ 中, 全部非退化实二次曲线必为下列类型之一, 其中非退化是指该实二次曲线不能退化为点或直线.

(1) 椭圆: $ax^2+by^2-1=0$.

(2) 双曲线: $ax^2-by^2-1=0$.

(3) 抛物线: $ax^2-y=0$.

### 6.5.4 二次型在二次曲面化简和分类中的应用

按照秩和正负惯性指数分类, 关于 $x, y, z$ 的 3 元二次型的标准形 $f(x, y, z)$ 必为下列情形之一:

(i) 当 $p=3$ 或 $q=3$ 时, $f(x, y, z)=\pm(ax^2+by^2+cz^2)$;

(ii) 当 $R(f)=3, p=2$ 时, $f(x, y, z)=ax^2+by^2-cz^2$;

(iii) 当 $R(f)=3, p=1$ 时, $f(x, y, z)=ax^2-by^2-cz^2$;

(iv) 当 $R(f)=2$ 且 $p=2$ 或 $q=2$ 时, $f(x, y, z)=\pm(ax^2+by^2)$;

(v) 当 $R(f)=2$ 且 $p=1$ 时, $f(x, y, z)=ax^2-by^2$;

(vi) 当 $R(f)=1$ 时, $f(x, y, z)=\pm ax^2$.

这里, $R(f)$ 是二次型 $f(x, y, z)$ 的秩, $p$ 和 $q$ 分别是 $f(x, y, z)$ 的正惯性指数和负惯性指数, 参数 $a>0, b>0, c>0$. 因此, 在 $\mathbb{R}^3$ 中, 全部非退化实二次曲面必为下列类型之一, 其中非退化是指该实二次曲面不能退化为点或平面.

(1) 椭球面: $ax^2+by^2+cz^2-1=0$.

(2) 单叶双曲面: $ax^2+by^2-cz^2-1=0$.

(3) 双叶双曲面: $ax^2-by^2-cz^2-1=0$.

(4) 椭圆抛物面: $ax^2+by^2-z=0$.

(5) 双曲抛物面: $ax^2-by^2-z=0$.

(6) 锥面: $ax^2+by^2-z^2=0$.

(7) 椭圆柱面: $ax^2+by^2-1=0$.

(8) 双曲柱面: $ax^2-by^2-1=0$.

(9) 抛物柱面: $ax^2-z=0$.

### 6.5.5 二次型发展简述

二次型也称为“二次形式”, 数域 $\boldsymbol{P}$ 上的 $n$ 元二次齐次多项式称为数域 $\boldsymbol{P}$ 上的 $n$ 元二次型.

二次型的系统研究是从 18 世纪开始的, 它起源于对二次曲线和二次曲面的分类问题的讨论. 将二次曲线和二次曲面的方程变形, 选有主轴方向的轴作为坐标轴以简化方程的形状, 这个问题是在 18 世纪引进的. Cauchy 在其著作中给出结论: 当方程是标准形时, 二次曲面用二次项的符号来进行分类. 然而, 那时并不太清楚, 在化简成标准形时, 为何总是得到同样数目的正项和负项. Sylvester 回答了这个问题, 他给出了 $n$ 个变数的二次型的惯性定律, 但没有证明. 这个定律后被 Jacobi 重新发现和证明.

1801 年, C. F. Gauss 在《算术研究》中引进了二次型的正定、负定、半正定和半负定等术语.

二次型化简的进一步研究涉及二次型或行列式的特征方程的概念. 特征方程的概念隐含地出现在 L. Euler(欧拉) 的著作中, J. L. Lagrange (拉格朗日) 在其关于线性微分方程组的著作中首先明确地给出了这个概念. 而 3 个变数的二次型的特征值的实性则是由 J. N. P. Hachette (阿歇特)、G. Monge (蒙日) 和 S. D. Poisson (泊松) 建立的.

Cauchy 在他人著作的基础上, 着手研究化简变数的二次型问题, 并证明了特征方程在直角坐标系的任何变换下的不变性. 后来, 他又证明了 $n$ 个变数的两个二次型能用同一个线性变换同时化成平方和.

1851 年, K. T. Weierstrass (魏尔斯特拉斯) 在研究二次曲线和二次曲面的切触和相交时需要考虑这种二次曲线和二次曲面束的分类. 在他的分类方法中他引进了初等因子和不变因子的概念, 但他没有证明“不变因子组成两个二次型的不变量的完全集”这一结论.

1858 年, Weierstrass 对同时化两个二次型成平方和给出了一个一般方法, 并证明: 如果二次型之一是正定的, 那么即使某些特征值相等, 这个化简也是可能的. Weierstrass 比较系统地完成了二次型的理论并将其推广到双线性型.

# 复习题 6

## (A)

1. 写出下列二次型的矩阵.

(1) $f(x_1, x_2, x_3) = x_1^2 + 2x_1x_2 + 2x_2^2 - 4x_2x_3 - x_3^2$;

(2) $f(x_1, x_2, x_3) = (x_1, x_2, x_3)\begin{pmatrix} 1 & 2 & 3 \\ 4 & 2 & 1 \\ 1 & 3 & 3 \end{pmatrix}\begin{pmatrix} x_1 \\ x_2 \\ x_3 \end{pmatrix}$.

2. 设 $a_1, a_2, a_3$ 为三个实数, 证明: $\begin{pmatrix} a_1 & & \\ & a_2 & \\ & & a_3 \end{pmatrix}$ 与 $\begin{pmatrix} a_2 & & \\ & a_3 & \\ & & a_1 \end{pmatrix}$ 合同.

3. 设矩阵 $\boldsymbol{A}$ 与 $\boldsymbol{B}$ 合同, 矩阵 $\boldsymbol{C}$ 与 $\boldsymbol{D}$ 合同, 证明: $\begin{pmatrix} \boldsymbol{A} & \boldsymbol{O} \\ \boldsymbol{O} & \boldsymbol{C} \end{pmatrix}$ 与 $\begin{pmatrix} \boldsymbol{B} & \boldsymbol{O} \\ \boldsymbol{O} & \boldsymbol{D} \end{pmatrix}$ 合同.

4. 用配方法化下列二次型为标准形, 并写出所用的可逆线性变换.

(1) $f(x_1, x_2, x_3) = x_1^2 - 3x_2^2 - 2x_1x_2 + 2x_1x_3 - 6x_2x_3$;

(2) $f(x_1, x_2, x_3) = 2x_1x_2 - 6x_2x_3 + 2x_1x_3$.

5. 用正交变换化下列二次型为标准形, 并写出所用的正交变换.

(1) $f(x_1, x_2, x_3) = x_1^2 + 2x_2^2 + 3x_3^2 - 4x_1x_2 - 4x_2x_3$;

(2) $f(x_1, x_2, x_3) = 2x_1^2 + 5x_2^2 + 5x_3^2 + 4x_1x_2 - 4x_1x_3 - 8x_2x_3$.

6. 已知二次型 $f(x_1, x_2, x_3) = 2x_1^2 + 3ax_2^2 + 3x_3^2 + 2bx_2x_3$ 通过正交变换化为标准形 $f(y_1, y_2, y_3) = y_1^2 + 2y_2^2 + 5y_3^2$. 求参数 $a, b$ 以及所用的正交变换.

7. 设二次型 $f(x_1, x_2, x_3) = ax_1^2 + 2x_2^2 - 2x_3^2 + 2bx_1x_3$ $(b > 0)$ 的矩阵为 $\boldsymbol{A}$, 且已知 $\boldsymbol{A}$ 的特征值之和为 1, 特征值之积为 $-12$.

(1) 求 $a, b$ 的值;

(2) 用正交变换将二次型 $f(x_1, x_2, x_3)$ 化为标准形, 并写出所用的正交变换.

8. 用正交变换把二次型 $f(x_1, x_2, x_3) = 3x_1^2 + 2x_2^2 + x_3^2 - 4x_1x_2 - 4x_2x_3$ 化为标准形, 并判断方程 $f(x_1, x_2, x_3) = 5$ 所表示曲面的类型.

9. 判断下列二次型的正定性.

(1) $f(x_1, x_2, x_3) = 5x_1^2 + x_2^2 + 5x_3^2 + 4x_1x_2 - 8x_1x_3 + 4x_2x_3$;

(2) $f(x_1, x_2, x_3) = x_1^2 + x_2^2 - x_3^2 + 4x_1x_3 - 2x_2x_3$;

(3) $f(x_1, x_2, \cdots, x_n) = x_1x_2 + x_2x_3 + \cdots + x_{n-1}x_n$.

10. 当 $\lambda$ 为何值时, 二次型

$$f(x_1, x_2, x_3) = x_1^2 + 4x_2^2 + 4x_3^2 + 2\lambda x_1x_2 - 2x_1x_3 + 4x_2x_3$$

为正定二次型?

11. 设 $\boldsymbol{A}$ 是 $n$ 阶正定矩阵, 证明: $\boldsymbol{A}^{-1}, \boldsymbol{A}^*$ 也是正定矩阵.

12. 设 $\boldsymbol{A}, \boldsymbol{B}$ 都是 $n$ 阶正定矩阵, 证明: $\boldsymbol{A} + \boldsymbol{B}$ 也是正定矩阵.

13. 设 $\boldsymbol{A}$ 是 $n$ 阶实对称矩阵, 证明: 对充分大的实数 $t$, 矩阵 $t\boldsymbol{E} + \boldsymbol{A}$ 正定.

14. 设 $f(x) = \boldsymbol{x}^{\mathrm{T}}\boldsymbol{A}\boldsymbol{x}$ 是一个实二次型, 证明: 若有 $\boldsymbol{x}_1, \boldsymbol{x}_2 \in \mathbb{R}^n$, 使 $f(\boldsymbol{x}_1) > 0, f(\boldsymbol{x}_2) < 0$, 则必存在 $\boldsymbol{x}_0 \in \mathbb{R}^n$ 且 $\boldsymbol{x}_0 \neq \boldsymbol{0}$ 使 $f(\boldsymbol{x}_0) = 0$.

15. 设 $\boldsymbol{A}$ 是 $n$ 阶实对称矩阵, 证明: 存在一个正实数 $C$, 使对任意 $n$ 维实向量 $\boldsymbol{x} \in \mathbb{R}^n$, 都有

$$\left|\boldsymbol{x}^{\mathrm{T}}\boldsymbol{A}\boldsymbol{x}\right| \leqslant C\boldsymbol{x}^{\mathrm{T}}\boldsymbol{x}.$$

## (B)

1. 已知二次型 $f(x_1, x_2, x_3) = 5x_1^2 + 5x_2^2 + cx_3^2 - 2x_1x_2 + 6x_1x_3 - 6x_2x_3$ 的秩为 2.

(1) 求参数 $c$;

(2) 指出方程 $f(x_1, x_2, x_3) = 1$ 表示何种二次曲面.

2. 已知矩阵 $\boldsymbol{A} = \begin{pmatrix} 3 & 1 & 2 \\ 1 & a & -2 \\ 2 & -2 & 9 \end{pmatrix}$ 正定, 且方程组 $\begin{cases} (a+3)x_1 + x_2 + 2x_3 = 0, \\ 2ax_1 + (a-1)x_2 + x_3 = 0, \\ (a-3)x_1 - 3x_2 + ax_3 = 0 \end{cases}$ 有非零解. 求 $a$ 的值, 并在 $\boldsymbol{x}^{\mathrm{T}}\boldsymbol{x} = 2$ 的条件下求 $\boldsymbol{x}^{\mathrm{T}}\boldsymbol{A}\boldsymbol{x}$ 的最大值.

3. 设矩阵 $\boldsymbol{A} = (a_{ij})$ 为 $n$ 阶正定矩阵, 证明 $\boldsymbol{A}$ 主对角线上的元素全为正数.

4. 设矩阵 $\boldsymbol{A}$ 为实对称矩阵, 证明 $\boldsymbol{A}$ 正定的充分必要条件是, 对任意的正整数 $m$, 都存在正定矩阵 $\boldsymbol{B}$ 使 $\boldsymbol{A} = \boldsymbol{B}^m$.

5. 已知 $\boldsymbol{A}$ 为 $n$ 阶正定矩阵, $\boldsymbol{x} = (x_1, x_2, \cdots, x_n)^{\mathrm{T}}$. 证明: $\begin{vmatrix} \boldsymbol{A} & \boldsymbol{x} \\ \boldsymbol{x}^{\mathrm{T}} & \boldsymbol{0} \end{vmatrix} \leqslant 0$.

6. 设 $\boldsymbol{A}, \boldsymbol{B}, \boldsymbol{C}$ 为 $n$ 阶矩阵, $\boldsymbol{D} = \begin{pmatrix} \boldsymbol{A} & \boldsymbol{B}^{\mathrm{T}} \\ \boldsymbol{B} & \boldsymbol{C} \end{pmatrix}$, 其中 $\boldsymbol{A}, \boldsymbol{D}$ 正定, 证明: $\boldsymbol{C} - \boldsymbol{B}\boldsymbol{A}^{-1}\boldsymbol{B}^{\mathrm{T}}$ 正定.

7. 设 $\boldsymbol{A}$ 为 $n$ 阶实对称矩阵, $\boldsymbol{B}$ 为 $n$ 阶实矩阵, $\boldsymbol{A}$ 与 $\boldsymbol{A} - \boldsymbol{B}^{\mathrm{T}}\boldsymbol{A}\boldsymbol{B}$ 均正定, $\lambda$ 为 $\boldsymbol{B}$ 的一个实特征值, 证明: $|\lambda| < 1$.

8. 设矩阵 $\boldsymbol{A} = (a_{ij})$ 为 $n$ 阶正定矩阵, 证明: $\max\limits_{1 \leqslant i, j \leqslant n} \{a_{ij}\} = \max\limits_{1 \leqslant i \leqslant n} \{a_{ii}\}$.

9. 设 $n$ 阶实对称矩阵 $\boldsymbol{A} = (a_{ij})$ 的最大特征值为 $\lambda$, 证明: $\sum\limits_{i, j=1}^{n} a_{ij} \leqslant n\lambda$.

10. 设 $n$ 阶矩阵 $\boldsymbol{A}$ 正定, 证明: $|\boldsymbol{A}| \leqslant \left(\dfrac{\mathrm{tr}(\boldsymbol{A})}{n}\right)^n$.

第 6 章习题参考答案

# 第 7 章　数值计算初步 *

在实际应用中, 要给出一个问题的精确解, 往往是十分困难的. 因此, 人们常常希望找到程序化的计算方法来给出近似解. 对于线性方程组的求解, 以及特征值和特征向量的计算也是如此. 本章将以矩阵级数为基础, 介绍求线性方程组近似解和求矩阵特征值及特征向量近似值的一些方法.

## 7.1 矩阵级数

本节介绍矩阵序列和矩阵级数的基本概念与基础知识.

### 7.1.1 矩阵级数的定义

设

$$\boldsymbol{A}^{(k)} = \left(a_{ij}^{(k)}\right)_{m\times n}, \quad k = 1, 2, \cdots$$

都是 $m \times n$ 矩阵, 则形如

$$\boldsymbol{A}^{(1)}, \boldsymbol{A}^{(2)}, \cdots, \boldsymbol{A}^{(k)}, \cdots \tag{7.1}$$

的序列与形如

$$\sum_{k=1}^{\infty} \boldsymbol{A}^{(k)} = \boldsymbol{A}^{(1)} + \boldsymbol{A}^{(2)} + \cdots \tag{7.2}$$

的和式分别称为矩阵序列和矩阵级数.

**定义 7.1**　如果矩阵序列 (7.1) 满足: 对任意的 $i = 1, 2, \cdots, m$, $j = 1, 2, \cdots, n$ 都有

$$\lim_{k\to\infty} a_{ij}^{(k)} = a_{ij},$$

则称矩阵序列 (7.1) 收敛, 并称 $\boldsymbol{A} = (a_{ij})_{m\times n}$ 为该序列的极限, 记为 $\lim\limits_{k\to\infty} \boldsymbol{A}^{(k)} = \boldsymbol{A}$, 或 $\boldsymbol{A}^{(k)} \to \boldsymbol{A}\,(k \to \infty)$.

**定义 7.2**　如果矩阵级数 (7.2) 的部分和序列

$$\boldsymbol{B}^{(k)} = \boldsymbol{A}^{(1)} + \boldsymbol{A}^{(2)} + \cdots + \boldsymbol{A}^{(k)}, \quad k = 1, 2, \cdots$$

收敛, 则称 (7.2) 收敛, 并称 $\lim\limits_{k\to\infty}\boldsymbol{B}^{(k)}=\boldsymbol{B}$ 为该矩阵级数的和, 记为

$$\sum_{k=1}^{\infty}\boldsymbol{A}^{(k)}=\boldsymbol{B}.$$

**例 7.1** 设 $\boldsymbol{A}^{(k)}=\begin{pmatrix}\dfrac{1}{2^k} & \dfrac{1}{k}\\ \dfrac{2k}{k+1} & \dfrac{1}{3^k}\end{pmatrix}$, 则 $\boldsymbol{A}^{(k)}\to\begin{pmatrix}0&0\\2&0\end{pmatrix}\ (k\to\infty)$.

**例 7.2** 对 $r$ 阶 Jordan 矩阵

$$\boldsymbol{J}=\begin{pmatrix}\lambda & 1 & & & \\ & \lambda & 1 & & \\ & & \ddots & \ddots & \\ & & & \ddots & 1\\ & & & & \lambda\end{pmatrix},$$

由于

$$\boldsymbol{J}^k=\begin{pmatrix}\lambda^k & k\lambda^{k-1} & \mathrm{C}_k^2\lambda^{k-2} & \cdots & \mathrm{C}_k^{r-1}\lambda^{k-r+1}\\ 0 & \lambda^k & k\lambda^{k-1} & \cdots & \mathrm{C}_k^{r-2}\lambda^{k-r}\\ \vdots & \vdots & \vdots & & \vdots\\ 0 & 0 & 0 & \cdots & k\lambda^{k-1}\\ 0 & 0 & 0 & \cdots & \lambda^k\end{pmatrix},\quad k=1,2,\cdots,$$

所以, 当且仅当 $|\lambda|<1$ 时, $\boldsymbol{J}^k\to\boldsymbol{O}\ (k\to\infty)$, 其中 $|\lambda|$ 为复数 $\lambda$ 的模.

**例 7.3** 向量级数 $\sum\limits_{k=1}^{\infty}\left(\dfrac{1}{2^k},\dfrac{1}{k}\right)$ 是发散的, 因为数项级数 $\sum\limits_{k=1}^{\infty}\dfrac{1}{k}$ 发散.

### 7.1.2 关于矩阵序列的几个定理

**定理 7.1** 对 $n$ 阶矩阵 $\boldsymbol{A}$, $\boldsymbol{A}^k\to\boldsymbol{O}\,(k\to\infty)$ 的充分必要条件是 $\boldsymbol{A}$ 所有特征值的模均小于 1.

**证明** 如果 $\boldsymbol{A}$ 与对角矩阵相似, 则存在 $n$ 阶可逆矩阵 $\boldsymbol{P}$ 使得 $\boldsymbol{A}=\boldsymbol{P}^{-1}\boldsymbol{\varLambda}\boldsymbol{P}$, 其中 $\boldsymbol{\varLambda}$ 是以 $\boldsymbol{A}$ 的特征值 $\lambda_1,\lambda_2,\cdots,\lambda_n$ 为对角元素的对角矩阵, 即

$$\boldsymbol{\varLambda}=\begin{pmatrix}\lambda_1 & & & \\ & \lambda_2 & & \\ & & \ddots & \\ & & & \lambda_n\end{pmatrix}.$$

这样, 由 $\boldsymbol{A}^k=\boldsymbol{P}^{-1}\boldsymbol{\Lambda}^k\boldsymbol{P}$ 及

$$\boldsymbol{\Lambda}^k=\begin{pmatrix}\lambda_1^k & & & \\ & \lambda_2^k & & \\ & & \ddots & \\ & & & \lambda_n^k\end{pmatrix}.$$

可知 $\boldsymbol{A}^k\to\boldsymbol{O}\,(k\to\infty)$ 当且仅当 $\boldsymbol{\Lambda}^k\to\boldsymbol{O}\,(k\to\infty)$. 从而 $\boldsymbol{A}^k\to\boldsymbol{O}\,(k\to\infty)$ 的充分必要条件是: 对 $i=1,2,\cdots,n$, 均有 $\left|\lambda_i^k\right|\to 0\,(k\to\infty)$, 即

$$|\lambda_i|<1\quad(i=1,2,\cdots,n).$$

一般地, $\boldsymbol{A}$ 总是与一个 Jordan 矩阵相似. 此时, 可以用 Jordan 矩阵代替对角矩阵进行讨论. 证明思想与上述对角矩阵的情况完全一样, 只是叙述稍微复杂. 请读者自己给出细节. 证毕.

为给出下一定理, 需要下述引理.

**引理 7.1** 对于 $n$ 阶方阵 $\boldsymbol{A}=(a_{ij})$, 如果

$$\sum_{j=1}^{n}|a_{ij}|<1,\quad i=1,2,\cdots,n \tag{7.3}$$

或

$$\sum_{i=1}^{n}|a_{ij}|<1,\quad j=1,2,\cdots,n, \tag{7.4}$$

则 $\boldsymbol{A}$ 的所有特征值的模均小于 1.

**证明** 设 $\lambda$ 是 $\boldsymbol{A}$ 的任一特征值, $\boldsymbol{x}=(x_1,x_2,\cdots,x_n)^{\mathrm{T}}$ 是属于它的一个特征向量, 则 $\boldsymbol{A}\boldsymbol{x}=\lambda\boldsymbol{x}$, 即

$$\sum_{j=1}^{n}a_{ij}x_j=\lambda x_i,\quad i=1,2,\cdots,n.$$

设 $\max\limits_{1\leqslant j\leqslant n}|x_j|=|x_k|$, 其中 $1\leqslant k\leqslant n$, 则 $x_k\neq 0$. 如果 (7.3) 成立, 则在上式中取 $i=k$ 可得

$$|\lambda|=\left|\sum_{j=1}^{n}a_{kj}\frac{x_j}{x_k}\right|\leqslant\sum_{j=1}^{n}\left|a_{kj}\frac{x_j}{x_k}\right|\leqslant\sum_{j=1}^{n}|a_{kj}|<1.$$

此即引理结论. 如果 (7.4) 成立, 则由于 $\boldsymbol{A}$ 与 $\boldsymbol{A}^{\mathrm{T}}$ 有相同的特征值, 所以对矩阵 $\boldsymbol{A}^{\mathrm{T}}$ 使用已证明的结论, 即知引理结论成立. 证毕.

把引理 7.1 和定理 7.1 结合可得如下定理.

**定理 7.2** 如果 $n$ 阶方阵 $\boldsymbol{A}=(a_{ij})$ 满足

$$\sum_{j=1}^{n}|a_{ij}|<1,\quad i=1,2,\cdots,n$$

或

$$\sum_{i=1}^{n}|a_{ij}|<1,\quad j=1,2,\cdots,n,$$

则当 $k\to\infty$ 时, $\boldsymbol{A}^k\to\boldsymbol{O}$.

下述定理是等比级数收敛性的一个类比.

**定理 7.3** 矩阵级数 $\sum\limits_{k=1}^{\infty}\boldsymbol{A}^k$ 收敛的充分必要条件是 $\lim\limits_{k\to\infty}\boldsymbol{A}^k=\boldsymbol{O}$. 并且, 当 $\lim\limits_{k\to\infty}\boldsymbol{A}^k=\boldsymbol{O}$ 时, 有

$$\sum_{k=0}^{\infty}\boldsymbol{A}^k=(\boldsymbol{E}-\boldsymbol{A})^{-1}.$$

**证明** 必要性是显然的. 关于充分性, 由于 $\lim\limits_{k\to\infty}\boldsymbol{A}^k=\boldsymbol{O}$, 所以由定理 7.1 可知, $\boldsymbol{A}$ 的所有特征值的模均小于 1. 因此, 1 不是 $\boldsymbol{A}$ 的特征值. 故 $|\boldsymbol{E}-\boldsymbol{A}|\neq0$, 即 $\boldsymbol{E}-\boldsymbol{A}$ 是可逆矩阵. 又对任意的正整数 $k$, 由直接计算可知

$$\left(\boldsymbol{E}+\boldsymbol{A}+\boldsymbol{A}^2+\cdots+\boldsymbol{A}^k\right)(\boldsymbol{E}-\boldsymbol{A})=\boldsymbol{E}-\boldsymbol{A}^{k+1}.$$

上式两端同时右乘 $(\boldsymbol{E}-\boldsymbol{A})^{-1}$, 可得

$$\boldsymbol{E}+\boldsymbol{A}+\boldsymbol{A}^2+\cdots+\boldsymbol{A}^k=(\boldsymbol{E}-\boldsymbol{A})^{-1}-\boldsymbol{A}^{k+1}(\boldsymbol{E}-\boldsymbol{A})^{-1}.$$

故由 $\boldsymbol{A}^{k+1}\to\boldsymbol{O}\ (k\to\infty)$ 可知

$$\boldsymbol{E}+\boldsymbol{A}+\boldsymbol{A}^2+\cdots+\boldsymbol{A}^k\to(\boldsymbol{E}-\boldsymbol{A})^{-1},\quad k\to\infty,$$

即

$$\sum_{k=0}^{\infty}\boldsymbol{A}^k=(\boldsymbol{E}-\boldsymbol{A})^{-1}.$$

证毕.

为叙述下一定理, 需要先给出下述几个概念.

**定义 7.3** 只经过行与行或列与列的互换就能够化为准对角矩阵的方阵称为可约矩阵, 否则, 称为不可约矩阵.

**定义 7.4** 矩阵 $\boldsymbol{A}$ 的按模最大的特征值称为它的主特征值, 属于主特征值的特征向量称为 $\boldsymbol{A}$ 的主特征向量.

**定义 7.5** 对任一非零向量 $\boldsymbol{\alpha}=(a_1, a_2, \cdots, a_n)^{\mathrm{T}}$, 向量

$$\left(\frac{a_1}{a_1+a_2+\cdots+a_n}, \frac{a_2}{a_1+a_2+\cdots+a_n}, \cdots, \frac{a_n}{a_1+a_2+\cdots+a_n}\right)^{\mathrm{T}}$$

称为 $\boldsymbol{\alpha}$ 的归一化向量. 矩阵 $\boldsymbol{A}$ 的经过归一化的特征向量称为它的归一化特征向量.

下面定理给出的是关于不可约矩阵主特征值和主特征向量的一个基本结论, 但其证明超出本书范围, 我们直接引用它.

**定理 7.4** 设 $\boldsymbol{A}=(a_{ij})_n$ 是一个非负不可约矩阵, 即 $\boldsymbol{A}$ 为不可约矩阵且满足 $a_{ij} \geqslant 0\ (1 \leqslant i, j \leqslant n)$, 则

(1) $\boldsymbol{A}$ 的主特征值一定是 $\boldsymbol{A}$ 的特征多项式的正单根;

(2) 对 $\boldsymbol{A}$ 的主特征值 $\lambda$, 存在属于 $\lambda$ 的正的主特征向量 $\boldsymbol{\beta}=(b_1, b_2, \cdots, b_n)^{\mathrm{T}}$, 其中 $b_1>0, b_2>0, \cdots, b_n>0$;

(3) 归一化向量序列

$$\frac{\boldsymbol{A}^k \boldsymbol{e}}{\boldsymbol{e}^{\mathrm{T}} \boldsymbol{A}^k \boldsymbol{e}}, \quad k=1, 2, \cdots$$

是收敛的, 并且其极限

$$\lim_{k \to \infty} \frac{\boldsymbol{A}^k \boldsymbol{e}}{\boldsymbol{e}^{\mathrm{T}} \boldsymbol{A}^k \boldsymbol{e}}=\boldsymbol{w}$$

是属于 $\boldsymbol{A}$ 的主特征值 $\lambda$ 的归一化主特征向量. 这里 $\boldsymbol{e}=(1, 1, \cdots, 1)^{\mathrm{T}}$.

显然, 任意一个正矩阵 $\boldsymbol{A}=(a_{ij})_n$ 是不可约矩阵, 其中 $a_{ij}>0\ (1 \leqslant i, j \leqslant n)$. 因此, 定理 7.4 对正矩阵成立.

## 习 题 7.1

1. 讨论矩阵序列

$$\boldsymbol{A}^{(k)}=\begin{pmatrix} \dfrac{1}{k^2} & \dfrac{1}{(k-1)!} \\ \dfrac{1}{k(k+1)} & \dfrac{1}{3^k} \end{pmatrix}, \quad k=1, 2, \cdots$$

的收敛性.

2. 证明矩阵

$$A=\begin{pmatrix} 0 & \frac{1}{20} & -\frac{1}{5} & \frac{1}{10} \\ \frac{1}{6} & 0 & -\frac{1}{12} & \frac{1}{12} \\ -\frac{1}{21} & -\frac{2}{21} & 0 & -\frac{1}{21} \\ -\frac{1}{11} & -\frac{1}{11} & -\frac{3}{11} & 0 \end{pmatrix}$$

的所有特征值的模均小于 1.

3. 以 $A=\begin{pmatrix} 0 & -2 & 2 \\ -1 & 0 & -1 \\ -1 & -2 & 0 \end{pmatrix}$ 为例, 说明定理 7.2 的逆命题不成立.

## 7.2 求解线性方程组的迭代法

一般来说, 迭代法是重复一系列同样的步骤, 给出一个问题近似解的方法. 通常, 迭代法需要考虑迭代算法、收敛条件、误差分析和收敛速度等问题. 本节介绍求解线性方程组的迭代算法和收敛条件, 不讨论收敛速度和误差分析.

### 7.2.1 基本思路

在求解线性方程组的迭代法中, 线性方程组的解是作为一个向量序列的极限给出的, 而向量序列是重复某种确定的步骤逐次求得的. 当求得的向量序列收敛于方程组的解时, 它们就可看作方程组的近似解.

与线性方程组的直接解法相比较, 迭代法具有算法简单, 易于在计算机上实现等特点. 但在大多数情况下, 用迭代法求出的只是方程组的近似解, 它和精确解之间有一定的误差, 因此在实际应用时应注意误差方面的要求.

先通过例子说明迭代法求解线性方程组的基本思路.

**例 7.4** 用迭代法求解线性方程组

$$\begin{cases} 20x_1+x_2+4x_3-2x_4=23, \\ -2x_1+12x_2+x_3-x_4=10, \\ x_1+2x_2+21x_3+3x_4=27, \\ x_1+x_2+3x_3+11x_4=16. \end{cases}$$

**解** 将原方程组中的 4 个方程依次乘以 1/20, 1/12, 1/21, 1/11, 并移项可得

$$\begin{cases} x_1 = -\dfrac{1}{20}x_2 - \dfrac{1}{5}x_3 + \dfrac{1}{10}x_4 + \dfrac{23}{20}, \\ x_2 = \dfrac{1}{6}x_1 - \dfrac{1}{12}x_3 + \dfrac{1}{12}x_4 + \dfrac{5}{6}, \\ x_3 = -\dfrac{1}{21}x_1 - \dfrac{2}{21}x_2 - \dfrac{1}{7}x_4 + \dfrac{9}{7}, \\ x_4 = -\dfrac{1}{11}x_1 - \dfrac{1}{11}x_2 - \dfrac{3}{11}x_3 + \dfrac{16}{11}. \end{cases}$$

该方程组可用矩阵形式表示为

$$\boldsymbol{x} = \boldsymbol{A}\boldsymbol{x} + \boldsymbol{b},$$

其中

$$\boldsymbol{A} = \begin{pmatrix} 0 & -\dfrac{1}{20} & -\dfrac{1}{5} & \dfrac{1}{10} \\ \dfrac{1}{6} & 0 & -\dfrac{1}{12} & \dfrac{1}{12} \\ -\dfrac{1}{21} & -\dfrac{2}{21} & 0 & -\dfrac{1}{7} \\ -\dfrac{1}{11} & -\dfrac{1}{11} & -\dfrac{3}{11} & 0 \end{pmatrix}$$

是上式右端未知元的系数所形成的矩阵, $\boldsymbol{b} = \left(\dfrac{23}{20}, \dfrac{5}{6}, \dfrac{9}{7}, \dfrac{16}{11}\right)^{\mathrm{T}}$ 是上式右端常数项所形成的列向量, $\boldsymbol{x} = (x_1, x_2, x_3, x_4)^{\mathrm{T}}$ . 取 $\boldsymbol{x}_0 = \boldsymbol{0}$ 作为初始解向量, 代入上式右端进行计算, 将得到的值作为线性方程组的第 1 个近似解, 记为 $\boldsymbol{x}_1$; 然后, 将 $\boldsymbol{x}_1$ 代入右端进行计算, 将得到的值作为方程组的第 2 个近似解, 记为 $\boldsymbol{x}_2$; 依次类推, 可得上述线性方程组的如下近似解:

$$\boldsymbol{x}_0 = (0.0000, 0.0000, 0.0000, 0.0000)^{\mathrm{T}},$$

$$\boldsymbol{x}_1 = (1.1500, 0.8333, 1.2857, 1.4545)^{\mathrm{T}},$$

$$\boldsymbol{x}_2 = (0.9966, 1.0391, 0.9438, 0.9236)^{\mathrm{T}},$$

$$\boldsymbol{x}_3 = (1.0016, 0.9978, 1.0074, 1.0121)^{\mathrm{T}},$$

$$\boldsymbol{x}_4 = (0.9998, 1.0007, 0.9984, 0.9980)^{\mathrm{T}},$$

$$\boldsymbol{x}_5 = (1.0001, 0.9999, 1.0002, 1.0004)^{\mathrm{T}},$$

$$\boldsymbol{x}_6 = (1.0000, 1.0000, 0.9999, 0.9999)^{\mathrm{T}},$$

$$\boldsymbol{x}_7 = (1.0000,\ 1.0000,\ 1.0000,\ 1.0000)^{\mathrm{T}},$$

$$\cdots\cdots$$

注意到该方程组的精确解是 $\boldsymbol{x} = (1,\ 1,\ 1,\ 1)^{\mathrm{T}}$. 所以, 上述解序列收敛于它的精确解.

以上给出线性方程组近似解的方法就是迭代法.

但是, 如果将原方程组改写为如下形式:

$$\begin{cases} x_1 = -19x_1 - x_2 - 4x_3 + 2x_4 + 23, \\ x_2 = 2x_1 - 11x_2 - x_3 + x_4 + 10, \\ x_3 = -x_1 - 2x_2 - 20x_3 - 3x_4 + 27, \\ x_4 = -x_1 - x_2 - 3x_3 - 10x_4 + 16. \end{cases}$$

仍取 $\boldsymbol{x}_0 = \mathbf{0}$ 作为初始解进行迭代, 迭代 6 次的结果如下:

$$\boldsymbol{x}_0 = (0,\ 0,\ 0,\ 0)^{\mathrm{T}},$$

$$\boldsymbol{x}_1 = (23,\ 10,\ 27,\ 16)^{\mathrm{T}},$$

$$\boldsymbol{x}_2 = (-500,\ -65,\ -604,\ -258)^{\mathrm{T}},$$

$$\boldsymbol{x}_3 = (11488,\ 71,\ 13511,\ 4973)^{\mathrm{T}},$$

$$\boldsymbol{x}_4 = (-262418,\ 13667,\ -296742,\ -101806)^{\mathrm{T}},$$

$$\boldsymbol{x}_5 = (5955654,\ -480227,\ 6475369,\ 2157053)^{\mathrm{T}},$$

$$\boldsymbol{x}_6 = (-134264546,\ 12875499,\ -140973712,\ -46472048)^{\mathrm{T}}.$$

容易看出, 此时得到的一系列向量 $\boldsymbol{x}_k\ (k = 1,\ 2,\ \cdots)$ 不是越来越接近于方程组的精确解 $\boldsymbol{x} = (1,\ 1,\ 1,\ 1)^{\mathrm{T}}$, 而是随着迭代次数的增加, 与精确解的差别越来越大. 这说明此时用迭代法求得的解序列不收敛. 因此, 怎样改写原方程组, 怎么选取初始解, 是用迭代法求解线性方程组所面临的关键问题. 下面就来回答这些问题, 并介绍求解线性方程组的迭代公式.

### 7.2.2 迭代公式

为了给出求解线性方程组的迭代公式, 将线性方程组转化为如下形式:

$$\begin{cases} x_1 = a_{11}x_1 + a_{12}x_2 + \cdots + a_{1n}x_n + b_1, \\ x_2 = a_{21}x_1 + a_{22}x_2 + \cdots + a_{2n}x_n + b_2, \\ \qquad \cdots\cdots \\ x_n = a_{n1}x_1 + a_{n2}x_2 + \cdots + a_{nn}x_n + b_n. \end{cases} \tag{7.5}$$

记

$$A=\begin{pmatrix} a_{11} & a_{12} & \cdots & a_{1n} \\ a_{21} & a_{22} & \cdots & a_{2n} \\ \vdots & \vdots & & \vdots \\ a_{n1} & a_{n2} & \cdots & a_{nn} \end{pmatrix}, \quad x=\begin{pmatrix} x_1 \\ x_2 \\ \vdots \\ x_n \end{pmatrix}, \quad b=\begin{pmatrix} b_1 \\ b_2 \\ \vdots \\ b_n \end{pmatrix},$$

则方程组 (7.5) 可以用矩阵形式表示为

$$\boldsymbol{x}=\boldsymbol{A}\boldsymbol{x}+\boldsymbol{b}. \tag{7.6}$$

利用 (7.6) 可以给出如下迭代过程: 给定向量 $\boldsymbol{x}$ 任意的初始值 $\boldsymbol{x}_0$, 代入方程组 (7.6) 的右端, 将计算结果记为 $\boldsymbol{x}_1$. 如果 $\boldsymbol{x}_1=\boldsymbol{x}_0$, 则 $\boldsymbol{x}_0$ 就是方程组 (7.6) 的一个解; 如果 $\boldsymbol{x}_1\neq\boldsymbol{x}_0$, 将 $\boldsymbol{x}_1$ 代入方程组 (7.6) 右端, 将计算结果记为 $\boldsymbol{x}_2$. 重复上述过程, 令

$$\boldsymbol{x}_k=\boldsymbol{A}\boldsymbol{x}_{k-1}+\boldsymbol{b}, \tag{7.7}$$

可得与方程组 (7.6) 相关的向量序列

$$\boldsymbol{x}_0,\ \boldsymbol{x}_1,\ \cdots,\ \boldsymbol{x}_{k-1},\ \boldsymbol{x}_k,\ \cdots,$$

其中

$$\boldsymbol{x}_k=\boldsymbol{A}^k\boldsymbol{x}_0+\left(\boldsymbol{E}+\boldsymbol{A}+\boldsymbol{A}^2+\cdots+\boldsymbol{A}^{k-1}\right)\boldsymbol{b}.$$

这就是求解线性方程组的迭代公式. 运用该公式得到的向量序列是否收敛, 取决于级数

$$\boldsymbol{E}+\boldsymbol{A}+\boldsymbol{A}^2+\cdots+\boldsymbol{A}^{k-1}+\cdots$$

是否收敛.

### 7.2.3 收敛条件

**定理 7.5** 对于线性方程组 $\boldsymbol{x}=\boldsymbol{A}\boldsymbol{x}+\boldsymbol{b}$, 用上述迭代法求解得到的向量序列收敛于其精确解的充分必要条件是 $\boldsymbol{A}$ 的特征值的模均小于 1. 此时, 向量序列中的任一向量都可以看作方程组 $\boldsymbol{x}=\boldsymbol{A}\boldsymbol{x}+\boldsymbol{b}$ 的近似解.

结合定理 7.2, 可得如下定理.

**定理 7.6** 对于线性方程组 $\boldsymbol{x}=\boldsymbol{A}\boldsymbol{x}+\boldsymbol{b}$, 当 $\boldsymbol{A}=(a_{ij})$ 满足

$$\sum_{j=1}^{n}|a_{ij}|<1,\ i=1,\ 2,\ \cdots,\ n, \quad 或 \quad \sum_{i=1}^{n}|a_{ij}|<1,\ j=1,\ 2,\ \cdots,\ n$$

时, 由迭代法得到的近似解序列收敛于方程组的精确解.

由以上讨论可以看到, 要用迭代法求线性方程组的近似解, 首先要将方程组改写为 $\boldsymbol{x} = \boldsymbol{A}\boldsymbol{x} + \boldsymbol{b}$ 的形式, 其中, 为保证收敛性, 通常要采用例 7.4 的做法 (必要时可作适当调整) 使得矩阵 $\boldsymbol{A}$ 满足定理 7.6 或者定理 7.5 的条件. 一般情况下, 当相邻两个近似解的对应分量之差的绝对值在指定范围内时, 即可结束迭代, 给出线性方程组的近似解.

### 习　题　7.2

1. 用迭代法解下列方程组, 并说明收敛性.

(1) $\begin{cases} x_1 = 0.4x_2 - 0.4x_3 + 0.6, \\ x_2 = 0.25x_1 - 0.25x_3 + 2, \\ x_3 = 0.4x_1 + 0.5x_2 - 0.4; \end{cases}$

(2) $\begin{cases} x_1 = -0.3x_2 - 0.1x_4 + 1.4, \\ x_2 = 0.2x_1 + 0.3x_3 + 0.5, \\ x_3 = -0.1x_1 - 0.3x_2 + 1.4. \end{cases}$

## 7.3　矩阵特征值和特征向量的近似算法

矩阵特征值和特征向量的近似算法, 一般都是针对某些特殊情况的. 本节介绍计算矩阵主特征值和主特征向量的 “和法” 及 “幂法”, 其中 “和法” 适用于精度要求不高且矩阵非负的情况, “幂法” 适用于能够对角化的矩阵.

### 7.3.1　和法

和法求矩阵特征值和特征向量近似值的理论依据是定理 7.4. 根据定理 7.4, 对任意非负不可约矩阵 $\boldsymbol{A}$, 可以任取一个正整数 $k$, 然后以 $\boldsymbol{A}^k$ 的各个列向量之和所形成列向量的归一化向量作为 $\boldsymbol{A}$ 的主特征向量. 一般地, $k$ 取得越大, 近似程度越高. 特别地, 取 $k = 1$, 可以用 $\boldsymbol{A}$ 自身各个列向量之和所形成列向量的归一化, 作为 $\boldsymbol{A}$ 的主特征向量的第一个近似值.

需要指出的是, 这种方法只能应用于精度要求不高的情况. 为了提高精度, 有时可以先对 $\boldsymbol{A}$ 的各个列向量归一化, 然后对归一化后的各个列向量之和再次归一化, 并把它作为主特征向量的第一个近似值. 求出主特征向量的近似值 $\boldsymbol{w}$ 后, 可用公式

$$\lambda = \frac{1}{n}\sum_{i=1}^{n}\frac{(\boldsymbol{A}\boldsymbol{w})_i}{\boldsymbol{w}_i}$$

确定主特征值, 其中 $(\boldsymbol{A}\boldsymbol{w})_i$ 和 $\boldsymbol{w}_i$ 分别表示 $\boldsymbol{A}\boldsymbol{w}$ 和 $\boldsymbol{w}$ 的第 $i$ 个分量.

**例 7.5** 用和法求矩阵

$$A=\begin{pmatrix}1 & 1/2 & 4 & 3\\ 2 & 1 & 7 & 5\\ 1/4 & 1/7 & 1 & 1/2\\ 1/3 & 1/5 & 2 & 1\end{pmatrix}$$

的主特征值和主特征向量.

**解**

$$A=\begin{pmatrix}1 & 1/2 & 4 & 3\\ 2 & 1 & 7 & 5\\ 1/4 & 1/7 & 1 & 1/2\\ 1/3 & 1/5 & 2 & 1\end{pmatrix}$$

$$\xrightarrow{\text{归一化}}\begin{pmatrix}0.2791 & 0.2713 & 0.2857 & 0.3158\\ 0.5581 & 0.5426 & 0.5000 & 0.5263\\ 0.0698 & 0.0775 & 0.0714 & 0.0526\\ 0.0930 & 0.1085 & 0.1429 & 0.1053\end{pmatrix}$$

$$\xrightarrow{\text{按行求和}}\begin{pmatrix}1.1519\\ 2.1270\\ 0.2713\\ 0.4497\end{pmatrix}\xrightarrow{\text{归一化}}\begin{pmatrix}0.2880\\ 0.5318\\ 0.0678\\ 0.1124\end{pmatrix}=\boldsymbol{w},$$

$$A\boldsymbol{w}\approx\begin{pmatrix}1.1623\\ 2.1444\\ 0.2720\\ 0.4504\end{pmatrix},$$

$$\lambda=\frac{1}{4}\left(\frac{1.1623}{0.2880}+\frac{2.1444}{0.5318}+\frac{0.2720}{0.0678}+\frac{0.4504}{0.1124}\right)\approx 4.0436.$$

此处, 我们借用了矩阵初等变换的写法, 用箭线表示前一个矩阵经过箭头上说明的变换变成下一个矩阵. 但已不再代表矩阵的初等变换.

### 7.3.2 幂法

幂法是求矩阵主特征值和主特征向量近似值的另外一种迭代算法. 它适用于求可对角化矩阵主特征值和主特征向量的近似值. 幂法的精度一般高于和法, 是工程技术中常用的一种算法.

设 $\boldsymbol{A}$ 是一个可对角化的 $n$ 阶方阵, 它的 $n$ 个特征值按模的大小依次排列为

$$|\lambda_1| \geqslant |\lambda_2| \geqslant \cdots \geqslant |\lambda_n|,$$

相应的 $n$ 个线性无关的特征向量依次记为 $\boldsymbol{x}_1, \boldsymbol{x}_2, \cdots, \boldsymbol{x}_n$, 则

$$\boldsymbol{A}\boldsymbol{x}_i = \lambda_i \boldsymbol{x}_i \quad (i = 1, 2, \cdots, n).$$

现任取 $n$ 维非零列向量 $\boldsymbol{x}^{(0)}$, 并令

$$\boldsymbol{x}^{(k)} = \boldsymbol{A}\boldsymbol{x}^{(k-1)}, \quad k = 1, 2, \cdots. \tag{7.8}$$

设

$$\boldsymbol{x}^{(0)} = a_1\boldsymbol{x}_1 + a_2\boldsymbol{x}_2 + \cdots + a_n\boldsymbol{x}_n,$$

其中 $a_1 \neq 0$, 则

$$\begin{aligned} \boldsymbol{x}^{(k)} &= \boldsymbol{A}\boldsymbol{x}^{(k-1)} = \boldsymbol{A}^2\boldsymbol{x}^{(k-2)} = \cdots = \boldsymbol{A}^k\boldsymbol{x}^{(0)} \\ &= a_1\boldsymbol{A}^k\boldsymbol{x}_1 + a_2\boldsymbol{A}^k\boldsymbol{x}_2 + \cdots + a_n\boldsymbol{A}^k\boldsymbol{x}_n. \end{aligned}$$

故由 $\boldsymbol{A}\boldsymbol{x}_i = \lambda_i\boldsymbol{x}_i$ $(i = 1, 2, \cdots, n)$ 可得

$$\boldsymbol{x}^{(k)} = a_1\lambda_1^k\boldsymbol{x}_1 + a_2\lambda_2^k\boldsymbol{x}_2 + \cdots + a_n\lambda_n^k\boldsymbol{x}_n. \tag{7.9}$$

下面讨论几种特殊情况.

(i) 矩阵 $\boldsymbol{A}$ 的主特征值 $\lambda_1$ 是唯一的单实根. 这种情况下 (7.9) 可转化为

$$\boldsymbol{x}^{(k)} = \lambda_1^k\left(a_1\boldsymbol{x}_1 + a_2\left(\frac{\lambda_2}{\lambda_1}\right)^k\boldsymbol{x}_2 + \cdots + a_n\left(\frac{\lambda_n}{\lambda_1}\right)^k\boldsymbol{x}_n\right).$$

由于 $a_1 \neq 0$, $|\lambda_i/\lambda_1| < 1$ $(i \geqslant 2)$, 所以当 $k$ 充分大时, $\boldsymbol{x}^{(k)} \approx \lambda_1^k a_1\boldsymbol{x}_1$. 因此

$$\boldsymbol{x}^{(k+1)} \approx \lambda_1^{k+1}a_1\boldsymbol{x}_1 \approx \lambda_1\boldsymbol{x}^{(k)}. \tag{7.10}$$

这说明我们可利用

$$\lambda_1 \approx \frac{x_j^{(k+1)}}{x_j^{(k)}} \tag{7.11}$$

作为 $\lambda_1$ 的近似值, 其中 $x_j^{(k)}$ 表示 $\boldsymbol{x}^{(k)}$ 的第 $j$ 个分量, $j = 1, 2, \cdots, n$. 又由 (7.8) 和 (7.10) 可知

$$\boldsymbol{A}\boldsymbol{x}^{(k)} \approx \lambda_1\boldsymbol{x}^{(k)}.$$

因此, 可取 $\boldsymbol{x}^{(k)}$ 作为 $\boldsymbol{A}$ 的对应于主特征值 $\lambda_1$ 的特征向量的近似值.

(ii) 矩阵 $\boldsymbol{A}$ 的主特征值是实数, 但不具有唯一性. 比如 $\lambda_1=-\lambda_2$, $|\lambda_1|>|\lambda_i|$, $i=3, 4, \cdots, n$. 此时式 (7.9) 转化为

$$\boldsymbol{x}^{(k)}=\lambda_1^k\left(a_1\boldsymbol{x}_1+(-1)^k a_2\boldsymbol{x}_2+\sum_{i=3}^n\left(\frac{\lambda_i}{\lambda_1}\right)^k\boldsymbol{x}_i\right).$$

于是当 $k$ 充分大时, 有

$$\boldsymbol{x}^{(k)}\approx\lambda_1^k\left(a_1\boldsymbol{x}_1+(-1)^k a_2\boldsymbol{x}_2\right). \tag{7.12}$$

因此

$$\boldsymbol{x}^{(k+2)}\approx\lambda_1^{k+2}\left(a_1\boldsymbol{x}_1+(-1)^{k+2}a_2\boldsymbol{x}_2\right)\approx\lambda_1^2\boldsymbol{x}^{(k)}.$$

故此时可以利用

$$\lambda_1^2\approx\frac{x_j^{(k+2)}}{x_j^{(k)}},\quad j=1, 2, \cdots, n,$$

即

$$|\lambda_1|\approx\sqrt{\frac{x_j^{(k+2)}}{x_j^{(k)}}},\quad j=1, 2, \cdots, n$$

来给出 $|\lambda_1|$ 的近似值. 并且, 由 (7.12) 可知

$$\boldsymbol{x}^{(k+1)}+\lambda_1\boldsymbol{x}^{(k)}\approx 2\lambda_1^{k+1}a_1\boldsymbol{x}_1,\quad \boldsymbol{x}^{(k+1)}-\lambda_1\boldsymbol{x}^{(k)}\approx 2\left(-\lambda_1\right)^{k+1}a_2\boldsymbol{x}_2.$$

所以, 由 $\boldsymbol{x}_1$ 和 $\boldsymbol{x}_2$ 分别是属于 $\lambda_1$ 和 $\lambda_2$ 的特征向量可知, $\boldsymbol{x}^{(k+1)}+\lambda_1\boldsymbol{x}^{(k)}$ 和 $\boldsymbol{x}^{(k+1)}-\lambda_1\boldsymbol{x}^{(k)}$ 可以分别作为 $\boldsymbol{A}$ 的对应于特征值 $\lambda_1$ 和 $\lambda_2$ 的特征向量的近似值.

(iii) 矩阵 $\boldsymbol{A}$ 的主特征值是一对共轭复数: $\lambda_1=\rho\mathrm{e}^{\mathrm{i}\theta}$, $\lambda_2=\overline{\lambda}_1=\rho\mathrm{e}^{-\mathrm{i}\theta}$. 这时, 由于 $\boldsymbol{A}$ 为实矩阵, 所以可设 $\boldsymbol{x}_2=\overline{\boldsymbol{x}}_1$. 这样就有

$$\boldsymbol{x}^{(0)}=a_1\boldsymbol{x}_1+\overline{a}_1\overline{\boldsymbol{x}}_1+\cdots+a_n\boldsymbol{x}_n.$$

于是

$$\begin{aligned}\boldsymbol{x}^{(k)}&=\boldsymbol{A}^k(a_1\boldsymbol{x}_1+\overline{a}_1\overline{\boldsymbol{x}}_1+\cdots+a_n\boldsymbol{x}_n)\\&=a_1\rho^k\mathrm{e}^{\mathrm{i}k\theta}\boldsymbol{x}_1+\overline{a}_1\rho^k\mathrm{e}^{-\mathrm{i}k\theta}\overline{\boldsymbol{x}}_1+a_3\lambda_3^k\boldsymbol{x}_3+\cdots+a_n\lambda_n^k\boldsymbol{x}_n\\&=\rho^k\left(a_1\mathrm{e}^{\mathrm{i}k\theta}\boldsymbol{x}_1+\overline{a}_1\mathrm{e}^{-\mathrm{i}k\theta}\overline{\boldsymbol{x}}_1+\sum_{i=3}^n a_i\left(\frac{\lambda_i}{\rho}\right)^k\boldsymbol{x}_i\right).\end{aligned}$$

因此, 当 $k$ 充分大时, 有

$$\boldsymbol{x}^{(k)} \approx \rho^k \left(a_1 \mathrm{e}^{\mathrm{i}k\theta}\boldsymbol{x}_1 + \overline{a}_1 \mathrm{e}^{-\mathrm{i}k\theta}\overline{\boldsymbol{x}}_1\right). \tag{7.13}$$

现设 $\boldsymbol{x}^{(k)}$ 的第 $j$ 个分量为 $x_j^{(k)}$, $a_1\boldsymbol{x}_1$ 的第 $j$ 个分量为 $r_j\mathrm{e}^{\mathrm{i}\varphi}$, $j=1, 2, \cdots, n$, 则

$$x_j^{(k)} \approx \rho^k r_j \left(\mathrm{e}^{\mathrm{i}(k\theta+\varphi)} + \mathrm{e}^{-\mathrm{i}(k\theta+\varphi)}\right) = 2\rho^k r_j \cos(k\theta+\varphi). \tag{7.14}$$

于是

$$x_j^{(k+1)} \approx 2\rho^{k+1} r_j \cos\left((k+1)\theta+\varphi\right), \quad x_j^{(k+2)} \approx 2\rho^{k+2} r_j \cos\left((k+2)\theta+\varphi\right).$$

因此, 由 $\lambda_1+\lambda_2=2\rho\cos\theta$, $\lambda_1\lambda_2=\rho^2$ 可得

$$x_j^{(k+2)} - (\lambda_1+\lambda_2)\, x_j^{(k+1)} + \lambda_1\lambda_2 x_j^{(k)} \approx 0, \quad j=1, 2, \cdots, n. \tag{7.15}$$

现令 $\lambda_1+\lambda_2=-p$, $\lambda_1\lambda_2=q$, 则 $\lambda_1$ 和 $\lambda_2$ 的值可由

$$\lambda_1 = -\frac{p}{2} + \mathrm{i}\sqrt{q-\left(\frac{p}{2}\right)^2}, \quad \lambda_2 = -\frac{p}{2} - \mathrm{i}\sqrt{q-\left(\frac{p}{2}\right)^2} \tag{7.16}$$

给出. 这里, 由 (7.15) 可知, $p$ 和 $q$ 的近似值可以由

$$x_j^{(k+2)} + p x_j^{(k+1)} + q x_j^{(k)} \approx 0, \quad j=1, 2, \cdots, n \tag{7.17}$$

中任取两个式子联立解出, 也可通过它们用最小二乘法给出. 因此, (7.16) 就是主特征值 $\lambda_1$ 和 $\lambda_2$ 近似值的计算公式. 又由 (7.13) 容易验证

$$\boldsymbol{x}^{(k+1)} - \lambda_2\boldsymbol{x}^{(k)} \approx \lambda_1^k\left(\lambda_1-\lambda_2\right) a_1\boldsymbol{x}_1, \quad \boldsymbol{x}^{(k+1)} - \lambda_1\boldsymbol{x}^{(k)} \approx \lambda_2^k\left(\lambda_2-\lambda_1\right) \overline{a}_1\overline{\boldsymbol{x}}_1.$$

因此, 与 $\lambda_1$ 和 $\lambda_2$ 对应的特征向量的近似值可分别取为

$$\boldsymbol{x}^{(k+1)} - \lambda_2\boldsymbol{x}^{(k)} \quad 和 \quad \boldsymbol{x}^{(k+1)} - \lambda_1\boldsymbol{x}^{(k)}.$$

上面这种求矩阵 $\boldsymbol{A}$ 的主特征值和主特征向量的近似值的算法称为幂法.

需要指出, 幂法的收敛速度虽然与初始向量 $\boldsymbol{x}^{(0)}$ 的选择有关, 但更主要依赖矩阵 $\boldsymbol{A}$ 的特征值的分布. 比如, 对上述第 (i) 种情况, 比值 $\lambda_2/\lambda_1$ 越小, 收敛速度越快; 比值 $\lambda_2/\lambda_1$ 接近于 1, 收敛速度会很慢. 这是幂法的缺点.

**例 7.6** 用幂法求矩阵

$$\boldsymbol{A} = \begin{pmatrix} 1 & 2 & 3 \\ 2 & 1 & 3 \\ 3 & 3 & 6 \end{pmatrix}$$

的主特征值及相应的特征向量的近似值 (迭代四次, 结果取四位有效数字).

**解** 取初始向量 $\boldsymbol{x}^{(0)} = (1, 0, 0)^{\mathrm{T}}$, 迭代公式为

$$\boldsymbol{x}^{(k+1)} = \boldsymbol{A}\boldsymbol{x}^{(k)}, \quad k = 0, 1, 2, 3, 4.$$

计算结果见表 7.1.

**表 7.1 计算结果**

| 迭代次数 | $x_1$ | $x_2$ | $x_3$ |
|---|---|---|---|
| 1 | 1 | 2 | 3 |
| 2 | 14 | 13 | 27 |
| 3 | 121 | 122 | 243 |
| 4 | 1094 | 1093 | 2187 |
| 5 | 9841 | 9842 | 19683 |

使用这些迭代结果, 利用上述讨论中的第 (i) 种情况可知, 矩阵 $\boldsymbol{A}$ 的主特征值 $\lambda$ 可以取为 $\lambda \approx 9842/1093 \approx 9.0046$, 它所对应的特征向量可以近似取为

$$\boldsymbol{x} = (1094, 1093, 2187)^{\mathrm{T}}.$$

需要说明的是, 这里仅对可以对角化的矩阵讨论了求主特征值和主特征向量近似值的方法. 虽然从理论上看有一定的局限性, 但是经验告诉我们, 这基本上可以满足应用方面的需要.

### 习 题 7.3

1. 用和法求下列矩阵的主特征值及相应的特征向量的近似值.

(1) $\boldsymbol{A} = \begin{pmatrix} 4 & 2 & 2 \\ 2 & 5 & 1 \\ 2 & 1 & 6 \end{pmatrix}$; (2) $\boldsymbol{B} = \begin{pmatrix} 2 & 1 & 0 \\ 1 & 2 & 1 \\ 0 & 1 & 2 \end{pmatrix}$.

2. 用幂法求下列矩阵的主特征值及相应的特征向量的近似值.

(1) $\boldsymbol{A} = \begin{pmatrix} 1 & -2 & 2 \\ -2 & -2 & 4 \\ 2 & 4 & -2 \end{pmatrix}$; (2) $\boldsymbol{B} = \begin{pmatrix} 1 & -3 & 2 \\ 4 & 4 & -1 \\ 6 & 3 & 5 \end{pmatrix}$.

3. 如果 $n$ 阶矩阵 $\boldsymbol{A}$ 有两个相等的实特征值, 并且它们是按模最大的特征值, 试导出计算这对特征值的计算公式.

## 7.4 思考与拓展 *

**循环比赛的名次问题** 若干个球队两两交锋进行单循环比赛, 假设赛制规定每场比赛只计胜负, 不计比分, 且不允许出现平局. 那么, 怎么根据各球队两两比赛胜负的结果, 合理地排出全部球队的名次呢?

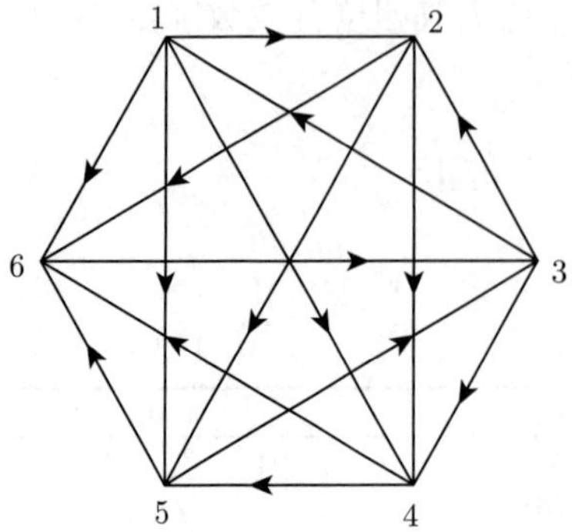


图 7.1

根据这种赛制规定, 一种能够比较直观表示比赛结果的方法是使用"图"的方法. 把每支球队作为图的一个"顶点", 用连接两个顶点并以箭头标明方向的线段显示两个球队的比赛胜负. 图 7.1 给出了 6 支球队的一个比赛结果, 其中 1 队战胜了 2, 4, 5, 6 队, 输给了 3 队; 5 队战胜了 3, 6 两队, 输给了 1, 2, 4 队; 等等. 像图 7.1 这样, 每对顶点之间都有一条有向边相连的有向图称为竞赛图. 任何一种只计胜负, 没有平局的循环比赛的结果都可以用竞赛图来表示. 这样, 图 7.1 就是一个具有 6 个顶点的竞赛图, 而图 7.2 给出的是具有 4 个顶点的竞赛图的全部四种形式.

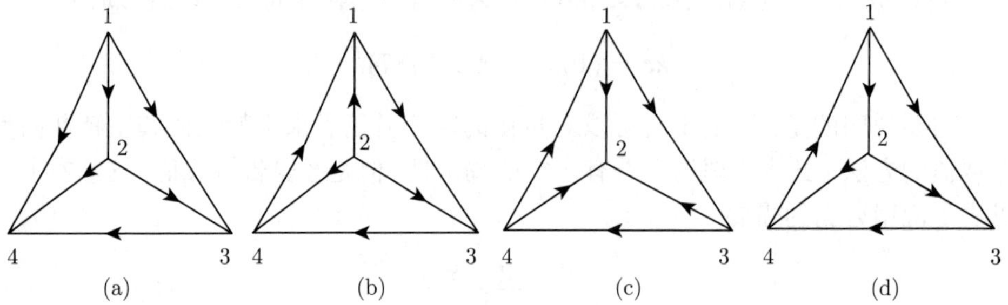


图 7.2

现在, 问题就归结为如何由竞赛图排出球队的名次. 下面先以图 7.2 所示的具有 4 个顶点的竞赛图为例, 对这一问题进行分析.

(1) 在图 7.2(a) 中, 仅有唯一的一条通过全部顶点的有向路径 $1 \to 2 \to 3 \to 4$. 这种路径称为完全路径. 此时, 如果以每个球队取胜的场数作为它的得分, 那么四支球队从第 1 到第 4 的得分依次为 (3, 2, 1, 0). 因此, 其比赛名次排序无疑应该是 {1, 2, 3, 4}.

(2) 在图 7.2(b) 中, 如果仍以每个球队取胜的场数作为它的得分, 那么四支球队从第 1 到第 4 的得分依次为 (1, 3, 1, 1). 因此, 四个队的名次排序应该是 {2, {1, 3, 4}}, 即第 2 队应该排在第一, 而其余三个队名次相同, 并列第二.

(3) 在图 7.2(c) 中, 类似于图 7.2(b) 中的情况, 四支球队的得分依次为 (2, 0, 2, 2). 所以, 其名次排序应该是 {{1, 3, 4}, 2}, 即第 2 队应排在最后, 其余三队名次相同, 并列第一.

(4) 在图 7.2 (d) 中, 存在有两条以上通过全部顶点的完全路径, 比如 $1 \to 2 \to 3 \to 4$ 和 $3 \to 4 \to 1 \to 2$. 此时, 四支球队从第一到第四的得分依次为 (2, 2, 1, 1). 因此无法简单地根据竞赛图本身排出名次. 这种情况需要进一步讨论.

为此, 首先注意, 图 7.2(d) 具有这样的性质: 对于任何一对顶点, 均存在两条有向路径, 每条路径有一条或几条边组成, 使这一对顶点可以按照不同的顺序相互连通. 这种有向图称为双向连通竞赛图. 不难看出, 图 7.2 中其余三个图都不是双向连通竞赛图.

事实上, 上面这种对图 7.2 中四个图的分类讨论思想具有一般性. 对于 5 个以上顶点的竞赛图, 虽然更加复杂, 但可以证明: 任意竞赛图必存在完全路径, 其基本类型仍是类似图 7.2 所示的三种情况: 一是如图 7.2(a) 那样有唯一的完全路径, 此时由完全路径确定的顶点顺序就是比赛名次; 二是如图 7.2(d) 那样的双向连通竞赛图, 这是下面将要讨论的情形; 三是如图 7.2(b) 和 (c) 那样的其他情况, 此时会有并列情形出现, 不能完全给出名次顺序.

为了实现对双向连通竞赛图的顶点排序, 首先定义 $n$ 个顶点竞赛图的邻接矩阵

$$\boldsymbol{A} = (a_{ij})_{n \times n}, \quad a_{ij} = \begin{cases} 1, & i \text{ 队战胜 } j \text{ 队}, \\ 0, & \text{其他}. \end{cases}$$

把图中任意一个顶点的得分定义为由它出发按箭头所指方向引出的边的数目, 设 $s_i$ 是顶点 $i$ 的得分, 记 $\boldsymbol{s}^{(1)} = (s_1, s_2, \cdots, s_n)^{\mathrm{T}}$, 并称其为 1 级得分向量. 然后计算 $\boldsymbol{s}^{(2)} = \boldsymbol{A}\boldsymbol{s}^{(1)}$, 并称其为 2 级得分向量. 按照这样的办法, 每个顶点, 即各个球队的 2 级得分是它战胜的各个球队的得分之和. 与 1 级得分相比, 2 级得分显然更有理由作为排名的依据. 继续这个程序, 可进一步得到 $k$ 级得分向量

$$\boldsymbol{s}^{(k)} = \boldsymbol{A}\boldsymbol{s}^{(k-1)} = \boldsymbol{A}^k \boldsymbol{e}, \quad k = 1, 2, \cdots,$$

其中 $\boldsymbol{s}^{(0)} = \boldsymbol{e}$ 是所有分量都是 1 的 $n$ 维列向量. 显然, 根据一般逻辑, $k$ 越大, 按照 $\boldsymbol{s}^{(k)}$ 中分量大小排序作为各个顶点排序的依据便越合理. 作为最好的可能, 如果 $k \to \infty$ 时, $\boldsymbol{s}^{(k)}$ 收敛于某一个向量, 那么最终就可以用该向量作为各个顶点排序的依据. 由定理 7.4 知, 对于双向连通竞赛图的邻接矩阵 $\boldsymbol{A}$, 当 $k \to \infty$ 时, $k$ 级得分向量 $\boldsymbol{s}^{(k)}$ 确实收敛, 并且趋向于 $\boldsymbol{A}$ 的主特征向量 $\boldsymbol{s}$. 因此, 邻接矩阵 $\boldsymbol{A}$ 的主特征向量 $\boldsymbol{s}$ 就应该作为顶点排序的最终依据. 这样便比较圆满地实现了对双向连通竞赛图顶点的合理排序问题.

回到图 7.2(d) 中的情形, 此时的邻接矩阵为

$$\boldsymbol{A}=\begin{pmatrix}0&1&1&0\\0&0&1&1\\0&0&0&1\\1&0&0&0\end{pmatrix}.$$

该双向连通竞赛图的 1 级得分向量 $\boldsymbol{s}^{(1)}=(2,2,1,1)^{\mathrm{T}}$. 继续计算, 易得

$$\boldsymbol{s}^{(1)}=(2,\ 2,\ 1,\ 1)^{\mathrm{T}},\quad \boldsymbol{s}^{(2)}=(3,\ 2,\ 1,\ 2)^{\mathrm{T}},$$

$$\boldsymbol{s}^{(3)}=(3,\ 3,\ 2,\ 3)^{\mathrm{T}},\quad \boldsymbol{s}^{(4)}=(5,\ 5,\ 3,\ 3)^{\mathrm{T}},$$

$$\boldsymbol{s}^{(5)}=(8,\ 6,\ 3,\ 5)^{\mathrm{T}},\quad \boldsymbol{s}^{(6)}=(9,\ 8,\ 5,\ 8)^{\mathrm{T}},$$

$$\boldsymbol{s}^{(7)}=(13,\ 13,\ 8,\ 9)^{\mathrm{T}},\quad \boldsymbol{s}^{(8)}=(21,\ 17,\ 9,\ 13)^{\mathrm{T}}.$$

尽管在上面 8 个得分向量中 $\boldsymbol{s}^{(5)}$ 和 $\boldsymbol{s}^{(8)}$ 都能够给出 4 个球队的排名顺序, 但由 $\boldsymbol{s}^{(8)}$ 给出的顺序 $\{1,\ 2,\ 4,\ 3\}$ 显然更加合理: 因为虽然 3 队胜了 4 队, 但由于 4 队战胜了最强大的 1 队, 所以 4 队排名就在 3 队之前. 此外, 从邻接矩阵 $\boldsymbol{A}$ 出发, 使用 MATLAB 不难算出 $\boldsymbol{A}$ 的最大特征值 $\lambda\approx 1.3953$, 其对应主特征向量的归一化为 $\boldsymbol{s}\approx(0.3213,\ 0.2833,\ 0.1650,\ 0.2303)^{\mathrm{T}}$. 以此为依据, 4 支球队的排名为 $\{1,\ 2,\ 4,\ 3\}$, 这与 $\boldsymbol{s}^{(8)}$ 给出的排名顺序是相吻合的.

对于图 7.1 中的例子, 直接验证可知, 它也是一个双向连通竞赛图, 其邻接矩阵为

$$\boldsymbol{A}=\begin{pmatrix}0&1&0&1&1&1\\0&0&0&1&1&1\\1&1&0&1&0&0\\0&0&0&0&1&1\\0&0&1&0&0&1\\0&0&1&0&0&0\end{pmatrix}.$$

使用 MATLAB 可以算出, $\boldsymbol{A}$ 的主特征值 $\lambda\approx 2.2324$, 主特征向量的归一化为

$$\boldsymbol{s}\approx(0.2379,\ 0.1643,\ 0.2310,\ 0.1135,\ 0.1498,\ 0.1035)^{\mathrm{T}}.$$

由此可知 6 支球队的排名顺序应为 $\{1,\ 3,\ 2,\ 5,\ 4,\ 6\}$.

# 第 8 章 应用举例*

数学应用的一个重要目的是对现实中面临的问题给出量化分析和解答. 为此, 首先应对现实问题进行深入分析, 去伪存真, 化繁为简, 找到解决问题的要素以及它们之间的联系. 然后, 在适当假设的基础上, 建立反映问题实质和核心的数学模型. 最后, 求解模型, 给出问题的定量解答, 提供决策的定量分析依据. 本章将利用前面学习的知识, 简单介绍三个应用广泛的实例, 展现这种思想.

## 8.1 投入产出模型简介

### 8.1.1 投入产出模型的概念

投入产出模型是描述一个经济系统各部门之间投入与产出关系的一个数学模型. 通常, 人们将一个经济系统分为 $n$ 个经济部门, 各部门分别用 $1, 2, \cdots, n$ 表示, 并假设第 $i$ 个部门只生产第 $i$ 种产品, 而且部门之间没有联合生产. 因为每个部门在生产过程中要消耗其他各个部门的产品, 所以各部门之间形成一个复杂的互相交错的关系. 这一关系可以用投入产出 (平衡) 表来表示. 投入产出平衡表可以按照实物形式编制, 也可以按照价值形式编制. 本书仅介绍按照价值形式编制的价值型投入产出模型. 表 8.1 就是一个简化的价值型投入产出表.

**表 8.1**

| | | 中间产品 | | | | 最终产品 | | | | 总产值 |
|---|---|---|---|---|---|---|---|---|---|---|
| | | 消耗部门 | | | | 消费 | 积累 | $\cdots$ | 合计 | |
| | | 1 | 2 | $\cdots$ | $n$ | | | | | |
| 生产部门 | 1 | $x_{11}$ | $x_{12}$ | $\cdots$ | $x_{1n}$ | | | | $y_1$ | $x_1$ |
| | 2 | $x_{21}$ | $x_{22}$ | $\cdots$ | $x_{2n}$ | | | | $y_2$ | $x_2$ |
| | $\vdots$ | $\vdots$ | $\vdots$ | $\cdots$ | $\vdots$ | | | | $\vdots$ | $\vdots$ |
| | $n$ | $x_{n1}$ | $x_{n2}$ | $\cdots$ | $x_{nn}$ | | | | $y_n$ | $x_n$ |
| 新创造价值 | 劳动报酬 | $v_1$ | $v_2$ | $\cdots$ | $v_n$ | | | | | |
| | 纯收入 | $m_1$ | $m_2$ | $\cdots$ | $m_n$ | | | | | |
| | 合计 | $z_1$ | $z_2$ | $\cdots$ | $z_n$ | | | | | |
| 总产值 | | $x_1$ | $x_2$ | $\cdots$ | $x_n$ | | | | | |

这里, 该表中最右边一列和最后一行中的 $x_i$ $(i = 1, 2, \cdots, n)$ 表示第 $i$ 部

门生产全部产品的总产值; 从右边数第 2 列中的 $y_i$ $(i = 1, 2, \cdots, n)$ 表示第 $i$ 部门生产的最终产品在去掉其他部门的全部消耗之后所形成的总产值; 生产部门一栏和消耗部门一栏对应处的 $x_{ij}$ $(i, j = 1, 2, \cdots, n)$ 表示第 $i$ 部门分配给第 $j$ 部门产品的产值, 或者说是第 $j$ 部门消耗第 $i$ 部门产品的产值; 新创造价值一栏和消耗部门一栏对应处的 $v_j$ $(j = 1, 2, \cdots, n)$ 表示第 $j$ 部门的劳动报酬; $m_j$ $(j = 1, 2, \cdots, n)$ 表示第 $j$ 部门创造的纯收入; $z_j$ $(j = 1, 2, \cdots, n)$ 表示第 $j$ 部门新创造的价值.

价值型投入产出平衡表分为 4 个部分, 称为该表的 **4 个象限**. 数字 $x_{ij}$ 所处的部分称为**第一象限**. 在这一象限中, 每一部门都以生产者和消费者的双重身份出现. 每一行表示该部门作为生产部门将自己的产品分配给其他各部门的价值, 每一列表示该部门作为消耗部门在生产过程中消耗其他各部门的产品价值. 行与列交叉点处的 $x_{ij}$ 是部门间产品价值的流量. 这个量也是以双重身份出现的, 它是所在行部门分配给所在列部门的产品价值, 也是它所在列部门消耗所在行部门的产品价值. 这一部分反映了该经济系统生产部门之间的技术性联系, 它是投入产出平衡表的最基本的部分.

数字 $x_{ij}$ 所处位置的右边部分, 称为**第二象限**. 它反映各部门生产的最终产品的价值及其分配情况. 每一行反映了该部门最终产品的分配情况, 每一列表明用于消费、积累等方面的最终产品分别由各部门提供的情况.

数字 $x_{ij}$ 所处位置的下面部分, 称为**第三象限**. 它反映总产值中的新创造价值及其使用情况, 其中每一列指出该部门的新创造价值, 包括劳动报酬和该部门创造的纯收入.

数字 $x_{ij}$ 所处位置的右下方部分, 称为**第四象限**. 这部分反映总收入的再分配情况. 由于其本身比较复杂, 并且与后面的讨论无关, 所以本书将其略去.

### 8.1.2 平衡方程组

根据产品的分配原则, 在价值型投入产出平衡表中, 第 $i$ 个生产部门所处的第 $i$ 行 $(i = 1, 2, \cdots, n)$, 存在一个平衡方程

$$x_{i1} + x_{i2} + \cdots + x_{in} + y_i = x_i. \tag{8.1}$$

(8.1) 表示第 $i$ 个部门生产的产品总价值 $x_i$ 分别分配给第 $j$ 部门 $x_{ij}$ $(j = 1, 2, \cdots, n)$ 后, 剩余的产品价值 $y_i$ 就是它的最终产品. 由这 $n$ 个方程构成的方程组称为分配平衡方程组.

同样, 对于第 $j$ 个消费部门所处的第 $j$ 列 $(j = 1, 2, \cdots, n)$, 也存在一个平衡方程

$$x_{1j} + x_{2j} + \cdots + x_{nj} + z_j = x_j. \tag{8.2}$$

(8.2) 表示在第 $j$ 部门生产总价值 $x_j$ ($j=1, 2, \cdots, n$) 的产品时, 分别消耗了第 $i$ 个部门 $x_{ij}$ 价值的产品, 因此其差

$$x_j - \sum_{i=1}^{n} x_{ij}$$

便是第 $j$ 部门的新创造价值 $z_j$. 由这 $n$ 个方程构成的方程组称为消耗平衡方程组. 此外, 在 $z_j$ 中用于支付劳动报酬等项开支后, 剩余部分就是第 $j$ 部门的纯收入 $m_j$.

### 8.1.3 消耗系数

在生产实践中, 第 $j$ 部门对第 $i$ 部门的产品消耗, 可以分为直接消耗和间接消耗. 例如, 在农业部门生产粮食时, 要消耗机械部门的产品, 这种消耗称为农业部门对机械部门的直接消耗. 而机械部门为了提供给农业部门机械产品, 要消耗电力部门的产品, 这种农业部门通过其他部门消耗电力部门的产品价值, 称为农业部门对电力部门的间接消耗. 第 $j$ 部门对第 $i$ 部门的直接消耗与间接消耗之和, 称为它对第 $i$ 部门的完全消耗. 由此, 给出下述概念.

**定义 8.1** 第 $j$ 部门单位价值产品对第 $i$ 部门产品的直接消耗, 称为第 $j$ 部门对第 $i$ 部门的直接消耗系数, 用 $a_{ij}$ 表示. 第 $j$ 部门单位价值产品对第 $i$ 部门产品的完全消耗, 称为第 $j$ 部门对第 $i$ 部门的完全消耗系数, 用 $c_{ij}$ 表示. 由这两类消耗系数构成的矩阵

$$\boldsymbol{A} = \begin{pmatrix} a_{11} & a_{12} & \cdots & a_{1n} \\ a_{21} & a_{22} & \cdots & a_{2n} \\ \vdots & \vdots & & \vdots \\ a_{n1} & a_{n2} & \cdots & a_{nn} \end{pmatrix}, \quad \boldsymbol{C} = \begin{pmatrix} c_{11} & c_{12} & \cdots & c_{1n} \\ c_{21} & c_{22} & \cdots & c_{2n} \\ \vdots & \vdots & & \vdots \\ c_{n1} & c_{n2} & \cdots & c_{nn} \end{pmatrix}$$

分别称为直接消耗系数矩阵和完全消耗系数矩阵.

由消耗系数的定义, 不难看出

$$a_{ij} = \frac{x_{ij}}{x_j}, \quad i, j = 1, 2, \cdots, n, \tag{8.3}$$

$$c_{ij} = a_{ij} + c_{i1}a_{1j} + c_{i2}a_{2j} + \cdots + c_{in}a_{nj}, \quad i, j = 1, 2, \cdots, n. \tag{8.4}$$

事实上, (8.3) 就是直接消耗系数的定义. (8.4) 可以这样理解: 完全消耗系数 $c_{ij}$, 一定等于直接消耗系数 $a_{ij}$ 与第 $j$ 部门生产单位产品对所有 $k$ ($1 \leqslant k \leqslant n$) 个

部门的间接消耗之和, 而第 $j$ 部门生产单位产品对第 $k$ 部门的间接消耗是第 $j$ 部门生产单位产品对第 $k$ 部门的直接消耗 $a_{kj}$ 与第 $k$ 部门生产单位产品对第 $i$ 部门的完全消耗系数 $c_{ik}$ 的乘积.

记

$$\boldsymbol{M}=\begin{pmatrix} x_{11} & x_{12} & \cdots & x_{1n} \\ x_{21} & x_{22} & \cdots & x_{2n} \\ \vdots & \vdots & & \vdots \\ x_{n1} & x_{n2} & \cdots & x_{nn} \end{pmatrix}, \quad \boldsymbol{N}=\begin{pmatrix} x_1 & & & \\ & x_2 & & \\ & & \ddots & \\ & & & x_n \end{pmatrix},$$

则关系式 (8.3) 和 (8.4) 可用矩阵形式分别表示为

$$\boldsymbol{M}=\boldsymbol{A}\boldsymbol{N}, \tag{8.5}$$

$$\boldsymbol{C}=\boldsymbol{A}+\boldsymbol{C}\boldsymbol{A}. \tag{8.6}$$

根据问题的实际意义, 通常应有 $x_{ij}\geqslant 0$, $x_j>0$, $z_j>0$. 同时, 利用直接消耗系数的定义, 消耗平衡方程组可以改写为

$$\left(1-\sum_{i=1}^{n} a_{ij}\right)x_j=z_j, \quad j=1,2,\cdots,n.$$

由此可得关于直接消耗系数的下述简单性质.

(i) $0\leqslant a_{ij}<1, \quad i,j=1,2,\cdots,n$;

(ii) $\sum\limits_{i=1}^{n} a_{ij}<1, \quad j=1,2,\cdots,n$.

对于直接消耗系数矩阵 $\boldsymbol{A}$, 根据上述性质和定理 7.2 及定理 7.3 可知, $\boldsymbol{E}-\boldsymbol{A}$ 可逆, 且由 $\boldsymbol{C}=\boldsymbol{A}(\boldsymbol{E}-\boldsymbol{A})^{-1}=(\boldsymbol{E}+\boldsymbol{A}-\boldsymbol{E})(\boldsymbol{E}-\boldsymbol{A})^{-1}=(\boldsymbol{E}-\boldsymbol{A})^{-1}-\boldsymbol{E}$ 可知

$$(\boldsymbol{E}-\boldsymbol{A})^{-1}=\boldsymbol{C}+\boldsymbol{E}. \tag{8.7}$$

(8.7) 显示了直接消耗系数矩阵 $\boldsymbol{A}$ 和完全消耗系数矩阵 $\boldsymbol{C}$ 之间的关系.

### 8.1.4 平衡方程组的解

记

$$\boldsymbol{x}=\begin{pmatrix} x_1 \\ x_2 \\ \vdots \\ x_n \end{pmatrix}, \quad \boldsymbol{y}=\begin{pmatrix} y_1 \\ y_2 \\ \vdots \\ y_n \end{pmatrix}, \quad \boldsymbol{z}=\begin{pmatrix} z_1 \\ z_2 \\ \vdots \\ z_n \end{pmatrix},$$

$$
\boldsymbol{D}=\begin{pmatrix} \sum_{i=1}^{n} a_{i1} & & & \\ & \sum_{i=1}^{n} a_{i2} & & \\ & & \ddots & \\ & & & \sum_{i=1}^{n} a_{in} \end{pmatrix}.
$$

则分配平衡方程组 (8.1) 和消耗平衡方程组 (8.2) 可以分别用矩阵形式表示为

$$
\boldsymbol{x}=\boldsymbol{A}\boldsymbol{x}+\boldsymbol{y}, \quad \text{即} \quad \boldsymbol{y}=(\boldsymbol{E}-\boldsymbol{A})\boldsymbol{x}
$$

和

$$
\boldsymbol{x}=\boldsymbol{D}\boldsymbol{x}+\boldsymbol{z}, \quad \text{即} \quad \boldsymbol{z}=(\boldsymbol{E}-\boldsymbol{D})\boldsymbol{x}.
$$

通常, 直接消耗系数矩阵 $\boldsymbol{A}$ 是已知的, 由 $\boldsymbol{E}-\boldsymbol{A}$ 和 $\boldsymbol{E}-\boldsymbol{D}$ 均为可逆矩阵知, 可以从不同的已知条件出发, 求出这两个平衡方程组的解. 进一步, 当数据较多时, 可以用线性方程组的迭代法求解分配平衡方程组. 此外, 由直接消耗系数矩阵 $\boldsymbol{A}$ 的性质知道, 迭代法一定是收敛的.

**例 8.1** 设一经济系统包括 3 个部门, 在某一生产周期内各部门的直接消耗系数及最终产品如表 8.2 所示. 求各部门的总产品、部门间流量及各部门新创造的价值.

**表 8.2**

| | | 消耗部门 | | | 最终产品 |
|---|---|---|---|---|---|
| | $a_{ij}$ | 1 | 2 | 3 | |
| 生产部门 | 1 | 0.25 | 0.1 | 0.1 | 245 |
| | 2 | 0.2 | 0.2 | 0.1 | 90 |
| | 3 | 0.1 | 0.1 | 0.2 | 175 |

**解** 设 $x_i$ $(i=1, 2, 3)$ 表示第 $i$ 部门的总产品. 已知直接消耗系数矩阵和各部门的最终产品为

$$
\boldsymbol{A}=(a_{ij})=\begin{pmatrix} 0.25 & 0.1 & 0.1 \\ 0.2 & 0.2 & 0.1 \\ 0.1 & 0.1 & 0.2 \end{pmatrix}, \quad \boldsymbol{y}=\begin{pmatrix} 245 \\ 90 \\ 175 \end{pmatrix}.
$$

使用 MATLAB 容易算出

$$\boldsymbol{E}-\boldsymbol{A}=\begin{pmatrix} 0.75 & -0.1 & -0.1 \\ -0.2 & 0.8 & -0.1 \\ -0.1 & -0.1 & 0.8 \end{pmatrix},$$

$$(\boldsymbol{E}-\boldsymbol{A})^{-1}\approx\begin{pmatrix} 1.4141 & 0.2020 & 0.2020 \\ 0.3816 & 1.3244 & 0.2132 \\ 0.2245 & 0.1908 & 1.3019 \end{pmatrix}.$$

故由 $\boldsymbol{x}=\boldsymbol{A}\boldsymbol{x}+\boldsymbol{y}$ 得

$$\boldsymbol{x}=(\boldsymbol{E}-\boldsymbol{A})^{-1}\boldsymbol{y}\approx(400,\,250,\,300)^{\mathrm{T}}.$$

由 (8.5), 可以通过 $\boldsymbol{A}$ 及 $\boldsymbol{x}$ 确定部门间流量 $x_{ij}$ $(i,\,j=1,\,2,\,3)$:

$$\begin{aligned}\boldsymbol{M}=(x_{ij})&\approx\begin{pmatrix} 0.25 & 0.1 & 0.1 \\ 0.2 & 0.2 & 0.1 \\ 0.1 & 0.1 & 0.2 \end{pmatrix}\begin{pmatrix} 400 & & \\ & 250 & \\ & & 300 \end{pmatrix}\\ &=\begin{pmatrix} 100 & 25 & 30 \\ 80 & 50 & 30 \\ 40 & 25 & 60 \end{pmatrix}.\end{aligned}$$

再由

$$\boldsymbol{E}-\boldsymbol{D}=\begin{pmatrix} 0.45 & & \\ & 0.6 & \\ & & 0.6 \end{pmatrix},$$

可得

$$\boldsymbol{z}=(\boldsymbol{E}-\boldsymbol{D})\boldsymbol{x}=\begin{pmatrix} 0.45 & & \\ & 0.6 & \\ & & 0.6 \end{pmatrix}\begin{pmatrix} 400 \\ 250 \\ 300 \end{pmatrix}=\begin{pmatrix} 180 \\ 150 \\ 180 \end{pmatrix}.$$

作为本节结束, 我们来讨论某些部门最终产品的变化对于各部门总产品数量的影响. 为讨论方便, 假设只有第 $k$ 部门的最终产品 $y_k$ 有改变量 $\Delta y_k$, 其余部门的最终产品不变. 设第 $i$ 部门总产品的改变量为 $\Delta x_i$, 则由分配平衡方程组可知

$$\boldsymbol{x}=(\boldsymbol{E}-\boldsymbol{A})^{-1}\boldsymbol{y}=(\boldsymbol{C}+\boldsymbol{E})\boldsymbol{y}=\boldsymbol{C}\boldsymbol{y}+\boldsymbol{y}.$$

因此, 对 $i=1, 2, \cdots, n$,

$$x_i=\sum_{j=1}^{n} c_{ij} y_j+y_i,$$

并且, 由上述假设可得

$$x_i+\Delta x_i=\sum_{j=1}^{n} c_{ij} y_j+y_i+\left(c_{ik}+\delta\right) \Delta y_k,$$

其中, 当 $i \neq k$ 时, $\delta=0$; 当 $i=k$ 时, $\delta=1$. 综合上述两式可得

$$\Delta x_i=\left(c_{ik}+\delta\right) \Delta y_k, \quad i=1, 2, \cdots, n.$$

由此可见, 当第 $k$ 部门最终产品有改变量 $\Delta y_k$ 时, 每个部门的总产品都会有所变动, 其中, 第 $i$ 部门的总产品变动量为 $(c_{ik}+\delta)\Delta y_k$. 这一事实阐明了完全消耗系数 $c_{ij}$ 的下述经济意义: 当第 $k$ 部门最终产品增加一个单位时, 第 $i(i \neq k)$ 部门的总产品需要增加 $c_{ij}$ 个单位, 而第 $k$ 部门的总产品需要增加 $c_{kk}+1$ 个单位.

## 习　题　8.1

1. 设某企业有 5 个生产部门, 它们在一个生产周期内的生产消耗量及各部门间的相互消耗、最终产品的相关数据列在表 8.3 中.

(1) 求各部门的总产品价值量 $x_1, x_2, x_3, x_4, x_5$;

(2) 求各部门新创造价值量 $z_1, z_2, z_3, z_4, z_5$;

(3) 求直接消耗系数矩阵 $\boldsymbol{A}$.

**表 8.3**

| | | 消耗部门 | | | | | 最终产品 | 总产品 |
|---|---|---|---|---|---|---|---|---|
| | | 1 | 2 | 3 | 4 | 5 | 合计 | |
| 生产部门 | 1 | 20 | 40 | 10 | 5 | 5 | 120 | $x_1$ |
| | 2 | 10 | 100 | 30 | 10 | 10 | 240 | $x_2$ |
| | 3 | 40 | 100 | 600 | 50 | 50 | 160 | $x_3$ |
| | 4 | 20 | 10 | 30 | 5 | 10 | 20 | $x_4$ |
| | 5 | 10 | 10 | 40 | 10 | 10 | 20 | $x_5$ |
| 新创造价值 | 劳动报酬 | | | | | | | |
| | 纯收入 | | | | | | | |
| | 合计 | $z_1$ | $z_2$ | $z_3$ | $z_4$ | $z_5$ | | |
| 总产品 | | $x_1$ | $x_2$ | $x_3$ | $x_4$ | $x_5$ | | |

2. 已知某经济系统在一个生产周期内直接消耗系数矩阵及最终产品如下:

$$\boldsymbol{A}=\left(\begin{array}{ll}0.1 & 0.3 \\ 0.2 & 0.4\end{array}\right), \boldsymbol{y}=\left(\begin{array}{l}100 \\ 200\end{array}\right),$$

求它的总产品 $\boldsymbol{x}$.

3. 一个包括 3 个部门的经济系统, 已知计划期直接消耗系数矩阵为

$$\boldsymbol{A}=\begin{pmatrix} 0.2 & 0.2 & 0.31 \\ 0.14 & 0.15 & 0.25 \\ 0.16 & 0.5 & 0.19 \end{pmatrix}.$$

(1) 若计划期最终产品 $\boldsymbol{y}=(60,\ 55,\ 120)^{\mathrm{T}}$, 求计划期各部门的总产品 $\boldsymbol{x}$;

(2) 若计划期最终产品 $\boldsymbol{y}=(70,\ 55,\ 120)^{\mathrm{T}}$, 求计划期各部门的总产品 $\boldsymbol{x}$.

## 8.2　线性规划模型简介

线性规划模型是一类应用领域十分广泛的数学模型, 主要研究如何最有效地使用有限资源以获取最大经济效益的问题, 即有限资源的最佳分配问题.

### 8.2.1　线性规划模型

线性规划模型一般由下述要素构成: 一组描述主要因素的变量 $x_1, x_2, \cdots, x_n$, 一个目标函数 $Z=c_1x_1+c_2x_2+\cdots+c_nx_n$; 另一组关于变量 $x_1, x_2, \cdots, x_n$ 的线性约束条件. 线性规划模型的标准形式如下:

$$\max Z=c_1x_1+c_2x_2+\cdots+c_nx_n,$$
$$\begin{cases} a_{11}x_1+a_{12}x_2+\cdots+a_{1n}x_n=b_1, \\ a_{21}x_1+a_{22}x_2+\cdots+a_{2n}x_n=b_2, \\ \qquad\cdots\cdots \\ a_{m1}x_1+a_{m2}x_2+\cdots+a_{mn}x_n=b_m, \\ x_j \geqslant 0,\ j=1,\ 2,\ \cdots,\ n. \end{cases} \tag{8.8}$$

通常, $x_1, x_2, \cdots, x_n$ 称为决策变量, $c_1, c_2, \cdots, c_n$ 称为价值系数, $b_1, b_2, \cdots, b_m$ 表示资源限制, $a_{ij}$ 是技术参数, $\max Z$ 表示求目标函数 $Z$ 的最大值. 采用矩阵记号, 模型 (8.8) 可以写成

$$\max Z=\boldsymbol{cx},$$
$$\begin{cases} \boldsymbol{Ax}=\boldsymbol{b}, \\ \boldsymbol{x}\geqslant \boldsymbol{0}, \end{cases} \tag{8.9}$$

其中

$$\boldsymbol{A}=(a_{ij})_{m\times n},\quad \boldsymbol{c}=(c_1,\,c_2,\,\cdots,\,c_n),\quad \boldsymbol{x}=\begin{pmatrix}x_1\\x_2\\\vdots\\x_n\end{pmatrix},\quad \boldsymbol{b}=\begin{pmatrix}b_1\\b_2\\\vdots\\b_m\end{pmatrix},$$

$\boldsymbol{x}\geqslant\boldsymbol{0}$ 表示 $\boldsymbol{x}$ 的每一分量 $x_j$ 均 $\geqslant 0,\ j=1,\,2,\,\cdots,\,n$.

以下, 称线性规划模型 (8.8) 及其矩阵表达形式 (8.9) 为线性规划问题 LP1, 称 $\boldsymbol{Ax}=\boldsymbol{b}$ 为约束方程组, 称 $\boldsymbol{x}\geqslant\boldsymbol{0}$ 为非负限制. 通常, 根据实际需要, 可能需要目标函数最大, 也可能要求目标函数最小, 但由于 $\min Z=-\max(-Z)$, 所以对 $Z$ 最小化问题的求解总可以转化为对 $-Z$ 最大化问题的求解. 按照习惯, 下面仅讨论最大化线性规划问题. 因此, 研究线性规划问题, 就是要求出满足约束方程组的非负解, 使目标函数 $Z$ 达到最大值.

不失一般性, 在对线性规划问题 LP1 的讨论中, 总是假定

$$\text{秩}(\boldsymbol{A})=\text{秩}(\boldsymbol{A},\,\boldsymbol{b})=m<n,$$

这相当于假定约束方程组 $\boldsymbol{Ax}=\boldsymbol{b}$ 有无穷多解并且不含多余方程. 在这种假定下, 系数矩阵 $\boldsymbol{A}$ 中必然存在 $m$ 阶可逆子块. $\boldsymbol{A}$ 中任意一个 $m$ 阶可逆子块 $\boldsymbol{B}$ 称为 LP1 的一个基; 以基 $\boldsymbol{B}$ 的列为系数的变量称为对应于基 $\boldsymbol{B}$ 的基变量, 其余的变量称为对应于基 $B$ 的非基变量. 由于 $0<m<n$, 所以基变量和非基变量显然都是存在的. 对于每一个确定的基, 基变量是唯一确定的; 对应于不同的基, 基变量显然不同.

约束方程组 $\boldsymbol{Ax}=\boldsymbol{b}$ 的解向量称为线性规划问题 LP1 的解, 所有分量均非负的解称为 LP1 的可行解. 对于取定的基 $\boldsymbol{B}$, 非基变量均为零的解称为 LP1 关于基 $B$ 的基解, 非负的基解称为基可行解, 对应基可行解的基称为可行基. 使目标函数达到最大值的可行解称为 LP1 的最优解. 对于一个取定的基 $\boldsymbol{B}$, 把非基变量均取为零代入约束方程组所得到的基解是唯一的. 因此, 基和基解一一对应.

例如, 对于线性规划问题

$$\max Z=x_1+3x_2,$$

$$\begin{cases} 5x_1 + 3x_2 + x_3 = 25, \\ x_1 + x_2 + x_4 = 6, \\ x_2 + x_5 = 4, \\ x_j \geqslant 0, \quad j = 1, 2, \cdots, 5, \end{cases}$$

其约束方程组的系数矩阵为

$$\boldsymbol{A} = \begin{pmatrix} 5 & 3 & 1 & 0 & 0 \\ 1 & 1 & 0 & 1 & 0 \\ 0 & 1 & 0 & 0 & 1 \end{pmatrix}.$$

在 $\boldsymbol{A}$ 中存在 3 阶可逆子块:

$$\boldsymbol{B}_1 = \begin{pmatrix} 5 & 3 & 1 \\ 1 & 1 & 0 \\ 0 & 1 & 0 \end{pmatrix}, \quad \boldsymbol{B}_2 = \begin{pmatrix} 1 & 0 & 0 \\ 0 & 1 & 0 \\ 0 & 0 & 1 \end{pmatrix}, \quad \boldsymbol{B}_3 = \begin{pmatrix} 3 & 1 & 0 \\ 1 & 0 & 1 \\ 1 & 0 & 0 \end{pmatrix}.$$

它们都是这个线性规划问题的基. 基 $\boldsymbol{B}_1$ 对应的基变量是 $x_1, x_2, x_3$, 非基变量是 $x_4, x_5$; $\boldsymbol{B}_2$ 对应的基变量是 $x_3, x_4, x_5$, 非基变量是 $x_1, x_2$; $\boldsymbol{B}_3$ 对应的基变量是 $x_2, x_3, x_4$, 非基变量是 $x_1, x_5$. 取 $x_4 = x_5 = 0$ 代入约束方程组可得对应于 $\boldsymbol{B}_1$ 的基解: $x_1 = 2, x_2 = 4, x_3 = 3, x_4 = 0, x_5 = 0$. 同样, 取 $x_1 = x_2 = 0$ 代入约束方程组可得对应于基 $B_2$ 的基解: $x_1 = 0, x_2 = 0, x_3 = 25, x_4 = 6, x_5 = 4$. 显然这两个基解都是可行解.

一般地, 取定基 $\boldsymbol{B}$ 后, 总是可以利用矩阵的分块运算写出约束方程组矩阵形式的通解. 为了叙述方便, 可以假设 $\boldsymbol{B}$ 就是矩阵 $\boldsymbol{A}$ 的前 $m$ 列所构成的矩阵. 否则, 仅需调整一下矩阵 $\boldsymbol{A}$ 的列的顺序, 并对 $\boldsymbol{x}$ 和 $\boldsymbol{c}$ 的分量的顺序作相应调整即可. 记

$$\boldsymbol{A} = (\boldsymbol{B}|\boldsymbol{N}), \quad \boldsymbol{c} = (\boldsymbol{c_B}|\boldsymbol{c_N}), \quad \boldsymbol{x} = \begin{pmatrix} \boldsymbol{x_B} \\ \boldsymbol{x_N} \end{pmatrix},$$

其中 $\boldsymbol{x_B}$ 是由前 $m$ 个基变量按照 $\boldsymbol{B}$ 中列的顺序所构成的列向量, $\boldsymbol{x_N}$ 是由其他 $n-m$ 个非基变量按照 $\boldsymbol{N}$ 中列的顺序所构成的列向量, $\boldsymbol{c_B}$ 和 $\boldsymbol{c_N}$ 分别是 $\boldsymbol{x_B}$ 和 $\boldsymbol{x_N}$ 中变量在 $Z = \boldsymbol{cx}$ 中的系数依据 $\boldsymbol{x_B}$ 和 $\boldsymbol{x_N}$ 中变量的顺序所构成的行向量. 将它们代入 LP1, 则 LP1 就转化为下述分块矩阵的形式

$$\max Z = \boldsymbol{c_B x_B} + \boldsymbol{c_N x_N},$$

$$\begin{cases} \boldsymbol{B x_B} + \boldsymbol{N x_N} = \boldsymbol{b}, \\ \boldsymbol{x_B} \geqslant \boldsymbol{0}, \boldsymbol{x_N} \geqslant \boldsymbol{0}. \end{cases} \tag{8.10}$$

由于 $\boldsymbol{B}$ 可逆, 所以可从约束方程组中解出 $\boldsymbol{x_B}$:

$$\boldsymbol{x_B} = \boldsymbol{B}^{-1}\boldsymbol{b} - \boldsymbol{B}^{-1}\boldsymbol{N}\boldsymbol{x_N}. \tag{8.11}$$

这就是与 $\boldsymbol{B}$ 对应的约束方程组的通解. 取非基变量均为零, 可得对应于基 $\boldsymbol{B}$ 的基解:

$$\boldsymbol{x_B} = \boldsymbol{B}^{-1}\boldsymbol{b}, \quad \boldsymbol{x_N} = \boldsymbol{0}. \tag{8.12}$$

此外, 从 (8.11) 容易看出, 当一个线性规划问题有可行解时, 它一定有无穷多个可行解. 因此, 如果按照最优解定义从可行解集合中去寻找最优解, 就犹如大海捞针, 很难做到. 然而, 幸运的是, 由于 $\boldsymbol{A}$ 的行数和列数都是有限的, 所以 $\boldsymbol{A}$ 中 $m$ 阶可逆子块, 即基的个数便是有限的, 进而, 基可行解个数有限. 并且, 在理论上可以证明, 如果一个线性规划问题存在最优解, 则它必可在基可行解上达到. 这一事实使得人们只需在基可行解的范围内去寻找最优解, 从而使得寻找线性规划问题的最优解成为可能. 一个最直接的想法就是找出所有基可行解并将它们逐一代入目标函数, 比较这些目标函数的数值, 便可得到最优解. 下面介绍的单纯形法就是利用这一原理求解线性规划模型的一种有效算法.

### 8.2.2 单纯形法介绍

单纯形从几何上看是指零维空间中的点, 1 维空间中的线段, 2 维空间中的三角形, 3 维空间中的四面体, 直至 $n$ 维空间中的 $n+1$ 个顶点的多面体. 单纯形法就是从一个初始的单纯形出发, 通过迭代, 逐步判断一个线性规划问题是否有解, 并给出其最优解的一种方法. 首先介绍最优解的判别定理.

**定理 8.1**(最优解判别定理) 线性规划问题 LP1 的基 $\boldsymbol{B}$ 对应的基解 (8.12) 是最优解的充分必要条件是 $\boldsymbol{B}^{-1}\boldsymbol{b} \geqslant \boldsymbol{0}$ 且 $\boldsymbol{c} - \boldsymbol{c_B}\boldsymbol{B}^{-1}\boldsymbol{A} \leqslant \boldsymbol{0}$.

**证明** 首先, 仅当 $\boldsymbol{B}^{-1}\boldsymbol{b} \geqslant \boldsymbol{0}$ 时, (8.12) 才是 LP1 的可行解. 其次, 把 (8.11) 代入 (8.10) 的目标函数 $Z$ 中, 并将其化为仅含非基变量的表达式, 得

$$\begin{aligned} Z &= \boldsymbol{c_B}\left(\boldsymbol{B}^{-1}\boldsymbol{b} - \boldsymbol{B}^{-1}\boldsymbol{N}\boldsymbol{x_N}\right) + \boldsymbol{c_N}\boldsymbol{x_N} \\ &= \boldsymbol{c_B}\boldsymbol{B}^{-1}\boldsymbol{b} + \left(\boldsymbol{c_N} - \boldsymbol{c_B}\boldsymbol{B}^{-1}\boldsymbol{N}\right)\boldsymbol{x_N}. \end{aligned}$$

由此可见, 当且仅当 $\boldsymbol{c_N} - \boldsymbol{c_B}\boldsymbol{B}^{-1}\boldsymbol{N} \leqslant \boldsymbol{0}$ 时, 目标函数 $Z$ 才能达到最大值. 再由

$$\boldsymbol{c} - \boldsymbol{c_B}\boldsymbol{B}^{-1}\boldsymbol{A} = (\boldsymbol{c_B}|\boldsymbol{c_N}) - \boldsymbol{c_B}\boldsymbol{B}^{-1}(\boldsymbol{B}|\boldsymbol{N}) = \left(\boldsymbol{0}|\boldsymbol{c_N} - \boldsymbol{c_B}\boldsymbol{B}^{-1}\boldsymbol{N}\right)$$

知 $\boldsymbol{c_N} - \boldsymbol{c_B}\boldsymbol{B}^{-1}\boldsymbol{N} \leqslant \boldsymbol{0}$ 与 $\boldsymbol{c} - \boldsymbol{c_B}\boldsymbol{B}^{-1}\boldsymbol{A} \leqslant \boldsymbol{0}$ 等价. 证毕.

最优解判定定理说明, 当 $\boldsymbol{B}^{-1}\boldsymbol{b} \geqslant \mathbf{0}$ 时, 看基解 (8.12) 是不是最优解, 只需看 $\boldsymbol{c}-\boldsymbol{c_B}\boldsymbol{B}^{-1}\boldsymbol{A}$ 中有没有正数. 因此可以把 $\boldsymbol{c}-\boldsymbol{c_B}\boldsymbol{B}^{-1}\boldsymbol{A}$ 视为对应于基 $\boldsymbol{B}$ 的检验数. 记

$$\boldsymbol{c}-\boldsymbol{c_B}\boldsymbol{B}^{-1}\boldsymbol{A}=(\sigma_1, \sigma_2, \cdots, \sigma_n),$$

其中 $\sigma_j$ 称为 $x_j$ $(j=1, 2, \cdots, n)$ 的检验数. 用 $\boldsymbol{p}_j$ 表示 $\boldsymbol{A}$ 中的第 $j$ 个列向量, 则有

$$\sigma_j = c_j - \boldsymbol{c_B}\boldsymbol{B}^{-1}\boldsymbol{p}_j, \quad j=1, 2, \cdots, n.$$

显然, 对应于基变量的检验数均为零.

单纯形法的基本思想是从任意一个基可行解出发, 在保持可行性, 即 $\boldsymbol{B}^{-1}\boldsymbol{b} \geqslant \mathbf{0}$ 的前提下, 逐步进行 "换基迭代", 直至所有检验数非正, 即获得最优性. 该方法在应用中的主要步骤可归纳如下.

**步骤 1**　把需要求解的数学模型化为标准形 LP1, 并确定初始单纯形. 这相当于确定初始可行基 $\boldsymbol{B}$, 即满足 $\boldsymbol{B}^{-1}\boldsymbol{b} \geqslant \mathbf{0}$ 的基. 具体做法是:

首先, 利用 $\min Z = -\max(-Z)$ 把最小化目标函数问题转化为最大化目标函数问题, 并通过增加非负变量的方法, 把不等式约束转化为等式约束. 这样引入的变量称为松弛变量, 它们是有一定经济意义的: 比如, 当 $b_i$ 代表第 $i$ 种资源供应量时, 第 $i$ 个约束条件中的松弛变量便代表第 $i$ 种资源的不足量或者剩余量. 当某一变量 $x_j$ 没有非负限制时, 可令 $x_j = x_j' - x_j''$, 其中 $x_j' \geqslant 0$, $x_j'' \geqslant 0$ 均有非负限制. 这样, 任意一个线性规划模型就都可以转化为标准形 LP1 问题了.

其次, 通过用 $-1$ 去乘等式约束两边, 将其常数项化为非负数, 即可设 $\boldsymbol{b} \geqslant \mathbf{0}$.

最后, 确定初始单纯形, 即选取初始可行基. 通常, 初始可行基总是取为单位矩阵, 这是为了在保持可行性的前提下满足最优性. 当 $\boldsymbol{A}$ 中含有单位矩阵作为其子块时, 这是简单的. 如果 $\boldsymbol{A}$ 中不含单位矩阵作为其子块, 可以按照下述办法构造一个单位矩阵作为初始可行基:

(1) 依次在 $m$ 个约束方程的左边分别加入 "人工变量" $x_{n+1}, \cdots, x_{n+m}$, 构造出一个新的约束方程组, 它所对应的系数矩阵中便明显含有单位矩阵作为子块;

(2) 取一个可以任意大的正数 $M$ 作为参数, 以 $-M$ 作为所有人工变量的系数加入目标函数做出一个新的目标函数;

(3) 求解由新的目标函数和新的约束方程组所形成的新的线性规划问题. 如果该问题存在人工变量全为零的最优解, 则其余变量的值便构成原规划问题的最优解. 否则, 原规划问题无最优解. 这里人工变量的作用只是为了引导出一个单位矩阵的初始可行基, 它们没有经济意义.

**步骤 2** 写出由原约束方程组和目标函数共同组成的方程组 $\begin{cases} \boldsymbol{Ax} = \boldsymbol{b}, \\ \boldsymbol{cx} - Z = 0 \end{cases}$ 的增广矩阵

$$\begin{pmatrix} \boldsymbol{A} & \boldsymbol{0} & \boldsymbol{b} \\ \boldsymbol{c} & -1 & 0 \end{pmatrix}.$$

对于初始可行基 $\boldsymbol{B}$, 将该矩阵化为下述与上面方程组同解的方程组

$$\begin{cases} \boldsymbol{B}^{-1}\boldsymbol{Ax} = \boldsymbol{B}^{-1}\boldsymbol{b}, \\ (\boldsymbol{c} - \boldsymbol{c_B}\boldsymbol{B}^{-1}\boldsymbol{A})\boldsymbol{x} - Z = -\boldsymbol{c_B}\boldsymbol{B}^{-1}\boldsymbol{b} \end{cases}$$

的增广矩阵

$$\begin{pmatrix} \boldsymbol{B}^{-1}\boldsymbol{A} & \boldsymbol{0} & \boldsymbol{B}^{-1}\boldsymbol{b} \\ \boldsymbol{c} - \boldsymbol{c_B}\boldsymbol{B}^{-1}\boldsymbol{A} & -1 & -\boldsymbol{c_B}\boldsymbol{B}^{-1}\boldsymbol{b} \end{pmatrix}.$$

该矩阵最后一列中的 $\boldsymbol{B}^{-1}\boldsymbol{b}$ 和 $-\boldsymbol{c_B}\boldsymbol{B}^{-1}\boldsymbol{b}$ 分别给出对应于基 $\boldsymbol{B}$ 的基解和相应目标函数值的相反数; 其最后一行中的 $\boldsymbol{c} - \boldsymbol{c_B}\boldsymbol{B}^{-1}\boldsymbol{A}$ 给出相应的检验数, 通过它们可以确定当前表中给出的基可行解是不是最优解. 在线性规划理论中, 把这个矩阵以及后面经初等变换得到的结果, 统称为单纯形表. 在实际计算时, 由于 $Z$ 的系数所在的列对迭代不起作用, 故总是省略不写.

**步骤 3** 检查上表中的检验数是否符合 $\boldsymbol{c} - \boldsymbol{c_B}\boldsymbol{B}^{-1}\boldsymbol{A} \leqslant \boldsymbol{0}$. 若是, 当前的基可行解就是最优解. 若否, 检查所有正检验数对应的列. 可以证明, 当存在一个正检验数, 它所在的列中除了它本身之外没有其他正数时, 则原规划问题无最优解. 若对任意一个正检验数, 它们所在的列除了它们本身之外还有其他正数, 则进行下面的换基步骤.

**步骤 4** 先在 $\sigma_j$ $(j = 1, 2, \cdots, n)$ 中选择一个最大的正检验数所对应的列作为主元列, 亦称进基列; 然后, 用主元列中的其他正数分别去除它们所在行中的最后一个数, 并选择商最小的一个行作为主元行, 亦称进基行. 主元行和主元列交叉点处的元素称为一个主元. 接着, 利用选定的主元对步骤 2 中的单纯形表进行初等行变换, 将主元所在的列化为主元位置是 1 的单位向量, 得到一个与原规划问题相对应的新的单纯形表. 这一步称为换基迭代.

从理论上不难分析, 这样的换基迭代方法一般会给出比在步骤 2 中更好的基可行解.

**步骤 5** 重复步骤 3 和步骤 4, 直到获得最优解.

需要说明的是: 第一, 换基迭代的方法并不止步骤 4 中给出的一种, 事实上, 还有其他换基迭代的方法; 第二, 在重复步骤 3 和步骤 4 的过程中, 有时可能会出现循环的情况, 这样用步骤 4 中的迭代便得不到最优解, 这时就需要其他换基迭代的方法了.

**例 8.2** 求解下列线性规划问题.

$$\max Z = 4x_1 + 7x_2,$$

$$\begin{cases} 2x_1 + 3x_2 \leqslant 8, \\ 4x_1 + 9x_2 \leqslant 23, \\ 6x_1 + 4x_2 \leqslant 27, \\ x_j \geqslant 0, \quad j = 1, 2. \end{cases}$$

**解** (1) 在约束条件中添加松弛变量 $x_3$, $x_4$, $x_5$ 将其化为标准形

$$\max Z = 4x_1 + 7x_2,$$

$$\begin{cases} 2x_1 + 3x_2 + x_3 = 8, \\ 4x_1 + 9x_2 + x_4 = 23, \\ 6x_1 + 4x_2 + x_5 = 27, \\ x_j \geqslant 0, \quad j = 1, 2, 3, 4, 5. \end{cases}$$

(2) 列出初始单纯形表:

$$\begin{pmatrix} 2 & 3 & 1 & 0 & 0 & 8 \\ 4 & (9) & 0 & 1 & 0 & 23 \\ 6 & 4 & 0 & 0 & 1 & 27 \\ 4 & 7 & 0 & 0 & 0 & 0 \end{pmatrix}.$$

容易看出, 7 所在的第 2 列是主元列. 并且, 比较 8/3, 23/9, 27/4 的大小可知, 9 所在的第 2 行是主元行. 因此, 9 是该表中的主元.

(3) 利用主元 9 对上表作初等行变换, 得

$$\begin{pmatrix} \left(\dfrac{2}{3}\right) & 0 & 1 & -\dfrac{1}{3} & 0 & \dfrac{1}{3} \\ \dfrac{4}{9} & 1 & 0 & \dfrac{1}{9} & 0 & \dfrac{23}{9} \\ \dfrac{38}{9} & 0 & 0 & -\dfrac{4}{9} & 1 & \dfrac{151}{9} \\ \dfrac{8}{9} & 0 & 0 & -\dfrac{7}{9} & 0 & -\dfrac{161}{9} \end{pmatrix}.$$

(4) 该表中的主元是 $\frac{2}{3}$. 由它对该表作初等行变换, 得

$$\begin{pmatrix} 1 & 0 & \frac{3}{2} & -\frac{1}{2} & 0 & \frac{1}{2} \\ 0 & 1 & -\frac{2}{3} & \frac{1}{3} & 0 & \frac{7}{3} \\ 0 & 0 & -\frac{19}{3} & \frac{5}{3} & 1 & \frac{132}{9} \\ 0 & 0 & -\frac{4}{3} & -\frac{1}{3} & 0 & -\frac{165}{9} \end{pmatrix}.$$

该表中的检验行已经没有正数了, 所以它就是最优表. 从中可知最优解和最优目标函数值为: $x_1 = \frac{1}{2}$, $x_2 = \frac{7}{3}$, $x_3 = 0$, $x_4 = 0$, $x_5 = \frac{132}{9}$; $\max Z = \frac{165}{9}$.

**例 8.3** 求解下列线性规划模型.

$$\max Z = 2x_1 + 3x_2,$$
$$\begin{cases} x_1 + 2x_2 \leqslant 8, \\ 4x_1 + 0x_2 \leqslant 16, \\ 0x_1 + 4x_2 \leqslant 12, \\ x_1 \geqslant 0, x_2 \geqslant 0. \end{cases}$$

**解** 我们采用线性规划理论中的习惯用法, 用表格形式展现求解计算过程.

(1) 在约束条件下添加松弛变量 $x_3$, $x_4$, $x_5$ 将原模型化为标准形

$$\max Z = 2x_1 + 3x_2,$$
$$\begin{cases} x_1 + 2x_2 + x_3 = 8, \\ 4x_1 + 0x_2 + x_4 = 16, \\ 0x_1 + 4x_2 + x_5 = 12, \\ x_1, x_2, x_3, x_4, x_5 \geqslant 0. \end{cases}$$

(2) 列出初始单纯形表 (表 8.4):

**表 8.4**

| $c_j \to$ | | 2 | 3 | 0 | 0 | 0 | |
|---|---|---|---|---|---|---|---|
| $\boldsymbol{c_B}$ | $\boldsymbol{x_B}$ | $x_1$ | $x_2$ | $x_3$ | $x_4$ | $x_5$ | 常数项 |
| 0 | $x_3$ | 1 | 2 | 1 | 0 | 0 | 8 |
| 0 | $x_4$ | 4 | 0 | 0 | 1 | 0 | 16 |
| 0 | $x_5$ | 0 | (4) | 0 | 0 | 1 | 12 |
| $\sigma_j$ | | 2 | 3 | 0 | 0 | 0 | 0 |

初始单纯形表中有正检验数 2 和 3, 故最大检验数 3 对应的列为进基列; 以这一列中的正数 2 和 4 分别去除它们所在行的常数项, 并注意

$$\min\left\{\frac{8}{2},\ \frac{12}{4}\right\}=\frac{12}{4},$$

所以选数字 4 所在的行, 即 $x_5$ 所在的行为出基行. 以 $x_5$ 所在行及 $x_2$ 所在列交叉处的元素 4 为主元进行换基迭代, 得第二个单纯形表 (表 8.5).

**表 8.5**

| $c_j \rightarrow$ | | 2 | 3 | 0 | 0 | 0 | |
|---|---|---|---|---|---|---|---|
| $\boldsymbol{c_B}$ | $\boldsymbol{x_B}$ | $x_1$ | $x_2$ | $x_3$ | $x_4$ | $x_5$ | 常数项 |
| 0 | $x_3$ | (1) | 0 | 1 | 0 | $-1/2$ | 2 |
| 0 | $x_4$ | 4 | 0 | 0 | 1 | 0 | 16 |
| 3 | $x_2$ | 0 | 1 | 0 | 0 | $1/4$ | 3 |
| $\sigma_j$ | | 2 | 0 | 0 | 0 | $-3/4$ | $-9$ |

表 8.5 中仍有正检验数 2. 以 $x_3$ 所在行及 $x_1$ 所在列交叉处的元素 1 为主元进行换基迭代, 得第三个单纯形表 (表 8.6).

**表 8.6**

| $c_j \rightarrow$ | | 2 | 3 | 0 | 0 | 0 | |
|---|---|---|---|---|---|---|---|
| $\boldsymbol{c_B}$ | $\boldsymbol{x_B}$ | $x_1$ | $x_2$ | $x_3$ | $x_4$ | $x_5$ | 常数项 |
| 2 | $x_1$ | 1 | 0 | 1 | 0 | $-1/2$ | 2 |
| 0 | $x_4$ | 0 | 0 | $-4$ | 1 | (2) | 8 |
| 3 | $x_2$ | 0 | 1 | 0 | 0 | $1/4$ | 3 |
| $\sigma_j$ | | 0 | 0 | $-2$ | 0 | $1/4$ | $-13$ |

表 8.6 中仍有正检验数 1/4. 再以 $x_4$ 所在行及 $x_5$ 所在列交叉处的元素 2 为主元进行换基迭代, 得第四个单纯形表 (表 8.7).

**表 8.7**

| $c_j \rightarrow$ | | 2 | 3 | 0 | 0 | 0 | |
|---|---|---|---|---|---|---|---|
| $\boldsymbol{c_B}$ | $\boldsymbol{x_B}$ | $x_1$ | $x_2$ | $x_3$ | $x_4$ | $x_5$ | 常数项 |
| 2 | $x_1$ | 1 | 0 | 0 | $1/4$ | 0 | 4 |
| 0 | $x_5$ | 0 | 0 | $-2$ | $1/2$ | 1 | 4 |
| 3 | $x_2$ | 0 | 1 | $1/2$ | $-1/8$ | 0 | 2 |
| $\sigma_j$ | | 0 | 0 | $-3/2$ | $-1/8$ | 0 | $-14$ |

单纯形表 8.7 中已经没有正检验数了, 故为最优表. 它给出原规划问题的最优解及目标函数的最优值如下:

$$x_1=4,\quad x_2=2,\quad x_3=0,\quad x_4=0,\quad x_5=4,\quad \max Z=14.$$

## 习 题 8.2

1. 求解下列线性规划模型.

$$\max Z = x_1 + 3x_2,$$

$$(1)\begin{cases} 5x_1 + 3x_2 + x_3 = 25, \\ x_1 + x_2 + x_4 = 6, \\ x_2 + x_5 = 4, \\ x_j \geqslant 0,\ j = 1, 2, \cdots, 5. \end{cases}$$

$$\max Z = -5x_1 - 4x_2,$$

$$(2)\begin{cases} x_1 + 3x_2 \leqslant 6, \\ 2x_1 - x_2 \leqslant 4, \\ 5x_1 + 3x_2 \leqslant 15, \\ x_1, x_2 \geqslant 0. \end{cases}$$

2. 有一批原料钢, 每根长 7.4 米. 现要做 100 套钢架, 每套由 4 根长为 2.9 米、4 根长为 2.1 米和 7 根长为 1.5 米的组成. 问应如何下料, 使在满足配套要求的条件下, 所用原材料最省. 请建立这一问题的数学模型并解之.

3. 一个稳健型投资者用 50 万元人民币进行投资, 目前已选定了 5 只股票、2 种债券、5 种基金计划进行投资组合. 一般情况下投资债券的风险较小, 投资股票的风险较大, 但在一定条件下投资股票的收益远高于投资债券的收益, 投资基金的风险和收益均介于股票和债券之间. 请你自己设定各投资品种的收益率和风险损失率, 建立解决这一投资组合问题的数学模型并解决之.

# 8.3 层次分析模型简介

层次分析法 (analytical hierarchy process, AHP 方法) 是由美国运筹学家 Saaty (萨蒂) 在 20 世纪 70 年代提出的, 它是一种通过对复杂系统的层次化、模型化和数量化, 进而把定性和定量二者相结合的分析决策过程和方法.

### 8.3.1 层次分析法的概念和思想

复杂系统的决策一般是比较困难的. 人们常常会面临一些可能的方案, 在按照一定的标准衡量和比较时, 它们各有优劣, 难定取舍. 但是, 当必须面临决策时, 通常的想法总是把一个 “大” 型复杂问题分解为一系列相关的 “小” 问题, 通过分析处理这些 “小” 问题及其相互联系, 再对复杂问题本身进行决策. 一般说来, 这种决策都可以通过定性分析的办法给出.

Saaty 提出的层次分析法的基本思想, 就是首先按照这些 “小” 问题之间的互相联系和逻辑关系, 进一步把它们分为若干个层. 习惯上, 最基本的分层办法是分为**目标层**、**准则层**和**措施** (或方案) **层**. 这是一个结合复杂问题的决策目标, 利用人们的知识、经验、思考和判断等, 进行定性分析的过程. 其次, 考虑下层各因素对上层各因素产生影响的重要程度, 并将通常不易理清的错综复杂的多因素混合比较转化为可以量化给出的同一层次各因素对上层某一因素产生影响的**两两定量比较**. 这是一个对“小”问题及其相互联系定量分析的过程. 这样, 就把单纯的定性决策问题转化为定量与定性相结合的决策问题. 然后, 以矩阵的特征值和特征向量理论为基础, 比较合理地给出下层各因素对上层某一因素产生影响的权重, 并最终给出措施层中各种可能方案对目标层决策目标的优劣权重, 从而为决策人的最终决策提供更多更准确的参考.

例如, 假设一个大学毕业生毕业找工作时面临三个同意接收他的用人单位. 第一个单位工资很高但离家太远; 第二个单位目前还不太知名, 工资也不算高, 但管理层魄力可嘉, 前途可观; 第三个单位离家较近, 工作比较适合自己的兴趣, 但工资较低. 这种情况下, 往往会看到许多学生患得患失、犹豫不决, 不知道究竟与哪家单位签约合适. 但是, 他又只能从这三个用人单位中选择一个. 这就是一个相对简单的复杂决策问题. 其目标层是“确定一个用人单位”, 准则层是“工作性质、发展前景、工资待遇、地理环境等”, 措施层是“第一个工作单位、第二个工作单位、第三个工作单位”.

### 8.3.2 层次分析模型及决策实例

我们以上面的例子为模型来简单介绍层次分析法的决策步骤及有关概念.

**例 8.4** 一个大学生面临毕业分配, 他经过详细考察后, 初步确定了 3 个可供选择的方案, 分别用 $P_1$, $P_2$, $P_3$ 表示. 该生在选择工作单位时主要考虑 4 个因素: 工作性质、发展前景、工资待遇、地理环境. 现在, 请根据他提供的信息, 用定量分析的方法帮他确定一个合适的选择.

第一步, 确定递阶层次结构图 (图 8.1).

将有关因素分为三层, 第一层称为目标层, 是待决策的目标, 即选择工作单位. 最下层是方案层, 由可供选择的 3 个方案 $P_1$, $P_2$, $P_3$ 构成. 中间层为准则层, 是决策的依据, 这里指在选择工作单位时综合考虑到的 4 个因素, 即工作性质、发展前景、工资待遇和地理环境. 如果下层某一元素对上层某一元素有影响关系, 就在二者之间连一条线. 这样得到的图, 称为递阶层次结构图.

第二步, 确定下层对上层的成对比较矩阵.

1. 成对比较矩阵

**定义 8.2** 递阶层次结构图中下层对上层的成对比较矩阵, 也称判断矩阵, 是指将下层中各种因素对其紧邻的上层某一确定因素的重要程度进行两两比较, 并将比较结果量化所构成的方阵.

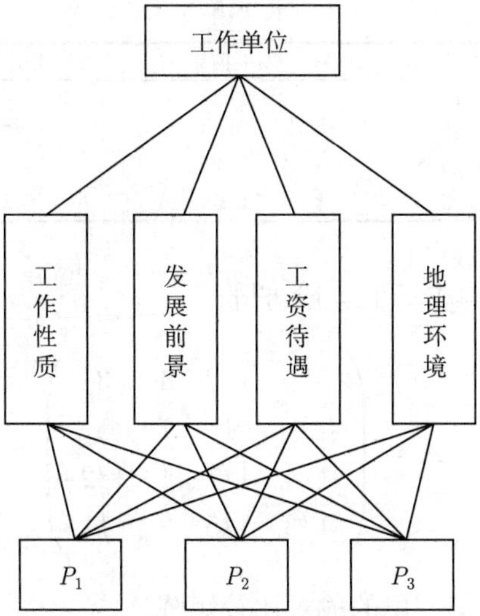


图 8.1 递阶层次结构图

2. 量化尺度

根据定义 8.2, 要确定成对比较矩阵, 就必须将两两比较结果量化. 按照人们的通常心理, 在定性比较两个不同的因素对另一因素产生影响的重要程度时, 一般会有下述 5 个等级: 两个因素的重要程度相同, 一个比另一个稍重要一点, 一个比另一个重要, 一个比另一个重要得多, 一个比另一个绝对重要. Saaty 等结合心理学家的观点, 经过反复试验后, 确定用 $1-9$ 这 9 个数字作为下层两个因素对上层某一因素影响大小的量化指标. 具体来说, 用 1, 3, 5, 7, 9 依次作为上述 5 个等级的量化, 而当两个因素的重要程度介于上述两个等级之间时, 就用介于相应两数之间的整数来量化.

通常, 两个因素重要程度比较的量化数值是由决策人给出的. 对于决策人来说, 这并不困难. 以本例子准则层中的 4 个因素为例, 当认为工作性质比地理环境对于目标层来说重要得多时, 就把工作性质与地理环境重要程度比较的比值取为 5. 相应地, 地理环境与工作性质重要程度的比值就是 1/5. 如果认为取 5 显得太大, 但取 3 又觉得太小, 便可以把工作性质与地理环境重要程度的比值取为 4. 相应地, 地理环境与工作性质重要程度的比值就用 1/4 来刻画.

下面, 先来给出本例中第二层对第一层的成对比较矩阵. 假定决策者给出的第二层 4 个因素对目标层的成对比较量化结果如表 8.8 所示.

表 8.8

| | 工作性质 | 发展前景 | 工资待遇 | 地理环境 |
|---|---|---|---|---|
| 工作性质 | 1 | 1/2 | 4 | 3 |
| 发展前景 | 2 | 1 | 7 | 5 |
| 工资待遇 | 1/4 | 1/7 | 1 | 1/2 |
| 地理环境 | 1/3 | 1/5 | 2 | 1 |

那么, 该表中的数据就构成一个 4 阶方阵:

$$\boldsymbol{A}=\begin{pmatrix}1 & 1/2 & 4 & 3\\ 2 & 1 & 7 & 5\\ 1/4 & 1/7 & 1 & 1/2\\ 1/3 & 1/5 & 2 & 1\end{pmatrix}.$$

这便是本例中第二层对第一层的成对比较矩阵.

类似地, 当决策者给出了第三层中 3 个因素对第二层中各因素各自的成对比较结果时, 便可以做出第三层 3 个因素分别对第二层 4 个因素构成的 4 个成对比较矩阵. 假设它们依次为

$$\boldsymbol{B}_1=\begin{pmatrix}1 & 2 & 5\\ 1/2 & 1 & 2\\ 1/5 & 1/2 & 1\end{pmatrix},\quad \boldsymbol{B}_2=\begin{pmatrix}1 & 1/3 & 1/8\\ 3 & 1 & 1/3\\ 8 & 3 & 1\end{pmatrix},$$

$$\boldsymbol{B}_3=\begin{pmatrix}1 & 1/4 & 1/5\\ 4 & 1 & 1/2\\ 5 & 2 & 1\end{pmatrix},\quad \boldsymbol{B}_4=\begin{pmatrix}1 & 1/3 & 5\\ 3 & 1 & 7\\ 1/5 & 1/7 & 1\end{pmatrix}.$$

下面是一个与成对比较矩阵相关的概念.

**定义 8.3** 如果一个 $n$ 阶方阵 $\boldsymbol{A}=(a_{ij})_n$ 中每一个元素都是正数, 且满足 $a_{ij}=1/a_{ji}\ (i,j=1,2,\cdots,n)$, 则称 $\boldsymbol{A}$ 为正互反矩阵. 进一步, 如果一个正互反矩阵 $A$ 满足

$$a_{ik}a_{kj}=a_{ij},\quad i,j,k=1,2,\cdots,n,$$

则称 $\boldsymbol{A}$ 为一致阵.

需要说明的是, 成对比较矩阵 $\boldsymbol{A}$ 通常是由决策人自己填写, 或对决策人进行询问得到的, 受决策人主观因素影响较大. 这样得到的 $\boldsymbol{A}$ 一定是一个正互反矩阵,

但一般未必是一致阵. 下面将会看到, 用层次分析法分析复杂问题的决策效果不仅与数据本身密切相关, 而且还与它们所构成的成对比较矩阵的一致性有关.

第三步, 确定某层各因素对上层某一确定因素的权重向量, 并分别作一致性检验.

1. 数学原理

**定理 8.2** 若 $\boldsymbol{A}=(a_{ij})_n$ 是一个一致阵, 则

(1) $R(\boldsymbol{A})=1$;

(2) $\boldsymbol{A}$ 的唯一的非零特征值为 $n$;

(3) $\boldsymbol{A}$ 的最大特征值 $n$ 有一个正的特征向量 $\boldsymbol{w}=(w_1, w_2, \cdots, w_n)^{\mathrm{T}}$, 且

$$a_{ij}=\frac{w_i}{w_j},\ \ i, j=1, 2, \cdots, n;$$

(4) $\boldsymbol{A}$ 的任一列向量都是 $\boldsymbol{A}$ 对应于特征值 $n$ 的特征向量.

**证明** (1) 由于 $A$ 是一致阵, 所以 $a_{ij}>0$, $a_{ij}=a_{ij}^{-1}$, $a_{ik}a_{kj}=a_{ij}$ $(i, j, k=1, 2, \cdots, n)$. 从而

$$a_{ij}=a_{ik}/a_{jk},\ \ i, j, k=1, 2, \cdots, n,$$

即 $\boldsymbol{A}$ 中任意两行成比例. 故 $R(\boldsymbol{A})=1$.

(2) 设 $\boldsymbol{A}$ 的 $n$ 个特征值为 $\lambda_1, \lambda_2, \cdots, \lambda_n$. 当 $n=1$ 时结论是显然的. 当 $n>1$ 时, 由 $|\boldsymbol{A}|=0$ 可知 $\lambda=0$ 是 $\boldsymbol{A}$ 的一个特征值. 又由 $R(\boldsymbol{A})=1$ 可知, 线性方程组 $(0\boldsymbol{E}-\boldsymbol{A})\boldsymbol{x}=\boldsymbol{0}$ 中只有一个独立方程. 所以, $\boldsymbol{A}$ 的对应于特征值 $\lambda=0$ 的线性无关特征向量的个数为 $n-1$. 因此, $\lambda=0$ 至少是 $\boldsymbol{A}$ 的 $n-1$ 重特征值. 又根据特征值的性质, 有

$$\sum_{i=1}^{n}\lambda_i=\mathrm{tr}(\boldsymbol{A})=\sum_{i=1}^{n}a_{ii}=n.$$

因此, $\boldsymbol{A}$ 必然存在非零的特征值. 故 $\lambda=0$ 恰是 $\boldsymbol{A}$ 的 $n-1$ 重特征值, 且 $\lambda=n$ 是 $\boldsymbol{A}$ 的单特征值.

(3) 设 $\boldsymbol{A}\boldsymbol{w}=n\boldsymbol{w}$, $\boldsymbol{w}=(w_1, w_2, \cdots, w_n)^{\mathrm{T}}\neq\boldsymbol{0}$, 则

$$\sum_{k=1}^{n}a_{ik}w_k=nw_i,\ \ i=1, 2, \cdots, n.$$

由于 $a_{ij} = a_{ik}/a_{jk}$ $(i, j, k = 1, 2, \cdots, n)$, 所以

$$nw_i = \sum_{k=1}^{n} a_{ik}w_k = \sum_{k=1}^{n} a_{ij}a_{jk}w_k = a_{ij}\left(\sum_{k=1}^{n} a_{jk}w_k\right) = a_{ij}(nw_j).$$

由此及 $\boldsymbol{w} \neq \boldsymbol{0}$ 可知 $w_j \neq 0,\ j = 1, 2, \cdots, n$, 且

$$a_{ij} = \frac{w_i}{w_j}, \quad i, j = 1, 2, \cdots, n.$$

进而, 由 $a_{ij} > 0$ 可知 $w_j,\ j = 1, 2, \cdots, n$ 的符号均相同. 因此, 可假设它们全为正数.

(4) 将 $\boldsymbol{A}$ 的第 $j$ 个列向量记为 $\boldsymbol{A}_j$ $(j = 1, 2, \cdots, n)$, 则直接验证可得

$$\boldsymbol{A}\boldsymbol{A}_j = n\boldsymbol{A}_j, \quad j = 1, 2, \cdots, n.$$

故 $\boldsymbol{A}_j$ 是 $\boldsymbol{A}$ 的对应于特征值 $n$ 的特征向量. 证毕.

**定理 8.3**　$n$ 阶正互反矩阵 $\boldsymbol{A}$ 的最大特征值 $\lambda_{\max} \geqslant n$, 且 $\boldsymbol{A}$ 为一致阵的充分必要条件是 $\lambda_{\max} = n$.

该定理给出了判断一个矩阵是否为一致阵的条件. 我们略去其证明, 有兴趣的读者可以参考有关文献.

2. 权重向量

由成对比较矩阵的定义可以看出, 其列向量的归一化向量体现的就是下层各因素对上层某一相应因素重要程度的定量刻画. 进一步, 如果一个成对比较矩阵是一致阵, 则由定理 8.2 可知, 它的任意列向量的归一化是相同的, 并且是主特征值 $n$ 对应的归一化主特征向量. 这就说明, 对于一致阵, 其归一化主特征向量自然应该作为下层各因素对上层相应因素重要程度刻画的权重向量.

然而, 在实际应用中, 当要比较的因素较多时, 由人们主观给出的成对比较矩阵往往不是一致阵. 但是, 根据对一致阵的经验, 当一个成对比较矩阵主特征值对应的主特征向量为正向量, 且与一致阵 “比较近似” 时, 一个合理的选择自然是把该向量的归一化 “近似” 作为下层各因素对上层相应因素重要程度刻画的权重向量. 这就是在层次分析法中确定权重向量的方法.

3. 一致性检验

可以想见, 上述 “近似” 的偏差, 应该与成对比较矩阵自身的一致程度有关. 成对比较矩阵自身的一致性如何, 才能使得上述 “近似” 的偏差可以接受? 这就提

出了成对比较矩阵的一致性检验问题. 人们需要给出一个有效的办法来定量衡量一个成对比较矩阵接近一致阵的程度.

具体来说, 当成对比较矩阵 $\boldsymbol{A}$ 给出之后, 总是能够从数学上求出它的主特征值和主特征向量. 由定理 8.3 知道 $\lambda_{\max} \geqslant n$, 且当 $\lambda_{\max} = n$ 时, $\boldsymbol{A}$ 是一致阵. 因此可以认为, $\lambda_{\max}$ 比 $n$ 大的程度反映的便是 $\boldsymbol{A}$ 的不一致程度. 换句话说, 可以用 $\lambda_{\max} - n$ 的大小来衡量 $\boldsymbol{A}$ 的不一致程度. 基于此, Saaty 给出衡量一个矩阵一致性的下述定义.

**定义 8.4** $n$ 阶矩阵 $\boldsymbol{A}$ 的一致性指标 CI 定义为

$$\mathrm{CI} = \frac{\lambda_{\max} - n}{n-1}.$$

可以看出, CI 实际上是 $\boldsymbol{A}$ 的除了 $\lambda_{\max}$ 以外的其他 $n-1$ 个特征值平均值的绝对值. 当 CI=0 时, $\boldsymbol{A}$ 为一致阵. CI 越大, $\boldsymbol{A}$ 的不一致程度越严重, 此时, 用归一化主特征向量作为权重向量的偏差就越大. 但究竟一致性指标多大, 这种偏差才是可以接受的呢?

为此, Saaty 随机构造了 500 个正互反矩阵, 取它们一致性指标的平均值作为一个标准, 称为随机一致性指标, 通常用符号 RI 表示. 对 $n = 1, 2, \cdots, 11$, Saaty 的计算结果如表 8.9 所示.

**表 8.9**

| $n$ | 1 | 2 | 3 | 4 | 5 | 6 | 7 | 8 | 9 | 10 | 11 |
|---|---|---|---|---|---|---|---|---|---|---|---|
| RI | 0 | 0 | 0.58 | 0.90 | 0.92 | 1.24 | 1.32 | 1.41 | 1.45 | 1.49 | 1.51 |

**定义 8.5** 当 $n \geqslant 3$ 时, $n$ 阶成对比较矩阵 $\boldsymbol{A}$ 的一致性指标 CI 与其随机一致性指标 RI 之比定义为它的一致性比率, 用符号 CR 表示.

习惯上, 人们约定当

$$\mathrm{CR} = \frac{\mathrm{CI}}{\mathrm{RI}} < 0.1$$

时, 认为 $A$ 的不一致程度在允许范围之内, 此时可用其归一化主特征向量作为权重向量. 否则, 就需要修正成对比较矩阵 $\boldsymbol{A}$, 提高其一致性. 这种做法称为一致性检验.

应该指出, 上面使用的精度标准 0.1 是主观选取的, 它可以根据决策人对一致性的不同精度要求使用不同的数值.

现在回到例 8.4. 根据上述讨论, 需要先从成对比较矩阵 $\boldsymbol{A}$ 和 $\boldsymbol{B}_j$ 出发, 分别求出它们的主特征值和归一化主特征向量, 并分别作一致性检验. 当一致性比率 CR 满足约定要求时, 便可以用相应的归一化主特征向量分别作为第二层 4 个要素在目标层中的权重和第三层的 3 个要素在第二层各要素中的权重. 由于这是一个定性分析问题, 精度要求不高, 所以还可以采用近似算法来求 $\boldsymbol{A}$ 和 $\boldsymbol{B}_j$ 主特征值及主特征向量. 以下是关于该例子使用 MATLAB 的计算结果. 其中, 我们在相关数据上用相应的矩阵符号作下标, 用加括号的数字做上标, 以便区分不同层的数据. 计算细节请读者自己补充.

对于 $\boldsymbol{A}$, 归一化主特征向量是

$$\boldsymbol{w}_{\boldsymbol{A}} \approx \begin{pmatrix} 0.2885 \\ 0.5323 \\ 0.0675 \\ 0.1117 \end{pmatrix},$$

主特征值 $\lambda_{\boldsymbol{A}}^{(2)} \approx 4.0215$, 一致性指标 $\mathrm{CI}^{(2)} \approx 0.0072$, 一致性比率 $\mathrm{CR}^{(2)} \approx 0.0080$.

对于 $\boldsymbol{B}_1, \boldsymbol{B}_2, \boldsymbol{B}_3, \boldsymbol{B}_4$, 其归一化主特征向量依次是

$$\boldsymbol{w}_{\boldsymbol{B}_1} \approx \begin{pmatrix} 0.5954 \\ 0.2763 \\ 0.1283 \end{pmatrix}, \quad \boldsymbol{w}_{\boldsymbol{B}_2} \approx \begin{pmatrix} 0.0819 \\ 0.2364 \\ 0.6817 \end{pmatrix},$$

$$\boldsymbol{w}_{\boldsymbol{B}_3} \approx \begin{pmatrix} 0.0974 \\ 0.3331 \\ 0.5695 \end{pmatrix}, \quad \boldsymbol{w}_{\boldsymbol{B}_4} \approx \begin{pmatrix} 0.2790 \\ 0.6491 \\ 0.0719 \end{pmatrix},$$

主特征值依次是

$$\lambda_{\boldsymbol{B}_1}^{(3)} \approx 3.0055, \quad \lambda_{\boldsymbol{B}_2}^{(3)} \approx 3.0015, \quad \lambda_{\boldsymbol{B}_3}^{(3)} \approx 3.0246, \quad \lambda_{\boldsymbol{B}_4}^{(3)} \approx 3.0649,$$

一致性指标依次是

$$\mathrm{CI}_{\boldsymbol{B}_1}^{(3)} \approx 0.0028, \quad \mathrm{CI}_{\boldsymbol{B}_2}^{(3)} \approx 0.0008, \quad \mathrm{CI}_{\boldsymbol{B}_3}^{(3)} \approx 0.0123, \quad \mathrm{CI}_{\boldsymbol{B}_4}^{(3)} \approx 0.0325,$$

一致性比率依次是

$$\mathrm{CR}_{\boldsymbol{B}_1}^{(3)} \approx 0.0047, \quad \mathrm{CR}_{\boldsymbol{B}_2}^{(3)} \approx 0.0013, \quad \mathrm{CR}_{\boldsymbol{B}_3}^{(3)} \approx 0.0212, \quad \mathrm{CR}_{\boldsymbol{B}_4}^{(3)} \approx 0.0559.$$

易见它们都在一致性的允许范围之内, 因此 $\boldsymbol{A}$ 和 $\boldsymbol{B}_1, \boldsymbol{B}_2, \boldsymbol{B}_3, \boldsymbol{B}_4$ 均符合一致性要求.

第四步, 确定组合权重向量并作组合一致性检验.

我们的最终目的是确定第三层各要素对第一层决策层目标的优劣权重. 因此, 还需要将第三层对第二层各因素的权重和第二层对第一层的权重组合在一起, 形成一个组合权重向量. 为此, 记

$$\begin{aligned}\boldsymbol{B} &= (\boldsymbol{w}_{\boldsymbol{B}_1}, \boldsymbol{w}_{\boldsymbol{B}_2}, \boldsymbol{w}_{\boldsymbol{B}_3}, \boldsymbol{w}_{\boldsymbol{B}_4}) \\ &\approx \begin{pmatrix} 0.5954 & 0.0819 & 0.0974 & 0.2790 \\ 0.2763 & 0.2364 & 0.3331 & 0.6491 \\ 0.1283 & 0.6817 & 0.5695 & 0.0719 \end{pmatrix},\end{aligned}$$

并把 $\boldsymbol{w} = \boldsymbol{B}\boldsymbol{w}_{\boldsymbol{A}}$ 作为第三层要素对目标层的组合权重向量的自然合理的选择. 注意到 $\boldsymbol{B}$ 的列向量和 $\boldsymbol{w}_{\boldsymbol{A}}$ 都是归一化向量, 所以 $\boldsymbol{w} = \boldsymbol{B}\boldsymbol{w}_{\boldsymbol{A}}$ 一定是归一化向量. 容易算出

$$\begin{aligned}&\boldsymbol{w} = \boldsymbol{B}\boldsymbol{w}_{\boldsymbol{A}} \\ &\approx \begin{pmatrix} 0.5954 & 0.0819 & 0.0974 & 0.2790 \\ 0.2763 & 0.2364 & 0.3331 & 0.6491 \\ 0.1283 & 0.6817 & 0.5695 & 0.0719 \end{pmatrix} \begin{pmatrix} 0.2885 \\ 0.5323 \\ 0.0675 \\ 0.1117 \end{pmatrix} \approx \begin{pmatrix} 0.2531 \\ 0.3005 \\ 0.4464 \end{pmatrix}.\end{aligned}$$

最后, 还需要作组合一致性检验：这首先需要自然并合理地指明第三层要素对目标层的组合一致性指标 $\mathrm{CI}^{(3)}$, 组合随机一致性指标 $\mathrm{RI}^{(3)}$ 和组合一致性比率 $\mathrm{CR}^{(3)}$ 的含义. 下述三式便分别明确了它们的意义, 并就例 8.4 给出了计算结果:

$$\begin{aligned}\mathrm{CI}^{(3)} &= \left(\mathrm{CI}^{(3)}_{\boldsymbol{B}_1}, \mathrm{CI}^{(3)}_{\boldsymbol{B}_2}, \mathrm{CI}^{(3)}_{\boldsymbol{B}_3}, \mathrm{CI}^{(3)}_{\boldsymbol{B}_4}\right) \boldsymbol{w}_{\boldsymbol{A}} \\ &\approx (0.0028, 0.0008, 0.0123, 0.0325) \begin{pmatrix} 0.2885 \\ 0.5323 \\ 0.0675 \\ 0.1117 \end{pmatrix} \approx 0.0057,\end{aligned}$$

$$\begin{aligned}\mathrm{RI}^{(3)} &= \left(\mathrm{RI}^{(3)}_{\boldsymbol{B}_1}, \mathrm{RI}^{(3)}_{\boldsymbol{B}_2}, \mathrm{RI}^{(3)}_{\boldsymbol{B}_3}, \mathrm{RI}^{(3)}_{\boldsymbol{B}_4}\right) \boldsymbol{w}_{\boldsymbol{A}} \\ &\approx (0.58, 0.58, 0.58, 0.58)\boldsymbol{w}_{\boldsymbol{A}}\end{aligned}$$

$$\approx (0.58, 0.58, 0.58, 0.58)\begin{pmatrix} 0.2885 \\ 0.5323 \\ 0.0675 \\ 0.1117 \end{pmatrix} = 0.58,$$

$$\mathrm{CR}^{(3)} = \mathrm{CR}^{(2)} + \frac{\mathrm{CI}^{(3)}}{\mathrm{RI}^{(3)}} \approx 0.0080 + \frac{0.0057}{0.58} \approx 0.0178 < 0.1.$$

这样, 每一个成对比较矩阵都通过了一致性检验, 组合权重向量通过了组合一致性检验. 从而归一化组合权重向量 $\boldsymbol{w}$ 便可以作为第三层要素对第一层决策目标的优劣权重向量. 根据 $\boldsymbol{w}$ 提供的信息, 依照权重大小, 应该建议决策人采用第三个方案 $P_3$.

## 习 题 8.3

1. 请通过建立层次分析模型, 在泰山、云台山和华山处选择一个旅游点. 建议重点考虑景色、居住环境、饮食、交通和旅游费用五个方面的因素.

2. 请在戴尔、清华同方、惠普、海信四个品牌的个人电脑中选购一种. 建议考虑品牌的信誉、功能、价格三个方面因素.

3. 在基础研究、应用研究和数学教育中选择一个领域申报科研课题. 建议考虑成果的贡献 (实用价值、科学意义)、可行性 (难度、周期、经费) 和人才培养方面的因素.

# 第 9 章　MATLAB 实验

MATLAB 是 Matrix Laboratory 的缩写, 是美国 MathWorks 公司自 20 世纪 80 年代中期推出的一个数学软件. 优越的数值计算能力和卓越的数据可视化能力, 使其很快在数学软件中脱颖而出, 成为一个功能强大的大型软件. 因此, 它是现代大学生必须掌握的一个基本数学工具. 本章简单介绍 MATLAB 在线性代数中的一些应用.

1. 数值矩阵输入

任何矩阵都可以直接按行方式输入每个元素: 同一行中的元素用逗号 (,) 或者空格符分隔, 且空格符数不限; 不同行之间用分号 (;) 或者回车换行分隔. 所有元素处于一对方括号 ([ ]) 内. 特别注意, MATLAB 中的所有符号均要在英文状态下输入.

如在命令窗口输入

```
>>A=[2,1,-5,0;3,5,6,8;0,-9,0,0]   %输入一个 3×4 矩阵的命令格式
```

运行结果显示为

```
A =
      2   1   -5   0
      3   5    6   8
      0  -9    0   0
```

又如, 在命令窗口输入

```
>> X = [2,1,5,6,0,0]              %输入一个 6 维行向量的命令格式
```

运行结果显示为

```
X =
    2  1  5  6  0  0
```

其中, 符号 “>>” 是 MATLAB 的提示符, 表示等待命令输入. 符号 “%” 后的所有文字为注释, 不参与运算.

2. 矩阵的简单运算

**矩阵的加减**. 例如, 在命令窗口输入

```
>> A = [2,1,-5,0;3,5,6,8;0,-9,0,0];B = [3,1,4,1;2,5,0,3;0,8,8,2];
X = A + B
```

运行结果显示为

```
X =
        5    2   -1    1
        5   10    6   11
        0   -1    8    2
```

注意, 多条命令可以放在同一行, 用逗号或分号分隔, 逗号表示要显示前一条语句的运行结果, 分号表示不显示运行结果.

**矩阵的数乘**. 例如, 在命令窗口输入

```
>> A = [2,1,-5,0;3,5,6,8;0,-9,0,0];X = 2*A
```

运行结果显示为

```
X =
        4    2   -10    0
        6   10    12   16
        0  -18     0    0
```

**矩阵的乘法**. 例如, 在命令窗口输入

```
>> A = [1,0,3,-1;2,1,0,2]; B = [4,1,0;-1,1,3;2,0,1;1,3,4];
  A*B
```

运行结果显示为

```
ans=
        9   -2   -1
        9    9   11
```

这里, 符号 “ans” 用作结果的缺省变量名.

但是, 如果把上面输入的 “A * B” 换成 “B * A”, 则结果显示为

```
Error using *
          Incorrect dimensions for matrix multiplication. Check that the
number of columns in the first matrix matches the number of rows in the second
matrix. To perform elementwise multiplication, use '.*'.
```

以上信息显示矩阵 $\boldsymbol{A}$ 和矩阵 $\boldsymbol{B}$ 的类型不符合 $\boldsymbol{B}*\boldsymbol{A}$ 乘法运算规则.

**矩阵的逆**. MATLAB 提供了两种逆运算: 左除 “\” 和右除 “/”. 一般情况下, $\boldsymbol{X}=\boldsymbol{A}\backslash\boldsymbol{B}$ 是方程 $\boldsymbol{AX}=\boldsymbol{B}$ 的解, 而 $\boldsymbol{X}=\boldsymbol{B}/\boldsymbol{A}$ 是方程 $\boldsymbol{XA}=\boldsymbol{B}$ 的解. 当然, 如果 $\boldsymbol{A}$ 可逆, $\boldsymbol{A}\backslash\boldsymbol{B}$ 和 $\boldsymbol{B}/\boldsymbol{A}$ 也可通过 $\boldsymbol{A}$ 的逆矩阵与 $\boldsymbol{B}$ 相乘得到

$$\texttt{A}\backslash\texttt{B}=\mathrm{inv}(\texttt{A})*\texttt{B},$$

$$\texttt{B}/\texttt{A}=\texttt{B}*\mathrm{inv}(\texttt{A}),$$

其中 inv(A) 表示 $\boldsymbol{A}$ 的逆矩阵.

### 3. 行列式的计算

在命令窗口输入

```
>> A = [1, 2, 3; 4, 5, 6; 7, 8, 9]; det(A)
```

则运行结果显示为

```
ans = 0
```

它给出的是行列式 $\det(\boldsymbol{A}) = \begin{vmatrix} 1 & 2 & 3 \\ 4 & 5 & 6 \\ 7 & 8 & 9 \end{vmatrix}$ 的值.

4. MATLAB 简单编程

MATLAB 和其他语言一样, 提供了丰富的库函数, 它可以在 Editor 窗口利用 M 文件自定义函数, 并在需要的时候调用. 下面给出几个实验案例予以展示.

**实验 1**　求一个向量组的秩. 对于一个 $n$ 维列向量组 $\boldsymbol{\alpha}_1, \boldsymbol{\alpha}_2, \cdots, \boldsymbol{\alpha}_s$, 为计算其秩, 可以构造一个 $n \times s$ 矩阵 $\boldsymbol{A}$, 通过求 $\boldsymbol{A}$ 的秩来给出向量组的秩.

例如, 在一个新建的 M 文件中输入

```
clear;
x1=[1,0,2]';x2=[2,1,1]';x3=[2,0,-1]';
A=[x1,x2,x3];
R=rank(A)
```

运行结果显示为

```
R=
     3
```

这说明 $\boldsymbol{A}$ 的秩等于 3, 因此向量组 x1, x2, x3 的秩为 3.

**实验 2**　向量组的线性相关性. 给定一个 $n$ 维向量组 $\boldsymbol{\alpha}_1, \boldsymbol{\alpha}_2, \cdots, \boldsymbol{\alpha}_m$, 判断其线性相关性, 并确定一个极大线性无关组.

由于对矩阵 $\boldsymbol{A}$ 实施初等行变换不改变其列之间的线性关系, 因此这可以利用 MATLAB 的库函数 rref 来实现. 例如, 在一个新建的 M 文件中输入

```
clear;
x1=[1,0,2]';x2=[2,1,1]';x3=[2,0,1]';x4=[3,1,1]';x5=[1,1,1]';
A=[x1,x2,x3,x4,x5];
[R,jb]=rref(A);len=length(jb);
if len<5
     'The vector group is linearly dependent and serial numbers are'
     jb
else
     'The vector group is linearly independent.'
end
```

运行结果为

```
ans=
```

```
    'The vector group is linearly dependent and serial numbers are'
jb=
    1 2 3
```

这就是说, 向量组 x1,x2,x3,x4,x5 线性相关, x1,x2,x3 是它的一个极大线性无关组.

**实验 3** 用 Cramer 法则求解下列方程组 $\begin{cases} 3x_1 - 2x_2 + 2x_3 = 10, \\ x_1 + 2x_2 - 3x_3 = -1, \\ 3x_1 - 2x_2 + 2x_3 = 10. \end{cases}$

在一个新建的 M 文件中输入

```
clear                                        %清除变量
n =input(' 方程个数 n =')                     %请用户输入方程的个数
A =input(' 系数矩阵 A =')                     %请用户输入方程组的系数矩阵
b =input(' 常数列向量 b =')                   %请用户输入常数列向量
if(size(A) ~= [n,n]) | (size(b) ~= [n,1])    %判断 A 和 b 的输入格式是否正确
     disp(' 输入不正确, 要求 A 是 n 阶方阵, b 是 n 维列向量 ')
elseif det(A) == 0                           %判断系数行列式是否为零
     disp(' 系数行列式为零, 不能用克拉默法则解此方程组 ')
else
     for  i = 1 : n                          %计算 x1,x2,…,xn
          B = A;                             %构造与 A 相等的矩阵 B
          B(:, i)=b;                         %用列向量 b 代替矩阵 B 中的第 i 列
         x(i) =det(B)/det(A);                %根据克拉默法则计算 x1,x2,…,xn
     end
end
```

运行后在命令窗口按照提示依次输入方程的个数 “3”, 系数矩阵 “[3,-2,2;1,2,-3;3,-2,2]”, 常数列向量 “[10;-1;10]”, 结果显示为

系数行列式为零, 不能用 Cramer 法则解此方程组.

**实验 4** 将一个矩阵 $\boldsymbol{A}$ 化为行最简形矩阵, 计算其秩, 并指出它的列向量组的一个极大无关组.

第一步, 在一个新的 M 文件中写出如下代码, 定义一个名为 symrref 的函数:

```
function [R,r,ser]=symrref(A)      %这是一个自定义函数, 给出 A 的行最简形 R, A 的秩 r, 并将列极大无关组对应的序号放在 ser 中
O=sym('0');E=sym('1');
R=rref(sym(A));
[mm,nn]=size(R);m=min([mm,nn]);r = 0;
for i = 1 : 1 : m
     for j = 1 : 1 : nn
          if R (i,j)~ = O
```

```
                    r = r + 1; v (r) = i; break
                end
            end
        end
        r = length(v);
        B = R (v, :);
        e = sym(zeros(1, r)); ser=zeros(1, r);
        for n = 1 : 1 : r
            for i = 1 : 1 : r
                if i == n
                    e(i) = E;
                else
                    e(i) = 0;
                end
            end
            for j = 1 : 1 : nn
                f = B (:, j); J = e*f;
                if J == E
                    ser(n) = j; break
                end
            end
        end
```

将上面写好的 M 文件单保存为名为 symrref 的 M 文件. 如果你的 MATLAB 安装在 D 盘根目录下, 则 M 文件 symrref 就在默认地址 D: \ MATLAB \ work 中. 它不能单独运行.

第二步, 在另一个新的 M 文件中写出如下代码:

```
clear
A=[1,0,1,2,1;1,1,2,1,1;0,1,1,2,1;2,2,4,5,3];
[R,r,ser]=symrref(A);        %调用自定义函数 symrref
R
Rank_of_A = r
Serial_numbers_in_the_max_independent_group=ser
```

运行结果为

```
R =
        [ 1, 0, 1, 0, 1/3]
        [ 0, 1, 1, 0, 1/3]
        [ 0, 0, 0, 1, 1/3]
        [ 0, 0, 0, 0, 0]
Rank_of_A =
```

```
         3
Serial_numbers_in_the_max_independent_group =
             1   2   4
```

**实验 5** 使用 MATLAB 将例 6.10 中的二次型化为标准形.

在一个新建的 M 文件中输入

```
clear                          %清空工作间的变量
A=[1,2,2;2,1,2;2,2,1]          %输入二次型对应的矩阵
[q,d]=eig(A)                   %求矩阵 A 的特征值与特征向量
C=q'*A*q                       %对角化运算的验证, q' 表示 q 的转置
```

运行结果为

```
A=
     1   2   2
     2   1   2
     2   2   1
q=
     0.6015    0.5522    0.5774
     0.1775   −0.7970    0.5774
    −0.7789    0.2448    0.5774
d=
    −1.0000         0         0
          0   −1.0000         0
          0         0    5.0000
C=
    −1.0000   −0.0000   −0.0000
    −0.0000   −1.0000    0.0000
    −0.0000    0.0000    5.0000
```

该结果告诉我们, q 为正交变换 $\boldsymbol{Q}$, d 的对角线元素为矩阵 $\boldsymbol{A}$ 的特征值. d 对应对角矩阵 $\boldsymbol{D}$, 因此作变换 $\boldsymbol{x}=\boldsymbol{Q}\boldsymbol{y}$, 则二次型可转换为标准形

$$-y_1^2-y_2^2+5y_3^2.$$

需要注意的是, MATLAB 中的结果多用浮点数来表示, 如 $\dfrac{1}{\sqrt{3}}$ 用 0.5774 表示.

**实验 6** 使用 MATLAB 判断例 6.19 中的二次型是否正定?

在一个新建的 M 文件中输入

```
clear                          %清空工作间的变量
A=[3 -2 0;-2 2 -2;0 -2 7];     %输入二次型对应的矩阵
[q,d]=eig(A);                  %求矩阵 A 的特征值与特征向量
```

```
v=diag(d);                               %提取矩阵 A 的所有特征值
if all(v>0)                              %判断矩阵 A 的特征值是否均为正
      disp('二次型为正定')
elseif all(v>=0)                         %判断矩阵 A 的特征值是否均为非负
      disp('二次型为半正定')
elseif all(v<0)                          %判断矩阵 A 的特征值是否均为负
      disp('二次型为负定')
elseif all(v<=0)                         %判断矩阵 A 的特征值是否均为非正
      disp('二次型为半负定')
else
      disp('二次型为不定')
end
```

运行结果为

二次型为正定.

**实验 7**　计算例 6.14 中的二次型的正惯性指数和负惯性指数.

在一个新建的 M 文件中输入

```
clear                                    %清空工作间的变量
A=[0 0.5 0.5;0.5 0 -1.5;0.5 -1.5 0];     %输入二次型对应的矩阵
d=eig(A);                                %计算矩阵 A 的特征值
n=length(d);                             %计算矩阵 A 的阶数
zheng=0;fu=0;                            %将正负惯性指数初始值置为 0
for i=1:n                                %使用循环语句统计正负惯性指数
   if d(i)>0
        zheng=zheng+1;
   elseif d(i)<0
        fu=fu+1;
      end
end
zheng, fu                                    %输出正负惯性指数
```

运行结果为

```
zheng =
        2
fu=
        1
```

这表示矩阵 $\boldsymbol{A}$ 所对应的二次型的正惯性指数为 2, 负惯性指数为 1.

# 参 考 文 献


北京大学数学系几何与代数教研室前代数小组. 2003. 高等代数. 3 版. 北京: 高等教育出版社.

陈建龙, 周建华, 韩瑞珠. 2007. 线性代数. 北京: 科学出版社.

刘华珂, 徐琛梅, 李娴. 2018. 线性代数及其应用. 北京: 科学出版社.

上海交通大学数学系. 2007. 线性代数. 2 版. 北京: 科学出版社.

王卿文. 2012. 线性代数核心思想及应用. 北京: 科学出版社.

Artin M. 2011. Algebra. Beijing: China Machine Press.

Jain S K, Gunawardena A D. 2003. Linear Algebra. Beijing: China Machine Press.

Lang S. 1971. Linear Albegra. 3rd ed. New York: Springer-Verlag.

Lax P D. 2007. Linear Algebra and Its Applications. 2nd ed. Hoboken: John Wiley & Sons Inc.

Leon S J. 2007. Linear Algebra with Applications. Beijing: China Machine Press.